AF411264

DICTIONNAIRE

DES

SCIENCES NATURELLES.

TOME LIV.

TH — TORTR.

DICTIONNAIRE

DES

SCIENCES NATURELLES,

DANS LEQUEL

ON TRAITE MÉTHODIQUEMENT DES DIFFÉRENS ÊTRES DE LA NATURE, CONSIDÉRÉS SOIT EN EUX-MÊMES, D'APRÈS L'ÉTAT ACTUEL DE NOS CONNOISSANCES, SOIT RELATIVEMENT A L'UTILITÉ QU'EN PEUVENT RETIRER LA MÉDECINE, L'AGRICULTURE, LE COMMERCE ET LES ARTS.

SUIVI D'UNE BIOGRAPHIE DES PLUS CÉLÈBRES NATURALISTES.

Ouvrage destiné aux médecins, aux agriculteurs, aux commerçans, aux artistes, aux manufacturiers, et à tous ceux qui ont intérêt à connoître les productions de la nature, leurs caractères génériques et spécifiques, leur lieu natal, leurs propriétés et leurs usages.

PAR

Plusieurs Professeurs du Jardin du Roi, et des principales Écoles de Paris.

TOME CINQUANTE-QUATRIÈME.

F. G. LEVRAULT, Éditeur, à STRASBOURG,
et rue de la Harpe, N.º 81, à PARIS.

LE NORMANT, rue de Seine, N.º 8, à PARIS.

1829.

Liste des Auteurs par ordre de Matières.

Physique générale.

M. LACROIX, membre de l'Académie des Sciences et professeur au Collége de France. (L.)

Chimie.

M. CHEVREUL, membre de l'Académie des sciences, professeur au Collége royal de Charlemagne. (Cu.)

Minéralogie et Géologie.

M. Alexand. BRONGNIART, membre de l'Académie royale des Sciences, professeur de Minéralogie au Jardin du Roi. (B.)

M. BROCHANT DE VILLIERS, membre de l'Académie des Sciences. (B. de V.)

M. DEFRANCE, membre de plusieurs Sociétés savantes. (D. F.)

Botanique.

M. DESFONTAINES, membre de l'Académie des Sciences. (Desf.)

M. DE JUSSIEU, membre de l'Académie des Sciences, professeur au Jardin du Roi. (J.)

M. MIRBEL, membre de l'Académie des Sciences, professeur à la Faculté des Sciences. (B. M.)

M. HENRI CASSINI, associé libre de l'Académie des sciences, membre étranger de la Société Linnéenne de Londres. (H. Cass.)

M. LEMAN, membre de la Société philomatique de Paris. (Lem.)

M. LOISELEUR DESLONGCHAMPS, Docteur en médecine, membre de plusieurs Sociétés savantes. (L. D.)

M. MASSEY. (Mass.)

M. POIRET, membre de plusieurs Sociétés savantes et littéraires, continuateur de l'Encyclopédie botanique. (Poir.)

M. DE TUSSAC, membre de plusieurs Sociétés savantes, auteur de la Flore des Antilles. (De T.)

Zoologie générale, Anatomie et Physiologie.

M. G. CUVIER, membre et secrétaire perpétuel de l'Académie des Sciences, prof. au Jardin du Roi, etc. (G. C. ou CV. ou C.)

M. FLOURENS. (F.)

Mammifères.

M. GEOFFROY SAINT-HILAIRE, membre de l'Académie des Sciences, prof. au Jardin du Roi. (G.)

Oiseaux.

M. DUMONT DE S.te CROIX, membre de plusieurs Sociétés savantes. (Cu. D.)

Reptiles et Poissons.

M. DE LACÉPÈDE, membre de l'Académie des Sciences, prof. au Jardin du Roi. (L. L.)

M. DUMÉRIL, membre de l'Académie des Sciences, professeur au jardin du Roi et à l'École de médecine. (C. D.)

M. CLOQUET, Docteur en médecine. (H. C.)

Insectes.

M. DUMÉRIL, membre de l'Académie des Sciences, professeur au jardin du Roi et à l'École de médecine. (C. D.)

Crustacés.

M. W. E. LEACH, membre de la Société roy. de Londres, Correspond. du Muséum d'histoire naturelle de France. (W. E. L.)

M. A. G. DESMAREST, membre titulaire de l'Académie royale de médecine, professeur à l'école royale vétérinaire d'Alfort, membre correspondant de l'académie des Sciences, etc.

Mollusques, Vers et Zoophytes.

M. DE BLAINVILLE, membre de l'Académie des Sciences, professeur à la Faculté des Sciences. (De B.)

M. TURPIN, naturaliste, est chargé de l'exécution des dessins et de la direction de la gravure.

MM. DE HUMBOLDT et RAMOND donneront quelques articles sur les objets nouveaux qu'ils ont observés dans leurs voyages, ou sur les sujets dont ils se sont plus particulièrement occupés. M. DE CANDOLLE nous a fait la même promesse.

M. PRÉVOT a donné l'article *Océan*; M. VALENCIENNES plusieurs articles d'Ornithologie; M. DESPORTES l'article *Pigeon domestique*, et M. LESSON l'article *Pluvier*.

M. F. CUVIER, membre de l'académie des Sciences, est chargé de la direction générale de l'ouvrage, et il coopérera aux articles généraux de zoologie et à l'histoire des mammifères. (F. C.)

DICTIONNAIRE

DES

SCIENCES NATURELLES.

THE

Théorie DE LA STRUCTURE DE L'ÉCORCE DU GLOBE (*Min.*), ou des TERRAINS qui la composent.

CHAPITRE PREMIER.

Introduction et considérations générales.

La petite partie de l'écorce du globe que nous connoissons est composée de différentes substances minérales, qui, considérées dans leur *masse*, constituent des Roches, tantôt homogènes, ou en ayant l'apparence, et tantôt visiblement hétérogènes.

Outre ces premières différences prises dans leur nature et dans leur aspect, les roches en présentent encore d'autres dans leur structure et dans les corps étrangers qu'elles enveloppent, et qui sont tantôt des minéraux, tantôt des parties de corps organisés.

L'hétérogénéité des masses ou roches composées de plusieurs sortes de minéraux, n'est pas illimitée dans le nombre, la disposition et le rapport de parties : elle fait voir au contraire dans ces trois sortes de relations une constance qui indique que certaines lois ont régi ces associations.

Les différences, et surtout la présence des débris organiques qu'on observe dans les roches, prouvent, comme l'a fait remarquer M. Cuvier, que l'écorce de la terre n'a pas été faite d'un seul jet, mais que les parties qui la composent ont été déposées ou formées successivement.

Ce sont les règles que cette succession a suivies, et les lois qui ont présidé à cette formation, que les géologues cherchent à découvrir. Les généralités qui paroissent résulter de l'ensemble de leurs observations constituent ce que l'on appelle la *théorie de la structure de l'écorce du globe*, expression qui a une tout autre signification, une tout autre valeur que celle de système. La *théorie* est le lien qu'on croit reconnoître et pouvoir établir entre les faits; le *système* est la recherche des causes éloignées qui ont produit ces faits et leur liaison. Dans l'une et l'autre considération il y a nécessairement quelques propositions hypothétiques; mais dans la théorie l'hypothèse de liaison est déduite immédiatement des faits connus, et il n'y auroit pas d'hypothèse, si on pouvoit être sûr de connoître tous les faits. Dans le système on cherche à lier et à expliquer les faits par des causes éloignées et dont on n'a que quelques indices. Les savans allemands ont désigné ces deux points de vue sous lesquels on étudie la structure du globe par deux expressions très-voisines, mais auxquels ils appliquent des idées assez différentes. La *géognosie* est la *théorie* de la structure du globe, et la *géologie* en est le *système*.

Il s'agit donc, pour établir cette théorie, de rechercher quelles sont les roches qui composent l'écorce du globe, dans quel ordre et dans quel rapport elles sont situées, quels sont les phénomènes ou particularités qui appartiennent à chacune d'elles, qui en constituent l'histoire naturelle, et qui peuvent servir à les faire reconnoître lorsqu'elles se présentent isolées.

C'est à ces recherches et à ces résultats que doivent se borner l'étude et la théorie de la structure de l'écorce du globe; si on vouloit aller plus loin et remonter aux causes qui ont pu produire ces phénomènes, on sortiroit de la géognosie pour entrer dans la géologie.

Art. 1.ᵉʳ *Terminologie.*

Pour arriver à la théorie, c'est-à-dire aux lois de la structure de l'écorce du globe, il faut, après avoir étudié séparément toutes les parties qui la composent ou qui s'y rencontrent, réunir en plusieurs groupes les parties qui ont entre elles des analogies, soit de nature, soit de structure, soit de position. C'est à ces groupes qu'on a donné les noms de *terrains*, de *formations*, de *sous-formations* et de *roches*.

Nous devons expliquer ce que nous entendrons par ces mots, exposer dans quel ordre nous étudierons ces groupes, quels sont les motifs qui nous ont fait adopter cet ordre, et les difficultés que présente à l'application le placement de ces différens groupes dans les parties de l'écorce du globe auxquelles on croit qu'ils appartiennent.

Le mot de Terrains a une signification très-vague; on ne l'a pas défini deux fois de la même manière : tantôt il indique une réunion de roches analogues par leur composition, ou au moins une roche principale, définie minéralogiquement, renfermant d'autres roches qui lui sont intimement liées, comme lorsqu'on dit *terrains de granite, de phyllade*, etc.

Dans d'autres cas on entend un ensemble de roches diverses qui semblent liées par le caractère commun d'avoir été déposées à la surface du globe pendant une des grandes périodes géognostiques qu'on a cru reconnoître dans la formation des diverses parties de son écorce, comme quand on dit *terrains primitifs, terrains secondaires, terrains tertiaires*, etc.

D'autres fois, ce mot ne s'est plus appliqué ni à une nature dominante de roche, ni à une grande époque géognostique; mais à un mode particulier de structure ou à une origine particulière : ainsi il n'y a pas de géognoste qui n'emploie l'expression de *terrains de sédiment, de transport, d'alluvion*, de *terrains volcanique, lacustre, marin*, etc.

Nous pourrions porter plus loin ces exemples des acceptions variées sous lesquelles on a pris le mot de terrain. si nous voulions en aller chercher dans la géographie physique, dans l'agriculture. dans l'art et l'économie des mines : mais ceux que nous avons puisés dans notre sujet suffisent pour faire voir, ainsi que je viens de l'énoncer, que le mot de Terrains n'a pas reçu de définition précise, qu'il a seulement toujours voulu désigner en géognosie un grand groupe de roches réunies par une considération commune, tirée ou de leur nature, ou de leur époque de formation, ou de leur structure, ou de leur origine.

L'acception de ce mot reste donc libre, et M. de Bonnard, qui a cherché à la préciser, ne l'a pas encore tellement limitée qu'il ne nous soit permis de choisir celle que nous préférerons.

Or, nous considérons toutes les roches qui composent l'écorce du globe, comme déposées par groupes qui peuvent être formés et réunis par des considérations d'époque ou d'origine toujours de plus en plus générales. Le mot *terrain* sera pour nous comme pour M. de Bonnard, quoiqu'il ne l'ait pas dit explicitement, synonyme de formation, et si nous ne voulions employer que ce dernier mot, nous dirions en allant du plus simple au plus composé, minéral, roche, sous-formation, formation et grande formation. C'est ce dernier terme que nous remplacerons par l'expression de *terrains*.

Ainsi, j'entendrai par TERRAIN, une suite de roches qui n'ont d'autres rapports entre elles que d'avoir été placées dans l'écorce du globe pendant une des grandes périodes, époques ou divisions qu'on croit avoir reconnues dans la succession de sa structure.

J'entendrai par *formation* ou *groupe*, la division de ces grandes périodes ou époques pendant lesquelles une suite de roches a été déposée à peu près sous les mêmes circonstances. Cette similitude de circonstances se manifeste par des phénomènes de liaisons et par des propriétés communes ; telles sont : la répétition des roches absolument la même à peu d'intervalles, une structure en grand à peu près la même, une stratification concordante, la présence des mêmes espèces de corps organisés, etc.

La *sous-formation* présente dans les parties qui la composent les mêmes relations et ressemblances, mais d'une manière encore plus rapprochée : ainsi les roches diffèrent peu les unes des autres, la stratification est concordante et la discordance est une exception ; un grand nombre de corps organisés sont communs à toutes les parties de la sous-formation et aux diverses sous-formations voisines, etc. (La glauconie grossière est une sous-formation du calcaire grossier, la craie tufau est une sous-formation des terrains crétacés, etc.)

Les *roches* sont, comme on l'a dit ailleurs, des masses minérales, homogènes ou hétérogènes, formées par voie de cristallisation, de sédiment ou d'agrégation mécanique qui constituent les sous-formations, les formations et les terrains de l'écorce. du globe.

ART. 2. *Géognosie comparée.*

Ces définitions établies, voyons à quoi on reconnoîtra l'ordre de succession dans les formations et sous-formations, l'identité des formations et terrains dans des parties de la terre éloignées l'une de l'autre, et par conséquent l'uniformité presque complète de la structure principale de l'écorce du globe dans toutes ses parties.

Ou bien la terre et son écorce se sont solidifiées en une seule masse et en un seul moment, comme le feroit une masse d'eau trouble dont la température, amenée un peu au-dessous de zéro, se gêleroit sur-le-champ par le plus léger choc, ou bien les différentes parties qui composent l'écorce de la terre sont entrées de diverses manières et successivement dans sa formation. Or, la stratification des parties grossières agrégées mécaniquement, et la présence des nombreux débris organiques, font nécessairement admettre, les unes, plusieurs dépôts distincts, et les autres plusieurs générations, et par conséquent, une longue succession de siècles et d'opérations. Elles prouvent, comme nous l'avons rappelé plus haut, que l'écorce du globe ne peut être le résultat d'une solidification instantanée; mais que cette écorce s'est formée par parties et successivement.

Il faut donc maintenant chercher à distinguer ces diverses parties et à déterminer l'ordre dans lequel elles ont concouru à la formation du globe.

Il est impossible, dans l'état actuel de la science, d'établir une série certaine de succession de terrains, formations et roches pour tout le globe. On connoît trop imparfaitement la plupart des pays extra-européens pour y suivre cette succession. D'ailleurs, quoiqu'il soit présumable qu'elle est partout la même, au moins dans ses grandes divisions. cette loi n'est pas encore reconnue, et peut-être n'existe-t-elle pas.

Il semble donc convenable de n'établir cette succession que pour des pays où l'on puisse présumer que la superposition est bien connue. On pourra alors établir une série de proche en proche, depuis les roches les plus supérieures jusqu'aux plus profondes. Or, cette série ne doit pas être considérée comme prise sur un seul point et sur un seul percement vertical, mais comme résultant de plusieurs lignes verticales placées dans différens lieux et se rattachant ensemble par des terrains communs, inférieurs dans les uns et supérieurs dans les autres.

Cette série servira comme de règle ou de module, auquel on tàchera de rapporter la structure des autres parties du globe, et de même qu'on compare en anatomie la structure de tous les animaux à celle de l'espèce humaine, malgré les différences notables que montrent certains animaux, et même malgré l'absence, au moins en apparence, de certains organes, de même on comparera tous les terrains de la terre à une suite de terrains admis comme type ou module, et qu'on pourra regarder comme terrain classique.

On sait qu'en anatomie on arrive à la comparaison d'organes au moyen des fonctions, de leur connexion et de leurs rapports : en géologie on y parviendra aussi par divers moyens; tantôt par la nature des roches et des minéraux, tantôt par les rapports ordinaires de ces roches et minéraux entre eux; tantôt, enfin, par l'étude des débris de corps organisés qu'elles renferment.

Malgré les moyens que nous employons pour suivre un ordre par série, comme étant le plus simple et le plus clair pour l'étude de la structure de l'écorce du globe, il reste encore des parties de cette écorce qu'il est très-difficile de faire rentrer dans cet ordre, et même qui y échappent tout-à-fait, soit parce qu'on n'a aucune donnée certaine ou pour les reconnoître ou pour déterminer leur position, soit parce qu'elles se sont réellement présentées plusieurs fois dans la série, et par conséquent à des époques différentes, soit parce qu'elles ont été brisées, renversées, bouleversées et dérangées ainsi de leur ordre sérial, soit enfin parce qu'elles ne sont pas réellement en séries, ayant comme coupé toutes les roches superposées, ou en ayant troublé l'ordre et par leur introduction et par les dérangemens, brisemens ou renversemens que cette introduction peut y avoir causés.

Il est possible, enfin, que l'ordre sérial de l'occident de

l'Europe ne soit pas le même que celui de l'orient de la même contrée, que l'ordre sérial de l'Europe ne soit pas le même que celui de l'Asie, que celui-ci soit différent de celui de l'Amérique, etc. Il est également possible que l'ordre sérial, étant le même entre les grands groupes de terrains et leurs grandes divisions, soit différent dans ses subdivisions par continent, contrée et même grand bassin, etc.

Du moment où l'on est obligé d'admettre que les terrains se sont formés successivement, ou au moins par parties distinctes, on devra distinguer *deux modes essentiels de disposition.*

Ou bien ils se sont déposés et étendus *les uns au-dessus des autres,* ou bien ils se sont formés *les uns à côté des autres.*

Dans le premier cas ils ont été nécessairement déposés les uns après les autres, et ce sont les terrains que nous appelons *en série.*

Dans le second cas ils sont *hors de série,* et dans ce cas ils peuvent avoir été formés ou à la même époque géognostique, ou à des époques différentes.

Or, les époques géognostiques sont très-différentes des époques chronologiques; la succession des temps établit les secondes, tandis qu'elle n'est rien pour les premières, qui sont fondées sur l'apparition des grands phénomènes ou des grandes catastrophes qui limitent une période géognostique.

Je crois qu'on doit entendre par période géognostique, tout le temps pendant lequel les mêmes phénomènes géognostiques ont eu lieu à la surface de la terre. Ces périodes peuvent avoir été ou de plusieurs siècles, ou seulement de quelques années; ainsi l'espace de temps pendant lequel le granite s'est montré de toutes parts à la surface de la terre, accompagné des minéraux qu'il renferme, est une période géognostique remarquable.

Celui pendant lequel les trilobites ont vécu avec les autres êtres organisés contemporains, tandis que le calcaire argileux et schisteux, noirâtre, bitumineux, etc., se déposoit, est une autre période géognostique, dont la durée de la vie des trilobites, si on la connoissoit, combinée avec le nombre des générations enfouies, si on pouvoit les distinguer, pourroit indiquer grossièrement la durée.

Nous avons un autre exemple remarquable d'une grande

période géognostique dans l'état de repos où se trouve l'écorce du globe, depuis que les continens actuels ont reçu leurs formes et leurs limites, que la mer a pris son niveau et l'atmosphère sa température; depuis que les animaux et les végétaux qui peuplent la mer ou qui vivent à la surface de la terre, paroissent toujours à peu près les mêmes, etc.; cet état de repos que constatent toutes les observations, toutes les notions historiques, constitue la dernière période géognostique, dont le commencement date au moins de quatre mille ans, et qui peut avoir encore une longue suite de siècles.

De même que nous ignorons si les séries des différens terrains sont les mêmes sur tout le globe, de même nous ne savons pas si les périodes géognostiques se sont étendues également, et dans le même temps, sur toute la surface de la terre; par exemple, si, tandis que les ammonites et les bélemnites avoient cessé de vivre et la craie de paroître en Europe, pour être remplacés par les cérites et le calcaire grossier, les premiers mollusques céphalopodes et la craie ne continuoient pas les uns à vivre et les autres à se déposer dans l'Inde ou dans l'Amérique.

§. 1.ᵉʳ Caractères et disposition générale des terrains en série.

Le caractère le plus général de ces terrains est d'être stratifié, non pas seulement en petit et dans quelque partie, mais en grand et sur une grande étendue; de se présenter ainsi sur toutes les parties du globe où on a pu les observer et les reconnoître pour être les mêmes, par les moyens que nous avons indiqués, c'est-à-dire, par leur nature minéralogique, et par la ressemblance générique et spécifique des débris organiques qu'ils renferment.

Leur stratification n'est déterminée que par le parallélisme prolongé et étendu des fissures qui divisent leur masse; car elle n'est pas toujours rectiligne et horizontale; bien au contraire, les lits, couches ou strates qui les divisent sont souvent et très-obliques et très-sinueux.

La structure dominante des terrains en série est compacte ou grossière; on voit que les roches qui les composent ont généralement été formées plutôt par voie mécanique que par voie chimique, plutôt par sédiment ou agrégation que par dissolution et cristallisation.

Cependant quelques-unes des roches qui entrent dans la composition de ces terrains, offrent une texture cristalline qui indique une cristallisation confuse; telles sont les gypses, les calcaires saccaroïdes, les eurites, les amphibolites, les micaschistes, etc. Dans ce cas, si la stratification est oblitérée, c'est plutôt par des ondulations nombreuses et des replis que par des fissures.

Les terrains en séries, étant généralement stratifiés, offrent dans leur structure en grand des divisions, modifications et circonstances qui servent encore à les distinguer des terrains hors de série.

Leurs subdivisions portent les noms de bancs, de couches, de lits et de feuillets, suivant leur puissance et leur nature. Les feuillets (*Schichte*) sont des divisions des couches (*Flötz*), et celles-ci peuvent être considérées comme des divisions des bancs. On donne généralement le nom de lits (*Lager*) aux matières de nature différente qui sont interposées en stratification concordante entre des couches, lorsque ces matières se présentent d'une manière continue sous une grande étendue et avec un parallélisme sensible de leurs deux surfaces. Ainsi on dit un lit de pyrite dans le micaschiste, un lit de houille dans des couches de psammite, un lit de fer hydroxidé oolithique entre des bancs ou des couches de calcaire compacte, etc.

Les masses minérales, différentes par leur nature des terrains qui les renferment, et qu'on rencontre dans les terrains stratifiés, doivent entrer aussi dans la série de leurs couches, lorsqu'elles paroissent avoir été déposées en même temps qu'elles; elles s'y présentent quelquefois en amas irréguliers ou grossièrement lenticulaires, qu'on désigne sous le nom d'*amas couchés* (*liegende Stock*).

Ce sont, avec les débris organiques et les minéraux disséminés, les seuls corps ou masses étrangères qui appartiennent à la formation des terrains en série. Les amas droits, filons et veines qu'on y observe ont une tout autre origine, et appartiennent plutôt, comme on va le voir, aux terrains hors de série.

Les *terrains en série* seront considérés séparément, et formeront l'une des deux grandes divisions des terrains qui entrent dans la composition de l'écorce du globe. Comme leur stratification indique qu'ils ont été formés dans une masse liquide, que d'autres particularités indiquent que ce liquide étoit d'une nature analogue à l'eau de la mer, nous les appellerons, avec la plupart des géologues modernes, Terrains stratifiés ou neptuniens.

§. 2. Caractères et disposition générale des terrains hors de série.

Ces terrains se présentent en général en masses puissantes, qui ne font voir aucune stratification distincte, et par conséquent aucun indice de dépôts, au moins sur une certaine étendue. Lorsqu'on y reconnoît quelques fissures de stratification, cette structure n'est que locale.

Leurs masses ne sont cependant pas sans divisions, mais les fissures qui les traversent se dirigent dans tous les sens : elles les séparent en grandes parties polyédriques, soit irrégulières, soit prismatoïdes.

Leur texture est souvent cristalline, et lors même qu'elle est compacte, on y remarque une densité et des parties cristallines qui indiquent que les élémens de ces masses n'ont point été suspendus dans un liquide, qu'ils ne se sont pas déposés comme un sédiment, ni réunis par voie d'agrégation mécanique ; mais qu'ils ont été tenus à l'état comme fondu ou pâteux, et qu'ils se sont solidifiés par voie ou de refroidissement ou de cristallisation confuse.

Ces terrains se présentent tantôt en grandes masses, en montagnes même, et d'une manière indépendante, au-dessus des terrains en série, comme s'ils s'étoient épanchés sur eux ; tantôt en plus petites parties, qui ont pénétré sous différentes formes et dans diverses circonstances dans les terrains en série.

Ils y forment des masses droites ou traversantes, des filons ou des veines.

Ils semblent avoir brisé et comme soulevé les terrains stratifiés pour s'élever ensuite au-dessus d'eux, s'épancher à leur surface, les envelopper et les faire quelquefois entièrement disparoître en les couvrant de la masse énorme en étendue, épaisseur et hauteur, de leurs roches.

Les roches qui composent les terrains hors de série, que nous appellerons aussi terrains massifs, sont particulièrement tous les filons et amas droits (*stehende Stock*), pierreux et métalliques, tels que le cuivre pyriteux, le fer oxidulé et oligiste; et parmi les roches ce sont principalement les dolomies, les serpentines et ophiolites, surtout les porphyres., mélaphyres, ophites, variolites, spilites, trachytes, téphrines, stigmites, basanites, dolérites, vakites, et peut-être les granites, protogynes, syénites, diorites.

Les *terrains hors de série* formeront la seconde considération principale, sous laquelle nous étudierons la structure de l'écorce du globe. Nous les nommerons TERRAINS MASSIFS OU TYPHONIENS, parce qu'ils semblent avoir soulevé les autres terrains.

ART. 3. *Principes de classification et de dénomination des terrains.*

§. 1.er Principales divisions.

Les différentes sortes de terrains qui composent l'écorce du globe étant ainsi classées sous deux points de vue différens, nous devons examiner, l'un après l'autre, les terrains de chacune de ces grandes classes.

L'ordre qu'il convient de suivre dans cet examen ne doit pas être plus arbitraire que le choix des circonstances qui nous ont fait reconnoître les caractères des deux divisions: il doit être celui de la succession des dépôts dans les terrains stratifiés, et celui des coulées ou épanchemens dans les terrains massifs.

Mais cet ordre, dans le premier cas, et encore bien plus dans le second, est très-difficile à reconnoître; nous en avons dit les raisons. Nous ne devons donc espérer que d'approcher de la vérité, sans pouvoir prétendre encore la découvrir complétement.

On peut examiner ces séries par deux voies opposées: par l'une on procède du membre le plus ancien au membre le plus nouveau, et prenant pour premier membre la partie de l'écorce du globe au-dessous de laquelle on croit n'avoir pas encore pénétré, on appelle cette partie *terrains primitifs*, et on va en remontant, en donnant aux groupes qui les suivent les noms de *terrains secondaires* et *tertiaires*.

Par l'autre voie on part de la surface de la terre, de la couche que tous ses caractères signalent comme devant être la plus superficielle, et en s'enfonçant aussi profondément qu'il est possible dans l'écorce du globe, on décrit de haut en bas les diverses parties stratifiées de cette écorce à mesure qu'elles se présentent.

On ne peut plus donner à ces membres de la série stratifiée les noms de primaires ou primitifs, secondaires, tertiaires, etc.; il faut au contraire éviter de leur appliquer aucun nom hypothétique. Or, dans le cas actuel, les noms numératifs expriment des hypothèses; on doit donc chercher à désigner ces terrains par des noms simples, univoques, qui indiquent leur propriété la plus visible, la plus caractéristique et la plus constante; mais il ne faut pas avoir la prétention d'indiquer toutes les propriétés, ni même d'en indiquer une qui soit absolue, c'est-à-dire sans aucune exception. Cette prétention est impossible à réaliser; il suffit que le nom rappelle la propriété la plus générale, la plus inhérente aux terrains, et par conséquent la plus constante, ou même qu'il n'en rappelle aucune, mais qu'il puisse être employé dans toutes les théories qui pourroient être proposées dans la suite, sans être en contradiction avec aucune de ces théories.

Tels sont les principes d'après lesquels nous avons établi les dénominations employées dans le tableau des grandes divisions des terrains, et même dans les subdivisions de ce tableau.

On a fait voir plus haut, d'une manière générale, 1.° les causes qui ne permettoient pas de s'assurer si l'ordre des séries de terrains et de leurs subdivisions étoit le même sur toute la terre; 2.° celles qui faisoient présumer que cet ordre n'étoit pas constant, au moins dans ses subdivisions: 5.° enfin, celles qui avoient dû le déranger et même l'intervertir.

Il faut bien cependant suivre un ordre linéaire dans l'exposition et des généralités qui appartiennent à chaque sorte de terrains, et des phénomènes qu'ils présentent. Cet ordre linéaire ne sera pas choisi arbitrairement, mais il sera pris dans les lieux où la superposition se sera présentée de la manière la plus claire, et faute de lieux qui présentent cette évidence ou cette réunion de circonstances, il sera établi d'après la théorie résultant des présomptions les plus vraisemblables et les plus généralement admises; enfin, il sera fondé sur la nécessité où l'on est de réunir sous un même titre ou sous un même point de vue tous les phénomènes qui doivent être rassemblés pour faire l'histoire d'un terrain, d'une formation ou d'une roche.

Ainsi on ne prétend pas que le-tableau dans lequel on présente les roches des terrains clysmiens, réunies en groupes, formations et terrains, ni que l'ordre dans lequel on a placé la série de ces roches, soient ni les mêmes dans tous les lieux, ni constans dans le même lieu; mais on a seulement voulu dire que c'étoit le tableau de l'ordre qui approchoit le plus de la vérité des superpositions, et qui étoit le plus favorable à l'exposition des phénomènes relatifs aux terrains clysmiens et aux groupes de roches qui les composent.

La considération des terrains hors de série ou terrains massifs est indépendante de l'ordre d'apparition des différentes roches à la surface du globe. Cette considération, qui est maintenant assez généralement reçue, n'empêche pas qu'on ne cherche à rapporter chaque masse de terrains hors de série à une époque correspondante au dépôt des roches stratifiées des terrains en séries.

M. Boué, qui a admis implicitement la division des terrains en série sous le nom de terrains stratifiés ou neptuniens, et des terrains hors de série sous celui de terrains massifs ou plutoniens, dans le savant tableau de classification des terrains qu'il a publié en Août 1827, a essayé de rapprocher les époques de dépôts des premiers des époques d'apparition des seconds, en les énumérant de front. Mais tout en rendant justice aux nombreuses observations de l'auteur dont ce tableau si complet est le résultat, aux heureux rapprochemens qu'il a faits, je crois pouvoir dire avec quelque fondement que l'étude en est difficile.

Ce ne seroit pas un motif suffisant pour chercher à présenter le tableau des terrains d'une autre manière que ce profond géo-

Logue, si cette difficulté étoit une conséquence nécessaire des nombreuses vérités qu'il auroit reconnues. Mais nous ne pouvons pas encore admettre que ces rapprochemens soient tous exacts; car, s'il en étoit ainsi, les terrains massifs ou plutoniens rentreroient dans les séries; s'il étoit prouvé que le granite de l'Erzgebirge, étant venu après le calcaire de transition, a été recouvert comme lui par le grès rouge ou le calcaire à encrines, il faudroit les introduire dans la série des terrains, ce qui seroit beaucoup plus simple et plus clair, et ce qui pourra peut-être se faire un jour.

Mais cette conséquence est entourée de tant d'incertitude, elle demande tant de discussion, qu'elle ne m'a pas paru susceptible d'être introduite directement et même dogmatiquement dans un tableau continu de la superposition des terrains.

J'ai donc préféré traiter séparément et les terrains généralement stratifiés et les terrains massifs, sans cependant renoncer, comme on le verra, à *nommer* ces derniers dans leur place au milieu des séries, quand cette place est bien déterminée ou seulement raisonnablement présumée. Mon ordre ne diffère pour ainsi dire de celui de M. Boué, que parce que j'ai mis à la suite de deux chapitres séparés ce qu'il a mis en regard; je crois avoir évité par là des répétitions trop fréquentes de la même roche, et je me suis donné plus de latitude pour développer et discuter les motifs de la place donnée à chaque terrain et à chaque roche.

Abandonnons maintenant cette manière de considérer la structure en grand de l'écorce du globe, considération qui tient aux divers modes suivis par la nature pour former cette écorce, et abordons une considération d'un tout autre ordre, celle qui est relative à la succession chronologique de ses diverses parties ou aux périodes et époques géognostiques.

D'après ce que j'ai dit plus haut, on sait ce que j'entends par ces deux expressions appliquées à la géognosie; il me semble qu'une des premières divisions d'époques, une des plus importantes, est celle qui sépare les phénomènes géologiques en deux grandes périodes, quoiqu'il s'en faille de beaucoup qu'elle les partage en deux parties égales.

L'une de ces périodes, dont nous ne connoissons ni le commencement, du moins pour ce qui concerne l'écorce du globe, seul objet de notre étude, ni la durée même approximative, renferme toutes les roches, terrains et phénomènes antérieurs à la dernière révolution du globe; à celle qui a placé la mer dans le bassin qu'elle occupe depuis les temps les plus reculés, qui a donné leur forme à nos continens et qui est antérieure à toutes les notions historiques; c'est celle que j'appelle la *période saturnienne*.

L'autre période renferme toutes les productions de roches et de terrains, tous les phénomènes géologiques qui se sont présentés à la surface du globe depuis la terminaison de la période saturnienne: ceux, enfin, qui se passent encore de nos jours, je la nomme *période jovienne* ou d'aujourd'hui.

Elles ont toutes deux produit des terrains en série et des terrains hors de série; mais cette division n'est pas assez importante dans la période jovienne pour l'y introduire.

Dans l'ordre chronologique de ces périodes, la période saturnienne devroit être traitée la première; mais nous avons préféré étudier les terrains tels qu'ils se présentent à nous quand nous pénétrons dans l'écorce du globe. Nous en connoissons la fin, sans en connoître le commencement. En allant du haut en bas, les premières roches resteront toujours les premières; en allant de bas en haut, les roches que nous appellerions maintenant les premières, pourroient bien dans la suite prendre une dénomination numérique bien plus avancée dans cet ordre.

Ainsi, pour être conséquent à ce principe, nous commencerons par la période jovienne.

Les motifs des principales divisions présentées dans le tableau général des terrains qui précède les tableaux des détails de chaque classe, seront exposés et développés à l'article de chacune de ces classes et de ces terrains.

§. 2. Nomenclature géologique.

Tout le monde convient que la nomenclature géologique est dans un état de désordre qui introduit souvent de l'embarras et de l'obscurité dans l'étude de cette science et de l'incertitude dans ses résultats. Les descriptions étant moins claires, les objets sont plus difficiles à comparer ; leurs différences ou leurs ressemblances moins sensibles, et les conséquences qu'on pourroit en tirer, sont ou inaperçues ou incertaines. Personne cependant n'a osé introduire dans cette science une nomenclature plus régulière et fondée sur des principes qui pussent la rendre durable.

Une nomenclature n'est durable que lorsqu'elle est à peu près *insignificative*. J'ai donné ailleurs de nombreuses preuves de ce principe ; mais une nomenclature absolument *insignificative* est difficile à retenir : la mémoire n'a pas de prise sur des mots qui, encore peu usités, ne se rattachent à rien. Quand un mot a passé dans l'usage général, il n'est plus nécessaire qu'il signifie quelque chose ; mais si, avant ce moment, un nom insignificatif est aux prises avec un nom significatif, ce dernier, quelque faux qu'il soit, l'emportera long-temps, et peut-être même toujours, sur le premier. Il en est de même d'un mot univoque ; quelque défectueux qu'il soit, il prévaudra presque toujours sur un nom composé de plusieurs mots, quelle que soit d'ailleurs l'exactitude de ce nom.

Ces principes rappelés, il s'agissoit de les appliquer à la géologie. Il eût fallu faire une refonte presque complète de la nomenclature : je ne m'en suis senti ni le courage, ni les moyens, ni le droit. J'ai donc tâché de l'améliorer, en remplaçant par des expressions simples et choisies d'après les principes précédens, les dénominations trop longues, trop vagues ou trop fausses. J'ai laissé tels qu'ils sont, les mots qui ne m'ont pas paru avoir ces défauts d'une manière trop choquante.

Je n'ai point changé les noms pour en mettre de meilleurs à leur place ; je me suis toujours prononcé contre cette prétendue amélioration, qui n'auroit pas de terme. J'ai cherché à représenter par des noms simples des définitions longues et cependant incomplètes, parce que si on eût voulu les rendre complètes, il eût fallu les faire encore plus longues.

Le principe fondamental de la nomenclature de géologie, tel que je le conçois, tel que je l'ai entendu souvent poser par les géologues qui ont le plus réfléchi sur ce sujet (et je dois citer surtout M. d'Omalius d'Halloy), c'est que les noms qui indiquent des terrains, c'est-à-dire des associations de minéraux, roches et circonstances qui ont entre elles une grande liaison géologique; c'est que ces noms, dis-je, soient différens des noms oryctognostiques qui indiquent des minéraux et des roches considérées minéralogiquement. C'étoit au reste le principe de la nomenclature géologique de l'école de Werner; mais cette école elle-même s'en est écartée, et, hors d'elle, on l'a encore bien plus abandonné.

C'est ce principe qui a fait donner par M. d'Aubuisson le nom de *traumate* au terrain désigné par les géologues de Freyberg sous celui de *grauwacke;* qui a fait donner par M. d'Omalius le nom de *pénéen* au terrain qui renferme les roches nommées géognostiquement *zechstein* et *todtliegende.* Mais on a employé bientôt ces noms géologiques comme noms minéralogiques. Ainsi on a voulu que le *zechstein* fût un calcaire compacte, et pas autre chose; que le *todtliegende* fût une roche d'agrégation, etc.

Si on cherche à se rendre compte du vrai motif qui a fait abandonner ce principe et mêler ainsi deux nomenclatures qui doivent marcher d'une manière toujours distincte, on verra que c'est la crainte de multiplier les noms, d'avoir l'air de changer une science de faits et de théorie en une sèche nomenclature. C'est l'abus qu'on a fait ailleurs de la multiplication des noms et de leurs changemens, qui a empêché de faire, en géologie, un usage utile et convenable de cette règle. On va voir en effet, par l'essai que j'ai tenté de son application aux terrains parisiens, combien il faudroit créer de noms pour désigner les divers terrains qui composent l'écorce du globe, si on vouloit être conséquent aux principes.

Les terrains sont, comme on l'a dit, des associations de roches qui ont pour caractère d'avoir été formées à peu près à la même époque et d'avoir une position déterminée par rapport à d'autres associations. Ce sont là les seuls caractères distinctifs des terrains : il n'y a donc pas de roche essentielle; il n'y a pas même de restes organiques essentiels propres à les caractériser; deux associations de roches et de fossiles appartenant évidemment au même terrain, peuvent n'avoir pas un fossile, pas une roche qui leur soit commune. (Le terrain d'eau douce est tantôt entièrement calcaire, avec des cyclostomes et des paludines, et tantôt entièrement siliceux, avec des limnées, des potamides, etc.)

On doit donc désigner les terrains par des noms qui ne puissent être celui d'une roche. Cette méthode, bien employée, ne permettroit plus de confondre les noms de roches et les noms de terrains; elle permettroit de définir le terrain aussi longuement qu'on le croiroit nécessaire, et feroit disparoître ces contradictions de noms avec la chose, comme celui de *grès*, appliqué à toutes les roches arénacées, ceux de *terrain houiller sans houille*, de *calcaire grossier* à des terrains dans lesquels on ne trouve aucun lit de cette roche, etc., ou qui, renfermant bien d'autres roches et d'autres calcaires que du calcaire grossier, devroient être nommées *terrain calcaréo-marno-sableux*, si on vouloit indiquer leur composition par ce nom, qui n'est plus un nom, mais une phrase descriptive, etc. Cette considération, qui a frappé également M. d'Omalius d'Halloy, m'a engagé à proposer le nom de *terrain protéique* pour désigner ce groupe de terrains de l'ordre des thalassiens, qui est principalement composé de calcaire, de marnes diverses et de grès, renfermant des cérites, des fusus, des lucines, des tellines. etc., placé au-dessus du gypse, etc. Les noms de *terrains plusiaques*, *tritoniens*, *palæothériens*, *jurassiques*, *conchyliens*, *pénéens*, de *lyas*, *keuper*, etc. ont été faits d'après le même principe. Mais, par les motifs que j'ai exposés plus haut, je n'ai pas osé en porter plus loin l'application, et j'ai respecté beaucoup de noms significatifs, ou trop généralement admis, ou trop peu importans, pour être changés. Quand j'ai été forcé de laisser des noms de roches aux classes, ordres, formations ou groupes de terrain, je les ai toujours pris adjectivement, ainsi que l'a fait M. d'Omalius d'Halloy ; tandis que les roches énumérées dans le tableau, ont dû toujours porter les noms déjà connus et définis minéralogiquement de ces roches et minérais.

Un autre motif qui auroit dû me porter plus hardiment à rejeter tous les noms simples ou composés de roches, même pris adjectivement, pour désigner des terrains, c'est le retour de ces mêmes roches et groupes dans des terrains différens. Ainsi, lorsqu'on désigne un groupe par le nom de *marnosableux*, ou de *calcaire*, ou de *clastique*, il faut ajouter le nom du terrain, pour le distinguer du même groupe qui se rencontre dans d'autres terrains : cela alonge tellement les phrases des descriptions, qu'on préfère à une telle périphrase le nom le plus étrange.

C'est pour éviter ce double inconvénient que j'ai préféré le nom de *protéique* à celui de *marno-sableux* ou *terrain marin supérieur*; celui d'*épiolithique*, à celui d'*argilo-calcaire*; celui de *tritonien* à celui de *calcaréo-sableux* ou de *calcaire grossier*, etc. Ces mêmes associations pouvant se rencontrer dans d'autres terrains, il eût fallu toujours y ajouter les noms des terrains, tels que *thalassien*, *pélagien*, etc.; tandis que ceux de *protéique*, *tritonien*, etc., peuvent aller seuls, sans avoir à craindre la confusion.

J'aurois désiré faire disparoître également, et par les mêmes motifs, les noms de *marno-charbonneux*, *argilo-sableux*, etc, qui ne s'entendent bien qu'avec l'addition du mot *thalassique*; de *clastique*, qui s'applique tantôt aux terrains abyssiques, tantôt aux terrains hémilysiens, etc. Mais j'ai craint l'introduction d'un trop grand nombre d'expressions nouvelles dont la nécessité ne seroit pas suffisamment motivée.

J'ai adopté pour les roches les noms introduits dans ma *Classification minéralogique des roches*, publiée en 1827, et je crois avoir éprouvé la commodité de cette classification et de son application. Le nom seul remplace une longue définition, qu'il eût été nécessaire de rappeler chaque fois qu'il eût fallu mentionner la roche, et il la remplace avec une uniformité et une précision qu'on ne peut attendre d'une définition dont les termes varient suivant la mémoire, le temps et les circonstances où se trouve celui qui veut l'employer.

CHAPITRE II.

Tableaux et développemens des caractères des neuf classes de terrains.

La classification géognostique des différentes roches ou masses minérales qui entrent dans la composition de l'écorce du globe, est, de toutes les classifications du domaine de l'histoire naturelle, celle qui variera le moins, qui ira toujours en se perfectionnant, et qui finira par atteindre sa limite de perfection; car ici les matières à classer le sont déjà, il ne s'agit que de reconnoître l'ordre dans lequel elles sont placées. C'est le but vers lequel tendent tous les géologues, et les grandes différences qu'on remarquera entre les classifications géologiques de 1780, celles de 1810 et celles de ce moment, ne résultent pas de la manière de voir des naturalistes qui les ont établies, mais seulement de l'erreur dans laquelle on étoit sur les choses; car, dès que cette erreur est redressée et que sa rectification est admise, il faut aussi en admettre les conséquences.

Les géologues du même temps, également instruits de toutes les observations faites jusqu'à eux, ne peuvent différer que par la manière de prendre la série de bas en haut ou de haut en bas, et par les groupes qu'ils établiront dans cette série; mais ses élémens resteront toujours les mêmes, et dans l'ordre résultant de l'observation. Une partie de cette série pourra seule pendant long-temps apporter quelques divergences dans les résultats; c'est celle qui est relative à ces terrains massifs ou typhoniens qui sont venus à travers tous les autres s'intercaler à différentes époques au milieu des membres de la série des terrains stratifiés.

Ces réflexions font connoître la cause de l'espèce d'uniformité qui règne dans les classifications géologiques, au moins dans leur division principale. On ne peut en effet faire du nouveau dans une telle classification que par ignorance, erreur ou hypothèse sans fondement.

Malgré cette uniformité, conséquence nécessaire de la matière examinée, on reconnoîtra déjà deux époques et deux systèmes assez différens dans la classification géologique; la première est celle de Werner et de sa nombreuse et savante école. C'est sur les bases de la classification géologique de ce célèbre professeur, que MM. Reuss, Karsten, Leonhard, Kop et Merk, de Heim, etc., ont établi les leurs.

Quelques géologues de la même époque s'en sont un peu écartés; mais seulement dans la formation des groupes, tels sont: MM. de Hof, Hausmann, de Raumer, etc.

Les géologues anglois ont d'abord suivi le même système général en plaçant tous les terrains en série; mais ils ont apporté d'heureuses rectifications dans la formation des groupes, et surtout dans ceux qui composent les terrains de sédimens.

Mais c'est de l'introduction d'une toute nouvelle classe de terrain, de celle qu'on nomme terrains massifs, ou soulevés, ou plutoniques, que date la seconde et nouvelle ère géologique; elle est toute récente. M. de Buch en a fourni l'idée principale, MM. de Humboldt, Keferstein, Boué, l'ont saisie, et ce dernier surtout nous semble l'avoir appliquée dans tous ses développemens.

C'est aussi celle qui est la base de la division des terrains en deux grandes classes, que j'ai suivie : quant aux bases de l'ordre sérial que j'ai adoptées dans l'exposition des divers groupes de terrains qui composent l'écorce du globe, elles avoient déjà été posées dès 1813, dans le cours de géognosie que je fis alors à la faculté des sciences, et en 1814 dans mon Mémoire sur le Cotentin : le tableau que je présente n'est que le développement de celui que j'avois exposé à cette époque : mais ce développement a éprouvé de grands changemens par les connoissances qui ont été acquises depuis lors sur la structure du globe, par les observations que j'ai eu occasion de faire, et surtout par les secours que j'ai trouvés dans les tableaux du même genre, publiés successivement par MM. Buckland, de Humboldt, de Bonnard, Philipps et Conybeare, et tout récemment par M. Boué.

Le tableau des terrains publié par ce dernier en 1827, m'a surtout été du plus grand secours par sa richesse en faits, résultats et rapprochemens nouveaux et toujours aussi intéressans qu'utiles, lors même qu'ils ne seroient pas tous définitivement admis. Mais on ne peut blâmer un géologue de hasarder des rapprochemens, c'est, comme je l'ai déjà dit et ici et ailleurs, sa seule voie expérimentale; car, n'étant point le maître des circonstances, n'ayant aucun moyen de découvrir la vérité par des expériences, il faut qu'il attende que l'occasion de vérifier ses conjectures se présente, soit à lui, soit à d'autres. Toutes ces présomptions hasardées par des hommes sages et judicieux observateurs, sont pour ainsi dire des expériences commencées qu'ils n'ont pu terminer, et qu'ils laissent à continuer aux savans qui suivent la même carrière.

Les tableaux suivans offrent l'énumération des classes, ordres et groupes dans lesquels j'ai cru devoir diviser les terrains qui entrent dans la composition de l'écorce du globe.

Ces classes sont présentées presque isolément dans le premier tableau, dont j'ai déjà publié l'ébauche dans ma Classification minéralogique des roches. Elles sont ensuite développées dans les autres et subdivisées en ordres. groupes ou formations, exposant dans l'ordre le plus ordinaire ou le plus vraisemblable de superposition pour les terrains en série, et d'apparition pour les terrains hors de série, les roches et minéraux qui entrent dans la composition de ces groupes ou formations, ou qui s'y rencontrent le plus ordinairement.

Pour ne point surcharger ces tableaux de détails difficiles à saisir et à suivre, et qu'on ne peut souvent pas suffisamment motiver, je me suis borné à indiquer la synonymie la plus ordinaire dans les principales langues employées par les géologues.

Lorsque cette synonymie a eu besoin d'être expliquée ou développée, je l'ai fait a l'article de chaque terrain. J'ai également renvoyé les exemples à la suite de l'exposé des caractères géognostiques de chaque formation. Je me suis contenté d'en indiquer quelques-uns dans la troisième colonne, uniquement pour préciser l'idée qu'on doit prendre de chaque groupe.

Je n'ai point eu l'intention de donner l'énumération de tous les lieux où se présente le terrain ou la roche en question, mais seulement de prouver par des exemples choisis dans mes propres observations, lorsque je l'ai pu, ou dans les sources les plus authentiques, que les généralités caractéristiques établies à l'article de chaque terrain, ne sont pas fondées sur des présomptions ou de vagues et trompeurs souvenirs ; mais qu'elles peuvent être appuyées sur des faits. Il ne reste plus alors qu'à savoir si les faits ont été bien observés, s'ils ne sont pas des exceptions dues à des circonstances locales, etc. ; ce sont certainement des sources d'erreurs, qu'il ne m'a pas été possible d'éviter ; mais en prenant le moins possible aux auteurs qui n'ont pas vu par eux-mêmes, j'aurai au moins évité de propager des erreurs. D'ailleurs, j'ai eu soin de citer mes sources et mes autorités, lorsque l'exemple donné n'étoit pas devenu ce qu'on appelle classique.

TABLEAU GÉNÉRAL DES DIVISIONS, CLASSES ET ORDRES DES TERRAINS.

NOMS DES CLASSES ET DES ORDRES.	SYNONYMIE.	DÉFINITION ET CARACTÈRES ESSENTIELS.
PÉRIODE JOVIENNE, c'est-à-dire de l'époque actuelle, ou terrains postdiluviens.		
I.re Cl. TERRAINS ALLUVIENS..	*alluvium*....................	par transport et sédiment.
II.e Cl. TERRAINS LYSIENS.....	....	qui ont été dissous et formés par voie chimique.
III.e Cl. TERRAINS PYROGÈNES.	volcaniques et ignés actuels.	
P. VOLCANIQUES.........	....	formés par l'action du feu des volcans actuels.
P. PHLOGOSIQUES........	terrains pseudo-volcaniques.....	C'est-à-dire par inflammation sans tumeur.
P. ATMOSPHÉRIQUES.....	pierres météoriques.	
PÉRIODE SATURNIENNE, c'est-à-dire ancienne, antérieure à la dernière révolution du globe.		
1.re *Considération.* **TERRAINS STRATIFIÉS** ou **NEPTUNIENS.**		
IV.e Cl. TERRAINS CLYSMIENS..	*diluvium*....................	par transport ou alluvion.
V.e Cl. TERRAINS IZÉMIENS....	de sédiment................	principalem. par sédiment.
Iz. THALASSIQUES........	supérieurs ; terrains tertiaires.	C'est-à-dire de la mer.
Iz. PÉLAGIQUES.........	moyens ; terrain secondaires.	de la haute mer.
Iz. ABYSSIQUES	inférieurs	de l'ancienne mer.
VI.e Cl. TERRAINS HÉMILYSIENS.	terrains de transition compactes..	formés en partie par voie de sédiment, en partie par voie chimique.
VII.e Cl. TERRAINS AGALYSIENS.	terrains primordiaux..........	entièrement dissous et cristallisés.
A. ÉPIZOÏQUES	terrains de transition cristallisés.	supérieurs à des terrains qui renferment des débris de corps organisés.
A. HYPOZOÏQUES	terrains primitifs............	inférieurs à tous les terrains connus, qui renferment des corps organisés.
2.e *Considération.* **TERRAINS MASSIFS** ou **TYPHONIENS.**		
VIII.e Cl. TERR. PLUTONIQUES..	terrains d'épanchement........	sortis hors de la terre avec indices de liquefaction.
P. GRANITOIDES.		
P. OPHIOLITHIQUES.		
P. ENTRITIQUES........	porphyritiques, etc.	une pâte enveloppant des cristaux.
P. TRACHYTIQUES.		
IX.e Cl. TERR. VULCANIQUES...	terrains volcaniques anciens....	portant des signes évidens de liquefaction ignée.
V. TRAPPÉENS..........	....	liquefaction pâteuse.
V. LAVIQUES	....	liquefaction fluide.

CLASSES ET TERRAINS.	GROUPES OU FORMAT.	ROCHES ET MINÉRAUX.	SYNONYMIE.	EXEMPLES ET OBSERVATIONS.

PÉRIODE JOVIENNE (actuelle).

CLASSES ET TERRAINS.	GROUPES OU FORMAT.	ROCHES ET MINÉRAUX.	SYNONYMIE.	EXEMPLES ET OBSERVATIONS.
I. TERRAINS ALLUVIENS			*Alluvium* (BUCKL.). *Neuere Alluvial-Bildungen* (BOUÉ).	
	1. PHYTOGÈNES.			
		1. Humus	Terre végétale.	
		2. Tourbes herbacées		Hollande. Bohème. Vallée de la Somme.
		3. Tourbes ligneuses	Forêts sous-marines	Morlaix. Frith of Tay.
	2. LIMONEUX			Deltas du Nil, du Rhin, du Rhône, du Gange, de l'Amazone.
		Limon marneux	Terre franche.	Base des poteries grossières des Indous, des Égyptiens, etc.
		— sableux	Rivag. de la mer. Dunes.	
		— vaseux		Embouch. de la Seine, à Honfleur.
		Fer titanifère arénacé		Rivag. de Naples. S.-Quay (côtes du N.).
	3. CAILLOUTEUX		Détritiques (D'OMALIUS)	
		Gravier	Sable de rivière	Sable calc. de la Seine.
		Galets	Cailloux roulés.	
		Par la mer		Rivages de Normandie.
		Par les torrens		Lit de l'Adour, du Drac.
		Blocs	Transp. par les glaces.	Moraines. Source de l'Arve.
II. TERRAINS LYSIENS.				
	1. CALCAIRES.			
		Stalactites	Stalagmites. *Kalksinter*.	Des voûtes (aqueduc de Maintenon), des caves, des cavernes.
		Travertin (moderne)		Env. de Rome. Messine. Czegled en Hongrie. Lac de Baskie.
		Incrustans		S.-Allyre. Arcueil. S.-Philippe.
		Pisolithes		Vichy. Carlsb. S.-Phil.
		Arragonite fibreuse		S.-Nectaire (Auvergne).
	2. SILICEUX.			
		Silex nectique		Islande. Lancerotte.
		Silice gélatineuse		Eaux minér. Montdor.
		? Allophane.		

CLASSES ET TERRAINS.	GROUPES OU FORMAT.	ROCHES ET MINÉRAUX.	SYNONYMIE.	EXEMPLES ET OBSERVATIONS.
		3. SALINS ET ACIDES.		
		Acide sulfurique.......	....	Java.
		Acide muriatique	....	Le Vésuve.
		Acide carbonique........	....	Carr. de Paris. Mines de lignites de Prov. Voisin. des volcans.
		Acide borique.........	....	Lagonis de Tosc. Milo.
		Alun.		
		Natron...............	....	Égypte.
		Nitre...............	....	Indes.
		Reussin..............	Sulfate de soude	Montmartre. Savoie.
		Selmarin pulvérulent......	....	Indes. Perse.
		? — lacustre........	....	Égypte.
		Eaux minérales en général.		
		4. INFLAMMABLES.		
		Soufre par voie aqueuse..	....	Enghien. Aix-la-Chap.
		Gaz hydrogène des salses.	Fontaines brûlantes..	Modenois. Isère.
		Bitume	....	Gabian. Mont-Zibio.
		5. MÉTALLIQUES.		
		Pyrit. des eaux minerales.	....	Chaudesaigues.
		Sulfate de cuivre, de fer.	....	Chessy. Cuença.
		Fer phosphaté pulvérulent	Fer azuré..........	Lim. de la riv. de Caen.
		Fer limoneux..........	....	Lusace. Lac Balaton.
III. TERRAINS PYROGÈNES.				
	1. VOLCANIQUES.			
		Soufre sublimé..........	ou des solfatares	Lipari. Islande.
		Sélénium..............	....	Stromboli.
		Arsenic, etc..........	....	Vésuve.
		Muriate de cuivre.......	....	Vésuve.
		Acide borique........	....	Stromboli.
	2. PHLOGOSIQUES		Pseudovolcaniques.	
		Thermantide...........	Porcellanjaspis	Bohème.
		Selammoniac, etc......	....	Saint-Étienne (Loire).
		Fer aciéreux..........	....	Labouiche (Allier).
		Fer phosphaté........	....	Labouiche.
	3. ATMOSPHÉRIQUES........		Pierres météoriques.	
		Fer natif.		
		Péridot, etc.		

CLASSES ET TERRAINS.	GROUPES OU FORMAT.	ROCHES ET MINÉRAUX.	SYNONYMIE.	EXEMPLES ET OBSERVATIONS.
PÉRIODE SATURNIENNE.				
TERRAINS NEPTUNIENS.				
IV. TERRAINS CLYSMIENS......			*Diluvium ;* terrains an-tédiluviens.	
	1. LIMONEUX.			
		Limon argilo-sableux......	....	Val d'Arno.
		Limon argilo-tourbeux....	....	Sévran, au N. de Paris.
	2. DÉTRITIQUES.			
		Galets.................	Terr. détritiques (D'O-MALIUS D'HALLOY.)..	Plaine de Boulogne, Pa-ris. La Crau en Prov.
		Poudingues.		
		Blocs erratiques.........	....	Westphalie. Holstein. Jura.
		Gravier coquillier.......	....	Uddevalla. S.-Michel (Charente inf.).Nice.
		Falun coquillier	Partie du *crag* des An-glais (J. DESNOYERS)..	Bassin de la Loire inf.
	3. CLASTIQUES.............		(c'est-à-dire composés de fragmens.)	
		Cavernes à ossemens......	....	Kirkdale. Geilenreuth.
		Brèches osseuses..	....	Cette. Gibraltar. An-tibes.
		Brèches ferrugineuses	....	Lucel,etc., dans leJura. Kropp en Carniole.
	4. PLUSIAQUES		(c'est-à-dire riches, opulens.)	
		Gravier stannifère........	Étain de lavage......	Bohème. Cornouailles.
		Gravier métallifère......	Sable aurifère.......	Brésil.Afrique.Sibérie.
		Gravier gemmifère........	*Cascalho*	Brésil. Indes.
		Fer pisolithique.........	Min. de fer d'alluvion.	Jura. H.ᵉ-Saône. Berry.
V. TERRAINS YZEMIENS			Terr. de sédim., secon-daires et tertiaires.	
	1. TERR. YZÉM. THALASSIQUES..		Terr. de sédiment supé-rieurs, ou terrains tertiaires.	
	1. THAL. ÉPILYMNIQUES		Terr. lacustres, ou d'eau douce supérieurs.	
		1. Calcaire travertin........	....	Travertin ancien des environs de Rome et de Sienne.
		Calcaire concrétionné.		

CLASSES ET TERRAINS.	GROUPES OU FORMAT.	ROCHES ET MINÉRAUX.	SYNONYMIE.	EXEMPLES ET OBSERVATIONS.
		Calcaire marneux.........		Isle de Wight. Hongrie. Bassin de Paris. Auvergne.
		Marne calcaire...........	....	
		Marne argileuse.........		
	2. Calcaire siliceux........			
		Silex meulière..........	....	Bassin de Paris. Langeais.
		Silex résinite..........	....	Plateau de Montreuil, près Paris.
		Silex pyromaque.......		
2. THAL. PROTÉIQUES			ou terr. mar. sup. Partie du *crag* des Angl.	
	1. Grès blanc protéique.....		....	Fontainebleau.
		Fer sablonneux	....	Meudon.
	2. Gompholite............		*Nagelflue*..........	La Drôme. Suisse. Salzbourg.
	Poudingue.			
	3. Macigno molasse		.................,	Lausanne. Bonpas.
		Bitume	....	Dardagny.
	4. Calcaire moellon		....	Hérault. Pezenas.
		Marnes marines.........	....	Montmartre. Collines subapennines.
3. THAL. PALÆOTHÉRIENS......			ou terr. lacustr. infér., ou second terr. d'eau douce.	
	1. Lignite suisse..........		....	Kœpfnach, prèsHorgen (Zurich). Lobsann (Alsace). Hœring(Tyrol). Hongrie.
	2. Marnes lymniques........		....	Pantin.
		Xylolithe siliceux......	Bois pétrifié	Montmartre.
		Célestine compacte.....	....	Paris.
	3. Gypse grossier..........		ou palæothérien	Montmartre. Aix.
		Manganèse terne.......	....	Montmartre.
		Silex corné..........	....	Montmartre. Aix.
	4. Calcaire siliceux........		....	Champigny. Crécy
		Silex ménilite........	....	Ménilmontant.
		Silex résinite........	....	Orléans.
		Silex nectique	....	Saint-Ouen.
		Calcaire spathique.....	....	Champigny.
	Magnésite..............		....	Coulommiers.
		Silex corné..........	....	Salinelle (Gard).

CLASSES ET TERRAINS.	GROUPES OU FORMAT.	ROCHES ET MINÉRAUX.	SYNONYMIE.	EXEMPLES ET OBSERVATIONS.
		4. Thal. tritoniens..........	ou calcaréo-sableux..	Bassin de Paris.
		1. Grès blanc tritonien	ou marin moyen.....	Beauchamp.
		Grès lustré.		
		2. Calcaire tritonien.......	Calcaire grossier	Paris. Bord. Hérault.
		Marne calcaire.........	London clay.........	Bassin de Londres.
		Marne argileuse		
		Silex corné..........	Calcaire grossier	Gentilly, près Paris.
		Glauconie grossière.....	....	Chantilly. Issy. Gand.
		Lignite...............	....	Mont-Rouge.
		5. Thal. marno-charbonneux.		
		Argile figuline..........	....	Forêt de Dreux.
		Marne argileuse.........	....	Auteuil(Par.).Sheppey.
		Sable marneux..........	....	Marly, près Paris.
		Lignite soissonnois.....	....	Aisne.
		Succin...............	....	Soissons. Gisors.
		Gypse...............	....	Auteuil.
		Pyrite	....	Auteuil. Soissons.
		Webstérite...........	....	Paris. Newhaven.
		Phosphorite...........	....	Paris.
		6. Thal argilo-sableux.		
		Sable quarzeux.........	....	Sèvres.
		Argile plastique........	....	Issy. Dreux. Montereau.
		Pyrite...............	....	Issy.
		Gypse...............	....	Houdan.
		7. Thal. clastiques.		
		Poudingue.............	....	Némours.
		2. Terr. yzém. pélagiques ...	ou de sédiment moyen.	
		1. Pélag. crétacés.		
		1. Craie blanche	Chalk et Upperchalk. Scaglia..........	Meudon. Rouen. Sussex. Vicentin.
		Silex pyromaque.		
		Fer pyriteux.		
		Célestine.............	....	Meudon.
		2. Craie tufau	Greychalk, Chalkmarle, Malm-Rock.....	Périg. Essex. Comté de la Mark. Strehle, près Dresde.
		Silex corné............	Chert.	

CLASSES ET TERRAINS.	GROUPES OU FORMAT.	ROCHES ET MINÉRAUX.	SYNONYMIE.	EXEMPLES ET OBSERVATIONS.
		Macigno crayeux.........	*Firestone*..........	Reigate.
		3. Glauconie crayeuse	*Uppergreensand*,*Tourtia. Planerkalk*	Valencienn. Le Hâvre.
		Silex corné.		
		Phosphate de fer......	....	Haut - Boulonois.
		Glauconie compacte	....	Mont. des Fis (Savoie).
		Marne bleue de la glauc..	*Gault* ou *Galt*, *blue Marle*..........	Folkstone. Cambridge.
		Argile smectite	....	Nutfield.
		Barytine...........	....	Nutfield.
	2. PÉLAG. ARÉNACÉS.			
		1. Glauconie sableuse.......	*Greensand* inférieur. Quelq. *Quadersandstein* (Boué). *Bunter Alpensandstein* (Ut-ting).	Le Blanc (Indre). Réthel (Ardennes).
		Fer phosphaté........	....	Le Hâvre.
		Pyrites.		
		2. Sable ferrugineux marin..	*Shanklinsand*.......	Isle d'Aix. Pointe de Rechignar.
		Quarz.		
		Silex corné.		
		Calcédoine.		
Terrain lacustre.		3. Lignite de l'ile d'Aix	....	Isle d'Aix (Charente inférieure).
		Succinite............	*Résine succinique* ...	
	3. PÉLAG. VELDIENS.			
		1. Argile veldienne........	*Weald clay. Oak-tree clay. Testworth clay*.	Sussex. Surrey. Bas-Boulonois. Beauvais.
		Marne veldienne.		
		Lignite veldien........	....	(Avec *pecopteris*). Sussex. Beauvais.
		2. Sable ferrugineux lacustre..	*Iron - sand. Hasting's-sand.*	
		Fer hydroxidé sablonneux		
		Grès..............	*Tilgate beds*	Suss. Étang des 5 bondes, au Blizon (Indre).
		Ochre.		
		Tripoli	....	Amberg.
		3. Calc. lumachelle purbéckien	*Purbeck-limest.*, Sedgw.	Sussex. Purbeck.
	3. PÉLAG. ÉPIOLITHIQUES		Oolithe supér. *Upper oolitic syst.* (Conyb.)	
		1. Calcaire portlandien....	*Portland stone*	Portl. Grisnez en Boul. Hennequeville.

CLASSES ET TERRAINS.	GROUPES OU FORMAT.	ROCHES ET MINÉRAUX.	SYNONYMIE.	EXEMPLES ET OBSERVATIONS.
		? Grès carpathique (Boué)	*Flisch* (Stud.).......	Fluhberg. Apennin. Ligurie (avec fucoides).
		Silex corné.		
		Barytine.		
		2. Marne argileuse hâvrienne.	*Kimmeridge clay*	Cap la Hève au Hâvre. Honfleur. Bélesme.
		Lignite.		
		Pyrite.		
		Gypse.		
		Calc. lumach. virgulaire..	ou à *gryphæa virgula*	Hâvre. Hécourt. Doudeauville. Beuvreuil, près Beauvais. Le Rocher, près La Rochelle.
		3. Calcaire corallique........	*Middle oolitic system.* (Conyb.) *Coral-rag*..	Oxford même. Boulonois. Mortagne.
		Sable ocreux...........	*Calcareous grit*......	Entre Mamers et Bélesme.
		4. Marne oxfordienne.......	*Oxford clay*	Marne de Dives et de Mamers. Marquise en Boulonois. Oxford.
		Marne calcaire	*Kelloway - Rock. Blue clay*, ou à *gryphæa dilatata.*	
		Pyrite.		
		Gypse.............	....	Oxford.
	4. Pélag. jurassiques		*Lower oolitic system.* (Conyb.)	
	A. Suprajurassiques.			
		1. Calcaire schistoïde........	*Schiefer - Kalk ; Cornbrash.*	
		Oolithe filicifère	....	Mamers (voir le tabl. n.° 11).
		Calcaire lithographique ...	*Forest marble*.......	Solenhofen, Eichstædt. Stonesfield.
		Fluorite.............	....	Villedoux, près La Rochelle.
		2. Calcaire zoophytique......	*Calc. à polypiers*.....	Amberg. Ligny (Meuse). Caen. Argentan.
		Tartufite.		
		Marne argileuse jurassique.	*Bradfort clay.*	
	B. Médiojurassiques.			
		3. Calcaire compacte commun.	*Calcaire de Caen*....	Caen.
		Oolithe miliaire	*Great oolithe. Dichter Jurakalk mit Bohnerz*	Bath. Argentan. Boulonois. Caen.
		Fer hydrox. oolith. comp.		

CLASSES ET TERRAINS.	GROUPES OU FORMAT.	ROCHES ET MINÉRAUX.	SYNONYMIE.	EXEMPLES ET OBSERVATIONS.
		Marne calcaire jurassique..	. . . .	Port en Tessin.
		Marne smectique.		
		4. Dolomie jurassique	*Dichter Jura-Kalk mit Dolomit.* (DE BUCH).	Antibes. Énégo. Pegniz.
	C. INFRAJURASSIQUES.			
		5. Calcaire compacte	. . . .	Franconie , environs d'Eichstadt.
		Stipites...............	Houille des cycadées.	Neuewelt (Bâle). Whitby. Grora. Larzac, environs de Milhau (DUFRESNOY).
		Oolithe ferrugineuse....	*Eisenschüssige Oolith.* ou à *gryphæa cymbium*...........	
		Fer hydroxidé.		Bayeux.
		Barytine.		
		Galène	. . . .	Larzac.
3. TERR. YZÉM. ABYSSIQUES.				
	1. ABYSS. DU LIAS		ou liassique (D'OMAL.). Calc. à *gryp. arcuata.* *Mergelkalk* (BOUÉ.)	
		1. Grès du lias...........	*Quadersandstein* (HUMBOLDT). *Sandstein des Gryphitenkalksteins*..	Maizières , près Vic (OYENHAUSEN). Aalen. vallée du Neckar (ALBERTI).
		Anthracite	. . . .	Alpes du col de Balme, de Briançon (ÉLIE DE BEAUMONT).
		Fer hydroxidé compacte.	. . . .	La Voulte.
		Wavellite..........	. . . .	Palatinat (BOUÉ).
		Arragonite.		
		2. Calc. marneux à gryphites .	*Gryphæa arcuata*....	Salins. Alais. Avallon. Apzel. Mirecourt. Wurtemberg.
		Lignite.		
		Pyrites.		
		Blende.		
		Plomb phosphaté.....	. . . .	Wilseck. Pressat.
		Galène.............	. . . .	Avallon.
		Dolomie spathique.		
		Silex	. . . . , . .	Amberg.
		Gypse	. . . .	Anduze.

CLASSES ET TERRAINS.	GROUPES OU FORMAT.	ROCHES ET MINÉRAUX.	SYNONYMIE.	EXEMPLES ET OBSERVATIONS.
		Célestine............	....	Vigy, près Metz.
		Barytine.............	....	Whitby.
		Phosphorite quarzeux.	....	Amberg.
	3. Ampélite alumineux......		*Alaunhaltiger Mergel-schiefer*.........	Whitby.
		Macigno solide ?........	*Sandiger Mergelkalk.*	
	2. ABYSS. DU KEUPER		Marnes irisées......	Dürrheim. Vigy.
	Grès impressionné........		....	Bidache ?
	Marnes keupriques.			
		Stipites.............	Houille du lias, houille des cycad. et du grès bigarré..........	Vic. Bâle. Gemonval (Doubs). Corcelle (Haute-Saône). Mirecourt (Vosges).
		Argile figuline..........	*Töpferleimen.*	
		Calcaire marneux........	*Nagelkalk.*	
		Gypse strié.............	*Upper red marle and gypsum*	Dürrheim. Embouch. de la Lées.
		Selmarin rupestre........	....	Vic. Bade. Wurtemb.
		Karsténite.	....	Vic. Sulz.
		Glaubérite	....	Salzbourg. Vic.
	3. ABYSS. CONCHYLIENS.			
		Calcaire conchylien......	*Muschelkalk. Rauch-grauer Kalkstein.*MÉR.	Meurthe. Toulon. Göttingue.
		Calcaire marneux.		
		Quarz hyalin........	....	Pyrmont (BOUÉ).
		Galène.............	....	Pyrmont.
		Gypse.		
		Selmarin rupestre......		Dürrheim, Rothweil, Heilbronn, etc., dans le Wurtemberg (ALBERTI).
		Calcaire fétide........	*Stinkkalk*	Ostérode, au Harz.
		Calcaire à Encrines.....	....	Heinberg. Göttingue.
		Dolomie oolithique ?....	*Rauchwacke.*	
		Célestine.	....	Pyrmont.
		Silex corné.		

CLASSES ET TERRAINS.	GROUPES OU FORMAT.	ROCHES ET MINÉRAUX.	SYNONYMIE.	EXEMPLES ET OBSERVATIONS.
	4. Abyss. Poeciliens............		Terr. du grès bigarré. *BunterSandstein. Gypseous red sandstone. Red marle et new red sandstone.*	
		1. Psammite bigarrée........ Grès bigarré	....	Avec plantes : Vosges. Wasselonne. Domptail, entre Bain et Fontenois. Tubingue.
		Lignite.		
		Macigno oolithique....	*Rogenstein.*	Harz. Ilsenburg. Wernigerode.
		Fer hydroxidé lithoïde.		
		Smectite	....	Yorkskhire.
		Dolomie en rognons....	....	Forbach.
		2. Marne bigarrée..........	....	Salzsée. Nottinghamsh.
		Gypse strié............	....	Roqueraine et Decise.
		Soufre	....	Gallicie.
		Fer hydroxidé.		
		3. Selmarin	....	Vic. Wieliczka. Wurtemberg.
		Poudingue..............	....	Vic. Soultz. Bâle. Valorsine ?
	5. Abyss. Pénéens...........		Calcaire alpin. *Zechstein. Magnesian limestone.*	
		1. Gypse strié..........	....	Mansfeld. Nottingh.
		2. Calcaire fétide........	*Stinkstein. Stinkkalk .*	
		. Dolomie pénéenne.....	*Magnesian limestone.. Bitterkalk.*.........	Figeac. Freyburg. Yorkshire.
		— compacte.....	....	
		— globuleuse....	....	
		— celluleuse....	*Zelligerkalk.*........	
		Arragonite	....	Whitehaven.
		Calcaire celluleux....	*Hohlenkalk. Rauhkalk. Rauchwacke. Rauhstein*.......... ..	Tarnowiz. Thuringe.
		Marne cendrée.......	*Asche. Earty-dolomite*	Thuringe. Durham.
		4. Calcaire pénéen	....	La Hesse.
		Calcaire compacte fin.	*Zechstein. Compact limestone*	Durham.
		Fer hydroxidé et manganèse..........	....	Schmalkalde.

CLASSES ET TERRAINS.	GROUPES OU FORMAT.	ROCHES ET MINÉRAUX.	SYNONYMIE.	EXEMPLES ET OBSERVATIONS.
		Galène.		
		Calamine.........	....	Moresnet.
		Barytine..........	....	Chaudfontaine.
		5. Schiste bitumineux....	*Marlslate*..........	Mansfeld. Durh. Banniskirk. Connecticut.
		Cuivre bitumineux..	....	Hesse.
		Mercure bitumineux	....	Ydria.
		Ampélite alumineux.		
		6. ABYSS. RUDIMENTAIRES.		
		1. Arkose molaire........	*Millstone grit.; grès vosgien*..........	Hoër. Baccarat. Rambervilliers.
		— miliaire........	*Weissliegende.*	
		2. Pséphite rougeâtre.....	*Rothe Todtliegende* .. *Lower red sandstone*..	Hesse. Toulon. Coutances. Halle. Felsberg.
		3. Arkose granitoïde......	*Millstone grit*.......	Aubenas. Waldshut.
		Calcaire spathique. ..	....	Waldshut.
		Fluorite............	....	
		Barytine...........	....	Romanesche. Remilly.
		Chrome oxidé.......	....	Les Écouchets.
		Manganèse.........	....	Romanesche.
		Fer oligiste	....	Waldshut.
		Galène............	....	Remilly.
		Blende.		
		Cinabre...........	....	Palatinat.
		Malachite..........	....	Chessy.
		Calamine.		
		7. ABYSS. ENTRITIQUES.......	*Feldsteinporphyr* (en partie).	
		1. Mimophyre...........	....	Autun.
		2. Eurite amphibolique	....	Col du Chardonnet (DE BAUM.)
		3. Porphyre.............	....	Felsberg. Halle.
		Spilite	....	Harz.
		Argilophyre..........	....	Flohe en Saxe.
		4. Mélaphyre.............	*Roche noire*........	Litry.
		5. Trappite..............	*Dyke de Whinstone* .	Écosse.
		8. ABYSS. HOUILLER.		
		1. Arkose miliaire.........	*Millstone grit*.......	S.-Étienne (Loire).

CLASSES ET TERRAINS.	GROUPES OU FORMAT.	ROCHES ET MINÉRAUX.	SYNONYMIE.	EXEMPLES ET OBSERVATIONS.
		2. Grès blanc.............	....	S.-George-Chat-laison (Maine et Loire).
		3. Psammite commun.......	Grès houiller.......	Hardingen.
		4. Poudingue psammitique ..	....	Clifton.
		5. Phyllade pailleté noirâtre..	*Shale.*	
		— — rougeâtre.		
		6. Argile schisteuse.........	*Schieferthon.*	
		Fer carbonaté lithoïde.	....	Angleterre. Silésie. S.-Étienne.
		Bitume...............	....	Shropshire.
		7. Houille filicifère........	*Coal measures.*	
		Pyrites.		
		Galène..............	....	Decize. Durham.
		Blende..............	....	Dudley.
		Quarz.		
		Calcaire spathique.		
		8. Anthracite.............	....	Fresne, départem. du Nord. Glamorgan. Pensylvanie.
	9. ABYSS. CARBONIFÈRES.......		Anthracifères (D'OM.) Terrain de transition sup. des géol. angl.; grès rouge ancien.	
		1. Schiste argileux.		
		Ampélite alumineux......	Schiste alumineux....	Liége.
		2. Calcaire carbonifère......	*Mountain limestone...*	Bristol, Northumberland. Glasgow. Liége.
		Fer oxidé et hydraté.....	....	Province de Namur.
		Anthracite.............	....	Schönebeck.
		3. Psammite rougeâtre.......	*Old red sandstone....*	Mendip, Herefordsh.
VI. TERRAINS HÉMILYSIENS....			ou terr. de transition semi-compacte.	
	1. HÉM. CALCAREUX.........		ou calc. de transition moyen des géologues anglois.	
		1. Calc. compacte métallifère.	*Mountain limestone...*	Dudley. Christiania. Écausines. Angers. Coutances.
		— — sublamellaire	Calcaire à Encrines..	
		Marbre noir bitumineux.	....	Castleton.
		Calcaire noir fétide.		

CLASSES ET TERRAINS.	GROUPES OU FORMAT.	ROCHES ET MINÉRAUX.	SYNONYMIE.	EXEMPLES ET OBSERVATIONS.
		2. ? Dolomie fétide.........	....	Matlock (Boué).
		Galène	....	Derbyshire.
		Blende.............	....	
		Cinabre ?		
		Fer carbonaté.........	....	Angers, Namur.
		Fluorite.............	....	
		3. Spilite zootique et Porphyre (en recouvrement).......	....	Harz.
		Fer oligiste (en amas droit ou filon).		
		Jaspe et phtanite.......	....	Harz.
		4. ? Macigno solide et compacte	....	Apennins.
	2. Hém. FRAGMENTEUX		Grobkörnige Grauwacke....	La Haie longue. Angers. Cassel. Clausthal.
		1. Anagénite variée.		
		2. Psammite rougeâtre......	....	Sundewoldt (Norwége).
		Schiste argileux ferrugin. (Porphyre.)		
	3. Hém. QUARZEUX		Jüngere Grauwacke ..	Sundewoldt.
		1. Grès pourpré.		
		2. Quarzite rougeâtre.......	....	May. Givet.
		— blanchâtre......	....	Cherbourg. Cayuga.
	4. Hém. SCHISTEUX		ou traumatiques ; terr. de transition ancien. (Géol. angl.)	
		1. Psammite schistoïde	....	Nivelle.
		2. Phyllade pailletée.......	....	Bain. Gavarnie. Lillenbourg.
		— quarzeux	....	Beaucouzé.
		3. Schiste ardoise..........	....	Angers. Meuse. Goslar.
		— coticulé.........	....	Oufalise.
		— carburé.........	....	Vallée de Louron.
		Phtanite..............	....	Clausthal. Vallée de l'Arboust.
		Jaspe	....	Apennins. Clausthal.
		4. Ampélite alumineux... ..	....	Andrarum. Eckeberg. Huy.
		— graphique	....	Vatteville.
		Anthracite.		
		Calcaire sublamellaire..	....	Tourmalet.

CLASSES ET TERRAINS.	GROUPES OU FORMAT.	ROCHES ET MINÉRAUX.	SYNONYMIE.	EXEMPLES ET OBSERVATIONS.
		Dolomie compacte	. . . .	Ratingen.
		Galène argentifère. . . .	. . . .	Harz.
		Blende.		
		Pyrite.		
		5. HÉM. TALQUEUX	Terrain de transition ancien des géol. angl. *Talkige Formation.* (KEFERST.)	
		1. Calschiste veiné.	. . . .	Vallée de Louron.
		— amygdalin	. . . .	Festenburg(Harz).Wildenfels.
		Anthracite.		
		2. Stéaschiste porphyroïde. . . .	. . . .	Tarentaise?
		— noduleux.	. . . .	Cherbourg.
		Quarzite.	. . . .	*Ibid.*
		Chlorite schistoïde.		
		3. Schiste luisant.	. . . .	Cherbourg. Albenga.
		Calcaire spathique.		
		4. Phyllade satiné.		
		— maclifère	. . . .	Tourm. Cripp. Schneeberg.
		Graphite.	. . . .	Cumberland.
		Fer oxidulé.		
		Fer oligiste.		
		Galène argentifère.		
		Blende.		
		Cuivre pyriteux.	. . . .	S.-Bel.
VII. TERRAINS AGALYSIENS. . . .			Terrains primordiaux. *Kristallische*, etc. *Gebilde* (BOUÉ). *Ganggebirge.*	
1. TERR. AGAL. ÉPIZOÏQUES.				
1. AGAL. CALCIQUES.				
		1. Calcaire saccaroïde.	. . . .	Cambo. Carrare.
		2. Ophicalce grenue	. . . .	Newbury (États-Unis).
		3. Calciphyre felspathique. . . .	. . . .	Col du Bonhomme.
		Gypse saccaroïde.	. . . .	Val Canaria.
		4. Calschiste granitellin	. . . .	Harz.

Minéraux disséminés dans ce groupe.

Quarz hyalin. (Carrare.)   Idocrase. (Lobo.)

Spinelle. (Acker. Ceilan.)   Condrodite. (Acker. Pensylvan.)

CLASSES ET TERRAINS.	GROUPES OU FORMAT.	ROCHES ET MINÉRAUX.	SYNONYMIE.	EXEMPLES ET OBSERVATIONS.
		Grenat pyrope.	Grammatite. (Malsjoë.)	
		Wernérite grossulaire.	Felspath.	
		Sahlite. (Malsjoë. New-York.)	Fer oxidulé.	
		Épidote ?	Pyrites.	
		Mica.	Graphite. (Carrare. Cambo.)	
		Phosphorite.	Cobalt gris. (Tunaberg.)	

2. AGAL. MAGNÉSIQUES .... *Talkschiefer.*

		1. Stéaschiste rude.........	....	Pesey.
		— stéatiteux	....	Saint - Bel.
		2. Talc chloritique.........	....	Corse.
		Cipolin..............	....	Pyrénées. Simplon.

Minéraux disséminés dans ce groupe.

Galène. (Pesey.)	Brucite.
Or natif.	Phosphorite.
Cuivre natif.	Dolomie spathique.
Cuivre pyrite.	Tourmaline.
Cuivre gris.	Disthène.
Mispickel.	Actinote.
Pyrites.	Grenats almandins. (Gondo.)
Fer oxidulé.	Orthose , etc.
— chromaté.	Triclasite ?
Quarz hyalin.	Diallage.

3. AGAL. AMPHIBOLIQUES ...... *Uebergangsgrünstein..*
  1. Amphibolite.
  2. Diorite schistoïde.
    —   sélagite.

Minéraux disséminés dans ce groupe.

Grenats.	Fer titané.
Épidote.	Sphène.
Pyrites.	Hyperstène.

4. AGAL. PHYLLADIQUES ...... *Urthonschiefer.*

		Phyllade satiné.........	*Killas*.............	Marejol.
		— pétrosiliceux.		
		— maclifère.......	....	Baireuth. Nantes.
		— staurotique.....	....	Coray. Pensylvanie.

Minéraux disséminés dans ce groupe.

Macle.	Staurotide.	Dipyre.	Pyrite.	Anthracite.

CLASSES ET TERRAINS.	GROUPES OU FORMAT.	ROCHES ET MINÉRAUX.	SYNONYMIE.	EXEMPLES ET OBSERVATIONS.
2. TERR. AGAL. HYPOZOÏQUES...			Terrains primitifs. *Urgebirge.*	
5. AGAL. MICACIQUES			*Glimmerschiefer.*	
1. Micaschiste.				
Schiste luisant.				
Quarz hyalin.				
Fer oligiste.				
Fer hydroxidé compacte.			....	Bourbon-Vendée.
Pyrites.				
2. Hyalomicte granitoïde....			*Greisen*	Schlackenwald.
— schistoïde....			....	Florac.

Minéraux disséminés dans ce groupe.

Columbium.	Corindon.
Molybdène.	Tourmaline. (Piriac.)
Titane ruthile.	Disthène. (Saint-Gothard.)
Étain oxidé.	Grenats. (Presque partout.)
Schéelin ferrugineux.	Béryl aigue-marine.
Mispickel.	Béryl émeraude. (Salzbourg. Cosseir.)
Pyrites. (Saint-Marcel.)	Fluorite.
Fer oxidulé. (Piémont.)	Phosphorite.
Cobalt gris. (Skutterud.)	Felspath. (Cevin.)
Or natif. (Adelfors.)	Épidote.
Quarz hyalin et en druses.	Amphibole. (Oberwiesenthal.)

CLASSES ET TERRAINS.	GROUPES OU FORMAT.	ROCHES ET MINÉRAUX.	SYNONYMIE.	EXEMPLES ET OBSERVATIONS.
6. AGAL. QUARZIQUES.				
1. Quarzite hyalin.........			*Quarzfels*	Brésil.
Améthyste en druses ...			....	Brésil.
Itacolumite..............			Grès flexible; *Gelenkquarz*............	Brésil, près Villa-Ricca.
Topaze en druses.				
2. Sidérocriste.............			*Eisenglimmerschiefer.*	Brésil.
Or natif............			....	Brésil. Cocaes.
Fer oxidulé			....	*Ibid.*
Pyrite.				
Diamant ? ?				
Actinote.				
7. AGAL. GNEISSIQUES.				
Gneiss.				
Eurite schistoïde			*Weissstein*.........	Freyberg.
Granite..............			....	Lauf.nburg.
Kaolin.............			....	Passau. Saint-Yrieix.

CLASSES ET TERRAINS.	GROUPES OU FORMAT.	ROCHES ET MINÉRAUX.	SYNONYMIE.	EXEMPLES ET OBSERVATIONS.
		Amphibolite schistoïde..	*Hornblendeschiefer*...	Simplon.
		Calcaire saccaroïde.....	....	Simplon. Malsjoë.
		Fer oxidulé compacte.	....	Taberg. Dannemora.
		Graphite...........	....	Passau.

Minéraux disséminés dans ce groupe.

Molybdène sulfuré. (Columbo.)	Giobertite. (Taberg.)
Pyrite. (Erzgebirge.)	Tourmaline. (Zillerthal.)
Fer oxidulé. (Coromandel.)	Épidote. (Mont-Blanc.)
Étain oxidé. (Marienberg.)	Disthène. (Fichtelgebirge.)
Titane ruthile.	Cordiérite. (Bodenmais.)
Cobalt gris. (Tunaberg.)	Béryl aigue-marine. (Maine, Amér. sept.)
Grenats.	Fluorite.
Zircon. (Pic d'Adam.)	Gadolinite (Yttria.)

TERRAINS TYPHONIENS.

CLASSES ET TERRAINS.	GROUPES OU FORMAT.	ROCHES ET MINÉRAUX.	SYNONYMIE.	EXEMPLES ET OBSERVATIONS.
VIII. TERR. PLUTONIQUES......			ou d'épanchem. *Massive oder plutonische Gebilde*, Boué.	
1. PLUTON. GRANITOÏDES.				
		1. Granite plutonien	....	Erzgebirge. Bourgogne Écosse. Norwége.
		— porphyroïde.....	....	Predazzo.
		Pegmatite...........	....	Geyer.
		Kaolin..........	....	S.-Yrieix. Cambo. Aue près Schneeberg.

Minéraux disséminés ou en druses dans ce groupe.

Topaze.	Épidote.	Lépidolite.	Étain oxidé.
Quarz hyalin.	Grenats.	Pétalite.	Graphite.
Tourmaline.	Jamesonite.	Triphane.	Fer oxidulé.
Cymophane.	Béryl.	Molybdène sulfuré.	
Zircon.	Pinite.	Schéelin wolfram.	
Cordiérite.	Phosphorite.	Titane ruthile.	

		2. Protogyne	....	Pormenaz au Montbl.

Minéraux disséminés dans ce groupe.

Sphène.	Talc.	Chlorite.	Pinite.

		3. Syénite granitoïde.......	....	Vosges. Erzgebirge.
		— zirconienne......	....	Norwége.
		Diorite granitoïde........	....	Coutances.
		— orbiculaire......	....	Corse.
		Sélagite............	....	Felsberg (Darmstadt).

Minéraux disséminés dans ce groupe.

Grenat. Pinite. Hyperstene. Diallage. Zircon. Titane sphène. Molybdène.

CLASSES ET TERRAINS.	GROUPES OU FORMAT.	ROCHES ET MINÉRAUX.	SYNONYMIE.	EXEMPLES ET OBSERVATIONS.
	2. PLUT. ENTRITIQUES			Scandinav. Vosges. Lesterel.
		1. Porphyre		Mont-Tonnerre. Bacram.
		Mélaphyre	*Trapp-Porphyr*	Eldaien.
		Eurite porphyroïde		Saulieu.
		Ophite.		
		Variolite		Corse.
		2. Trapite		Tarare.

Minéraux disséminés dans ce groupe.

Grenats.	Manganèse.	Pyrites.	
Épidote.	Fer oxidé.		

CLASSES ET TERRAINS.	GROUPES OU FORMAT.	ROCHES ET MINÉRAUX.	SYNONYMIE.	EXEMPLES ET OBSERVATIONS.
	3. PLUT. OPHIOLITHIQUES			Les Apennins.
		1. Ophiolite	Serpentine	Roche l'Abeille. Zœblitz.
		2. Euphotide		Corse. Rochetta. Prato.
		3. Ophicalce veiné		Gênes. Lavazera.
		Calcaire lamellaire.		
		Jaspe		Toscane, Cravignola.

Minéraux disséminés dans ce groupe.

Idocrase.	Sahlite.	Chróme oxidé.	Cuivre natif.
Felspath.	Diallage.	Manganèse.	— pyriteux. (Monts-Ramazzo.)
Amphibole.	Chrysoprase.	Fer chromaté.	
Asbeste.	Arragonite.	— oxidulé.	

CLASSES ET TERRAINS.	GROUPES OU FORMAT.	ROCHES ET MINÉRAUX.	SYNONYMIE.	EXEMPLES ET OBSERVATIONS.
		4. Magnésite		⎫
		Giobertite		⎪
		Calcédoine et silex		⎬ Baldisséro. Vallecas,
		Sahlite compacte		⎭
		5. Dolomie		S.-Gothard.
		Tourmaline.		
		Réalgar.		
		Corindon.		
	4. PLUT. TRACHYTIQUES.			
		1. Trachyte		Cantal. Montdor. Drachenfels.
		Domite		Puy-de-Dôme.
		2. Pumite argilophyre	*Thonporphyr*	Cantal.
		Alunite	*Alaunstein*	Tolfa. Montdor. Hong.

CLASSES ET TERRAINS.	GROUPES OU FORMAT.	ROCHES ET MINÉRAUX.	SYNONYMIE.	EXEMPLES ET OBSERVATIONS.
		3. Eurite compacte.........	*Klingstein*	La Sanadoire.
		4. Perlite porphyrique.		
		Stigmite.		
		5. Brecciole trachytique.		
		Brecciole pumique......	....	Hongrie.

Minéraux disséminés dans l'un ou l'autre groupe.

Mica. (Cantal.)	Grenats.
Amphibole. (Montdor.)	Silex résinite.
Pyroxène ?	Silex opale. (Hongrie.)
Felspath vitreux.	Spinelle.
Natrolite.	Mésotype.
Zircon.	Tellure. (Transylvanie.)
Quarz hyalite.	Fer oligiste. (Puy - de - Dôme.)
Hauyne. (Septmontagnes.)	Titane sphène. (Drachenfels.)
Corindon. (Drachenfels.)	Or. (Hongrie.)
Soufre. (Montdor.)	Pyrites.

CLASSES ET TERRAINS.	GROUPES OU FORMAT.	ROCHES ET MINÉRAUX.	SYNONYMIE.	EXEMPLES ET OBSERVATIONS.
IX. TERRAINS VULCANIQUES ...	ou de fusion. Volcaniques anciens.			
1. VULC. TRAPPEENS.				
		1. Basanite..............	....	Auvergne. Écosse. Saxe. Bohême. Vicentin.
		Basalte		
		Mélaphyre	....	Tabago. Martinique.
		Trachyte...........	....	Plat. de l'Angle (Montdor).
		Eurite sonore.......	*Klingstein*..........	Sanadoire (Auvergne).
		2. Spilite	Amygdaloïd. *Toadstone*	Canaries. Eigg (Hébr.).
		3. Dolérite..............	*Grünstein. Duckstein*..	Meisner (Hesse). Salisbury-Craig.
		4. Vakite...............	....	Auvergne. Scheibenberg (Saxe).
		5. Pépérine	....	Valnera (Vicentin). Viterbe.
		6. Brecciole		
		7. Marne trappéenne	....	Mittelgebirg. Graciosa

Minéraux disséminés.	*Minéraux en nodules, druses, etc.*	
Pyroxène augite.	Mesotype et toutes les zeolithes.	Celestine.
Peridot olivine.		Barytine.
Amphibole schorlique. (Montpellier.)	Prehnite.	Arragonite.
Felspath.	Chabasie.	Calcaire spathique
Fer titane.	Q. améthiste.	Cuivre natif.
Amphigène. (Aquapendente.)	Q. hyalite.	Cuivre resinite.
Titane sphène.	Agates.	Chlorite baldogée
Mica ?	Jaspes.	Sphærosiderite.
	Silex résinite.	Bitume.
	Harmotome.	

ARTICLE PREMIER.

PÉRIODE JOVIENNE ou ACTUELLE. [1]

On vient de voir qu'on peut séparer tous les terrains, les roches et les phénomènes géognostiques dont se compose l'histoire naturelle du globe terrestre en deux grandes périodes, dont il est peut-être difficile d'établir les limites précises dans tous les lieux et dans toutes les circonstances ; mais dont on peut cependant fonder la distinction sur des bases beaucoup plus naturelles et par conséquent beaucoup plus solides que celles qui seroient prises dans une distinction arbitraire.

Nous avons désigné ces deux grandes périodes par les noms de *postdiluvienne* ou JOVIENNE, et d'*antédiluvienne* ou SATURNIENNE. [2]

Nous plaçons dans la période jovienne ou postdiluvienne tous les terrains, roches ou phénomènes appartenant à l'histoire physique de la terre, qui sont postérieurs aux dernières et grandes révolutions que l'écorce du globe a éprouvées, à celles qui ont mis les continens et les mers dans l'état où ils sont depuis que les hommes ont pu apprendre à les

---

1 Terrains postdiluviens, phénomènes contemporains des temps historiques. etc.

2 Ces dénominations mythologiques, d'accord avec celles de vulcanienne, plutonienne, neptunienne. que les géologues ont déjà adoptées, ont pour but de représenter par des expressions vagues et presque insignifiantes, indépendantes de toute hypothèse et même de toute théorie, de représenter, dis-je, des circonstances, caractères ou définition; qu'il faudroit exprimer longuement pour qu'elles fussent claires et vraies, et qui sont susceptibles d'être modifiées à mesure que des faits nouveaux viennent en imposer la nécessité. C'est une des applications du système de nomenclature dont j'ai déjà exposé les motifs et les principes dans plusieurs occasions. On voit, par exemple, que les expressions postdiluvienne et antédiluvienne semblent exprimer d'une manière beaucoup trop systématique des différences et des caractères qui, dans leur développement, sont susceptibles de beaucoup d'objections, et par conséquent de beaucoup de discussions, lorsqu'on veut prendre ces expression, à la lettre; cependant nous n'avons pas osé employer dans ces synonymes les noms que nous proposons.

connoître et à transmettre cette connoissance par la tradition ou par l'histoire écrite.

La période antédiluvienne ou saturnienne s'est donc terminée à l'époque où les continens ont pris leur structure intérieure, leur forme et leur hauteur actuelle, et la période jovienne ou postdiluvienne a commencé dès cette époque.

Celle-ci est déterminée par la connoissance que l'histoire, la tradition ou les monumens nous donnent de l'état de la terre depuis la naissance du genre humain. Tous les terrains qui renferment des indices de la présence de l'homme, soit dans les restes ou débris de son espèce, soit dans les vestiges de ses arts ou de son industrie, appartiennent à cette période et la caractérisent d'une manière positive.

Tous les phénomènes chimiques et géologiques qui ont eu lieu à la surface du globe depuis la création de l'espèce humaine, appartiennent également à cette période. On a, pour les y placer, deux moyens : premièrement, les témoignages historiques, lorsqu'ils peuvent être invoqués ; secondement, les connexions évidentes de ces phénomènes avec des restes de l'espèce humaine ou avec des débris des objets de son industrie.

Ainsi la période jovienne est définie par deux caractères : 1.° tout ce qui est évidemment postérieur à la structure et à la forme actuelle des continens, c'est-à-dire ce qui a pu se passer à la surface de la terre, sans qu'on soit obligé d'admettre, pour l'expliquer, des causes puissantes qu'on ne voit régner nulle part depuis les temps historiques, ou sans qu'il ait dû en résulter des changemens qui n'auroient pu se faire dans un lieu sans une grande influence sur tout le reste du globe, et sans avoir laissé des traces de leur présence dans l'histoire ou dans les monumens humains; 2.° tout ce qui est contemporain de l'espèce humaine et dont la contemporanéité est prouvée, soit par des documens historiques, soit par la connexion intime des phénomènes avec des indices certains de la présence de l'espèce humaine.

Tous les phénomènes géologiques qui jusqu'à présent ne peuvent être conçus sans le secours de forces que nous ne voyons plus agir nulle part dans la nature terrestre, et sans des changemens qui auroient dû avoir une influence générale sur toute la terre, doivent sagement être placés dans la période saturnienne ou antédiluvienne, jusqu'à ce que des connoissances historiques ou physiques nouvelles nous aient appris qu'ils sont postérieurs à l'époque jovienne.

Procéder autrement, ce seroit devancer les théories par des hypothèses.

Mais nous devons appliquer ici ce que nous avons dit plus haut sur la coïncidence des époques géognostiques et des époques chronologiques.

Quoiqu'il soit assez présumable que la période jovienne ait commencé à peu près au même moment [1] sur toute la surface de la terre, il est cependant possible qu'il y ait eu à cet égard de grandes différences sur les diverses parties du globe ; que la tranquillité géognostique se soit établie, par exemple, beaucoup plus tôt en Asie qu'en Amérique, et que ce continent ait été par conséquent déjà cultivable et habitable, tandis que la tourmente géologique agitoit encore, et pendant plusieurs siècles, des parties de l'Amérique ; qu'il s'y produisoit encore des montagnes, des filons, etc. ; qu'il s'élevoit peut-être encore des parties immenses de ce continent du fond des mers ; car, excepté le niveau de l'Océan, qui n'a pu changer dans un lieu sans changer partout, rien ne force d'admettre que la formation des terrains sous-marins, des élévations de continent, des sublimations, des filons métalliques, etc., ait dû cesser en même temps sur toute la surface du globe. Il seroit dans l'état actuel de nos connoissances aussi hypothétique d'admettre cette uniformité de phénomènes que de la nier.

Mais cette incertitude d'époques chronologiques ne change rien à la distinction des époques et périodes géognostiques jovienne et saturnienne : elles resteront tout aussi distinctes, tout aussi bien caractérisées en Amérique qu'en Asie, lors

---

1 Il ne faut pas prendre ici le mot *moment* dans l'acception restreinte qu'on lui donne ordinairement; il faut, au contraire, lui donner l'amplitude que demandent tous les grands phénomènes de la nature; ainsi, lorsqu'une tempête, un orage, une éruption volcanique finit, quoiqu'on puisse dire que le phénomène général a fini vers telle époque du mois ou tel moment de la journée, on sait fort bien que les phénomènes partiaux n'ont pas tous fini au même instant.

même qu'il seroit prouvé qu'elles auroient commencé à plusieurs siècles de distance l'une de l'autre dans les deux continens.

Ce qu'il y a d'aussi sûr, d'aussi bien prouvé qu'une vérité de ce genre puisse l'être, c'est que depuis les temps historiques les plus reculés on n'a aucun exemple authentique de grands phénomènes géologiques, tel qu'un abaissement de la mer, une formation de couches sous-marines, étendue et puissante ; qu'on ne peut citer aucune formation d'une étendue seulement de quelques myriamètres de terrains de granite, de calcaire saccaroïde, même de porphyre, de gypse, etc. ; aucune couche sous-marine ou sous-lacustre de calcaire compacte, renfermant des débris organiques réellement pétrifiés, c'est-à-dire dont la nature chimique, dont même la texture cristalline ait changé ; aucune formation de veine ou filon métallique, etc.

On ne connoît aucun phénomène de ce genre d'une étendue proportionnelle à l'écorce du globe, ni même comparable aux plus petits phénomènes du même genre de la période saturnienne. Tout ce que l'on cite d'analogue s'est montré sur une si petite échelle, qu'on ne peut réellement en comparer les causes et les résultats avec les mêmes phénomènes de cette période. Plusieurs de ces citations sont apogryphes ; celles qui sont relatives à des faits bien constatés montrent dans ces faits ou des différences de circonstances et d'origine, ou une exiguité qui les rend incomparables avec ceux qu'on nous présente comme leur étant analogues dans l'ancien monde.

Nous concluons de ces considérations que depuis les temps historiques les plus reculés, l'écorce du globe, dans toute son étendue, dans toutes les parties qui ont pu être soumises à l'observation immédiate ou médiate des hommes, est, malgré les volcans, les sources d'eaux minérales incrustantes, quelques concrétions sablonneuses et calcaires, etc., dans un état de repos et de tranquillité entièrement différent de l'état de *fermentation*[1] chimique qui a produit dans la période sa-

---

[1] J'entends par ce mot l'état de mouvement violent et rapide où devoient être des élémens chimiques abondans, qui se trouvoient en présence et qui devoient faire contribuer à ce mouvement les parties de l'écorce du globe déjà formées et solidifiées.

turnienne les couches de calcaire, de schiste, de gneiss, de houille, les pétrifications siliceuses, pyriteuses, etc.; qui a soulevé les Pyrénées, les Alpes, etc.; qui a produit les filons d'Europe et d'Amérique, et les a remplis de barytine, de fluor, de quarz, de sulfure d'argent, de cuivre, de plomb, de zinc, etc.

C'est cet état de repos qui constitue l'époque jovienne et qui s'est continué pendant cette période.

Ce repos n'est pas absolu; mais les phénomènes géologiques qui se font encore voir sont si foibles en comparaison de ceux que nous venons d'indiquer, qu'ils n'ont jamais qu'une influence locale très-circonscrite. Quelques-uns peuvent nous rappeler les grands phénomènes de la période précédente et même nous faire entrevoir leurs causes. Or, ce sont précisément ces phénomènes, ainsi que les roches et terrains qui en sont le résultat, que nous allons décrire comme appartenant à cette période et en constituant l'histoire géologique.

La période jovienne présente, comme la saturnienne, deux ordres de phénomènes géologiques très-différens, mais dont l'importance est inverse dans ces deux périodes.

Les uns ont donné naissance à des terrains produits par voie mécanique, et principalement par l'action des eaux actuelles. C'est pour ainsi dire la suite en petit du même phénomène qui a agi si puissamment pendant et vers la fin de la période saturnienne. Cette action a formé et forme encore les terrains qu'on appelle d'alluvion ou de transport, et que je désignerai avec les géognostes anglois, qui les ont si bien distingués [1], par le nom généralement admis de *terrains alluviens*.

Les autres, beaucoup plus restreints dans cette période que dans la précédente, résultant d'une véritable action chimique, ont produit ou amené à la surface de la terre, ou dans quelques parties internes de son écorce, différens corps en-

---

[1] Voyez les distinctions si claires et fondées sur des raisonnemens aussi justes que sages, que MM. Buckland, Phillips, Conybeare, Sedgwich, etc., ont établies entre les terrains alluviens et les terrains d'une formation antérieure.

tièrement dus à cette action. Ce sont en général des phénomènes aussi limités dans cette période qu'ils ont eu de puissance dans la précédente. Il faut même se méfier de l'origine
encore très-incertaine de plusieurs substances minérales qu'on
attribue à la période actuelle.

Les minéraux, roches et terrains de la période jovienne,
n'offrant souvent aucune chronologie certaine, surtout dans
la formation de la seconde série de corps, ne peuvent être
présentés dans un ordre qui résulteroit de la chronologie des
formations. Celui que nous suivrons dans le tableau des produits de cette seconde section sera donc purement minéralogique.

L'action chimique complète est nécessairement accompagnée
d'un écartement des molécules des corps, qui leur permet de
se mouvoir facilement et qu'on appelle dissolution. Cette
dissolution ou écartement des parties peut être opérée ou par
un liquide (c'est le phénomène qui porte plus particulièrement le nom de dissolution), ou par la chaleur (c'est ce
qui produit la fusion ou la vaporisation). Nous donnerons
le nom de *terrains lysiens*, c'est-à-dire dissous, aux minéraux
ou roches produits par cette voie, et le nom de *terrains pyrogènes*, aux couches, roches ou minéraux formés ou altérés
par l'action désagrégeante du feu. Mais l'action qui a produit ces derniers terrains pendant les temps historiques paroissant être la continuation des mêmes phénomènes de la
période saturnienne, nous ne séparerons pas l'histoire des
terrains volcaniques saturniens de celle des terrains volcaniques actuels, et nous les placerons toutes deux dans celle
des terrains massifs.

I.ᵉ CLASSE. TERRAINS ALLUVIENS. [1]

Ces dépôts sont les plus superficiels de tous les terrains;
les parties qui les composent portent ordinairement l'empreinte évidente d'un délaissement des eaux, plutôt par dépôt tranquille que par transport violent. Ils se trouvent souvent dans la même position que les terrains dus à une même

---

[1] *Alluvium*, Buckl. Sedgw. — *Neuere Alluvial-Bildungen*, Boué.

cause, mais appartenant à la période saturnienne, et il est très-difficile d'établir la ligne de démarcation qui résulte uniquement de l'époque de leur formation. Cependant l'observation prouve, et M. Sedgwich a très-bien établi ce fait, qu'il y a dans le plus grand nombre des cas des moyens sûrs pour distinguer ces dépôts des terrains du même genre qui appartiennent à la période saturnienne.

Les terrains alluviens se forment ou plutôt se déposent tous les jours. Ils ont enveloppé et continuent d'envelopper les restes des animaux qui vivent encore à la surface du sol qu'ils contribuent à former ; ils les réunissent quelquefois avec des débris d'animaux qui ne s'y trouvent plus, mais qui y ont vécu depuis la dénudation des continens, et qui n'ont disparu que par le fait ou de la civilisation, ou de quelques circonstances locales. Ces débris de végétaux et d'animaux y sont à peine altérés, mais seulement ou noircis ou calcinés, suivant les influences auxquelles ils ont été soumis. On trouve dans ces terrains des restes de l'espèce humaine, des débris de ses monumens, de ses arts, de ses ustensiles. C'est dans ces terrains qu'on trouve ces silex, ces jaspes, ces trappites, ces quarz et plusieurs autres pierres dures taillées en coin, en hache, en armure de flèche ou de lance, instrumens tranchans faits par les premiers hommes qui ont habité le pays. Ces armes et ces instrumens sont semblables à ceux que font encore les peuples sauvages de l'Amérique et des îles où la civilisation et son industrie ne se sont pas encore développées. Ce sont les premiers indices de la présence de l'homme, ceux qu'on trouve enfouis en assez grande quantité et à une assez grande profondeur, pour qu'on puisse leur attribuer la plus grande ancienneté ; mais tous les terrains qui les renferment sont des terrains meubles qu'on n'a encore vu nulle part recouverts de couches solides, pas même de calcaire concrétionne, abondant et étendu, quoique cela dût être dans quelques lieux ; c'est une circonstance assez rare pour que je ne puisse en citer aucun exemple.

On peut reconnoître dans ces terrains trois sortes de formations ou groupes de roches qui offrent chacun des circonstances qui leur sont propres et que je vais tâcher de faire ressortir. Ces groupes ne paroissent pas avoir d'antériorité marquée les uns sur les autres, par conséquent l'ordre dans lequel je vais les présenter est absolument arbitraire.

1.er Gr. TERR. ALLUV. PHYTOGÈNES.

Ils se composent de l'accumulation des matières solides qui résultent de la destruction des végétaux ou de celles des débris de végétaux dans des fonds de lacs ou de vallées, sur des côtes ou même sur des pentes de montagnes assez élevées; débris qui s'y conservent en entier ou seulement en partie, ce sont :

1. L'Humus ou terre végétale, dont la foible épaisseur sur toute la terre et même dans les lieux où la végétation est la plus active, offre un des argumens les plus puissans en faveur du peu d'ancienneté de l'état actuel de la surface du globe. [1]

2. Les Tourbes herbacées, composées principalement de végétaux herbacés, renfermant quelquefois des arbres ou autres végétaux ligneux et des débris des arts humains, d'animaux de marécages et de forêts, non-seulement des mêmes espèces que celles qui vivent encore dans le pays, mais encore d'espèces connues ailleurs, qui n'habitent plus sur les lieux et qui semblent même avoir entièrement disparu. Telles sont dans les tourbes de la Somme les débris de castor qu'on y a trouvés; dans celles d'Irlande, les cornes d'un cerf gigantesque qu'on ne connoît plus en Europe.

Le limon argileux ou sableux les accompagne ordinairement et les recouvre quelquefois en partie.

Les terrains de tourbes herbacées sont tantôt situés dans le fond de vallées larges et peu inclinées, et tantôt dans des vallées et même dans des vallons étroits et assez élevés. La condition qui paroît être essentielle à la formation de la tourbe, c'est que le sol ne soit pas perméable et que l'eau qui le couvre ne soit ni complétement stagnante ni trop rapidement renouvelée; que les végétaux ne s'y pourrissent pas, mais puissent y éprouver un mode particulier de conservation analogue au tannage. Parmi les végétaux très-va-

---

[1] G. de Luc, Lettres sur l'homme et les montagnes, tome II, lettre XXIX.

riés qui entrent dans la composition de ces tourbes, on doit
remarquer comme y étant plus fréquens et plus abondans : des
conferves, le *sphagnum palustre*, les prêles, les *chara*, les *erio-
phorum*, les carex, notamment le *carex cespitosa*, le *schœnus
nigricans*, des graminées à tiges rampantes et souterraines,
des feuilles, même des conifères, et quelquefois, mais seulement dans quelques circonstances particulières, des plantes
marines.

3. Les Tourbes ligneuses, entièrement ou presque entièrement composées de troncs ou de branches d'arbres, de rameaux, de végétaux ligneux.

Ces tourbes ligneuses se sont présentées plusieurs fois sur
les rivages de la mer, comme enfouies dans le sable et à un
niveau actuellement inférieur aux plus basses marées. On
ne doit pas en conclure qu'elles soient antérieures aux temps
historiques et à l'état de repos actuel de la mer, ni que la
mer se soit élevée depuis l'enfouissement de ces tourbes ligneuses ; mais que le terrain meuble et spongieux qui les a
reçues, s'est tassé et affaissé, ce qui est, comme on sait, le
propre de ces sortes de terrains. (Voyez Tourbe.)

II.ᵉ *Gr*. TERR. ALLUV. LIMONEUX.

Ils se composent de limons argileux, marneux ou sablonneux,
soit séparés, soit réunis ; les premiers sont souvent colorés
en noir ou en brun par des matières végétales, presque car-
bonisées, résultant de la destruction complète des végétaux.
C'est par cette circonstance, qui entraîne avec elle beaucoup
d'autres conséquences, et par leur position, que les terrains
alluviens limoneux diffèrent essentiellement des phytogènes
tourbeux ; ils ont quelquefois la même position, mais il est
rare qu'ils s'y trouvent en même quantité. L'un l'emporte
presque toujours de beaucoup sur l'autre. C'est dans les vallées larges, traversées par des grands cours d'eau ; c'est au
confluent de ces cours d'eau ; c'est surtout à leur embouchure dans la mer, que se montrent, dans toute leur prédominance, et presque toujours sans tourbe herbacée, les terrains limoneux ; les circonstances dans lesquelles ils se forment
sont précisément celles qui ne permettroient pas aux végétaux de se maintenir dans l'état de conservation particulière

qui produit les tourbières, et celles-ci ne se présentent ordinairement que dans des lieux et des positions où les eaux peu agitées, ne tenant en suspension aucun limon, favorisent dans les végétaux l'altération particulière qui forme la tourbe.

Les débris organiques des terrains alluviens que renferment les terrains limoneux de la période jovienne, sont de même nature et de même origine que ceux que renferment les tourbes; mais ils y sont plus rares et moins bien conservés. C'est, enfin, dans ces terrains qu'on a trouvé des bateaux presque entiers, qui, par leur forme et leur mode de construction, indiquent des peuples encore éloignés de la civilisation, et à peu près dans la position sociale où sont les peuplades sauvages de la mer du Sud et des deux Amériques.

C'est aussi dans ces terrains qu'on a découvert des restes de construction d'une époque connue et qui ont pu fournir une sorte de chronomètre du temps qu'il leur a fallu pour acquérir une épaisseur déterminée.

Les terrains limoneux couvrent le fond des vallées, leurs parties les plus larges, les espèces de renflemens qu'elles présentent, surtout à leur grande ouverture, soit dans les plaines, soit dans la mer; ils en nivellent le fond sur une étendue et d'une manière très-remarquable par son uniformité; ils forment, enfin, aux embouchures du Nil, du Gange, du Rhin, du Rhône, de l'Amazone, de l'Ohio, et de tous les grands fleuves de la terre, ces vastes atterrissemens qu'on appelle des delta, par comparaison avec celui du Nil; ils pénètrent jusque dans la mer, en recouvrent le fond vers les côtes, l'élèvent au niveau de sa surface et prolongeant ainsi les côtes basses dans la mer, semblent faire reculer cette masse d'eau et faire rentrer dans l'intérieur des terres les villes bâties primitivement sur les rivages.

Enfin, il s'exhale souvent des terrains limoneux, lors même qu'on ne les remue par aucune fouille, des émanations malsaines, même pestilentielles, que ne produisent jamais les terrains tourbeux. (Voyez Limon.)

On peut donner le nom de Limon marneux, Limon sableux, Limon vaseux, Limon noir, aux différentes roches, toujours désagrégées ou plutôt non agrégées qui le composent, suivant que l'un des corps ou des propriétés indiquées par ce nom y est dominant ; le seul minérai qui s'y montre quelquefois en petits amas, est le fer titanifère arénacé.

Les dunes ou monticules de sable qui se forment par l'action des vents sur les côtes sablonneuses et qui avancent même considérablement dans les terres, appartiennent à cette classe de terrains.

III.ᵉ *Gr.* TERR. ALLUV. CAILLOUTEUX.

Ce terrain, quand il appartient à la période jovienne, se compose de cailloux, depuis ceux qui, par leur petitesse, constituent ce qu'on appelle *gravier*, jusqu'à ceux qui, atteignant au plus la grosseur d'un œuf, portent plus particulièrement le nom de galets [1] ; mais il faut s'arrêter à cette mesure dans ce qui appartient aux terrains joviens des cours d'eau; ceux des rivages de la mer peuvent se présenter sous un volume beaucoup plus considérable.

C'est dans les vallées étroites, c'est aussi dans le lit et sur les bords des cours d'eau qui traversent des plaines et des vallées larges qu'est situé le terrain alluvien dont nous traitons. On ne doit pas l'aller chercher au-delà des limites des plus hautes eaux des temps actuels, et dès qu'on dépasse ce niveau, la grosseur des fragmens ou cailloux, la nature des débris organiques qui les accompagnent, change et indique une époque beaucoup plus ancienne, une force beaucoup plus puissante dans le cours d'eau, et par conséquent un volume d'eau incompatible avec l'état actuel du sol, des cultures, des habitations et des monumens les plus anciens; il indique enfin des phénomènes presque contemporains de la dernière ou des dernières grandes révolutions de la surface de la terre. [2]

C'est ici que sont en contact immédiat les terrains joviens et les terrains saturniens; mais quoique mêlés ensemble dans

---

[1] Le nom de cailloux n'entraîne pas nécessairement avec lui l'idée de pierre arrondie par le transport, et semble indiquer que les pierres nommées ainsi sont de l'espèce du silex ou du quarz; on est obligé d'ajouter l'épithète de roulés, pour désigner les cailloux de transport. Notre mot de *galet*, qui s'applique aux minéraux de toute sorte, arrondis par les roulis des flots marins, lacustres ou fluviatiles, me paroît plus convenable. Je l'emploîrai toujours dans cette acception.

[2] Voyez sur l'action des eaux actuelles à la surface de la terre, la partie qui concerne cette considération à l'article EAU de ce Dictionnaire.

quelques points de contact, il est encore possible de les reconnoître; la simple réflexion faite sur ce que l'on voit, suffit
pour conduire à cette distinction. Ainsi, quand sur les bords
d'un fleuve tranquille, comme la Seine au-dessous de Paris,
on voit une plaine composée de graviers, de galets et de
blocs, ainsi que cela s'observe si facilement dans la plaine
de Boulogne, on peut admettre que les graviers, et même
que les galets ovulaires, ont été amenés par les hautes eaux
de la Seine, qui atteignent quelquefois ce niveau; mais quand
au milieu de ce gravier et de ces galets on rencontre des
blocs péponaires et métriques de grès, de calcaire siliceux,
de poudingue siliceux, on juge sans beaucoup d'hésitation,
que ce fleuve n'a jamais pu, dans son état actuel, aller
arracher, même dans ses plus hautes crues, ces blocs aux
terrains de grès ou de calcaire siliceux d'où ils viennent,
et qui sont situés à une grande distance de la plaine où on
les trouve; car il lui faudroit une puissance de transmission
qui suppose une hauteur et une masse d'eau incompatibles
avec l'état connu de temps immémorial de la vallée de la
Seine dans le bassin de Paris, état lié avec une multitude
d'autres circonstances de géographie physique.

Le gravier et les galets des terrains alluviens sont donc
proportionnés par leur nature, leur origine et leur grosseur,
à la force de transmission la plus puissante que puisse acquérir le cours d'eau dans ses plus hautes crues connues ou pré-
sumables, et les galets et blocs des terrains clysmiens seront
ceux qui par leur volume n'auroient pu être transportés sans
admettre une masse d'eau dont on ne pourroit trouver l'origine sans admettre en même temps des causes puissantes et
générales qui, ayant dû agir sur presque toute la surface du
globe, supposent une révolution géologique et par conséquent
la cause que nous admettons.

Il n'y a pas que les eaux qui transportent des galets ou
cailloux; les glaces des glaciers qui descendent des pentes et
des cols des hautes montagnes charrient sur elles et poussent
devant elles des masses ou blocs de rochers quelquefois très-
considérables; elles les accumulent dans les vallées où elles
aboutissent, et s'en forment une espèce de rempart qu'on
nomme *moraine*.

II.ᵉ CLASSE. TERRAINS LYSIENS. [1]

J'ai déjà dit quel étoit le caractère de ces productions minérales modernes, dont quelques-unes étoient quelquefois assez abondantes pour former de vrais terrains dans l'acception vulgaire de ce mot.

1. Form. **CALCAIRES.**

C'est-à-dire principalement calcaires.

Ce sont les calcaires concrétionnés en stalactites et stalagmites, en pisolithes, en travertins modernes ; ce sont les calcaires incrustans qui se sont formés ou déposés depuis les temps historiques, et qui se déposent encore, soit dans les cavernes, grottes ou autres cavités de la terre, soit au fond de certaines eaux, soit à la surface du sol.

Tous les calcaires concrétionnés ont été dissous dans les eaux, les uns dans les eaux froides à l'aide d'un excès d'acide carbonique, les autres dans les eaux thermales au moyen du gaz hydrogène sulfuré.

Les premiers se forment en général plus lentement, et c'est à cette cause qu'il faut rapporter les stalactites et stalagmites des cavernes et grottes calcaires, et les incrustations qui enveloppent les corps plongés dans ces eaux.

Le nombre des cavernes à stalactites est si considérable, que nous ne saurions à quel exemple donner la préférence ; celui des eaux incrustantes l'est beaucoup moins. Nous renvoyons pour les exemples aux articles CALCAIRE CONCRÉTIONNÉ et STALACTITE.

Mais cette formation en calcaire concrétionné offre une considération plus importante et entièrement relative à notre objet.

Ce terrain, et pour ainsi dire la même masse de calcaire concrétionné, peut appartenir en partie à la période saturnienne et en partie à la période jovienne ; car les parties de la surface du globe abandonnées par les hautes eaux fluviatiles, lacustres et marines n'ont pas été aussitôt habitées par les hommes : des animaux d'espèces actuellement inconnues y ont précédé l'espèce humaine, et paroissent

---

[1] C'est-à-dire, formés par voie de dissolution chimique.

même avoir été détruits avant que les hommes aient paru sur le même sol. Cependant le sol n'étoit plus sous l'eau, par conséquent les stalactites pouvoient déjà se former dans les cavités calcaires, et elles s'y formoient en effet avant la dernière catastrophe qui a fait périr les animaux dont on trouve les ossemens sans qu'ils y soient jamais accompagnés de ceux de l'espèce humaine.

Par conséquent une partie des stalactites des cavernes du calcaire jurassique, une partie du travertin de l'Italie, de la Hongrie, de l'Amérique, est très-probablement antérieure à l'époque géologique actuelle ou jovienne. Mais dans l'impossibilité où l'on est de les distinguer, et par conséquent de les séparer nettement, nous les laissons ensemble.

Cependant il est des cas où cette séparation est indiquée, et d'autres où elle-même est parfaitement claire.

Le premier est celui du TRAVERTIN des états romains. Les architectes et constructeurs savent très-bien distinguer le travertin ancien ou inférieur, celui qui par sa compacité et sa solidité est le seul qu'on puisse employer convenablement dans les constructions ; ils savent, dis-je, le distinguer du travertin moderne, qui ne possède pas les mêmes qualités. Mais cette distinction n'est que relative, et ne nous apprend pas si le travertin déclaré ancien est antérieur aux temps historiques et de l'époque où les eaux, même les eaux fluviatiles, étoient à une élévation qui ne pourroit se concilier avec l'état actuel des continens et des monumens des hommes, ou si ces travertins ne sont seulement que des plus anciens temps de la période actuelle ou jovienne. [1]

Le second cas ne laisse point d'incertitude, et les travertins qui s'y trouvent doivent évidemment être reportés à l'époque saturnienne.

C'est lorsqu'ils sont situés à une élévation et dans une position telle que les eaux actuelles ne peuvent les y avoir déposées, et qu'il faille admettre une hauteur des eaux stagnantes ou courantes absolument incompatible avec l'état

---

[1] M. de Buch avoit déjà fait remarquer que les eaux douces auxquelles étoit dû ce travertin, avoient dû être contenues à 25 mètres au-dessus du niveau de la mer.

actuel des eaux, tels sont les travertins de la colline de Colle sur la route de Sienne à Volterra. [1]

Ainsi, après les calcaires concrétionnés en stalactites et stalagmites des cavernes; après les calcaires incrustans d'un grand nombre de sources, depuis celles d'Arcueil et de Sèvres près Paris, de Bernouville près Gisors, de Saint-Allyre en Auvergne, jusqu'à celle de Guancavelica dans l'Amérique méridionale, et celle de Java dans l'Océan oriental, viennent, comme exemples authentiques de terrains calcaires joviens ou des temps actuels, les TRAVERTINS des plaines de Tivoli à l'est de Rome, les dépôts du Teverone à Tivoli même, formant dans la vallée un barrage remarquable qui produit les belles cascades de ce lieu si célèbre sous les rapports historiques et pittoresques; les dépôts de Terni, au confluent du Velino et de la Nera, dus à la même cause et produisant le même barrage et des cascades non moins belles; ceux de Saint-Philippe en Toscane, qui ont élevé dans une vallée primordiale une véritable colline couverte de jardins, de plantations et d'habitations. [2]

Nous ajouterons à ces exemples de terrains calcaires récens :

1.° Le TRAVERTIN qui couvre le fond et les environs d'un lac d'où se dégage avec abondance du gaz hydrogène sulfuré à droite de la route de Sirang à Batavia dans l'île de Java. [3]

2.° Celui qui se forme dans les marais de la grande plaine de Hongrie, et qui devient assez solide pour servir de pierres à bâtir : toutes les maisons de Czegled en sont construites. [4]

---

1 Voyez le développement de ces faits et de leur théorie, et de ceux qui peuvent être rapportés à la même époque, dans la Description géologique des terrain de Paris (édition de 1822, p. 312 et suiv., et notamment page 317), où se trouve la description du travertin élevé de Colle. C'est en voyant dans le même lieu le travertin moderne et le travertin ancien, et en observant d'où le premier tire son origine, que j'ai été conduit (pag. 319) à regarder les eaux sortant de l'intérieur de la terre, chargées de matières pierreuses en dissolution, comme une des causes qui ont produit la plus grande partie des terrains calcaires compactes, soit d'eau douce, soit même marins.

2 Voyez la description géognostique de ces lieux dans l'ouvrage cité plus haut, page 314 et 316.

3 ABEL, Voyage en Chine.

4 BEUDANT, Voyage en Hongrie, tom. ., page 253.

Ce travertin enveloppe des planorbes et d'autres coquilles, qui y ont conservé leur test presque sans altération, circonstance qui établit une assez grande différence entre les calcaires lacustres joviens ou des temps actuels, et les calcaires lacustres saturniens ou antérieurs aux temps historiques.

3.° Le calcaire de même origine, de même nature, renfermant aussi une grande quantité de coquilles et végétaux lacustres, qui se forme journellement au fond du lac Bakie, comté de Forfarshire en Écosse. [1]

Ces exemples, qu'on pourroit multiplier, mais qui suffisent pour établir ce premier mode de formation, ne nous montrent que des terrains formés dans l'eau douce.

Dans quelques circonstances, qui paroissent plus rares, probablement parce que l'observation en est beaucoup plus difficile, des concrétions dues également à une précipitation de calcaire des eaux qui le tenoient en dissolution, ont eu lieu dans la mer, ont agrégé le sable qui en couvroit le fond et ont enveloppé les corps organisés qui pouvoient s'y trouver. Tels sont :

1.° Les agrégations et concrétions si connues, si souvent citées, qui se forment dans la Méditerranée sur la côte de Sicile, en face de Messine, et qu'on n'hésite pas à attribuer maintenant à la cause locale que nous venons d'indiquer. Il faut, dit Spallanzani, dix à douze ans pour que le sable de cette côte, qui consiste en grains de quarz, de felspath, d'amphibole, de mica, etc., ait acquis, par le ciment calcaire qui agrége ces parties, la dureté nécessaire pour servir à faire des meules de moulins. Cette roche est évidemment de formation nouvelle, et on y a même quelquefois trouvé des parties d'instrumens à l'usage des hommes.

2.° Une roche à peu près semblable qui se forme, suivant M. John Davy, sur la côte de Colombo à Negombo dans l'île de Ceilan. La formation est plus rapide et plus abondante dans les lieux où la mer est généralement plus agitée.

3.° La pierre calcaire sableuse, à texture grossière, mais d'une consistance solide, qui sur la côte du vent de l'île de

---

1 M. LYELL, *On a recent formation of freshwater limestone in Forfarshire,* etc., Transact. de la soc. géolog. de Londres, seconde série, vol. 2, pag. 73. L'auteur a très-bien fait ressortir les ressemblances et les différences des travertins modernes et des travertins anciens.

la Guadeloupe, au parage nommé le Moule ou le Mole, accompagnoit et enveloppoit le squelette de Caraïbe qu'on y a trouvé et qu'on a voulu faire regarder momentanément comme un véritable anthropolite, ou comme un homme pétrifié dans des couches solides continues et de l'époque saturnienne.

Cette pierre, dont les parties grossières sont composées non-seulement de petits grains de calcaire compacte, mais de petits coraux, de petites coquilles, fait voir pour ciment de ses parties, à un œil exercé, un enduit ou incrustation calcaire qui a lié tous ces grains et qui indique le calcaire précipité de quelques eaux d'une source minérale sous-marine.[1]

Il est probable qu'il y a bien d'autres exemples de ces faits : nous ne les possédons pas ; mais nous répéterons ici ce que nous avons fait remarquer ailleurs[2], c'est que la plupart de ces sources, si abondantes en calcaire, sortent presque toutes de terrains calcaires situés dans le voisinage d'un terrain volcanique : les deux derniers exemples qu'on vient de rapporter, confirment cette généralité.

Les Pisolithes, ou concrétions calcaires sphéroïdales, dont la grosseur varie depuis celle d'un grain de millet jusqu'à celle d'un gros pois, sont la plupart des produits de l'époque actuelle et sont évidemment formés par la précipitation du calcaire tenu en dissolution dans certaines eaux minérales au moyen de l'acide carbonique ou du gaz hydrogène sulfuré. Les mêmes eaux qui à Tivoli, à Terni, à Vichy, à Carlsbad, etc., déposent du calcaire concrétionné stratiforme, produisent également des pisolithes.

L'Arragonite paroit aussi appartenir dans certaines circonstances à cette époque. On a un exemple de petites veines de calcaire fibreux, d'aspect soyeux, ayant tous les caractères de l'arragonite, qui a rempli les fissures d'un ciment antique attribué aux Romains aux bains de Saint-Nectaire en Auvergne, et qui semble avoir ouvert ces fissures pour s'y introduire par cette force d'efflorescence capillaire que l'on voit

---

1 J'ai émis cette opinion, en 1814, dans la note qui accompagne l'extrait du mémoire de M. Kœnig, Sur les squelettes humains de la Guadeloupe. (Bull. des scienc. par la soc. philom., 1814. p. 19.)

2 Description géologique des environs de Paris, p. 21.

agir si puissamment dans la nature et dans les laboratoires.[1]

2. Form. **SILICEUSES.**

Elles sont beaucoup plus rares que les calcaires; on en a cependant plusieurs exemples authentiques, et, quoique situées en général dans des pays et même dans des terrains volcaniques, les formations siliceuses actuelles sont bien d'origine aqueuse.

Des concrétions cylindroïdes et comme coralloïdes, siliceuses, d'un petit volume, égalant à peine la grosseur d'une plume d'oie et souvent plus petites, tapissent quelques grandes cavités des laves poreuses de l'Isle-de-France et de l'île de Bourbon. Il n'est pas évident qu'elles soient de formation jovienne, mais on peut le présumer par la nature et l'origine connue des laves, et surtout par l'identité de leur nature et de leur structure concrétionnée : 1.° avec les concrétions siliceuses stalactiformes, que les vapeurs d'eau bouillante déposent, suivant M. de Buch, sur les parois du cratère du volcan de l'île de Lancerotte, l'une des Canaries; 2.° avec la silice déposée sous cette même forme de concrétions en si grande quantité par les geysers ou jets d'eau bouillante de l'Islande; jets violens, qui ont tapissé leurs canaux et qui ont couvert tout le terrain qui en borde l'ouverture, d'une couche étendue et épaisse de silex concrétionné, à texture poreuse et à structure ondoyante.

Enfin, la silice, à l'état comme gélatineux ou floconneux, se dépose dans les bassins et réservoirs de certaines eaux minérales, dont la température, le dégagement, ne sont ni aussi hauts, ni aussi violens que les jets d'Islande, et qui sourdent dans des pays très-éloignés de volcans en activité et même de terrains volcaniques proprement dits : telles sont les eaux minérales du Montdor, qui, d'après M. Berthier, contiennent de la silice gélatineuse qu'elles déposent en concrétion dans les canaux où elles coulent; telles sont celles des sources chaudes de Poorgootha dans l'Inde, dont le résidu solide contient, d'après M. Turner, 0,23 de silice.

---

1 Je ne puis dire qu'est-ce qui a fait le premier cette observation; mais je tiens ce que j'en sais de M. Huot et de M. de Laizer,

On présume que l'allophane, ce mélange d'hydrate de silice et d'hydrate d'alumine, qui se présente en enduit ou concrétion dans quelques filons, est de formation récente et produit par une sorte d'exsudation.

3. Form. **ACIDES** et **SALINES.**

Ce sont, parmi les phénomènes et produits géologiques joviens, les plus fréquens et les plus variés.

On doit y placer les eaux minérales s'épanchant à la surface de la terre et y répandant les sels nombreux et variés qu'elles renferment[1]; mais dans ce cas il ne paroît pas qu'il y ait formation de ces corps; il est probable que ces sels ou leurs élémens ont été pris dans les entrailles de la terre, déjà formés à une époque ancienne : leur épanchement à sa surface appartient seul à l'époque actuelle.

Il n'en est pas ainsi du Natron et du Borax, qui se forment dans des eaux lacustres placées dans certaines conditions; de l'Alun, qui effleurit à la surface ou dans les fissures des ampélites; du Nitre, qui se forme perpétuellement sous nos yeux à la surface de certains terrains d'une grande étendue; du Reussin (sulfate de soude); de l'Epsomite (sulfate de magnésie), qui se montre aussi en efflorescences sur certaines roches calcaires ou certains schistes pyriteux; enfin, du Selmarin, qui paroît se former en efflorescence avec les sels précédens sans qu'on puisse être parfaitement sûr du fait, ni l'expliquer en admettant qu'il soit constaté.

Tous ces sels efflorescens, qui par cela même ne sont que superficiels, sont des espèces minérales qui se forment journellement, et qui appartiennent par conséquent aux modifications qu'éprouve l'écorce de la terre dans les temps actuels et dans la période géologique que nous appelons jovienne.

Les acides naturels ne paroissent pas se former dans les lieux où ils se montrent; ils l'ont été dans les entrailles de la terre, et n'appartiennent aux phénomènes et à l'époque jovienne qu'en se montrant à sa surface.

Tels sont : l'Acide sulfureux des pays et terrains volcaniques;

---

[1] Voyez, pour le développement des exemples, la partie de l'article Eau de ce Dictionnaire, qui traite des eaux minérales, tom. XIV, p. 75.

l'Acide sulfurique des eaux qui découlent de ces terrains, et dont on connoît des exemples remarquables dans l'Amérique méridionale et dans l'ile de Java; l'Acide muriatique, plus rare que les précédens, et dont le dégagement *actuel* a été bien constaté au Vésuve par M. Gimbernat et dans plusieurs autres volcans; l'Acide carbonique, qui se présente dans tant de lieux différens et souvent en si grande quantité dans les terrains calcaires moyens et supérieurs, lorsqu'ils recouvrent des lits de lignites (les environs de Paris, les environs des mines de lignites de Provence); dans le voisinage et jusqu'au sein des terrains volcaniques, etc.

Enfin, l'Acide borique de formation actuelle par voie de sublimation aqueuse dans les vapeurs d'eau bouillante des Lagonis en Toscane; dans celles du volcan de Stromboli, etc. Ce n'est point un corps qui s'est dégagé à l'époque saturnienne et qu'on va chercher dans les fentes où il se seroit alors déposé : c'est un dégagement perpétuel qui renouvelle sans cesse le dépôt de cet acide, lorsqu'on l'a enlevé.

4. Form. de **CORPS INFLAMMABLES.**

Les corps combustibles, en prenant ce mot dans son acception vulgaire et générale, qui se déposent ou se dégagent encore dans les couches du globe ou à sa surface même par l'effet du feu des volcans, sont peu nombreux : ce sont le soufre, le sélénium, l'arsenic, le gaz hydrogène et le bitume pétrole.

Parmi les corps qui, en raison de leur solidité, peuvent s'accumuler dans les lieux où ils se dégagent, le Soufre est le plus abondant; mais, en réunissant tout celui que dégagent les volcans, et celui qui se dépose des eaux, sa production actuelle paroit encore de beaucoup inférieure à celle qui a eu lieu dans la période saturnienne. Quand on compare la quantité de soufre sublimé qu'on recueille dans les cratéres des volcans, dans les terres, fissures et cellulosités des solfatares, avec celle qu'on extrait des terrains de sédiment saturniens et avec celle qu'on extrait et qu'on peut extraire des couches de pyrites des terrains de sédiment moyens et supérieurs, on voit combien la quantité de ce combustible encore produite de nos jours, est foible en comparaison de celle qui étoit dégagée dans les temps saturniens les plus voisins de l'époque géognostique actuelle, et par conséquent combien s'est affoibli le phénomène qui s'est maintenu avec le plus d'activité dans cette dernière époque.

Ainsi, l'origine du soufre qu'on met dans le commerce peut être attribuée, dans le point de vue que nous poursuivons, à deux époques différentes : celle de la période jovienne et celle de la période saturnienne.

On ne peut rapporter avec certitude à la première que les minières et exploitations de la solfatare de Pouzzole, des îles Lipari, de l'Islande, et c'est ici qu'est la plus abondante production de ce combustible ; de la Guadeloupe, de quelques autres îles des Antilles et de quelques îles volcaniques de la mer du Sud.

Les terrains d'époque saturnienne qui fournissent du soufre, qui le fournissent en abondance, sont au contraire innombrables, même en n'y comprenant pas les pyrites. Ainsi, pour n'en citer que quelques-uns dont l'authenticité et la célébrité soient connues, on a en Italie les environs de Césène, de Peretta, etc., et tous les terrains de sédiment des pentes orientales et occidentales des Apennins ; en Sicile, des terrains analogues aux précédens et renfermant des bancs de soufre très-étendus, de plusieurs mètres d'épaisseur ; en Espagne, les mines des terrains de sédiment de Conilla, près Cadix ; celles d'Arragon, etc., qui renferment une abondance de soufre telle, qu'elle suffit à la consommation du pays. En Suisse, près Bex ; en Autriche ; en Carinthie, et en Russie, sur les bords du Volga, le soufre recueilli et mis dans le commerce vient aussi de terrains de la période saturnienne.

On peut dire que la production du soufre, qui s'est continuée dans la période géognostique actuelle, est presque uniquement celle de la formation volcanique. La formation neptunienne ou aqueuse du soufre a presque entièrement cessé ; il n'en est resté que ce qui étoit pour ainsi dire utile pour nous donner une idée de la manière dont la nature procédoit dans les époques reculées. On peut croire que les dépôts de soufre venoient alors, comme les dépôts calcaires, de sources minérales qui tenoient ce combustible en dissolution au moyen du gaz hydrogène. On a un exemple de cette origine et de ce mode de dépôt à la porte de Paris, au village nommé Enghien, situé au nord de cette ville, dans la vallée de Montmorency; l'eau qui sort de terre dans ce lieu, étant froide, tient en dissolution une petite quantité de soufre, qu'elle laisse précipiter dès qu'elle coule librement à la surface du sol. Le même dépôt de soufre se montre dans les eaux thermales d'Aix-la-Chapelle, d'Aix en Savoie, de Balaruc, de Tivoli. Si ces eaux étoient plus chargées de soufre, qu'elles fussent plus abondantes, elles couvriroient le sol d'un dépôt de ce combustible qui pourroit être bientôt recouvert lui-même de dépôts marneux, gypseux, etc.[1], et comme il est présumable que cela s'est fait dans les terrains que j'ai cités aux époques géognostiques anciennes, où tous les phénomènes géologiques se passoient dans des dimensions centuples de celles qu'ils présentent aujourd'hui.

Le Sélénium et l'Arsenic ne se montrent guères actuellement qu'engagés dans le soufre des terrains volcaniques; ces corps, et surtout le premier, y sont rares et en petite quantité en comparaison de leur fréquence, surtout de celle de l'arsenic, dans les terrains des époques saturniennes.

Le Gaz hydrogène, ou à peu près pur, ou carboné, ou sulfuré, est encore une des productions géognostiques des temps actuels. Je ne parle pas de celui qui se forme dans les lieux marécageux, il n'est pas du domaine de la géognosie; mais de celui qui se dégage constamment, ou au moins très-fréquemment, de plusieurs terrains qui n'ont aucun caractère volcanique. Tels sont les phénomènes qu'on désigne en Italie sous les noms de feu de *barigazzo*, de *pietra mala*, etc.; en France, dans le département de l'Isère, sous celui de *fontaine ardente*.

Une autre classe de phénomènes nommés salses, et qu'on observe non-seulement en Italie, au pied des Apennins, et en Sicile, mais encore dans l'Asie, etc., est accompagnée d'un dégagement constant de gaz hydrogène. (*Voyez* Salses.)

Le Bitume, si abondant dans certaines couches des terrains

---

[1] Patrin a émis la même idée, en disant que *le soufre du duché d'Urbin avoit été formé par la voie humide, c'est-à-dire déposé dans le sein de la terre par les eaux minérales.*

de sédiment, tant en combinaison dans la houille qu'en mélange dans des calcaires, des sables ou des marnes, si abondant à la surface du sol ou des eaux dans quelques pays, ne paroît se former réellement nulle part sous nos yeux. Si ce phénomène a encore lieu, c'est dans les entrailles de la terre; mais il continue de s'épancher à la surface du sol dans plusieurs endroits, et même quelquefois en quantité assez notable: il enveloppe les sables et les autres substances qui couvrent le sol dans ces lieux et contribue ainsi à modifier, mais bien foiblement, quelques points de la surface du globe. Tels sont les sources ou épanchemens de bitume pur ou mêlé d'eau de Gabian, près Béziers; des salses et des sources du pays de Modène, principalement du mont Zibio; celui qui accompagne, dans les *maremmes* de Sienne, aux lieux dits *Lagonis*, le dégagement d'eau en vapeur, chargée d'acide borique; celui qui nage sur les eaux de la rivière qui se jette dans l'Euphrate et sur celles du lac Asphaltique en Judée; celui qui couvre quelquefois les eaux de la mer près des îles du cap Vert, de l'île de la Trinité et de la plupart des parages voisins de montagnes ou de terrains volcaniques.

5. Form. **MÉTALLIQUES** et **MÉTALLIFÈRES.**

La formation réelle et naturelle, c'est-à-dire non aidée des secours de l'art, de ces corps, dans les temps actuels, est encore plus rare, plus foible et plus incertaine, que celle des corps précédens.

Il n'y a pas de doute qu'il se forme dans les galeries des mines où on exploite des pyrites de fer et de cuivre, des sulfates de ces métaux, qui recouvrent d'une couche plus ou moins épaisse de ces sels à l'état d'efflorescence, d'enduit spongieux et même de cristaux, les parois, boisages et muraillemens de ces cavités; mais on voit que l'exploitation a eu quelque influence sur ces formations si petites et si fugaces.

On peut citer comme exemples de ces produits joviens les mines de Chessy, près Lyon; celles des environs de Cuença en Espagne; celle de Silberberg, à Bodenmaïs en Bavière, où on trouve de beaux cristaux de sulfate de fer groupés sur les pyrites magnétiques et sur le *boisage* de la mine.

La formation actuelle des Pyrites est un fait beaucoup plus

douteux, et on ne peut en citer qu'un petit nombre d'exemples qui aient quelque authenticité.

M. Deslongchamps a recueilli et reconnu pour être une pyrite, ou sulfure de fer, bien caractérisée par son aspect et sa composition, des dépôts rubigineux celluleux, ayant dans leur cassure la texture et l'éclat des pyrites, qui se forment dans les canaux où coule l'eau minérale de Chaudesaignes, au Cantal.

M. Covelli a remarqué qu'il s'étoit formé au Vésuve, en 1824, un sulfure de fer noir, qui paroissoit être une espèce nouvelle, dont la composition seroit FS^3, et la forme un prisme rhomboïdal oblique.

Enfin, on a cru reconnoître dans les véritables tourbes, c'est-à-dire dans les tourbes superficielles de formation actuelle, qu'il faut bien se garder de confondre avec le lignite friable et pyriteux, auquel on a aussi donné le nom de *tourbe pyriteuse*; on a cru reconnoître, dis-je, dans les tourbes du Bas-Boulonois de cette formation, un lit mince et sablonneux, interposé dans ces tourbes et contenant des pyrites. Ce fait, rapporté par M. Rozet, demande à être examiné de nouveau. Ce seroit, à ma connoissance, le seul exemple réel de pyrite dans la tourbe proprement dite. (Voyez TOURBE.)

Le FER AZURÉ, ou phosphate de fer pulvérulent, est un des minérais de formation récente des plus remarquables, non par la quantité, mais par l'évidence de la formation, dans les temps actuels, d'un minérai dont la production n'est pas aussi facile à obtenir ni à expliquer que celle des sulfates. On ne peut douter cependant de cette formation jovienne, quand on voit les racines des plantes et des arbres qui pénètrent dans la vase de certains marais, être enveloppées, comme dans un étui, par un cylindre de ce fer azuré.

Le FER LIMONEUX (*Raseneisenstein*) est regardé comme de formation de sédiment actuel. On assure que celui qu'on retire du fond de certains marais, où il accompagne même la tourbe (lac Balaton, Hanovre, Lusace, etc.), s'y reforme au bout d'un certain temps, et qu'on peut l'extraire ainsi plusieurs fois. Ce fait ne me paroît pas constaté avec toute l'exactitude désirable.

Mais ce qu'il y a de certain sous le rapport de l'influence de l'oxide de fer sur la formation actuelle des roches, c'est la propriété qu'a cet hydroxide d'agréger les cailloux d'une manière très-solide. J'ai sous les yeux des anneaux de fer, des pointes de pilotis, qui sont entourés d'un poudingue à ciment ferrugineux assez dur pour être scié et poli.

L'oxide de fer produit le même effet sur le sable voisin des racines qui pénètrent dans les sablonnières; il l'agrège en cylindre très-solide, qui sert comme d'étui à ces racines. J'ai également des exemples évidens de cette formation récente, et, dans ce cas-ci, la cause qui a accumulé l'oxide de fer à l'entour de la racine, au point d'en faire le ciment solide de cette espèce de roche sableuse, est assez difficile à assigner.[1]

Tels sont les phénomènes géologiques de nature chimique qui, différens de ceux qu'on peut attribuer à l'action volcanique, se montrent encore de nos jours dans l'écorce du globe ou à sa surface. Il n'est pas nécessaire de faire remarquer de nouveau combien ils sont foibles, circonscrits, pour ainsi dire imperceptibles, en comparaison de ceux qui ont produit les roches les moins étendues et les plus récentes des terrains saturniens ou antédiluviens.

Nous avons vu, dans le premier article, combien les actions mécaniques de la même période, qui pouvoient modifier la surface de la terre, avoient peu de puissance, en comparaison de celle qu'on est forcé d'accorder à l'action mécanique antédiluvienne, qui a produit les grands phénomènes que nous allons indiquer.

Mais avant d'arriver à cette période, je dois examiner les hypothèses qu'on a proposées dans ces derniers temps, pour faire admettre que les phénomènes saturniens se continuoient encore au fond des mers, dans les cavités de l'écorce du globe, retraites encore impénétrables, où le génie peut cons-

---

1 On cite des cristaux de quarz dans des bois fossiles; mais ce bois appartient à la formation des lignites, qui est bien évidemment de l'époque saturnienne. Les pyrites qu'on dit se trouver abondamment dans les tourbes, doivent être rapportés aux lignites soissonois. La découverte, racontée par Trebra et si souvent répétée, de pièces de monnoies trouvées dans un silex en bêchant un jardin, est un fait isolé, qui peut résulter d'observations incomplètes ou décevantes, etc.

truire tous les édifices qui lui plaisent, sans craindre que la pesante et lente main de l'expérience aille les y détruire.

On a donc prétendu qu'il se formoit encore au fond des mers des terrains de sédiment et d'agrégation semblables, par exemple, à nos terrains de calcaire grossier du bassin de Paris. On a cité à l'appui de cette supposition les terrains d'agrégation qui se forment en effet sous la mer, près de quelques pays volcaniques ; mais on n'a pas pris garde à la différence des circonstances, à celle de la grandeur des échelles et à celle des résultats. On a voulu comparer les petits dépôts de Messine, de Java, etc., au calcaire grossier, qui, dans le seul bassin de Paris, présente une puissance de 3o à 4o mètres, et une étendue de 5o à 6o myriamètres carrés. On a eu alors recours aux suppositions par analogie.

Mais ce n'est pas à nous à prouver ce qui ne se fait pas au fond de la mer ; nous n'avons que de foibles moyens pour user d'un tel argument ; d'ailleurs, il est de règle que c'est à celui qui affirme à prouver : ainsi pour établir que le sol actuel a pu se former peu à peu, et qu'il continue de se former encore de la même manière au fond de la mer, mais seulement un peu plus lentement, il faut nous faire voir que dans un grand nombre de parages le fond des mers a depuis deux à trois mille ans changé de nature et d'habitans : or, quelque foible et lent que fût ce dernier changement, on en auroit des preuves ou au moins des indications ; cependant on n'en apporte aucune autre que celles que nous avons mentionnées ; tandis que nous avons dans le cas actuel, non pas des preuves négatives (il n'y auroit qu'une investigation complète du fond de la mer qui en pourroit donner de telles), mais quelques faits qui semblent indiquer que dans presque toutes les circonstances où on a pu connoître le fond de la mer actuelle à des époques très-reculées, on l'a toujours trouvé dans le même état. Nous avons déjà indiqué quelques-uns de ces faits dans notre Essai géognostique sur le sol parisien[1] ; c'est le cas de les rappeler ici.

Ainsi, depuis qu'on pêche des perles sur les côtes de Ceilan et dans le golfe Persique, depuis environ trois cents ans

---

1 Édition de 1822, p. 38, et en note.

qu'on en pêche dans le golfe de Mexique et sur les parages orientaux et occidentaux de cette partie de l'Amérique, on n'a pas remarqué ni qu'aucune couche pierreuse fût venue recouvrir ces coquilles, en altérer ou modifier les espèces, ni, en relevant le fond de la mer, rendre le métier de plongeur plus facile et plus sûr.

Les huîtres qu'on pêche depuis un temps immémorial dans la baie de Cancale, celles que les Romains tiroient de différens parages de la Méditerranée, s'y sont toujours trouvées : si les pêcheurs ont été obligés quelquefois de changer un peu le lieu de leur pêche, ce n'est pas parce que le sol du premier endroit avoit changé de nature, de hauteur et d'habitans ; mais parce qu'une pêche trop active en avoit diminué momentanément le nombre. Jamais on n'a remarqué que les bancs d'huîtres aient été recouverts de couche pierreuse, ou qu'ils se soient rapprochés de la surface de la mer. Cependant on sait que ces coquilles vivent non loin des côtes et de *l'embouchure des fleuves.* [1]

Ce que je viens de dire des huîtres et des hyrondes à perles, s'applique également au corail ; c'est toujours sur les mêmes côtes, à une profondeur dont les limites paroissent déterminées, que les pêcheurs de corail de la Méditerranée vont chercher ce zoophyte précieux, et on remarque cependant que c'est dans une mer dont les bords et le fond sont couverts de volcans, dans un lieu (le détroit de Messine) où l'on cite un des rares exemples authentiques d'une formation de pierre par agrégation de sable, que se fait le plus abon-

---

[1] Cette permanence est d'autant plus frappante qu'on a remarqué que de nouveaux bancs d'huîtres s'établissoient avec une grande facilité lorsque les circonstances favorisoient l'accumulation de ces mollusques. Il est défendu aux équipages qui sont en station dans les rades de jeter à la mer les coquilles des huîtres que l'on mange à bord, parce que les hydrographes ont reconnu que ces accumulations de coquilles, portant quelquefois les germes de jeunes huîtres, donnoient lieu à de nouveaux bancs d'huîtres qui rendoient le mouillage moins facile et moins sûr, en coupant les cables des ancres. Je tiens ce fait, et ce que je dis plus bas sur la constance des fonds reconnus par le soudage, de M. Beautemps-Beaupré, ingénieur hydrographe en chef.

damment, et aussi depuis un temps immémorial, la pêche du corail.

Il y a trop peu de temps qu'on mesure exactement la profondeur des mers et qu'on détermine avec quelque précision la nature du fond par les sondages, pour que ces élémens de nos recherches puissent être très-exacts. Mais au défaut d'exactitude ils offrent une circonstance très-importante à notre sujet, c'est d'avoir toujours lieu dans des bas-fonds peu éloignés des côtes, surtout à l'embouchure des fleuves. On ne voit cependant pas qu'aucun ingénieur hydrographe ait annoncé qu'au lieu d'un sable mobile trouvé à telle profondeur, dans tel parage, on y ait reconnu, au bout de quelques centaines d'années, une roche solide à une moindre profondeur.

Comme on n'a aucune observation authentique qui, en faisant connoître une formation de roche seulement aussi puissante que la petite butte gypseuse de Montmartre et le petit côteau calcaire de Passy, puisse être apportée en preuve de la production d'un terrain solide dans la mer à peu de distance des côtes, on a dit que c'étoit dans les profondeurs de l'Océan que se formoient de nouveaux terrains et de nouvelles montagnes.

III.ᵉ CLASSE. TERRAINS PYROGÈNES.

Je ne mentionne cette classe que pour n'omettre aucune des principales divisions du tableau des terrains ; mais, ainsi que je l'ai déjà dit, les terrains pyrogènes actuels se lient par des nuances si insensibles avec les terrains pyrogènes anciens ou vulcaniques, qu'on ne peut pas exposer leurs caractères et leur histoire dans deux articles entièrement séparés. J'en présenterai donc les caractères principaux à la suite de la IX.ᵉ classe, et j'en développerai l'histoire à l'article Volcans.

ARTICLE II.

PÉRIODE SATURNIENNE. [1]

En prenant cette période de sa fin et remontant dans les siècles, elle s'étend depuis l'époque où a cessé la révolution

---

[1] Ou antédiluvienne.

qui a donné aux continens la forme qu'ils nous présentent, qui a placé la mer dans son bassin actuel, jusqu'à celle de la consolidation de l'écorce du globe.

Nous connoissons probablement la plupart des roches et des minéraux formés pendant cette période; nous avons, par leur résultat, une idée des grandes catastrophes qui s'y sont passées; mais nous ne pouvons nous faire aucune idée précise des causes qui les ont amenées, des phénomènes de tous les genres qui doivent les avoir accompagnées, et du spectacle que de tels phénomènes ont dû produire.

Il reste bien dans la période jovienne quelques vestiges de ces actions, quelques indices de ces causes; mais, ainsi qu'on vient de le voir, ils sont si foibles, si restreints, qu'ils ne peuvent donner aucune notion précise de la manière dont se sont formés les granites, les gneiss, les schistes luisans et même le calcaire saccaroïde; roches composées, les unes de cristaux différens, comme mêlés les uns dans les autres et cependant très-nettement séparés, de cristaux tous insolubles dans les liquides qui se montrent actuellement à la surface du globe, mais d'un aspect et d'une nature telle qu'on ne peut admettre qu'ils aient été dissous par la voie ignée; les autres de masses cristallisées, homogènes, mais presque aussi indissolubles dans les agens actuellement connus que les masses hétérogènes précédentes.

C'est pendant cette période que les fentes des montagnes se sont remplies de cristaux métalliques et pierreux, remarquables par leur abondance, leur volume et leur netteté. C'est pendant les derniers temps, c'est presque à la veille de l'époque jovienne. que les cavités des montagnes se sont tapissées de cristaux de barytine, de célestine, etc. : tous corps indissolubles dans les agens connus et qui annoncent cependant par leur grosseur et leur régularité une dissolution complète, facile, abondante et tranquille.

C'est pendant la période saturnienne et à toutes les époques de cette turbulente période, que la plupart des montagnes ont été élevées, que les couches ont été soulevées, inclinées, courbées et brisées. de manière à cacher encore mieux par ce désordre l'ordre qui avoit pu régner dans leur formation.

C'est enfin pendant cette longue période que tant de races

d'êtres organisés ont été successivement créées et détruites,
ou tellement cachées, qu'on n'en voit plus que les débris ; et
pour que tout contribue à la séparer nettement de la période
jovienne, à lui imprimer tous les genres de caractères distinctifs, il s'est établi entre ces deux périodes une différence
d'autant plus remarquable, qu'elle paroît être absolument
indépendante de celle qui pouvoit naître de la fermentation
chimique, qui semble s'être éteinte à l'époque jovienne : cette
différence est celle qui résulte de la comparaison des êtres organisés, dont les générations sont disposées de telle manière
qu'à peine trouve-t-on, sur le monde actuel. quelques-unes
des espèces qui peuploient le monde ancien.

Les produits minéraux de la période saturnienne, si variés
de nature et d'aspect, ont besoin, pour être bien connus,
d'être considérés sous deux points de vue et séparés en deux
divisions.

La première doit renfermer les roches qui se sont déposées
sur la surface de la terre, sans offrir d'autre considération
que l'ordre successif de leur dépôt : c'est ce que nous appelons, comme on l'a déjà dit, les terrains en série ou stratifiés.

La seconde réunit les roches qui se présentent en masse
immense, sans aucune indication de stratification, et qui ont
été amenées à la surface de la terre par une force qui les faisoit sortir de son sein ; tels sont les granites, les syénites, les
porphyres, etc.

C'est donc dans cette période que nous établirons les deux
divisions annoncées plus haut sous le titre de 1.ʳᵉ et 2.ᵉ Considération.

1.ʳᵉ Considération.

TERRAINS EN SÉRIE ou *STRATIFIÉS*, ou **TERRAINS NEPTUNIENS.**

On ne rappellera pas ce qui a été dit sur cette manière
de considérer les roches ou terrains qui entrent dans la composition de l'écorce du globe. Le tableau général des classes
de terrains et les tableaux particuliers de chaque classe, font
connoître les divisions et subdivisions de ces terrains, dont
la synonymie, les caractères et la position vont être successivement présentés et développés.

IV.ᵉ CLASSE. TERRAINS CLYSMIENS [1]
ou TERRAINS DILUVIENS.

Ces terrains sont les plus superficiels de toutes les roches de l'époque saturnienne; ils portent aussi l'empreinte évidente d'un délaissement des eaux; mais plutôt par transport violent que par dépôt tranquille.

Leurs parties sont quelquefois volumineuses; leurs roches sont le plus souvent formées par voie d'agrégation ; elles sont rarement homogènes, même à l'œil, et leur texture est grossière. Cependant leurs parties sont quelquefois liées par une base ou ciment formé par voie chimique ou de dissolution (les poudingues, brèches osseuses), et quelquefois aussi elles résultent entièrement de ce mode de formation (travertins et calcaires concrétionnés anciens, etc.).

Les roches d'agrégation en masse, ou ayant quelquefois l'apparence de couches, qui composent ces terrains, se distinguent des autres roches d'agrégation qui leur ressemblent et qui se trouvent dans d'autres terrains, en ce qu'elles ne sont jamais placées sous de vraies couches solides, tout au plus les trouve-t-on quelquefois recouvertes par un dépôt foiblement agrégé de sable ou de limon de la période jovienne, ou par une sorte d'enduit de travertin moderne, ou, enfin, par des laves.

Ces terrains, considérés sous le point de vue géognostique sous lequel nous les classons, sont très-difficiles à distinguer dans leur point de contact des terrains de la période jovienne, dont l'origine est analogue.

Les terrains clysmiens, aux signes qui appartiennent à tous

---

[1] C'est-à-dire, d'inondation, parce que la *majeure partie* de ces terrains est évidemment le produit du transport et du dépôt mécanique des eaux.

Syn. Terrains de transport, d'alluvion, d'atterrissement, diluviens, DE BONN. ; *Diluvium*, BUCKL., SEDW., etc.; *Aufgeschwemmtes Gebirge*, KEFERST.; *Aeltere Alluvial-Bildungen*, BOUÉ. M. Keferstein y réunit sous le nom de *jüngstes Flötz*, les terrains lacustres, calcaires, siliceux, meulières, etc., dont le dépôt nous semble dû à une tout autre cause. Sous le nom de terrains mastozootiques M. d'Omalius a compris nos terrains clysmiens et les thalassiques.

les terrains d'inondation, de transport ou d'alluvion, joignent le caractère particulier de se présenter sous des circonstances qui doivent nécessairement faire admettre de grandes différences sous le rapport des formes, des élévations, des masses et de la puissance de l'eau, entre la surface de la terre à l'époque où ces terrains ont été déposés, et cette surface à l'époque actuelle.

Tantôt c'est dans leur position que se trouvent ces caractères. Les terrains clysmiens se présentent, soit à des élévations, soit à des distances où aucun cours d'eau, mu par les forces actuelles les plus violentes, ne pourroit arriver.

Tantôt c'est par le volume et la nature des débris et des masses qui les composent que ces terrains se distinguent; en effet, elles sont d'un tel volume qu'aucun cours d'eau actuel n'auroit pu les transporter, et d'une telle nature qu'on ne peut les attribuer aux roches du sol sur lequel elles se trouvent, et qui auroient été dégagées par un cours d'eau des matières désagrégeables qui les environnent; on est donc forcé d'admettre que ces masses ont leur origine à de grandes distances du lieu où on les voit, et qu'elles y ont été amenées par une force dont on ne connoit plus, dans la nature actuelle, d'exemples applicables aux lieux et aux objets de l'observation.

Tantôt, enfin, c'est par la nature des débris organiques qu'ils renferment que ces terrains se distinguent des terrains joviens de même structure. Ainsi, quelle que soit la position de ces terrains, par rapport aux cours d'eau qui peuvent les avoir transportés, s'ils renferment des restes ou débris de corps organisés, soit animaux, soit végétaux, qu'on ne connoisse plus vivans à la surface du globe ou dont les analogues, s'ils en ont, ce qui est rare et incertain, vivent dans des climats et sous des latitudes très-différentes de celles où se trouve le terrain qui les enveloppe; s'ils les renferment en quantité telle qu'on ne puisse attribuer leur présence à des circonstances fortuites, on doit rapporter encore, d'après nos principes, ces terrains à l'époque saturnienne ou antédiluvienne.

Tels sont les terrains limoneux qui, dans le val d'Arno et à une hauteur que l'Arno dans ses crues pourroit encore recouvrir, renferment des ossemens d'éléphans, d'hippopotames, etc.; tel est celui qui, sur les plateaux des collines subapennines, dans les plaines et sur les plateaux des environs de Paris, à une hauteur que les eaux courantes actuelles n'ont jamais pu atteindre, renferme des ossemens des mêmes genres et des portions de palmiers.

Si, au contraire, ces débris organiques, végétaux ou animaux, peuvent provenir d'êtres qui vivent encore à la surface du globe et même dans les parages où se voient ces débris; mais s'ils sont réunis dans une position telle qu'aucune circonstance géologique ou physique connue dans le monde actuel n'ait pu les placer dans cette position, les terrains qu'ils constituent appartiennent encore aux terrains clysmiens saturniens.

Tels sont les amas de coquilles marines et même de coquilles fluviatiles ou lacustres, absolument semblables à celles qui vivent dans le pays, qu'on voit en France, à Saint-Michel en Lhermes; en Suède, à Uddevalla; en Toscane, à Colle, etc., et qui sont placés à une élévation à laquelle ni la mer ni les cours d'eau actuels n'auroient pu les porter.

On sent, d'après les règles que nous avons cru reconnoître, les conséquences que nous en avons déduites et les principes que nous avons posés, que ces terrains ne doivent renfermer aucun reste, aucun débris de l'espèce humaine ni de ses arts. C'est, en effet, ce que l'observation a généralement constaté. Les anomalies ou exceptions qu'on a cru remarquer, sont très-peu nombreuses et demandent à être appréciées. On conçoit facilement combien de circonstances peuvent introduire dans un terrain superficiel, meuble et peu épais, des corps qui lui sont étrangers; combien il est difficile d'assigner dans une telle sorte de terrain les limites qui séparent la partie saturnienne de la partie jovienne, etc.; on sent, enfin, que cette séparation des débris organiques antédiluviens et des débris humains, n'est pas uniquement fondée sur les rapports observés dans la position des terrains alluviens et des terrains clysmiens, ni sur ceux des débris organiques qu'ils renferment, mais sur l'ensemble des phénomènes qui indiquent que la race humaine n'existoit pas à la surface du globe lors de la dernière révolution qui a dénudé nos continens et leur a donné les formes et les limites qu'on leur connoît depuis les temps historiques les plus reculés.

Nous compléterons ce que nous avons à dire sur ces terrains, en énumérant les groupes de roches et même les roches qu'on peut y distinguer. Nous allons y retrouver plusieurs des roches qui se sont déjà présentées dans les terrains joviens, et nous sommes obligés de les désigner de la même manière.

1.er *Gr.* TERR. CLYSM. **LIMONEUX.**[1]

Composés de parties meubles, très-atténuées, déposées en sédimens ordinairement horizontaux, quelquefois cependant comme se pénétrant par les amincissemens de leur bord, etc.

On y remarque deux roches ou plutôt deux compositions principales.

1. LIMON ARGILO - SABLEUX.

2. LIMON ARGILO - TOURBEUX, c'est - à - dire, mêlé de parties végétales, dont les unes ont conservé leur forme, tandis que les autres sont entièrement décomposées.

Les caractères minéralogiques et chimiques de ces limons diffèrent peu de ceux que nous avons exposés en parlant de la même roche dans les terrains joviens; nous devons seulement faire remarquer, ou qu'il n'y a pas de vraie tourbe dans les terrains clysmiens, c'est-à-dire, de la tourbe ayant tous les caractères et propriétés de celle qui est exploitée pour les usages économiques et que nous avons caractérisée ailleurs, ou bien qu'on a confondu jusqu'à présent les tourbes de ces deux époques.

Ce qu'il y a d'assez bien déterminé à ce sujet, c'est que les limons tourbeux saturniens sont généralement très-peu abondans en parties végétales et très - mélangés de limons argileux ou sableux proprement dits; mais il faut toujours se garder de les confondre avec les lignites friables, nommés improprement *tourbe pyriteuse*, et que nous examinerons plus bas.[2]

---

1 *Lehm-Bildung*, KEFERST.

2 On a déjà vu combien il est difficile, dans l'état actuel de la science, de distinguer les tourbes actuelles ou joviennes des tourbes anciennes ou saturniennes, et même de quelques lignites superficiels. S'il y a des pyrites dans la tourbe proprement dite, c'est-à-dire dans les dépôts de débris de végétaux herbacés supérieurs à toutes les formations, il est présumable que ce sera dans les tourbes anciennes. C'est en effet à ces tourbes que M. Boué attribue des pyrites et de la sélé-

2.ᵉ *Gr.* TERR. CLYSM. DÉTRITIQUES.

Ce terrain se compose de trois sortes de roches ou de trois groupes de débris, qui présentent des considérations très-différentes et demandent des développemens particuliers.

1. GALETS et POUDINGUES.

Peu de roches sont plus répandues que celles-ci ; non-seulement il faut savoir distinguer les galets et poudingues des terrains clysmiens de ceux des terrains alluviens, ce que nous avons déjà cherché à faire ; mais il faut aussi les distinguer, et surtout les poudingues, d'une roche de même sorte qui fait partie du terrain de sédiment supérieur, terrain bien plus ancien. Ces poudingues qui appartiennent à une époque très-éloignée, sont dus à des causes semblables à celles qui ont produit les galets et poudingues des terrains clysmiens. Cette distinction est quelquefois d'autant plus difficile à faire que les deux terrains, composés presque des mêmes roches, sont immédiatement posés l'un sur l'autre. Nous voulons parler des anagénites, des gompholites, etc.

Les galets et poudingues des terrains clysmiens sont composés de débris arrondis de diverses roches, dont la grosseur varie depuis la pisaire jusqu'à l'ovulaire, très-peu au-delà.

Ils sont étendus en plaines immenses, ou relevés en collines ordinairement arrondies ; tantôt ils remplissent de larges vallées en s'élevant sur les côteaux à des hauteurs que ne peuvent atteindre les eaux actuelles ; tantôt ils recouvrent des plateaux également supérieurs aux plus hautes crues des eaux et indépendans de tout cours d'eau. Leur puissance ou épaisseur est très-variable ; quelquefois seulement de quelques décimètres, comme aux environs de Paris et dans quelques parties de la Suède, notamment de la Scanie ; quelquefois aussi acquérant une épaisseur qui va depuis vingt à vingt-cinq mètres (au pied des Apennins) jusqu'à cent mètres (dans la plaine

---

nite ; mais il cite les rives de la Baltique, etc., où il y a et des tourbes joviennes et des lignites friables. Des observations ultérieures, faites avec l'intention de reconnoître ces différences, rendront ces séparations plus claires.

de la Crau en Provence), et même cinq cents mètres, tant dans cette même partie de la France que dans la vallée du Pô, canton de la Doire, etc.

Les roches qui les composent sont tantôt toutes à peu près de même nature et de celle des minéraux durs des terrains que recouvrent ces galets, ce qui indique qu'ils ne viennent pas de loin (les galets et poudingues siliceux de toute la Normandie); tantôt ces poudingues sont composés de roches variées et dont les analogues se montrent dans les chaînes de montagnes au pied desquelles ces débris ont été accumulés (les plaines et collines de la Provence).

Ces terrains renferment quelques substances pierreuses ou minérales, qui paroissent avoir été arrachées des mêmes terrains qu'eux et transportées avec eux ; mais c'est ici qu'il faut bien prendre garde de les confondre avec des terrains meubles, peut-être également de transport, mais probablement d'une origine différente de ceux dont il est question ici. Nous parlerons plus bas de ces terrains meubles qui renferment avec des galets ou cailloux roulés des sables ferrifères, aurifères, platinifères, gemmifères, etc.

Un autre caractère des terrains clysmiens qui ont précédé immédiatement l'époque jovienne, c'est de n'être recouverts par aucune couche de roche solide, du moins sous une puissance et dans une étendue propres à faire distinguer un recouvrement constant et général, d'un phénomène local et circonscrit. Or ce caractère me paroit être un de ceux qui distinguent le plus efficacement ces derniers terrains clysmiens des terrains meubles aurifères, qui sont à peu près de la même époque.

2. Blocs erratiques.

On désigne sous ce nom les blocs énormes de roches dont la dimension est péponaire dans les plus foibles et polymétrique dans les plus forts, et qui sont répandus, en plus ou moins grande quantité, sur des plaines, sur des pentes et même sur des crêtes de montagnes dont le sol est d'une nature tout-à-fait différente de celle de ces blocs.

C'est un des phénomènes les plus frappans, les plus généraux et les plus inexplicables de la géologie ; les naturalistes ont cherché avec ardeur et à déterminer le lieu originaire de ces blocs, et à découvrir quelle cause a pu les transporter ainsi au loin.

Les blocs erratiques diffèrent des galets par leur grosseur toujours incomparablement plus forte, ce qui suppose une cause de transmission bien plus puissante et probablement très-différente; par leur espacement, car rarement ils se touchent. Ils sont, comme leur nom l'indique, épars sur les champs, mais rarement isolés; ils sont au contraire très-souvent réunis par groupes et comme accumulés dans certains points. Cette disposition est très-claire aux environs de Genève[1]; elle se voit aussi dans les plaines de la Westphalie, dans la Zélande, dans la Suède, etc.: tantôt ils sont placés sur un sol dur, qui ne montre point d'autres roches de transport que ces blocs (les pentes des montagnes et les plateaux dans les Alpes et dans le Jura); tantôt ils sont comme enfouis dans un sable fin et qui n'a rien de commun avec leur nature et leur origine (les plaines de la Westphalie). Ils ont souvent, il est vrai, les angles et les arêtes émoussés et comme arrondis; mais ils ne sont pas roulés et présentent dans beaucoup d'autres cas des arêtes et des angles vifs dont l'aspect éloigne toute idée de roulis (au Salève, etc., d'après Pictet, Deluc, neveu, etc.). Les roches hétérogènes ou homogènes, auxquelles on peut les rapporter, appartiennent presque toutes aux terrains agalysiens (primitifs) ou aux terrains hémilysiens (de transition). Ce sont donc en général des granites, des protogynes, des syénites, des euphotides, des amphibolites, des diorites, des stéaschistes, des basanites, des trappites, des quarzites, des grès, des dolomies, des calcaires saccaroides et compactes, des marbres, des lucullites, des aphanites, etc.

Ce qu'il y a d'assez constant et en même temps d'assez remarquable, c'est que ces roches anciennes sont posées sur des terrains qu'on considère comme beaucoup plus nouveaux que ceux auxquels elles appartiennent. Cette circonstance place nécessairement à une époque postérieure à la formation de

---

1 J. A. Deluc, neveu, *Mémoire sur le phénomène des grandes pierres primitives alpines, distribuées par groupes dans le lac de Genève, etc.*: Mémoires de la Soc. de phys. de Genève, lu en 18.6, publié en 1827, vol. 3, 2.ᵉ part.

ces terrains nouveaux, la cause violente qui les a transportées.

Une autre circonstance non moins remarquable est leur
position souvent très-éloignée de toute chaine de montagnes
ou de collines, de tout terrain composé des roches d'où ces
blocs pourroient tirer leur origine, et dont ils sont séparés ou
par des plaines immenses ou par des vallées considérables,
ou bien, enfin, par des bras de mer larges et profonds.

On a reconnu ce phénomène dans un grand nombre de
lieux, dans le nouveau comme dans l'ancien continent, et s'il
paroit plus fréquent en Europe, et surtout dans l'Europe boréale, cela résulte en grande partie de ce qu'on a eu plus
d'occasion de l'y observer et de l'y étudier.

Ces observations et ces études n'ont encore conduit à aucune solution claire et par conséquent à aucune explication
certaine de ce grand problème géologique.

Les exemples que nous allons citer vont faire connoître
les observations et les faits d'où ont été tirées les généralités
que nous venons d'exposer, et la théorie qui en résultera.

C'est au pied occidental des Alpes, principalement sur les
pentes orientales du Jura qui regardent cette grande chaine
et qui en sont séparées par la large et longue vallée de l'Aar,
qu'ont été faites les premières et les plus curieuses observations sur le volume, l'abondance et la position de ces blocs
erratiques. C'est là qu'on a vu, sur les crêtes calcaires du
Jura, à plus de cinq cents mètres d'élévation au-dessus de
la vallée, dans les petits vallons qui séparent ces crêtes et qui
sont comme encaissés dans de hautes murailles de rochers (ce
qu'on observe très-bien dans les vals de Travers et de Saint-
Imier) des amas considérables de blocs énormes, ayant quelquefois douze mètres de longueur et sept d'épaisseur, de granites
et de plusieurs autres roches que nous avons nommées. Ils
sont toujours à la surface du sol, tout au plus sous la terre
végétale ou dans le sable de transport qui le recouvre; mais
jamais dans aucune roche, pas même dans cet agrégat de
cailloux roulés qu'on nomme gompholite (*Nagelflue*). Les
blocs de chaque canton sont assez semblables entre eux et
diffèrent de ceux des autres cantons; il n'y a que dans la grande
vallée de l'Aar qu'ils se confondent.

C'est en examinant avec soin la nature dominante des roches
de chaque groupe des Alpes, en remontant toutes ces vallées,
recherchant avec attention le corps principal d'où ces blocs
étoient partis, au moyen des *trainards* qu'ils avoient laissés
sur leur route, que Escher et M. de Buch sont parvenus à
reconnoître que leur source, ou du moins celle de la plupart
d'entre eux, étoit dans les hautes montagnes situées à l'origine des vallées qui débouchoient dans les bassins dont ces
blocs couvroient les pentes ou le milieu. Ils ont vu que leur
nature s'accordoit avec celle des roches fondamentales de ces
montagnes : ainsi les blocs du bassin du Rhin sont semblables
aux roches des Grisons ; ceux de la vallée du lac de Zurich
et de la Limmat sont des débris des roches des montagnes de
Glaris ; ceux du bassin de la Reuss viennent des roches des
sources de cette rivière ; enfin, les blocs des bassins de l'Aar
et du Jura viennent des hautes montagnes du canton de
Berne, etc.

Les blocs sont généralement plus nombreux sur les collines
et sur les pentes qui sont opposées à l'embouchure de la grande
vallée principale ; et dans le Jura, c'est dans les endroits situés
vis-à-vis l'axe et l'embouchure de ces vallées que les blocs sont
placés le plus haut, jusqu'à 1200 mètres au-dessus du niveau
de la mer.

Mais, entre les points élevés d'où ces blocs sont partis et
leur position actuelle, non-seulement ils ont eu une grande
distance à franchir, mais encore il a fallu qu'ils traversassent
la vallée de l'Aar ou au moins son espace, et qu'ils remon-
tassent par-dessus les crêtes orientales du Jura, ou pour s'y
placer, ou pour retomber dans les petits vallons qui les séparent. Escher fait cependant remarquer, qu'on ne les trouve
jamais dans ces petits vallons inférieurs, si ce n'est dans les
endroits où la chaîne du Jura semble avoir été rompue, et
lorsque cette rupture se présente au débouché des vallées
des Alpes.

C'est déjà beaucoup de savoir d'où viennent ces blocs et de
le savoir avec toute la certitude désirable ; mais on a voulu
savoir aussi comment ils avoient été portés si loin de leur origine, malgré les vallées et les collines qui séparent le lieu de
leur arrivée de celui de leur départ. On a proposé un grand

nombre d'hypothèses, que notre plan ne nous permet ni de présenter avec le développement nécessaire, ni de discuter. Les plus remarquables sont : 1.º celle de Deluc, qui pensoit que ces blocs avoient été lancés dans les airs par la même force qui avoit soulevé les Alpes, et qu'ils étoient retombés à une plus ou moins grande distance, suivant la puissance de cette force et sa direction; 2.º celle de MM. de Buch, Escher, etc., qui admettent une débâcle immense, entraînant ces blocs jusqu'au pied du Jura, et leur faisant remonter la pente au moyen de l'impulsion qu'ils avoient reçue, comme on voit la boule d'un joueur remonter un tertre de gazon; 3.º d'autres ont pensé que ces blocs, presque tous de roches de transition, étoient les restes d'un manteau de ces roches, plus nouvelles que le calcaire du Jura, et par conséquent beaucoup plus nouvelles qu'on ne l'admet communément, qui avoit été détruit en ne laissant que ces témoins de son existence dans ces lieux; 4.º Dolomieu supposoit que les sommets des Alpes étoient autrefois continus avec ceux du Jura par un plan incliné qui a été entamé par la même révolution qui a fait rouler ces blocs des sommets des Alpes sur les plateaux et dans les vallons du Jura; 5.º Venturi a cherché à expliquer leur transport des sommets des Alpes dans les vallées du Pô, en les faisant arriver sur des espèces de radeaux de glace; 6.º d'autres ont soulevé le Jura, autrefois au niveau du pied de Alpes, et ont soulevé avec lui les blocs qui avoient roulé sur cette plaine calcaire; 7.º enfin, M. de Buch, développant sa première théorie et l'étendant même aux phénomènes spéciaux, pense que la dispersion des blocs est une suite du phénomène du soulèvement des Alpes, postérieur à la formation des terrains tertiaires ou l'une des dernières catastrophes, si ce n'est la dernière de la période saturnienne. Cette opinion vient puissamment à l'appui de celle que j'ai émise sur l'époque des terrains plusiaques et des brèches ferrugineuses.

Nous le répétons, on ne peut, dans ce tableau général des terrains, discuter ces hypothèses. Les difficultés que la plupart d'entre elles laissent inexplicables, seront facilement saisies et le seront d'autant plus aisément que, le phénomène étant général, il est présumable que la cause l'étoit aussi.

Or, on va voir dans d'autres pays des faits et des circonstances qui ne sont compatibles avec aucune de ces théories.

Les plaines sablonneuses de la Westphalie , du Hanovre,
du Holstein, de la Séelande, du Mecklenbourg, du Brande-
bourg ; les rivages et les plaines de la Poméranie , de la Prusse
et d'une partie de la Pologne, très-avancées dans les terres,
entre Varsovie et Grodno, et par conséquent toutes les terres
basses généralement planes et sablonneuses qui bordent la
mer Baltique et même la mer d'Allemagne , depuis l'Ems et
le Weser jusqu'à la Dwina et même à la Neva (on en cite
aux environs de Saint-Pétersbourg. Strangways), sont couvertes de ces blocs de distance en distance; car ils n'y sont
pas également répandus, ils sont rassemblés dans certains espaces, et forment au milieu de ces vastes étendues de sables
et de bruyères des groupes bien distincts, dont la forme générale est celle d'une ellipse irrégulière, qui auroit son grand
axe dirigé à peu près du nord au sud, ou vers la mer Baltique. Enfin, ils sont, dit M. Schultz, plus abondans sur les
hauteurs que dans les vallées.

Ces blocs, quelquefois très-volumineux, sont plus ou moins
engagés dans le sable : quelques-uns sont même entièrement
enfouis dans le sable qui est au-dessous des tourbes, ainsi
qu'on l'observe dans l'Ostfrise, aux environs de Groningue.
Comme les pierres sont rares dans ces cantons et qu'on ne
trouve pas, sur de grands espaces, d'autres pierres de construction, on va les chercher à la sonde. Ce sont en général
des granites, des syénites et les autres roches de cristallisation
que nous avons nommées; on y rencontre, suivant les lieux,
des grès, des porphyres, qui se présentent en galets roulés
sur les dunes des bords de la mer; on y trouve aussi, et surtout du côté de Königsberg et de Reval, des blocs de calcaire
compacte , qu'on recherche avec empressement, qu'on extrait
et qu'on exploite pour en faire de la chaux. Ces calcaires,
comme je l'ai déjà fait remarquer ailleurs [1], renferment des
débris organiques d'orthocératites, de trilobites, etc., qui caractérisent non-seulement les terrains de transition, mais
ceux de Suède et de Norwége en particulier.

---

[1] Hist. natur. des crustacés fossiles, un vol. in-4.°, Paris, 1822, p. 60.

Ces roches granitoïdes, qu'on avoit d'abord attribuées au Harz, comme étant le groupe de montagnes primitives le plus voisin de ces plaines, ont au contraire la plus grande ressemblance avec celles de la Suède, et contiennent les mêmes espèces minérales qu'elles, notamment la wernerite. Elles présentent les mêmes roches, telles que le porphyre d'Elfdalen, les calcaires de transition des îles de Gothland et d'Œland (Hausmann). Il paroît donc présumable, comme le pense l'illustre géologue que je viens de citer, que ces blocs viennent de la presqu'île scandinave, et qu'ils ont été transportés dans une direction du nord-est au sud-ouest. La mer Baltique, ce large et profond vallon, qui les sépare de leur origine, est pour eux ce que la vallée de l'Aar est pour les blocs du Jura. Quand on aura trouvé la cause qui a fait franchir cette vallée par les blocs venant des Alpes, on pourra probablement l'employer pour expliquer le transport des roches de la Scandinavie en Poméranie, etc., malgré la vallée de la mer Baltique.

Ces lieux ne sont pas les seuls qui soient couverts de blocs erratiques; mais ce sont les plus remarquables à cause de l'espèce de barrière qui les sépare de leur terrain originaire.

La plupart des collines de terrains de sédiment moyens et même supérieurs qui s'élèvent au pied des Alpes, soit du côté de la France, soit du côté de l'Italie, présentent vers leur sommet de ces blocs volumineux, engagés souvent dans le sable granitique et les galets qui les recouvrent; c'est ce que l'on observe sur la colline de Supergue, près Turin; c'est ce que l'on voit sur les plateaux calcaires de la vallée de Gresivaudan, dans le département de l'Isère, qui sont couverts dans quelques endroits, suivant l'observation de M. Héricart de Thury, de blocs de granite et de marbre de transition dont on ne connoît pas l'origine. Dans ces deux cas des vallées séparent, comme dans les exemples précédens, le lieu élevé où sont les blocs de celui d'où ils viennent.

Nous avons dit que le sol sableux du Holstein et de la Séelande étoit, dans un grand nombre de points, couvert de blocs erratiques d'un volume considérable. Quand on traverse le Sund pour entrer en Suède par la Scanie, on ne perd pas de vue un instant la traînée de ces blocs. Le sol de la Scanie en est couvert, comme celui de la Séelande, et ces amas de débris de montagnes, comme les ont appelés presque tous les voyageurs qui en ont été frappés en parcourant la Suède, se continuent bien au-delà de la Scanie et couvrent plusieurs parties des provinces suédoises. Ils sont si abondans, principalement en Smaland, qu'ils sont accumulés les uns sur les autres et s'y élèvent en collines d'une forme particulière, auxquelles les géographes suédois ont donné le nom de *6se*[1], et qui montrent une constante direction du nord-nord-est au sud-sud-ouest, sur une étendue très-considérable et avec un parallélisme fort remarquable. On voit donc que les blocs erratiques de la Westphalie, de la Poméranie, du Holstein, de la Séelande, etc., deviennent plus fréquens, plus nombreux, plus serrés, mais pas plus volumineux, à mesure qu'on s'approche du lieu qui paroît être évidemment celui de leur origine. On diroit que les montagnes granitiques, syénitiques, de calcaire compacte, basses et arrondies, de la partie méridionale de la Suède, ont été comme démantelées par une cause violente, et qu'elles ont couvert de leurs débris les collines basses des terrains de sédiment.

On ne trouve presque plus de ces blocs sur les collines de granite et de gneiss au midi de la Suède, mais on croit apercevoir les traces de la force qui les a emportés. Les collines granitiques sont creusées sur leurs flancs et sur leur sommet de sillons à peu près horizontaux, arrondis dans leur fond et polis, comme si des masses dures et sphéroïdales les eussent formés par leur poids et leur dureté, en glissant dessus.

Voilà donc les blocs nuls ou très-rares sur les montagnes d'où ils paroissent venir, et très-communs sur les terrains nouveaux et meubles, situés à une grande distance de ces montagnes et séparés d'elles par un bras de mer profond et très-large dans plusieurs points.

Ce phénomène ne paroît pas borné aux montagnes des Alpes de la Scandinavie : il se représente dans plusieurs autres lieux, et si les exemples dans d'autres parties du globe sont

---

[1] Voyez, pour plus de détails sur ces terrains clysmiens en Suède, la notice que j'ai publiée dans les Annales des sciences naturelles, 1828, tom. 14, pag. 1, pl. 1.

moins nombreux et moins bien connus, cela tient à l'étude toute récente de la science à laquelle il se rattache.

Une grande partie des provinces de Norfolk, de Suffolk, les sommets des collines du Derbyshire, qui dominent le Cheshire, Helderness sur la côte orientale de l'Yorkshire, présentent des blocs semblables à ceux de l'Allemagne; mais, parmi ces blocs de l'Angleterre, les uns viennent de contrées éloignées et probablement de la Scandinavie, et ils sont en général arrondis; les autres viennent des montagnes de l'Angleterre, et, quoique de roches beaucoup plus tendres que les précédens, leurs arêtes et leurs angles sont conservés. M. Sedgwich, auquel on doit la connoissance de ces faits, a aussi remarqué, dans le Westmoreland et le Cumberland, ces sillons à surface polie, dont il a été fait mention plus haut.[1]

On cite des blocs de granite de 4 à 12 mètres sur les lieux les plus élevés de l'Islande, île entièrement volcanique et très-éloignée de tout pays granitique (POVELSEN). Si le fait est vrai et exact, c'est un des argumens les plus puissans en faveur de la singulière hypothèse de Deluc.

On en cite aussi sur les montagnes du Potosi, au-dessus de Lima, et on ne connoît de granite en place que dans le Tucuman, à plus de quatre cents lieues de là.

Les généralités ou la théorie qu'on peut déduire des observations recueillies sur les blocs erratiques, est déjà assez remarquable, quoique ce phénomène n'ait été étudié avec suite que depuis une trentaine d'années.

Nous les récapitulerons ici :

1.° On sait quelles sont les montagnes qui ont fourni les grands et célèbres amas de blocs erratiques des Alpes et des plaines de Poméranie, etc.

2.° Les roches dont ces blocs proviennent, appartiennent toutes aux terrains primordiaux, tant de cristallisation que de sédiment.

3.° Ces blocs sont souvent situés loin des lieux de leur origine, et ils en sont même séparés par des vallées profondes, très-larges, enfin, par des mers.

---

1 SEDGWICH, *On the orig. of alluvial and diluvial formation. Ann. of philosophy*; *Apr. and July* 1825.

4.° La position de ces blocs fait connoître l'époque géologique où s'est passé le grand phénomène qui en a opéré le
transport. Cette époque doit être postérieure ou au plus contemporaine à la formation des terrains de sédiment supérieur,
puisqu'on n'a jamais vu aucun de ces blocs enveloppé dans
les roches de ce terrain, et qu'ils sont supérieurs à l'argile
plastique, à la molasse et au gompholite (*Nagelflue*).

5.° Il a fallu que la force de transmission fût très-puissante
pour transporter au loin des blocs de plus de quinze cents
mètres cubes.

5. Gravier coquillier.

Je désigne sous ce nom un terrain fort remarquable, qui
n'a cependant pas attiré l'attention des géognostes autant
qu'il en est digne ; car à peine en est-il fait mention dans les
ouvrages généraux de géognosie, même les plus détaillés.

Ce sont ces amas de débris de coquilles, de sable et même
de coquilles entières, qui sont à peine altérées dans leur solidité, leur texture et même leur couleur, appartenant à des
espèces évidemment semblables en tout aux coquilles qui
vivent dans la mer actuelle, et qui se trouvent cependant à
une élévation supérieure à celle des plus hautes marées, ai-
dées dans leur ascension des vents les plus violens.

Si de tels amas ne s'étoient montrés que sur un ou deux
points de la surface du globe, on pourroit en attribuer la
cause à quelques circonstances locales ou à quelques phénomènes particuliers.

Mais les géologues, après avoir remarqué ces amas dans
quelques parties de l'Europe, doivent être frappés de les
retrouver, dans une multitude de lieux, accompagnés de circonstances de position et de hauteur, qui sont dans tous
ces lieux à peu près les mêmes.

C'est sur les côtes de la Charente inférieure et de la Vendée, dans le lieu nommé la butte de Saint-Michel, près de
Saint-Michel en l'Herm, que ce phénomène a été signalé, en
1814, pour la première fois et avec toutes ses circonstances,
par M Fleuriau de Bellevue.

M. de Buch avoit à la vérité indiqué un phénomène semblable, tant en Norwége, qu'à Uddevalla en Suède, sur les

limites de la Norwége ; mais cette indication avoit passé presque inaperçue, jusqu'au moment où la description des amas de Saint-Michel, publiée par M. Fleuriau de Bellevue, me frappa par la ressemblance qu'elle établissoit entre elle et celle de Norwége, et m'engagea dès-lors à la faire remarquer, dans l'extrait que je donnai du Mémoire de M. de Bellevue dans le Bulletin des sciences de la société philomatique (1814, p. 78), et même à lui comparer plusieurs observations de phénomènes semblables faites sur les côtes de la Méditerranée, en Asie, etc.

Les collines qui sont couronnées par cet amas de coquilles sont au nombre de trois : elles sont situées à six kilomètres des bords de la mer; elles ont une longueur d'environ neuf cents mètres, et leur sommet est élevé de quinze mètres au-dessus du niveau des plus hautes marées.

Ces collines sont entièrement composées de coquilles marines ayant encore leur texture solide et leurs couleurs propres. Elles appartiennent toutes aux espèces qui vivent actuellement dans la mer qui baigne ces côtes. Ce sont principalement l'*ostrea edulis*, l'*anomia ephippium*, le *pecten sanguineus*, le *modiola barbata*, le *murex imbricatus*, le *buccinum reticulatum*, et un *turbo* qui ne paroît pas avoir été décrit et qui est nommé sur les lieux guignette de Sart.

Ces coquilles ont la plupart encore leurs deux valves réunies; elles sont disposées entre elles comme leurs espèces analogues le sont dans la mer, et même agglutinées, comme on l'a observé dans les bancs d'huîtres.

Ce fait et ce terrain ne sont cependant pas uniques, et ils paroissent avoir les plus grands rapports avec ceux qui ont été observés dans quelques autres lieux.

M. Risso a fait connoître[1], dans la presqu'île de Saint-Hospice près Nice, une formation qui ressemble beaucoup à celle des côtes de la Vendée : il a observé à dix-sept mètres au-dessus du niveau de la Méditerranée, un terrain composé d'un sable calcaire renfermant une très-grande quantité de coquilles à peine altérées et presque toutes parfaitement semblables à celles qui vivent actuellement dans cette mer.

---

[1] Nouveau Bull. des scienc., tom. 3, 1813, p. 339.

M. Olivier[1] a vu près de Maïta, dans la presqu'île comprise entre l'Hellespont et le golfe de Saros, un grès tendre qui dans l'anse de Sestos porte, à plus de sept mètres au-dessus du niveau de la mer, un banc assez épais de coquilles marines, dont les espèces analogues vivent dans la Méditerranée. M. Olivier nomme parmi ces coquilles l'*ostrea edulis*, les *venus chione* et *cancellata*, le *solen vagina*, le *buccinum reticulatum*, le *cerithium vulgare*, etc. On voit encore sur la côte d'Asie, au-delà de la colline d'Abydos et dans la plaine, les mêmes coquilles que celles du banc de Sestos.

Brocchi cite, auprès de Catane en Sicile, des roches calcaires qui, placées sur des laves descendues de l'Etna et situées maintenant à environ *dix mètres* au-dessus du niveau de la mer, sont percées par le *modiola lithophaga*, et couvertes de serpules et d'autres coquilles dont les analogues vivent sur les côtes de Sicile.

On connoît quelques faits semblables dans les îles britanniques. M. Adanson a remarqué sur les bords du lac Lomond, en Écosse, à sept mètres au-dessus du niveau de la mer, dans une argile brune qui est recouverte de gravier, un grand nombre de coquilles marines des côtes écossaises. Il cite les suivantes : *nerita glaucina*, *cardium edule*, *venus striatula*, *pecten obsoletus*, *balanus communis*, *echinus esculentus*, etc.

M. Boué indique sur les bords du Forth en Écosse des coquilles marines analogues à celles qui vivent encore dans ces mêmes parages : parmi lesquelles sont l'*ostrea edulis*, le *mytilus edulis*, le *cardium edule*[2], le *turbo littoreus*, le *donax truncatulus*, le *patella vulgaris*, toutes coquilles très-communes et dont la détermination ne peut être douteuse.

Le capitaine Laskey a fait la même observation à peu près dans les mêmes lieux, mais sur la rive gauche de la Clyde. Ces coquilles sont toutes à un niveau qui s'étend depuis douze jusqu'à quatre mètres environ au-dessus des plus hautes mers.

---

1 Voyage en Turquie, tome 2, page 41.

2 On sait que le *cardium*, désigné vulgairement sous le nom de pétoncle, peut vivre dans des eaux saumâtres, et peut-être même dans des eaux complétement douces ; mais les coquilles essentiellement marines qui lui sont associées ici, doivent faire regarder ces dépôts comme des délaissemens de la mer.

La Norwége et la Suède ont présenté les exemples les plus remarquables de ces délaissemens de la mer à une hauteur infiniment supérieure à celles des plus hautes et des plus violentes marées. On les observe sur les côtes et sur les parties peu éloignées de la mer; premièrement sur les bords du Figa-elv, dans la partie boréale de la Norwége: les coquilles sont situées, suivant Ström, à plus de cent cinquante mètres au-dessus du niveau de la mer; elles sont généralement brisées; et ensuite à Luroë, Tromsoë, etc., plus vers le sud: dans ce dernier lieu elles ne sont élevées que de quatre à sept mètres au-dessus de la mer; puis enfin dans les environs de Drontheim.

Le second gîte remarquable est en Suède, sur la côte occidentale, dans la province de Gotheborg, près de la petite ville d'Uddevalla.

Des coquilles marines, ne paroissant avoir éprouvé d'autre altération que celle qui résulte d'une longue exposition à l'air et aux météores atmosphériques, sont accumulées dans une petite baie bordée de rochers de gneiss en tas et monceaux tellement considérables, que dans ce lieu et dans quelques points des environs qui lui ressemblent, on vient, depuis un temps immémorial, chercher ces coquilles dans des petits tombereaux pour en sabler les routes.

L'amas principal de l'anse d'Uddevalla s'élève au milieu des rochers de gneiss jusqu'à environ soixante-dix mètres au-dessus du niveau de la mer.

Toutes ces coquilles sont semblables à celles de la mer actuelle: elles sont presque entièrement exemptes de mélange terreux; et quoiqu'il y en ait beaucoup de brisées, comme cela se voit sur tous les rivages, il y en a cependant un bien plus grand nombre d'entières. Enfin, j'ai trouvé, en 1824, sous les rochers de gneiss du sommet de cette colline des balanes qui y étoient encore adhérens. [1]

Ainsi, non-seulement la mer est arrivée à cette hauteur et y a déposé toutes les coquilles qui y sont accumulées,

---

1 On trouvera le développement de ce fait et les conséquences que je crois qu'on peut en tirer, dans un mémoire que je publierai incessamment sur ce sujet intéressant

mais encore elle y a séjourné assez long-temps, pour que des balanes aient pu y prendre tout leur développement.

Dans l'Amérique méridionale, sur la côte de Valparaiso, on trouve à environ quarante mètres au-dessus du niveau actuel de l'Océan un banc entier de la coquille remarquable qu'on nomme *concholepas* et qui vit précisément dans ces parages.

Tels sont les faits qui établissent que la mer actuelle a baigné des terres qui sont élevées depuis un mètre jusqu'à soixante-dix mètres au moins et qu'elle y a séjourné assez long-temps pour que plusieurs générations de ses mollusques s'y soient succédé.

3.° *Gr.* TERR. CLYSM. CLASTIQUES.

Ce groupe offre avec le précédent d'une part des rapports et de l'autre des différences fort remarquables. Ces dernières sont même telles que sans les rapports d'époque, et peut-être de causes de formation, il devroit être placé dans une classe de considérations tout-à-fait distincte.

Il présente dans sa position et dans ses parties tous les caractères de fracture. C'est dans des fentes ouvertes ou dans des canaux ouverts probablement par une même cause, au milieu de roches très-solides, que se sont acumulées les parties presque toujours fracturées qui constituent les trois sortes de roches qui remplissent des *fissures* dans le phénomène des Brèches osseuses et des Brèches ferrugineuses, et des *cavités souterraines* en forme de canaux dans celui des Cavernes a ossemens.

La position de ces débris de roches et de corps organiques, et l'espèce de ceux-ci, indiquent une même époque géognostique et une époque qui est peut-être contemporaine de celle du transport des blocs erratiques et de très-peu antérieure à celle du gravier coquillier antédiluvien. Ce sont, s'il est permis de s'exprimer ainsi, les trois dernières convulsions de l'écorce de la terre; celles après lesquelles elle est entrée dans l'état de repos, non pas absolu, mais dominant, dans lequel nous la connoissons.

Les fissures qui renferment les brèches osseuses et les cavernes à ossemens, sont les unes et les autres ouvertes dans des terrains calcaires, généralement de l'époque du calcaire jurassique.

Je n'en connois que dans les roches calcaires : il y en a fort peu dans des plus anciennes que le calcaire jurassique et fort peu aussi dans les calcaires plus modernes.

Ce n'est pas que ces roches n'existassent à la surface du globe à l'époque de l'ouverture de ces cavités ou au moins de leur remplissage ; mais il est présumable qu'en raison de leur position, de leur structure et de leur texture, elles ne se prêtoient pas aussi aisément que le calcaire jurassique à l'ouverture ou au creusement de ces cavités.

Comme ces deux sortes de cavités ont entre elles la plus grande analogie, nous devons en examiner les caractères communs avant d'en faire connoître les particularités.

Elles sont généralement ouvertes, comme nous venons de le dire, dans le calcaire jurassique. Les brèches osseuses sont dans des fissures irrégulières, qui traversent les couches et qui ne s'étendent pas très-loin. Les cavernes à ossemens en diffèrent par leur étendue souvent prolongée à plusieurs centaines de mètres, par leurs sinuosités, leurs rétrécissemens et leurs renflemens, qui forment quelquefois d'immenses cavités. Mais des fentes à brèches aux cavernes à ossemens, il y a, comme nous le verrons, des transitions tellement insensibles, que la distinction en devient aussi difficile qu'arbitraire.

Dans les unes et les autres, et cette circonstance doit être soigneusement notée, les parois sont comme bosselées, creusées de dépression peu profondes, arrondies dans leur fond, sur leurs angles et sur leurs arêtes, non pas comme si un corps solide les eût usées, mais comme si un liquide dissolvant les eût traversées et corrodées, en sorte que les parois opposées n'offrent jamais des saillies correspondantes, comme le seroient celles d'une fente résultant d'une fracture fraîche ; mais elles montrent au contraire les rétrécissemens et les évasemens que je viens d'indiquer.

La roche clastique, c'est-à-dire, formée de débris qui les remplit, est composée en général d'un sable plus calcaire que siliceux, et quelquefois limoneux, agrégé souvent très-solidement par un ciment calcaire. Cette roche est tantôt grise ou sans couleur dominante, et tantôt rougeâtre, teinte presque constante dans les brèches; elle enveloppe des fragmens non roulés et quelquefois aussi des fragmens roulés de calcaire compacte et de différentes roches, et des débris organiques d'espèces, de genres et de classes même très-différens, depuis des coquilles (et ce sont toujours des coquilles non marines) jusqu'aux mammifères les plus semblables à ceux qui vivent actuellement à la surface du globe.

Ces cavités, soit les fissures des brèches, soit les cavernes à ossemens, sont toujours en communication avec la surface de la terre. Je ne sache pas qu'on en ait encore cité une seule, dont l'ouverture ait été fermée par un terrain en couches solides, pas même, du moins entièrement, par des laves anciennes. [1]

Enfin, du calcaire concrétionné, des stalactites et stalagmites, recouvrent ou enveloppent ces roches clastiques : quelquefois elles pénètrent dans leurs cavités, quelquefois leurs fragmens font partie de la brèche à ossemens, et cette disposition est, comme on va le voir, aussi propre aux fissures à ossemens qu'aux cavernes.

Tels sont les principaux caractères de ce groupe de terrains.

Nous allons examiner maintenant les circonstances qui sont particulières à chacune de ses manières d'être.

1. Cavernes a ossemens.

Les cavernes sont des cavités souterraines sinueuses, offrant, dans leur prolongement, des évasemens et des rétrécissemens nombreux, dont les parois, qui ne sont jamais parallèles, paroissent comme usées et même corrodées par le passage d'un courant de matières érosantes. Tantôt elles sont creusées vers le sommet des montagnes ou sur des plateaux, et alors leur direction principale est ordinairement verticale : on les appelle plus particulièrement puits; tantôt elles partent de la base ou du milieu d'une colline et pénètrent dans son intérieur et presque toujours s'y enfoncent en s'approfondissant. (Voyez, au mot Caverne, le développement de ces caractères.)

---

1 J'entends par ce mot toute roche qui a été liquéfiée par le feu et qui a *coulé*.

Ces cavités laissent rarement voir à nu la roche presque toujours calcaire dans laquelle elles ont été creusées : elles sont plus ou moins remplies de deux sortes de roches de nature et d'origine bien différentes; ce sont :

1.° Des matières terreuses peu solides, quelquefois entièrement meubles, mêlées de débris de roches et d'ossemens, qui, dans la classe des cavernes qui nous occupent, en remplissent les parties inférieures.

2.° Des concrétions calcaires cristallines, nommées stalactites et stalagmites, qui pendent de la voûte, tapissent les parois et recouvrent d'une croûte plus ou moins épaisse le terrain meuble précédent.

On voit déjà dans la triple disposition de l'érosion à parties arrondies des parois, des stalactites et de l'agrégat pierreux et ossifère, la plus grande analogie entre les cavernes à ossemens et les brèches osseuses. M. Marcel de Serre et M. Bertrand Geslin, chacun de leur côté, ont réuni des faits qui établissent cette analogie. Le premier a fait voir par la comparaison des roches, et surtout par celle des débris organiques renfermés dans les brèches et dans les cavernes du midi de la France, que la même catastrophe, ayant eu lieu à peu près à la même époque géognostique, avoit entraîné dans les cavités des fentes et des cavernes les ossemens d'animaux qui, liés par le limon ferrugineux qui les accompagne, remplissent ces cavités en tout ou en partie.

On reconnoît également dans cette disposition trois opérations, qui se sont faites à trois époques différentes : premièrement l'ouverture de la caverne, faite à une époque peut-être de beaucoup antérieure à son remplissage, et probablement par des causes très-différentes; secondement, le remplissage des cavités inférieures par l'introduction de terrains meubles à ossemens ou de cette véritable brèche osseuse; en troisième lieu, le dépôt du calcaire concrétionné, qui est venu recouvrir la voûte, les parois, le sol même et par conséquent la brèche osseuse dans tous les endroits où elle se trouve.

Nous n'avons rien autre chose à ajouter à ce que nous avons dit sur le creusement de ces cavernes, que de rejeter l'opinion que nous avions émise alors, avec la plupart des naturalistes, sur l'influence de l'eau pure dans ce creusement.

Nous avons au contraire fait voir depuis la rédaction de cet article, au mot EAU, que l'eau pure n'avoit pas pu produire un tel effet.

Nous devons examiner avec plus de détail le terrain d'agrégation de remplissage.

On remarque qu'il est généralement composé d'un limon argilo-marneux et sableux, quelquefois pénétré d'une matière animale, et qu'il renferme, à peu près également disséminés, des galets, des éclats de roches, du gravier et des ossemens d'animaux plutôt carnassiers qu'herbivores, dont on trouvera l'énumération dans les tableaux.

Les animaux que cette énumération fait connoître, ne sont pas en nombre égal dans les cavernes; il s'en faut de beaucoup : les neuf douzièmes appartiennent à des ours, près de deux douzièmes appartiennent à l'hyène; le douzième restant se compose des os des autres espèces énumérées.

Les éléphans, rhinocéros, chevaux, bœufs, aurochs, tapirs, si connus dans les terrains de limon d'atterrissement antédiluvien, sont au contraire très-rares dans les cavernes; tandis que les carnassiers cités plus haut comme faisant les onze douzièmes des animaux des cavernes, sont très-rares dans les terrains d'atterrissement. Néanmoins, comme ils ne s'excluent pas absolument, il est suffisamment prouvé, ainsi que le fait observer M. Cuvier, qu'ils ont vécu ensemble dans le même pays.

Les ossemens n'y sont jamais réunis en un squelette entier, mais séparés et dispersés. Ils sont souvent brisés, jamais usés par un frottement de roulis, tout au plus le sont-ils sur une de leurs faces, ce qui indique qu'ils ont été exposés dans leur place à la cause érodante. Quelques-uns semblent avoir été brisés ou entamés par la dent d'un animal carnassier; les débris de roches, soit anguleux, soit arrondis en galets, sont mêlés sans ordre avec les os dans la masse générale.

Cette brèche osseuse remplit, comme nous l'avons dit[1], les cavités, et surtout les cavités les plus basses des cavernes; sa surface est généralement horizontale, ce qui lui donne l'apparence d'une masse sédimenteuse épaisse, tenue en suspen

---

[1] Et comme le font si bien voir les belles coupes que M. Buckland a publiées des plus célèbres cavernes à ossemens.

sion dans un liquide et qui, en s'introduisant dans la **caverne**, en a rempli toutes les cavités inférieures.

Néanmoins on observe quelquefois, sur le sol horizontal de la caverne, des amas assez élevés, composés de masses anguleuses de calcaires liés par le ciment rougeâtre, semblable à celui du sol, recouverts et liés de nouveau par des stalactites, et renfermant beaucoup d'ossemens.

Des ouvertures qui se montrent quelquefois au plafond de la caverne et qui communiquent avec la surface du sol, peuvent faire présumer que les amas de roches, les os et le limon rougeâtre, se sont introduits en partie par ces ouvertures. (Bertrand - Geslin.)

Les os y sont à peine altérés ; ils ne montrent pas ces incrustations de calcaire concrétionné qu'on voit sur quelques-unes des brèches osseuses jusque dans la cavité des os longs.

Le calcaire concrétionné pend en stalactite à la voûte et recouvre en stalagmite les parois et le sol. Il est de formation très-moderne et continue à se former, et même, dans certaines cavernes, avec une grande rapidité.

Il est beaucoup plus rare de trouver des portions brisées de stalactites dans la brèche osseuse des cavernes que dans les brèches osseuses des fentes.

Tels sont les faits principaux et les plus caractéristiques des cavernes à ossemens ; comme on n'en a jamais trouvé de réellement fermées dans aucun terrain à couches, quelque moderne qu'il soit, on peut dire que les brèches des cavernes appartiennent, comme celle des fentes, à la dernière révolution du globe, et par conséquent à l'époque des terrains clysmiens, dans laquelle nous les plaçons avec les brèches osseuses ; rapprochement déjà indiqué par M. Cuvier dans le résumé placé à la fin du 4.ᵉ volume des Ossemens fossiles.

Nous allons donner une indication des principales cavernes à ossemens.

Nous commencerons par l'Allemagne, comme étant le premier pays où on les ait observées et étudiées avec beaucoup de soin. [1]

---

[1] Je n'aurois pu espérer de faire mieux dans cette énumération en faisant autrement que M. Cuvier ; aussi verra-t-on facilement que cette partie

La caverne du Baumann, dans le pays de Blankenbourg,
au nord de Rubeland, sur les dernières pentes orientales du
Harz, et celle de Biel, qui lui est opposée : on y remarque,
dans la première, cinq à six renflemens ou grottes, qui communiquent entre elles par des passages fort étroits; la seconde
se présente comme un long canal très-sinueux, mais à peu
près d'un égal diamètre.

La caverne de Schatzfeld, non loin d'Osterode et sur la
dernière pente méridionale du Harz : elle est creusée dans
un calcaire gris-jaunàtre, peu dense, qui ressemble un peu
à la craie tufau, mais qui me paroit appartenir à la formation jurassique. On y compte aussi cinq à six grottes, également séparées par des passages très-étroits. Le calcaire jurassique dans lequel elle est creusée, renferme une assez grande
quantité de carbonate de magnésie.[1]

Les cavernes de Muggendorf, dans le pays de Baireuth,
en Franconie, parmi lesquelles la plus remarquable est celle
de Gailenreuth, sur la rive gauche de la Wiesent. Son entrée
est percée dans un rocher vertical; on y compte au moins six
chambres ou cavités principales, qui vont en s'enfonçant dans
le corps de la montagne; elles ne communiquent entre elles
que par des ouvertures très-étroites et trop étroites même pour
que les animaux dont les ossemens sont accumulés dans l'une
de ces grottes, aient pu y passer. Les os qu'on y trouve si abondamment, appartiennent à des espèces fort nombreuses de
quadrupèdes, presque tous carnassiers. On y trouve aussi,
mêlés avec les os, des galets évidemment roulés d'un marbre
bleuàtre, semblable à celui des brèches osseuses de Gibraltar
et Dalmatie.

Outre cette caverne, la plus remarquable, on en connoît
dans la même colline un très-grand nombre, qui sont désignées par les noms de Schœnestein, Brunnenstein, Holeberg,
Wiserloch, Geissloch, Wunderhœhle, Klausstein ou Raben-

---

de l'histoire des cavernes est presque entièrement extraite de son grand
ouvrage sur les Ossemens fossiles, édit. de 1823, t. 4. p. 291.

[1] J'ai visité cette caverne en 1812, et, quoiqu'on en ait retiré depuis bien long-temps tous les ossemens qui peuvent être facilement ex-
traits, j'ai pu encore trouver des dents caractéristiques d'ours.

stein, Kuhloch, Zahnloch, Schneiderloch, Rewig, etc. Les os qu'on y trouve appartiennent généralement aux espèces d'animaux énumérés au tableau ; mais ce qu'elles offrent de très-remarquable, c'est que, d'après MM. Rosenmüller et Buckland, les cavernes qui sont dans les collines au nord de la Wiesent n'ont pas un seul fragment d'os, tandis que celles du sud en sont remplies.

La caverne de GLÜCKSBRUNN, dans le bailliage d'Altenstein, entre le Harz et la Franconie, n'ayant encore donné que des os d'ours.

Les collines qui renferment toutes ces cavernes ont, depuis les Crapachs jusqu'au Harz, une certaine continuité.

Les suivantes n'y sont pas liées d'une manière aussi évidente.

En WESTPHALIE. Celles de Kluterhœhle, près d'Oldenforde, et de Sundwich, près d'Iserloln, dans le comté de la Mark.

Les cavernes d'ADELSBERG en Carniole, célèbres depuis long-temps par leur immense étendue, par les amas et cours d'eau qui s'y trouvent, n'avoient pas montré d'ossemens fossiles jusqu'en 1816, que M. le chevalier de Lœwengreif découvrit une cavité fort étendue, oubliée depuis peut-être deux cents ans, et dans laquelle on a trouvé beaucoup d'ossemens d'ours ; mais dernièrement M. Bertrand-Geslin en a trouvé dès l'entrée même de la caverne, en fouillant au-dessous de la croûte de stalactite rougeâtre qui la recouvre, puis dans un amas assez élevé au-dessus du sol et composé de fragmens anguleux de calcaire, réunis par des concrétions calcaires, ce qui indiqueroit, comme on l'a exposé plus haut, que les ossemens y ont été amenés avec les fragmens calcaires et qu'ils sont tombés avec eux dans les parties de la caverne où l'on voit ce mélange, par des puits ou fissures à peu près verticales, aboutissant à la surface du sol. [1]

En HONGRIE, sur les pentes méridionales des monts Crapachs, où on les connoit sous le nom de grottes des dragons. Les os appartiennent au grand ours des cavernes.

L'ANGLETERRE vient après l'Allemagne dans l'ordre chronologique de la reconnoissance des cavernes à ossemens : elles y sont bien moins nombreuses.

---

[1] Bertrand-Geslin, Ann. des sc. nat., t. 7, p. 458.

La plus célèbre est celle de Kirkdale, dans la partie orientale du comté d'York, à vingt-cinq milles au nord-est d'York; elle a acquis cette célébrité par le grand et beau travail qu'elle a fait sortir des mains de M. Buckland[1] : la découverte est toute récente, puisqu'elle ne date que de 1821. Son ouververture est à environ trente-trois mètres au-dessus du fond de la vallée de Pickering; elle est creusée dans un calcaire qu'on rapporte aux assises moyennes de calcaire jurassique. Les ossemens d'animaux qu'on y a trouvés et que M. Buckland a décrits et figurés, indiquent environ vingt-un espèces; ce sont :

Des hyènes appartenant à la même espèce que celle d'Allemagne et formant le plus grand nombre; tigre, loup, renard, belette, éléphant, rhinocéros, hippopotame, cheval, bœufs, cerfs, lapins, campagnols, rats.

S'il y a des os d'ours, ils y sont en très-petite quantité.

Tous ces os sont brisés et quelques-uns semblent avoir été rongés et faire voir l'empreinte des dents qui les ont fracturés; mais ils ne sont pas roulés. M. Buckland a trouvé dans le terrain qui les enveloppe des parties cylindroïdes qu'il regarde comme étant parfaitement semblables aux excrémens des hyènes.

Les chambres de cette caverne, disposées entre elles comme dans toutes les autres cavernes, sont aussi tapissées et même obstruées par des stalactites.

On a découvert depuis cette époque trois autres cavernes à ossemens dans le même pays.

A Oreston, près Plymouth : on ne trouva d'abord que des os de rhinocéros dans une cavité d'un calcaire compacte qui paroissoit fermée de toutes parts, et qui s'est présentée comme un puissant argument contre la position ordinaire des ossemens d'animaux vertébrés. Mais bientôt on découvrit dans le même endroit une vingtaine de cavernes qui communiquoient ensemble et avec la surface du sol par des espèces de puits, et qui renfermoient du limon, des galets et des ossemens de chevaux, de bœufs, de cerfs, d'hyènes, d'ours et de loups.

---

[1] *Reliquiæ diluvianæ*, etc., un vol. in-4.°, Londres, 1823, avec 27 planches.

En creusant un puits, en 1822, dans une mine de plomb de Callow, près de Wirksworth en Derbyshire, on découvrit une caverne remplie de limon, d'ossemens de bœufs, de cerfs, de rhinocéros. Cette caverne diffère des autres par la nature du calcaire dans lequel elle a été creusée. Celui-ci appartient au calcaire de transition supérieur, dit calcaire métallifère.

La caverne de Goat, à Paviland, sur les côtes de la mer, à 15° de Swansea, dans le Glamorgan. On y a trouvé des ossemens de cerfs, d'éléphans, dans le limon qui forme ordinairement le fond de ces cavernes.

Il paroît qu'on n'a point remarqué de stalactites dans ces trois dernières cavernes, qui sont situées dans un calcaire généralement plus ancien que celui des cavernes d'Allemagne.

En 1825 on a encore découvert une caverne à ossemens près du bourg de Banwell, dans le comté de Sommerset. Elle est située dans un calcaire compacte de transition supérieur (*mountain limestone*), qui fait partie du groupe de montagnes nommées les *Mendipp hills*. Les ossemens mêlés de fragmens du calcaire de la montagne y sont engagés dans un limon argileux, rougeâtre, qui semble être entré dans la caverne par des puits naturels, placés au-dessus des amas les plus abondans. Les ossemens observés appartenoient à deux espèces de ruminans à cornes, à une de ruminans à bois et à deux de carnassiers. (BERTRAND-GESLIN.)

On a cru jusqu'à ces derniers temps qu'il n'y avoit point de cavernes à ossemens en France; mais depuis que M. Buckland a attiré l'attention des géologues sur ce sujet intéressant, depuis qu'il a fait connoître la position générale des ossemens dans les cavernes, et qu'il a fait voir qu'il falloit aller les chercher sous les stalactites, qui forment sur le sol une croûte quelquefois très-épaisse, on en a découvert plusieurs. Il a montré lui-même, en pratiquant ce mode de recherches, que la caverne d'Osselles, près Besançon, visitée depuis bien des siècles, et dans laquelle on ne soupçonnoit pas d'os fossiles, en renfermoit abondamment sous ses croûtes de stalactites. Cette caverne a cela de particulier, qu'elle n'a fourni jusqu'à présent que des os d'ours.

M. Thirria a découvert en 1827, et par la même **méthode**,

dans le département de la Haute-Saône, par conséquent dans la même chaine de collines, deux cavernes à ossemens, celles d'Échinoz et de Fouvent.

On a trouvé vers la même époque une caverne très-riche en ossemens d'une multitude d'espèces d'animaux, à Lunel-viel, près Montpellier. M. Marcel de Serres en a donné une très-bonne description. Ce même naturaliste a reconnu dans le midi de la France plusieurs autres cavernes à ossemens, à Saint-Antoine, à Saint-Julien, près Montpellier, etc.

M. Tournal, de Narbonne, a fait connoître une caverne à ossemens non moins remarquable que les précédentes pour les espèces d'animaux qu'elle renferme.

Toutes ces cavernes sont creusées dans le calcaire jurassique. Elles présentent les mêmes formes intérieures, les mêmes dispositions générales que celles d'Allemagne et d'Angleterre; elles sont tapissées et presque obstruées par les stalactites, et contiennent à peu près les mêmes espèces d'animaux, dont les os brisés, mêlés avec des galets, forment une brèche à ciment limono-calcaire, qui remplit les parties creuses et inférieures de ces cavernes, en offrant vers le sol une surface ou plancher assez horizontal.

Enfin M. J. de la Noue vient de trouver des ossemens d'ours dans le sol argileux de la caverne dite le *trou de Granville*, près Miremont, dans le département de la Dordogne. On avoit très-bien décrit cette caverne remarquable pour l'étendue et le nombre de ses caveaux ramifiés, et on avoit dit qu'elle ne renfermoit pas d'ossemens; mais on les y trouve vers les parties les plus enfoncées, enfouis dans l'argile rougeâtre.

On connoît aussi des cavernes à ossemens dans l'Amérique septentrionale. M. Bigsby a décrit celle du territoire de Lanark, dans le Canada supérieur. Le sol est couvert de débris de calcaire granulaire brun, semblable à celui du terrain où est creusée cette caverne, qui forme, avec les ossemens, une espèce de brèche semblable à celle que M. Bertrand-Geslin a remarquée dans la caverne d'Adelsberg.

2. Brèches osseuses.

Ce sont des roches d'agrégations, composées, comme il vient d'être dit, d'un enduit calcaréo-sablonneux, ordinairement ocracé, qui enveloppe des débris de différentes roches et des ossemens plutôt brisés qu'entiers de différentes espèces d'animaux vertébrés.

La pâte de la brèche est souvent assez dure, quelquefois très-friable; elle est tantôt plus marneuse que sablonneuse, tantôt plus calcaire ou sablonneuse que marneuse.

Les cavités qui étoient restées dans cette roche, et les cavités des os, sont souvent enduites ou remplies de calcaire concrétionné. Ce calcaire pénètre quelquefois la pâte de la roche, en cimente les parties et leur donne alors une assez grande solidité.

Outre les os on y trouve des coquilles, qui sont toujours terrestres, fluviatiles et lacustres.

Les espéces d'animaux dont elles enveloppent les ossemens, sont extrêmement nombreuses et appartiennent à des classes très-différentes les unes des autres. Nous donnons, d'après M. Cuvier, dans le tableau n.° 3, l'énumération des débris organiques qu'on a observés dans ces brèches.

Ces singulières brèches présentent, relativement à leur position, deux circonstances remarquables : elles sont situées principalement et presque uniquement sur les rives des continens et des îles de la Méditerranée, se ressemblant d'ailleurs par leur nature, leur structure, leur couleur et leur gisement.

Elles remplissent toutes, en totalité ou en partie, des fentes plus ou moins larges, plus ou moins étendues, ouvertes dans le calcaire des bords de ce bassin. Ce calcaire compacte appartient ordinairement au terrain de sédiment moyen et presque toujours à la formation jurassique.

Quoique le tableau des corps organisés des brèches osseuses indique tous les lieux où on en a trouvé, il convient d'énumérer de nouveau ces lieux dans l'ordre géographique, afin de faire ressortir ce qu'ils présentent de remarquable en différence ou en ressemblance.

GIBRALTAR. Ce rocher, autant que je puisse le juger par sa forme, l'inclinaison et la disposition de ses couches, la description qu'on en a donnée et les échantillons qu'on en a rapportées, appartient au calcaire jurassique compacte fin. Il est creusé de cavernes remplies de stalactites, traversées de fentes à peu près perpendiculaires aux couches, remplies de

la brèche osseuse, rougeâtre, plus ou moins fortement cimen-
tée par une infiltration calcaire. Cette brèche est formée de
fragmens de calcaire compacte et de calcaire grenu, presque
saccaroïde, et de débris d'ossemens. On y trouve quelques coquilles terrestres et notamment l'*helix algira?* La brèche et
les ossemens montrent dans leurs cavités des concrétions de
calcaire spathique.

CETTE en Languedoc. Ce rocher est de calcaire compacte
gris de fumée, qui ressemble beaucoup à celui que les Allemands nomment *Zechstein*, et qui seroit, par conséquent,
d'une formation plus ancienne que le calcaire jurassique. Il
est traversé de veines de calcaire spathique et ouvert par des
fissures à peu près verticales, remplies de la brèche à ossemens d'un jaune d'ocre foncé : il renferme aussi des débris
anguleux de calcaire lamellaire bleuâtre ; mais on n'y a vu
aucun débris d'animal marin. Les assertions opposées paroissent être erronnées.

On a également reconnu des brèches osseuses à ciment
rougeâtre, à Bittarques et Vendarques, dans le département
de l'Hérault ; à Pezenas, même département ; à Anduze et
à Saint-Hippolyte, département du Gard ; à Aix, département des Bouches-du-Rhône ; à Villefranche-Lauraguais,
dans la Haute-Garonne ; près de Perpignan, dans les Pyrénées orientales. Ces cinq dernières ont un ciment grisâtre ;
à Villefranche, dans le département de l'Aveyron, elles
renferment des débris de pachydermes. [1]

A ANTIBES, le calcaire qui renferme les brèches appartient à la formation jurassique ; mais il est grenu, presque
saccaroïde, et ressemble beaucoup à la dolomie grenue. Il
contient en effet une quantité assez notable de magnésie. Sa
stratification est très-distincte. Ses couches sont très-inclinées
et semblent être tombées dans le bassin de la Méditerranée.
La tête des couches est ouverte par des fissures verticales très-
distinctes, qui sont remplies de la brèche osseuse à ciment
calcaréo-ferrugineux : le tout paroit avoir une disposition
simple et régulière, parce que rien, comme à Cette et comme
à Gibraltar, n'est venu déranger cette disposition, resserrée

---

1 MARCEL DE SERRES, Ann. des sc. nat., t. 9, pag. 200.

d'ailleurs sur un très-petit espace en ce qui concerne la brèche osseuse, très-étendue, au contraire, si on ne considère que les fentes de ces montagnes et leur remplissage par une roche d'agrégation calcaréo-sablonneuse et ferrugineuse.

Je n'y ai vu aucune coquille, et je ne sache pas qu'on y en ait trouvé. [1]

La brèche de Nice offre une même disposition dans un calcaire semblable, et on voit encore la même chose dans celle de Villefranche. Ce sont, dans ces trois endroits assez voisins les uns des autres pour qu'on puisse les considérer comme des parties d'une même montagne, malgré le vallon du Var qui les sépare, des calcaires jurassiques, tantôt compactes, fins, d'une couleur jaunâtre, tantôt grenus et grisâtres. Un calcaire concrétionné à texture cristalline tapisse ou remplit plus ou moins complétement les cavités de ces brèches.

Il ne paroît pas qu'elles aient plus que la précédente admis des coquilles marines dans leur formation ; mais le dépôt de coquilles marines semblables à celles de la mer actuelle, qu'on trouve au-dessus de Nice, à une hauteur de vingt-cinq mètres environ, peut très-bien avoir fourni aux fissures qui renferment ces brèches, mais postérieurement à leur formation, quelques coquilles, qui y auroient été entraînées par des causes indéterminées. Au reste, la présence de ces coquilles dans le gîte même des brèches est elle-même très-incertaine.

Les brèches d'Uliveto, près Pise, par conséquent toujours sur la côte septentrionale de la Méditerranée, sont de même dans des fissures d'un calcaire blanchâtre et grenu, accompagnées de calcaire spathique. Leur ciment est rougeâtre ; elles sont composées de fragmens de la roche qui les renferme, et d'ossemens très-brisés. M. Cuvier les a visités, et y a vu *la brèche rougeâtre traversant la masse calcaire de la montagne en divers sens, comme s'il y avoit eu des cavernes et des fentes que cette brèche auroit remplies après coup.* Ces petites cavités sont tapissées de calcaire spathique. Les os y sont accompagnés de coquilles terrestres.

---

1 Voyez la description plus détaillée et la figure que j'ai donnée de cette brèche, Ann. des sc. nat., 1828, Août.

Le cap Palinure, dans le royaume de Naples, présente
une réunion d'ossemens dans une grotte qui est creusée à
l'extrémité du petit rameau de montagne qui descend de
l'Apennin dans cet endroit. Cette circonstance semble établir
une nouvelle liaison entre les brèches et les cavernes à ossemens. La pâte est grise ou brune. Les fragmens d'os sont mêlés
à des fragmens de calcaire jurassique gris et saccaroïde.

En Corse, à quelque distance au nord de Bastia, à près
de deux cents mètres au-dessus du niveau de la mer, se
présentent des brèches osseuses dans un ciment rougeâtre,
remplissant plusieurs fentes qui traversent le calcaire bleuâtre
ou blanchâtre dont la masse de la montagne est composée.
Outre les ossemens brisés, on y voit des fragmens de calcaire
saccaroïde. Le tout lié souvent par du calcaire concrétionné.

A Cagliari, en Sardaigne, le ciment de la brèche est terreux et friable, et les débris d'ossemens, qui appartiennent
ici à de petites espèces, sont plus abondans que le ciment.
On y observe des fragmens de calcaire concrétionné blanchâtre. Les os appartiennent presque tous à un campagnol
qui ne se trouve plus en Sardaigne.

En Sicile. Les brèches osseuses de Maridolce près Palerme:
leur position géognostique est peu connue, et elles ont autant
d'analogie avec les grottes à ossemens qu'avec les brèches.

En Dalmatie. Les brèches osseuses sont éparses sur différens points et occupent toute la côte de la Dalmatie véni-
tienne : leur ciment est rougeâtre et ferrugineux; elles remplissent de grandes fentes verticales et horizontales (dit Fortis);
chaque amas est incrusté de calcaire concrétionné (stalactite)
rougeâtre, et l'intérieur des os creux est rempli de calcaire
spathique. Ce même ciment rougeâtre et concrétionné enveloppe une grande quantité d'éclats de marbre dont les angles
sont conservés. On ne voit dans ces brèches aucun vestige
de corps marins.

Les brèches osseuses de Cerigo montrent aussi un ciment
assez dur, rougeâtre; mais on n'a point de notions précises
sur leur gisement.

Les os fossiles de Concud, près Teruel en Aragon, offrent,
d'après la description de Bowles, quelque imparfaite qu'elle
soit, une assez grande ressemblance de gisement avec les au-

tres brèches par la couleur rougeâtre du ciment qui les lie, par les parties pierreuses et les coquilles terrestres et fluviatiles qui les accompagnent.

Les brèches osseuses du Véronais et de Ronca peuvent très-bien porter ce nom, d'après la manière dont les portions d'os et de fragmens de calcaire compacte jurassique sont réunies dans un ciment rougeâtre, qui a beaucoup de ressemblance avec les brecciules volcaniques de ces mêmes lieux, que j'ai décrits ailleurs [1], et dont les parties sont liées par une concrétion calcaire cristalline, mais elles se trouvent éparses ou même enfoncées dans des cavités caverneuses, et non pas dans des fissures ou fentes coupant les couches, comme celles qu'on a décrites en parlant d'Antibes. Ces brèches osseuses font encore avec celles de Dalmatie, du cap Palinure, etc., le passage des brèches aux cavernes.

3. Brèches ferrugineuses.

Je désigne sous ce nom des brèches qui ont la même disposition, la même structure que les brèches osseuses, et qui n'en diffèrent que parce que leur ciment est plus ferrugineux, et qu'elles renferment souvent une si grande quantité de minérai de fer hydroxidé pisiforme, qu'elles fournissent un des minérais de fer le meilleur et le plus riche.

Ces brèches remplissent des fissures, des fentes et même des cavernes. Ces cavités communiquent toujours avec la surface du sol; elles sont ouvertes dans différentes roches calcaires, mais principalement dans les assises du calcaire jurassique; elles ne sont recouvertes par aucune roche en couches, tout au plus par des terrains alluviens; elles ont donc avec les brèches osseuses, tant des fissures que des cavernes, la plus grande analogie de forme et de position, et probablement d'époque de formation. Il ne manquoit pour établir leur ressemblance complète que d'y reconnoître des ossemens ayant appartenu aux animaux des cavernes. M. Schubler [2] indique des dents de mastodonte, de rhinocéros, etc., dans les mines

---

1 Mémoire sur les terrains de sédiment supérieur et calcaréo-trappéen du Vicentin, 1 vol. in-4.°, Paris, 1823, pag. 6.

2 Dans Alberti : *Die Gebirge des Königreichs Würtemberg*, etc. Stuttgart, 1826, pag. 302.

de fer pisiforme superficielles de Salmandingen, sur les hauteurs de l'Alb du Wurtemberg, et M. Necker-Saussure a reconnu des os et des dents d'*ursus spelæus*, dans les mines de fer de même formation de la Carniole, etc. Leurs parois semblent avoir été, ainsi que celles de ces cavités, comme corrodés par un liquide dissolvant, et le fer pisiforme qu'elles renferment, et qui se présente quelquefois en nodules beaucoup plus volumineux, semble avoir été formé à la manière des pisolithes de Carlsbad, Vichy, etc., et avoir été produit par une cause géologique analogue.

Ces brèches se remarquent principalement dans les collines et plateaux jurassiques des environs de Bâle, de Delémont, de Lucel, du canton d'Arau, etc.[1]

4.ᵉ *Gr.* TERR. CLYSM. PLUSIAQUES.[2]

J'ai beaucoup hésité à rapporter à l'époque géognostique des terrains clysmiens, à une époque qui paroît si récente, des terrains renfermant des minéraux qui, par leur nature et leurs propriétés si simples et si tranchées, paroissent avoir été formés dans des temps et par des moyens qui nous semblent aussi inconnus qu'inconcevables; des minéraux qui se trouvent cependant en quantité assez considérable pour être l'objet d'exploitations lucratives et durables.

J'ai d'autant plus hésité, que des géologues distingués par leur savoir, leurs observations et leur génie, ou n'ont fait aucune mention de ces terrains dans les tableaux de forma-

---

1 Voyez la notice détaillée que j'ai publiée sur ce sujet dans les Ann. des sc. natur., t. 14, avec deux planches qui représentent la brèche osseuse d'Antibes et les brèches ferrugineuses de Lucel, etc. On y trouvera développé les faits et relations sur lesquels j'appuie ces rapprochemens.

2 C'est-à-dire *riches*. Dans le système de nomenclature triviale et *caractéristique*, mais non *significative*, que j'ai adopté, on ne pouvoit guère trouver un nom général pour désigner ces terrains, qui fût plus qualificatif que celui-ci. En effet, c'est de ce terrain que s'extraient toutes les matières que les hommes considèrent comme le signe, et quelques-uns même comme la source des richesses. Les diamans, les pierres précieuses les plus estimées, saphirs, spinelle, etc., l'or et le platine, viennent, comme on va le voir, de ce terrain.

tion qu'ils ont publiés , ou ont indiqué dans une tout autre position les métaux qui s'y trouvent et qui ne se sont encore trouvés que là.

Mais il ne faut pas être ébloui par la présence des saphirs, des spinelles, des zircons, des diamans, de l'or, de l'étain, du platine , dans ces terrains ; il ne faut même pas être trop préoccupé par la circonstance fort singulière, en effet, que les diamans et le platine ne se sont point encore rencontrés ailleurs : il faut, pour placer ces terrains dans leur vraie position géognostique , ne considérer que deux circonstances, mais deux circonstances importantes. La première , c'est qu'aucun des corps qu'on vient de nommer n'est ici dans sa position originaire ; qu'il ne fait pas partie d'une couche solide ; qu'il n'est pas cristallisé dans les cavités d'une roche , mais que tous ces minéraux en grains ou en cristaux, aussi émoussés que leur dureté a pu le permettre, sont disséminés dans un terrain meuble. Secondement, et cette circonstance est la plus importante pour fixer l'époque du dépôt de ce terrain meuble, c'est qu'il n'est jamais recouvert par aucune couche de terrain de sédiment, qu'on doive ou qu'on puisse rapporter à une époque antérieure à la formation des terrains de sédiment supérieurs, ni même à une époque aussi ancienne que ces terrains, si toutefois on peut asseoir une règle précise d'après la description qu'on en possède.

Les terrains clysmiens plusiaques sont des terrains généralement meubles ou foiblement agrégés, composés de matières terreuses, de sables et graviers fins et même de galets au plus ovulaires ; ils admettent quelquefois des galets et des débris plus volumineux ; mais ces parties y sont plus rares, plus disséminées, et ne font pas, par leur agrégation , partie constituante des terrains ; elles n'y sont, pour ainsi dire, qu'adventices, comme quelques masses que nous allons indiquer.

La base de cette agrégation est en général un sable quarzeux très-ferrugineux.

Ces terrains se présentent en dépôts souvent épais, quelquefois très-vastes, tantôt remplissant le fond des vallées larges et peu inclinées, tantôt s'étendant sur des plaines ou des plateaux considérables et même assez élevés, tantôt, enfin , couvrant des dos ou des pentes très-peu inclinées de collines peu élevées. (Les lavages d'étain [*Seifenwerk*] de l'Erzgebirge en Saxe, de Bohème, de Cornouailles, etc.)

Ils sont composés généralement de galets de quarz hyalin-laiteux, d'améthistes, de jaspe, de phtanite, de trappite, de fer oxidé, limoneux et argileux très-impur; de fer titané, sablonneux, qu'on nomme menakanite, de graviers granitiques et quarzeux.

Ils renferment des grains ou cristaux à arêtes émoussées, des corindons télésies de toutes les couleurs, quelques corindons adamantins, des spinelles, des cymophanes, des topazes, des zircons hyacinthes et des zircons jargons, enfin des diamans, mais jusqu'à présent dans trois seuls points, dans l'Inde, à Bornéo et dans le Brésil.

Ils contiennent, mais toujours en grains ou paillettes, de l'or, quelquefois assez abondamment; ils contiennent aussi du platine et les métaux qui l'accompagnent, mais seulement dans l'Amérique méridionale, et en Asie au pied des monts Ourals, du titane ruthile et de l'anatase (au Brésil), du fer oxidulé, du fer oligiste, du fer hydroxidé pisiforme, de l'étain oxidé.

Les galets et débris ovulaires et même céphalaires qu'on y trouve quelquefois, appartiennent à la syénite, au diorite, au trappite.

Suivant que les minéraux précieux que l'on connoît sous la dénomination vulgaire de *gemmes* ou que les métaux précieux y sont dominans, on peut les distinguer en terrains plusiaques gemmifères ou métallifères; mais cette distinction ne paroît avoir rien d'essentiel : aussi ne la développerais-je pas davantage.

Ces terrains sont très-répandus sur la surface du globe; mais ils n'ont été remarqués et décrits que dans les lieux où ils renferment des matières minérales recherchées par leur valeur.

Nous en citerons plusieurs non-seulement comme étant célèbres par les minéraux précieux qu'ils fournissent, mais aussi pour donner des exemples des faits d'où on a déduit les généralités caractéristiques de ces terrains.

Le Gravier stamnifère paroît avoir une disposition un peu différente de celle des autres sables métallifères, et demande à être considéré particulièrement. Il en diffère surtout en ce qu'il est situé sur des croupes ou des plateaux de montagnes, et presque toujours sur le granite ou peu éloigné de cette roche et des filons et gîtes d'étain qu'elle renferme, en sorte qu'on peut reconnoître sans incertitude le site originaire du métal principal.

En France, le terrain meuble qu'on a nommé d'*alluvion*, des bords de la mer, près Piriac, dans le département de la Loire inférieure, a montré dans un gravier granitique de nombreux grains et galets d'étain oxidé, accompagné de fer titané, de corindon, de zircon, de grenats, de cymophane et de quelques paillettes d'or. Il est placé tantôt sur le granite, qui contient plus loin des filons d'étain, et tantôt sur le terrain schisteux qui le recouvre.

En Cornouailles, également au-dessus du terrain primitif qui renferme les filons d'étain, se trouve un sable granitique stamnifère, qui recouvre en dépôts de 2 à 20 mètres les parties de collines peu inclinées, et le sol des vallées qui sont au pied de ces collines. Ces dépôts appartiennent si évidemment au terrain clysmien, qu'on trouve dans les parties supérieures *des ossemens de mammifères.*

L'étain de lavage de Saxe (*Seifenwerk*) est connu depuis long-temps, et a une position à peu près semblable à celles qu'on vient de citer.

Un fait fort remarquable, c'est que la plus grande partie de l'étain de la presqu'île de l'Inde vient de terrains clysmiens, dont les principaux sont situés près de Salergore et de Péra. Il paroit y être accompagné d'argile et de minérai de fer argileux.

Enfin, dans l'Amérique méridionale, à Paraopeba, dans la capitainerie de Minas-Geraës, on cite de même un terrain sableux stamnifère.

On voit par ces exemples que ces terrains ne renferment pas autant de minéraux variés que ceux qui constituent en général les sables plusiaques, et dont nous allons donner quelques exemples, mais qu'ils présentent cependant assez de circonstances communes aux deux terrains pour être rapportés à la même époque.

Les GRAVIERS et SABLES AURIFÈRES des rivières d'Europe ne

sont autre chose que des parties lavées des terrains clysmiens
métallifères, qui couvrent le sol des vallées et des plaines que
ces rivières traversent. Ce lavage a enlevé une partie des
matières terreuses qui composent ce terrain. C'est donc particulièrement dans les lieux où il est assez riche pour être
exploité et lavé, qu'on doit l'étudier, pour voir comment il
est composé.

En Asie, au pied des monts Ourals. dans les environs d'Éka-
terinebourg, etc. C'est un terrain meuble assez puissant, composé de sable et de limon marneux, dans lequel l'or est disséminé et qui renferme aussi du platine sur plusieurs points.
On n'y a pas encore découvert de diamans, mais il contient beaucoup de pierres gemmes différentes, des morceaux
de lignites, du fer limoneux, des galets de granite , de silex corné, d'agate, etc. Il n'est placé sous aucune couche
solide ; il n'est recouvert que par du limon tourbeux, qui
renferme dans quelques endroits des *ossemens de mammifères*.
Enfin par des tourbes et des terrains d'alluvion.

Le Gravier gemmifère à diamans de l'Inde offre à peu près
les mêmes dispositions, si ce n'est qu'étant plus ferrugineux,
il acquiert quelquefois assez de solidité pour qu'on soit obligé
de le briser ; mais, quelque puissant qu'il soit, il n'est recouvert par aucun terrain en couche.

Les Terrains plusiaques aurifères de l'Afrique occidentale
sembleroient, au premier aspect, présenter quelques exceptions à cette règle, car on est obligé de creuser des puits de
5 à 4 mètres de profondeur pour arriver à l'or ; mais ces puits
ne traversent que des dépôts de gravier, c'est-à-dire des parties des mêmes terrains qui, plus superficielles, ne renferment pas le métal pesant, qui paroît s'être réuni plus abondamment dans les parties inférieures de ce terrain meuble.
C'est ici qu'on voit un exemple bien déterminé de la présence des galets ovulaires et céphalaires, et du sable ferrugineux, caractéristique de ces terrains.

Ces mêmes terrains. mais beaucoup plus riches en espèces
minérales variées, couvrent des vallées et des plateaux bas
dans les parties septentrionales et montueuses du Brésil. de
la Colombie. Ils renferment les diamans, l'or et le platine,
qu'on exploite dans ces régions de l'Amérique méridionale.

Enfin, des terrains semblables et également aurifères ont été reconnus dans la Caroline septentrionale.

Ces exemples [1] nous paroissent suffisans pour confirmer ce que nous avons annoncé au commencement de cet article, c'est que tous ces terrains plusiaques appartiennent à l'époque des terrains clysmiens et ne sont pas des parties simplement désagrégées et non déplacées de couches ou roches solides, dépendant de formations ou terrains plus anciens.

FER PISIFORME. Il ne faut pas confondre le minérai de fer que je rapporte à cette formation, avec un minérai également nommé pisiforme (*Bohnerz*), mais que j'appelle *oolithique*, pour le distinguer essentiellement de celui dont il s'agit ici, et qui est en petits grains, au plus de la grosseur du millet, interposés en lits dans les assises ou couches moyennes, et surtout inférieur du calcaire jurassique, etc.

Le fer pisiforme de l'époque clysmienne est toujours superficiel ou tout au plus recouvert, soit par des terrains alluviens, soit par des roches également clysmiennes. Il est généralement en grains sphéroïdaux ou nodulaires plus gros que le fer oolithique : c'est du fer hydroxidé. Il accompagne quelquefois, comme on vient de le voir, les graviers métallifères et même les gemmifères, que j'attribue à la même époque, et qui sont presque toujours ferrugineux. Quelquefois aussi, et c'est le cas où il se fait remarquer par lui-même, il fait la partie dominante du sol, n'étant accompagné que d'argile, de marne ou de limon argileux et ferrugineux. Il remplit seul ou mélangé les cavités superficielles du sol, pénètre dans ses cavités ouvertes, et y forme les brèches ferrugineuses plus ou moins riches en métal, et que je viens d'indiquer. Il ne paroit renfermer nulle part aucune coquille marine qu'on puisse regarder évidemment comme de la même époque que lui.

Il n'y a de différence entre les brèches ferrugineuses et le fer pisiforme dont je parle ici spécialement, que parce que celui-ci est considéré comme étant étendu en dépôts plus ou moins puissans, placés à des hauteurs différentes, et absolu-

---

[1] On peut en voir les développemens aux articles DIAMANT, OR et PLATINE.

ment dans la même position et les mêmes circonstances géologiques que les graviers métallifères.

Les minérais supérieurs, superficiels et pisiformes du Jura, tant françois que suisse, du Berry, de Bréniguel dans le Lot-et-Garonne, et d'une multitude d'autres lieux, me paroissent appartenir à cette époque géognostique ; mais je ne dois y rapporter avec certitude que ceux que j'ai vus et décrits dans la notice que j'ai citée plus haut, à l'occasion des brèches ferrugineuses.

Le fer pisiforme diffère un peu des autres graviers plusiaques, en ce qu'il ne doit pas sa forme sphéroïdale au transport, mais à une action chimique, qui a accompagné ou précédé de très-près l'époque où il a été étendu à la surface du sol voisin du lieu où il s'étoit formé.

V.ᵉ CLASSE. TERRAINS YZÉMIENS [1]
ou DE SÉDIMENT. [2]

Cette partie étendue et puissante de l'écorce du globe, offre en grand, et même sous de petits volumes, une structure clairement stratifiée. Les terrains que cette classe renferme présentent tous, de la manière la plus nette, ce caractère de structure qui ne se voit dans aucun autre avec la même évidence : ce sont les terrains en couche, et par conséquent en série, les plus sûrs, les moins embarrassés d'exceptions et d'anomalies.

Les roches non stratifiées qui s'y montrent quelquefois, ou bien y sont rares et très-restreintes, comme le gypse et quelques dolomies, ou bien elles diffèrent entièrement des roches stratifiées, comme les ophiolites et les porphyres, par leur mode de formation et même par leur position : c'est ce qu'on examinera à l'article de ces roches.

Les roches qui appartiennent évidemment à cette classe de terrain, montrent, dans leur texture et dans leur structure,

---

[1] La plus grande masse de ces terrains est produite par des sédimens mécaniques. Ils renferment aussi des roches cristallisées (le gypse, la dolomie, le selmarin, etc.); mais elles y sont en très-petite quantité.

[2] Terrains secondaires et tertiaires, terrains de sédiment, *Flöts-Gebirge.*

sauf les exceptions, du gypse, de la dolomie, du selmarin; un mode de formation par voie mécanique, c'est-à-dire, que la plus forte masse des parties qui les composent n'a point été tenue en dissolution chimique. Ces parties n'ont été que suspendues dans un liquide qui les a déposées plus ou moins lentement, suivant leur ténuité.

Quoique le plus grand nombre des roches des terrains yzémiens ait été produit par sédiment, il en est quelques-unes qui, comme on vient de le dire, ont été faites par voie de dissolution et de précipitation, ou par tout autre procédé chimique, et d'autres, comme les gompholites, les poudingues, les brèches et le pséphite, qui ont été faites par voie de transport.

C'est dans ces terrains, et fortement engagés dans leurs roches, que se voient le plus de débris organiques, surtout de la classe des mollusques testacés. La présence de ces débris nous fournira un moyen commode et sûr de reconnoître ces terrains et leurs diverses parties, et par conséquent de mettre dans la place qui leur convient, celles de leurs roches qu'on trouve isolées.

Nous venons de dire que les terrains yzémiens formoient une des plus puissantes parties de l'écorce du globe. Les roches qui entrent dans leur composition sont très-nombreuses, très-variées, susceptibles de présenter des considérations importantes et très-différentes les unes des autres; il faut donc, pour mettre plus de clarté dans leur histoire, chercher à les séparer en plusieurs grands groupes ou ordres, et leur assigner des limites.

Ces limites ne seront pas arbitraires; elles seront fondées sur les indices des grands changemens qui ont eu lieu à la surface du globe à différentes époques, et qui ont eu chaque fois deux sortes d'influences, souvent très-distinctes.

L'une se manifeste par une cessation générale, et non pas uniquement locale, du parallélisme des couches, et par un changement notable dans leur nature et plus encore dans leur texture.

L'autre s'est fait sentir sur les êtres organisés qui vivoient à ces époques à la surface du globe ou dans les mers; elle paroît avoir eu pour résultat de détruire certaines espèces et de modifier ou même de changer entièrement celles qui ont vécu après ces grands événemens géologiques.

Nous nous bornons à diviser en trois ordres le système entier des terrains yzémiens. On pourra peut-être dans la suite, en se fondant sur les principes de division que nous venons de présenter, augmenter le nombre de ces divisions; mais jusqu'à présent elles peuvent suffire, et on devra remarquer qu'en n'attachant point une valeur absolue aux caractères qu'on va leur attribuer, ces ordres de terrain se distinguent assez nettement les uns des autres par une réunion considérable de caractères importans.

1.er ORDRE. TERRAINS YZÉMIENS THALASSIQUES [1] ou DE SÉDIMENT SUPÉRIEUR.

Ils s'étendent depuis les dernières formations de sédiment antédiluviennes jusqu'à la craie exclusivement : ils ne comprennent ni les terrains alluviens ni les terrains clysmiens.

Leur mode de formation est presque entièrement mécanique, souvent même à sédiment grossier. Il n'y a, dans ces terrains, de roches formées par voie de dissolution, que le travertin, la meulière et les autres silex, et le gypse.

Les débris organiques qu'ils renferment, et surtout l'absence, jusqu'à présent sans exception, de plusieurs genres et d'un grand nombre d'espèces d'animaux, caractérisent parfaitement cette époque géognostique.

Ces débris caractéristiques, qui ne sont pas indistinctement répandus dans toutes les parties de ce terrain, appartiennent

---

1 Ou *de la mer*. Je préfère ces épithètes presque insignifiantes, et qu'on n'a par conséquent aucune raison de discuter et de changer, aux noms adjectifs ou numériques qui indiquent des époques ou des positions, telles que tertiaires ou supérieures. Cependant en y voyant des terrains lacustres, on pourra encore critiquer celui-ci, si on oublie qu'on n'a pas eu pour objet de dire tout en un mot, mais seulement d'indiquer la nature principale et dominante des groupes qui composent ce terrain essentiellement marin.

Voyez ce que j'ai dit sur la nomenclature géologique à la fin de *l'introduction*.

Syn. Terrains tertiaires. *Mergelkalk* de Hor

aux genres et espèces d'animaux désignés aux tableaux n.ºs 4, 5, 6 et 7.

Des mammifères, principalement des pachydermes et des carnassiers, des oiseaux, des cétacées, des reptiles de tous les ordres, mais plus particulièrement des chéloniens, des poissons, des crustacés, quelques insectes fort rarement, et parmi les zoophytes, des fongies et des orbilolites.

Parmi les mollusques testacés, les genres de coquilles que l'on désigne vulgairement par l'épithète de littorales, notamment des cérites, fuseaux, cythérées, arches, nummulites, et enfin une multitude de genres et d'espèces, qui montent à plus de douze cents connus, en sorte que les caractères négatifs sont plus faciles à exprimer que les positifs ; mais ils ne sont jamais que présumés ; une seule observation peut, d'un moment à l'autre, leur enlever toute leur valeur.

Néanmoins on n'a trouvé jusqu'à présent, dans ce terrain, en position naturelle, c'est-à-dire, comme y ayant vécu, aucun trilobite, orthocératite, productus, spirifer, inocérame, catillus, ammonite, bélemnite, quoique ces derniers testacés soient si abondans dans le terrain immédiatement inférieur à celui-ci.

Les végétaux fossiles offrent des caractères qui n'ont pas moins de valeur ; aussi les phyllites ou feuilles de dicotylédons, les tiges de palmiers, les fruits des différens genres de cette famille, y sont communs, et plusieurs ne se trouvent guère que dans cette division des terrains yzémiens, tandis que les fougères véritables y sont très-rares, et on n'y a encore vu aucune tige de calamite, de lycopodites, de cycadées, etc.

Ce terrain est nettement stratifié en couches et bancs ; on y voit rarement des lits. La stratification de ses diverses parties est en général parallèle et horizontale.

Il ne forme que des collines, des monticules et des plateaux peu élevés, dont le plus haut niveau ne paroît pas dépasser trois cents mètres. dans ce qu'on peut appeler sa position normale ; car dans quelques cas il paroît avoir été porté jusqu'à deux mille cinq cents mètres.

Les pentes de ces collines sont généralement douces, et quand elles présentent des terrasses ou des escarpemens, ils sont peu hauts.

Le terrain **thalassique** est répandu sur tout le globe ; cependant on n'en connoît encore que peu d'exemples authentiques en Amérique et en Asie. Il ne couvre jamais une grande étendue de pays sans interruption. Il est plutôt disposé par îles ou par bassins. Le bassin de Paris, celui de Londres, les collines subapennines, offrent des exemples tranchés de ces terrains dans leur plus grande étendue.

Les terrains thalassiques sont généralement calcaires, sableux et marneux ; ils ne renferment aucun véritable gîte de minérai exploitable ; ils ne contiennent même au-dessus des argiles plastiques aucun sulfure métallique en quantité notable.

Le peu de minérai pyriteux et ferrugineux que ces argiles renferment, y est disséminé en nodules ou petits lits interrompus. On n'y voit aucune sorte de filons, soit pierreux, soit métalliques ; mais ces terrains contiennent entre quelques-unes de leurs assises, et dans certaines localités, des lits de combustible fossile, qui appartiennent constamment aux lignites.

Il y a dans ces terrains quelques fissures assez étendues, des canaux ou puits verticaux et quelques cavernes ; mais ces cavités y sont rares.

Les corps organisés fossiles, notamment les mollusques testacés, y sont assez généralement disposés par lits continus, composés quelquefois d'une espèce dominante. Tantôt ce sont des cythérées, comme dans les marnes du gypse, tantôt des huîtres, des cérites, des lucines, des corbules, des turritelles, des nummulites, etc.

Les coquilles y sont ce qu'on nomme calcinées. Quelquefois aussi elles y sont pétrifiées en silex ; mais c'est plutôt leur noyau que leur test qui a pris cette nature.

Telles sont les considérations générales qu'offre le système entier des terrains yzémiens supérieurs.

Le tableau que nous en donnons et dont nous allons discuter les diverses parties, fait connoître la suite des formations ou groupes de roches et des roches que nous attribuons à ce terrain, et l'ordre de superposition qu'elles affectent le plus ordinairement.

54. 7

En examinant par groupes et successivement les roches qui entrent dans la composition des terrains yzémiens supérieurs, je ne prétends pas établir ni que ces groupes soient toujours composés des roches dont nous les formons, ni que ces roches y soient toujours disposées dans le même ordre, ni que les groupes eux-mêmes se suivent partout dans l'ordre où on les a placés ici ; nous disons seulement que ce sont les associations et l'ordre qui se sont présentés le plus ordinairement.

1.ᵉʳ *Gr.* TERRAINS ÉPILYMNIQUES. [1]

Il est difficile d'établir la limite précise qui sépare la partie saturnienne de ce terrain souvent composée de calcaire concrétionné, de la partie jovienne du terrain de même nature et de même texture. Cette distinction est même absolument impossible dans quelques circonstances ; c'est le cas de tous les corps et de tous les phénomènes naturels. Il y a partout des transitions insensibles, qui, par cela même qu'elles sont générales, ne peuvent être apportées en objection contre aucune division.

Le terrain lacustre supérieur est le plus nouveau des terrains yzémiens ; il n'est recouvert que par des terrains alluviens ou clysmiens, et jamais par aucun terrain marin de sédiment. Il se confond donc quelquefois dans ses limites ou parties supérieures avec les terrains alluviens limoneux.

Dans les pays où il y a entre ce terrain lacustre et celui que nous appelons moyen, ou palæothérien, un terrain marin (quelle qu'en soit l'origine ou la cause), les limites inférieures du terrain épilymnique sont faciles à déterminer. Tout terrain lacustre supérieur à ce dépôt marin ou seulement au gypse à ossemens appartient à cette formation. Mais dans les lieux beaucoup plus nombreux, où ce dépôt de séparation n'existe pas, le terrain épilymnique passe au terrain palæothérien et se confond aisément avec lui. On n'a d'autre caractère pour l'en distinguer, que celui qui se tire de la nature

---

1 Terrains lacustres supérieurs ; *Upper fresh Waterformation* ; *Tertiäre Süsswasser-Bildung*, Boué ; *Jüngste Süsswasser-Kalkbildung*, Kɛʀsᴛᴇɪɴ. Ce géologue la place parmi les terrains d'alluvion ; nous ne pouvons admettre cette manière de voir.

des débris organiques et de celle des roches; encore ce dernier caractère est-il très-peu tranché.

Le terrain épilymnique montre deux natures de roches, qui sont souvent mêlées, mais que nous considérerons séparément; ce sont des calcaires marneux avec des marnes argileuses ou calcaires, et des roches siliceuses.

CALCAIRE TRAVERTIN, ou calcaire concrétionné, à grain fin, presque compacte, blanc ou jaunâtre; c'est le travertin ancien;

CALCAIRE CONCRÉTIONNÉ, laminaire ou lamellaire (stalactites et stalagmites).

Ce sont, parmi les calcaires de ces variétés, ceux qui indiquent par leur position qu'ils ont été formés avant l'époque jovienne ou actuelle.

Il y en a peu d'exemples authentiques.

Les travertins et concrétions de Colle près Sienne, par leur position vers le sommet d'une colline beaucoup trop élevée pour être jamais inondée par la crue des eaux actuelles, et qui ne présente aucune source incrustante supérieure, peuvent être regardés comme un exemple de ces calcaires.

Les calcaires lacustres supérieurs au sable et par conséquent au gypse des bassins de Paris doivent y être également rapportés.

Le CALCAIRE MARNEUX, la MARNE CALCAIRE et la MARNE ARGILEUSE diffèrent peu; cependant le premier ne renferme presque point d'argile, mais il se désagrège facilement à l'air. Le second est encore plus désagrégeable et renferme de l'argile; dans le troisième il y a plus d'argile que de calcaire: c'est la roche argileuse qui accompagne ordinairement les silex meulières.

Le calcaire travertin et le calcaire marneux lacustre se font reconnoître par une circonstance qui ne manque presque jamais, quelque compactes qu'ils soient. On y remarque des cavités tubulaires très-déliées, quelquefois sinueuses, interrompues, qui sont assez généralement perpendiculaires aux surfaces de stratification, et à peu près parallèles entre elles; elles ressemblent aux canaux que laisseroient, dans une matière visqueuse, des bulles de gaz qui les traverseroient. Ces cavités sont quelquefois couvertes d'un enduit verdâtre, ou remplie de marne friable.

Les autres roches de cette formation sont ou entièrement siliceuses ou très-chargées de silice ; ce sont :

Le Calcaire siliceux, mélange des deux, peu abondant et mal caractérisé dans le terrain supérieur ;

Le Silex meulière, roche dominante et caractéristique de ce terrain dans le bassin de Paris.

Il est en bancs irréguliers, interrompus, brisés, engagés dans de la marne argileuse et dans du sable marneux. On peut en reconnoître deux modifications, dont la position est constamment la même : l'une, compacte et supérieure, montre les tubulures sinueuses que nous avons déjà signalées dans le calcaire marneux, et renferme de nombreux débris et moules de coquilles lacustres. Les moules de ces coquilles et même leur test sont siliceux ; leurs cavités sont quelquefois tapissées de petits cristaux de quarz, ce qui indique dissolution complète de la matière siliceuse.

L'autre, poreuse et inférieure, est plus rougeâtre que la première et généralement dépourvue de débris organiques.

M. Constant Prévost a très-bien établi que la meulière compacte à coquilles devoit s'être formée plus particulièrement sur le bord des espèces de bassins au fond desquels toute la masse de meulière s'est déposée, et que la meulière poreuse avoit occupé le fond de ce bassin à une profondeur et dans des circonstances qui n'avoient pu permettre à des êtres organisés, ou de vivre, ou d'être conservés. Toutes deux ont été formées par bancs continus, mais interrompus, ou par masses, soit ovulaires soit lenticulaires, placées à peu près sur le même plan et disposées avec une sorte de régularité. Les fragmens qui se présentent maintenant, et le désordre qui semble régner dans ce dépôt, sont une suite de fractures et d'affaissement postérieurs à leur formation, et dûs au tassement et au peu de solidité de la masse marneuse qui les renferme.

Silex pyromaque et résinite. Les premiers diffèrent assez de ceux de la craie, pour qu'un observateur habitué à les voir sache les distinguer, mais pas assez pour que ces différences puissent être facilement exprimées. Les seconds sont rares et en général moins bien caractérisés que dans le terrain inférieur.

Telles sont les roches qui composent le terrain lacustre supérieur ou épilymnique; mais ce terrain est encore mieux caractérisé par les débris organiques qu'il renferme, tant dans ses roches calcaires que dans ses roches siliceuses. (Voyez le tableau n.° 4.)

Les mammifères et autres animaux vertébrés de l'ancien monde, dont les débris se trouvent dans les parties limoneuses et clastiques des terrains clysmiens, peuvent aussi se rencontrer dans les roches calcaires et marneuses des terrains épilymniques.

Ils s'y trouvent associés avec les coquilles lacustres et terrestres, qui, se rencontrant bien plus abondamment dans ces terrains et qui même s'y rencontrant plus souvent seules, peuvent servir plus efficacement à les caractériser.

Les débris de végétaux y sont peut-être encore plus caractéristiques que les dépouilles animales; car les espèces qu'on trouve dans ces terrains ne se sont pas encore montrés dans les terrains lacustres inférieurs. [1]

Les exemples qu'on peut donner avec certitude de ces terrains et que nous avons déjà indiqués ailleurs sont [2] :

En France. Sur la plupart des plateaux du bassin de Paris, et hors de ce bassin: près d'Épernon, dans les environs d'Étampes; de Saint-Arnoud; de Soissons; à Passy sur Eure; à Cinq-Mars-la-Pile, près de Langeais, en Touraine : les silex meulières y sont translucides et renferment des coquilles lacustres. Près de Montpellier, les coquilles, parmi lesquelles se trouvent un grand nombre d'hélix, diffèrent à peine de celles qui vivent encore à Salinelle, dans le département du Gard,

---

1 L'énumération donnée au tableau n.° 4. résulte du travail sur les Végétaux fossiles, publié par M. Adolphe Brongniart, Mém. du Mus. d'hist. natur. de Paris, vol. 8, pag. 230, pl. 11 et pl. 14; Descript. géolog. des terrains de Paris, par MM. Cuvier et Alexandre Brongniart, édition de 1822, pl. 8, 10 et 11.

2 Nous avons cité et décrit un grand nombre de terrains lacustres dans la Description géologique des terrains de Paris, édit. de 1822, pag. 274 et 295 à 320. Nous avons fait ressortir leurs particularités, et nous avons discuté les caractères qui peuvent faire attribuer les unes aux terrains lacustres supérieurs, et les autres aux terrains lacustres moyens.

où paroissent se présenter, comme près de Paris, les deux terrains lacustres; l'Auvergne et le Cantal, la Haute-Loire, l'Allier, le Cher, l'Indre, Loire-et-Cher, la Sarthe, le Loiret, le Bastberg dans le Bas-Rhin, etc.

En Suisse. Le vallon du Locle, près Neuchâtel, dans le Jura: le terrain d'Œningen, près du lac de Constance : on y trouve des anodontes.

En Angleterre. A l'île de Wight, où les deux terrains lacustres se présentent assez distinctement.

En Allemagne. A Ursprung près d'Ulm ; en Thuringe; près Vienne en Autriche; en Hongrie, dans un grand nombre de lieux.

En Italie. Aux environs de Sienne, de Rome, etc.: près de cette dernière ville il est difficile d'assigner la limite qui sépare le travertin antédiluvien de celui qui se forme actuellement.

2.ᵉ *Gr.* TERRAINS PROTÉIQUES [1]
ou MARNO - SABLEUX - MARINS.

Ce terrain, dont nous prenons le type dans le bassin de Paris, est pour nous d'une sous-époque géognostique et d'une origine entièrement différente de celui qui le précède et de celui qui le suit. Il en diffère par tous les caractères tirés de la nature des roches et de celle des débris organiques qu'il renferme.

Dans les lieux que nous choisissons pour termes de comparaison, et sur lesquels nous devons prendre les principaux caractères de ce terrain, ses limites sont bien déterminées. C'est supérieurement le terrain lacustre, et c'est inférieurement encore un terrain lacustre. Or, comme le terrain marno-sableux renferme principalement des débris de corps marins, il se termine nettement aux points où les corps marins dis-

---

[1] Produits par la mer, mais sans qu'on puisse toujours les reconnoître aisément et les distinguer des tritoniens.

Syn. Terrains marins supérieurs. — *Crag of Suffolk, Norfolk; Bagshot - sand.* — *Molasse - oder Postpaleotherium - Mergelformation*, KEF. — *Zweite tertiäre Sandstein- und Kalkformation*, BOUÉ. — Calcaire moellon, MARCEL DE SERRES.

paroissent pour être entièrement remplacés par des corps
terrestres ou lacustres.

En prenant le bassin de Paris pour type de ce terrain, on
y reconnoît les roches suivantes, qui se suivent de haut en
bas dans l'ordre où nous les nommons.

1. GRÈS BLANC. C'est un grès, dans l'acception minéralogique de ce mot, tantôt blanc et pur (Fontainebleau, Nemours, butte d'Aumont), tantôt rougeâtre ou jaunâtre, ferrugineux et un peu micacé, et se présentant plutôt à l'état de
sable qu'à celui de roche solide (Meudon, Feuguerolle,
Montmartre, Romainville, etc.).

Il renferme en minéraux et roches subordonnés :

Du FER SABLONNEUX, en rognons dans les parties supérieures
(hauteur de Viroflay, Montmartre, Pantin, etc.);

Du *manganèse terne* en enduit ou en dendrites profondes
(Belloy, département de Seine-et-Oise);

Et de nombreuses coquilles marines de différens genres ou
espèces, dont on ne voit que les moules : il est extrêmement
rare que le test soit conservé. Comme ces coquilles diffèrent
souvent de celles des marnes qui suivent ce grès, nous devons en indiquer particulièrement les espèces caractéristiques.
Il est assez difficile d'établir cette détermination avec exactitude, à cause de la circonstance si commune de la destruction du test.[1]

Ces corps marins sont disséminés sans ordre dans les parties
supérieures du grès. Il est fort remarquable que dans le plus
grand nombre des lieux où on les observe, près Paris, aucun
n'ait conservé son test, pas même l'*ostrea flabellula*, quoique
les huitres le perdent rarement. Mais la place de ce test est
restée en cavité dans le grès, et en assez bon état pour qu'on
puisse obtenir, en le moulant en cire, une empreinte susceptible d'être déterminée avec exactitude. Le test a donc
existé pendant quelque temps dans le grès et a ensuite été dissous; les parties calcaires ont été si complétement enlevées, que
le grès ne fait que très-rarement effervescence avec les acides.

---

1 Voyez le tableau n.° 5, qui renferme les corps organisés fossiles
marins de tout le terrain thalassique, mais avec l'indication des groupes
auxquels chaque espèce peut être rapportée.

A une plus grande distance de Paris, du côté de Compiègne, etc., les coquilles du grès, si toutefois elles appartiennent à ce terrain, ont conservé leur test.

2. GOMPHOLITE[1] ET POUDINGUE. Les terrains protéiques ont une très-grande extension. Nous l'avions soupçonné dès 1822[2]; nous avions même hasardé d'y introduire la molasse de Suisse, terrain immense en étendue et en puissance, et par conséquent les agrégats non moins immenses qui la surmontent. Ce rapprochement a été confirmé de la manière la plus flatteuse pour nous, par le travail le plus complet et le plus satisfaisant qu'on puisse faire sur ces terrains[3]. M. Studer a établi, par la réunion des preuves géognostiques de toute nature, que la molasse dont il sera question plus bas, appartenoit aux terrains marins supérieurs au gypse. Le gompholite me paroît être en Suisse, en Bavière, etc., dans une position analogue à notre grès marin supérieur ou grès blanc. Je serai fort embarrassé de dire, dans l'état actuel de la science, s'ils sont exactement contemporains, et s'ils ne le sont pas, lequel a été déposé avant l'autre. En commençant par le grès blanc, je n'ai eu pour objet que de présenter la première la roche qui fait partie du pays que j'ai pris pour type des terrains thalassiques.

Le gompholite est placé sur la molasse ou fait partie de la molasse, comme les poudingues siliceux sont placés sur nos grès marins supérieurs et en font partie. Il n'y a de différence entre ces deux agrégats que celle de la nature des roches roulées qui les forment, et leur puissance. Ces différences sont de peu d'importance en géologie; mais la position, qui est dans ces roches presque le seul et vrai caractère géognostique, est la même.

---

1 *Nagelflue* des Suisses. Voyez à l'article ROCHES, tome XLVI, p. 136, les caractères distinctifs de ces roches et de toutes celles qui seront simplement mentionnées dans la suite de ce tableau.

2 Description géognostique des environs de Paris, 1822, pag. 186 et 187, in-4.° La nature des corps organisés renfermés dans cette roche suffit pour établir entre elle et notre terrain marin supérieur au gypse de nombreuses analogies, etc.

3 *Monographie der Molasse*, par B. STUDER, 1 vol. in-8.° Berne, 1825.

Dans le bassin de Paris et dans le sol de diverses parties
de la France, tant vers le Nord que vers l'Ouest, de véritables poudingues, dans l'acception minéralogique de ce mot,
c'est-à-dire des agrégats de galets de silex avec du ciment siliceux, recouvrent le grès en lits plus ou moins puissans, et
se lient même avec lui (Romainville, Sanois). Il ne faut
pas confondre ces poudingues, qui sont au-dessus du grès,
avec ceux dont nous parlerons plus bas. Or nous regardons
le poudingue supérieur au grès comme analogue au gompholite de Suisse. Ils sont à nos foibles collines et à nos silex
de la craie ce que les gompholites de Suisse, etc., sont aux
montagnes alpines et à leurs roches granitoïdes.

Ce dernier agrégat se présente en collines et montagnes
d'une étendue, d'une puissance et d'une hauteur prodigieu-
ses ; elles semblent indiquer une origine et des causes violentes, qui s'accordent peu avec l'idée qu'on s'est faite pendant long-temps de la formation récente et de transport des
terrains de sédiment supérieurs. Il a fallu reconnoître les rapports de ces roches clastiques avec les terrains qu'elles recouvrent, ce qui a offert de grandes difficultés ; il a fallu remarquer qu'elles ne sont elles-mêmes jamais recouvertes par
d'autres roches que par les terrains alluviens et clysmiens,
le terrain épilymnique et quelques parties très-supérieures
du terrain protéique, pour présumer d'abord et s'assurer ensuite que ces énormes masses n'étoient pas antérieures à l'é-
poque des terrains de sédiment supérieurs ; mais elles pouvoient leur être postérieures et appartenir aux terrains clysmiens caillouteux. Ce que nous avons dit sur la position de
ces terrains, constamment supérieurs à tout dépôt, ne permet pas de les confondre avec les roches clastiques des terrains thalassiques ou de sédiment supérieurs.

Par conséquent les gompholites polygéniques de la Suisse,
les gompholites monogéniques de Salzbourg, des départemens
de la Drôme, des Basses-Alpes, etc., appartiennent à la dernière époque marine des terrains de sédiment supérieurs.
Ils recouvrent, dans plusieurs cas, les roches sableuses,
telles que le macigno molasse ; quelquefois aussi ils en sont
recouverts : par conséquent il paroît qu'ils ont alterné avec
elles, du moins d'après le récit des naturalistes qui les ont

observés; car, pour moi, je ne les ai vus que supérieurs.

Ces roches sont solides , et tellement solides , qu'elles se taillent nettement et peuvent recevoir le poli.

Elles ne renferment d'ailleurs aucun minéral ni aucun métal ; elles enveloppent quelquefois des débris organiques qui, malgré leur état imparfait de conservation, peuvent être employés utilement pour établir l'époque de leur formation par rapport aux autres parties des terrains yzémiens supérieurs.

Enfin, elles sont accompagnées de deux roches ou parties coquilliéres que M. Studer nomme le *Grès coquillier* et le *Nagelflue coquillier*, renfermant, le premier un grand nombre de coquilles assez entières, et le second, des débris de coquilles dispersées sans ordre dans la masse de ce gompholite. On n'en voit souvent que les moules, comme dans les poudingues supérieurs du grès de Montmartre, de Romainville, etc.; mais ces moules sont tapissés de calcaire spathique, ce qui indique que la formation de ces poudingues n'a pas été totalement privée de l'influence de l'action chimique. Nous reviendrons sur le grès en parlant de la molasse.

Les exemples que je viens de donner, suffisent pour faire connoître de quelle roche j'ai entendu parler. Les exemples de détails se trouveront dans les ouvrages cités, et surtout dans le grand travail de M. Studer. [1]

5. MACIGNO MOLASSE. Cette roche, qui est composée de sable , de calcaire, d'un peu d'argile et de mica, avec une texture grenue, lâche et une consistance presque friable [2], a souvent la plus grande ressemblance avec les psammites des terrains de traumate (*Grauwacke*), et montre dans sa composition , sa texture et sa solidité, des variations assez nombreuses : elle ne se présente pas dans le bassin de Paris proprement dit, mais elle forme dans la Suisse et dans plusieurs parties de l'Europe méridionale des terrains puissans , étendus, composés d'assises très-épaisses, quelquefois peu distinctes, qui renferment peu de corps étrangers.

---

1 Ouvrage cité, pag. 106, 109, 111 , etc.

2 Voyez sa spécification , tom. XXVII de ce Dictionnaire, au mot MACIGNO ; et ma *Classification minéralogique des roches*, page 128.

On y trouve, comme roches subordonnées, du grès coquillier, du calcaire fétide, de la marne argileuse et des nodules calcaires plus durs que le reste de la roche, et qu'on nomme en Suisse *Knauer*. Ils sont disposés en assises parallèles, mais interrompues, et renferment une assez grande proportion de carbonate de chaux [1]. On y trouve aussi des lignites en lits souvent très-puissans, très-étendus et accompagnés de lits plus minces de marne calcaire dure. Comme ces lits se présentent aussi dans d'autres lieux, et qu'il n'y a pas encore pour nous des moyens assurés de les distinguer, nous y reviendrons plus bas.

Les minéraux disséminés dans cette roche sont très-peu nombreux; j'y ai vu du calcaire spathique très-bien cristallisé (près Vevay). On y cite du gypse sélénite.

Les débris organiques qu'elle renferme sont ordinairement des coquilles marines, dans ses parties supérieures et moyennes, puis des lignites, des coquilles lacustres, des feuilles de palmier, etc., dans ses parties inférieures.

J'avois déjà rapporté, comme je viens de le dire plus haut, la molasse de Suisse aux terrains de sédiment marins, supérieurs au gypse; mais je l'avois fait avec quelque hésitation. Je n'en doute plus maintenant, depuis que M. Studer a admis et prouvé ces rapprochemens. Le grès marin supérieur, la molasse, le calcaire moellon, les marnes marines, soit isolés soit réunis deux à deux, représentent tout le terrain marin supérieur au calcaire grossier ou le groupe protéique.

En nous arrêtant, dans la description de la MOLASSE, à la partie marine, nous y remarquerons, avec M. Studer, trois roches particulières : le grès coquillier, la molasse propre-

---

[1] M. Bronner en a fait l'analyse, que M. Studer a insérée dans son ouvrage (pag. 98):

Carbonate de chaux	45,2
Oxide de fer	5,8
Silice	37,0
Argile	3,9
Potasse et Perte	2,3
Eau	5,2

99,4.

ment dite et le calcaire fétide; mais ce dernier appartenant au dépôt de lignite, il ne doit pas en être fait mention ici.

Le GRÈS COQUILLIER, composé de sable quarzeux, cimenté par un carbonate de chaux, qui paroit provenir des coquilles nombreuses qu'il renferme, contient en outre un grand nombre de grains d'un noir verdâtre et une substance verdâtre qui le traverse en veinules. M. Bronner a examiné cette matière assez remarquable dans cette position géognostique, et lui a trouvé une composition non moins remarquable qui la rapproche tout-à-fait du phosphate de chaux ferrifère et de la glauconie crayeuse.

Les corps organisés fossiles qu'il renferme, et qui sont indiqués au tableau n.° 5, sont en général beaucoup de coquilles marines bivalves, dont on ne voit souvent que les noyaux et les fragmens. Les univalves sont rares en comparaison, ce qui offre une analogie fort remarquable avec ce que M. Marcel de Serres a observé dans le calcaire moellon des environs de Montpellier. On ne connoît dans le grès coquillier aucun débris organique qui ait pu appartenir à des êtres terrestres ou lacustres, ou aux terrains de craie.

Le grès coquillier de la molasse est très-nettement stratifié et forme toujours les couches ou assises supérieures de la molasse. (Argovie, entre Zofingen et Regensberg; au Buchelberg, où il atteint une élévation de 675^m au-dessus de l'Océan.)[1]

La MOLASSE qui forme la roche dominante du terrain qui porte son nom, et qui lui donne ses caractères, ne demande plus à être considérée que sous le rapport de ses pétrifications, de sa puissance, de son étendue et de ses variétés.

M. Studer a épuisé tout ce qu'il y a à dire sur ses pétrifications, et ses résultats, d'un bien plus grand poids que ceux que j'avois tirés de mes rapides observations, confirment pleinement ce que j'avois présumé et annoncé dans l'édition de 1822 de la Description géognostique du terrain de Paris (pag. 186, 3.°). Il n'y a point de coquilles lacustres au *milieu* même de la molasse. Toutes les coquilles sont marines et analogues en général aux espèces du grès supérieur de

---

[1] STUDER, ouvrage cité, pag. 96 et suivantes.

nos collines gypseuses, des collines subapennines, décrites par Brocchi, et des collines des environs de Vienne, décrites par M. Constant Prévost. Lors même qu'on en trouveroit quelques-unes, leur présence pourroit s'expliquer très-naturellement par les considérations sur les mélanges exposées ailleurs. Les feuilles de palmiers et d'autres arbres de la carrière de molasse de Bergère, près de Lausanne, paroissent avoir été enveloppées dans cette roche par la cause que nous avons admise dans ces considérations. D'ailleurs il ne faut pas oublier que nous allons trouver des lignites lacustres dans la partie inférieure de la molasse.

On ne peut citer avec certitude aucune bélemnite, ammonite, térébratule, ni aucun autre débris organique marin des terrains crétacés ou jurassiques : on n'y connoît pas même de nummulites (pag. 389). M. Studer discute beaucoup mieux que je n'avois pu le faire les prétendues exceptions à cette règle, et fait voir le peu de confiance qu'on doit donner aux faits qui semblent opposés à cette généralité [1] : il admet la présence de la mer et son séjour sur place ; il se fonde (pag. 246) sur ce que presque toutes les coquilles fossiles de la molasse appartiennent à des espèces qui vivent dans le sable ou qui sont adhérentes aux écueils, et que leur présence démontre qu'*elles ont vécu et se sont propagées dans la place* où on les trouve.

Les exemples des terrains protéiques, et notamment de ceux qui sont plus particulièrement composés de cette roche, seront présentés à la fin de l'histoire des roches qui les composent.

4. CALCAIRE MOELLON [2]. C'est un calcaire généralement sa-

---

[1] Nous ne pouvons entrer dans les détails de ce travail d'érudition et de critique. Si on veut apprécier les motifs de M. Studer, il faut les lire dans l'ouvrage original, pag. 248 — 252.

[2] J'adopte cette dénomination proposée par M. Marcel de Serres, mais je ne puis adopter qu'il y ait dans ce qu'il a publié à ce sujet autre chose de nouveau que ce nom et l'observation de la puissance de ce calcaire beaucoup plus considérable dans le midi de la France qu'aux environs de Paris. On développera cette assertion à la fin de l'article des terrains thalassiques, parce qu'on en appréciera mieux la valeur lorsqu'on aura vu les faits qui prouvent que nous avons reconnu

bleux, rare et très-peu puissant dans le bassin de Paris, et qui manque quelquefois entièrement comme calcaire ; mais qui est presque toujours représenté comme formation marine par les lits plus ou moins épais et constans de coquilles marines qui surmontent presque toujours le grès précédent. Lorsque ce calcaire existe, ou bien il se présente d'une manière non douteuse avec les caractères calcaires prédominans, comme à Nanteuil-le-Haudouin, près Paris [1] ; aux environs de Montpellier ; au Loroux, près Nantes, etc. ; ou bien il est mêlé d'une quantité de sable assez considérable, comme dans les collines subapennines, les parties supérieures de la molasse de la Suisse, etc. (Voyez plus bas l'énumération des lieux où se présente l'ensemble des terrains protéiques.)

Ce qu'il offre de remarquable, en outre de sa grande épaisseur, aux environs de Montpellier, c'est la présence et la réunion des ossemens des terrains clysmiens et du groupe palæothérien. La présence de débris de mammifères terrestres, non-seulement dans un terrain marin, mais couverts même de corps marins, a déjà été observée en Italie, près Castelarcuato, dans un terrain marin supérieur, analogue à celui dont il est ici question : il ne reste donc de particulier dans celui de Montpellier que la présence des débris d'animaux qu'on croyoit plus anciens que ces terrains, le *palæotherium* et le *lophiodon*. On cherchera à l'article de la Théorie des terrains thalassiques comment on peut se rendre compte de ces faits.

5. Marnes marines. Elles sont tantôt calcaires, tantôt argileuses. en lits peu puissans, et caractérisées marines par les coquilles qu'elles renferment.

Elles sont quelquefois tellement calcaires, qu'elles passent, dans certains points, à l'état de calcaire compacte, fin, propre

---

et établi *depuis long-temps* l'existence d'un calcaire grossier au-dessus des terrains d'eau douce moyens.

1 Descript. géolog. des env. de Paris, édit. de 1822, pag. 53 et 55, 126 et 265. Il y a cependant quelque doute sur l'application de cet exemple au groupe protéique. M. Lagrave vient de les augmenter par ses observations consignées dans le Précis de statistique sur le canton de Nanteuil-le-Haudouin (Annuaire du dép. de l'Oise, 1829, pag. 14).

à la lithographie. (Montmartre , Moulignon , plateau de Montmorency, etc.)

Dans d'autres lieux et dans d'autres circonstances, elles sont ou très-argileuses, ou très-sablonneuses.

Quoique peu distantes du grès précédent, elles montrent souvent un ensemble de coquilles assez différentes, tout en conservant des espèces communes aux deux roches. Nous indiquons aussi dans le tableau n.° 5 celles qui nous ont paru les plus caractéristiques. Ces coquilles sont souvent brisées, comme pilées ; mais le têt est presque toujours conservé.

Les huîtres sont, comme on le remarquera, nombreuses dans la marne argileuse et rares dans le grès. C'est encore comme elles se trouvent dans la nature. Mais on doit observer qu'elles sont par lits, qu'elles sont adhérentes les unes aux autres, ou adhérentes aux lits des calcaires compactes, interposés dans cette marne ; qu'elles sont presque toutes entières et bivalves [1] ; qu'il y a très-peu d'autres coquilles avec elles : toutes circonstances qui indiquent, si même elles ne le prouvent pas, qu'elles ont vécu dans les lieux où on les trouve.

Comme il est très-difficile , ainsi que je l'ai dit plus haut , de distinguer ce terrain marin supérieur au gypse du terrain marin qui lui est inférieur, les exemples de la présence de ce terrain hors du bassin de Paris sont souvent incertains. Nous tenterons cependant d'en indiquer quelques-uns, ne fût-ce que pour donner plus de poids aux généralités , en montrant qu'elles résultent de faits observés dans plusieurs bassins.

Avant de citer ces exemples , je dois présenter le tableau des caractères distinctifs qui me semblent pouvoir servir à faire distinguer le terrain protéique du terrain tritonien.

Ce terrain est principalement quarzo-sableux et ferrugineux, surtout dans ses parties moyennes.

On y voit beaucoup de galets de silex et de grès dans ses parties supérieures. Ces galets sont quelquefois mêlés avec les moules des coquilles mentionnées plus haut.

Ces coquilles consistent principalement en cérites cordon-

---

[1] Cette disposition est très-claire, et par conséquent très-frappante, sur les grandes huîtres, *ostrea pseudo-chama* , qu'on trouve dans la marne argileuse au moulin de Pontet, au-dessus de Pontchartrain.

nées, en cithérées, *pectunculus pulvinatus*, *ostrea flabellula*, et peu d'autres petites huîtres.

Il renferme dans ses parties inférieures beaucoup de paillettes de mica.

C'est aussi dans cette partie que se voient des lits de marne argileuse et calcaire, renfermant des espèces d'huîtres très-nombreuses et souvent très-grosses, *ostrea pseudo-chama*, *hippopus*, etc.

On y connoît des os de cétacés, notamment de lamantin ; des clypéastres ; mais peu d'autres échinites, peu de madrépores, point de nummulites.

On peut rapporter à cette partie marine et supérieure du terrain de sédiment supérieur :

Le bassin du Loroux, près Nantes.

Le territoire de Banyuls des Aspres, sur la rive gauche du Tech (Pyrénées orientales) ; de Nissan, entre Narbonne et Bézier ; le Boutonnet, près Montpellier.

Bonpas, près d'Avignon, qui conduit, par nuances insensibles, à rapporter le macigno molasse de la Suisse au terrain marno-sableux marin.

La colline de Highgate, près Londres, et la partie supérieure de Headenhill, dans l'île de Wight.

Le Lochenberg, près Burgdorf, aux environs de Berne, etc.

Les collines subapennines, depuis Asti en Piémont, jusqu'à Monte-Leone en Calabre. Elles présentent vers leur sommet le sable ferrugineux, les galets, les huîtres et ossemens d'animaux terrestres, couverts de corps marins, qui prouvent que la mer a recouvert ces ossemens terrestres pendant assez long-temps pour que les huîtres et les balanes qui y adhèrent aient pu s'y développer.

Les environs de Bonifacio en Corse.

Les environs de Vienne en Autriche, d'après M. C. Prévost.

En Hongrie, entre les rivières de Gran et d'Ipoly, d'après M. Beudant.

3.ᵉ *Gr.* TERRAINS **PALÆOTHÉRIENS.** [1]

C'est le terrain lacustre le plus étendu, le mieux et le plus

---

1 PALÆOTHÉRIENS, parce que les *Palæotherium* et les autres pachy-

constamment bien caractérisé; c'est celui auquel je rapporte
tous les terrains de cette origine qui ne sont pas évidemment
placés au-dessus d'un terrain marno-sableux marin ou qu'aucune circonstance ne peut y faire placer avec certitude.

Quoique nous prenions principalement les caractères de
ce terrain dans le bassin de Paris, on va voir que, sauf quelques particularités, on en retrouve les caractères généraux
dans presque toutes les parties de l'Europe où on l'a reconnu.

Cette formation n'a point toujours, comme dans le bassin
de Paris, des limites supérieures claires et déterminées par
un terrain marin, *quelle qu'en soit l'origine;* elle est quelquefois
superficielle ou simplement recouverte, soit par des terrains
clysmiens, soit par des terrains pyrogènes (le Puy-en-Vélay,
l'Auvergne, le Cantal).

Ses limites inférieures sont partout fort nettement prononc-
cées : c'est, ou le terrain tritonien (grès, calcaire grossier, etc.),
qui est un terrain marin, ou des roches plus anciennes.

Sa texture, tantôt sédimenteuse, tantôt en grande partie
cristalline, indique un mode de formation au moins autant
par voie chimique que par voie de sédiment. Si la partie
qu'on observe n'est pas entièrement le produit d'une précipitation chimique, il est rare qu'elle n'offre pas tous les caractères d'une dissolution préalable, au moins partielle, car,
outre sa texture quelquefois concrétionnée et même cristalline (le gypse), outre ses couches et nodules siliceux, ses
roches renferment des cavités tapissées de cristaux de calcaire
spathique très-volumineux, de quarz très-gros et très-lim-
pide, et de concrétions d'agate calcédonieuse (à Mouron, une
lieue avant Coulommiers, département de Seine-et-Marne,
où cette disposition est aussi claire que brillante) : caractères
qui indiquent une dissolution préalable et complète de calcaire
et de silice, et qui éloignent l'idée de tout sédiment mécanique
au milieu d'une masse d'eau abondante et agitée, qui, loin

---

dermes de cette famille le font reconnoître partout, quelle que soit la
nature de la roche qui les renferme.

Syn. Seconds terrains d'eau douce ou lacustres inférieurs. — *Pariser
Gyps oder mittlere Süsswasser-Formation,* Keferst. — *Süsswasser-Bildung des ersten tertiären Kalkes,* Boué.

54. 8

de permettre de telles cristallisations, auroit dû s'y opposer, en étendant considérablement la dissolution, etc.

Ce terrain présente donc, dans la nature et la structure des roches et des minéraux qui le composent, tous les caractères d'une formation propre, presque entièrement chimique, résultant de la cristallisation *sur place* d'une dissolution saturée de sulfate de chaux, de sulfate de strontiane, de carbonate de chaux, de silicate de magnésie, mêlée de quelques dépôts sédimenteux de marnes argileuses et calcaires.

Mais c'est par les débris organiques, venant tous d'animaux ou de végétaux, soit terrestres, soit lacustres ou fluviatiles, que ce terrain se fait reconnoître et se distingue de tous les autres.

Nous présentons dans le tableau n.° 6 la liste de ceux qu'on y a reconnus et qu'on a déterminés avec précision. On y retrouvera plusieurs des espèces déjà nommées au terrain épilymnique, soit parce que les espèces appartiennent en effet aux deux terrains, soit parce qu'on n'a pas toujours pu distinguer clairement ces deux terrains, qui ont une même origine.

Tous les débris organiques trouvés dans ces terrains, appartiennent donc évidemment à des êtres dont les genres analogues vivent actuellement à la surface de la terre ou dans les eaux douces. Je ne sache pas qu'on ait encore rencontré dans *le milieu* de ces masses, c'est-à-dire dans celles qui sont loin du contact avec les terrains marins inférieurs et supérieurs, aucun débris de mollusques, de poissons, de cétacés ou de reptiles marins, aucun madrépore, aucun fucus.

Le terrain palæothérien est clairement stratifié, au moins dans ses parties supérieures et marneuses. Sa stratification est généralement horizontale, parallèle, et à couches peu épaisses. Ses parties massives, lorsqu'il en présente, offrent quelquefois (dans le gypse à ossemens), une division prismatoïde, et souvent (dans le calcaire siliceux) des cavités irrégulières, sinueuses. Dans ce dernier cas la stratification est peu nette.

Il forme, ou des plaines basses, étendues, ou des plateaux peu élevés, à surface plane et à bords et pentes rapides, ou, enfin, des collines ou plutôt des buttes coniques.

Son plus haut niveau ne nous est pas encore bien connu, mais il ne paroît pas dépasser de deux cents mètres celui de l'Océan.

Ce terrain, et principalement ses parties marneuses et calcaires, est fort répandu à la surface du globe ; mais il ne se présente jamais sans coupures ou interruption sur une grande étendue de pays. Les terrains lacustres palæothériens toujours circonscrits offrent des formations morcelées par bassins, plateaux ou buttes.

Ils ne renferment aucun filon ni veine métallique, mais quelques petits amas de fer hydraté, de manganèse terne (Montmartre), quelques dépôts de lignites peu puissans, si même ils appartiennent réellement à ce terrain.

On y voit quelquefois de grandes fissures ou fentes, et même quelques cavités assez étendues pour être considérées comme des cavernes. Ces circonstances, bien caractérisées, sont fort rares.

Les pentes des plateaux et des collines qui appartiennent à cet ordre de terrain, sont quelquefois couvertes de débris et gros blocs, résultant de la dislocation de ses propres couches.

Les roches qui entrent dans la composition de ce terrain, sont en général calcaires et siliceuses. Les premières dominent : la magnésie y est abondante ; les sulfates de chaux et de strontiane s'y présentent souvent : on y connoît du soufre à nu ; mais s'il y a des sulfures métalliques, ils y sont tellement rares, que je n'en puis citer aucun exemple authentique.

Les roches qui le composent sont dans l'ordre de superposition le plus général et le plus probable :

1. LIGNITES SUISSES ou DE LA MOLASSE. A mesure que les couches de la terre sont mieux étudiées, qu'elles sont examinées avec une sorte de minutie souvent fatigante et pour l'observateur et pour le lecteur, mais si efficace pour conduire avec sûreté aux généralisations ; à mesure qu'elles sont examinées ainsi par des hommes différens dans des pays différens, la science géologique fait des progrès qui consistent à distinguer ce qui étoit confondu, à mettre à leur juste place géologique les roches qu'on avoit réunies sous des rapports

minéralogiques et zoologiques; rapports les plus sûrs qu'on puisse employer tant que les rapports géologiques ne sont pas bien connus.

Les roches ou terrains, ou même les lits subordonnés de .combustible fossile, qu'on appelle *lignite*, sont tout-à-fait dans ce cas. Autrefois ils étoient confondus avec les charbons de terre. J'ai cherché avec M. Voigt à les en distinguer claire-ment; mais je n'avois encore reconnu qu'un seul gîte ou qu'une seule formation de ces charbons fossiles : maintenant on peut, sans craindre de passer à l'extrémité opposée, en reconnoître au moins quatre, qu'on verra à leur place respective dans le ta-bleau des terrains, sous les dénominations de lignite de Suisse, lignite parisien, lignite soissonnois, lignite de l'île d'Aix, etc.; ce ne sont peut-être pas les seuls, et il est possible que les lignites de Provence fassent un cinquième dépôt, à placer entre les lignites soissonnois et le lignite de l'île d'Aix. Tous n'ont pas la même importance, et ceux qui en ont le plus, comme les lignites suisse et soissounois, ne la conservent pas dans tous les pays.

Ils se ressemblent tellement que cette circonstance est une des principales causes de leur réunion en un seul groupe. Il n'y a souvent que leur position qui puisse faire établir entre eux de telles différences géognostiques.

Cette difficulté, d'où résulte nécessairement de l'incertitude dans la détermination de leur époque de formation, lorsqu'ils ne sont pas interposés dans des terrains connus, m'a engagé à réunir en un seul groupe, sous le nom de *marno-charbon-neux*, tous les lignites des terrains thalassiques, afin d'en faire mieux ressortir les ressemblances et les différences en les dé-crivant ensemble. Je me bornerai donc à nommer à chaque terrain et à caractériser brièvement le gîte de lignite qu'on y trouve. L'établissement du gîte de lignite que je propose de distinguer sous le nom de *lignite suisse*, me paroit naturel et propre à faire disparoître les difficultés qu'on trouvoit dans la position de ce lignite, surtout dans la nature des corps organisés qu'il renferme, lorsqu'on vouloit les rappor-ter aux lignites soissonnois ou de l'argile plastique.

Ces lignites sont évidemment placés sous la molasse ou dans les assises les plus inférieures de cette roche du groupe protéique; mais cette roche est marine, et les lignites, ainsi que les roches marneuses, au milieu desquelles ils sont, ne présentent que des corps organisés terrestres ou lacustres. Ils n'ont donc pas été primitivement déposés ou formés dans le sein de la mer.

En examinant ces corps d'une manière non-seulement générale, mais même spéciale, on voit qu'ils ont beaucoup plus de rapports avec les corps organisés du groupe palæothérien, également d'origine lacustre, qu'avec aucune autre formation. Il paroît donc qu'ils ont été déposés, comme le groupe palæothérien, dans une eau douce, et que ce dépôt a eu lieu à peu près à la même époque géognostique que les terrains palæothériens. On sait qu'un des moyens les plus sûrs, et peut-être le seul, de déterminer les époques géognostiques, c'est la succession des générations semblables. Ces lignites sont d'ailleurs placés, comme le groupe palæothérien, au-dessous d'un terrain marin protéique; et, dans les circonstances où on a pu voir, ou au moins présumer, quel étoit le terrain qu'ils recouvroient, on a cru reconnoître d'abord un terrain lacustre plus ou moins épais, ensuite un terrain de calcaire grossier ou tritonien.

Maintenant, si nous comparons ces lignites avec le terrain palæothérien, sous le rapport des corps organisés fossiles, nous saisirons mieux les analogies et les différences.

On a reconnu dans les lignites suisses des débris de mammifères, ce qu'on n'a pas encore observé dans les lignites soissonnois, tels que nous les supposons placés[1]. Les uns sont des animaux de genres et d'espèces voisins des grands mammifères des terrains clysmiens (le *mastodon angustidens*, le rhinocéros, un castor); les autres sont des animaux qui, sans être entièrement semblables à ceux du gypse, ont cependant plus d'analogie avec ces anciens animaux qu'avec ceux des terrains clysmiens. Quelques-uns même sont communs aux lignites suisses ou au moins à leurs analogues d'Alsace et d'Italie, et aux terrains lacustres du groupe palæothérien. Parmi les premiers on

---

[1] Nous avons lieu de présumer que plusieurs des lignites soissonnois sont d'une époque beaucoup plus nouvelle que nous le pensions, et qu'ils sont différens des lignites de l'argile plastique.

doit compter les *anthracotherium* des lignites de Toscane et d'Alsace, dont une espèce, l'*anthracotherium velacum*, s'est présentée dans les marnes lymniques du Puy-en-Vélay. Parmi les seconds, on doit remarquer le lophiodon, qui se trouve dans le lignite du Laonois et dans les marnes lymniques de Soissons, d'Argenton, d'Issel, et le *palæotherium isselanum*, qui lie les marnes de ce lieu avec celles d'Argenton, comme ces dernières sont liées aux marnes lymniques du gypse par d'autres rapports géologiques.

On remarquera l'analogie zoologique de ces genres avec les *palæotherium* et *anoplotherium*.

Parmi les végétaux qui paroissent avoir vécu sur le même sol et dans le même temps où se sont déposés les lignites suisses, les marnes lymniques et même le gypse, on doit remarquer le *flabellaria Schlotheimii*, dans le lignite de Hœring et dans la molasse de Lausanne ; le *flabellaria lamanonis*, dans les marnes lymniques d'Aix ; l'*endogenites bacillaris*, dans les lignites de Kæpfnach et de Lobsann, et un endogénite, dans les marnes lymniques de Montmartre.

Les lignites suisses forment des lits quelquefois très-puissans, alternant avec des marnes calcaires et des calcaires bitumineux et fétides, qui sont pétris de coquilles lacustres, se présentant quelquefois isolées, c'est-à-dire sans lignite.

Les lignites que je rapporte à cette formation, sont :

En France, le lignite de Lobsann près Wissembourg, en Alsace, qui est au milieu d'un terrain de marne lacustre, et qui a, comme le fait remarquer M. Voltz, la plus grande analogie avec le gîte de Kæpfnach. Le même terrain renferme, dans le Sundgau, du gypse que le même géologue compare à celui du Puy-en-Vélay. [1]

En Suisse, les couches de lignites de Vevay, Lausanne, Kæpfnach près Horgen, d'Ugg, etc.

En Italie, celles de Cadibona, dans le golfe de Gênes, où se sont trouvés des ossemens d'animaux voisins des mastodontes, et que M. Cuvier a décrits sous le nom d'*anthracotherium*.

Le gîte de charbon minéral de Hœring en Tyrol appartient

---

1 Celui de Bouxviller est encore trop problématique pour que je puisse le rapporter aux lignites suisses.

au même groupe de roches du terrain thalassique. Le gompholite qui le recouvre, les calcaires marneux, les cyclades et
phyllites qui l'accompagnent, les coquilles fluviatiles, lymnées, planorbes, etc., qui se montrent et dans le calcaire bitumineux qui l'accompagne, et dans le lignite piciforme lui-
même, établissent entre ce gîte, celui de Vevay, de Horgen,
etc., une ressemblance complète et frappante. Si ces derniers
appartiennent aux terrains thalassiques, comme je ne puis en
douter, celui de Hœring ne peut en être séparé.

Je présume que des débris de mammifères et de reptiles,
trouvés non-seulement fossiles, mais pétrifiés, sur les rives
de l'Irravadi, dans l'Inde, appartiennent à cette formation.
Je les ai placés en conséquence dans le tableau des corps organisés fossiles des lignites.

2. MARNES LYMNIQUES. Elles sont en général plus calcaires
qu'argileuses, blanchâtres, jaunâtres ou verdâtres; elles renferment plusieurs des espèces de mollusques testacés compris dans le tableau qu'on a donné de ces corps organisés;
elles renferment aussi des débris de végétaux terrestres (des
palmiers), et c'est dans cette position qu'on doit placer les
dépôts de *lignites* qu'on peut attribuer à ce terrain.

Elles sont supérieures ou inférieures au gypse, ou alternent avec lui.

C'est dans ces marnes, soit supérieures soit inférieures au
gypse, qu'on trouve la célestine (sulfate de strontiane), tant
compacte que grenue, en nodules ellipsoïdes ou lenticulaires,
cloisonnés, et dont les fissures sont quelquefois couvertes de
célestine aciculaire.

3. GYPSE GROSSIER ou PALÆOTHÉRIEN. Il est jaunâtre pâle; sa
texture est lamellaire, quelquefois un peu fibreuse; il est mêlé
de calcaire, et forme tantôt des lits minces, alternant avec les
marnes lymniques, tantôt des masses stratifiées, à couches
épaisses, divisées en prismes irréguliers par des fissures perpendiculaires à la stratification.

Il renferme, dans ses parties marneuses, du soufre concrétionné (Montmartre), du manganèse terne. en petites
plaques ondulées, et dans sa masse même, du silex corné en
nodules ellipsoïdes.

Il ne présente guère en débris organiques que des ossemens. On n'y rencontre que très-rarement des coquilles, des insectes et des végétaux.

4. CALCAIRE SILICEUX. Il est gris pâle, gris foncé, gris jaunâtre, blanc jaunâtre, à grains tellement fins, à texture tellement dense que plusieurs échantillons de ce calcaire (à Lachapelle, près Crecy, à l'est de Paris), vus isolément, ne se distinguent pas au premier aspect du calcaire compacte fin du Jura.

Il est mêlé de silice dans des proportions et d'une manière très-variables. Quelquefois la silice y est également répandue, invisible, et ne se manifeste que par la dureté qu'elle donne au calcaire et par le résidu qu'elle laisse par l'action des acides; plus souvent elle s'y montre, sous forme de silex, en amas ramifiés, veinés ou veinulés, se croisant sous toute sorte de directions, en concrétions calcédonieuses, agathines ou jaspoïdes, tapissant les cavités nombreuses que présente ce calcaire, enfin, donnant l'idée d'un mélange agité de dépôt calcaire-vaseux et de silice gélatineuse.

Dans cet état ce calcaire ne présente pas de stratification distincte, au contraire il offre l'aspect de masses irrégulières et comme brisées, empâtées dans un ciment de marne calcaire.

Les roches et minéraux qui accompagnent le calcaire siliceux comme roche principale, sont le quarz hyalin, l'agathe, la calcédoine, le silex résinite, le silex ménilite, le silex nectique, le calcaire spathique, la marne argileuse feuilletée, le silex corné et enfin la MAGNÉSITE PLASTIQUE et FEUILLETÉE.

Exemples du groupe PALÆOTHÉRIEN.

Je rapporterai à ce groupe, comme je l'ai dit au commencement de son histoire, tous les terrains lacustres qui ne sont pas évidemment placés au-dessus d'un terrain marin qu'on puisse regarder comme de même époque que le groupe protéique ou marno-sableux.

Ainsi, en France et dans le bassin de Paris, presque tous les pays plats, soit plaines, soit plateaux, qui à l'est de cette ville s'étendent des environs de Luzarche au nord, vers

Arpajon et Fontainebleau au sud, et jusqu'à Coulommiers à l'est, offrent toutes les variétés de ce terrain. C'est à Coulommiers que se voit la magnésite plastique, qui a été citée plus haut comme en faisant partie. [1]

Au Puy-en-Vélay, où l'on voit avec les terrains lacustres et les coquilles qui les caractérisent, des amas de gypse, des squelettes de palæothérium. [2]

A Aix, en Provence, c'est le second point où le gypse paroisse se présenter comme à Montmartre. M. Marcel de Serres vient d'y reconnoître des débris d'insectes très-nombreux et fort remarquables.

Les autres exemples de terrains lacustres que je vais citer, ne renferment pas de gypse, ou ne le présentent qu'en cristaux disséminés.

On connoît encore en France le terrain palæothérien, à Bernos, dans le département des Landes, dans un très-grand nombre de lieux aux environs de Montpellier; dans le département du Gard, près d'Alais; à Salinelles, près de Sommières, etc. C'est dans ce dernier lieu que s'est présentée la magnésite dans une situation analogue à celle que nous lui avons reconnue près Coulommiers. [3]

Dans la vallée de la Sorgue, près Vaucluse; auprès d'Agen. M. de Férussac le rapporte à la seconde formation.

Dans l'Auvergne et le Cantal, où il se présente en bancs puissans, renfermant des silex, au-dessous des roches volcaniques de ces pays [4]; dans le département de l'Allier, aux environs de Gannat et à Vichy; dans le département du Cher, entre Mehun et Quincy (il renferme des calcaires et des silex résinites, remarquables par leur belle couleur rouge carminé); à Argenton, dans le département de l'Indre, où il renferme de nombreux débris de squelettes de lophiodon et d'autres mammifères de genres actuellement inconnus; dans le département du Loiret, aux environs d'Orléans, où il présente

---

1 Descript. géologique des environs de Paris, édit. de 1822, pag. 205. Ann. des min., 1822, pag. 291.

2 BERTRAND-ROUX, Description.

3 Ann. des mines, 1822, page 302.

4 Mém. sur les terrains d'eau douce; Ann. du Muséum d'hist. nat. de Paris, tome 15, page 388.

à peu près les mêmes circonstances ; à Bouxwiller, au pied du Bastberg, dans le département du Bas-Rhin.

En Angleterre, dans l'île de Wight, où les deux terrains d'eau douce, si bien décrits par M. Webster, sont parfaitement distincts.

Dans le Jura et en Suisse les terrains lacustres offrent une disposition particulière : ils sont généralement plus nettement stratifiés et dépourvus de ces tubulures sinueuses qui les caractérisent ordinairement ; tel est celui du vallon du Locle, près Neufchâtel ; d'Œningen, près du lac de Constance.

On en a découvert aussi un très-grand nombre en Allemagne, et ceux-ci ne manquent d'aucun des caractères qui appartiennent à cette sorte de terrain ; tels sont ceux d'Urspring, près d'Ulm ; des cantons au sud de Vienne, de la Thuringe, etc.

En Hongrie, à Nagy-Vasory, contrée de Balaton ; au Blocksberg, près Bude, où M. Beudant a reconnu ces terrains, avec l'ensemble de tous les caractéres qu'ils présentent aux environs de Paris.

L'Italie méridionale, depuis Sienne et les confins de la Toscane, jusqu'auprès de Tarente, montre des étendues considérables de ce terrain, qui a ici un caractère particulier de nouveauté ; mais qui offre les caractéres communs de texture dense, de tubulures sinueuses, de coquilles et végétaux lacustres, qui appartiennent en général aux terrains d'eau douce. Les exemples sont trop nombreux pour que je les énumère ici ; on les trouvera décrits avec détails dans la Description géognostique des terrains de Paris. [1]

Théorie des terrains lacustres ou d'eau douce.

Ces terrains, à peine soupçonnés il y a vingt ans, sont reconnus maintenant, ainsi qu'on vient de le voir dans un grand nombre de lieux. Ils ne présentent dans tous ces lieux qu'un seul caractère qui leur soit commun, sans exception : c'est de renfermer exclusivement des débris de corps organisés qui sont semblables à ceux qui, vivant actuellement à la surface de la terre ou dans les eaux douces, ne vivent pas également, généralement et naturellement dans la mer

---

1 Edition de 1822, pages 312 et suiv.

ou les eaux salées ; voilà ce qui constitue la règle, la généralité, le premier point de la théorie, celui d'où il faut partir, d'après ce qui me semble être les lois ordinaires de la logique.

C'est ce caractère qui constitue pour moi le *vrai terrain lacustre*, celui qui a dû s'être formé dans ou sous des eaux douces.

On a reconnu ensuite d'autres terrains qui contiennent aussi des débris organiques terrestres ou lacustres, souvent même très-abondamment ; mais souvent aussi ces corps, ou bien sont mêlés avec des productions marines (le terrain de Weissenau, près Mayence), ou bien ils alternent avec des lits qui renferment plus ou moins de débris marins (les lignites soissonnois, etc., peut-être les houilles).

De là deux divisions de terrains lacustres, et dans chacune de ces divisions deux sortes différentes, qui indiquent autant de modes ou de circonstances différentes de formation.

La première division des terrains lacustres renferme ceux qui indiquent, par le caractère presque absolu de la présence sans mélange de corps non marins, qu'ils ont été déposés dans des eaux non marines. Ce dépôt paroît avoir été fait dans deux circonstances assez différentes.

Dans la première, les roches qui constituent ce terrain montrent une stratification imparfaite ou très-irrégulière, une texture compacte ou même cristalline, et renferment des minéraux qui ont été évidemment dissous, tels que du calcaire spathique, du silex pyromaque, du quarz hyalin, du gypse ou lamellaire ou sous forme de cristaux, et jusqu'à de la mésotype[1]. Ils montrent une multitude de tubulures et de petites cavités cylindroïdes, souvent parallèles, souvent bifurquées, toujours sinueuses, qui, comme je l'ai dit dans d'autres écrits, semblent indiquer le passage d'un gaz à travers une masse molle et un peu visqueuse. Les coquilles et autres débris organiques d'eau douce qu'ils renferment, y sont dispersés

---

1 En Auvergne, au Puy dit de la Piquette, trouvé par M. le comte de Laizer : j'ai reconnu dans les curieux échantillons, qui m'ont été remis par cet amateur distingué, des cristaux bien caractérisés de mésotype et d'apophyllite, tapissant les cavités des *indusia tubulata* et des autres débris organiques qui composent ce calcaire.

sans ordre, mais ils y sont plus entiers, rarement même écrasés. Je n'y connois aucune coquille bivalve, comme si ces mollusques, toujours confinés dans le fond ou sur le sol, n'avoient pu vivre dans une eau trop saturée de matières terreuses et salines; tandis que les lymnées et les planorbes avoient pu, en s'élevant vers les rives ou vers la surface, échapper à cette influence.

Ce sont pour moi des terrains lacustres de cristallisation confuse, mêlés souvent, il est vrai, de parties sédimenteuses, mais bien certainement dus à un précipité chimique de calcaire et de silex dans une eau douce qui tenoit ces matières en dissolution au moyen, soit de l'acide carbonique, soit du gaz hydrogène sulfuré, soit d'un tout autre agent.

Les terrains lacustres de meulière des plateaux du bassin de Paris (qui sont supra-protéiques); les terrains lacustres de calcaire siliceux de Champigny, Septeuil, etc. (qui sont intra-protéiques); ceux des départemens de la Nièvre, du Cantal, de l'Auvergne, d'Ulm, etc., me paroissent résulter la plupart de ce mode de formation. Je ne sache pas qu'on ait encore cité dans ces terrains un seul débris authentique d'un animal ou d'un végétal exclusivement marin.

Le terrain lacustre qui se forme au fond du lac de Bakie en Écosse, et celui qui se forme par un autre agent de dissolution, au fond du lac de Tartari, entre Rome et Tivoli, sont des exemples et même des preuves actuelles et évidentes de cet ancien mode de formation.

C'est là le vrai terrain lacustre ou d'eau douce.

La seconde sorte de terrain lacustre est également vraie, c'est-à-dire pure de mélange; mais c'est celui qui présente dans sa structure en grand une stratification mince, très-régulière, une texture plutôt grossière ou d'agrégation, que compacte ou de cristallisation, dans lequel on ne voit presque aucune substance minérale cristalline, à peine quelques silex en lits (vallon du Locle), mais surtout point de ces tubulures ou canaux sinueux, si fréquens dans les premiers : les coquilles y sont la plupart écrasées, et c'est dans ces terrains qu'on a reconnu pour la première fois des coquilles bivalves d'eau douce. (Œningen, Aix en Provence, etc.)

Ceux-ci paroissent avoir été faits par voie mécanique. On

peut se figurer assez bien leur formation, en admettant que
des cours d'eau chargés de matières calcaires et même siliceuses, précipitées de leur eau ou enlevées au sol de leur lit
ou de leurs rives, les ont déposées dans des lacs ou grands amas
d'eau douce, en enveloppant les corps organisés qui y vivoient, et formant sur le fond de ces lacs d'eau douce des
sédimens stratifiés horizontalement[1]. Ces terrains ne renferment en général que des débris de corps organisés terrestres
ou d'eau douce; mais on conçoit qu'ils pourroient avoir enveloppé quelques débris d'une autre origine.

La seconde division de terrains, qui renferment des débris
d'animaux et végétaux d'eau douce, mêlés ou alternant avec
des débris marins, me semble avoir une tout autre origine.
Il y en a encore de deux sortes : les premiers sont composés de lits assez régulièrement stratifiés de matière charbonneuse, d'argile, de marne renfermant des animaux et végétaux lacustres, et alternant une ou plusieurs fois avec des
couches de calcaire, de sable ou de marnes qui contiennent
des restes d'animaux marins. Ces restes sont en général assez
entiers, quoiqu'en contact quelquefois avec des galets.

Les terrains de cette sorte paroissent avoir été formés dans
des marécages d'eau douce, à peu de distance des mers, et avoir
été recouverts une ou plusieurs fois par les eaux marines et
par leurs produits, soit qu'ils aient glissé sous ces eaux et se
soient étendus sur la grève ou sur les galets qui la composent,
soit que ces eaux aient monté et les aient recouverts ; circonstance très importante, mais étrangère à la question actuelle (les lignites soissonnois et peut-être aussi les lignites de
la molasse et même la houille filicifère).

Cette théorie s'accorde assez bien avec l'épaisseur souvent
considérable de ces dépôts, et avec l'alternance des débris marins et des débris lacustres dans les lignites ; elle explique les
mélanges dans les points de contact entre le terrain marécageux et le terrain marin qui l'a recouvert.

Les terrains de la seconde sorte ne sont pas réellement des
terrains lacustres ou d'eau douce ; ils sont composés de roches

---

1 J'ai déjà ébauché cette théorie dans les additions à la *Description
géologique des environs de Paris,* édit. de 1822, p. 319.

d'agrégation très - grossières, sableuses, marneuses et calcaires, formées souvent d'une multitude de débris de coquilles marines. Leur stratification est assez sensible, assez puissante; ils ont, enfin, tous les caractères du calcaire grossier, et ils n'en diffèrent que parce qu'ils renferment un assez grand nombre de coquilles d'eau douce et terrestres, et même des produits végétaux, tels que des fruits, des fragmens de lignite de même origine. Sans la présence notable de ces débris, on n'auroit pas été tenté de les rapporter aux terrains lacustres, auxquels ils n'appartiennent réellement pas. La théorie la plus simple montre que ces terrains ont été formés sous des eaux marines, non loin des rivages et à l'embouchure des cours d'eau qui amenoient dans la mer les animaux et les végétaux terrestres, fluviatiles ou lacustres, qui vivoient dans ces cours d'eau, dans les marécages qu'ils traversoient ou sur leurs rives.

Les collines de Weissenau, près Mayence, et celles des environs de Francfort, offrent un des exemples les plus frappans de cette sorte de terrain. On peut dire que le calcaire grossier des environs de Paris, avec les petits lits de productions lacustres ou terrestres qu'il renferme, et les coquilles d'eau douce qu'on voit quelquefois disséminées dans ses couches, est encore un exemple moins frappant, mais non moins vrai et non moins instructif de cette formation.

Ainsi l'observation attentive de ces terrains y fait reconnoître quatre modes différens de formation; une théorie déduite de ces observations conduit assez simplement aux causes qui doivent avoir produit les différences qu'on remarque dans ces quatre sortes de terrains.

4.ᵉ *Gr.* TERRAINS TRITONIENS [1] ou CALCARÉO-SABLEUX.

Il pourroit prendre ce dernier nom de la nature dominante des roches qui le composent.

---

[1] Ce nom peut ne rien signifier; mais si on veut, pour le retenir plus facilement, le lier avec quelques idées qui soient en rapport avec les principaux caractères de ces terrains, on se rappellera que c'est le nom d'un fils de Neptune, c'est-à-dire un terrain marin porteur de

Ses limites, tant supérieures qu'inférieures, sont difficiles à établir.

Lorsqu'il est recouvert par le terrain palæothérien, sa limite supérieure est claire, mais lorsque ce terrain lacustre n'existe pas, il se confond, sans qu'il soit possible de trouver la ligne de séparation, avec le terrain protéique (marno-sableux supérieur), également marin (c'est le cas des collines subapennines). Ses limites inférieures sont l'argile plastique et ses lignites, lorsqu'ils existent et qu'on peut les distinguer sûrement des marnes argileuses et des lignites qui lui sont interposés; mais lorsque ce groupe argileux n'existe pas, la craie ou les roches plus anciennes forment ses limites inférieures.

La texture et le mode de formation de ce groupe me paroissent être ses caractères les plus tranchés et les plus importans; car ils dépendent des circonstances physiques de l'époque géognostique pendant laquelle ce terrain a été déposé; ils l'accompagnent sur toutes les parties du globe où on l'a reconnu, et ils ont puissamment contribué à le faire reconnoître.

Ce groupe de roches a été essentiellement formé par voie mécanique ou de sédiment et même de sédiment grossier. Sa texture est grenue, grossière, souvent lâche, et sa consistance friable.

Cependant, et comme pour faire voir qu'il n'est pas terrain de transport, mais qu'il a été déposé sur le lieu où on le trouve, il montre, dans ses assises supérieures, des roches et minéraux quarzeux et calcaires de cristallisation (le grès luisant de Beauchamps; le quarz hyalin et le calcaire spathique inverse de Neuilly, etc.). Il montre dans ses parties moyennes des silex cornés, qui remplacent des coquilles marines ou qui ont été déposés en nodules aplatis (Sèvres, Gentilly); mais ces parties, formées par voie chimique, sont très-petites en comparaison de la masse sédimenteuse.

Les débris organiques qu'il renferme fournissent un autre caractère tranché et constant de ce groupe : c'est le gîte d'une multitude d'espèces de coquilles marines, dont le nombre

---

conques ou cors marins, c'est-à-dire très-abondant en coquilles marines turbinées : Cérites, Buccins, Murex, etc.

Syn. Formation du premier calcaire tertiaire. (A. Boué.)

dépasse de beaucoup 1200 et dont l'ensemble rappelle celui des genres et des espèces qui habitent actuellement les mers.

Le nombre des espèces de coquilles est trop considérable pour qu'on puisse en donner l'énumération comme caractère; nous devons nous contenter d'indiquer les genres qui ne se sont pas encore trouvés dans les terrains inférieurs, et quelques-uns des principaux genres de ces derniers terrains, qu'on n'a pas encore reconnus dans le groupe principal des terrains yzémiens supérieurs. Les tableaux publiés par M. Defrance, et qu'on peut consulter au mot Pétrification, nous fourniront tous les élémens de celui que nous présentons comme caractéristique de ce terrain à la suite du tableau n.° 5.

Il renferme en outre des poissons en grand nombre, quelques reptiles marins. qui y sont très-rares, des cétacés; mais jusqu'à présent on n'y a trouvé aucun débris de mammifère terrestre ni d'oiseau, ou du moins les indications rares qu'on en donne sont encore très-incertaines.

On voit que les caractères zoologiques de ces terrains sont plus négatifs que positifs, et que par conséquent ils ne sont bons que pour le moment actuel.

Le groupe calcaréo-sableux est stratifié d'une manière très-distincte; ses bancs sont puissans et sa stratification est horizontale dans les pays de plaine éloignés des chaînes de montagnes et des terrains pyrogènes.

Il forme des plaines, des plateaux ou des collines alongées en pente douce vers la base, plus rapide vers le sommet.

Ce groupe est répandu sur une grande partie de l'Europe; il y forme des terrains assez étendus, mais cependant limités et même morcelés par bassins et plateaux.

Il ne renferme dans ses trois premières roches ni filon, ni veine, ni amas, soit métallique, soit pyriteux, soit pierreux, à l'exception des druses de quarz et de calcaire spathique mentionnées plus haut. De l'autre part, ce caractère négatif, qui souffre peut-être quelques exceptions, mais qui en offre si peu que je ne puis en citer aucun exemple authentique, n'est propre qu'aux trois premières roches; il cesse à la dernière, à celle qui est désignée sous le nom d'argile plastique.

Il présente dans ses diverses parties, mais plutôt dans les supérieures et les inférieures que dans les moyennes, des galets de silex, de calcaire ou d'autres roches, tantôt isolés, épars ou en amas peu étendus (les galets siliceux du grès de Beauchamps, ceux de la glauconie grossière de Chantilly, etc.), tantôt en accumulations immenses dans toutes leurs dimensions, par conséquent des portions considérables de roche clastique ou de transport, désignée sous les noms de poudingue ou de gompholite.

Enfin, on y observe quelquefois de grandes cavités, ayant la forme tantôt de fissures perpendiculaires aux couches, ou de cavernes qui s'y enfoncent; mais qui sont très-peu profondes et qui n'ont par conséquent presque point d'étendue; tantôt de puits, c'est-à-dire de cavités cylindroïdes presque verticales, soit vides et ouvertes jusqu'à la surface du sol, soit fermées avant de parvenir à cette surface et remplies de marnes sablonneuses, de cailloux et de diverses autres matières de transport.

Nous plaçons aussi au nombre des accidens ou circonstances accidentelles, c'est-à-dire non propres à la généralité de ces terrains, les débris de corps organisés non marins qu'on y trouve quelquefois mêlés avec les débris marins qui lui appartiennent en propre; tels sont les bois pétrifiés ou à l'état de lignite fibreux, les coquilles lacustres, fluviatiles ou terrestres, qu'on a rencontrés dans quelques endroits (à Weissenau près Mayence, à Meudon, à Montrouge, etc.). On a vu à la théorie des terrains lacustres, comment on peut se rendre compte d'une manière simple et conforme à l'observation, de la présence de ces corps fluviatiles et terrestres au milieu d'un terrain essentiellement marin.

Les roches qui entrent dans la composition de ce groupe, soit comme roches essentielles, soit comme roches subordonnées, et les minéraux qui s'y trouvent, sont les suivans, sur lesquelles il nous reste peu d'observations à faire.

1. Grès blanc ou tritonien et Grès lustré. C'est un grès subordonné au calcaire grossier, qui se montre en couches plus ou moins puissantes et plus ou moins pures dans les parties supérieures du groupe tritonien ou calcaréo-sableux, qui touche même au terrain lacustre palæothérien et qui semble dans quelques cas avoir été le fond sablonneux de la mer et être devenu

ensuite le fond sablonneux des eaux douces, lorsque celles-ci ont remplacé les eaux salées; car c'est dans ce point de contact que les productions organiques des deux milieux se trouvent mêlés (à Beauchamps, près Pontoise, etc.)[1]. C'est dans cette partie sableuse et quarzeuse de ce groupe que se montre le plus évidemment l'action chimique et cristalline qui a encore eu de l'influence. Le grès est souvent luisant; ses fissures sont tapissées de petits cristaux de quarz, etc.

2. CALCAIRE GROSSIER OU TRITONIEN. Roche calcaire, à texture grenue, lâche, impure, mêlée de marne ocreuse, de sable, etc., présentant des assises très-distinctes, nombreuses, plus ou moins puissantes, en stratification ordinairement horizontale, offrant de nombreuses variétés de texture, depuis la plus fine et la plus compacte (dans les pierres qu'on nomme *clicart*, *liais* et *roche*), jusqu'à la plus grossière (dans celles qu'on appelle *lambourde*).

Les roches subordonnées sont, dans les parties supérieures, le silex corné, en lits minces, interrompus (Gentilly), et les marnes calcaire et argileuse, avec quelques lits de lignite; et dans les parties inférieures, la glauconie grossière, roche mélangée, composée de calcaire grossier et de silicate de fer terreux, vert et granulaire.

Les minéraux disséminés que renferme le calcaire grossier sont, principalement dans les assises supérieures, le fluorite en très-petits cristaux cubiques, le quarz hyalin prismé, le calcaire spathique; et dans les assises inférieures, le fer chloriteux granulaire.

On sait que le calcaire grossier est la pierre dont on se sert dans les constructions de Paris; que cette *pierre à bâtir des Parisiens* porte, suivant sa grosseur et ses qualités, les noms de *pierre d'appareil*, *pierre de taille*, *moellon*, etc.

---

[1] On voit que toutes ces règles sont déduites de ce qui s'observe dans le bassin de Paris, que l'on a pris, ainsi que j'en ai prévenu plusieurs fois, pour le modèle ou type comparatif des terrains yzémiens supérieurs, parce qu'il a été décrit le plus complétement comme tel, et que je le connois mieux qu'aucun autre. Je ferai ressortir plus bas les points de ressemblance et de différence que présentent les mêmes terrains dans d'autres lieux.

5.ᵉ *Gr.* TERRAINS MARNO-CHARBONNEUX.

J'avois réuni autrefois ce groupe de roches avec l'argile plastique, parce que ces deux dépôts sont généralement inférieurs au calcaire grossier et souvent placés immédiatement l'un sur l'autre. Cependant j'avois dès-lors élevé des doutes sur la simultanéité de leur formation, et j'avois comme pressenti leur séparation ultérieure.[1]

Mais, d'une part, de nouvelles observations, faites aux environs de Paris par M. Desnoyer, ayant prouvé qu'ils peuvent être séparés l'un de l'autre par des bancs assez puissans de calcaire grossier, et de l'autre part, la considération des débris organiques, si abondans dans le dépôt marno-charbonneux, et, au contraire, si rares dans l'argile plastique, si même il y en a, conduisent à séparer ces deux dépôts plus complétement qu'on ne l'avoit fait jusqu'a présent.

Nous allons donc considérer le dépôt marno-charbonneux d'une manière indépendante du dépôt argilo-sableux.

Le groupe MARNO-CHARBONNEUX, qu'il ne faut pas confondre avec le lignite suisse, paroît former un dépôt tantôt subordonné au calcaire grossier, et tantôt principal et indépendant de ce calcaire, qui ne s'y montre pas ou qui n'y occupe qu'une position très-secondaire (les lignites de Provence).

Il est généralement situé dans les parties inférieures du terrain calcaire, et quelquefois tout-à-fait au-dessous de cette roche; quelquefois aussi il est placé au milieu de ses couches (lignites de Montrouge).

Quoique ce terrain soit d'une texture principalement sédimenteuse, et qu'il soit par conséquent le produit d'une précipitation mécanique, néanmoins il recèle des minéraux, des druses, même des roches, qui résultent d'une précipitation évidemment chimique.

Il est stratifié d'une manière très-distincte en lits ordinairement peu épais, mais qui se présentent, dans d'autres circonstances, avec une puissance considérable.

---

1 Descr. géologique des environs de Paris, 1822; *De l'argile plastique,* etc., pag. 19, où les deux bancs d'argile sont déjà assez clairement distingués.

Cependant ils n'influent pas sur la forme extérieure du sol qui les renferme, et ne se montrent jamais sur une grande étendue de terrain sans être interrompus.

L'ensemble des roches dénommées au tableau, c'est-à-dire l'argile, le sable, et surtout le lignite, dans tous ses états, est un des caractères les plus tranchés de ce terrain. Les débris organiques offrent un autre ordre de caractères, sur lequel on reviendra plus bas. On doit se contenter d'indiquer que, d'une part, des coquilles lacustres, et parmi celles-ci les cyrènes et les mélanopsides, et de l'autre, que des coquilles marines, notamment des huîtres et des cérites, offrent assez constamment dans ce terrain une succession ou alternance de lits fort remarquable.

Les roches et minéraux qui se présentent dans ce groupe, tantôt tous ensemble, tantôt indépendamment les uns des autres, sont :

L'Argile figuline, qui ne diffère que très-peu de l'argile plastique, qu'on va trouver plus bas, est cependant moins plastique, plus fragmentaire, même moins pure, et par conséquent moins réfractaire que l'argile plastique.

Des Marnes, qui sont toujours argileuses et qui ne paroissent être que l'argile précédente, mêlée d'un peu de calcaire.

Le Sable, et même quelquefois du *grès quarzeux*, très-blanc et très-puissant.

Enfin le Lignite soissonnois dans toutes ses variétés, depuis le fibreux, qui ressemble à du bois à peine altéré, jusqu'au jayet, dans lequel le bois est devenu noir et très-dense.

Ce terrain renferme des minéraux disséminés.

Le Succin, dans presque tous les lieux où on observe ce terrain.

Le *gypse* en cristaux limpides et assez volumineux.

La *websterite*, en rognons mamelonnés, à texture compacte, et la websterite oolithique, dont le nom indique la structure.

Le *phosphorite terreux*, brunâtre, en rognons cylindroïdes, mêlé ou accompagné de phosphate de fer (Auteuil).

La *célestine* (strontiane sulfatée), en petits cristaux implantés.

Le *quarz hyalin*, en petits cristaux limpides, tantôt dans le sol et tantôt dans le lignite lui-même.

Enfin, des *pyrites*, qui semblent être d'autant plus abondantes, que les lits qui les renferment sont plus voisins du fond de la formation ou plus près de la surface de la craie. Ces pyrites sont quelquefois, mais très-rarement, accompagnées de célestine.

Les débris organiques qui s'y trouvent, appartenant, les uns à des corps marins, les autres à des êtres qui ont vécu dans les eaux douces et à la surface de la terre, doivent être présentés dans deux tableaux distincts : le premier renfermera les débris de corps organisés lacustres, fluviatiles ou terrestres ; le second, les débris de corps marins qui ne se trouvent ordinairement que dans les couches supérieures.

On remarquera combien les corps marins sont peu nombreux en espèces, en comparaison des animaux et des végétaux terrestres et lacustres. On remarquera également qu'on n'a encore trouvé dans ce dépôt ni conferves, ni algues.

Exemples du groupe MARNO-CHARBONNEUX.

Dans le bassin de Paris et non loin de cette ville.

A Marly, du sable, des coquilles brisées, des indices de lignite et de résine fossile. — Dans la plaine de Bagneux, au milieu des couches de calcaire grossier, avec les coquilles qui accompagnent ordinairement cette roche. (C. Prévost.) — Les environs de Soissons, de Reims, d'Épernay, où le sable, les coquilles fluviatiles et marines, le lignite pyriteux, le succin, sont très-abondans, tandis que l'argile plastique proprement dite est à peine distincte.

Les dépôts puissans, abondans et multipliés de lignite, accompagnés de sable, de marne argileuse, de beaucoup de coquilles lacustres, des départemens de la Drôme, de Piolenc près d'Orange, de Sisteron et Forcalquier, de Saint-Paulet près du pont Saint-Esprit, de Voreppes dans le département de l'Isère, et surtout ceux des environs d'Aix, de Marseille et de Toulon.

En Angleterre, ceux de l'île de Sheppey, à l'embouchure de la Tamise, si riches en fruits fossiles pyriteux ; et les argiles bleues, mêlées de succin, de Highgate et de Brentford, près Londres ?

En Allemagne, tous les gîtes puissans de lignites inférieurs aux terrains basaltiques, et notamment ceux du mont Meisner et de l'Habichtswald en Hesse, de Tœplitz et de Putcheris, de Carlsbad ; et enfin les marnes argileuses, mêlées de sable et riches en succin, des rives de la mer Baltique, du côté de Kœnigsberg.

6.e Gr. TERRAINS ARGILO-SABLEUX.

1. SABLE QUARZEUX ; 2. ARGILE PLASTIQUE. Malgré leur contact presque immédiat, il n'est pas reconnu avec toute certitude que l'argile plastique et son sable appartiennent à la même formation que le lignite soissonnois, ni même que l'un et l'autre ne doivent être plus nettement séparés du calcaire grossier que ne le présente le tableau que je développe.

Cet avertissement s'oppose à ce qu'il résulte aucune erreur réelle de leur rapprochement provisoire.

L'argile plastique, telle que je l'ai définie ailleurs[1], occupe constamment, du moins je n'ai pas d'exemples du contraire, la partie la plus inférieure des terrains de sédiment supérieurs. Elle est ou immédiatement posée sur la craie, et, dans ce cas, sa liaison avec le terrain de sédiment supérieur est évidente, ou bien, celle-ci n'existant pas, elle est placée sur des terrains inférieurs à la craie, et alors il n'est pas sûr qu'elle appartienne à ce premier ordre des terrains de sédiment.

Ces deux roches réunies, formant le sous-groupe que nous examinons, présentent les caractères suivans :

Leur mode de formation est en grande partie sédimenteuse ; mais c'est un sédiment fin et tellement pur, pour ce qui concerne l'argile plastique, qu'on peut soupçonner que l'action chimique qui va se manifester d'une manière évidente par d'autres phénomènes, a eu de l'influence sur ces dépôts. Néanmoins le sable quarzeux qui l'accompagne, et qui dans beaucoup de cas est grossier, indique un dépôt mécanique.

La stratification est peu distincte et même très-incertaine dans la plupart des lieux où on peut observer clairement les argiles plastiques. Ce sont plutôt des amas couchés sur des

---

1 Descr. géologique des environs de Paris, édition de 1822, pag. 18; et Classification minéralogique des roches, Paris, 1827, pag. 60.

surfaces de roches et dans les bassins que peuvent présenter ces surfaces. L'inégalité d'épaisseur d'un même gîte d'argile dans ses diverses parties indique cette disposition.

Le sable quarzeux recouvre ces dépôts ou alterne quelquefois avec eux.

L'argile plastique ne paroît renfermer, au milieu même de sa masse, aucun débris organique ; et la règle que nous avons cru reconnoître et que nous avons énoncée il y a long-temps, a été plutôt confirmée qu'infirmée par les observations qui ont été faites depuis. Les débris organiques qu'on a attribués à l'argile plastique, appartiennent ordinairement aux argiles figulines, qui forment au-dessus d'elle un dépôt supérieur, distinct en tout, et indépendant des argiles plastiques proprement dites.

Mais cette argile enveloppe souvent et des cristaux de gypse, soit isolés, soit groupés, et des nodules de pyrites affectant différentes formes. Ce sont les seuls minérais qu'on puisse lui attribuer avec certitude.

Enfin, il paroît que l'argile plastique, considérée comme espèce minérale, se présente dans une autre situation minéralogique, et que plusieurs dépôts de cette argile, que j'avois cru pouvoir placer dans les terrains yzémiens supérieurs à la craie, sont au contraire situés au-dessous de cette roche.

Cette nouvelle vue réduit ainsi qu'il suit les exemples qu'on peut citer avec quelque certitude d'argile plastique supérieure à la craie.

Exemples du groupe ARGILO-SABLEUX.

Dans le bassin de Paris :

Les environs du village d'Abondant, sur les lisières de la forêt de Dreux. — A Condé, près Houdan. —A Gentilly, Arcueil, Vauvres, Issy, Meudon, au sud de Paris ; à Auteuil, à l'ouest. —A Noyer, sur la route de Gisors à Rouen. — A Moret, près Fontainebleau. —Dans les environs de Montereau.

Dans les lieux suivans, la position de l'argile plastique au-dessus de la craie est moins évidente.

A Andennes et dans d'autres lieux des environs de Namur. — Aux environs de Cologne.

Dans le bassin de Londres.

En Allemagne, Grossalmerode en Hesse, d'où se tire l'argile plastique employée à la fabrication des creusets célèbres de ce pays.

Il paroît bien prouvé maintenant, par les observations de MM. Pacy, Jules Desnoyer, etc., que l'argile plastique de Saveignies, à l'ouest et au nord-ouest de Beauvais, et celle de Forges en Normandie, appartiennent à une formation plus profonde et qui est inférieure à la craie.

7.e *Gr.* TERRAINS CLASTIQUES.

Ce petit groupe est peut-être très-répandu sur la terre; mais les roches, ou plutôt la roche presque unique qui le compose, ressemble tant aux roches clastiques ou de transport des autres terrains; il présente lui-même, dans ses rapports de position, dans les débris minéraux et organiques qu'il renferme rarement, si peu de caractères distinctifs, qu'on est obligé d'en restreindre considérablement l'histoire, faute de trouver des moyens de l'étendre avec quelque certitude à plusieurs pays, et par conséquent d'en offrir plusieurs exemples. Je l'aurois même passé entièrement sous silence, si je n'avois trouvé, dans les poudingues siliceux des bords du Loing, entre Nemours et Châteaulaudon, un exemple de cette roche, qui me paroît avoir une position bien déterminée et différente de celle du gompholite (*Nagelflue*) de la Suisse, etc. Mais auquel de ces groupes clastiques faut-il rapporter une multitude de terrains également composés de cailloux roulés, plus siliceux que calcaires, qu'on rencontre dans des pays dont le sol appartient aux terrains crétacés ou à ceux qui le suivent ou le précèdent presque immédiatement? C'est à quoi il m'est impossible de répondre avec certitude dans l'état actuel de la géognosie, et ce qu'il ne m'est pas permis de discuter avec les développemens nécessaires dans ce tableau.

Je me contenterai donc de dire que je placerai, dans le *groupe clastique des terrains thalassiques tritoniens*, les terrains composés de débris arrondis qui, par leur position supérieure aux terrains crétacés, ne peuvent être placés dans les terrains clastiques des terrains pélagiques, et, par leur position infé-

rieure aux terrains thalassiques palæothériens, ne peuvent
être réunis avec les gompholites du groupe protéique.

Tels sont : les poudingues inférieurs au calcaire grossier
de la Morlaye, département de l'Oise ; ceux des environs de
Nemours, de Moret, évidemment placés entre la craie et le
calcaire lacustre palæothérien.

II. ORDRE. TERRAINS YZÉMIENS PÉLAGIQUES[1] ou TERRAINS DE SÉDIMENT MOYENS.[2]

Leur limite supérieure est déterminée avec assez de précision ; ils partent de dessous les terrains de sédiment supérieurs ou de la craie, lorsque cette roche existe, ou de toute
autre roche qui lui est inférieure, et s'étendent jusqu'au lias
exclusivement.

Ces limites sont fondées, ainsi qu'on va le voir, sur les caractères que l'on regarde comme les plus importans en géologie : les rapports de stratification et les espèces de corps organisés fossiles.

La texture généralement compacte de ces terrains, leur aspect mat et terreux, leur structure si constamment stratifiée,
indiquent un *mode de formation presque entièrement mécanique*
ou par voie de sédiment. C'est un des grands groupes de terrains dans lequel il y a le moins de roches et même de minéraux cristallisés. C'est par les espèces de corps organisés
dont ce terrain renferme les débris fossiles, qu'il se distingue
essentiellement et même facilement des terrains de sédiment
supérieurs, et encore assez bien, quoique d'une manière beaucoup moins tranchée, des terrains de sédiment inférieurs ;
car il renferme un très-grand nombre de genres qu'on n'a
pas encore reconnus dans les terrains supérieurs, tandis qu'il

---

1 Ou de la haute-mer. Voyez ce qui est dit au sujet de ces dénominations à la note sur les terrains de sédiment supérieurs ou *yzémiens
thalassiques*.

2 Terrains secondaires (en partie), DE HUMBOLDT. — Terrains ammo-
neux (en partie), D'OMALIUS D'HALLOY. — *Supermedical-Order* (en partie),
PHIL. CONYBEARE. — Partie des 6.e, 7.e et 8.e ordres de la 3.e classe, *Flötzgebirge* de M. BOUÉ — *Jüngeres Flötzgebirge* et une partie du *Mitt-
leres Flötzgebirge*, KEFERST.

ne se distingue des inférieurs que par des espèces ou par quelques genres peu éloignés les uns des autres.

Nous ne devons indiquer, parmi les caractères généraux des terrains yzémiens pélagiques, que les corps organisés fossiles qui le caractérisent : on aura une énumération plus complète et plus détaillée des corps fossiles qu'ils renferment, en réunissant dans un même tableau ceux que nous désignerons comme propres à chacun des groupes de roches qui composent ce terrain.

Les corps organisés, animaux et végétaux, dont les débris paroissent particuliers à ce terrain et qui peuvent être employés pour le caractériser, appartiennent tous à des êtres marins; aussi n'y voit-on ni mammifères terrestres ou fluviatiles, ni oiseaux, ni végétaux terrestres, ou du moins ne les voit-on jamais en assez grande quantité et dans une position telle qu'on puisse en conclure que les roches de ces terrains ont fait partie de la surface du sol, ou ont été formés dans des amas d'eau douce.

C'est donc aux reptiles et aux reptiles sauriens principalement que commence l'énumération des animaux vertébrés qu'on connoît dans ce terrain; les poissons y sont rares et mal déterminés. Mais la plupart des corps organisés qu'il renferme appartiennent aux mollusques. Parmi les plus caractéristiques on y signale d'abord les bélemnites, puis un nombre prodigieux d'ammonites et d'autres céphalopodes , de térébratules, de trigonies; parmi les échinites, les ananchites paroissent être le genre caractéristique, et parmi les zoophytes, les marsupites. Il y a peu de végétaux, et ce sont en général des fucoïdes.

Ces terrains sont essentiellement stratifiés; leurs couches et assises sont souvent nombreuses et peu puissantes, plus souvent inclinées qu'horizontales , souvent même très-ondulées ou même pliées : leur stratification est presque toujours contrastante avec celle des couches du terrain de sédiment supérieur et bien plus encore avec celle du lias, et c'est, comme on l'a dit plus haut, un des motifs de séparation de ce terrain d'avec celui dont le lias fait partie.

Ils forment des montagnes très-élevées, à dos arrondi, à pentes roides; mais presque toujours beaucoup plus roides d'un côté que de l'autre.

Ils présentent les plateaux, les collines, et surtout les terrasses les mieux caractérisées et les plus étendues.

Ils donnent naissance à des cours d'eau nombreux et déjà
très-abondans à leurs sources. Le plus haut niveau de ces
terrains peut être porté à environ 1800 mètres au-dessus de
l'Océan. C'est une formation très-répandue, beaucoup plus
distincte cependant en Europe, en Asie et dans quelques parties de l'Afrique que dans le nouveau continent : elle n'est pas
précisément enveloppante, mais elle couvre quelquefois sans
interruption de grandes étendues de pays.

La nature des roches dominantes dans ce terrain est le calcaire et la marne argileuse; il y a peu de roches siliceuses,
soit à l'état de silex, soit à l'état de grès.

Ce terrain est ainsi très-pauvre en minérais métalliques,
et encore ces minérais ne s'y présentent jamais en filons, veines
ou amas : ils y sont ou disséminés, ou en nodules, ou en lits
subordonnés.

Le fer est le seul métal qui s'y trouve abondamment à l'état
de fer hydroxidé, soit compacte, soit concrétionné, soit oolithique.

On y a trouvé quelques amas ou lits de combustibles charbonneux, mais ils y sont rares et pourvus de caractères minéralogiques et géologiques bien différens de ceux que présente la houille filicifère.

Les accidens géologiques les plus remarquables, et ceux qui
paroissent comme plus particuliers à ces terrains qu'à aucun
autre, ce sont les cavernes profondes, étendues, sinueuses,
qu'ils présentent en grand nombre dans tous les lieux où
on les a observés. Ces cavernes ou cavités souterraines se dirigent dans tous les sens, depuis l'horizontal jusqu'au vertical.

Les dépressions, fissures et fentes, qui ne sont pour ainsi
dire que des modifications du phénomène des cavernes, sont
également très-nombreuses dans ces terrains, et elles sont souvent remplies de roches clastiques, de brèches osseuses et de
minérai de fer pisolithique, bien différent du fer oolithique,
interposé dans les couches mêmes de ce terrain.

Les roches qui composent cet ordre de terrains sont peu
variées : elles peuvent être réunies en quatre groupes princi-

paux, dont on va faire connoître les caractéres particuliers et les parties composantes.

1.er *Gr.* TERRAINS PÉLAGIQUES **CRÉTACÉS.** [1]

Les roches que nous réunissons sous ce titre, sont essentiellement calcaires. Cette espèce minérale y est dominante, quelquefois même assez pure, et lorsque la silice, sous forme de sable, s'y introduit en quantité notable, ce groupe passe au suivant et y passe par des nuances insensibles.

Il est complétement de formation sédimenteuse; il n'offre presque rien de cristallin; cependant la finesse de ses parties et l'homogénéité de sa texture pourroient faire présumer que la craie est due à un précipité chimique. Sa stratification est quelquefois peu caractérisée; il se présente alors comme une masse puissante, divisée par des fissures assez nombreuses, qui, en s'écartant plus ou moins de la verticale, se joignent et séparent cette masse en grandes parties presque pyramidales et irrégulières. Mais si des fissures de stratification horizontales et parallèles n'indiquent pas d'une manière claire un dépôt opéré successivement, les silex qui se montrent dans ces masses en lits nombreux et parallèles, ne laissent aucun doute sur ce mode de formation.

Les terrains crétacés se présentent en général sous la forme de plateaux élevés à bords verticaux ou de monticules arrondis peu élevés, à pentes roides; ils couvrent souvent une très-grande étendue de pays et ne renferment ordinairement ni cavernes ni cours d'eau, mais des fentes ouvertes assez larges: on n'y rencontre guère en minérai que des pyrites.

C'est surtout par les pétrifications que ce groupe se distingue du suivant. Ces corps organisés fossiles ne s'y trouvent pas également répandus; quelques-uns appartiennent plus spécialement à certaines roches de ce groupe qu'à d'autres.

1. CRAIE BLANCHE[2]. C'est la plus pure, la plus blanche, et celle dont la stratification est la moins distincte; elle renferme :

---

1 Craie. — Terrains de craie de la série calcaire, DE BONNARD. — *Weisser-Jurakalk*, HAUSMANN. — *Scaglia* des Italiens.

2 *Uper-Chalk*, DE LA BÈCHE. — *Erdige Kreide*, A. BOUÉ.

Des Silex pyromaques en nodules à contours arrondis, disposés en lits parallèles, mais interrompus ;

Des Pyrites, en petits nodules cristallisés, disséminés dans la masse ;

La Célestine (strontiane sulfatée), en cristaux implantés ou dans les fissures du silex pyromaque ou même sur les parois de celles de la craie (Meudon).

2. CRAIE TUFAU[1]. Craie grise ou craie moyenne grise, sableuse, micacée et friable, renfermant, en nodules soit épars, soit disposés en lits interrompus :

Des Silex cornés.[2]

Du Macigno crayeux[3], roche plus ou moins solide, résultant d'un mélange de sable, de craie et de mica. Il se trouve en quantité très-variable dans presque tous les terrains de craie tufau, mais notamment à Ryegate en Surrey ; à Bonne-Fontaine, près Laflèche, dans le département de la Sarthe.

3. GLAUCONIE CRAYEUSE[4], à pâte de craie blanche ou grise, renfermant une multitude de grains verts de silicate de fer, ou *fer chloriteux granulaire ;*

Des *silex cornés*, en lits subordonnés et interrompus ;

Du *phosphate de fer* et de *chaux*, mêlé de *pyrites*, en nodules disséminés.

Il paroît qu'on rencontre quelquefois au milieu de ce groupe une couche subordonnée de marne argileuse[5], riche en pétrifications, dont les espèces sont communes à la craie tufau et à la glauconie sableuse. Le gîte de Folkstone, près Douvres, appartient à ce dépôt subordonné. L'énumération des coquilles caractéristiques de ce lit subordonné sera comprise dans celle des corps organisés fossiles des glauconies.

---

1 *Mergelige oder grobe Kreide*, A. Bové. — *Greychalk.* — *Chalk-Marle.* — *Malm.*

2 *Chert.*

3 *Firestone* des Anglois.

4 Faisant partie tantôt du *greychalk* des Anglois, tantôt du *greensand.* — *Tourtia.* — *Chloritische Kreide*, Bové. — *Planerkalk.* — *Upper green-sand*, Conyb.

5 On la nomme *gault* ou *galt* dans les environs de Cambridge, et les géologues anglois lui ont conservé ce nom.

Les corps organisés fossiles de ce groupe de terrain, quoique moins nombreux que ceux des terrains supérieurs, sont encore très-multipliés. Les genres, et surtout les espèces, diffèrent considérablement des précédens et encore plus des corps qui vivent actuellement à la surface du globe. Nous donnons au tableau n.° 8 l'énumération d'un grand nombre d'entre eux, pris parmi les plus communs et les plus caractéristiques.

Exemples du groupe CRÉTACÉ.

Les exemples de ce groupe sont tellement nombreux, que nous devons nous contenter d'indiquer les suivans, comme appartenant avec plus de certitude qu'aucun autre à ce groupe particulier.

En FRANCE. Dans le bassin de Paris, et auprès de cette ville, à Meudon, Bougival, et sur ses limites en allant du sud à l'ouest par l'est et le nord, Montereau, Compiègne, Gisors, Mantes, Laroche - Guyon, etc.; une partie des départemens du Nord, du Pas-de-Calais, de la Somme, de l'Oise, de l'Aine et de la Seine inférieure; dans le Calvados, Honfleur et Pont-l'Évêque; dans l'Orne, Lisieux et l'Aigle; dans l'Eure-et-Loire, Loir-et-Cher, le Loiret, Indre-et-Loire, et dans l'Indre, près du Blanc; dans l'Yonne, aux environs de Joigny, et dans la Dordogne, aux environs de Périgueux. Dans ce dernier lieu on ne voit presque que de la craie tufau.

En ANGLETERRE, principalement sur les côtes de Sussex, les comtés de Norfolk, d'Herdfort, etc.

L'île de Mœns; les environs de Faxoë, en Séelande; la Scanie; les environs de Grodno, en Lithuanie, et de Krzemeniec, en Volhynie, etc.

Les autres pays et lieux que l'on cite souvent comme formés de craie, me semblent appartenir plutôt au groupe suivant.

2.° *Gr.* TERR. PÉLAG. ARÉNACÉS. [1]

Les roches qui composent ce groupe sont assez généralement disposées dans l'ordre que présente la liste insérée au tableau

---

[1] *Inferior green-sand.* — *Grüner Sandstein*, A. BOUÉ, qui y rapporte le *bunter Alpensandstein* de UTTINGER et une partie du *Quadersandstein*

général. Néanmoins il y a, suivant les lieux, une grande variation dans la présence, la nature, la prédominance, et même dans la succession de détail de ces roches.

Les limites de ce groupe, tant supérieures qu'inférieures, sont vagues, et il n'est bien caractérisé que par ses roches moyennes et ses pétrifications.

Ce terrain est presque entièrement de formation mécanique : il est même composé de parties grossières ; cependant on reconnoît encore dans ses pétrifications siliceuses et dans quelques géodes quarzeuses des indices de l'action chimique.

La stratification y est souvent peu sensible et ne se manifeste que par les nodules de silex et l'alternance des roches différentes ou des parties plus dures qui le composent. (Biaritz, près Bayonne.)

Il est rarement superficiel, et par conséquent n'imprime aucune forme caractéristique aux pays qui le renferment. Cependant, à raison de sa texture grossière, de sa friabilité, de sa désagrégation facile, ce terrain ne forme jamais ces escarpemens à pic ou à falaises, qui sont propres au groupe précédent.

1. GLAUCONIE SABLEUSE. Elle est riche en *pyrites*, mais pauvre en toute autre espèce de minérai. Ces pyrites et les autres minéraux qui s'y trouvent, y sont disséminés en parties ou noyaux épars. Le fer phosphaté s'y présente en noyaux avellaires ou ovulaires verdâtres, mêlés de phosphorite et de pyrite. (Wissant en Picardie ; côtes de Calais, de Douvres, etc.)

Elle renferme, ou dans sa masse même, ou dans ses parties inférieures, des dépôts de combustible charbonneux, qui appartiennent aux lignites.

Comme c'est dans l'île d'Aix, département de la Charente, que ce dépôt est le mieux caractérisé, nous l'avons désigné par le nom de lignite de l'*île d'Aix* [1]. Il a moins de puissance, d'étendue, de continuité, que le lignite suisse et que le lignite

des Allemands. — Grès et sables verts et ferrugineux, grès secondaire à lignite, DE HUMBOLDT. — Encore le *tourtia?* des environs de Valenciennes.

[1] Voyez l'article LIGNITE, dans ce Dictionnaire.

soissonnois ou des argiles plastiques ; tous les débris organiques qui l'accompagnent sont marins. On y trouve aussi une matière résineuse, analogue au succin ; mais elle est moins dure, moins transparente, rarement d'un beau jaune, quelquefois brune, ne renfermant point ou presque point d'acide succinique.

2. ARGILE VELDIENNE[1]. Entre cette partie plus calcaire que sablonneuse du groupe arénacé et le sable ferrugineux on a remarqué, d'abord en Angleterre, une roche ou dépôt argileux, très-puissant, dont la position précise a été le sujet de grandes discussions entre les géologues anglais : c'est l'argile qu'ils ont nommée *Weald clay*, du nom du canton, qu'elle forme dans les provinces de Sussex et de Kent. Il paroît qu'on trouve des analogues de cette argile sur le continent, ce qui indique que ce n'est pas un dépôt purement accidentel et local.

Cette roche est souvent une véritable argile et non une marne : elle ne fait point effervescence, du moins dans les parties qui ne sont point mêlées de débris de coquilles ; elle est infusible au feu de porcelaine. Elle a donc les mêmes caractères que l'argile plastique supérieure à la craie, et sert aux mêmes usages.

Nous devons cependant la désigner par un nom géologique différent, pour indiquer sa position, et conservant celui que lui ont donné les géologues anglois des lieux où ils l'ont observé, nous la nommerons *argile plastique veldienne*, ou plus brièvement *argile veldienne*, d'autant plus que nous ne sommes pas sûr que toutes soient plastiques, c'est-à-dire non calcaires et infusibles.

Une circonstance fort remarquable et sur laquelle il ne paroît plus possible d'élever de doutes, c'est que ce dépôt argileux ne renferme que des débris organiques d'eau douce.

Dans le département de l'Oise, à l'ouest-nord-ouest de Beauvais, cette argile est brunâtre, bitumineuse, avec des empreintes de végétaux qu'on a pris pour des fougères analogues à celles du terrain houiller, mais qui ont été reconnus pour appartenir à un genre différent, nommé *Pecopteris*. M. Mantell décrit l'espèce sous le nom de *Pecopteris reticulata*.

---

1 *Weald clay*. — *Hastings-sand*, etc., des géologues anglois.

Dans ce même département de la Normandie on pourroit rapporter à l'argile veldienne, l'argile plastique de Saveignies, et dans le département de la Seine-inférieure, celle de Forge.[1]

3. SABLE FERRUGINEUX. Ce groupe arénacé, dans ses parties inférieures, est presque entièrement sablonneux ; ensuite il devient très-ferrugineux et enveloppe même de nombreux nodules, souvent cloisonnés, de minérai de fer limoneux.

On place aussi dans ce groupe, et vers ses parties inférieures, un grés (*tilgate beds*) qui ne renferme en Angleterre que des débris d'animaux lacustres et un dépôt de silice pulvérulente, jaunâtre et brunâtre, qu'on désigne sous le nom de *tripoli*. Il renferme quelquefois un peu de calcaire et des noyaux de silex corné. On donne pour exemple de cette roche dans le terrain arénacé, Amberg en Bavière, et le Teutoburger-Wald.

Les matières minérales qui composent ce groupe sont donc essentiellement de la glauconie sableuse, du sable quarzeux, de l'argile, du bois fossile charbouneux, et du fer hydroxidé. Ces deux dernières circonstances contribuent a ôter à cette craie inférieure la couleur blanche ou blanchâtre qui appartient ordinairement à la supérieure, et à lui donner une couleur grisâtre, jaunâtre, ferrugineuse, verdâtre, vert sombre et même noire. (Biaritz, près Bayonne ; Folkstone ; Réthel, dans les Ardennes; la montagne des Fis, en Savoie, etc.)

On y cite aussi de la barytine.

On peut placer dans ce groupe, et principalement dans le voisinage des couches de sable ferrugineux, la plupart des gîtes d'ocre que l'on connoit, tant en France qu'en Angleterre, aux environs d'Oxford, et aussi, suivant les géologues anglois, l'argile smectique ou terre à foulon, qu'on exploite à Woburn dans le Bedfordshire, et à Nutfield près de Ryegate en Surrey.

4. CALCAIRE LUMACHELLE PURBECKIEN. Cette quatrième roche du sous-groupe veldien est un calcaire compacte susceptible de poli, et rempli de coquilles univalves qui ont la plus

---

1 Nous plaçons ces argiles au-dessous de la craie, d'après l'opinion de M. d'Omalius d'Halloy et les observations de MM. Passy, Jules Denoyers, etc.

grande ressemblance avec le *paludina vivipara*. Ce marbre, observé d'abord dans l'île de Purbeck, offroit une roche calcaire lacustre qui étoit comme isolée ; mais de nouvelles observations ont fait disparoître cette anomalie, en montrant que ce marbre étoit le même que celui de Sussex. M. de la Bèche, en l'y réunissant dans la seconde édition de son Tableau géologique, a éclairci une observation que M. Conybeare regardoit dans le temps comme incomplète.

Nous avons dit que c'étoit par ses corps organisés fossiles que ce groupe de roche se distinguoit essentiellement des autres. Nous donnons (tableau n.º 9) l'énumération de ses fossiles caractéristiques.

On auroit pu préciser davantage cette liste, en la subdivisant, pour en appliquer les différentes parties aux roches auxquelles elles sont plus particulièrement propres ; mais, outre que de tels détails ne sont pas de nature à entrer dans cet article, il seroit possible qu'une telle subdivision fût plus spécieuse qu'exacte ; car il n'y a pas de doute que plusieurs espèces se trouvent dans des terrains différens, ce dont on s'assurera aisément, en comparant cette liste avec celle des corps organisés fossiles de la craie blanche.

Cependant la considération du dépôt argileux et calcaire qui s'y trouve comme intercalé, et qui renferme presque uniquement des débris de corps organisés lacustres, nous engagera à présenter séparément la liste des animaux et des végétaux qui se rapportent à ce sous-groupe, dont l'argile veldienne, le sable ferrugineux et le calcaire lumachelle purbeckien sont les roches principales. [1]

Exemples du groupe ARÉNACÉ.

Les mêmes lieux présentent souvent la craie blanche, réunie avec le terrain arénacé. Nous allons chercher à choisir pour exemple ceux dans lesquels ce dernier terrain est dominant.

---

[1] Voyez au sujet de ce sous-groupe remarquable et des terrains qui le composent, ce qu'en ont écrit MM. WEBSTER, FITTON, DE LA BÈCHE, et dernièrement M. GID. MANTELL, dans son ouvrage intitulé : *Illustr. of the geology of Sussex*, 1 vol. in-4.º, 1827. — M. P. J. MARTIN, *Geolog. mem. on a part of West - Sussex*, etc., 1 vol. in-4.º, 1828. — M. MURCHISON, Essai géol. sur l'extrém. N. O. du Sussex, *Trans. de la soc. géol.*, 2.ᵉ sér., vol. 2, p. 97.

En France. Le terrain crétacé de l'île d'Aix et de l'embouchure de la Charente. Il commence à la glauconie. On y voit, comme appartenant au groupe arénacé, le sable ferrugineux ; — la glauconie sableuse, qui paroît alterner avec lui et même lui être quelquefois inférieur ; — la marne veldienne avec ses nodules de succin résineux et ses morceaux de lignite, mêlés de bois silicifié, dont les cavités, autrefois percées par des larves, sont remplies d'agates.

La silice a eu dans le terrain arénacé de ce lieu une très-grande influence, car presque tous les corps organisés fossiles sont changés en silex ou en agate ; tels sont parmi les zoophytes : des turbinolies, des astrées, des madrépores ; parmi les coquilles : les dicérates ? ou caprines (*caprina adversa*, D'Orbigny) ; les *ostrea pectinata*, les *pecten quinquecostatus* ; on y voit même des nodules de silice, à rayons divergens, qui ont la forme de pyrites sphéroïdales radiées.

Près de Valenciennes et de Mons, immédiatement au-dessus des terrains houillers : c'est la roche nommée *tourtia*, qui est la glauconie crayeuse, très-bien caractérisée. Auversmesnil, vallée de Saint-Germain, département de l'Orne ; les environs du Blanc et du Blizon, dans le département de l'Indre ; Réthel, dans les Ardennes ; le cap de la Hève, près du Hàvre ; Dives, près Caen ; la côte de Biaritz, près Bayonne ; la Perte du Rhône, près Bellegarde.

En Angleterre. Folkstone, dans le Kent ; Brighton, en Sussex, où se trouve le groupe arénacé proprement dit et le sous-groupe veldien, etc.

Les environs de Moscou présentent la même ammonite et plusieurs des coquilles qu'on connoît à Folkstone et à Réthel.

Dans les Alpes de Savoie. La chaîne du Buet, comprenant les montagnes des Fis. de Sales, etc [1]. La glauconie est portée ici à une élévation remarquable vers le sommet des Alpes : elle est compacte et noire. [2]

---

[1] Mais point la montagne des Diablerets, près Bex. Je ne pense pas qu'on puisse rapporter la couche coquillière de cette montagne à la craie, ainsi que M. Keferstein l'a proposé ; mais bien au calcaire grossier.

[2] Voyez à ce sujet la Description géologique des environs de Paris, édit. de 1822. page 98, et mon Mémoire sur les caractères zoologiques des formations, Annales des mines, 1821, tom. 6, pag. 537.

En Allemagne. Les roches escarpées dites *Teufelsmauer*, *Regenstein*, dans le Harz, près d'Halberstadt, Quedlinburg, Goslar, etc. En Westphalie, près Paderborn. Unna, Dortmund, etc.; en Bavière, les environs d'Amberg; ici le groupe arénacé se confond avec le calcaire jurassique par ses coquilles, toutes siliceuses. Près Brunn, en Moravie, etc.

3.° *Gr.* TERR. PÉLAG. ÉPIOLITHIQUES.[1]

Ce groupe, composé d'un grand nombre de roches, comme le fait voir le tableau, est peu important, car il manque dans un grand nombre de terrains jurassiques, recouvert immédiatement par les terrains crétacés. Ses limites sont difficiles à assigner. On ne sait si l'on doit rattacher ses roches mal caractérisées, soit aux terrains crétacés, soit, comme le pense M. Buckland, aux terrains jurassiques, ou s'il mérite de former un groupe à part.

Nous posons, avec les géognostes anglois qui ont cité plusieurs exemples de ce terrain, sa limite supérieure au sable ferrugineux, et sa limite inférieure à la marne oxfordienne inclusivement. Son mode de formation est entièrement mécanique : il est très-distinctement stratifié, à assises nombreuses et peu puissantes; il a peu d'étendue. Les minéraux qu'on y trouve, en le prenant dans toute son épaisseur, sont des silex cornés, des pyrites, du gypse, de la barytine, des lignites en morceaux épars; il renferme aussi, dans une de ses couches subordonnées, la marne oxfordienne, des nodules sphéroïdaux de calcaire bitumineux ou argileux, compacte, divisé en plusieurs parties prismatiques, et que les géologues anglois ont nommés *septaria*.

Il est peu répandu, et nous n'en connnoissons d'exemples authentiques qu'en Angleterre et en France. On ne le cite point dans le reste de l'Europe.

---

1 C'est un terrain presque innommé: il est décrit, défini même, mais jamais nommé : ce sont les *marnes bleues supérieures* de M. Constant Prévost, par opposition à celles du lias, qui sont inférieures à l'oolithe; c'est l'*upper oolitic systeme* de M. Conybeare, ou l'oolithe supérieure. J'ai cherché à rendre cette phrase caractéristique, dont on ne peut faire un adjectif, par l'expression univoque d'épioolithique, et par contraction, *épiolithique*.

C'est par deux caractères que ce terrain se distingue des autres : 1.° par l'abondance des couches de marne calcaire et argileuse qui le composent; 2.° par ses corps organisés fossiles.

1. Le CALCAIRE MILIAIRE PORTLANDIEN, du nom de l'île de Portland, où il est très-caractérisé, abondant, et exploité pour la construction des monumens de Londres, est composé en général de petits grains oolithiques miliaires. Il paroît être caractérisé par l'*ammonites triplicatus*. Il renferme des lits interrompus de silex corné.

Nous ne connoissons encore sur le continent aucune roche calcaire qu'on puisse rapporter avec certitude à ces deux roches, quoique plusieurs calcaires de la Charente inférieure semblent avoir beaucoup d'analogie avec elles.

2. La MARNE ARGILEUSE HAVRIENNE paroît être analogue à celle de Kiemmeridge. L'*ostrea deltoidea*, coquille très-bien caractérisée, qui se trouve dans l'un et l'autre lieu, paroît établir clairement cette analogie, qui est augmentée par la présence des trigonies.

3. Le CALCAIRE que nous appelons CORALLIQUE[1], pour signaler le grand nombre de productions marines qu'il renferme, paroît se retrouver au cap de la Hève, près le Hàvre, au-dessous de la marne argileuse précédente, comme aux environs d'Oxford; mais, au lieu des madrépores très-abondans dans ce dernier lieu, il présente, au Hàvre, ainsi qu'à Hécourt, à Doudeauville, à Beuvreil dans les environs de Beauvais, un grand nombre de petites gryphées (*gryphæa virgula*, DEFR.), et l'*ostrea gregarea*, qui se trouve en Angleterre dans le calcaire de ce groupe. Les gryphées engagées dans un calcaire compacte à grain fin et polissable, forment la lumachelle que nous avons nommée *virgulaire*.

4. La MARNE OXFORDIENNE nous paroît assez difficile à retrouver avec certitude dans le terrain pélagien épiolithique de France. Ses beaux cristaux de sélénite n'offrent pas un caractère assez particulier pour la faire reconnoître dans les marnes argileuses inférieures du cap de la Hève, qui en renferment aussi.

---

[1] *Coral-rag* des géologues anglois.

4.ᵉ *Gr.* TERR. PÉLAG. JURASSIQUES. [1]

Ce groupe, remarquable par son étendue en toutes dimensions, par son importance, par la ressemblance de ses caractères dans tous les pays, est cependant mal limité tant supérieurement qu'inférieurement. Ses limites sont posées artificiellement, et on ne peut pas encore déterminer clairement la séparation des couches qui ont été produites ou déposées à des époques géognostiques et dans des circonstances différentes.

Nous adoptons, pour le moment, le mode de limitation suivante :

Pour limite supérieure, les marnes argileuses et calcaires du groupe épiolïthique. Nous sommes conduit à cette opinion par l'observation qu'aucun sommet élevé du groupe complet, volumineux, très-étendu du terrain jurassique, dans le Jura même, n'est recouvert par ce terrain, ce qui semble indiquer : premièrement, que ne s'étant pas déposé à la même époque que lui et comme à sa suite, il n'est point un membre inhérent de ce grand corps de roches calcaires ; secondement, que, s'il s'est déposé dans plusieurs lieux au-dessus du groupe jurassique, il s'en est séparé facilement et complétement dans d'autres lieux, ce qui paroît établir entre ces deux groupes une ligne de séparation plus facile, et par conséquent naturelle.

La limitation inférieure, fixée au lias, me paroît encore plus tranchée, et me semble très-bien établie par la nature différente des roches composantes et par celle des minéraux qu'elle renferme. Le groupe jurassique, tel que nous le définissons, ne contient aucun minérai métallique, tandis qu'ils sont assez abondans dans le lias. Les corps organisés fossiles de ce dernier sont presque tous différens de ceux du système

---

1 Souvent aussi *calcaire oolithique* moyen ou principal (*great oolithe*); mais ce nom de *terrains jurassiques* nous paroît préférable, parce qu'il est plus général, qu'il indique un terrain composé de différentes roches, se trouvant dans une position géognostique analogue à celle de la chaîne du Jura. — *Lower oolitic System,* Conyb. — *Oolite formation,* DE LA Bèche. Nous ne la commençons qu'au *Cornbrash.* — *Jurakalk,* A. Boué, moins le lias ; et jusqu'au *Mergelthon* de Honfleur. Je vais développer les motifs de ces restrictions.

oolithique ; enfin , la stratification est quelquefois contrastante. Nous reviendrons sur cette comparaison à l'article du
Lias.

Ce terrain , sauf quelques veines ou quelques druses de calcaire spathique , est entièrement de formation mécanique. La
nature dominante de ses roches est calcaire. Ce calcaire appartient en général aux variétés de calcaire compacte que j'ai
définies ailleurs , et que j'ai désignées sous les noms de *calcaire
compacte commun* et de *calcaire compacte fin, blanc et jaunâtre.*

Il est nettement stratifié ; les couches sont très-multipliées.
La stratification n'est horizontale que lorsque le terrain est
en plaine ou en plateaux éloignés des terrains granitoïdes.

Malgré l'homogénéité de ce calcaire dans la plupart de ses
variétés , malgré sa compacité , il est rarement susceptible de
donner des masses d'une grande étendue ; et sa couleur étant
généralement pâle et incertaine, on n'y exploite presque aucun marbre.

Les collines et montagnes qui dépendent de ce terrain ont
en général une forme bien déterminée. Elles présentent des
pentes souvent très-roides d'un côté, qui offrent des escarpemens successifs d'une assez grande élévation, dus à la tête
des couches qui , s'inclinant d'une manière plus ou moins
rapide de l'autre côté, offrent des plans inclinés souvent d'une
grande étendue.

Quelquefois aussi le terrain jurassique s'élève en masses à
stratification peu inclinées , terminées par des plateaux rarement horizontaux et creusés de vallées peu profondes.

Cette disposition est si générale, et surtout si frappante dans
la chaîne du Jura proprement dite, qu'il suffit de la citer
pour exemple.

Les couches sont quelquefois presque verticales, et semblent, dans quelques cas, s'être appuyées, en prenant cette
position, contre les extrémités coupées à pic de couches presque horizontales. (Le Salève présente un exemple de cette
disposition.)

Ce terrain s'élève à une assez grande hauteur. Le plus haut
niveau d'un terrain jurassique bien déterminé , est celui de
la Dole, dans le Jura. Il est de 1,700 mètres au-dessus du
niveau de la mer.

Le terrain jurassique, cette partie principale du terrain pélagique, a une grande généralité et couvre des pays d'une étendue considérable. Cependant on ne peut le regarder comme une formation enveloppante, car il y a de vastes pays, tels que la Scandinavie [1], la Pologne, etc., qui paroissent en être entièrement ou presque entièrement dépourvus.

Je ne connois d'autres gîtes de minérai ni d'autres métaux dans ce terrain que du fer hydroxidé oolithique, ocreux ou compacte, du manganèse lithoïde et terreux (à Thivier, près Périgueux; à l'Oiselière, près de Cullan, département du Cher) et des pyrites dans les marnes argileuses qui séparent les principales assises et quelquefois dans le calcaire lui-même (près d'Arau). Quoique ce caractère des terrains jurassiques soit négatif, il a presque la valeur d'un caractère positif, par l'examen que j'ai pu faire d'un grand nombre de suites de roches de ces terrains et par l'assentiment presque général des géologues.

C'est par les cavernes ou autres cavités étendues et nombreuses qui le percent, et par ses pétrifications encore plus nombreuses en genres et en espèces, que ce terrain se distingue particulièrement.

Les premières présentent l'image de canaux irrégulièrement renflés et rétrécis, qui serpentent au milieu de ses couches, en les suivant ou les traversant dans toutes sortes de directions. Ces cavités ont donné autrefois passage à des cours d'eau puissans, comme le prouvent l'aspect de leurs parois et les matières de transport qu'on trouve dans le fond de ces cavernes et sur les saillies des rochers qui en forment les parois. Enfin, plusieurs donnent encore passage à ces cours d'eau. Les sources de l'Orbe, etc., dans le Jura, celle de la Sorgue, à Vaucluse, sont des preuves frappantes de cette ancienne destination des cavernes.

Les débris organiques fossiles sont tellement nombreux, que cette considération suffiroit seule pour rendre difficile de

---

1 J'ai vu de l'oolithe de l'île de Gothlande qui paroît avoir tous les caractères de l'oolithe jurassique; mais de pareils échantillons ne peuvent servir qu'à faire présumer et rechercher la présence d'un terrain

donner une énumération complète de toutes les espèces de ces corps que l'on a observées dans le groupe jurassique.

Mais le plus grand nombre de ces espèces est resté indéterminé. Leur connexion intime avec la roche, la perte de leur têt pour les coquilles, rendent les échantillons presque toujours incomplets et indéterminables. Néanmoins nous ébaucherons cette énumération en prenant pour noyau celle que MM. Philipps et Conybeare ont donnée.

Les subdivisions du terrain pélagique jurassique qui peuvent être bonnes et claires pour un pays, ne me semblent pas encore établies d'une manière assez générale pour être appliquées à tous les terrains jurassiques connus même en Europe. Cependant celles que nous avons indiquées dans le tableau ont été assez exactement observées, en Angleterre, en France et dans quelques parties de l'Allemagne, pour être admises dans ce qu'elles ont de principal. J'ai cru utile de diviser ce groupe en trois sous-groupes, que j'ai cherché à désigner par des noms qu'on puisse prendre adjectivement, et qui soient indépendans de toute opinion particulière et de toute circonstance locale. Ces divisions, déjà indiquées dans le groupe jurassique sous les noms de *grande oolithe*, d'*oolithe inférieure*, sont plutôt qualifiées que nommées par ces expressions.

1.er *Sous-gr*. TERR. PÉLAG. **SUPRAJURASSIQUES.** [1]

1. CALCAIRE SCHISTOÏDE[2] est généralement supérieur, plus compacte et moins oolithique que les autres. Il paroît que presque tous les calcaires compactes fins, qu'on nomme *pierre lithographique*, à cause de leur usage, se trouvent dans cette division des terrains jurassiques. Les carrières des environs de Pappenheim et de Solenhofen, près d'Eichstædt en Franconie, royaume de Bavière, qui fournissent presque toute l'Europe de cette pierre, en sont un exemple bien connu.

Un autre exemple non moins remarquable est fourni par les carrières de Stonesfield, dans le comté d'Oxford, en Angleterre.

Ces lieux ont fait connoître les corps organisés fossiles qui

---

1 *Lower oolithe system.* PHIL. et CONYB.
2 *Schieferkalk.* — *Cornbrash, Forest marble.*

paroissent appartenir plus particulièrement à ces assises supérieures du terrain jurassique, et qui sont aussi remarquables par leur nombre que par leurs espèces. Nous donnons la liste de ceux qui nous semblent les plus caractéristiques, dans le tableau n.° 11.

2. CALCAIRE ZOOPHYTIQUE. Au-dessous, et peut-être sans distinction précise et constante, se trouve un calcaire souvent rempli de zoophytes fossiles, et que les géologues françois qui l'ont observé en Normandie, ont nommé *calcaire à polypiers*. Il renferme en outre un assez grand nombre de coquilles, indiquées au tableau déjà mentionné.

Il contient aussi ce bois fossile pétrifié en calcaire, auquel on a donné le nom de *tartufite*, etc. (Port-en-Bessin, Calvados.)

Quoique cette division supérieure du groupe jurassique présente peu d'oolithe, elle n'en est cependant pas entièrement dépourvue. C'est à ce groupe que paroît appartenir l'oolithe miliaire, qui montre des empreintes et des restes de végétaux, notamment de filicites (Mamers, département de la Sarthe). Nous en avons indiqué les principales espèces dans le tableau n.° 11 des corps organisés fossiles de ce groupe.

2.e Sous-gr. TERR. PÉLAG. MÉDIOJURASSIQUES.

Partout où on a observé ce sous-groupe, il a présenté des couches puissantes et nombreuses d'oolithe miliaire et cannabine généralement blanche, grise ou même brune (dans le Jura même, vers Glovelin, vers Delémont; au nord-est d'Arau, etc.). Il se compose principalement des roches suivantes:

3. CALCAIRE COMPACTE COMMUN souvent fragmentaire et généralement d'un blanc ou d'un gris-jaunâtre pâle ; c'est sa couleur dominante : il est néanmoins quelquefois rougeâtre, brunâtre, gris-noirâtre ou même bleuâtre. Il alterne avec des couches puissantes de marne argileuse, qui sont elles-mêmes composées de lits interrompus de nodules de marne calcaire, et qui enveloppent plus de coquilles que le calcaire. On y trouve aussi des lits de quelques décimètres de puissance de marne calcaire, pétrie de minérai de fer hydroxidé oolithique à oolithe miliaire, et remplis de coquilles fossiles diverses; deux circonstances qui ne sont point à négliger, car il y a

dans le Jura deux gîtes de minérai de fer tout-à-fait distincts, qui appartiennent à des époques géologiques très-différentes, et qui diffèrent par les circonstances de position, de grosseur des oolithes, et de la présence ou de l'absence des corps organisés fossiles. [1]

L'OOLITHE MILIAIRE, c'est la seconde roche dominante de ce sous-groupe; elle est quelquefois entièrement siliceuse. C'est néanmoins une circonstance peu commune. M. Fabre l'a observée à Bruère, près Saint-Amand, dans les environs de Bourges, et M. J. de la Noue dans les environs de Nontron (Dordogne).

4. DOLOMIE JURASSIQUE. Au-dessous ou dans le terrain médiojurassique, mais bien certainement au-dessous du calcaire schistoïde, se présente, dans un très-grand nombre de pays dont le terrain pélagique jurassique forme le sol principal. une masse plus ou moins puissante de dolomie grenue, jaunâtre, grisâtre ou blanchâtre. C'est la première fois que cette roche se montre dans les couches de l'écorce du globe, en allant de sa surface dans sa profondeur. Cette dolomie, sur laquelle M. de Buch a appelé l'attention des géologues par des faits si nouveaux, des observations ingénieuses et une théorie hardie, fait voir, en Franconie, sa position précise entre le calcaire schistoïde et le calcaire compacte, qui appartient, par ses pétrifications, à la formation jurassique.

Cette roche, qui est un composé de carbonate de chaux et de carbonate de magnésie, a constamment une structure ou grenue ou sublamelliforme, presque compacte. Elle est généralement criblée d'une multitude de petites cavités qui sont tapissées de cristaux appartenant au rhomboïde primitif de la dolomie. Elle est ordinairement friable et sans indice distinct de stratification continue; mais elle présente souvent des masses divisées par de nombreuses fissures verticales. Cette double disposition donne aux montagnes et aux rochers qui en sont composés, quand ils sont volumineux, élevés et isolés, un aspect de ruines qui est fort remarquable.

---

1 Voyez ce qui a été dit plus haut du minérai de fer hydroxidé pisiforme, aux TERRAINS CLYSMIENS, *brèches ferrugineuses*, 3.ᵉ *groupe*, et TERRAINS PLUSIAQUES, 4.ᵉ *groupe*.

M. de Buch signale deux autres circonstances géognostiques particulières à cette dolomie. Premièrement elle **ne** renferme en général que très-peu de débris organiques. Néanmoins je crois devoir faire observer que la plupart des **roches** qui, dans le Jura, paroissent en offrir la structure, montrent en même temps qu'elles sont originaires de masses plus ou moins volumineuses de madrépores. Le calcaire madréporique du cap Saint-Hospice, près Nice, en est un exemple remarquable. Secondement, c'est dans cette roche que sont creusées presque toutes les cavernes du Jura.

Exemples de la dolomie JURASSIQUE.

En FRANCE. Le calcaire dans lequel sont ouvertes les fentes des brèches osseuses d'Antibes.

Les rochers madréporiques du cap Saint-Hospice, près Nice.

Nalzen, dans les Pyrénées. (BOUÉ.)

Port-en-Bessin, près Bayeux (Calvados).

En ITALIE. Vallée de la Brenta, vers Enego. Dolomie blanche; la surface des fissures est couverte de cristaux nacrés.

Le rocher de Terracine, dans les États-Romains, vers son milieu.

PAYS ALLEMANDS. Tous les environs d'Eichstædt en Franconie. En masse non stratifiée, souvent saillante à la surface du sol, recouvrant un calcaire compacte à pétrifications d'ammonite, etc., recouvert par le calcaire schistoïde compacte, riche en pétrifications de Solenhofen. Pegnitz.

La roche des parois de la caverne à ossemens de Scharfeld, près d'Osterode. La plus friable et la plus blanche est celle qui contient le plus de carbonate de magnésie.

Les environs d'Ulm, de Ratisbonne, de Nickolsburg, dans la partie sud-ouest de l'Autriche. (BOUÉ.)

Les environs d'Ofen et de Bakune en Hongrie.

Cuba, entre le Potrero de Jaruco, et le port du Batabaro; au Mexique, plateau de Chilparrugo. (HUMBOLDT.)

3.e *Sous-gr.* TERR. PÉLAG. **INFRAJURASSIQUES.**

5. CALCAIRE COMPACTE et OOLITHE FERRUGINEUSE. Ces deux roches sont souvent tellement liées, tellement confondues, qu'il n'est ni possible ni nécessaire de les considérer séparé-

ment ; elles sont ordinairement séparées des calcaires jurassiques supérieurs et moyens par la dolomie et par des couches de calcaire compacte, renfermant l'*ammonites planulites* de Schlotheim (environs d'Eichstædt en Franconie); mais la séparation de ce sous-groupe d'avec le terrain médiojurassique n'est pas toujours très-claire, et alors il ne s'en distingue qu'assez difficilement, les corps organisés qu'il renferme étant presque tous de même espèce que ceux des couches jurassiques supérieures. Ses caractères les plus constans et les plus généraux sont, de renfermer des lits et des grains de minérai de fer hydroxidé oolithique, au milieu même de l'oolithe et des débris organiques qu'elle enveloppe en grand nombre (les environs de Bayeux, dans le Calvados).

C'est aussi dans ce terrain que commence à se présenter la barytine, qui devient d'autant plus abondante, qu'on pénètre plus avant dans les couches de la terre.

Cette roche est réunie par plusieurs géologues (MM. A. Boué, de Humboldt, etc.), sous le nom d'*oolithe ferrugineuse* (*eisenschüssige Oolithen*), au groupe du lias qui va suivre; mais j'ai cru devoir la rapporter au groupe jurassique.

Suivant les géologues anglois, d'après les observations faites dans le département du Calvados, et surtout d'après celles que j'ai faites, avec M. Charbaut, dans les environs de Salins, département de la Meurthe, la différence très-notable qu'il y a entre la série des corps organisés dont elle renferme les débris, et celle des débris organiques du lias, paroît établir entre ces deux roches des différences bien plus remarquables ou d'une valeur beaucoup plus grande qu'entre cette oolithe inférieure et la grande oolithe. On se convaincra de la réalité de ces différences en comparant le tableau des corps organisés de chacune de ces trois roches.

Les exemples du terrain jurassique que j'ai donnés dans le discours sont suffisans. Ce groupe est trop commun pour qu'il soit nécessaire d'en citer davantage.

C'est à cette époque ou à ce sous-groupe que paroît devoir se rapporter le principal dépôt jurassique de combustible charbonneux fossile, qu'on a regardé quelquefois comme un lignite, plus souvent comme une houille, et qu'on a décrit sous le nom de houille du calcaire; mais il n'est ni l'un ni l'autre. Il est dû à une végétation tout-à-fait différente, composée principalement de cycadées[1], et que nous désignerons par le nom de *stipites*, nom général de la tige des cycas, comme nous avons nommé *lignites* les combustibles fossiles qui résultent de l'enfouissement des végétaux ligneux dicotylédons.

Nous allons retrouver un dépôt semblable, dû à la même sorte de végétation, dans le terrain de Keuper ; mais celui du terrain infrajurassique paroît le plus considérable.

Les exemples les plus remarquables des stipites de ce sous-groupe sont ceux de Whitby dans le Yorkshire et de Brora. Le charbon fossile exploité à Bornholm paroît appartenir à cette époque.

III.ᵉ ORDRE. TERRAINS YZÉMIENS ABYSSIQUES[2] ou TERRAINS DE SÉDIMENT INFÉRIEURS.[3]

Le système de roches et de couches qui se présente au-dessous du groupe infrajurassique et de l'oolithe ferrugineuse, quand elle en fait partie, montre tous les caractères qui indiquent une période géognostique très-différente de celle pendant laquelle se sont déposés les terrains pélagiques.

Ces terrains, que je nomme abyssiques, s'étendent depuis le Lias inclusivement jusqu'au terrain hémilysien ou calcaire de transition exclusivement.

Leur texture est ou entièrement compacte, sédimenteuse et même grossière (le lias, les calcaires, marnes, psammites et grès), ou entièrement cristalline (le gypse, le selmarin) ; par conséquent leur mode de formation est ou entièrement mécanique, ou entièrement chimique ; rarement y trouve-t-on des roches qui résultent de l'influence de cette double action ; les roches cristallines qu'on vient de nommer sont formées des minéraux nommés salins et dissolubles dans l'eau. Par conséquent le mode de formation dominant dans ces terrains est

---

1 ADOLPHE BRONGNIART, Prodrome des végétaux fossiles, 1 vol. in-8.°, 1828, Levrault, p. 198 ; et Considération sur la végétation fossile, etc. (Ann. des sc. nat., Nov. 1828).

2 Ou des abîmes de la mer, de l'ancienne mer.

3 Terrains secondaires, terrains alpins. Depuis le lias ou partie inférieure de la formation du Jura jusqu'au terrain houiller ou *erste Flötz-Sandstein-Formation* de M. Boué inclusivement.

mécanique. Ce sont donc encore des terrains plus *yzémiens* que *lysiens*.

Ils sont essentiellement et clairement stratifiés; mais leur stratification est souvent oblique, courbée, même sinueuse et contournée.

Les terrains abyssiques couvrent des pays d'une grande étendue et sont connus sur toutes les parties du globe : ils forment des montagnes peu hautes, à croupes généralement arrondies et qui offrent quelquefois des escarpemens assez élevés, lorsqu'elles sont composées de grès ou de psammite.

Il y a entre les nombreux débris organiques qu'ils renferment et ceux des terrains pélagiques des différences d'un ordre très-élevé; néanmoins on trouve parmi les mollusques et les végétaux quelques espèces qui paroissent être communes aux deux classes.

C'est dans ces terrains que se montre pour la première fois, en allant de bas en haut, la génération des reptiles. On n'y connoît aucun indice de mammifères ni d'oiseaux; on n'y cite pas non plus le moindre vestige de trilobites.

C'est aussi dans ce terrain que commencent à paroître, en allant de haut en bas, les métaux proprement dits, et cette circonstance est une de celles qui motivent le mieux la distinction que je leur accorde. Mais ces métaux et les espèces minérales qui les accompagnent ne s'y présentent qu'en taches, grains, nodules ou petits amas disséminés et même assez rares, et jamais en filons réels.

Il me paroît présumable qu'à l'exception des gypses grossiers des terrains thalassiques, la plupart des autres, surtout les gypses striés, qui sont accompagnés de beaucoup de marne argileuse, variée de couleur, appartiennent à la période géognostique des terrains abyssiques. On ne trouve guère au-dessus et au-dessous que du gypse sélénite, et parmi les gypses réputés de transition, les uns, tel que celui de Bex, sont décidément reconnus pour appartenir aux terrains abyssiques, et les autres, tels que ceux du val Cararia, etc., suivront probablement le sort des Alpes et seront, comme elles, ramenées à une époque géognostique beaucoup plus récente que celle qu'on leur attribuoit.

L'ordre dans lequel nous présentons les groupes de roches

et même les roches qui composent ces terrains, est assez exactement conforme à celui dans lequel se succèdent ses diverses parties.

1.er *Gr.* TERR. ABYSS. DU LIAS.[1]

Au-dessous de l'oolithe infrajurassique des terrains pélagiques se trouve, dans l'Allemagne occidentale, dans toute la France, dans l'Angleterre, et peut-être encore ailleurs, un groupe de terrain tout-à-fait distinct du précédent par tous ses caractères minéralogiques, et surtout par les générations organiques qui vivoient dans les mers et sur la terre à l'époque de sa formation : ces différences m'ont paru si nombreuses, si importantes et même si tranchées, que j'ai cru pouvoir placer ici la ligne qui sépare les terrains abyssiques des groupes dont l'ensemble forme les terrains pélagiques.

Le lias proprement dit, premier groupe des terrains abyssiques, s'étend jusqu'aux marnes bigarrées ou Keuper, et n'en est pas nettement séparé.

Son mode de formation est presque entièrement mécanique. Cependant les lamelles cristallines qu'il fait voir, les minéraux cristallins qu'il renferme, indiquent l'influence de l'action chimique ou de cristallisation.

La texture de la roche, soit qu'on l'observe dans le calcaire et les marnes qui la composent principalement, soit qu'on l'observe dans les roches arénacées qui s'y rencontrent, est grossière ou terreuse.

Il est nettement stratifié, et sa stratification en assises généralement peu puissantes est souvent plus droite que contournée; première différence entre lui et le calcaire jurassique.

Cette stratification est tantôt horizontale et tantôt fortement inclinée, et c'est ici que se présente, dans le lias du Jura, le caractère géologique regardé comme de première valeur pour établir des époques différentes de formation. Les

---

1 Nom technique des carriers anglois. M. d'Omalius d'Halloy, tenant à donner des noms adjectifs à tous les terrains, propose *liasique.* — Calcaire à gryphites arquées. — Marnes bleues inférieures. — *Lias* ou *Mergelkalk,* Boué.

couches de lias sont rarement en stratification concordante avec celle du calcaire jurassique, et, comme le fait observer M. Charbaut[1], cette concordance est une exception, tandis que la stratification contrastante est la règle. Cette disposition peut s'observer dans plusieurs parties du Jura, mais notamment et très-facilement à la butte de Pimont, au nord-est de Lons-le-Saulnier, où les marnes de l'oolithe infrajurassique sont placées en stratification horizontale sur les têtes des couches de lias, qui est en stratification inclinée de moins de 45°.

Cette disposition, si elle étoit isolée, pourroit être attribuée à un accident, mais elle se présente, avec moins d'évidence, il est vrai, dans un grand nombre de points du Jura moyen, ce qui fait dire à M. Charbaut que *le lias étoit formé depuis long-temps et déjà renversé lorsque le calcaire oolithique est venu se déposer sur lui.*

Le nivellement présente un autre caractère, d'une valeur presque égale au précédent. Le sommet de quelques collines ou buttes de lias est quelquefois plus élevé que les couches du calcaire oolithique, qui lui sont cependant évidemment supérieures dans l'ordre de la chronologie géognostique.

On a dit que le lias se présentoit en Europe sur un très-grand nombre de points. Il n'y est pas toujours recouvert de calcaire oolithique; il paroît que celui du département du Gard est absolument dégagé de ce terrain et a été déposé d'une manière tout-à-fait indépendante.

J'ai fait remarquer plus haut que c'est dans les terrains abyssiques que se montrent les premiers gîtes métalliques de plomb, de zinc sulfuré, etc., et de quelle manière ils s'y montrent : le lias ne renferme ces métaux que rarement et en petite quantité; mais, enfin, il en contient, tandis que je n'en ai jamais vu, et je ne sache pas qu'aucun géologue en ait encore cité dans le calcaire oolithique. Cette circonstance est importante; elle indique des phénomènes géognostiques très-différens entre les deux ordres de terrain, et fournit un des plus puissans argumens en faveur de leur séparation prononcée.

Il n'y a pas de houille proprement dite dans le lias, tel que

1 Ann. des mines, tom. 13, 1826, pag. 177 et suiv.

nous le connoissons jusqu'à présent ; ce sont des lignites qui sont accompagnés quelquefois de débris de végétaux très-semblables aux fougères des houilles ; mais ils sont en lits peu puissans et ne donnent qu'un combustible d'assez mauvaise qualité.

Mais c'est dans le système général des débris organiques animaux que se présentent encore des différences aussi tranchées qu'importantes ; on les appréciera facilement en comparant les listes des débris organiques des oolithes jurassiques du terrain pélagien, avec celles du lias des terrains abyssiques.

On voit d'abord que les coquilles caractéristiques de ce groupe sont l'*ammonites Bucklandi*, le *plagiostoma giganteum*, le *gryphœa arcuata* de Lamarck.

On remarquera ensuite que parmi les reptiles il n'y a plus de crocodiles dans le lias, et que les espèces d'Ichtyosaures et de Plésiosaures, seuls genres qu'on y indique, sont différentes de celles des terrains pélagiques.

Parmi dix-huit espèces d'ammonites du terrain pélagique et dix-neuf du lias, il n'y a que quatre espèces communes aux deux terrains.

Parmi les autres coquilles, tant univalves que bivalves, dont quatre-vingt-cinq espèces déterminées appartiennent aux terrains pélagiques et vingt-huit au lias, il n'y a guère que sept espèces désignées comme étant communes aux deux terrains. Plusieurs genres qui se trouvent dans un terrain, ne se sont pas rencontrés dans l'autre ; ainsi, les Trigonies, les Pinnes, et peut-être bien d'autres genres, que l'état imparfait de la conchyliologie fossile n'a pas permis de déterminer et qui sont assez abondans dans les terrains pélagiques, n'ont pas encore été cités dans le lias, tandis que celui-ci renferme des gryphées, des spirifères, des pentamères, des hyppopodiums, qu'on ne trouve plus dans les terrains supérieurs.

On voit donc, ainsi que je l'ai annoncé, que les caractères géognostiques ou de stratification, minéralogiques et zoologiques, se réunissent pour établir entre le lias, premier groupe des terrains abyssiques, et les terrains pélagiques des différences essentielles, de première valeur, qui me semblent suffisantes pour placer entre ces terrains une ligne de séparation de la catégorie des *ordres* beaucoup plus prononcée que celles qui séparent les simples groupes de roches.

Le groupe des terrains abyssiques qui est désigné par le nom de lias, renferme en roches subordonnées un grès, un calcaire marneux, qui est le calcaire à gryphites proprement dit, et un ampélite alumineux.

1. Grès du lias. Il ne paroît pas avoir de position bien déterminée : il est tantôt supérieur au calcaire, et tantôt interposé en bancs entre les couches de marnes, et descend même dans le groupe suivant; il a reçu aussi le nom de grès à carreau (*Quadersandstein*), et a été confondu souvent avec le grès des glauconies crayeuses et sableuses, et même avec le grès bigarré; mais sa position, quand on peut l'observer, et les débris de végétaux, quand il s'en présente, peuvent servir à le distinguer. Ce grès passe quelquefois au psammite et même aux arkoses, c'est surtout lorsque le lias recouvre presque immédiatement le terrain primordial. Il renferme quelquefois de petits lits de charbon fossile qui est à l'état d'anthracite (col du Chardonnet), du minérai de fer hydroxidé compacte (la Voulte).

2. Calcaire marneux. C'est le calcaire à gryphite arquée (*gryphæa arcuata*, Lam.; *gryphæa incurva*, Sow.). C'est dans cette roche que se trouve le plus grand nombre d'espèces de coquilles et d'espèces de minéraux; le tableau les fait connoître. On remarquera qu'on y cite encore du sulfate de baryte, qu'on y indique le silex comme y étant fort rare. Ces minéraux se trouvent aussi dans le grès.

3. Ampélite alumineux. Cette roche se présente dans plusieurs terrains, et surtout dans les terrains inférieurs à celui-ci, mais on ne peut se refuser à la reconnoître dans les schistes argileux, bitumineux et pyriteux, qui, à Whitby et dans quelques autres lieux, fournissent de l'alun. On y rapporte aussi l'ampélite alumineux avec gypse d'Amberg, qui renferme en outre de la célestine d'Arau. (Boué.)

2.ᵉ *Gr.* TERR. ABYSS. DU KEUPER. [1]

Ce groupe, établi par M. Charbaut et ensuite par les géo-

---

[1] Nom technique des mineurs de l'Allemagne occidentale. — M. d'Omalius d'Halloy propose d'appeler ce terrain *keuprique*. — Marnes irisées, Charbaut; Marnes bigarrées, qu'il ne faut pas confondre avec celles du grès.

logues allemands, sous le nom univoque de *Keuper*, est constamment inférieur au premier ; il s'y lie néanmoins par des roches et des pétrifications communes : il renferme plus de roches argileuses et marneuses que d'autres. Il est surtout remarquable parce que c'est le gîte principal et le plus ordinaire du gypse strié, et du selmarin rupestre. Il paroît que c'est dans ce groupe, lors même qu'il ne renferme pas de selmarin rupestre, que prennent naissance les sources salées, beaucoup plus fréquentes que le selmarin ; c'est donc lui qui renferme les marnes salées proprement dites (*Salzthon*).

Il contient, en roches subordonnées, un grès avec des empreintes végétales, des argiles employées pour la poterie, du calcaire presque compacte en bancs peu épais, du calcaire lumachelle, des marnes bitumineuses, qui renferment des stipites tantôt en lits peu puissans, tantôt en nodules, et, presque toujours au-dessus du gypse, du selmarin rupestre. Le gypse et le sel sont plus abondans dans ses parties inférieures que dans ses supérieures.

Les grès qu'il renferme, et qui sont ordinairement mêlés d'argile ou même de marnes, qui passent par conséquent à la roche que j'ai définie sous le nom de macigno, présentent, dans divers lieux d'Allemagne, des empreintes et des restes de végétaux[1]. C'est le second dépôt de stipite, en allant de haut en bas.

On remarque souvent dans les terrains de lias et de keuper des enfoncemens en forme d'entonnoirs, qui se sont formés dans ces terrains et qui continuent à se former encore. M. Charbaut, qui a fait cette observation, les attribue avec beaucoup de vraisemblance à la dissolution du gypse et du selmarin, qui s'opère toujours par le passage des eaux souterraines.

Exemples des terrains de LIAS et de KEUPER.

FRANCE. Tous les environs de Salins, au sud du fort Belin,

---

1 Je ne crois pas qu'on puisse rapporter à ce groupe les arkoses métallifères que j'ai décrites ailleurs, ni par conséquent les nids métalliques, etc., qu'elles renferment aux Écouchets, en Bourgogne, etc., et que cite M. Boué : je crois les arkoses de ces localités, et celles qui leur ressemblent, de beaucoup inférieures au keuper, et quelquefois même aux deux autres groupes des terrains abyssiques.

à la descente de Moutaine, au sud de Salins, etc. : avec son keuper et son gypse.

Lons-le-Saulnier, au nord-ouest : avec célestine et dépôt de lignite. — Vic, Gemonval, Corcelle, offrant le second dépôt de stipite mentionné plus haut. — Environs d'Alais, Sauvage, Anduze, etc. : avec lignite et ampélite, gypse strié, etc. — Environs de Lyon, Saint - Cyr au Montdor : avec rognons de fer hydroxidé compacte et oligiste métalloïde; et au sud de Chessy. — Environs de Castellane, Auvit : avec gypse et lignites. — A Saint-Amand, département du Cher : avec *gryphæa cymbium?* — Dans le département de l'Yonne, au nord-ouest d'Avallon : avec taches de galène, barytine, etc.; et à l'est d'Avallon. (De Bonnard.) — En Normandie, Longean, Blaye, à l'ouest de Bayeux : avec trichites, lignites. — Dans les Ardennes, à Flize, entre Metz et Sedan; à Warcq, près de Mézière. — Dans la Moselle, à Vigy près Metz : avec nodules de fer hydroxidé compacte, renfermant de la célestine; dans les environs de Montmédy, etc.

En Suisse. A Asuel, dans le bassin de la Lache; dans les environs d'Arau. — A Neuewelt, près de Bâle : avec les marnes irisées, schisteuses, solides, remplies d'empreintes végétales, énumérées au tableau des corps organisés fossiles, et qui placent ce dépôt charbonneux parmi les stipites.

En Angleterre. A Whitby, dans l'Yorkshire; dans la partie inférieure de cette côte : avec les pyrites, la barytine, le jayet, l'ampélite alumineux; Charmouth et Lyme - regis en Dorsetshire; Westbury - Cliff en Glocestershire, etc.

Il est possible que le charbon minéral de l'île de Bornholm, qui me paroit être un lignite, celui d'Höganes, et les végétaux fossiles de Hör en Scanie, appartiennent aux terrains de lias; mais spécialement à la partie sableuse de ce groupe, à celle qui est désignée dans le tableau sous le nom de grès du lias, et dans laquelle on reconnoit, comme à Bornholm, des végétaux, quelques coquilles et du fer hydroxidé.

On peut donner pour exemple du keuper ou marnes irisées du lias, renfermant le gypse et le selmarin, presque tous les gîtes connus de l'est de la France, dans les départemens de la Meuse, du Jura, etc., et en Allemagne les dépôts de ce sel en Tyrol, Salzbourg, etc., et même ceux du royaume de Wurtemberg et du pays de Bade, quoiqu'ils soient plus particulièrement situés dans le calcaire conchylien, terrain immédiatement inférieur au lias.

Mais un exemple des plus remarquables des terrains de lias, est celui que nous donnent les couches non primitives dans l'acception vulgaire de ce mot, qui sont comprises entre le Mont-Blanc, le mont Rose, le mont Viso et le mont Pelvoux dans l'Oisans, notamment au Petit-cœur dans le vallon de Naves près Moutier, et au col du Chardonnet, au nord de Briançon; couches qui se lient avec celles du même terrain déjà reconnues à Digne, Castellane, Sisteron, etc., en Provence.

Le terrain de lias dans les Hautes-Alpes avoit déjà été indiqué par MM. Buckland et Keferstein, et reconnu par M. Bakewell. Mais M. Élie de Beaumont[1] en a déterminé la présence certaine et la position au moyen des caractères zoologiques des bélemnites, des ammonites, etc.; il a fait connoître exactement son étendue, ses singuliers rapports, sa stratification concordante, et enfin l'alternance de ces roches, dans les lieux qu'on vient de citer, avec des lits de schistes argileux, de calschistes, de grès ?, etc., qui renferment des *débris* de végétaux des mêmes espèces que celles qui forment dans *leur entier* les dépôts houillers.

3.ᵉ *Gr.* TERR. ABYSS. CONCHYLIEN.[2]

Ce groupe du terrain abyssique est un de ceux qui manquent le plus souvent : on ne le connoît ni en Angleterre, ni dans le nord de la France et de l'Allemagne, et ce n'est même que depuis peu de temps qu'on l'a reconnu d'une manière indubitable dans le midi et dans l'est de la France.

Mais il est caractérisé d'une manière très-tranchée par la nature de son calcaire, par l'absence de toute matière métallique et par le grand nombre de débris organiques qu'il renferme.

Ses limites sont établies avec assez de précision par deux

---

1 Ann. des sc. nat., t. 14, 1828, Juin, et tom. 15, 1828, Décembre, pag. 353.

2 *Muschelkalk*, *Zechstein* de plusieurs géologues de l'Allemagne méridionale. — *Rauchgrauer Kalk* de Mérian.

groupes dont les roches sont d'une nature tout-à-fait différente de celles qui lui sont propres : les marnes du keuper
en dessus et les roches siliceuses du grès bigarré en dessous.

1. CALCAIRE CONCHYLIEN. Sa texture est entièrement compacte, et par conséquent son mode de formation entièrement
mécanique, cette texture indique un sédiment fin et tranquille. Il est nettement stratifié, toujours trop profondément
engagé dans d'autres roches pour imprimer une forme particulière au sol qui le recouvre.

C'est un groupe de roches qui se présente en général sous
une étendue très-limitée.

Les débris organiques qu'il renferme sont, ainsi qu'on l'a
annoncé au commencement de cet article, nombreux et caractéristiques par les différences très-tranchées qu'ils ont avec
les fossiles des autres groupes de ce terrain. Le tableau les
fait connoître autant que cela est possible dans l'état actuel
de nos connoissances en zoologie fossile.

C'est une chose digne de remarque, que cette génération
rassemblée dans un terrain très-peu puissant, qui, d'une
part, est presque entièrement différente de celles qui se présentent immédiatement avant ou après elle dans les terrains
supérieurs et inférieurs, et qui, de l'autre, est presque entièrement composée des mêmes êtres organisés et dans les parties
méridionales de la France et dans les parties septentrionales
de l'Allemagne.

Le terrain conchylien renferme comme roches subordonnées :

Du calcaire marneux qui contient lui-même quelques cristaux disséminés de quarz hyalin et quelques taches de galène;

Du gypse strié;

Du selmarin rupestre et ses marnes argileuses (à Durheim,
Wimpfen, etc., en Wurtemberg; à Sulz, Rothweil, etc.,
dans la vallée du Neckar).

Le tableau indique d'autres roches et minéraux sur lesquels
nous n'avons aucune observation particulière à présenter.

Exemples du TERRAIN CONCHYLIEN.

En FRANCE. Près Toulon, le cap de Seine et le pied du
mont Faron. Tous les caractères minéralogiques et zoologi-

ques de ce calcaire y sont réunis et présentent une identité remarquable avec ceux des autres lieux que nous allons citer.

Dans le département de la Meurthe, à Rehainviller, près Lunéville : avec des os de crocodiles ; et à Wissembourg.

A Aubenas en Vivarais, immédiatement sur l'arkose.

En ALLEMAGNE. Au pied du Meisner en Hesse. — A Elze, dans le pays d'Hanovre. — Au Heinberg, près Gœttingue. — Près de Gotha. — Dans le Harz, à Blankenbourg.

A Pyrmont, avec encrinites, célestine, arragonite, quarz et même galène. (Boué.)

Dans le WURTEMBERG, près de Bade, et dans la vallée du Neckar, à Durheim, Rothweil, Heilbronn.

4.ᵉ *Gr.* TERR. ABYSS. PŒCILIEN. [1]

C'est un terrain composé principalement de grès brunâtre ou rougeâtre, de psammite bigarré, de macigno oolithique, de marne bigarrée et des autres roches énumérées au tableau des terrains.

Ses limites, tant supérieures qu'inférieures, sont peu fixes : la position la plus ordinaire de sa masse principale est celle que nous lui avons assignée dans le tableau ; mais il paroit que le calcaire conchylien, et même une partie du gypse et du selmarin du keuper, s'y montrant quelquefois comme roche subordonnée, étendent ses limites supérieures au-dessus du terrain après lequel nous le plaçons, et qu'inférieurement il se confond si bien avec les pséphites, l'arkose et les psammites rougeâtres des terrains houillers, surtout lorsque le calcaire pénéen n'existe pas, qu'il est très-difficile d'assigner avec précision ses limites inférieures. Il renferme peu de débris organiques, et ceux-ci, qui sont généralement des

---

1 Il faut éviter autant qu'il est possible de confondre les roches qui entrent dans la composition d'un terrain avec le terrain lui-même. Le nom de *grès bigarré*, qu'on a donné à ce terrain, entraîne toujours avec lui l'idée d'une roche quarzeuse, qui peut cependant ne pas s'y trouver. Le nom que nous proposons d'y substituer, rappellera le caractère de coloration variée, qui a fait donner le nom de *bunter*, varié, bigarré, aux roches de ce terrain, et par extension au terrain lui-même. — *Bunter Sandstein* des géologues allemands. — *Gypseous red-sandstone* et *red-marle* des géologues anglois.

végétaux, paroissent se retrouver dans les terrains inférieurs et supérieurs à ce terrain; aussi trouve-t-on dans les ouvrages des géologues une grande dissidence d'opinions sur sa position et ses limites.

Le terrain pœcilien est de formation presque entièrement sédimenteuse et même souvent clastique, renfermant des galets de roches quarzeuses, ou autres, enveloppés soit immédiatement dans le grès, soit dans les marnes qui l'accompagnent ou le pénètrent. A peine présente-t-il, dans quelques couches subordonnées et dans quelques masses minérales disséminées, des indices de l'action de dissolution.

Il est en général très-nettement stratifié, à stratification droite et souvent à peu de chose près horizontale; ses assises sont quelquefois divisées en grands parallélipipèdes ou en rhomboïdes irréguliers, par des fissures perpendiculaires ou obliques à leur surface.

Il forme plutôt des collines ou des plateaux que des montagnes, dont les pentes sont ordinairement douces et très-désagrégées; ce qui résulte et du peu d'adhérence des parties qui composent les roches de cette formation et de la facile altération que l'eau fait éprouver aux marnes ferrugineuses, au gypse et au selmarin, qui entrent souvent dans la composition de ce terrain. Ces pentes sont souvent profondément ravinées par les eaux.

Ce terrain est très-répandu à la surface du globe, et peut être considéré comme une formation générale et presque enveloppante.

Les minéraux et minérais métalliques qui s'y trouvent, y sont disposés en lits, amas, druses et nodules, et jamais en filons; cependant, si on a soin de distinguer le terrain pœcilien proprement dit des terrains d'arkose, le nombre des minéraux qu'il renferme est de beaucoup restreint.

On y trouve comme roches en lits ou couches subordonnées:

1. Le Grès et le Psammite bigarrés, qui se suppléent et même se confondent. C'est la roche principale du terrain renfermant le Macigno oolithique, l'ancienne oolithe, autrefois la seule connue (*Rogenstein* des géologues allemands);

c'est un macigno très-bien caractérisé, formant une des couches subordonnées du grès bigarré du Harz et du pays de Mansfeld.

Des Smectites ou argile à foulon (Raddle pits, près Braithweel, etc., Conybeare).

2. Les Marnes bigarrées [1], avec leur gypse strié, qui contribuent à le faire distinguer des autres grès rouges (Roquevaire en Provence; Decise dans la Nièvre; Neuewelt près de Bâle, Mérian).

3. Le Selmarin rupestre (au Spessart, dans la partie orientale du Wurtemberg; en Souabe: dans le pays de Bade, etc.).

Du Lignite en petits lits ou petits amas disséminés, provenant peut-être des fougères et arbres conifères dont on voit de nombreuses et belles empreintes dans le grès bigarré (dans les environs de Wasselonne, de Soultz-aux-bains, etc., en Alsace, près de Bâle, de Tubingue, etc.).

On y cite aussi de la dolomie spathique. (Boué.)

Le Fer, dont la présence est indiquée par la couleur souvent très-rouge de cette roche et par la marne d'un rouge foncé, qui remplit ses cavités ou alterne avec elle, s'y présente aussi en lits ou en amas puissans à l'état de fer hydroxidé lithoïde (dans les environs des lacs Salziger et Süsser, près de Halle, où le grès bigarré est un psammite schistoïde rougeâtre très-bien caractérisé; dans le Lot, Dufresnoy).

Enfin, la célestine, la barytine, le manganèse et peut-être le fer oxidulé sablonneux.

Le soufre (en Gallicie, Boué) en druses et petites taches lamellaires paroît s'y rencontrer aussi; c'est avec le gypse et le selmarin le seul minéral de formation cristalline qu'on y cite avec certitude.

Quant aux autres minéraux et minérais que M. Boué y place, tels que le plomb, le cuivre, le cobalt (à Bleiberg, à Marmarosch, à Chessy, à Recoaro), je présume, d'après ce que j'ai vu dans les deux derniers lieux, que ces terrains métalli-

---

[1] Qu'il ne faut pas confondre avec les marnes irisées du keuper. Pour éviter cette confusion, on devroit appeler les premières *marnes keupriques* et celles-ci *marnes pœciliennes*.

fères sont mieux placés plus bas dans la formation des arkoses[1]; tandis que les exemples pris à Bastène et dans des terrains semblables à celui-ci (en Espagne; dans le Holstein, à
Lunebourg, où l'on cite le quarz, la glaubérite, le gypse,
l'arragonite, la boracite, le pétrole, etc.), paroissent avoir
plus de rapports avec le keuper par leurs circonstances de
roches et de position qu'avec le grès bigarré proprement dit.[2]
Au reste, cette différence dans la position à assigner aux minéraux et roches que je viens de citer, a très-peu d'importance, d'après ce que j'ai dit en commençant sur l'incertitude des limites du terrain pœcilien.

Exemples du TERRAIN POECILIEN.

L'incertitude qui règne souvent dans la détermination entre
le grès bigarré et le grès rouge, lorsque ces roches ne sont
pas immédiatement accompagnées de celles qui contribuent
à établir leur différence; la position comme roche subordonnée du grès bigarré dans les deuxième et troisième groupes,
rendent assez difficile de donner des exemples authentiques
de ce terrain.[3]

En FRANCE. Entre Brignolles et Fréjus. — Dans les Vosges,
à Wasselonne, près Bruyères, avec végétaux filiciformes (Mou-
GEOT). — A Soultz-aux-bains près Strasbourg. — Près de Vic,
avec des végétaux filiciformes (B.). — Près d'Aubenas, lié à
l'arkose du même lieu.

PAYS ALLEMANDS. Rheinfelden, sur les bords du Rhin, au

---

1 M. Conybeare paroît admettre cette opinion, p. 281 — 287.

2 M. Dufresnoy confirme cette dernière présomption par les observations qu'il vient de présenter, Ann. des Mines, 1827, t. 2, p. 377. Il place
même ces terrains encore plus hauts, puisqu'il les met au-dessus du
lias.

3 Nous avons encore recours à l'utile et savant tableau de M. Boué,
et je note d'un (B.) les exemples que je donne sur son autorité; néanmoins je dois faire observer qu'il a réuni au grès bigarré des terrains
qui me paroissent généralement plus anciens, et que je citerai plus bas
au terrain d'arkose.

Quant à la réunion du macigno solide des Italiens à cette roche, je
suis très-disposé à l'admettre, ce qui porteroit les ophiolites à une époque
encore bien plus nouvelle que celle que je leur ai assignée.

pied de la forêt Noire ; Pyrmont. — Le Harz , à Ilsenbourg, Wernigerode, avec le macigno oolithique ; à Eisleben. — En Hesse , le plateau de Kaufungerwald , à l'est de Cassel ; les environs de Marbourg , sous le basalte. — Les environs de Heidelberg (Leonhard). — Le terrain entre les lacs de Salziger et Süsser, près de Halle en Saxe.

Angleterre. Dans le terrain salifère des environs de Norwich, en Chestershire. Il est rouge dans les assises supérieures, et renferme des galets de quarz et du grès blanchâtre dans les parties inférieures ; quand il renferme du gypse, c'est principalement dans ses parties supérieures.

Enfin, dans un si grand nombre de lieux en Angleterre, en Allemagne et en France, qu'une plus longue énumération seroit presque sans terme et inutile.

M. Boué cite des exemples de grès bigarré, avec gypse et selmarin , dans la Castille et dans la Manche. Il rapporte aussi à ce terrain les couches puissantes de selmarin rupestre de Wieliczka et de Bochnia , en y réunissant les couches qui renferment des lignites, des coquilles et des semences. Il y rapporte également le *macigno* et la *pietra serena et forte* des Italiens. On verra à l'article des terrains hémilysiens calcaires combien ce dernier rapprochement est encore incertain.

5.ᵉ Groupe. TERR. ABYSS. PÉNÉENS. [1]

Le terrain pœcilien est une espèce d'horizon géognostique, pour nous servir de l'heureuse expression de M. de Humboldt, qui oscille dans un grand espace entre le lias et le terrain pénéen , mais qui ne s'est jamais montré au-dessous de celui-ci. Ce terrain calcaire, et les roches qui l'accompagnent sont donc limités supérieurement par le grès bigarré du terrain pœcilien, qui ne manque presque jamais.

Sa limite inférieure est bien plus difficile à déterminer. Si on le place au-dessus du schiste bitumineux métallifère, qui paroît avoir une origine si différente de celle du calcaire pé-

---

1 Nom donné par M. d'Omalius d'Halloy au calcaire dominant dans ce terrain. — *Zechstein* des mineurs allemands. — Calcaire alpin des géologues françois et allemands. — *Magnesian limestone* des Anglois.

néen. on réduit cette formation à une bien foible dimension. Si on l'étend jusqu'au terrain houiller, on y comprend et ces schistes bitumineux, et un terrain clastique (les pséphites), qui indiquent, par leur nature et leur structure, des causes et une époque de formation bien différentes de celles de ces terrains.

Dans cette incertitude, nous adopterons la limitation un peu arbitraire du plus grand nombre des géologues, en comprenant le schiste bitumineux métallifère dans le terrain pénéen ; nous placerons donc au-dessous de ce schiste et avant le pséphite, la limite inférieure de ce terrain.

Le mode principal de formation de ces terrains est encore mécanique, et par conséquent les roches qui le composent ont une texture compacte, sédimenteuse ou même grossière, plutôt que cristalline. Cependant l'influence de l'action chimique ou de dissolution s'y fait sentir beaucoup plus puissamment que dans les terrains supérieurs. Elle se manifeste par la texture grenue de la dolomie abondante dans ce terrain, et par les sulfures de plomb, de cuivre, de zinc, de fer, de mercure, etc., qui s'y rencontrent fréquemment.

Tantôt ce terrain est non-seulement clairement stratifié, mais sa structure en grand est même fissile ; tantôt, au contraire, il n'offre aucun indice de stratification, et c'est surtout lorsqu'il est principalement composé de dolomie. Il est alors divisé par des fissures presque verticales ou par des cavités sinueuses, nombreuses, de forme et d'étendue très-diverses. Dans le premier cas, il n'imprime au sol aucune forme extérieure particulière [1]. Dans le second cas, il donne lieu à des collines ou montagnes à cône pointu, à pente très-roide, comme déchirées par de nombreuses et profondes fissures verticales (le Langkofel, vallée de Gröden en Tyrol, décrit et figuré par M. de Buch).

Ce terrain, quoiqu'assez répandu pour être considéré comme une formation générale, n'a cependant pas l'étendue et la continuité des terrains jurassiques et pœciliens.

---

[1] Nous verrons cependant plus bas que le terrain pénéen des environs d'Eisleben a une forme extérieure assez remarquable.

Les minérais qu'il renferme y présentent une disposition très-différente, suivant qu'ils appartiennent aux premiers ou aux seconds systèmes de roches de ce terrain. Dans les uns ils sont en petits amas, en druses et même en filons; dans les autres ils sont en lits ou disséminés.

Enfin on rencontre dans les roches calcaires de ce groupe des cavernes assez vastes (les *Kalkschlotten* du Harz et du pied du Thuringerwald sont creusées dans la partie calcaire de ce terrain).

C'est surtout par les espèces et les genres de corps organisés qu'il renferme que ce terrain se distingue des autres. Cette distinction seroit même plus précise, si l'on vouloit attribuer à deux groupes distincts les deux principales sortes de roches qui le composent; car les pétrifications de chacune de ces sortes sont non-seulement différentes de toutes celles des terrains supérieurs et inférieurs, mais elles sont encore très-différentes l'une de l'autre; ce qui nous force d'en renvoyer l'indication à l'article des roches qu'elles caractérisent. On doit seulement faire remarquer que c'est dans ce terrain que se présentent, en allant de bas en haut, les premières générations d'animaux vertébrés (si en effet le phyllade ichthyophore de Glaris n'est pas de transition, comme tout porte à le croire).

Le terrain pénéen est quelquefois traversé, coupé et même dérangé par des filons, qui sont d'ailleurs assez rares, et qui présentent des renflemens et des étranglemens fort singuliers; ils ne renferment guère que des minérais de cuivre, de cobalt et de bismuth natif.

Les roches qui composent le terrain pénéen, énumérées au tableau, doivent être séparées en deux divisions, fondées aussi bien sur leur nature que sur leur position. Les unes sont calcaires et souvent magnésiennes; les autres sont schisteuses et souvent bitumineuses.

Ce tableau, comme tous ceux que nous avons présentés, offre l'énumération complète de toutes les roches qui entrent dans la composition du terrain; mais il en manque souvent plusieurs, et c'est surtout le cas dans le terrain en question : il est même fort rare qu'il soit complet.

Le terrain pénéen se compose de cinq ou six roches principales, qui en renferment elles-mêmes plusieurs subordonnées. Parmi les premières, les plus constantes sont la dolomie, le calcaire compacte et le schiste bitumineux. [1]

L'ordre dans lequel elles se présentent le plus ordinairement en Saxe, est celui qui a été suivi dans le tableau.

1. Le GYPSE STRIÉ, quelquefois accompagné de selmarin.

2. Le CALCAIRE FÉTIDE, grisâtre, à texture fissile, à structure quelquefois sublamellaire.

Il est incertain pour moi que ce gypse et ce selmarin soient différens de ceux du terrain pœcilien, qui est à si peu de distance de cette formation. On voit dans toutes les descriptions que ce gypse, même celui qui est désigné comme ancien, est toujours placé au-dessus du calcaire caractéristique de ce groupe. Il renferme, comme le précédent, des cristaux de quarz. Le calcaire fétide qui l'accompagne paroît lui être intimement lié, et appartenir par conséquent, comme lui, au groupe précédent.

3. La DOLOMIE PÉNÉENNE, qui entre dans ce groupe, et qui est si bien caractérisée en Angleterre et en France, où elle remplace presque entièrement ce calcaire, peut être représentée en Allemagne par le *calcaire celluleux* et la *marne cendrée*. On remarquera qu'en Angleterre, et en France à Figeac dans le Lot et à Cartigny dans le Calvados, où elle recouvre une roche sableuse qui paroît avoir la nature et la position des pséphites, cette dolomie se présente tantôt avec une texture assez compacte, et tantôt avec une texture terreuse et même pulvérulente.

La MARNE CENDRÉE (*Asche*) est une circonstance assez remarquable et particulière aux terrains du pays de Mansfeld et de Thuringe. On y a trouvé des fragmens de calcaire fétide et de lignite. Elle s'endurcit quelquefois et prend, en Allemagne, le nom de *Rauchstein*. Les géologues de ce pays y admettent la présence du bitume, ce qui lui est commun

---

1 Nous prenons le type de comparaison de ce calcaire et de ses roches subordonnées en Allemagne, et notamment dans le pays de Mansfeld, où il a été si bien étudié et décrit par MM. Freiesleben, Uttinger, de Hoff, etc. Nous tàcherons d'y rapporter les terrains des autres pays que nous considérons comme analogues.

avec le calcaire ou dolomie des Allgaws, entre la Suisse et la Souabe, nommé par M. Uttinger, *Hochgebirgs-Kalkstein.* Cette matière terreuse est elle-même une dolomie.

La dolomie, et le calcaire celluleux, qui n'en est peut-être qu'une variété impure, se montrent avec une couleur, un aspect et même une structure très-différente. La première est souvent schistoïde, radiée et globuleuse, ou botryoïde ; le second est souvent mêlé d'ocre, d'argile, etc. : l'une et l'autre sont souvent bréchiformes.

4. Le Calcaire pénéen proprement dit (le *Zechstein* des mineurs allemands). Il offre un grand nombre de caractères qui le distinguent minéralogiquement de la dolomie précédente, sans cependant l'en séparer nettement.

C'est une roche calcaire compacte, à texture dense et très-fine ; à cassure facile et conchoïde ; de couleurs variant du gris de fumée au brun rougeâtre, toujours plus foncées que celles du calcaire jurassique, mais moins que celles du calcaire hémilysien ; renfermant des cavités plus ou moins nombreuses et plus ou moins étendues. Sa stratification est quelquefois claire et en couches minces (dans la Hesse) ; quelquefois elle est obscure, et elle se présente alors en masses puissantes (dans les Allgaws, Uttinger) ; tantôt elle est à découvert à la surface du sol, y formant des collines assez élevées et à pentes roides ; tantôt, enfermée sous d'autres couches, elle n'imprime au sol aucune forme particulière.

Ce calcaire contient peu de pétrifications ; mais celles qu'il renferme sont assez différentes des autres corps organisés fossiles, pour servir à le caractériser.

Les tableaux n.ᵒˢ 15 et 16, composés principalement des élémens fournis par M. de Schlotheim, donnent l'indication des débris organiques qui appartiennent au terrain pénéen. Ces corps, en général très-altérés et comme liés avec la roche elle-même, indiquent qu'ils ont été soumis à une violente pression.

Ce calcaire renferme quelquefois des gîtes assez abondans de minérais, qui y sont plutôt en amas qu'en filons ; ce sont :

Du Fer hydroxidé en couches et du Fer carbonaté spathique, du Manganèse terne, principalement dans le calcaire celluleux. (A Schmalkalde.)

De la *galène*, en petites masses disséminées.

De la *calamine*, en grands dépôts ou amas de forme irrégulière.

Quelques filons métallifères traversent ce terrain. A Biebers en Hesse, des filons de barytine à renflemens, contenant principalement du *cobalt gris*, du *bismuth*, du *cuivre natif*, du *fer carbonaté*, etc.

5. Schiste bitumineux. C'est une roche assez peu variée et qui ne renferme même d'autres roches subordonnées que de l'ampélite.

Il est noir ou d'un noir grisâtre, très-fissile; ses fissures de stratification sont souvent ondoyantes; ce qui rend la surface de ce schiste comme gaufrée; il est marneux, c'est-à-dire qu'il renferme du calcaire et qu'il fait effervescence; il a néanmoins une texture grenue, cristalline, un éclat soyeux, qui indique une dissolution préalable et la cristallisation confuse d'un de ses ingrédiens; il est pénétré d'une multitude de petits grains de pyrite et de cuivre sulfuré, quelquefois visibles, mais quelquefois aussi tellement petits, qu'ils sont indiscernables. 100 parties de ce schiste donnent 3 parties de cuivre foiblement argentifère.

Il forme un lit souvent très-mince, présentant de nombreux ressauts et de fréquens étranglemens.

Les minérais qu'il renferme, soit de cette manière, soit en amas ou en petits lits plus distincts, sont, outre ceux que je viens d'indiquer; des minérais de mercure (car je présume que le gîte de mercure d'Idria en Carniole, et peut-être aussi ceux du Palatinat, appartiennent à ce terrain); des pyrites de fer qui, par leur présence dans une roche schisteuse et bitumineuse, et par leur facile décomposition, constituent un des *ampélites alumineux* ou mines d'alun.

Les corps organisés fossiles de ce schiste du terrain pénéen sont très-différens de ceux des calcaires du même terrain. Nous en donnons la liste.

On remarquera la frappante ressemblance qu'il y a entre cette petite couche de l'écorce du globe dans des contrées si éloignées l'une de l'autre, et ensuite la singulière circonstance zoologique qui a placé à cette époque géologique, dans

54.   12

ces contrées, des genres de poissons qui diffèrent autant de tous ceux que l'on connoit, qu'ils se ressemblent entre eux. Plusieurs de ces poissons pourroient appartenir à des genres qui vivent ordinairement dans les eaux douces ; mais d'autres sont plus généralement marins, et d'ailleurs les autres débris organiques, tant mollusques que végétaux, concourent à faire présumer que ces terrains ont été formés dans le fond des eaux marines, et en ont enveloppé les habitans.

Les terrains pénéens calcaires et schisteux me paroissent si différens que je crois devoir en présenter les exemples séparément.

Exemples de terrains PÉNÉENS CALCAIRES.

FRANCE. Mercuer, près d'Aubenas : calcaire gris foncé, analogue au calcaire pénéen, avec taches de galène ; il est sur l'arkose[1], le calcaire qui le suit, a beaucoup des caractères de la dolomie.[2]

A Figeac, ce sont la dolomie, la calamine et sa position, qui lui donnent les caractères du terrain pénéen.

A Sauxais, dans la Vienne. Une dolomie jaunâtre, subcompacte, celluleuse, bréchiforme, avec de nombreuses taches de galène, et des coquilles turbinées, à peu près comme à Géra.

ALLEMAGNE. Sur les bords méridionaux du Harz, à Walkenried, Grund, etc., avec le gypse, la dolomie bréchiforme ; dans la Thuringe, à Limstein, près Schmalkalden, où la dolomie est remplie d'une térébratule grosse comme une graine de

---

1 Mémoire sur l'arkose (Ann. des sc. nat., Juin, 1826, tom. 8, pl. 25). Je doutois alors que ce calcaire fût supérieur à l'arkose. Je n'en doute plus maintenant ; mais je doute que les coquilles (ammonites et pecten), que je lui attribue, lui appartiennent réellement. On voit, page 15, que je ne les ai pas recueillies dans le lieu même.

2 Des essais analytiques y ont indiqué :

Carbonate de chaux........	63
Carbonate de magnésie.....	19
Silice...................	10
Fer et alumine...........	3.

chanvre, espèce dont je ne connois pas de description ; à Glücksbrunn, Géra, dans la principauté de Reuss, où se sont présentés les *productus aculeatus*, pris pour des gryphées. Les coquilles turbinées, mais indéterminables, qui se voient dans
la dolomie celluleuse de Géra, établissent sa ressemblance
avec la dolomie de Sauxais.

A Bieber, près d'Hanau, et à Riegelsdorf en Hesse, il y
a des filons cobaltifères. — A Freyburg, dolomie ocracée cellulaire.— A Sangershausen, calcaire compacte, gris de fumée,
avec taches de cuivre sulfuré, etc.

En SUISSE, à Rheinfelden et Waldshut, au-dessus de l'arkose.

En SILÉSIE, à Tarnowitz et à Nackel, où se présentent,
dans l'ordre ordinaire, le calcaire ou dolomie celluleuse
(*Rauchwacke*), avec fer hydroxidé et silex corné, et un calcaire pénéen, renfermant de la galène, de la calamine.

Le gîte de calamine, remarquable par sa puissance, et
qu'on appelle de la vieille montagne, à Moresnet, près d'Aix-
la-Chapelle, me paroît appartenir au calcaire du terrain pénéen par tous ses caractères. Il ne présente aucune stratification, aucun corps organisé ; il renferme du fer hydroxidé,
du zinc oxidé dans différens états ; la dolomie brunâtre, grenue, etc. ; et à peu de distance, presque dans le même arron-
dissement géognostique, c'est-à-dire à Chaudfontaine, près
de Liége, etc., se présente encore cette même dolomie avec
la barytine concrétionnée, etc. M. d'Omalius place ce gîte célèbre dans le calcaire carbonifère, et probablement son opinion est plus fondée que la mienne.

L'Angleterre présente de nombreux exemples de ce terrain, dans lequel domine, ainsi qu'on l'a dit, et d'une
manière très-frappante, la dolomie jaunâtre, grenue, compacte, cellulaire, botryoïde, schistoïde, renfermant, comme
dans le continent européen, de la calamine, de la blende,
de la galène en petits nodules : dans l'Yorkshire, dans les
collines de Meudip, les calcaires de Nottingham et de Durham. Il renferme en outre des nodules de fer hématite,
des veines de barytine, entre Ferrybridge et York, à Bram-
ham, Moor, etc., et de l'arragonite à Whitehaven.

Les couches de Sunderland, de Nottingham, de Durham,

de Northumberland, de Cumberland, etc., présentent des collines de ce terrain pénéen, presque toujours placé en stratification contrastante sur le terrain houiller, et composé de presque toutes les roches que M. Sedgwick regarde comme analogues à celles des terrains pœcilien et pénéen, sauf le conchylien, qui paroît manquer.

S'il étoit bien établi que les riches filons argentifères du Réal de Catorce et de Xaschi près Zimapan, au Mexique, et ceux de Chota et de Pasco, au Pérou, traversent un calcaire alpin ou pénéen, il faudroit oublier complétement la signification de ce dernier nom.

Exemples de terrains PÉNÉENS SCHISTEUX.

A Muse, près d'Igornay, à deux lieues nord d'Autun. On n'y connoît encore que le schiste bitumineux et le *paleothrissum inæquilobum;* en sorte qu'on n'a que ce seul caractère pour le rapporter au schiste bitumineux des terrains pénéens.

Dans la Hesse, le pays de Mansfeld, le Voigtland, etc., exemples classiques de ces terrains, ainsi qu'on l'a dit.

Au Huggel, etc., dans la principauté d'Osnabruck.

On observe à Goldberg en Silésie, un calcaire semblable au pénéen, alternant avec du schiste bitumineux cuivreux. (MANÈS.)

Le terrain d'Idria, en Carniole, qui renferme les mines de mercure, paroit avoir la plus grande analogie avec le terrain pénéen. On remarque que le calcaire y est compacte, fin, d'un gris de fumée, à cassure conchoïde, et qu'il ne renferme aucune pétrification ; les dépôts métalliques y sont abondans et réunis en espèces de paquets. On y remarque, comme dans le calcaire pénéen, une grande rareté de pétrifications. On retrouve dans le schiste bitumineux et le mercure disséminé dans ce schiste, les analogues du cuivre du schiste bitumineux de la Hesse ; on y retrouve jusqu'aux lignites d'une espèce particulière, aux pyrites et aux coquilles qui ont quelque ressemblance avec le *productus rugosus* ou *speluncarius.*

On a reconnu dans les schistes marneux des environs de Thickley, etc., dans le comté de Durham, des empreintes

végétales et quelques espèces de poissons qui paroissent identi-
ques avec ceux du schiste cuivreux d'Allemagne. (SEDGWICK.)

Ces exemples. pris en Europe, doivent nous suffire ; mais
il convient de faire observer qu'une roche assez semblable,
quant à sa nature, au schiste marneux - bitumineux, et absolument semblable, quant aux poissons qu'elle renferme,
s'est présentée dans l'Amérique septentrionale, à Westfield,
dans le Connecticut.

C'est un fait des plus remarquables et des plus importans
pour prouver l'influence des mêmes causes sur les phénomènes géologiques dans les lieux les plus éloignés.

6.ᵉ, 7.ᵉ et 8.ᵉ Gr. du TERRAIN ABYSSIQUE.

Observations préliminaires sur ces groupes.

Au-dessous du terrain précédent se présente l'un ou l'autre
des groupes suivans, sans qu'on puisse assigner exactement
la position géologique de chacun d'eux. L'ordre dans lequel
nous les plaçons dans le tableau général n'indique donc pas
une série constante de ces mêmes terrains, mais seulement
celle qui semble la plus ordinaire.

Ainsi, on trouve entre les terrains pénéens et les granites-
gneiss, tantôt une série de roches rudimentaires, sans l'ac-
cession ni de la houille, ni d'aucune autre sorte de roche ;
tantôt le terrain houiller se présente presque immédiatement,
excluant ainsi toute autre roche.

Enfin, dans d'autres lieux, au-dessous de ce même terrain,
et avant qu'on ait atteint les roches de cristallisation, on
est obligé de traverser une série de roches, les unes demi-
cristallisées, telles que le calcaire, le schiste. les phyllades,
etc. ; les autres entièrement cristallines, telles que les porphyres, les eurites, les diorites, les syénites, etc.

Les roches rudimentaires, les charbonneuses et les demi-
cristallisées, étant en général formées par voie de sédiment,
sont en série. Les roches cristallisées n'indiquant aucune stratification, sont, hors de série. Ce n'est donc que des premières
qu'il sera question ici. Nous nous contenterons pour le moment de nommer les autres.

Cette considération nous force d'envisager cette série de roches qui est située entre les terrains pénéens et les terrains agalysiens, d'une manière un peu différente de celle sous laquelle nous avons examiné les autres terrains, et d'exposer d'abord, dans le tableau ci-contre, les séries principales qu'elles présentent suivant les lieux, ensuite de réunir, sous différens caractères ou titres, les élémens communs de ces séries, de manière à en faire une seule, dans laquelle cependant l'ordre le plus ordinaire de ces élémens sera conservé autant qu'il est possible.

La première série est la plus simple, celle qui conduit le plus rapidement au granite-gneiss, ou terrain primitif, en admettant que cette roche est la plus ancienne des roches connues.

La seconde est aussi très-simple, la houille étant à peine recouverte et placée immédiatement sur le granite.

Dans la troisième, qui conduit encore au granite presque sans intermédiaire, il y a un plus grand nombre de roches.

Dans les quatrième et cinquième on n'arrive qu'aux terrains nommés vulgairement *terrains de transition*, et on ne sait pas si le granite manque, ou s'il est situé au-dessous de ces terrains, à une distance telle des terrains anthraciques, qu'aucun travail d'exploitation, aucun escarpement, n'ont pu le faire connoître.

On voit dans les tableaux particuliers de ces séries sur quelles observations elles sont fondées. Si ces observations ne sont pas complètes ou exactes, les conséquences fausses que nous en aurons tirées ne peuvent être rapportées qu'à cette cause d'erreurs; erreurs qui ne peuvent pas non plus être imputées aux observateurs, mais seulement aux circonstances indépendantes d'eux, qui n'ont pu leur permettre de les rendre ni plus complètes ni plus précises.

Comme il n'est pas possible de traiter de front ces cinq séries différentes, je les réunirai en une seule série continue, dans laquelle je tâcherai de suivre l'ordre le plus ordinaire, sans cependant établir par là que cet ordre soit constant.

Principales séries des roches entre les terrains pénéens et les terrains agalysiens.

1. FRANCE, etc.	2. FRANCE. *Au centre et à l'ouest.*	3. FRANCE. *Nord-est.*	4. ÉCOSSE.	5. ALLEMAGNE. *Sud-ouest et nord.*
Aubenas ; les Éconchets près Couches ; Bourgogne. Waldshut près Schaffhouse.	Dép. de la Loire. Montrelais ; Saint-George-Chatellaison.	Lorraine (Thirria). Alsace (Voltz). Vosges (Élie de Beaumont).		Wurtemberg ; la Saale ; Bavière ; Silésie.
1. Arkose miliaire et commune.	Arkose commune.	Arkose miliaire et commune.		
2. Mimophyre.				
3.	. . . .	Pséphite rougeâtre.	. . . .	Pséphite.
4.	. . . .	. . . .	Porphyre, Basanites.	Porphyre et Spilite.
5. Psammites.	Houille, Psammites.	Houille, Psammites.	Houille, Psammites.	Houille, Psammites.
6.	Phyllades.	Schiste et Phyllades.	. . . .	Schiste et Phyllades.
7.	. . . .	. . . .	Calcaire carbonifère.	
8.	. . . .	. . . .	Psammite rougeâtre.	Psammite rougeâtre.
9. Arkose granitoïde.	. . . .	Arkose granitoïde.		
Granite.	Granite et autres roches agalysiennes.	Granite.	Terrains hémilysiens calcareux.	Terrains hémilysiens calcareux et schisteux. Terrains agalysiens.

6.ᵉ *Gr.* TERR. ABYSSIQUES RUDIMENTAIRES.

Ce groupe est généralement et même quelquefois uniquement composé de débris : de là son nom.

Il s'étend tantôt des terrains pénéens au groupe houiller, tantôt des mêmes points de départ jusqu'aux terrains agalysiens, avec lesquels il se lie. Dans ce second cas il renferme quelquefois des roches entritiques et carbonifères plus ou moins développées ; quelquefois aussi il ne renferme aucune de ces roches. C'est le cas le plus simple ; c'est celui que nous allons examiner, afin de caractériser avec clarté le groupe rudimentaire.

Quoique ce nom indique un mode de formation essentiellement mécanique, ce terrain montre cependant de nombreux signes de l'influence chimique ou de dissolution dans les petites masses de minéraux cristallisés qu'il renferme disséminées, et dans les druses cristallines qu'on y rencontre.

Il est stratifié, mais sa stratification est obscure ou en bancs puissans.

Il forme des collines quelquefois assez élevées. Dans d'autres cas il est seulement adossé à la base ou placé au sommet de collines formées d'autres roches. Il présente en général peu d'étendue, quoique très-fréquent sur presque toutes les parties du globe.

Il ne renferme que très-rarement des débris organiques. Je ne sache pas qu'on y ait vu d'autres corps que des portions de végétaux qui paroissent appartenir aux mêmes genres que ceux du terrain houiller.

Il est quelquefois très-riche en minérais métalliques, qui y sont disposés, ou en taches, ou en nodules, ou en druses, ou en amas couchés, mais jamais en filons. Ce sont, en métaux : de la galène et d'autres minérais de plomb, de la blende, des pyrites, du cuivre carbonaté, du mercure sulfuré, du fer oligiste, de la calamine, du manganèse métalloïde et terne, du chrome oxidé ; et en substances minérales : du calcaire spathique, de la barytine, du fluorite.

Ces substances minérales pierreuses et métalliques se trouvent presque exclusivement dans les arkoses molaire et granitoïde, quelquefois dans l'arkose miliaire, peut-être jamais dans le pséphite.

Exemples du groupe RUDIMENTAIRE *de terrains* ABYSSIQUES.

FRANCE. Les environs d'Aubenas, près du village de Mercuer, département de l'Aveyron. C'est une arkose commune et miliaire, sans métaux, placée immédiatement sur le granite. [1]

Remilly, département de la Côte-d'or : immédiatement sur le granite, avec barytine et galène. [2]

Dans les environs d'Avallon et dans d'autres parties du département de l'Yonne. C'est encore l'arkose commune, immédiatement sur le granite, avec fer oxidé, fluorite, galène et barytine, qui pénètrent en filons dans le granite. [3]

Anteyrac, Blavosy, Brive, dans les environs du Puy-en-Vélay. Arkose commune, immédiatement sur le granite, avec pyrites.

La montagne des Écouchets, près Couches (Saône-et-Loire). C'est l'arkose granitoïde, avec oxide de chrome, immédiatement sur le granite.

Romanèche, près Mâcon. Arkose granitoïde, avec amas puissans de manganèse et barytine, immédiatement sur le granite, dans lequel elle pénètre. (DE BONNARD.)

Chessy, près Lyon. Le terrain abyssique rudimentaire est composé principalement d'arkose tant commune que miliaire, accompagnée de roches argiloïdes et de quelques masses de trappite felspathique; il est remarquable par les minérais de cuivre oxidulé, malachite, azuré, etc., qu'il renferme. Il est placé immédiatement sur un stéachiste.

Le cap Cépet, près Toulon, présente la réunion des roches les plus caractéristiques de ce groupe et de quelques-unes des suivans.

Vallées du Rhin et contrées voisines. — Au pied oriental

---

1 Mém. sur l'arkose, Ann. des sc. nat., 1826, tom. 8, pl. 25, fig. 2 et 3.
2 *Ibid.*, fig. 1.
3 DE BONNARD. Notice géognostique sur quelques parties de la Bourgogne; Ann. des sc. nat., tom. 3, pl. 28; Ann. des min., tom. 10, pag. 195 et 427, pl. 6 et 7.
La coupe théorique et les coupes spéciales d'où elle est déduite, ne laissent aucun doute sur cette superposition immédiate.

des Vosges, près de Sultz, de Bruyère, etc. Psammite rougeàtre, avec galets de quarz (grès vosgien, Voltz), et arkose granitoïde sur le granite. (Voltz.)

Suisse. Canton de Schafhouse. Waldshut, au pied de la Forêt-Noire. Le terrain rudimentaire est composé d'arkose, d'argile sableuse, et rempli de druses de quarz, de fluorite, de calcaire, de nodules de fer oligiste terreux et de cuivre malachite [1]. Il est placé immédiatement sous le calcaire pénéen et sur le granite-gneiss.

Les mines de mercure du Palatinat, à Obermoschel, dans la montagne de Langsberg, au Mont-Tonnerre, semblent présenter la réunion du groupe pénéen et du groupe rudimentaire des terrains abyssiques.

Je ne connois pas d'exemple authentique de ce groupe parmi les terrains abyssiques inférieurs de l'Angleterre. La quatrième série, qui est prise principalement des îles Britanniques, n'indique en effet aucune roche rudimentaire évidente ou dominante.

7.ᵉ *Gr.* TERRAINS ABYSSIQUES ENTRITIQUES.

Ce groupe est composé d'une classe de roches qui se présente pour la première fois depuis que nous nous approfondissons dans les couches du globe. Ces roches sont presque toutes le résultat, non pas d'un sédiment ou dépôt, mais d'une cristallisation confuse. Quoique placées au milieu des terrains dont les diverses couches sont disposées par série, elles ne peuvent entrer dans cette série ; elles semblent s'être introduites au milieu d'elles, et ne diffèrent des autres exemples de ces mêmes roches, évidemment hors de série, que parce que la place de celles-ci est, dans beaucoup de cas, clairement déterminée. Nous ne ferons donc que noter la place de ces terrains, sans entrer dans aucun détail sur ses diverses particularités.

Le terrain ainsi composé de roches à pâte, dans laquelle sont comme enveloppés des cristaux de felspath et d'autres

---

[1] Ann. des sc. nat., *loc. cit.,* p. 29. La présence de la malachite est une circonstance qui confirme la situation que j'ai assignée plus haut à l'arkose cuprifère de Chessy.

espèces, est ordinairement situé entre les pséphites ou les ar-koses miliaires qui le recouvrent, et le terrain anthracique ou les psammites rougeâtres qu'il recouvre.

Il faut que ce groupe de roches présente cette position pour constituer le terrain entritique abyssique. Je n'y connois pas de débris organiques évidens. [1]

Le tableau des roches qui composent ce terrain et les exem-ples que j'ai donnés suffisent pour compléter ce que j'ai a en dire actuellement. On fera seulement remarquer que, dans ce groupe, le mimophyre est au porphyre ce que l'arkose granitoïde est au granite ou au gneiss dans le groupe rudimen-taire, et qu'en général les pséphites accompagnent plus sou-vent ce groupe, en le recouvrant, que les arkoses.

Exemples du groupe ENTRITIQUE des terrains ABYSSIQUES.

Les exemples de ce groupe sont beaucoup plus rares que ceux des deux autres.

FRANCE. Montagne de Montjeu, au sud d'Autun : mimophyre pétrosiliceux, grisâtre, rougeâtre, avec silex corné, bary-tine, etc.; il passe à l'arkose et est placé sur le granite.

Il est probable qu'une partie des roches rudimentaires de la montagne de l'Esterel, qui surmontent les porphyres, appar-tient aux terrains abyssiques.

C'est principalement en ALLEMAGNE que se présentent le plus d'exemples de ce groupe.

Dans la partie orientale du Wurtemberg, à Feldsberg : le pséphite, traversé des filons qui se continuent dans le gneiss et le granite, recouvre le porphyre placé lui-même dans plu-sieurs lieux sur le terrain houiller. (A. BOUÉ.)

Dans le cercle de la Saale, près de Morl (DE BUCH); à Giebichenstein, près de Halle, etc. : le pséphite rougeâtre, rempli de débris de porphyre, recouvre cette roche, sous laquelle on va exploiter des couches de houille; c'est une des positions les plus claires de ce terrain.

Dans le Harz, le pséphite rougeâtre, recouvrant ou accom-

---

1 Les spilites zootiques du Harz paroissent appartenir à un terrain plus ancien.

pagnant des spilites, des trappites et du porphyre rougeâtre, forme, à Netzberge près d'Ilefeld, et près de Neustadt dans les environs de Hohenstein, le groupe entritique qui recouvre le groupe anthracique du même lieu.

8.ᵉ *Gr.* TERRAIN ABYSSIQUE HOUILLER.

Ce groupe, par son importance, ses caractères si nombreux et cependant si constans, et toutes ses particularités, mériteroit peut-être d'être placé dans un rang plus élevé et plus isolé, si son association si fréquente avec les arkoses et les psammites des groupes précédens, et ses passages si insensibles à ces groupes, ne l'y lioit d'une manière pour ainsi dire inséparable.

Sa position, et par conséquent ses limites, paroissent être variables, mais néanmoins elles ne le sont que dans des termes assignables ; le tableau des cinq séries indique ces limites : on voit que supérieurement il ne s'élève jamais audessus des pséphites, et qu'inférieurement il termine les terrains abyssiques, en se plaçant immédiatement sur les terrains agalysiens ou sur les terrains hémilysiens. L'oscillation de ses limites paroît consister en ce que tantôt il est séparé du pséphite et du terrain pénéen par des roches entritiques, et tantôt en ce qu'il alterne avec les calcaires compactes, sur lesquels, en d'autres lieux, il est situé.

Les roches qui composent le groupe des terrains houillers indiquent la plupart un mode de formation presque entièrement mécanique. La houille seule, par sa nature, son homogénéité, son clivage presque rhomboïdal, et par la présence de quelques minéraux et de quelques métaux cristallisés, indique l'influence de l'action chimique.

Les terrains houillers sont essentiellement et nettement stratifiés ; les couches, bancs et lits qui les composent, sont multipliés, étendus, parallèles, quoique souvent ondulés, sinueux, courbes, pliés, brisés, présentant des renflemens, des étranglemens. Il paroît que dans quelques contrées la houille est disposée en véritables amas couchés. Telles sont les houilles du Creusot en Bourgogne, d'Aubin dans l'Aveyron, etc. La stratification de ce terrain est presque toujours contrastante avec celle des terrains inférieurs au groupe, et avec des terrains rudimentaires et pénéens qui lui sont supérieurs. Elle est souvent coupée et dérangée par des fissures fortement inclinées sur le plan moyen des couches ou par des fentes remplies ou de roches clastiques, ou de roches cristallisées probablement par fusion.

Le groupe houiller est presque toujours enfoncé même assez profondément dans les couches de l'écorce du globe ; il n'imprime donc aucune forme particulière aux inégalités de la surface du sol qui le surmonte. On remarque seulement qu'il a une forme générale assez constante, qui est celle d'un berceau dont la concavité est supérieure, et dont la partie convexe semble se mouler sur le fond des vallées anciennes et comme intérieures, que ce terrain a remplies.

En général, il est plutôt inférieur que supérieur au niveau de la mer, quoiqu'il y ait en Amérique des exemples de ce groupe situés à une grande élevation.

Le terrain anthracique se présente sur tout le globe, mais avec de grandes différences sous le rapport de la fréquence, de l'étendue et de la puissance des couches, suivant les latitudes. Ainsi on en connoît beaucoup plus d'exemples dans les régions tempérées et froides que sous les tropiques. C'est un terrain morcelé par bassins.

Les roches de la formation houillère de l'époque abyssique ont entre elles sur toute la terre une ressemblance remarquable par sa constance : il n'y a peut-être pas d'exemple plus frappant de la généralité des phénomènes géologiques, que la ressemblance complète qu'on trouve entre les roches du terrain houiller de toute l'Europe, de la mer du sud et de l'Amérique.

Ces roches sont, comme on le voit dans le tableau :

1. Des ARKOSES MILIAIRES ordinairement supérieures, tantôt grisâtres, tantôt rougeâtres ;

2. Du GRÈS PUR dans la vraie acception de ce mot ;

3. Des PSAMMITES COMMUNS ordinairement brunâtres et presque noirs, quelquefois bitumineux ;

4. Un POUDINGUE PSAMMITIQUE, composé souvent de gros galets de quarz et se trouvant en bancs quelquefois très-puissans depuis les parties les plus supérieures jusqu'aux parties les plus inférieures du terrain houiller.

5. Des Phyllades pailletées, qui ne diffèrent des roches précédentes que par plus d'argile et moins de sable : elles sont brunâtres, rougeâtres, verdâtres ou bigarrées ;

6. Des Argiles schisteuses, qui ne diffèrent des phyllades que par l'absence presque complète du sable visible et du mica, et qui diffèrent du schiste, parce qu'elles sont délayables dans l'eau : elles sont généralement grises ou noirâtres ;

7. La Houille filicifère.

Un vrai schiste argileux, sans apparence de mica (Litry, dans le Calvados); mais il est immédiatement sous la houille et appartient probablement au groupe suivant.

Telles sont les roches qui recouvrent la houille ou qui alternent avec ses lits.

Le nombre des lits de houille dans un même lieu est quelquefois considérable et va au-delà de quarante.

Les minéraux sont :

Le Calcaire spathique en veines, en enduit et même en cristaux implantés dans les fissures.

La Dolomie spathique en cristaux rhomboïdaux, implantés dans les cavités ou sur les surfaces des fissures (le Lardin, Dordogne ; Montrelais, près Nantes).

La Barytine en nids disséminés dans le schiste argileux des mines d'Anzin (P. de Saint-Brice), circonstance très-rare, et en nodules laminaires dans les filons ou failles de la mine de Newcastle sur Tyne en Northumberland.

Le Quarz hyalin en veines et même en cristaux assez volumineux, mais seulement dans les filons (ou failles) à Plumbterie près Liége. Je ne connois point d'exemple authentique de silex, ni d'agate, dans les terrains de houille proprement dits. On cite à Montrelais un pétrosilex jaspoïde et céroïde très-siliceux, en lits ou nodules lenticulaires.

Je n'ai pas non plus d'exemple de la présence dans les terrains houillers de ces minéraux si abondans dans les terrains supérieurs ou inférieurs, tels que le fluorite, le phosphorite, le gypse, la célestine, etc. On dit qu'il sort des mines de Northumberland des sources d'eau salée ?

Les minérais métalliques sont des Pyrites disséminées en amas dans presque tout le groupe, mais plutôt dans les roches charbonneuses et bitumineuses et dans la houille elle-même, que dans les roches sableuses, et, ce qui est assez remarquable, presque jamais *sur* les tiges, ni sur les feuilles des végétaux qui l'accompagnent, mais assez souvent *dans* ces tiges, qui sont comme fistulaires et dont tout l'intérieur est pyriteux.

Des Sels résultant de la décomposition de ces pyrites. C'est tantôt du sulfate d'alumine et du sulfate de fer, et tantôt du sulfate de magnésie.

Du Fer carbonaté lithoïde en très-grande abondance, disposé en petits lits interrompus ou plutôt en nodules ellipsoïdes, aplatis, de préférence dans les phyllades et les argiles schisteuses : ces nodules sont souvent accompagnés de débris abondans de végétaux; ils sont quelquefois sphéroïdaux, cloisonnés, accompagnés de coquilles bivalves et renfermant dans leur centre des petits amas cristallins de blende (dans la houille de Dudley en Angleterre). Ils sont de formation contemporaine et plus abondans dans la partie supérieure du terrain houiller que dans ses parties inférieures.

La Galène et quelquefois un peu de Blende en petits amas ou petites veines, engagée dans la houille même, mais plutôt dans les parties inférieures que dans les supérieures (à Décise, dans le département de la Nièvre). Il y en a des exemples remarquables dans la partie occidentale du terrain houiller du Northumberland et de Durham, où la galène est la continuation des filons du calcaire inférieur; elle s'exploite aussi jusque dans l'arkose miliaire (*millstone grit*).

Le Bitume, presque pur, découle quelquefois de la houille ou du fer carbonaté, qui lui est associé, et pénètre le psammite de la formation (Madeley en Shropshire), dans le phyllade (*shale*) en Derbyshire. On croit avoir remarqué qu'il imprègne principalement la roche supérieure à la houille, et rarement celles qui lui sont inférieures.

Il se dégage beaucoup de *gaz hydrogène* carboné des couches de houille : ce gaz paroît être comme engagé dans les fissures de la houille et être mis en liberté par l'exploitation.

8. L'Anthracite l'accompagne aussi quelquefois et même la remplace entièrement. On a observé que ce charbon presque pur est toujours situé dans le voisinage de ces filons de basalte qui traversent les terrains houillers dans plusieurs lieux de l'Europe. On trouve aussi, plus abondamment dans certaines

mines que dans d'autres (Geislautern , près Saarbruck; Bruchen , entre Hombourg et Coussel, près Mayence), une anthracite que les minéralogistes allemands ont nommée *mineralisc!e Holzkohle*, et que je désigne par le nom d'*anthracite pulvérin*.

Outre ces roches, ces minéraux et ces minérais de la formation , on y rencontre encore des roches d'une tout autre nature et d'une tout autre origine, qui traversent ou pénètrent le terrain houiller; ce sont des porphyres, des mélaphyres, des eurites, des basanites et des trappites; ils dérangent les couches et altèrent souvent la houille.

Enfin , des fentes ou de simples fissures coupent les couches de roches du terrain houiller, interrompent et dérangent ces couches, et y produisent ce qu'on appelle assez généralement des *failles*.

Les corps organisés fossiles du groupe houiller sont nombreux et caractéristiques : ce sont en grande partie des débris de végétaux ou même des végétaux entiers des familles des prêles, des fougères, des lycopodiacées.

Nous en donnons l'énumération au tableau n.° 17.

On remarque que ces végétaux y sont le plus ordinairement couchés, qu'ils n'y sont ni très-brisés, puisqu'on cite dans la mine de Borchum des tiges entières de plus de vingt mètres de longueur, ni très-froissés, puisqu'on voit souvent des feuilles de fougère, de plus de trente-six décimètres carrés, bien expalmées et presque sans plis. On remarque que les folioles de fougère sont presque toujours adhérentes à la roche par leur face inférieure. Enfin, quelquefois le végétal y a conservé son intégrité, sa flexibilité, et semble n'avoir été que fortement desséché : telles sont les feuilles de fougère et de plantes monocotylédones que M. Brard a reconnues dans les houillères de la Vézère, département de la Dordogne.

On sait qu'il y a de nombreux exemples de ces tiges qui traversent, dans une position verticale, plusieurs couches de roches du terrain.

Les débris fossiles d'animaux y sont au contraire très-rares.

On cite dans l'argile schisteuse et dans le psammite de Coalbrook-Dale, des ammonites, des orthocères, des térébratules et des *unio*. Avant d'admettre que les premières coquilles

soient bien certainement dans la formation, il faut de nouvelles et scrupuleuses recherches. Quant aux coquilles bivalves, qu'on peut rapporter aux *unio* et aux anodontes, coquilles lacustres, et même aux modioles, je ne puis en douter:
j'ai vu ces premières dans des lits d'argile schisteuse et bitumineuse et de phyllade pailleté, qui *alternoient* avec la houille
de la mine dite *Percy-main-colliery* des environs de Newcastle en Northumberland. Elles s'y présentent à trois reprises dans les couches n.ºs 20, 26 et 40 de cette mine. Je
les ai également reçues du terrain houiller près Liége ; ces
dernières sont associées dans le même morceau avec les filicites
propres à ce terrain. La ressemblance que montrent ces coquilles et le schiste qui les renferme avec les mêmes objets
en Angleterre, est frappante. Quant aux modioles, je ne puis
non plus douter de leur position dans le terrain houiller. M.
Thomson, qui me les a envoyées, dit qu'elles se trouvent
entre les lits de fer carbonaté lithoïde qui gisent au-dessous
du cinquième lit de houille près de Glasgow ; mais, outre
qu'on connoît des coquilles de la famille des moules qui sont
fluviatiles, rien n'assure que celles-ci, malgré leur forme
extérieure si nette, appartiennent aux modioles. On doit se
défier de ces formes depuis qu'on a vu les *unio* du Wabach,
dans l'Amérique septentrionale, revêtir les formes des trigonies, des avicules, des arches, etc.

Enfin, on connoît encore des coquilles semblables à des
unio dans le fer carbonaté lithoïde du terrain houiller de
Falkirk en Écosse.

Exemples du groupe HOUILLER *du terrain* ABYSSIQUE.

Le nombre des terrains houillers est trop considérable, les
exemples en sont trop généralement connus pour qu'il soit
nécessaire d'en citer ; je ne ferai donc mention à ce paragraphe que de ceux qui offrent quelque particularité, et ce
seront même des exemples pris plutôt dans les différens modes
de gisement que dans divers pays.

1.° *Groupe houiller recouvert par des terrains pélagiques et
placé sur des terrains hémilysiens.*

En France, dans le département du Nord, depuis Condé

jusqu'au-delà de Valenciennes, et en Belgique, près Mons, Charleroi, Battice, etc., le terrain houiller est recouvert par la glauconie crayeuse et se trouve presque immédiatement au-dessous d'elle : il est placé très-distinctement sur le calcaire du terrain hémilysien et enfoncé à près de 2500 mètres au-dessous du niveau de la mer (Œyenhausen). Cette circonstance et le passage presque insensible de ce terrain au calcaire ont porté quelques géologues (M. Stinkel) à rapporter ces terrains houillers aux terrains hémilysiens.

La mine de houille de Litry offre des circonstances géologiques assez remarquables : elle est évidemment recouverte par un psammite rougeâtre qui, par sa nature ferrugineuse et argileuse, par les galets quarzeux qui l'accompagnent, et par sa position au-dessous du calcaire magnésien, paroît pouvoir être rapporté au pséphite [1]. La roche qu'on voit au Plessis et près de Coutance, et surtout cette dernière qui renferme des fragmens de schiste, paroît confirmer cette analogie. Le terrain houiller proprement dit n'offre rien de particulier, si ce n'est, vers sa partie inférieure, des masses noires considérables, d'une dureté et d'une ténacité remarquables, qui semblent résulter de bois pénétrés de bitume et cependant pétrifiés en silex. Au-dessous se présentent des roches dont les unes sont des mimophyres brecciolaires, traversées de veines de calcédoine ; les autres des argilophyres, renfermant des nodules avellanaires de barytine, roches qui pourroient se rapporter à la formation des arkoses; et enfin, mais dans un seul point, et comme une masse faisant saillie dans le terrain houiller sans cependant le traverser, un mélaphyre bien caractérisé. Ce terrain repose en gisement transgressif, suivant M. Hérault, sur le quarzite hémilysien à trilobites.

Dans les contrées de Durham et de Northumberland, la formation de houille, placée sur le calcaire compacte métallifère, reçoit des filons de galène dans sa partie inférieure,

---

1 Ce rapprochement ne paroit pas différer de celui que M. Hérault établit entre cette roche et le grès rouge ancien. Il paroit que c'est aussi l'opinion de M. Boué, qui cite Cartigny, et à la dolomie et au *Rothe Todtliegende.*

est traversée de filons de trappite et de basanite, et est recouverte, près de Sunderland, par la dolomie grenue jaunâtre.

Dans le Glamorgan, partie méridionale du pays de Galles,
la houille, en couches concaves, est sur le calcaire compacte
métallifère.

La mine de houille de Vedrin, près de Namur, est placée
sur le calcaire métallifère ; mais les filons de plomb que renferme ce calcaire s'arrêtent au terrain houiller et n'y pénètrent pas, comme dans les exemples pris en Angleterre
(Bouesnel).

Dans le comté de la Mark, au Harz, en Saxe, à Zwickau,
à Planitz, à Braunsdorf, le terrain houiller est sur le groupe
traumatique qui fait partie des terrains hémilysiens.

2.º *Groupe houiller, placé dans les terrains de porphyre, et
notamment au-dessous.*

J'en ai déjà cité quelques exemples (au Feldsberg, dans le
cercle de la Saale ; au Harz, etc.) à l'occasion du groupe
entritique ; on doit y ajouter les mines du Thuringerwald,
celles de Schweidnitz en Silésie, celles de Tharand, de Zwickau, de Schönfeld, de Post-Chappel en Saxe, où le terrain
houiller semble encaissé dans le porphyre ; celles de Flöhe,
entre Freiberg et Schemnitz, également en Saxe, où le terrain houiller est recouvert et accompagné d'un argilophyre
et d'un mimophyre entièrement semblables à ceux de Litry.
Ce qu'on a dit de cette mine et ce qu'on va dire des basanites, argilophyres et mélaphyres qui accompagnent le gîte
de houille à Noyant, à Figeac, dans le nord de l'Angleterre,
etc., doit faire ajouter ces exemples à ceux des mines dans
lesquelles le terrain houiller et le terrain entritique sont associés.

3.º *Groupe houiller, placé sous le terrain de basanite et de
trappite, ou traversé par des filons de ces roches.*

A Noyant, département de l'Allier, et à Figeac, département du Lot ; la roche est un mélaphyre. Le terrain houiller
de Noyant est placé immédiatement sur le granite.

Dans les comtés de Northumberland et de Durham, des

filons de basanite traversent le terrain houiller et, vers les monts Chéviot, semblent s'étendre au-dessus de lui. Le trappite felspathique qui forme filon (ou dyke) dans la mine de Bolam, près Newcastle, ne diffère du mélaphyre de Figeac et de Litry que par sa pâte, qui est un peu moins compacte, mais plus grenue ou lamellaire. La même disposition s'observe dans le sud de l'Écosse, aux environs d'Édimbourg, contrée riche en faits relatifs aux rapports des terrains de porphyre, de basanite, de spilite, etc., avec le terrain houiller, et où l'influence du terrain pyrogène est si bien prouvée par le changement de la houille en anthracite dans les parties inférieures.

4.° Groupe houiller, placé immédiatement sur les terrains agalysiens de gneiss, de granite, etc.

A Saint-George Chatelaison, département de Maine-et-Loire, la houille repose immédiatement sur du gneiss et du micaschiste. Ce n'est que depuis peu qu'on y a trouvé, comme dans les autres terrains houillers, de nombreuses empreintes de filicites.

La plupart des mines de houille du département de la Loire, à Rive de Gier, Saint-Étienne, etc., reposent sur le granite et sur le gneiss, le micaschiste, le stéaschiste et même, dit-on, sur l'ophiolite. Celle de Fins, dans l'Allier, est précisément dans un bassin ou vallon de granite. Elle est recouverte, dans quelques points, par le terrain thalassique de Moulins, qui est composé en grande partie de calcaire lacustre et d'argile plastique (Jules Guillemin).

5.° Lieux et circonstances divers.

Dans la Ruhr, à Dortmund, Essen, Borchum, on remarque des tiges couchées de plus de 15 à 20 mètres, et qu'on peut suivre dans certaines galeries sans y apercevoir, pendant 13 à 14 mètres, la moindre solution de continuité, et sans cependant atteindre leur extrémité naturelle.

On sait qu'on a reconnu à la Nouvelle-Hollande et à la terre de Diémen des terrains houillers semblables à ceux des continens de l'Europe. L'analogie a frappé les colons qui les ont découverts, et ils ont donné le nom de Newcastle à la mine qui est sur la rivière Hunter, entre le cap Hove et le port Stephens. On a rencontré à environ 5o mètres de profondeur un lit de houille d'un mètre, traversé par des filons de trappite accompagné de grès, qui alterne avec du calcaire renfermant du minérai de fer et présentant des débris de végétaux appartenant aux filicites.

Dans l'Amérique septentrionale, dans la contrée de Chesterfield, à 14 milles à l'O. S. O. de Richmond, en Virginie, on a reconnu un terrain houiller placé sur le granite : ce terrain est, comme en Europe, composé de psammite, de phyllades, et accompagné de filicites couchées et verticales, de minérai de fer, etc. : une roche de basanite ou de dolérite semble avoir eu une action assez puissante sur un schiste bitumineux, auquel elle paroît avoir donné une structure bacillaire.

A Zanesville, sur la rivière de Mushingurn, affluent de l'Ohio, et à Pittsburg.

En Pensylvanie, à Wilkesbarre et sur la Schuyskill, prés de Philadelphie, et à Rhode-Island, le groupe houiller ne contient que de l'anthracite compacte ; mais toutes les circonstances géologiques de ce groupe, relatives aux psammites, grès, filicites, etc., sont les mêmes qu'en Europe.

Théorie des terrains houillers.

La théorie des terrains houillers qui me paroit la plus vraisemblable, quoique proposée bien avant que la géologie ait acquis tous les faits qu'elle possède et tous les beaux et curieux résultats qu'ils ont amenés, est celle de Deluc. Il est très-présumable que les terrains de houille filicifère ont eu leur première origine sur les terres foiblement élevées au - dessus de la mer ; que ces espèces de tourbières de l'ancien monde ont été placées sous les eaux marines, soit en y coulant à la manière des tourbes actuelles, soit parce que les eaux de la mer sont venues les submerger. Dans l'une ou l'autre de ces submersions on conçoit que ces amas de végétaux ont dû être recouverts par les sables ou terrains meubles que les cours d'eaux, soit descendans, soit ascendans, y ont amenés, et que si ces masses d'eau étoient chargées de matières minérales terreuses, acides ou métalliques, ou que si elles étoient élevées à une haute température, comme semble l'indiquer l'état des houilles et les minéraux qui les accompagnent, elles ne pouvoient permettre le développement d'aucun corps vivant, et ne doivent par conséquent avoir laissé dans ces sables aucun indice organique de leur nature.

La première formation de la houille et de ses lits hors des eaux marines paroît être mise hors de doute par l'observation des débris organiques qui la composent : on n'y connoît que des végétaux terrestres ou lacustres; on ne cite dans la houille ou dans les roches houillères proprement dites aucune coquille, aucun poisson d'origine évidemment marine : presque tous les naturalistes observateurs s'accordent sur ce point important. [1]

Si, comme tout porte à le croire, il sortoit de l'intérieur de la terre des masses fondues ou dissoutes, soit de roches porphyritiques, soit de carbonate de chaux, ces matières ont pu se placer sur le sol recouvert par les premiers lits de houille, ou entre ces lits, ou sur ces lits. De là l'alternance du calcaire, qui, étant dissous, n'a pu sortir en masse pâteuse et former au milieu des bancs de houille de larges et longs filons (dykes), comme l'ont fait les porphyres, les spilites, les trappites, les basanites.

Cette théorie paroît s'accorder assez bien avec les faits et en être, comme toute bonne théorie, le résultat ou la liaison. Ainsi les seules coquilles qu'on ait encore observées dans les couches de houille, paroissent être des *unio* ou coquilles lacustres, parce que, appartenant au sol tourbeux et marécageux où croissoient les végétaux des houilles, elles ont pu y vivre, n'étant pas exposées à l'action chimique des eaux qui ont amené les psammites et les calcaires, et dans lesquelles

---

1 Je n'ignore pas les faits apportés comme établissant le contraire de cette assertion (Boué, *Zeitschrift* de Leonhard, 1827, p. 49, etc.); mais outre qu'ils sont loin d'être authentiques sous le rapport de la véritable habitation des coquilles citées et de leur réelle position dans la houille dont il est ici question, il ne faut pas confondre avec les lits de houille formés sur terre ou dans les marécages, les couches de calcaire marin qui pouvoient être déposées entre ces lits à mesure qu'ils entroient dans les eaux marines.

se sont épanchés les porphyres, les spilites et tous les minéraux qu'elles renferment.

Si ces roches sont moins étendues, et par conséquent moins
ordinairement et moins clairement interposées entre les couches de houille, c'est qu'en raison de leur nature pâteuse
elles n'ont pu être suspendues dans l'eau et être transportées
au loin par le liquide marin. Si, au contraire, le calcaire
compacte sublamelleux se montre en couches alternatives
avec la houille et les psammites, c'est qu'à raison de sa suspension facile dans l'eau il a pu se répandre au loin et former, en se précipitant, des bancs de calcaire alternant avec
les houilles, qui continuoient d'être amenées de la terre ferme
sur le sol de la mer.

L'expalmation des feuilles de végétaux, et notamment des
fougères, ordinairement adhérentes à leurs tiges, fortement
implantées dans le sol, s'accorde fort bien avec l'immersion
du sol tourbeux sous les eaux marines ou l'invasion de celles-
ci sur ce sol. Cette immersion, qui a dû être lente et presque tranquille, comme l'établissent la conservation et l'expalmation de ces végétaux, soit qu'elle ait eu lieu par glis-
sement du sol dans la mer, ou par affaissement du sol sous
la mer, ou par invasion de la mer sur le sol, s'accorde également bien avec l'observation que j'ai faite à Saint-Étienne [1]
et avec celles qui ont été faites ailleurs, de la position verticale d'un grand nombre de tiges au-dessus des lits de houille
et traversant les couches de psammites qui les recouvrent.
On ne peut refuser d'admettre que l'eau de la mer agitée
par les phénomènes qui se passoient sur son fond ou dans son
sein, n'ait tenu en suspension les débris des roches composées
de quarz, de felspath et de mica, et n'ait amené sur ce sol
tourbeux les élémens qui composent ce sable. Celui-ci, en se
déposant entre les tiges encore debout, les a dans quelques
lieux garantis de l'effet du mouvement latéral des eaux qui
tendoit à les coucher.

Aussi cette théorie qui, ainsi que je viens de le dire, n'est
que le développement de celle du célèbre Deluc, lie assez

---

[1] Annal. des mines, 1821, *loc. cit.*

bien les principales circonstances et dispositions des terrains anthraciques de l'époque abyssique.

L'action et l'influence d'une grande chaleur émanant du sein de la terre avec les roches fondues ou pâteuses qui sortoient par ses fissures, est indiquée par l'état de la houille dans le voisinage de ces masses de roches. On sait que la houille qui est en contact avec les filons ou murs (dykes) de basanites ou de trappites qui la traversent, que celle qui s'approche des masses porphyriques est moins bitumineuse que les autres, que même elle ne l'est plus du tout, et qu'en perdant son bitume et en passant à l'état d'anthracite, elle a pris une texture comme vitreuse (les anthracites de Wilkesbarre en Amérique) ou une structure bacillaire (les anthracites du voisinage des dykes en Écosse).

Cette chaleur du sol, agissant sur les parties inférieures du lit de houille, explique pourquoi on ne trouve pas ordinairement de bitume dans les couches calcaires inférieures à la houille, tandis que les couches supérieures en sont souvent fortement imprégnées.

Les émanations minérales sont indiquées par la galène ou la blende qui pénètre la houille, et aussi, selon moi, par la silice, qui en lie et durcit quelquefois tellement certaines masses qu'elles acquièrent la dureté du quarz (à Litry).

La nature du liquide qui recouvroit la houille est également indiquée par les lits ou nodules ellipsoïdes de fer carbonaté compacte, remplis quelquefois de cristaux, et qui se trouvent presque constamment au milieu même du dépôt houiller. La présence constante de ce minéral, dont la quantité est très-variable, doit faire présumer que le liquide sous lequel la houille se déposoit étoit d'une nature propre à tenir en dissolution cette grande quantité de fer carbonaté ; car la position de ce minérai de fer en couche horizontale ne peut pas être attribuée, comme celle de la galène, qui est en petits filons ou veines, à une sublimation ignée : il faut qu'il y ait eu ici dissolution liquide préalable et précipitation chimique.

D'autres considérations générales peuvent être déduites de la nature des végétaux qui composent les terrains houillers, et de la position géographique propre à ces espèces; mais ces considérations sont plus intimement liées avec la botanique qu'avec la géologie, et seront présentées avec les développemens nécessaires par M. Adolphe Brongniart, à l'article des Végétaux fossiles.

9.ᵉ *Gr.* TERRAINS ABYSSIQUES CARBONIFÈRES[1] *et* GRÈS ROUGE ANCIEN.[2]

C'est uniquement d'après l'opinion, qui est d'un grand poids pour moi, des géologues anglois et de M. d'Omalius d'Halloy, que je place les roches de ce petit sous-groupe dans les terrains abyssiques, et que je les sépare des terrains hémilysiens, avec lesquels elles ont tant de rapports.

J'avoue que je ne vois rien de décisif ni dans leur position géognostique ni dans leurs caractères géologiques, pour les en distinguer. Je ne puis donc que copier ce qu'en disent les géologues d'Angleterre et ce qui paroit être admis par plusieurs des géologues du continent qui ont visité les îles Britanniques. Je n'assure pas qu'il n'y ait pas ici double emploi entre le calcaire, qui, suivant les géologues anglois, alterne quelquefois avec la houille, mais qui lui est plus souvent inférieur, et le groupe calcareux des terrains hémilysiens, qui se trouve aussi immédiatement au-dessous de la houille.

La présence du charbon, des bitumes, des substances métalliques, ne peut être un caractère suffisant pour les distinguer, car tous ces corps se trouvent dans le groupe calcareux du terrain suivant. Il n'y aura donc que l'observation sûre et plusieurs fois répétée d'une stratification contrastante et une association différente et constante de corps organisés différens dans chacun de ces groupes, qui pourroit établir entre eux une différence réelle. Or, en examinant la liste des débris organiques que MM. Phillips et Conybeare attribuent à ce calcaire, on voit, comme ils l'observent très-

---

1 *Carboniferous on mountain limestone*, Phill. et Conybeare, et Terrain de transition supérieur. — Terrains anthraxifères de M. d'Omalius d'Halloy. La ressemblance trop complète de ce nom avec celui d'*anthracite* en a rendu la véritable acception si difficile à saisir par plusieurs personnes, que j'ai été engagé à le remplacer par l'expression équivalente de *carbonifères*.

2 *Old red sandstone*, Conb.

bien eux-mêmes, les mêmes genres et à peu près les mêmes espèces, sauf quelques ammonites qu'on ne connoit pas encore avec certitude, dans le vrai calcaire hémilysien : d'ailleurs ce sont, comme dans le calcaire, des orthocères, des conulaires, des évomphales, des spirifères, des productus, des encrinites, des caryophillites, etc., et jusqu'à des trilobites, mais d'espèces incertaines et indéterminées.

Les exemples que je vais citer, d'après les géologues anglois et d'après les échantillons que j'ai sous les yeux et que je tiens d'eux et de MM. de Beaumont et Dufresnoy, feront ressortir les différences qui peuvent être indiquées par ces moyens.

Le tableau fait connoître la série la plus ordinaire des roches qui composent ce groupe incertain. Ce sont, comme on voit :

1. L'Ampélite alumineux, et le Schiste argileux, qui n'en est probablement qu'une modification ;

2. Le Calcaire carbonifère, avec ses couches ou amas de *minérais de fer* et d'*anthracite*. On assure qu'il est réellement interposé entre les lits de houille, à la Rochette, près Liége, où il renferme une coquille discoïde, semblable au *nautilus centralis*, Sow., coquille bien différente de celles que renferme le calcaire sublamellaire du terrain hémilysien.

3. Le Psammite rougeatre. C'est le terrain que les géologues anglois nomment *old red sandstone*, et que nous ne pouvons désigner que par les noms ou de *grès rouge ancien* ou de *psammite rougeâtre*, suivant qu'il est composé de l'une ou de l'autre de ces roches. Il vient, suivant eux, immédiatement au-dessous du calcaire précédent, dans les comtés d'Héreford, de Brecon, dans les collines de Mendip et de Sommerset.

Exemples du groupe carbonifère des terrains abyssiques.

Isles Britanniques. Isle d'Arran : calcaire compacte, gris de fumée, avec entroques ; psammites schistoïdes pourprés, avec *productus scoticus* et poudingue psammitique. — Clifton, près Bristol : calcaire compacte, fétide et sublamellaire, avec *spirifer pinguis* et entroque ; calcaire compacte marbré, avec caryophillie , *dans le terrain de grès rouge , sur le terrain de transition* , dit M. Bakewell. — D'Allenhead, dans le Northumberland : calcaire sublamellaire , avec caryophyllie , térébratule ? *productus;* calcaire sublamellaire, taché de rouge , avec entroques; calcaire compacte , terne , fétide, etc. — De Foolowe, au nord d'Ashford en Derbyshire : calcaires compactes divers , avec phtanite en lits , renfermant des entroques et filons de galène , à Bakewell , etc.

De Kilpatrick , etc., près Glasgow. Si ce calcaire et les précédens appartiennent aux terrains abyssiques , il n'est pas possible d'en séparer celui de Saint-Doolas, près Dublin , qui renferme les mêmes *productus* , les mêmes *spirifer* , les mêmes évomphales, les mêmes entroques , et celui de Clontarf, que Kirwan a nommé *calp* , et qui est traversé par des filons de calcaire spathique, remplis de galène et de blende.

Nous présenterons, comme exemple plus particulier de *grès rouge ancien* , qui est au-dessous : le psammite rougeâtre schistoïde d'Héreford , de Lugge Bridge , dans le Glamorgan , au sud du pays de Galles. — L'arkose commune grisâtre et rougeâtre, avec nodules de psammite schistoïde , de la carrière de Tree-Elms , près Héreford. — Le pséphite rougeâtre, le psammite schistoïde également rougeâtre , le poudingue psammitique rougeâtre de Brecon , dans la même contrée.

Belgique. Dans les provinces du Hainaut et de Namur, et dans plusieurs autres parties des Ardennes , le terrain carbonifère est composé de calcaire sublamellaire noirâtre (les marbres de Namur, celui des carrières près Mons, qu'on appelle si improprement *petit granite*), de schiste argileux , d'ampélite alumineux , de psammite et de poudingue.

Le calcaire est coloré en noir , non par du bitume , mais par du charbon, comme l'a fait remarquer M. Bouesnel, et c'est d'après cette particularité que M. d'Omalius le nommoit *anthraxifère.* Il renferme du phtanite, du fluorite violet; *des productus*, spirifères , évomphales; des lits, amas et veines de fer oxidé et de fer hydraté, etc.

La roche schisteuse est tantôt du schiste argileux bien caractérisé, tantôt de l'ampélite alumineux , pétri de coquilles discoïdes qui m'ont paru voisines des naulites et d'autres débris organiques indéterminables (mines d'alun de Flône, etc., près Liége). Ces schistes sont inférieurs à la houille; ils recouvrent le calcaire ou alternent avec lui. (OYENHAUSEN.)

VI.ᵉ CLASSE. TERRAINS HÉMILYSIENS [1]
ou TERRAINS DE TRANSITION SEMI-COMPACTE. [2]

A mesure qu'on s'enfonce dans l'écorce du globe, les strates qui la composent se montrent et plus fréquemment et sur une plus grande étendue ; mais leur position relative est plus difficile à reconnoître et même plus incertaine. Les terrains dont nous allons parler se mêlent avec les suivans d'une manière encore plus constante et plus complète que ceux dont on vient de présenter les caractères. Cette considération m'a engagé à caractériser les terrains hémilysiens par le mode général de leur structure. Leur nom ne doit pas être pris, plus qu'aucun nom, dans un sens absolu, précis, exclusif; il n'indique, non pas leur manière d'être constante, mais leur manière d'être la plus ordinaire, leur caractère dominant. On verra le développement et la preuve de cette influence des deux voies de formation, la mécanique et la chimique, dans l'énumération des roches qui composent ces terrains et des nombreux minéraux qu'ils renferment.

Si on admet que ces terrains ne sont point distinctement séparés de ceux qui les précèdent et qui les recouvrent, on sera obligé de convenir également qu'on ne peut leur assigner des limites naturelles et précises; et si on reconnoît qu'il n'y a point d'ordre constant dans la succession de leurs roches, on pourra admettre que l'ordre le plus clair dans lequel on puisse présenter l'histoire de ces roches ou en généraliser les caractères par le classement, est celui de leur groupement par nature de l'espèce minérale dominante. On verra que ce groupement, artificiel seulement parce qu'il n'est pas pris dans les rapports essentiels de la géognosie, qui sont les circonstances et l'ordre de formation; on verra, dis-je, que ce mode de groupement n'intervertit ces rapports qu'assez ra-

---

1 Formés en partie par voie de sédiment, en partie par voie de dissolution chimique.

2 Terrains de transition; terrains intermédiaires; terrains primordiaux; *Uebergangs-Gebirge.*

rement : or, quel que fût l'ordre qu'on eût choisi, il me semble qu'on n'eût pu aller par une série continue et constante des terrains yzémiens aux terrains agalysiens: limites entre lesquelles je place, avec presque tous les géologues, les terrains hémilysiens.

Les roches qui composent ces terrains ont donc une texture tantôt presque entièrement compacte, tantôt presque entièrement lamelleuse, mais plus souvent intermédiaire entre ces deux textures.

Elles sont encore clairement stratifiées; mais leur stratification est souvent très-inclinée, très-dérangée et à couches fort épaisses, et c'est alors qu'elle est claire; ou à parties minces, presque feuilletées, ondulées, contournées, et c'est alors aussi qu'elle devient obscure, et que ces terrains se rapprochent des agalysiens et même se confondent avec eux.

La limite inférieure de ces terrains est aussi la plus difficile à assigner. La limite supérieure ne le seroit pas moins, si on n'avoit un caractère assez tranché, et dont la netteté ne dérive pas d'une définition artificielle et arbitraire; mais, au contraire, d'un des moyens les plus naturels d'établir les époques géognostiques, c'est celui qui est fourni par les générations d'êtres organisés, qui ont vécu pendant certaines périodes et qui ont disparu à l'époque où un grand phénomène géologique est venu apporter dans le climat ou la nature des fluides où ils vivoient, des changemens tels que les milieux n'étoient plus appropriés à leur organisation.

Je donnerai dans le tableau la liste des corps organisés qui paroissent propres à cette sous-période géognostique, et par conséquent aux terrains qui s'y sont formés; mais je dois en extraire ceux qui me semblent pouvoir à eux seuls, par leur présence dans ces terrains et par leur absence dans les autres, caractériser les terrains hémilysiens.

Parmi les caractères négatifs, c'est l'absence des animaux vertébrés[1]. Les caractères positifs sont tirés de la présence

---

[1] Les ardoises de Glaris paroissent être une exception par les poissons qu'ils renferment; mais les dernières observations portent à croire que ce terrain est beaucoup plus nouveau que les terrains dits de transition.

de certains animaux des classes des crustacés, des mollusques
et des zoophytes.

Ces êtres sont, en première ligne, les *trilobites*, et peut-
être sans exception toute cette grande famille : c'est la seule
famille que nous puissions encore présenter comme appartenant exclusivement aux terrains hémilysiens.

Viennent ensuite les orthocératites, au moins un grand
nombre d'espèces de ce genre, les bellerophes, les évomphales,
les spirifères, des *productus*, etc., des espèces particulières
d'encrines ou crinoïdes, en si grand nombre qu'on a donné
le nom de calcaire à encrines à la roche calcaire qui fait
partie de ce terrain. Il n'en est pas de même des végétaux :
d'abord ils sont rares dans les terrains hémilysiens ; ensuite
ceux qu'on y trouve n'indiquent aucune espèce qui soit particulière à ce terrain, et essentiellement différente de celles
qui se trouvent dans les terrains postérieurs : ce n'est guère
que le groupe schisteux qui en présente, et ce sont en général des fucoïdes et des fougères, semblables à celles du terrain houiller ; cependant on en a reconnu dernièrement dans
un pétrosilex qui est la base d'un porphyre.

Les espèces minérales qui se trouvent dominantes dans un
groupe, ne sont pas cependant particulières à ce groupe ; elles
se retrouvent souvent dans la plupart des autres, mais souvent aussi en moindre quantité. Ainsi, l'anthracite et le graphite, qui appartiennent plus particulièrement au groupe
schisteux, se retrouvent, mais en plus petite quantité, dans
le groupe calcareux. La galène appartient à presque tous
les groupes, quoique plus fréquente et plus abondante dans
les groupes calcareux et schisteux que dans les autres.

1.er *Gr.* TERRAINS HÉMILYSIENS CALCAREUX[1]
ou CALCAIRE DE TRANSITION.

La plupart des roches qui composent ce groupe, ont de si
grands rapports de toutes les sortes avec celles qui terminent
les terrains abyssiques. elles s'y lient si intimement, qu'il ne
m'est pas possible, tant d'après ce que j'ai vu, que d'après

---

1 C'est-à-dire, abondant en roches calcaires. *Bergkalk-Formation*,
KEFERST.; *Mountain limestone*, Géol. angl.

ce qu'en disent les géognostes, de distinguer clairement le calcaire carbonifère et le grès rouge ancien des terrains abyssiques, du calcaire compacte métallifère et du pséphite accompagnant les porphyres, qui forment les parties les plus supérieures du terrain hémilysien.

La liste des roches fait voir clairement que le calcaire est dominant. Les géognostes ne placent au milieu d'elles que quelques anagénites, psammites, quarzites et phyllades des autres groupes; mais alors elles y sont subordonnées. Néanmoins cette introduction des roches des autres groupes suffit pour rendre les limites de celui-ci tout-à-fait incertaines.

Comme ce groupe renferme plus de roches homogènes que d'hétérogènes, il présente d'une manière très-sensible, dans la texture de ses calcaires, l'empreinte du double mode de formation, par voie chimique et par voie de sédiment.

Sa stratification est nette et puissante, quelquefois peu dérangée, et par conséquent presque horizontale. Il forme des montagnes à lui seul; mais elles sont en général peu élevées, au plus huit cents mètres [1], et ce sont aussi plutôt des plateaux élevés que de véritables montagnes.

Ce groupe renferme des métaux et quelques minéraux saliformes, qui y sont plutôt disposés en amas, en druse ou en veine, qu'en véritable filon : c'est le gîte le plus ordinaire du fluorite, de la galène, de la blende : c'est ce qui lui a fait donner par les géologues anglois le nom de *calcaire métallifère*.

Il renferme aussi beaucoup de matière charbonneuse et bitumineuse, et ses roches calcaires répandent souvent, par le choc ou par le frottement, une odeur désagréable, soit de gaz hydrogène sulfuré, soit de bitume : toutes circonstances qui concourent à le confondre avec le calcaire carbonifère de la classe précédente.

Mais c'est par ses débris organiques qu'il se distingue de tous les autres terrains et même des autres groupes des terrains hémilysiens. C'est celui qui renferme le plus de pétri-

---

1 Il n'est nullement prouvé que les montagnes calcaires des Pyrénées, de deux mille m tres d'élévation, et qu'on regarde comme de transition, appartiennent à cette classe de terrain.

fications et qui renferme même presque toutes les pétrifications de cette classe. Nous en donnons l'énumération au tableau n.° 18, en indiquant les roches où quelques espèces se trouvent plus particulièrement.

1. Le CALCAIRE COMPACTE SUBLAMELLAIRE ET MÉTALLIFÈRE est généralement gris foncé, quelquefois presque noir; les facettes lamellaires dont il se montre rempli, indiquent presque toujours la place des tiges ou articulations de crinoïdes, dont ce calcaire semble être pétri (les Écaussines, près Mons).

Il contient souvent aussi du bitume ou même du charbon disséminé et comme fondu dans sa masse; alors il est noir et presque toujours fétide.

2. La DOLOMIE, qui l'accompagne ou même le remplace, participe presque toujours de ses qualités (Matlock en Derbyshire).

3. Des SPILITES et PORPHYRES, roches cristallisées, massives, d'origine plutonique, et dont nous parlerons à leur lieu, accompagnent ce groupe, s'introduisent dans ses masses en amas droits ou couchés, ou en recouvremens, et semblent s'identifier complétement avec lui, en enveloppant les débris d'encrines caractéristiques de ce groupe (telle est la spilite zootique du Harz).

Le JASPE et le SILEX CORNÉ, noirâtre, passant au PHTANITE, sont les variétés de quarz subordonnées à ce calcaire. Ces silex renferment aussi les encrines (environs de Liége, de Hamm) et les trilobites (Amérique septentrionale), qui appartiennent à cette période géognostique.

1. *Exemples du groupe CALCAREUX.*

FRANCE. On peut citer, comme exemples authentiques de ce groupe, aux environs de Chalonne et d'Angers (Maine-et-Loire), le lieu dit *les Fourneaux*, où se trouvent un calcaire compacte, fin, blanc, schistoïde, et un calcaire sublamellaire, noirâtre, avec les caryophyllies, et les cristaux de calcaire spathique et de fluorite bleu, qu'il renferme presque toujours. — Dans le Cotentin, Montchatou, près Coutances, remarquable par ses évomphales et ses caryophyllies; Néhou, près de Valogne, connu par ses trilobites, ses spirifères et ses caryophyllies.

Isles Britanniques. En Westmoreland il y a un macigno compacte qui a beaucoup de ressemblance avec celui des environs de Florence; il est accompagné de *calp* et d'un calcaire sublamellaire rempli de caryophyllies. (Bakewell.)

Dudley, dans le Worcestershire. C'est le type du calcaire des terrains hémilysiens, celui auquel les trilobites donnent le caractère zoologique que nous regardons jusqu'à présent comme un caractère presque absolu de ces terrains. L'association de certaines térébratules, de turbinolies et de caryophyllies, de *retepora* semblables à ceux de Suède et à ceux des terrains précédens, établit entre ces terrains la plus grande analogie.

Belgique et Pays-Bas. Le groupe calcareux est ici prédominant. Les marbres noirs et noirâtres sublamellaires des Écaussines près Mons, des environs de Namur, de Gemmapes; les calcaires grisâtres sublamellaires d'Argenteau, de Chokier et de Viset, près de Liége et de Tuy, sont riches en *productus*, *spirifer*, évomphales, caryophyllies, etc.

Allemagne. Le Harz présente tous les groupes des terrains hémilysiens. La marche que j'ai adoptée me forcera donc de citer cette terre classique à chacun de ces groupes; mais en même temps elle confirmera la généralité de leur ordre de superposition. Ainsi les calcaires compactes fins d'Altenau, schistoïdes et carbonifères de Schulenberg, ferrugineux et passant au spilite zootique du Polsterberg, sublamellaires et à encrinites de Schulenberg, sublamellaires gris, remplis de caryophyllies, d'astrées, etc., des environs de Grund; les calcaires marbres et lamellaires, grisâtres, rougeâtres, renfermant des lits de minérai de fer accompagné de jaspe ferrugineux (*Eisenkiesel*), de Lerbach, Kamschlacken, Rubeland, près de Blankenburg, Polsterberg, etc., sont des exemples frappans du groupe calcareux supérieur aux autres groupes.

Italie. Calcaire compacte fin, schiste marneux et macigno solide et compacte, dans diverses parties des Apennins, notamment aux environs de Florence, de Fiumalbo, dans le Modénois, à Pietra-Mala, à la Rochetta, dans le golfe de

---

1 C'est à M. Allou, ingénieur des mines, que je dois la connoissance de cet exemple.

54.

la Spezzia , où il est accompagné de jaspe et recouvert par des ophiolites. Il n'a pas montré assez de pétrification caractéristique pour que l'époque de ce terrain puisse être regardée comme parfaitement déterminée.

On peut présumer que le calcaire marbre de Porto-Venere , sur le cap occidental du golfe de la Spezzia , appartient aussi aux terrains hémilysiens.

Scandinavie. Les exemples de ce groupe y sont aussi nombreux que remarquables par leur caractère et leur position. Il faut néanmoins les distinguer en deux sortes.

1.° Les calcaires blanchâtres , sublamellaires ou compactes fins , et les calcaires compactes noirs qui renferment des lits ou des nodules de silex corné , et très-rarement des pétrifications , qui sont ordinairement des entroques; quelques-uns ont une structure à peine stratifiée , et présentent, comme les terrains agalysiens , auxquels ils passent, de l'épidote, des grenats, etc.—A Swangstrand , entre Drammen et Christiania. — A Rotangen , dans le golfe de Drammen. — A Vettakullen, près Christiania. Celui-ci est sublamellaire; il renferme des nodules épidotiques , et est cependant clairement et même horizontalement stratifié.

2.° Les calcaires compactes communs , tantôt noirs , même charbonneux , tantôt grisâtres ou rougeâtres , clairement stratifiés , alternant avec des schistes marneux et des silex cornés , et renfermant les corps organisés fossiles des terrains hémilysiens , formant, en Norwége, le sol de Malmoën , de Malmoë-Kalven et de plusieurs autres îles et plages du golfe de Christiania , de Porsgrund en Tellemark , de Stor-oën dans le Türifiord.

En Suède, dans l'île de Gothland , dans la Westrogothie près de Motala , de Linköping , à Leaby près de Falköping , au Möseberg , et à Vesterplana au pied du Kinnekulle, en Westrogothie , etc.

Russie. A Koschelewa , près Tzarskoë-Ssélo , non loin de Saint-Pétersbourg. C'est une glauconie sublamellaire , qui renferme, outre l'*asaphus cornigerus*, d'autres trilobites très-savamment décrits par M. de Rasoumowski et par M. Stchegloff, et les terébratules, spirifères, échinosphérites qui caractérisent partout les terrains hémilysiens.

Amérique septentrionale. États-Unis. On retrouve sur les bords du lac Champlain le calcaire carbonifère, avec une coquille turbinée, discoïde, que M. Lesueur a nommée maclurite, et que je regarde comme voisine des évomphales de Sowerby; au sud du lac Ontario un calcaire sublamellaire grisâtre avec entroques, spirifères et orthocératites; dans les collines près d'Hudson, un semblable calcaire, quelquefois noir, carbonifère et renfermant des trilobites; et dans les monts Catskill, état de New-York, ce même calcaire, accompagné d'un grès ferrugineux comme au Harz, pétri de spirifères, de *productus*, d'entroques, et renfermant, comme en Norwége, des ampullaires, des favosites, des calymènes.

2.e Gr. TERR. HÉMIL. FRAGMENTEUX. [1]

Ainsi que je l'ai dit au commencement de l'histoire de cette classe de terrains, les roches qui les composent ne paroissent avoir suivi aucun ordre chronologique dans leur formation et leur dépôt; il faut donc les réunir par groupes, considérés plutôt sous le rapport de leur structure et nature minéralogique que de leur position. Je réunis sous ce groupe toutes les roches des terrains hémilysiens qui présentent une structure résultant de l'agrégation de débris plus ou moins volumineux.

Ces roches forment des terrains souvent et très-étendus et très-puissans, placés plus ordinairement sous le groupe calcaréeux que sur lui ou dans lui, mais accompagnant les trois autres groupes, et cependant plus ordinairement le troisième et le quatrième que le cinquième, ce qui motive la place que je lui ai donnée dans le tableau.

Malgré la structure évidemment d'agrégation des parties souvent très-volumineuses qui constituent ce groupe, ses roches montrent encore avec la même évidence le signe de l'action chimique ou de la dissolution qui m'a fait établir la classe des terrains hémilysiens. Cette influence se manifeste dans les roches conglomérées par la nature du ciment qui en réunit les parties et qui est très-dur, rempli de lamelles cristallines, ordinairement calcaire, ou entièrement siliceux. Un

---

1 C'est-à-dire abondant en débris ou en roches composées de débris.

autre signe encore plus sensible de cette action chimique, ce sont les filons et les veines qui traversent ou coupent sous toutes les directions ces roches, qui traversent même les débris, soit anguleux, soit roulés, qui les composent, et qui sont remplies de minéraux cristallisés, ordinairement de calcaire spathique, quelquefois de quarz hyalin, et quelquefois aussi de galène, de blende, de fer carbonaté spathique et d'autres minérais métalliques.

Les roches homogènes ou hétérogènes qui ont fourni les élémens des roches fragmenteuses de ce groupe appartiennent ou aux autres groupes du terrain hémilysien, ou aux roches des terraius agalysiens, dont la formation est antérieure à celle des terrains hémilysiens. Ce sont donc en général des quarz, des phtanites, des phyllades, des calcaires saccaroïdes ou des calcaires marbres, des fragmens d'ophiolites et de stéaschistes, des parties de schistes luisans ou de schistes argileux, dont la masse se montre quelquefois en lits ou couches subordonnées, presque intacte, au milieu même des anagénites, des psammites rougeâtres et schistoïdes qui composent ce groupe.

Quoique le groupe fragmenteux se montre sous une étendue et sous une puissance assez considérables, il ne compose pas néanmoins à lui seul des montagnes qui aient un caractère particulier, et par conséquent il n'imprime que très-rarement au sol une forme distinctive. Dans ce dernier cas, les collines ou plateaux qui appartiennent à ce groupe offrent une stratification très-peu nette, et plutôt des masses étendues, arrondies, avec des escarpemens comme arrondis sur leur arête. Cette disposition est très-sensible dans plusieurs parties des Vosges et du Harz.

Mais la manière d'être la plus ordinaire de ce groupe, surtout lorsqu'il est plus spécialement composé d'anagénites, c'est de se montrer en couches subordonnées dans le groupe schisteux.

Exemples du groupe FRAGMENTEUX.

Les exemples de ce groupe isolé sont rares, et nous ne pouvous en citer aucun qui ne puisse être regardé comme roche subordonnée des autres groupes.

En France, à Cusset, sur les bords du Sichon, près de Vichy; ce sont des poudingues jaspiques ou des anagénites calcaires liés avec le groupe schisteux. Au lieu dit la Hayelongue, près d'Angers : c'est une anagénite jaspique et pétrosiliceuse.

Allemagne. Dans le Harz, principalement tous ces anagénites que les géologues allemands nomment *grobkörnige Grauwacke*, et qui sont placés à Zellerfeld, à Clausthal, etc., entre les grès et les psammites.

En Scandinavie. A Sundewold, au nord de Christiania, on voit un poudingue quarzeux lié avec le groupe éminemment quarzeux de grès pourpré du même lieu.

3.ᵉ *Gr.* TERR. HÉMIL. QUARZEUX. [1]

Il en est de ce groupe des terrains hémilysiens comme des précédens : sans avoir de position bien déterminée, il se trouve cependant plus ordinairement dans la place que nous lui donnons que dans toute autre.

C'est un terrain peu varié, qui semble, au premier aspect, résulter entièrement d'une formation par voie mécanique; mais quand on examine les grès et les quarzites qui en sont une des parties principales, on y reconnoît, surtout dans ces derniers, une densité et une texture subcristalline qui n'appartiennent pas en général aux roches de même nature, formées par voie d'agrégation : enfin, on remarque que ces grès, souvent homogènes, sont tapissés, tant sur leurs fissures que sur les parois de leurs cavités drusiques, de cristaux de quarz hyalin.

Ces roches quarzeuses ne sont pas toujours homogènes; c'est cependant leur manière d'être la plus habituelle, et c'est une des premières différences qu'on remarque entre ce terrain et le groupe des arkoses du terrain précédent. Lorsqu'elles renferment des minéraux étrangers, ce sont ordinairement des marnes et argiles rougeâtres, quelques hyalomictes, qui y sont ou en nids ou en lits subordonnés : du mica, du felspath, qui s'y montrent disséminés en petites parties et comme composant la roche elle-même.

---

1 C'est-à-dire abondant en roches siliceuses.

Jüngere Grauwacke ou *rother Uebergangs-Sandstein.* A. Bou.

C'est aussi et surtout par les débris organiques qu'elles enveloppent quelquefois, que ces roches quarzeuses se distinguent encore de celles des terrains supérieurs ; car ce sont toujours des espèces des genres qui appartiennent aux terrains hémilysiens : tels que trilobites, *productus*, etc. (dans les grès et quarzites de May, près Caen ; de Cayuga, dans l'Amérique septentrionale, etc.).

Quoique les roches de ce groupe soient souvent en couches subordonnées dans les terrains hémilysiens, néanmoins elles se montrent aussi quelquefois d'une manière presque indépendante ; elles forment alors des collines peu élevées, quelquefois même de simples plateaux à structure nettement stratifiée, dont les couches droites, mais plus ou moins inclinées, produisent par leur relèvement des montagnes à pentes roides d'un côté, et à escarpemens abruptes ou en forme d'escalier de l'autre côté (la montagne du Roure, près Cherbourg, etc.).

Ce groupe ne renferme presque point d'autres minéraux étrangers que ceux que je viens de nommer. Je n'y connois ni filons, ni amas de minérais métalliques, ni même aucun minérai en druses ou en grains disséminés[1] ; mais il est fréquemment accompagné de porphyres et d'autres roches entritiques, qui tantôt le recouvrent de la manière la plus distincte (Sundwold, au nord de Christiania), et tantôt le traversent en amas droits ou même en filons.

M. Boué fait remarquer qu'il est d'autant plus étendu et puissant, que ces roches sont plus abondantes (l'Écosse, la Norwége, etc.), et qu'il est au contraire très-restreint dans les contrées où les roches entritiques ne se montrent, pour ainsi dire, qu'en petites masses, comme dans les Pyrénées.

Cette règle paroît s'appliquer plus constamment et plus exactement au grès pourpré qu'au quarzite. Les exemples qu'on va donner semblent du moins l'indiquer.

---

[1] Je ne sais si on ne trouvera pas dans la suite de nombreuses exceptions à cette généralité, qui n'est bonne que pour le moment actuel et pour l'Europe ; car, si le grès flexible du Brésil appartient à ce groupe, il apportera une première exception à cette règle.

Exemples du groupe QUARZEUX.

FRANCE. A May, près Caen : quarzite rougeàtre et rosàtre ; poudingue, avec trilobites, térébratules, *pecten*, *conularia* et fer sablonneux , et dans un calcaire charbonneux qui l'accompagne, à Feugueroles, corps articulé, que Linné et Wahlenberg ont nommé *graptolithe* [1]. — Aux pieds de la montagne du Roure, près Cherbourg : quarzite assez pur.

PAYS-BAS et BELGIQUE. Ciney, près Namur ; Abentheuer, Asbach, dans le Hundsruck, etc. Grès à entroques et à strophomènes, comme ceux du Harz, etc. Charnoy, près Givet : des quarzites rougeàtres.

ISLES BRITANNIQUES. Grès pourpré , poudingues psammitiques, avec nids d'argile ocreuse rouge, fine.

En Écosse , île d'Arran.

ALLEMAGNE. Bingen , etc. , près Mayence. C'est bien un quarzite de ce groupe et non un grès rouge du terrain abyssique. Ses fissures sont souvent tapissées de quarz hyalin. — Dans les environs d'Aschaffenbourg. — Partie moyenne de la Bohème. — Dans le Harz, entre le Brocken et Ilsenburg, pour le quarzite sans coquilles , et au Ramelsberg, à Schalk , à Elbingerode, etc. , pour le grès à encrines, spirifères, nautiles ? etc.

SCANDINAVIE. En Suède, près de l'église d'Andrarum en Scanie : grès blanc et quarzite inférieurs aux ampélites. — Au pied du Kinnekulle en Westrogothie : c'est un grès dans la stricte acception de ce nom.

Sundewold, au nord de Christiania. Terrain de grès pourpré, composé de macigno brun et rouge, de brèche à base de macigno solide et à fragmens de schiste, de psammite pourpré, de poudingue psammitique, de poudingue siliceux, alternant avec des lits de marne argileuse rougeàtre, inférieurs au trappite et au porphyre brun-rouge. — Holmstrand , vers sa base.

AMÉRIQUE SEPTENTRIONALE. États-Unis. On peut rapporter à ce groupe le grès ferrugineux des environs d'Utica, vallée de la Mohawk , et celui de la partie occidentale des Allé-

---

[1] C'est à M. Deslongchamp, de Caen, que je dois la connoissance de ce fait.

ghanis et des monts Catskill; le quarzite brunâtre de Belfast, dans le district du Maine; le grès blanc du pays de Cayuga, dans l'État de New-York, tous pétris d'encrines, de spirifères, de productus, de trilobites, et tellement semblables aux roches européennes des mêmes terrains, qu'il faut souvent le secours de l'étiquette de localité pour les distinguer.

4.ᵉ *Gr.* TERRAINS HÉMILYSIENS SCHISTEUX [1] ou TRAUMATEUX.

C'est le groupe fondamental du terrain hémilysien, celui qui distingue le plus clairement ce terrain des terrains supérieurs ou de sédiment; mais qui ne le distingue pas aussi bien des terrains de cristallisation qu'on nomme vulgairement *primitifs.*

Il renferme plusieurs des roches des autres groupes, notamment des anagénites, des grès, des quarzites et des phyllades, mais peu de calcaire et peu de stéaschiste.

Le mode de formation par dissolution et cristallisation commence à dominer dans ce groupe, tant dans les roches qui le composent, lors même qu'elles sont formées de parties fragmentaires agrégées, que dans les minéraux et métaux qui y sont disséminés en parties cristallines, qui le traversent en veines, qui tapissent les parois des fissures ou qui y sont réunies en amas.

Néanmoins il est constamment et souvent très-nettement stratifié; mais sa stratification est presque toujours fortement inclinée ou même ondulée et contournée. Il constitue à lui seul des terrains très-étendus, des collines et des montagnes très-élevées. On porte à plus de 2000 mètres son maximum d'élévation.

C'est un des terrains les plus riches en minéraux, et surtout en gîtes métallifères. Ils y sont tantôt en veines, tantôt en filons, quelquefois en amas couchés et même en lits, pres-

---

[1] Où les roches schisteuses et argileuses sont dominantes. On pourroit aussi le nommer *groupe traumateux*, parce qu'il renferme le terrain de traumate, dénomination scientifique et très-convenable, par laquelle M. d'Aubuisson remplace le nom de *Grauwacke* des ouvriers mineurs allemands.

Ældere Grauwacken-Formation (A. Boué).

que jamais disséminés dans l'intérieur même de la roche. Cependant ces minéraux ne se présentent pas indistinctement dans toutes les roches de ce groupe; c'est principalement dans les phyllades, les psammites schistoïdes, les calcaires et les dolomies compactes, qu'ils sont le plus abondans. Parmi les minéraux pierreux, ce sont en général des calcaires et de l'arragonite spathiques, des fluorites plus rares que dans le calcaire, de la barytine; et parmi les minérais, du fer carbonaté spathique, du fer oligiste très-abondamment, de la blende, de la galène argentifère. C'est un des principaux gîtes de cette dernière substance, qui y est souvent accompagnée de quelques minérais d'argent proprement dits, de pyrites de fer et de cuivre, de cuivre carbonaté, etc.

Les corps organisés fossiles y sont beaucoup moins nombreux que dans le groupe calcaire, mais ils appartiennent tous aux genres qui caractérisent les terrains hémilysiens. Ce sont, parmi les trilobites, des ogygies, des calymènes de Tristan, des paradoxites et des agnostes; parmi les mollusques, quelques orthocératites fort rares et d'une détermination très-incertaine, des graptolithes, quelques térébratules, des pleurobranches ou *posidonia* (Bronn), etc.

Enfin, parmi les végétaux on ne trouve pas de genre qui n'appartienne également au terrain houiller et peu d'espèces qui ne s'y rencontrent. Cette circonstance établit d'une manière assez remarquable la liaison de ces terrains entre eux.

Le tableau fait connoître les nombreuses roches qui entrent dans la composition de ce groupe, soit comme roches principales, soit comme couches subordonnées. Les exemples que je vais prendre dans quelques contrées feront connoître ce qu'il y a de plus particulier à savoir sur chacune de ces roches.

On n'y verra pas cité le phyllade pailleté de Glaris, parce qu'il est maintenant très-incertain que ce terrain appartienne à la classe des hémilysiens. C'est M. Keferstein qui a avancé cette opinion.

Exemples du groupe TRAUMATEUX.

FRANCE. Ils sont bien plus nombreux que les autres, parce qu'ils constituent en général la masse des terrains hémilysiens. Les schistes ardoises des environs d'Angers sont à ce terrain, par leurs trilobites (*ogygia Guettardi*), ce que les environs de Dudley sont aux calcaires. A ce caractère si tranché se joignent toutes les autres particularités des terrains hémilysiens schisteux, le quarzite brun verdâtre, à Beaucouzé, les phyllades divers, traversés de filons de phtanite rougeâtre, de quarz rempli de fer oligiste, etc., recouverts ou accompagnés de quarzite grenu, etc. — Dans les environs de Rennes, à Bain et à la Hunaudière; c'est un phyllade micacé, passant au stéaschiste, renfermant le calymène de Tristan et une coquille discoïde qui a beaucoup de ressemblance avec les nautiles et avec celle qui accompagne, en Irlande, près de Saint-Doolas, les spirifères et les évomphales, en Norwége, les trilobites, etc. — A Vatteville, près Cherbourg : ampélite graphique, avec empreintes de pleurobranche ? (*Posidonia Becheri*, Bronn). — A Houville-les-Mines, dans le Cotentin, où les calymènes de Tristan se trouvent avec des coquilles bivalves indéterminées. Au pied du château de Falaise, etc. — Plusieurs parties des Pyrénées françoises appartiennent à ce groupe; mais il faut avoir un grand soin de ne pas les confondre avec les terrains plutoniques, qui peuvent les accompagner souvent et presque s'y mêler, et avec les terrains izémiens pélagiques, qui paroissent les recouvrir immédiatement dans quelques points.

Je crois qu'il existe de puissantes masses de montagnes, appartenant au terrain hémilysien schisteux, dans les lieux suivans: Vers le col du Tourmalet et les bases du Pic-du-Midi : calcaire compacte noir, carbonifère, avec grenats-mélanites, alternant avec des lits de quarzite ; calcaire saccaroïde grisâtre; point de débris organiques. — Barèges : schiste carburé, schiste argileux, avec lits de phtanite. — Montperdu, Gavarnie, Marboré. Ces montagnes et ces lieux n'appartiennent pas entièrement au groupe schisteux, ni même au terrain hémilysien. La considération combinée des roches et des débris organiques qu'elles renferment, indique des terrains différens, dans lesquels celles dont il est ici question ne jouent qu'un rôle très-secondaire. Je trouve entre ces montagnes (et je me borne ici aux tours de Marboré), depuis leur sommet jusqu'à leur base, les plus grandes ressemblances avec la montagne des Fis en Savoie. Ainsi des schistes carburés, avec des lits de phtanite et du phyllade pailleté très-fissile (au port de Gavarnie) formeroient la base de ces montagnes et seroient peut-être les seules roches qui, dans ce groupe, appartinssent aux terrains hémilysiens; ensuite, et dans les mêmes lieux, sont du phyllade pailleté, du psammite schistoïde très-micacé, renfermant des empreintes de feuilles et même des tiges, qui, malgré leur état d'altération, offrent aux yeux des naturalistes qui ont eu souvent occasion d'étudier ces empreintes en meilleur état, tous les caractères du terrain houiller filicifère.

Au Montperdu et aux tours de Marboré, qui en sont une dépendance, se présentent un calcaire noir, carburé-sableux, micacé, une sorte de macigno solide, dans lequel on a reconnu des débris de mollusques et de zoophytes, des caryophyllies, des ananchites? des nummulites, des fragmens de cardium? qui me semblent devoir le faire rapporter aux terrains crétacés.

Les Pays-Bas et la Belgique, où domine souvent le groupe calcareux, renferment aussi des terrains schisteux hémilysiens. On y rapporte l'ampélite alumineux à strophomène de Huy, le phyllade feuilleté rougeâtre, renfermant des *productus* et des encrines de Charnoy près Givet; le psammite schistoïde alternant, près Nivelle, avec le calcaire noirâtre sublamellaire.

Allemagne. Les environs de Ratingen, au nord-est et non loin de Dusseldorf, sont fort remarquables par la réunion de toutes les circonstances caractéristiques du terrain hémilysien. Un schiste ou phyllade argilo-ferrugineux rempli de *spirifer* et de ces caryophyllies, que M. Sowerby a décrits sous le nom d'*amplexus coralloides* et renfermant des calymènes, un calcaire blanc, friable, et un calcaire sublamellaire grisâtre, pétri de *productus scabriusculus, scoticus*, etc., et d'évomphales. Les couches sont presque verticales, mais les caryophyllies qui les traversent perpendiculairement à leur stratification, prouvent qu'elles ont été déposées horizontalement et ensuite renversées. Ce calcaire est accompagné et peut-être recouvert par une dolomie cellulaire et même caverneuse, dont les cavités sont tapissées de dolomie rhomboïdale, d'arragonite aciculaire.

Le Harz nous offre des exemples encore plus élémentaires de la position de ce groupe et des roches qui le composent; tels sont les schistes argileux et ardoises, les phyllades divers et les alternances de psammite et de phyllade de Goslar, de Clausthal et de ses environs; les psammites schistoïdes rougeâtres et grisâtres du Galgenberg près Clausthal; les schistes argilo-ferrugineux, renfermant des *productus*, de Wissembach près Dillenbourg; les phyllades pailletés avec calymène de Tristan, de Riesenbecke ; ceux qui contiennent des pleurobranches (*posidonia Becheri*, H. Bronn), des environs de Clausthal et de Dillenbourg, etc.

Ces psammites schistoïdes enveloppent quelquefois des débris de tiges végétales qui ont la plus grande ressemblance avec celles du terrain houiller. On sait qu'ils sont traversés par des filons de calcaire spathique métallifère, renfermant principalement des sulfures de plomb argentifère, de fer, de cuivre, etc.

Scandinavie. Le terrain traumateux est généralement composé d'ampélite alumineux, avec des lits ou des nodules de calcaire charbonneux, et renferme plusieurs trilobites des genres Agnoste et Paradoxite, cités dans cette contrée.

A Andrarum en Scanie; à Honsaker, au pied du Kinnekulle; dans les environs de Falköping; au Hunneberg, près Vénersborg; dans l'île de Bornholm.

En Norwége, ce groupe est plus rare, et je ne puis citer, avec M. de Buch, que la base de l'Ekeberg, à l'est de Christiania.

5.ᵉ Gr. TERR. HÉMIL. TALQUEUX. [1]

Ce groupe est aussi difficile à limiter, surtout dans ses rapports avec les terrains agalysiens, que le groupe calcareux, qui est au commencement des terrains hémilysiens, a été difficile à distinguer du calcaire carbonifère du terrain abyssique.

Il se lie même avec les formations massives ou plutoniques, car sa stratification est souvent obscure et par conséquent incertaine, et sa nature talqueuse rapproche plusieurs de ses

---

1 C'est-à-dire abondant en roches talqueuses et magnésiennes.

Talk-, Quarz- und Thonschiefer-Formation (A. Boué). — *Talkige Formation* (Keferst.)

roches des ophiolites, qui appartiennent sans aucun doute aux formations hors de série.

On juge d'après ceci que le mode de formation de ce groupe est beaucoup plus chimique que mécanique, et qu'il ne présente plus d'indice de ce dernier mode que dans sa texture quelquefois compacte et dans quelques parties fragmentaires que ses roches enveloppent.

D'ailleurs il possède en général cette sorte de stratification à feuillets minces, onduleux, contournés même, qui indique une action simultanée de la cristallisation confuse et de la stratification sédimenteuse. Ce n'est donc pas, comme dans le groupe précédent, par des veines et lamelles cristallines, dues à une sorte d'infiltration d'une matière dissoute, qu'il rappelle l'action chimique, mais bien par l'ensemble de sa texture, qui montre une dissolution presque complète de toutes les parties.

Ce groupe constitue rarement le sol des plaines ou des plateaux; il s'élève presque toujours en collines ou montagnes tantôt à sommets pointus et arêtes aiguës, tantôt à croupes assez arrondies, mais dont les flancs sont presque toujours déchirés par de profonds sillons, qu'on ne peut appeler des ravins, car ils ne doivent ni leur existence ni leur forme aux cours d'eau. Ces montagnes atteignent une hauteur dont on évalue le maximum à plus de 3000 mètres.

C'est un terrain des plus répandus à la surface du globe, un de ceux qui couvrent les plus grandes étendues de cette surface.

Il ne renferme, tel que je le suppose composé, aucune pétrification, et il n'y auroit par conséquent aucun motif pour le placer parmi les terrains hémilysiens au-dessus des agalysiens hypozoïques, s'il n'alternoit quelquefois avec des roches schisteuses du groupe précédent, qui en contiennent, ou s'il ne montroit par l'inclinaison de sa stratification qu'il est supérieur à plusieurs des roches de ce groupe; ce qui sera prouvé par les exemples qu'on donnera, et qui rappelleront des lieux et des roches déjà nommés au groupe précédent.

Les minéraux pierreux et métalliques sont encore plus abondans dans ce groupe que dans le schisteux. Mais les minérais y sont très-rarement en veines ou en filons ; ils y ont une tout autre disposition et se présentent ordinairement ou en veines comme anastomosées, en plexus, ou en masses droites et comme traversantes, sorte de gîte que les mineurs allemands désignent par l'expression de *Stockwerk* ou de *stehende Stock*. Enfin ils sont aussi, et même assez souvent, en amas couchés entre les feuillets de la stratification, et ils y forment comme de grandes masses lenticulaires alongées. C'est ce que les mineurs allemands nomment *liegende Stock*, expression que nous rendons par celle d'*amas couchés*.

Les principaux minéraux et minérais qui se présentent ainsi dans ce groupe, sont :

Le quarz grenu et la chlorite schistoïde, dans le stéaschiste noduleux. — Le calcaire spathique et la dolomie spathique et grenue, avec idocrase, etc. — La karsténite ? — Le graphite. — L'anthracite, dans le calschiste veiné. — Le fer oligiste, le fer oxidulé magnétique, tantôt en lits ou en amas, et tantôt en cristaux disséminés. — La galène argentifère et les minérais d'argent qui l'accompagnent, et quelquefois avec de l'or natif. (Zillerthal en Tyrol.) — La blende. — Le cuivre pyriteux. — Le fer pyriteux aurifère.

Exemples du groupe TALQUEUX.

FRANCE. Cherbourg. Stéaschiste noduleux et schiste luisant pétris ensemble.

Je crois pouvoir rapporter à ce groupe, comme exemple des phyllade et schiste satinés maclifères qui en font partie, les roches de cette espèce qu'on trouve si abondamment dans les Hautes-Pyrénées, aux environs du Pic-du-Midi, et notamment au col du Tourmalet, vers Gripp.

ISLES BRITANNIQUES. Les collines de Malven, dans le Glocestershire, offrent le stéaschiste associé à des roches granitoïdes. Les environs de Keswig en Cumberland font voir des schistes et des phyllades maclifères, comme à Baireuth et aux Pyrénées. Ce sont ces roches qui renferment le graphite, et ce minéral semble même quelquefois en faire partie. On y reconnoît en outre de nombreuses variétés de stéaschiste.

ITALIE. La côte de Gênes, dans les environs d'Oneille, d'Albenga, de Finale et de Noli, tous lieux où le terrain, évidemment stratifié et appartenant encore à la division des terrains en série, offre la réunion presque complète de tous les groupes des terrains hémilysiens.

ALLEMAGNE. Il y a dans cette partie de l'Europe, comme dans celle que je viens de citer, de nombreux terrains ophiolithiques et talqueux. La difficulté n'est donc pas de trouver des exemples de ces terrains, mais de distinguer ceux qui appartiennent aux terrains hémilysiens de ceux qui ont été formés tout autrement ou à une autre époque.

Or, je ne vois d'exemple authentique du groupe talqueux au milieu des terrains hémilysiens que la roche que j'ai nommée *pséphite? verdâtre*, et que les géologues allemands appellent *Blätterstein* (le *Koriem* des ouvriers), elle alterne avec les spilites entre le groupe schisteux et le groupe calcareux, près d'Elbingerode au Harz; et, comme passage de ce groupe au calcaire, le calschiste amygdalin verdâtre, rougeâtre et mêlé de ces deux couleurs, de Festenburg au Harz, de Wildenfels en Saxe, etc.

Les phyllades satinés maclifères, semblables à ceux des Pyrénées et appartenant probablement, comme eux, aux terrains hémilysiens les plus anciens, se rencontrent aussi en Saxe, près de Schnéeberg.

ALPES. Un des exemples les plus caractérisés de ce groupe, un des mieux connus par les travaux de M. Brochant de Villiers, est celui que présentent les Alpes de Savoie, et surtout de Tarentaise. On y rencontre toutes les roches talqueuses et stéaschisteuses, évidemment stratifiées, appartenant par conséquent à cette série, et ayant, par cela et par leur texture cristalline, tout-à-fait l'apparence de ce qu'on regarde comme roches primitives; mais elles alternent avec des calcaires marbres qui renferment des débris organiques, et cette circonstance seule les distingue des terrains agalysiens proprement dits. [1]

---

1 L'étude suivie que M. Élie de Beaumont vient de faire de plusieurs parties des Alpes du Dauphiné et de la Provence, les faits curieux qu'elle lui a fait connoître, et les résultats singuliers auxquels ces recherches l'ont mené, conduiroient à faire regarder les terrains de la Tarentaise et une grande partie des Alpes comme formés à une période géognostique beaucoup plus récente que celle dans laquelle on place

Le groupe talqueux paroît être ou plus rare ou moins connu en Amérique , où il est probablement confondu avec les terrains plutoniques et avec les terrains agalysiens. C'est pour éviter les doubles emplois et les erreurs qui peuvent résulter de cette incertitude de détermination, que je n'ai pas voulu multiplier les exemples, en donnant ceux dont la position ne pouvoit être établie que par un développement de preuves trop étendu pour trouver place ici.

VII.ᵉ CLASSE. TERRAINS AGALYSIENS
ou TERRAINS PRIMORD. DE CRISTALLISATION. [1]

L'incertitude de la position des terrains qu'on a appelés si long-temps *terrains primitifs*, parce qu'on croyoit être sûr que les roches qui les composent étoient inférieures et par conséquent antérieures à toutes les autres, m'a engagé à les désigner par une expression moins positive, mais qui indique cependant une de leurs propriétés les plus frappantes, celle de n'offrir que des roches évidemment formées par voie de cristallisation confuse, sauf ensuite à examiner dans quelle position ces roches sont par rapport aux autres.

Tel est donc le premier caractère des terrains agalysiens; mais comme ce caractère ne leur est pas uniquement propre, qu'il se présente dans des roches qui paroissent avoir une tout autre origine, il a fallu en joindre un autre, qui, fondé sur leur structure , fit présumer cette différence d'origine ;

---

les terrains vulgairement nommés de transition, et à les faire remonter jusqu'à l'époque du lias. Nous avons exposé plus haut quelques-unes des observations sur lesquelles cette opinion est fondée ; mais son admission ne change rien à notre manière de dénommer les terrains, et c'est là l'avantage de nos principes de nomenclature. Ce seront toujours des terrains, formés en grande partie par voie de dissolution , *hémilysiens* , et composés principalement de roches à base de talc, constituant par conséquent le *groupe talqueux*. Il faudra seulement placer ce groupe beaucoup plus haut dans la série des terrains et roches rangés par ordre de chronologie géologique.

1 Terrains primitifs proprement dits, en partie. — Terrains primordiaux en partie, D'OMAL. D'HALL. — *Krystallische Schiefer- oder geschichtete , oder neptunische Gebilde* , A. BOUÉ. — *Ganggebirge* en partie , KEFERST.

c'est la stratification évidente de ces terrains, caractère en général très-distinct et qui les place dans la première division, dans celle des terrains en série.

Or, pour être conséquent à ce principe, il a fallu ne placer dans cette classe que les roches évidemment et constamment stratifiées, ce qui a considérablement réduit le nombre de celles qu'on attribuoit aux terrains primitifs.

Il a été reconnu que plusieurs des roches et même des groupes de roches qui avoient ce caractère de structure, étoient situées sur d'autres roches, d'une texture beaucoup moins cristalline, quelquefois même compacte, mais qui offroient, dans la présence des débris organiques qu'elles renfermoient, une différence bien plus importante. Il a été nécessaire de distinguer les groupes de roches qui se sont montrés dans cette position, de ceux au-dessous desquels on n'a jamais découvert aucun débris organique; de la la distinction en deux ordres des terrains agalysiens : les *épizoïques*, au-dessous desquels on connoît des roches à débris organiques, et les *hypozoïques*, au-dessous desquels on n'a jamais pénétré et qui sont jusqu'à présent inférieurs non-seulement à tous les débris organiques, mais même à toutes les roches connues.

La distinction entre ces deux ordres est souvent impossible. On ne doit placer dans le premier que les cantons dont les roches cristallisées recouvrent évidemment d'autres roches qui renferment des débris organiques; on doit placer dans le second, toutes celles dont on ne connoît pas la position. Il n'y a d'ailleurs aucun caractère minéralogique dont on puisse s'aider pour distinguer les roches de ces deux époques, certainement très-différentes.

Il me paroît donc très-difficile d'établir un ordre complétement satisfaisant dans la distribution de ces roches.

La classification géologique la plus naturelle, celle qui est le but de la science, doit avoir pour résultat de faire connoître deux choses : premièrement l'ordre chronologique dans lequel les différentes parties de ces terrains ont paru à la surface du globe, ou, ce qui revient à peu près au même, celui dans lequel ils se sont recouverts; car, quoi qu'en en dise, les monumens de la nature ne sont pas comme ceux des hommes; et il est quelques cas où l'étage supérieur pourroit bien avoir été fait avant l'inférieur : on en verra quelques preuves. Cette vue conduit à la seconde considération, qui est relative au procédé suivi par la nature dans la formation de ces roches et des terrains qu'elles composent. On juge par ce simple aperçu de quelle importance est cette seconde considération dans la question des terrains agalysiens.

Or, les roches cristallisées qui entrent dans la composition de l'écorce du globe, considérées uniquement sous le rapport de leur texture et par conséquent de leur mode de formation, ont certainement été formées par des voies et dans des circonstances très-différentes.

Les unes, évidemment dissoutes dans un liquide probablement aqueux, se présentent dans toutes les contrées de l'écorce du globe plutôt comme couches subordonnées que comme terrains : ce sont quelques calcaires, des gypses, le selmarin, etc. Il en a déjà été question, et ce ne sont pas ces roches toujours accompagnées de roches compactes qui doivent entrer dans la classe des terrains agalysiens **ou terrains cristallisés par excellence**, dont nous traitons ici.

Mais parmi ceux-ci on peut reconnoître trois modes de formation. Dans le premier, les roches offrent, avec une texture cristalline évidente, une structure stratifiée en grand, qui ne peut guère laisser douter qu'après avoir été dissoutes dans un liquide, elles n'en aient été séparées par voie de précipitation et de cristallisation confuse, ou, comme on le dit maintenant, par voie neptunienne : ce sont les *terrains agalysiens stratifiés ;* dans le second, les roches présentent une texture cristalline non moins évidente, mais on n'y découvre aucun indice de stratification ni en petit, ni en grand. Il est difficile de croire qu'elles aient été dissoutes et formées dans un liquide à la manière des premières ; on peut présumer qu'elles ont été dans un état pâteux qui a dû donner par sa consolidation des masses cristallines, sans aucune trace de stratification : ce sont les *terrains agalysiens massifs.*

Enfin, dans le troisième mode de formation, le terrain cristallisé présente, avec les caractères de formation du second, des indices plus ou moins développés de l'action ignée, et par conséquent d'une formation par voie de fusion et de cristallisation par refroidissement : ce sont les *terrains agaly-siens pyrogènes*.

Il s'en faut beaucoup qu'on puisse amener ces questions à des solutions aussi simples et aussi précises.

Les terrains agalysiens stratifiés, les massifs et les pyrogènes, passent des uns aux autres par des nuances insensibles. Chacun d'eux passe même aux terrains de sédiment, et leur position est souvent encore plus obscure, encore plus incertaine que leur mode de formation.

L'ordre minéralogique, quoique plus artificiel, quoique rompant souvent de véritables rapports naturels, quoique présentant lui-même bien des points d'hésitation, m'a paru le plus simple, par conséquent le plus clair.

Tel est le principe que j'ai cru devoir adopter et qui m'a dirigé dans la disposition du tableau des roches qui composent les terrains agalysiens et les terrains massifs.

Quant à la subdivision des terrains agalysiens en épizoïques et hypozoïques, elle ne peut être établie que pour les lieux où cette position des terrains est connue avec certitude ; elle ne peut s'appliquer aux roches qui composent ces terrains ; car ces roches, prises isolément, n'offrent point, comme celles qui renferment des débris organiques, d'indice de leur position dans l'écorce du globe. Les tableaux ne présentent donc que l'énumération des roches qu'on a vues, ne fût-ce qu'une fois, superposées à des terrains renfermant des débris organiques. Ils montrent beaucoup de roches communes aux deux divisions, parce qu'on a dû rappeler dans le second tableau toutes les roches de même sorte au-dessous desquelles on n'a encore vu aucune sorte de roche à débris organiques.

Ces roches sont énumérées dans l'ordre qu'on présume être le plus général, en allant des plus superficielles aux plus profondes.

Entre ces roches sont interposées des roches de sédiment et de demi-cristallisation, renfermant des débris organiques. On y voit aussi des portions de roches massives qui les ont soulevées, brisées, et qui ont quelquefois même pénétré entre elles, soit en masse droite (*stehende Stöcke*), soit en amas couchés (*liegende Stöcke*).

La division que j'ai établie entre les roches épizoïques et

les roches hypozoïques, est, comme je l'ai dit, très-incertaine.

Cette circonstance m'engage à réunir sous un même titre toutes les considérations relatives aux terrains agalysiens, et à ne les diviser que dans les exemples.

Les terrains agalysiens stratifiés s'étendent depuis les groupes quarzeux, schisteux et talqueux des terrains hémilysiens, dans lesquels ils entrent quelquefois par leurs roches de quarzite, de phyllade et de stéaschiste, jusqu'aux parties les plus inférieures de l'écorce du globe qui soient connues.

Comme leur nom l'indique, leur mode de formation est entièrement de dissolution; à peine renferment-ils quelques débris de leurs propres roches, quelques lits ou amas compactes.

Ils sont essentiellement stratifiés; leur stratification est en général peu puissante, et leur structure en grand passe à la fissile et à la feuilletée. Elle est généralement inclinée, quelquefois presque verticale.

Les bancs, lits et feuillets sont rarement plans : ils sont au contraire souvent ondulés, quelquefois même comme plissés et tordus. Les lames cristallines de mica et les petits lits de quarz hyalin, qui se trouvent dans les plis les plus aigus, sont pliés, contournés, mais point brisés (Simplon, vers le sommet; montagne de Mindi, au Finistère, etc.).

Ils ne renferment aucun débris organique, mais ils sont riches en minéraux pierreux et métalliques. Une multitude d'espèces de ces deux grandes divisions ne se présentent que dans ces terrains; les minéraux combustibles charbonneux y sont au contraire très-rares.

Ces terrains constituent des pays immenses, des chaînes de montagnes entières, ou au moins des parties très-étendues de ces chaînes, formant après les terrains massifs les montagnes les plus élevées du globe. Ces montagnes et les collines qui appartiennent à cette même classe, présentent ordinairement des crêtes élevées, aiguës, dentelées, et sur leurs flancs des sillons nombreux, étroits, déchirés et profonds.

Leurs masses ne renferment ordinairement ni cavernes, ni canaux, mais elles sont assez souvent divisées par des fissures rarement entièrement vides, et beaucoup plus souvent tapissées et remplies des minéraux et métaux qu'on mentionne dans le tableau de ces terrains. Les fissures, qu'elles soient pleines ou vides, sont tantôt simples et assez régulièrement prolongées dans une même direction, qui n'est presque jamais celle de la stratification, tantôt multiples et se croisant dans diverses directions. On les appelle filons et veines : le nom de veines s'applique plus ordinairement aux petites fissures. Lorsqu'elles se ramifient et se croisent sous toutes sortes de directions, on leur donne le nom de *plexus* et réseaux de filons (quelquefois *Stockwerke*); enfin, plusieurs de ces minéraux pierreux et métalliques forment, au milieu des roches qui composent ces terrains, des espèces d'amas lenticulaires parallèles à la stratification, qu'on nomme aussi amas couchés (*liegende Stöcke*), mais qui ont certainement une forme générale et une origine différente des gîtes que j'ai déjà indiqués sous ce nom.

Le tableau fait voir que les roches qui composent ces terrains sont presque toutes hétérogènes, et c'est aussi parmi les minéraux adventices ou accessoires à leur composition principale que se trouvent un grand nombre des espèces que nous avons nommées, et dont on désigne alors la manière d'être, en disant qu'elles s'y trouvent disséminées.

I.ᵉʳ ORDRE. TERR. AGALYSIENS ÉPIZOÏQUES.

Les groupes de roches que je vais présenter sont beaucoup plutôt fondés sur les rapports minéralogiques que sur la position géologique ; mais, je le répète encore, il n'y a pas de série géologique réelle dans les terrains agalysiens, et toutes ces roches s'y présentent sans aucun ordre reconnu. Il ne s'agit que de faire l'histoire spéciale de chacune d'elles, de son association et de sa position relative la plus fréquente.

I.ᵉʳ *Gr.* TERRAINS AGALYSIENS CALCIQUES. [1]

Ce groupe présente le Calcaire comme terrain indépendant

---

[1] Comme plusieurs groupes des deux classes de terrains hémilysiens et agalysiens sont composés des mêmes roches, j'ai été obligé de leur donner le même nom; mais j'ai cherché à indiquer leur différence de position par la différence des désinences : les groupes des terrains hémilysiens prennent la terminaison en *eux*, et ceux des terrains agalysiens la terminaison en *iques*.

dans les terrains agalysiens; nous reverrons plus bas le Calcaire comme couche subordonnée dans la division hypozoïque de ces terrains.

1. Le CALCAIRE SACCAROÏDE lui appartient, et comme ce calcaire s'est présenté, ainsi qu'on l'a vu à l'article des terrains hémilysiens, accompagné en même temps de minéraux des terrains primordiaux (l'épidote) et de débris organiques (des encrines), il est possible que la masse principale de ce groupe soit plus souvent supérieure qu'inférieure aux débris organiques.

Ainsi, le calcaire saccaroïde des Pyrénées (à Cambo, pays basque), celui de Carrare, etc., qui se présentent d'une manière indépendante et dans une position indéterminée, appartiennent aux terrains agalysiens, sans qu'il soit possible de dire avec sûreté à laquelle des deux divisions de ce terrain on peut les rapporter.

Le CIPOLIN, qui n'est qu'une modification du calcaire saccaroïde, l'accompagne très-souvent.

2. L'OPHICALCE GRENUE. La stratification incertaine de cette roche fait présumer qu'elle appartient plutôt aux terrains massifs de dolomie qu'aux terrains stratifiés.

Ces terrains de calcaire indépendant constituent des montagnes entières et même des groupes de montagnes, dont les formes sont parfaitement celles que nous avons reconnues aux terrains agalysiens; mais cette circonstance est rare, et Carrare en est l'exemple le plus frappant.

3. Le CALCIPHYRE FELSPATHIQUE du col du Bonhomme dans le Mont-Blanc, seul exemple que l'on ait encore d'un calcaire presque compacte qui renferme des petits cristaux de felspath.

Le GYPSE SACCAROÏDE, comme roche subordonnée dans les terrains épizoïques des Alpes, du Valais (val Canaria), de Savoie et d'Isoverde, près Gênes, et dans les terrains hypozoïques du Mont-Cenis, etc. (d'après le *Synopsis* de M. Boué).

4. Le CALSCHISTE GRANITELLIN, mélange de schiste et de calcaire d'aspect cristallin, avec un enduit talqueux verdâtre, que relève la couleur rougeâtre qui est souvent propre à cette roche.

Elle appartient tout aussi bien à un groupe du terrain agalysien qu'au dernier des terrains hémilysiens, et paroît évidemment superposée à des terrains à débris organiques.

2.° *Gr.* TERR. AGAL. MAGNÉSIQUES.

Celui qui appartient aux terrains stratifiés et qui se distingue quelquefois très-difficilement du groupe ophioliteux des terrains massifs, ne se compose que des roches indiquées au tableau.

Presque tous les STÉASCHISTES composent ce groupe : dans les uns les minéraux qui lui sont attribués y sont enfermés en petits amas ou couches; tels sont, dans le stéachiste rude (Pesey en Savoie), la galène, le cuivre gris; dans le stéaschise chloriteux du Var, le fer chromé, etc. Dans d'autres ils se présentent disséminés; tels sont, dans les stéaschistes stéatiteux et chloritiques, dans le talc laminaire, etc., les grenats (Trasquerra et Gondo sur le versant oriental du Simplon), les pyrites, le fer oxidulé, la triclasite, la phosphorite, la dolomie spathique, le disthène, la tourmaline.

Le CIPOLIN est également engagé dans ce groupe comme roche subordonnée. (Barège, dans les Pyrénées.)

L'OPHICALCE GRENUE paroît aussi lui appartenir. (Newbury en Massachussets, Newhaven en Connecticut.)

3.° *Gr.* TERR. AGAL. AMPHIBOLIQUES.

On ne peut y placer que les roches à base d'amphibole qui sont stratifiées; c'est un des premiers groupes des roches cristallisées qui aient été retirés des terrains primitifs pour être placés dans les terrains de transition, sous le nom de *Uebergangsgrünstein*. Il n'y a donc pas à hésiter sur la place à donner à ce groupe de roches, dont on retrouvera des variétés dans les terrains massifs.

On n'y connoît que les roches suivantes :

1. L'AMPHIBOLITE ;

2. La DIORITE SCHISTOÏDE, la DIORITE SÉLAGITE, et les minéraux qui sont désignés au tableau.

4.° *Gr.* TERR. AGAL. PHYLLADIQUES.

Je ne vois rien qui puisse le distinguer efficacement du groupe schisteux des terrains hémilysiens, si ce n'est qu'il appartient peut-être aux terrains hypozoïques, et qu'il a une texture plus fine, plus éloignée de la sédimenteuse, et un éclat plus soyeux.

Phyllade satiné (rougeâtre très-brillant sur le granite de Maréjol près Mende).

Il renferme de l'anthracite, des macles (Burkhartswalde, en Saxe; Gefrees près Bayreuth, où il se rapproche du schiste argileux), du dipyre, des staurotides (à Coray, dans le Finistère; en Pensylvanie); enfin, c'est la roche qui se rapproche le plus des micaschistes par sa texture cristalline et par l'abondance du mica.

Ces phyllad.s sont souvent traversés par des veines ou des filons très-réguliers de quarz. de cuivre sulfuré, d'étain oxidé, etc. Le killas des mineurs de Cornouailles appartient à ce groupe et probablement à sa position hypozoïque.

II.ᵉ ORDRE. TERR. AGAL. HYPOZOÏQUES.

Les groupes suivans et les roches qui les composent comme essentielles ou comme subordonnées, sont regardés comme s'étant montrés jusqu'à présent inférieurs, ou plusieurs fois, ou même toujours, à toutes les roches qui renferment des débris organiques.

On remarquera que ce caractère n'a rien de positif. Non-seulement il résulte d'une observation négative, c'est-à-dire de ce que dans tous les lieux où l'on a observé ces roches on n'a vu ni pu présumer au-dessous d'elles aucune roche à débris organiques; mais encore on peut ajouter que c'est un caractère *par défaut;* car, comme on n'a jamais pénétré au-dessous de ces roches, on n'a aucune donnée pour affirmer qu'elles ne recouvrent pas une écorce de l'ancienne terre, renfermant, comme l'écorce actuelle, les débris des corps organiques qui l'avoient habitée.

Ainsi rien ne peut nous conduire à admettre qu'il n'y a aucune roche à débris organiques au-dessous des groupes de roches que nous nommons hypozoïques, et nous devons rappeler que cette expression n'est vraie que par rapport aux fossiles organiques que nous connoissons actuellement dans l'écorce du globe.

5.ᵉ *Gr.* TERR. AGAL. MICACIQUES.

En général le mica est beaucoup plus abondant dans les roches du second ordre que dans celles du premier. Il est ici dominant.

1. Le MICASCHISTE a jusqu'à présent été considéré comme s'étant toujours présenté au-dessous des terrains à débris organiques, et comme ayant toujours offert une texture complétement cristalline.

Il renferme en couches subordonnées le quarz hyalin, le schiste luisant, etc.

Parmi les minéraux indiqués au tableau comme se trouvant plus particulièrement dans le micaschiste, on doit remarquer le fer oligiste et le fer hydroxidé compacte, qui s'y présentent en amas couchés (la Vergue des Loges près Bourbon-Vendée); le titane ruthile, la tourmaline, le disthène, les grenats, le béryl aigue-marine, et notamment l'émeraude de l'ancien continent, en prismes disséminés (à Cosseir, en Arabie; au pied de l'Alpe de Sattel, vallée de Haubach, dans le Pinzgau, en Salzbourg); les pyrites, qui, par leur décomposition, s'altèrent d'une manière très-particulière (dans le micaschiste brun et quelquefois blanc, à mica verdâtre de Brunswick, district du Maine, États-Unis d'Amérique).

2. L'HYALOMICTE, qui n'est pour ainsi dire qu'un micaschiste plus quarzeux (hyalomicte schistoïde. Florac, dans la Lozère). L'hyalomicte granitoïde est la gangue assez ordinaire de l'étain ; presque toutes les mines de ce métal sont accompagnées de cette roche.

6.ᵉ *Gr.* TERR. AGAL. QUARZIQUES.

Il se présente rarement en Europe d'une manière indépendante ; mais il paroit qu'il forme dans l'Amérique méridionale, et notamment dans le centre de ce continent, des montagnes ou chaînes de montagnes entières très-remarquables par le grand nombre de minéraux et de métaux précieux qu'elles renferment disséminés ou implantés dans des cavités ou druses plus nombreuses en général dans ce groupe que dans les précédens.

1. Le QUARZITE HYALIN, qui est pour moi la désignation

abrégée des quarz en roche, peut être regardé comme une modification de l'hyalomicte ou comme une roche subordonnée dans le terrain de micaschiste. Cependant cette roche prend au Brésil un accroissement considérable, forme des terrains presque indépendans, dont quelques parties donnent ce quarzite grenu qu'on a nommé grès flexible, et que M. Eschwege a décrit sous le nom local de *itacolumite*. Il paroît que c'est dans ses cavités que se trouvent les druses d'améthystes et celles qui sont tapissées de topaze.

2. Le SIDÉROCRISTE (*Eisenglimmerschiefer*). C'est une roche fort remarquable, parce que le fer oligiste et même le fer oxidulé en font partie constituante essentielle. Elle est au Brésil essentiellement stratifiée, et c'est au milieu de ses lits que se présente l'or natif en parties aplaties et disséminées, et que M. Eschwege soupçonne le gîte primitif des diamans.

Cette supposition s'accorde assez bien avec la nature ferrugineuse et la qualité quarzeuse du terrain plusiaque gemmifère.

7.ᵉ *Gr.* TERR. AGAL. **GNEISSIQUES.** [1]

Voici un des terrains le plus abondamment répandus à la surface du globe. Des contrées entières en sont presque entièrement formées. Il est composé, comme le granite, de felspath, de mica et souvent de quarz : il n'en diffère donc que par la structure stratifiée ; mais cette structure, lorsqu'elle est claire, dominante sur un grand espace, ne permet pas de confondre cette roche avec le granite ; car elle indique un mode de formation tout-à-fait différent, et qui ne peut s'accorder avec celui qu'on est dans beaucoup de cas forcé d'admettre pour le granite qui peut avoir été formé par fusion pâteuse et consolidation cristalline ; tandis que cette dernière voie paroît incompatible avec la structure du gneiss.

1. Le GNEISS est la roche stratifiée la plus ancienne ; au-dessous d'elle sont des masses inconnues ou des roches non stratifiées. Il atteint une élévation plus considérable qu'aucune

---

[1] C'est-à-dire où le gneiss et les roches qui ont avec lui de l'analogie sont dominantes.

aùtre roche de la même classe. Il est traversé de filons qui
tantôt sont nettement séparés de la roche (calcaire spathique
dans le gneiss pyriteux de Kongsberg), et tantôt semblent s'unir
avec elle et s'y fondre. Sa stratification n'est pas toujours
très-nette, parce que ses feuilles sont minces et contournées;
mais sa structure, en petit comme en grand, est essentiellement fissile.

Mon objet ne peut pas être de présenter dans ce tableau
des terrains l'histoire du gneiss plus en détail que celle des
autres roches; je dois donc me contenter de faire ressortir ses
principales particularités géologiques.

Les espèces minérales qu'il renferme ou disséminées ou dans
les filons qui le traversent, ne diffèrent pas beaucoup de celles
que contiennent les micaschistes et leurs roches subordonnées.

On remarque dans le gneiss proprement dit des grenats
disséminés, des pyrites en petits lits (Kongsberg).

Les filons sont assez généralement composés de quarz hyalin, de pétrosilex, de calcaire spathique, de fer carbonaté
spathique, de barytine. Ces filons renferment de la galène à
grains fins, du cuivre sulfuré, du cuivre gris, de l'argent
natif, etc.; de la blende plus rarement.

Les roches subordonnées au gneiss sont :

Le Micaschiste lui-même.

L'Eurite schistoïde, qui paroît avoir quelques minéraux
particuliers, tels que le disthène, les grenats (Langenberg,
Hartmannsdorf en Saxe; vers Algaby au Simplon).

Le Granite peut s'y trouver et s'y montre en effet; mais
on remarquera qu'en attribuant au granite un mode de
formation tout-à-fait différent de celui du gneiss, cela ne
permet plus de le comparer avec cette roche sous le rapport
de l'ancienneté, établi par l'ordre de superposition. Il est
alors comme roche subordonnée dans le groupe gneissique,
et y prend quelquefois un développement tel qu'on ne sait
plus si on doit regarder les terrains que composent ces deux
roches comme appartenant au gneiss ou au granite.

L'Amphibolite schistoïde, d'une structure cristalline très-
nette, très-brillante, ce qui la fait un peu différer de celle
qui appartient aux terrains hémilysiens et aux terrains typho-

niens (Kougsberg ; Malsjö en Vermeland ; vers le sommet du Simplon).

Le STÉASCHISTE.

Le CALCAIRE SACCAROÏDE, ou plutôt le cipolin en lit ou couche, alternant avec le gneiss et étant par conséquent et évidemment de la même époque que lui. C'est la manière d'être la plus ordinaire du calcaire hypozoïque des terrains agalysiens. En outre, le calcaire lamellaire ou saccaroïde en bancs subordonnés est rarement pur : il est au contraire mêlé d'un grand nombre de minéraux, dont j'ai indiqué les principaux au tableau de ce groupe. Ils y sont disséminés en grains ou réunis en paquets. Cette disposition nous explique pourquoi les carrières de beaux marbres statuaires offrant cette roche sans altération, en grande masse et d'une manière continue, sont si rares. En parlant du calcaire saccaroïde en terrains indépendans, nous n'avons pu citer que Carrare, quelques parties des Pyrénées, etc., tandis qu'ici les exemples sont si abondans qu'on pourroit en remplir plusieurs pages.

Exemples. Le sommet du Simplon : toutes les roches subordonnées au gneiss s'y présentent réunies d'une manière très-remarquable.

La plupart des gîtes de minérais de Suède, tels que le cobalt en cristaux disséminés dans le calcaire à Tunaberg, la galène argentifère de Sahla en veines dans un calcaire saccaroïde et dans un ophicalce, les carrières de pierres à chaux de Malsjö et Gullsjö dans le Vermeland, qui renferment de la sahlite, de la grammatite, de la parantine, etc., appartiennent à cette disposition des calcaires en couches subordonnées dans les groupes micacique et gneissique des terrains agalysiens. Il y a à Sainte-Marie-aux-mines dans les Vosges, au milieu du terrain de gneiss, une couche de calcaire lamellaire mêlée de sahlite, etc., qui a la plus complète analogie avec celle de Vermeland que je viens de citer. J'ai vu l'une et l'autre. — Le gîte si remarquable de Glentilt, en Écosse, décrit par M. Macculloch, paroît être absolument dans la même position. — Le fameux minérai de fer de Dannemora, en Uplande, avec tous les minéraux si variés qui l'accompagnent, est engagé dans un calcaire saccaroïde, tantôt blanc, ce qui est rare, tantôt brun et manganésifère, qui peut être rapporté à cette époque, à moins qu'on ne le considère comme un amas droit dans un terrain de granite.

La Saxe présente encore de nombreux exemples de cette disposition.

2.ᵉ Considération.

TERRAINS HORS DE SÉRIE ou *MASSIFS,*
ou **TERRAINS TYPHONIENS.** [1]

Nous venons de quitter les roches ou terrains stratifiés les plus profonds qu'on connoisse, et de terminer l'examen de toutes les zones qui composent cette mince enveloppe du globe. Nous avons déjà dit que cette enveloppe n'étoit pas uniquement composée de ces zones parallèles, et nous avons même été obligé d'indiquer quelquefois des roches qui semblent n'en point faire partie et en interrompre la continuité même assez fréquemment.

Ce sont ces roches que nous devons maintenant examiner.

Nous ne pouvons encore, et beaucoup moins ici qu'ailleurs, suivre dans leur histoire l'ordre de leur superposition, puisqu'elles ne sont pas superposées. Nous ne pouvons pas non plus suivre l'ordre chronologique de leur apparition à la surface du globe ; car il n'est pas sûr que les différentes espèces de roches qui composent ces terrains se soient constamment suivies dans le même ordre, ni que la même roche ait paru à la même époque géognostique sur toute la terre.

Ces considérations me décident à classer ces terrains dans l'ordre minéralogique, à grouper ensemble ceux qui se trouvent le plus souvent ensemble et à placer ces groupes dans l'ordre d'apparition qu'on est le plus disposé à admettre.

Je suivrai une marche inverse de celle que j'ai adoptée pour présenter la série des terrains neptuniens. Je chercherai à remonter des profondeurs où nous sommes arrivés à la fin du précédent article, vers la surface du globe. Une circonstance m'y décide : elle est presque seule, mais elle est im-

---

[1] Typhon est un des principaux géans qui ont voulu escalader le ciel en entassant les montagnes les unes au-dessus des autres, et qui, enseveli dans les entrailles de la terre, tend encore à en soulever l'écorce.
Massive oder vulkanische Formationen. Keferstein.

portante; c'est la liaison intime du gneiss et du granite, c'est la ressemblance de nature, de forme, de position du groupe granitoïde des terrains typhoniens avec les derniers groupes des terrains agalysiens.

On a donné au §. 2 de l'article 2 de l'introduction les caractères des terrains massifs ou *hors de série;* nous ne devons donc pas revenir sur les caractères généraux de ces terrains, mais seulement sur ceux qui sont propres à chaque ordre et à chaque groupe.

VIII.ᵉ CLASSE. TERRAINS PLUTONIQUES ou D'ÉPANCHEMENT. [1]

Cette classe de terrains est en grande partie composée de roches à structure cristalline, qui ne diffèrent de celles des terrains agalysiens que parce qu'elles ne sont pas stratifiées.

Leur mode de formation est donc entièrement chimique.

Leur texture cristalline est généralement compacte, et il n'y a parmi elles que quelques roches qui présentent ces cavités ou boursouflures qui indiquent un état de fusion. C'est donc principalement leur position, leur influence sur les roches avec lesquelles ils sont en contact et leur passage insensible à des roches qui ont évidemment éprouvé l'action du feu, qui font présumer que ces terrains ont éprouvé une sorte de liquidité pâteuse.

Ils s'étendent, en allant de bas en haut, depuis les terrains agalysiens les plus profonds, ou le dessous du gneiss, jusqu'au-dessus de la craie, ou aux parties inférieures des terrains thalassiques.

Les roches qui les composent n'atteignent pas toutes ces deux limites.

Le groupe granitoïde est celui qui part de plus bas et qui monte le moins haut; le groupe trachytique paroît s'étendre jusqu'aux limites que nous venons de désigner comme étant les plus élevées, et même les dépasser.

Les terrains plutoniques montrent dans leur structure en

---

1 Ces terrains, sortis des entrailles de la terre, semblent, dans beaucoup de circonstances, s'être épanchés à sa surface.

Massive oder plutonische Gebilde. Boué.

grand, tantôt des parties tout-à-fait irrégulières , tantôt des parties prismatoïdes.

Ils forment de grandes masses sans stratification, à surfaces quelquefois comme arrondies, mamelonnées mêmes; mais ils ne présentent jamais de réelles coulées.

Ce terrain couvre des étendues considérables de pays, forme des montagnes et chaînes de montagnes d'aspect différent, et quelquefois d'une très-grande élévation, suivant les groupes de roches qui les composent.

C'est un des terrains qui présentent la plus grande uniformité, tant dans leur ensemble que dans leurs parties, sur toute la surface du globe.

C'est aussi celui qui renferme le plus d'espèces minérales et le plus de métaux; mais ses groupes diffèrent beaucoup les uns des autres par cette circonstance et par la manière dont ces corps s'y présentent.

On n'y rencontre ni grandes fissures étendues et vides, ni cavernes.

Il ne contient aucun débris organique.

Toutes ces circonstances s'accordent très-bien avec l'idée qu'on peut se faire de masses cristallisées confusément.

1.ᵉʳ *Gr.* TERR. PLUT. GRANITOÏDES.

Ce groupe est très-naturel, car les roches qui le composent se ressemblent tant par leur structure et la nature de leurs parties qu'on les a pendant long-temps confondues ensemble, et que c'est encore avec quelques difficultés qu'on parvient à les distinguer.

Le felspath en est le principe dominant; la structure cristalline y est parfaitement développée. Ce groupe se présente en masses d'une étendue et d'un volume considérables, formant des montagnes entières, des plateaux, des chaînes même, dont les contours sont plus arrondis, plus mamelonnés que ceux des terrains qui appartiennent aux autres groupes. Il n'offre aucun indice de stratification réelle, mais des fissures souvent nombreuses et presque toujours très-irrégulièrement disposées. Ces fissures ressemblent aux fêlures qui traversent certaines grandes masses vitreuses de composition plus terreuse qu'alcaline, et qui, adhérant aux parois des vases où elles ont été fondues, ne peuvent obéir à la retraite de refroidissement qu'en se divisant en parties fragmentaires.

Le Granite étoit regardé autrefois comme la roche la plus ancienne; mais on remarqua bientôt qu'elle n'étoit pas cependant toujours la plus inférieure et qu'elle recouvroit des gneiss, des micaschistes, même des schistes dits primitifs. Alors on distingua deux âges de granite, et on s'efforça de trouver des caractères dans la grosseur du grain, l'abondance du quarz, l'absence de certains métaux, la couleur même, pour distinguer le granite primitif de celui qui étoit postérieur au schiste. Notre manière de considérer cette roche, d'après les observations récentes et les vues des géognostes modernes, semble éclaircir un peu cette question, en distinguant deux origines de granites : l'une, roche subordonnée au terrain neptunien et faisant partie du gneiss, et l'autre d'origine typhonienne, toujours massive, s'élevant de dessous le gneiss et peut-être encore d'une bien plus grande profondeur, pour s'épancher sur les différentes surfaces du globe, et même pour pénétrer, en les soulevant, jusque dans l'intervalle des roches stratifiées, déposées avant sa sortie.

Le premier granite ne peut se trouver que dans le gneiss et tout au plus dans le micaschiste, puisqu'il ne semble en différer que par son mode de structure cristalline. Le second, au contraire, celui dont on va donner l'histoire abrégée, peut se présenter sur plusieurs groupes des terrains neptuniens.

1. Le GRANITE, roche principale du groupe auquel il donne son nom, se présente aussi, comme on l'a dit plus haut, dans les terrains stratifiés, où il fait partie des roches de gneiss; mais il paroît avoir une tout autre origine que celui dont il est question ici. Cependant on ne peut trouver encore de caractères propres à faire distinguer le granite commun neptunien du granite commun plutonien, lorsque ces roches se présentent hors de leur position; néanmoins la variété de GRANITE nommée PORPHYROÏDE paroît appartenir exclusivement a la division des terrains massifs.

Le Granite plutonien se montre depuis les plus grandes

profondeurs connues jusqu'à une élévation de plus de douze cents mètres au-dessus du niveau de la mer, depuis le dessous du gneiss jusque dans le grès bigarré; non pas qu'on l'ait toujours et clairement vu en recouvrement sur les roches inférieures à celle-ci; mais parce qu'une roche d'agrégation qui paroît être une suite et une dépendance du granite (l'arkose granitoïde), et qui se lie intimement avec lui, se lie également avec le lias et le calcaire à gryphites supérieur à ce grès. [1]

Outre les montagnes, plateaux et autres masses immenses qu'il présente à la surface de la terre, sur une étendue et avec une indépendance qui ne permettent point de déterminer ses rapports avec les autres roches, on le cite encore en amas droits, en espèces d'énormes filons traversant des terrains stratifiés de schistes et de traumate (en Bavière : en Saxe, la roche de topaze; à Rozena en Moravie, avec lépidolithe; en Écosse, Bohême, Finlande, dans les Pyrénées, etc., Boué), et en amas couchés sur des terrains hémilysiens, schisteux et calcaire enzoïque (Erzgebirge en Saxe, De Bonnard. Écosse; Norwége). — M. Boué place dans cette position le granite stannifère du Zinnwald en Bohême, celui de Baveno, qu'il attribue même à l'époque de la formation des terrains houillers. Enfin, on rapporte à la formation du lias, comme je l'ai fait présumer plus haut, mais par une autre considération, le granite porphyroïde, qui, dans les environs de Predazzo, s'élève en pilier ou masse droite (*Kegel oder stehender Stock*) au-dessus du lias.

Ces résultats d'observations si différentes et si difficiles à faire, que l'on a eu tant de peine à admettre séparément, acquièrent par leur réunion une grande force et conduisent à faire reconnoître que le granite plutonien, et notamment le porphyroïde, a paru à plusieurs époques à la surface de la terre, en recouvrant à chaque époque une partie des terrains qui formoient alors la surface extérieure de la croûte du globe.

Il paroît donc s'être épanché sur la terre, d'abord :

---

1 De Bonnard, Mémoire sur les terrains de Bourgogne, et mon Mémoire sur les arkoses, Ann. des sc. nat., 1826, t. 8, p. 157.

Aprés les terrains hémilysiens schisteux (Erzgebirge, prés Dresde) et calcareux (Norwége);

Ensuite, aprés les terrains abyssiques houillers;

Enfin, aprés le grès bigarré et jusque dans l'époque du lias. (Predazzo; Bourgogne.)

Le PEGMATITE et le KAOLIN ne doivent être considérés que comme des roches subordonnées au granite. L'un et l'autre paroissent appartenir aux plus anciennes époques ou formations de granite. La structure très-laminaire du felspath dans le pegmatite et le voisinage des roches granitoïdes-ferrugineuses, paroissent avoir eu quelque influence sur la décomposition du felspath en kaolin. Les principaux gîtes de kaolin connus présentent cette double circonstance. (Saint-Yrieix, près Limoges; Cambo, près Bayonne; les Pieux, près Cherbourg; Aue, près Schnéeberg, etc.)

Le granite, tant le commun que le porphyroïde, renferme peu de métaux : ils y sont en veines ou petits filons souvent intimement liés avec les roches. Ils sont quelquefois très-bien réglés, mais assez ordinairement peu puissans.

Nous avons donné au tableau l'énumération des principaux minéraux et métaux qui se trouvent dans le granite. Presque tous ces minéraux sont ou disséminés, ou en veines, ou en cristaux implantés dans quelques cavités : c'est ainsi que se présentent les beaux cristaux de quarz hyalin de Savoie, du Vallais, de Madagascar, etc.

L'absence de quelques minéraux ou au moins leur rareté n'est pas moins remarquable que la présence constante de quelques autres : ainsi l'or natif, l'argent natif, le cuivre pyriteux, les pyrites ordinaires, le calcaire spathique, si même il s'y trouve jamais, les grenats, etc., sont fort rares dans le granite, tandis que le titane ruthile, l'étain, l'urane, le fer arsenical, le molybdène, le wolfram, la tourmaline, le béryl, etc., s'y présentent assez communément.

2. La PROTOGYNE, qui ne diffère du granite que par la présence du talc, appartient peut-être tout autant aux terrains stratifiés qu'aux terrains massifs; cependant sa stratification, quoique plus sensible que dans les granites, est encore très-imparfaite, et sa position la rapproche tellement des granites

épizoïques, qu'on croit devoir la placer plutôt parmi les terrains typhoniens que dans les terrains neptuniens.

Ses circonstances de texture, de structure, même de forme extérieure, sont à peu près les mêmes que dans le granite; seulement elle paroît former des montagnes plus hautes et plus aiguës (le Montblanc et la plupart des aiguilles qui l'accompagnent).

3. La Syénite, encore plus semblable au granite par sa texture, est de toutes les roches du groupe granitoïde celle qui a la structure la plus cristalline et la plus massive. et dont la position au-dessus des terrains hémilysiens schisteux et calcareux enzoïques soit la moins contestée.

Elle passe au Diorite et celui-ci à la Sélagite par des nuances si insensibles, que nous ne pourrions faire distinguer ces roches que par des détails d'exemples locaux et des circonstances légères qui ne peuvent trouver place ici. Mais la syénite présente très-rarement des traces de stratification (Flamanville, près Cherbourg), et on n'y connoit pas de variétés schistoïdes, tandis que le diorite en offre qui ne peuvent être douteuses.

L'embarras de distinguer ces roches est, comme on l'a dit, une preuve des rapports naturels qui lient entre elles celles qui composent ce groupe.

Les circonstances tirées de la présence des métaux en filons et de celle des minéraux, sont aussi à peu près les mêmes dans ces trois roches. Elles en renferment en général encore moins que le granite, et ce sont plus particulièrement ceux qui sont énumérés au tableau. On doit faire remarquer que le titane sphène est tellement constant dans ce groupe, qu'on le donne comme un caractère empirique propre à le faire reconnoitre. Le zircon est encore un minéral assez remarquable dans quelques syénites, qui en ont pris leur nom (syénite zirconienne de Norwége); on le trouve également dans cette même roche en Groënland et en Sibérie.

Les mêmes époques de formation et les mêmes lieux que nous avons cités comme exemples de la superposition du granite sur les roches hémilysiennes enzoïques, et même sur des terrains yzémiens, offrent d'une manière encore plus évidente la syénite dans cette position. On la voit même sortir, sous forme de gros filons ou de puissantes masses droites, du milieu des couches de ces terrains. Les iles et rives du golfe de Christiania, tout près de cette ville, en montrent des exemples nombreux et frappans.

Exemples du groupe GRANITOÏDE.

Toute la terre en est couverte. Le choix et la description des exemples choisis feroient seuls un ouvrage. Je me contenterai de prendre pour exemples quelques-uns de ceux que j'ai vus ou que j'ai sous les yeux.

La Corse, avec ses protogynes, ses diorites orbiculaires, ses pyromérides globaires, ses euphotides, etc., offre la réunion de tous les groupes des terrains plutoniques; les granitoïdes néanmoins paroissent dominer.

Les montagnes des environs de Limoges et de Saint-Yrieix, malgré la réalité de la stratification du gneiss et de la diorite schistoïde qui s'y présentent, montrent, dans les carrières de kaolin même, un exemple de la manière dont toutes les parties des roches granitoïdes ont été comme pétries et mêlées.

On voit sur la côte du Cotentin, de Cherbourg aux Pieux, une syénite granitoïde dont la composition, la couleur, la texture et la disposition ont la plus grande ressemblance avec celles de Drammen en Norwége. Il y a dans ce même lieu, et surtout un peu plus loin, à l'ouest, près de Chatelaudrun, des masses puissantes de trappite dans ce granite syénitique, comme dans les parties de la Scandinavie que j'ai citées. La ressemblance des roches, tant principales qu'accessoires, est à s'y méprendre.

Dans les Vosges, dont la structure générale a été si bien exposée par M. Voltz[1], le groupe granitoïde est dominant, mais il l'emporte de peu sur l'entritique. Il renferme les plus belles syénites qu'on puisse citer avec celles de Norwége, d'Égypte et de Syrie.

Les syénites du Harz, leur mélange (au Rehberggraben, etc.) avec des trappites ou des eurites (*Hornfels*), rappellent toujours la même disposition de ces roches entre elles dans toutes les parties de la terre.

---

[1] Aperçu de la topographie minéralogique de l'Alsace, un cahier de 66 pages; Strasbourg, 1828.

Les pegmatites du *Stockwerk* de Geyer, les syénites des bords de l'Elbe, entre Zehren et Meissen, et celles de la vallée de la Mülglitz, au sud-est de Dresde, diffèrent un peu des précédentes en se rapprochant de celles de Scandinavie de la manière la plus frappante. Nous n'avons pas besoin de rappeler que MM. de Raumer et de Bonnard ont prouvé qu'elles recouvrent aussi des terrains analogues.

La Bohème, à Carlsbad ; la Hongrie, dans divers lieux (Hodritz. etc.), offrent des exemples de ces terrains massifs de syénite. de protogyne, de diorite.

La Norwége présente des exemples célèbres de ces roches granitoïdes typhoniennes. — A Brambokamp en Hadeland : diorite granitoïde. avec pyrite ; disposition fort remarquable, décrite par M. Keilau. A Rotangen, près d'Holmstrand, et à Drammen, vers Solberg : syénite rougeâtre très-caractérisée ; quelques cavités drusiques présentent des cristaux de felspath et de quarz, comme à Baveno. A Laurwig, Friederichswarn : syénite zirconienne, si célèbre par les beaux zircons qu'elle renferme, avec éléolithe. — Il n'y a dans ces roches aucune trace de stratification ; les collines ressemblent à de gros tubercules de la surface du globe ; un grand nombre d'entre elles est traversé par des filons de trappite (Vasbotten).

2.ᵉ *Gr.* TERR. PLUT. ENTRITIQUE. [1]

Pendant long-temps on a regardé les roches qui composent ce groupe comme primitives. Mais ce sont cependant les premières, parmi les roches dures cristallisées, que l'on ait sorties de cette classe.

Ce groupe est aussi naturel que le précédent. Ses roches se mêlent, se pénètrent, passent des unes aux autres par des nuances nombreuses. Les variolites elles-mêmes, qui semblent s'éloigner le plus des autres, passent en Corse et ailleurs au porphyre rouge, lorsqu'elles sont rouges, et à l'ophyte, lorsqu'elles sont verdâtres.

Le mode de formation est moins nettement cristallin dans ces roches que dans celles du groupe précédent. Il faut plus

---

1 Composé de roches dont la pâte est comme lardée de cristaux ou pétrie de nodules et de parties cristallisées confusément.

d'attention, surtout quand elles ont pris par un commencement d'altération une texture terreuse, pour s'assurer qu'il n'y a rien de sédimenteux.

L'histoire générale de ce groupe convient donc à peu près complétement à presque toutes les roches qui le composent.

Le groupe entritique, dont il a été déjà fait mention, comme 7.ᵉ groupe, à l'article des *terrains abyssiques* et tout près du groupe houiller, s'étend sur un bien plus grand espace dans la série des terrains qui composent l'écorce du globe.

Il tire son origine sans aucun doute des couches de la terre inférieure au gneiss et au micaschiste, puisqu'il traverse ces roches anciennes en grands et puissans filons; le gneiss, à Schwartzenteich, Rothfurth, près Freyberg, et le micaschiste, à Marienberg. Mais il semble néanmoins postérieur au gneiss, tandis que le granite, même le granite massif, est antérieur à cette roche, qui peut, par sa nature bien déterminée et par sa position simple, servir comme de terme de départ à toutes les formations.

On peut donc concevoir à peu près comme il suit cette différence entre la position des roches à leur source ou point de départ, et leur position de formation ou d'épanchement à la surface du globe; nous aurons plus bas de nombreuses occasions de faire l'application de cette règle.

En admettant, avec presque tous les géologues modernes, que la plupart des filons, et surtout les filons de roches, viennent d'en bas, il faut aussi admettre que la source des matières qui composent ces filons, est inférieure à la roche qu'ils traversent. Or, comme des filons de porphyre traversent le gneiss, il faut reconnoître que la masse, ou au moins les matériaux des porphyres, sont au-dessous du gneiss.

Mais il ne paroît pas que cette roche se soit étendue à la surface de la terre, qu'elle y ait formé terrain avant le dépôt du gneiss, car je ne connois pas d'exemple d'un terrain de gneiss bien caractérisé, placé évidemment sur un terrain de vrai porphyre.

Il n'en est pas ainsi du granite. Quoique cette roche soit souvent intimement mêlée avec le gneiss, qu'elle le traverse même en filons, on admet que le gneiss est, dans plusieurs cas, évidemment superposé au granite.

Ainsi le groupe entritique paroît ne s'être étendu à la surface de la terre que lorsque le gneiss et probablement le micaschiste, peut-être encore d'autres roches, avoient déjà formé la partie inférieure de l'écorce du globe.

Telles sont les limites inférieures du groupe entritique, suivant l'acception qu'on doit donner, dans le cas actuel, au mot de *limite;* en ne plaçant dans le groupe entritique plutonique que les roches auxquelles on a donné le plus généralement les noms de *porphyres,* de *mélaphyres, d'eurites porphyroïdes,* etc., roches qui ne renferment que des cristaux ou nodules de felspath sans augite.

Les limites supérieures du groupe entritique ainsi caractérisé ne sont peut-être pas plus élevées que celles du granite et de la syénite; mais, si on y comprend les roches trappéennes, alors ce groupe monte jusqu'au-dessus de la craie, et il se confond, dans cette partie, avec quelques roches trachytiques ou trappéennes des terrains pyroïdes. J'ai cherché à éviter cette confusion, et je crois que les limites que j'assigne à ce groupe sont plus naturelles, ainsi que les développemens suivans vont le prouver.

En cherchant les différentes époques géognostiques auxquelles le véritable groupe entritique a paru, et pendant lesquelles il s'est épanché à la surface du globe, on croit pouvoir établir les époques d'apparition suivantes.

La première, qui, comme on vient de le dire, forme la limite inférieure, paroit avoir eu lieu immédiatement après le dépôt des micaschistes et des schistes satinés et même argileux (Erzgebirge, Bohême, Écosse).

La seconde époque seroit celle des terrains hémilysien, enzoïque, calcaire, schisteux, phylladien et psammitique (en Angleterre, au Harz? en Transylvanie).

La troisième apparition du groupe entritique, si toutefois elle diffère réellement de la seconde, auroit eu lieu à l'époque des terrains carbonifères, et se confondroit, selon moi, avec celle des terrains houillers; elle présenteroit, avec de véritables porphyres, des mélaphyres, des eurites porphyroïdes, des argilophyres, quelquefois disposés en couches, d'autres fois en masses droites, remplies de fragmens : circonstances qui indiquent assez clairement une sorte d'exubération du bas en haut. J'ai déjà parlé de ces roches et de leur position dans le terrain abyssique houiller. Ce sont les mêmes que je rappelle ici, et je n'ai aucun exemple remarquable à ajouter à ceux qui ont été déjà cités à cet article.

Les spilites agatifères et quelques trappites ont accompagné avec une grande abondance ces dernières époques du groupe entritique, et lient le terrain plutonique avec le terrain pyroïde à un tel point, qu'on ne sait où en placer les limites.

C'est aussi, suivant moi, la dernière émission des véritables porphyres, c'est-à-dire de roches à ciment coloré renfermant abondamment du felspath et point ou très-peu d'augite, minéral des terrains pyroïdes.

Les Ophites et Variolites, et autres roches de ce groupe, sont sans importance et peuvent être considérés comme de simples modifications de structure des roches fondamentales ; elles n'impriment aucun caractère particulier aux terrains entritiques.

Les pays et montagnes qui appartiennent au groupe entritique, ont un tout autre aspect que ceux qui ne renferment que des granites. D'abord ces pays sont toujours beaucoup moins étendus ; ce sont même assez souvent des terrains ou formations morcelés. Les montagnes moins hautes ne sont ni arrondies, ni déchirées, mais plutôt coniques, avec de singulières dépressions sur leur flanc (dans les environs de Saulieu). Ils forment aussi des plateaux convexes avec des bords escarpés et étagés.

La structure en grand est massive, c'est le caractère de ces terrains ; mais ces masses se divisent en prismes, en plaques ou en sphéroïdes, à la manière des basaltes (Fierfeld, près Creutznach, dans le Mont-Tonnerre).

Le groupe entritique présente peu de minéraux disséminés. On n'y cite guère que des grenats? de l'amphibole qu'on prend quelquefois pour du pyroxène, de l'épidote, du calcaire spathique en petites lames, des pyrites rares et en nodules, de l'agate, du jaspe, de la chlorite. Il paroît cependant renfermer quelques filons ou plutôt des veines qui contiennent des minéraux et des minérais peu nombreux et peu abondans. Tels sont le quarz, la barytine, le fer hydroxidé compacte et le fer oligiste, des manganèses ternes et même du mercure.

On a appliqué le nom de porphyre à tant de roches de nature différente, qui n'ont de commun entre elles que la structure, qu'il est probable qu'on doit rapporter aux trachytes beaucoup de mines qu'on disoit autrefois être exploitées dans le porphyre.

Exemples du groupe ENTRITIQUE.

Ils sont trop nombreux et trop évidens pour en multiplier les exemples; je me contenterai de citer ceux que j'ai vus ou sur lesquels j'ai quelques notions particulières.

Montagnes de Lesterel, près Fréjus : amas remarquable de monticules, qui rappelle plusieurs parties de la Norwége. Les porphyres et presque toutes les roches du groupe entritique, sauf l'ophite, s'y présentent.

Entre Rouane et Saint-Symphorien : porphyre quarzeux, rougeâtre. La montagne de Tarare offre d'autres porphyres verdâtres, associés avec des trappites, etc.

Entre Saulieu et Lucenay, près Chisey : buttes de porphyres quarzeux brun-rouges et d'eurite porphyroïde verdâtre, présentant les formes extérieures que j'ai indiquées dans les caractères généraux de ce groupe.

Le Mont-Tonnerre, dans une grande partie de son étendue, mais principalement du côté de Creutznach, présente un exemple frappant de la disposition du groupe entritique dans ses porphyres, ses mélaphyres, etc.

Recoaro en Vicentin : porphyre? rougeâtre, traversé de filons de trappite et de spilite, comme à Bærum en Norwége.

Schio, val d'Orco : porphyre brun et amygdaloïde gris-vert pâle.

Les porphyres brun-rouges et quarzeux de Morl, près de Halle en Saxe, ne diffèrent de ceux de Lyon, de Saulieu, que parce qu'ils renferment du kaolin; ceux de Chemnitz s'en éloignent un peu en passant aux eurites et aux argilophyres.

En Scandinavie, aux environs de Christiania, Tifholmsudden, Sundewold, Wettakullen, Bærum : porphyre brun-rouge, avec épidote, traversé de filons de trappite.

3.ᵉ *Gr.* TERR. PLUT. OPHIOLITHIQUE.

Ce groupe est un des mieux caractérisés par sa nature.

sa structure, ses formes, sa position, ses roches et toutes ses circonstances géologiques, de tous ceux qui entrent dans la composition de l'écorce du globe.

Cependant, comme toutes les roches, il passe par des nuances insensibles au groupe talqueux et magnésique du terrain stratifié, mais c'est plutôt par sa nature que par sa structure; car ce dernier caractère est des plus tranchés dans le groupe ophiolithique.

Toutes les roches qui le composent ont une structure massive, en petit comme en grand; aucune n'indique même de tendance à la stratification. Ce sont des terrains qui ne sont pas tout-à-fait sans fissures ou divisions; mais ces fissures sont ou droites et presque verticales (dans la dolomie), ou croisées et anastomosées dans toutes les directions (l'ophiolite, la magnésite), ou bien, enfin, elles sont rares, et la roche a une compacité et une solidité assez remarquables (l'euphotide).

La texture est souvent aussi compacte que cristalline, ce qui jetteroit quelque incertitude sur le mode de formation de ces roches, si la structure que nous venons de décrire n'éloignoit toute idée de sédiment.

Les limites de ce groupe sont à peu près les mêmes que ceux du groupe entritique. Cependant je doute qu'il descende aussi bas et qu'il se présente intercalé dans les terrains agalysiens stratifiés. C'est principalement aux terrains hémilysiens calcareux et schisteux qu'est sa limite inférieure; sa limite supérieure m'est inconnue, car il est fort rare de voir aucune des roches de ce terrain distinctement recouverte par une autre roche.

Le groupe ophiolitique ne renferme pas de filons : les minéraux qu'on y cite y sont ou disséminés ou en veines nombreuses, anastomosées. Les roches qui composent ce groupe se rencontrent tantôt isolément et tantôt réunies, mais ordinairement elles forment les sous-groupes suivans :

1.° Les OPHIOLITES diverses et 2.° l'EUPHOTIDE, qui se présentent sous les plus grandes étendues, formant des montagnes et des cantons entiers et ordinairement assez nettement séparés (les Apennins de la Ligurie), et quelquefois de simples monticules (la roche l'Abeille près Limoges).

5.° L'Ophicalce. Les ophiolites et les euphotides passent à cette roche par des nuances insensibles; j'en ai donné des preuves ailleurs, et aucun fait n'est venu infirmer le rapprochement que j'ai établi entre le marbre vert de mer ou *polzevera* de Gênes, et les ophiolites souvent calcaires de la Toscane.

4.° La Magnésite et la Giobertite qui l'accompagne souvent et qui n'en diffère pas géologiquement, sont moins répandues et forment des monticules moins étendus (Castellamonte, aux environs de Turin).

5.° La Dolomie, que nous associons à ce groupe, paroît avoir en effet une même origine et être de la même époque. Elle forme aussi des monticules isolés, mais il est assez difficile de distinguer ces dolomies non stratifiées des dolomies à peine stratifiées, dont on a déjà parlé dans deux occasions, et on remarquera que nous n'avons presque aucun exemple authentique à en citer. Il est néanmoins présumable pour nous que toutes les dolomies dites primitives, celle du Saint-Gothard, etc., pourroient être rapportées à ce groupe.

Ce groupe renferme peu de minéraux; les plus remarquables, ceux qui paroissent lui appartenir plus spécialement, sont : la *diallage*, l'*idocrase*, la *sahlite*, l'*asbeste*, le *chrome*.

Exemples du groupe OPHIOLITHIQUE.

France. La roche l'Abeille, près Limoges : petit monticule arrondi d'ophiolite, avec veines d'asbeste et grains de fer oxidulé. — Lourdes, Hautes-Pyrénées : disposition semblable.

Italie. Golfe de la Spezzia ; Cravignola, près Rochetta, environs de Florence ; Prato, Monte-Ferrato, Imprunetta, etc., et au Nord près Pietra mala : collines d'ophiolite, sur l'euphotide et le jaspe, le tout superposé au macigno compacte ; elles renferment du calcaire spathique, de la diallage, du felspath compacte, du manganèse terne, jaspoïde, et quelquefois de l'ophicalce velné (montagne Santa Maria).

Environs de Gênes, Monte Ramazzo : montagnes d'ophiolite pétrie dans quelques parties de pyrites, qui forment un enduit bronzé sur toutes les sortes d'amandes dont cette roche est formée ; elle renferme en outre de vraies amygdaloïdes, du silex résinite, etc.

A Lavazera, au nord de Gênes : ophicalce veiné (marbre dit vert de mer), que je rapporte à ce groupe; ce rapprochement est confirmé par l'ophicalce de Santa Maria, près Florence, qui est entre l'ophiolite et le jaspe.

Castellamonte et Baldissero, près Turin : collines d'ophiolite, de magnésite et de giobertite, avec veines de calcédoine et de résinite, et nodules de sahlite compacte[1] ?

On a en ANGLETERRE les belles ophiolites du cap Lizard en Cornouailles; celles de Portsoy en Écosse.

En ALLEMAGNE, celle de Zöblitz.

ESPAGNE. Vallecas, près Madrid : magnésite plastique, avec cristaux de calcaire, veines et nodules de calcédoine, comme à Castellamonte ?

AMÉRIQUE SEPTENTRIONALE. Les environs de New-Haven, dans le Connecticut, qui montrent un ophicalce semblable à celui des environs de Gênes.

4.ᵉ *Gr.* TERR. PLUT. TRACHYTIQUES.

Il y a presque autant de motifs pour placer ce groupe dans les terrains vulcaniques que dans les plutoniques. Il présente, comme les premiers, des indices de l'action du feu et même de l'action liquéfiante de cet agent : il la présente au moins aussi bien que plusieurs roches que tout le monde place maintenant sans hésiter parmi les produits vulcaniques (les basanite, dolérite, leucostine, stigmite); mais il montre aussi, dans quelques cas, la texture ou compacte ou cristalline (les argilophyre, eurite, résinite) des autres roches plutoniques, et passe tellement au groupe entritique, par les mélaphyres, les eurites porphyroïdes, etc., et au groupe granitoïde, par le diorite, qu'on ne sait à quelle classe le réunir. Ce groupe montre de la manière la plus évidente comment il est quelquefois impossible de tirer une ligne de démarcation précise entre les corps qui paroissent, au premier aspect, les plus dissemblables; car il est certain que le groupe trachytique ne permet pas de séparer nettement et clairement celui qui renferme les granites et les pegmatites de celui qui renferme les basanites, les stigmites, les pumites.

---

1 Ann. des mines, 1821, t. VI, p. 177, pl. 2, fig. 4.

Cette difficulté, qui n'est relative qu'à la distinction minéralogique des groupes , c'est-à-dire aux circonstances de nature et structure qui constituent leurs caractères minéralogiques, n'est ni la seule ni la plus importante. Les rapports géologiques sont encore plus difficiles à établir.

Il y a dans la division des roches massives trois questions à résoudre : dans quelles couches de la terre ont-elles pris leur source ou origine? à quelle époque géognostique se sont-elles épanchées à la surface du globe? quels sont les terrains qui se sont déposés ou épanchés après eux ?

La première recherche, toute théorique, ne peut être traitée ici ; les deux dernières constituent ce que nous avons nommé les limites inférieures et supérieures des terrains ou formations.

Or les limites inférieures des terrains de trachytes, après avoir été pendant long-temps presque inconnues et beaucoup discutées, sont maintenant assez bien déterminées.

Ces roches paroissent s'être épanchées à la surface du globe après la formation de la craie, en même temps que les terrains thalassiques et peut-être même après l'époque tritonienne de ces terrains.

Ce qui paroit établir ces faits, c'est la superposition évidente des trachytes des monts euganéens, sur un calcaire schistoïde rougeâtre , qui , malgré sa différence extérieure d'avec la craie blanche, m'a paru, par ses autres caractères minéralogiques et par ses caractères zoologiques, appartenir à cette époque. Ce rapprochement est maintenant assez généralement admis. Le trachyte d'Arqua, dans ce groupe de montagnes et dans plusieurs autres points , est évidemment superposé au calcaire.

On a vu le trachyte superposé à des roches plus anciennes (aux syénites, en Hongrie, au Mexique; aux traumates, dans le Siebengebirge, sur les bords du Rhin). Si cette superposition eût été observée avant celle de la craie , elle auroit pu faire attribuer au trachyte une formation ou limite inférieure beaucoup plus ancienne; mais depuis qu'on a vu cette roche au-dessus des terrains pélagiques, on ne peut tirer de sa position sur ces terrains inférieurs que deux conséquences : ou bien le trachyte s'est épanché à la surface du globe à plusieurs reprises ; ou bien à l'époque de son épanchement général les terrains anciens cités plus haut n'étoient recouverts d'aucune autre roche.

La présence des roches du groupe trachytique, soit étendu sur des terrains agalysiens ou hémilysiens, soit en masse droite dans ces terrains, force d'admettre que leur source ou origine est au moins inférieure à ces terrains.

Parmi les terrains typhoniens, le groupe trachytique est considéré comme postérieur au groupe entritique et comme étant antérieur au groupe trappéen ou tout au plus son contemporain. [1]

Ce groupe de roches, dans lequel le trachyte est presque toujours dominant, forme des montagnes assez régulièrement coniques et en forme de dôme, tantôt isolées, tantôt réunies en groupe. Dans ce dernier cas elles présentent quelquefois des sommets aplatis, et, soit sur leur flanc, soit dans les vallons qui les traversent, des escarpemens presque verticaux.

On n'y voit que très-rarement des indices d'une stratification imparfaite, et ce n'est guère que dans les argilophyres, roches qui dépendent de ce groupe, que cette disposition se présente (Pas-de-Compain au Cantal). Les terrains trachytiques, au contraire, sont divisés en parties prismatoïdes très-irrégulières par des fissures à peu près verticales ; quelquefois cependant ces fissures ont une sorte de régularité qui produit dans les masses des parties prismatiques ou des parties cylindroïques droites, composées de zones parallèles à l'axe, etc.

Cette structure et la texture désignent un mode de formation plutôt par voie de ramollissement et de refroidissement que par voie de fusion ; et lorsque la texture vitreuse semble indiquer cette voie (dans les rétinites), la présence de l'eau force à la rejeter.

Ces roches poreuses ou très-fissurées sont généralement sèches. On n'y voit aucune source.

---

[1] L'alternance du trachyte et du basalte, au mont Dore, semble établir cette contemporanéité ; mais la plupart de ces roches sont nommées si vaguement, si arbitrairement, qu'on ne peut pas souvent être sûr que celles que plusieurs géologues nomment *porphyre*, *trachyte*, *basalte*, soient bien ces roches dans l'acception que nous leur donnons.

Il paroît que ce groupe forme, au moins en partie, la masse des plus hautes montagnes du globe (dans les Cordillères des Andes).

Les minéraux qu'il renferme y sont ou disséminés ou en veinules anastomosées (les résinites opales, les minérais métallifères); quelquefois en petits lits ou en petits amas (les silex résinites et les rétinites); quelquefois en enduits (l'hyalite); quelquefois, enfin, en véritables filons multipliés et parallèles (l'alunite, à la Tolfa, etc.).

Les roches qui entrent dans la composition de ce groupe, sont, comme on le voit au tableau :

1. Le TRACHYTE proprement dit, qui renferme presque tous les minéraux nommés.

La DOMITE, qui en diffère à peine.

2. L'ARGILOPHYRE, qui n'est souvent qu'un porphyre ou qu'un eurite porphyroïde altéré et passant même au kaolin et à la cimolite.

3. L'EURITE compacte, granitoïde et schistoïde, qui présente souvent une division tabulaire très-remarquable, et qui, par sa compacité, sa texture, sa grande fusibilité, se rapproche autant du groupe entritique que du groupe trachytique.

Les trachytes sont le gîte principal et le plus ordinaire des opales et des alunites. Ils renferment sans aucun doute des minérais aurifères; mais, comme le fait observer M. Beudant, ces minérais tirent leur origine du terrain inférieur au trachyte; ils semblent avoir été entraînés par cette roche lors de son élévation, et sont plutôt engagés dans ses fissures que disposés en amas ou en filons.

Les exemples répartis dans ce paragraphe et les minéraux cités au tableau suffisent à notre objet.

IX.ᵉ CLASSE. TERRAINS VULCANIQUES ou DE FUSION.

On est conduit par des nuances insensibles à ces derniers terrains, dont certaines roches sont cependant si bien connues, si clairement caractérisées comme produites par l'action du feu, que personne ne révoque en doute leur origine ignée.

Mais il y a dans les terrains précédens des roches qui ressemblent tant à certains basanites et stigmites des terrains vulcaniques, qu'on ne sait où tirer la limite entre les groupes de cette classe et ceux de la précédente. Nous avons éprouvé cette hésitation dès le commencement de ces tableaux, et elle se présente avec plus de force encore dans cette dernière classe.

Les terrains pyrogènes volcaniques ont pour caractère précis et tranché d'être encore en formation. Les vulcaniques n'en diffèrent, dans bien des cas, que parce qu'ils ont cessé d'être en action depuis le commencement de la période jovienne. C'est, comme dans presque toutes les limites géologiques, un caractère chronologique qui les sépare.

Ainsi les terrains vulcaniques ont pour premier caractère de partager le repos actuel de tous les produits de la période saturnienne. Ils ne sont recouverts par aucune roche solide; tout au plus le sont-ils par quelques parties de terrains clysmiens. Dans un assez grand nombre de positions, leur forme, leur surface, semblent aussi intactes, aussi fraîches, que s'ils venoient de sortir du sein de la terre.

Leur séparation des terrains volcaniques, et par conséquent la place de deux terrains si semblables en tout dans deux périodes différentes, n'est fondée que sur la présomption de leur extinction ou de la fin de leur action au commencement de la période jovienne.

Il faut donc d'autres caractères pour distinguer les terrains vulcaniques des terrains pyrogènes volcaniques. Il n'y en a pas de précis, mais la réunion de beaucoup de probabilités équivaut presque à une certitude.

Ainsi les terrains pyrogènes sans activité, connus depuis les temps historiques et qui sont placés au milieu des terres, appartiennent en général aux terrains vulcaniques. Ceux-ci ne recouvrent jamais aucun des terrains alluviens.

Enfin, et c'est ici que sont les plus notables caractères différentiels, caractères qui suffiroient seuls pour les distinguer, s'ils se présentoient toujours, on trouve dans les terrains vulcaniques un certain nombre de roches qu'on n'a pas encore vues dans les terrains volcaniques actuels.

Ainsi tout le groupe trappéen est dans ce cas; et dans le

groupe lavique il est encore quelques roches qui caractérisent ces anciens terrains pyrogènes.

Les terrains pyrogènes vulcaniques et volcaniques, c'est-à-
dire tant anciens qu'actuels, doivent être, dans l'ensemble
de leurs phénomènes et dans le détail de leurs roches, le
sujet d'un article spécial. Nous devons nous contenter, pour
compléter ce tableau des terrains, de donner les caractères
des deux groupes qui composent les terrains vulcaniques,
sans entrer dans aucun détail sur chacun d'eux, réservant
ces détails pour l'article VOLCANS. (Voyez ce mot.)

La position des terrains vulcaniques est assez remarquable.
Malgré leur ancienneté, malgré leurs caractères minéralogiques d'origine si complétement chimique en comparaison de
la texture grossière, et même d'agrégation si généralement
dominante dans les terrains thalassiques, il paroît que l'épanchement des terrains vulcaniques a été postérieur à la formation de tous les groupes de ce terrain. Le dernier de ces
groupes, l'épilymnique, est encore inférieur, non-seulement
au groupe lavique des terrains vulcaniques, mais même aux
dernières productions du groupe trappéen.

Les trappites, dolérites, les spilites même, qu'on trouve
interposées au milieu des roches de terrains beaucoup plus
anciens, n'infirment pas cette règle ; car n'oublions pas que
les terrains massifs ou typhoniens ne sont pas le produit d'un
précipité chimique ou d'un dépôt mécanique qui a eu lieu
dans une masse de fluide : ils viennent du bas en haut ; ils
ont dû ouvrir toutes les couches de la terre qui recouvrent
leur source ou leur foyer, pour gagner la surface du globe,
et, dans ce passage, ils ont pu ou demeurer sous des couches qu'ils n'ont pas eu la puissance d'ouvrir et de traverser,
ou s'infiltrer entre des assises de ces couches. Quand on a
pu voir les coupes des terrains où se sont passés ces singuliers
phénomènes [1], on a reconnu les preuves matérielles de ces

---

[1] MM. Naumann et Keilau en ont présenté un grand nombre pour
la Norwége, et M. Macculloch pour diverses parties de l'Écosse. Il en
est un surtout à Stirlingcastle, dont cet illustre géologue a donné la
figure (Transact. géol., tom. 2, pl. 12 et 13), qui offre, de la manière la
plus évidente, un exemple du soulèvement et de l'intromission dont je
parle.

intercalations, qu'une théorie sage pouvoit porter à admettre, mais qui sont établies maintenant d'une manière bien plus solide, puisque la nature même nous les a montrées avec tant d'évidence dans des circonstances qui ne paroissent plus aussi rares depuis qu'on a su les observer et les évaluer.

Malgré la présence des trappites, des basanites, des spilites, au milieu des terrains hémilysiens calcareux ou schisteux, au milieu même des terrains agalysiens (en Écosse, au Harz, en Norwége, au Puy-en-Vélay, etc.), je place, d'après les principes de géologie que j'ai admis sur la détermination des limites de chaque terrain; je place, dis-je, la limite inférieure des terrains vulcaniques au-dessus des terrains thalassiques, sans exception, c'est-à-dire que ces derniers terrains étoient déposés ou se déposoient à l'époque où les terrains vulcaniques s'épanchoient.

Leur limite supérieure, c'est-à-dire l'époque géognostique où l'épanchement de ces terrains a cessé, ou bien celle à laquelle il a été interrompu par des phénomènes géologiques assez importans pour apporter de grands changemens à la surface du globe, me paroit être celle des terrains clysmiens. Ces deux événemens semblent en effet avoir pu être en corrélation. Il est présumable, comme je l'ai dit à l'article de ces terrains, que les débris de toutes espèces, roches, limons, ossemens, cailloux, qui les composent, ont été formés et entraînés par une grande éruption liquide, due, soit au soulèvement, soit à l'affaissement des couches de l'écorce du globe: or il est assez naturel de penser qu'un phénomène aussi puissant, aussi général, a dû éteindre ou au moins changer la plupart des foyers volcaniques qui étoient alors en activité.

L'époque des terrains vulcaniques, objet principal de ce tableau, étant déterminée par la position de ses limites inférieures et supérieures, je n'en pousserai pas plus loin l'examen; ces terrains devant faire, comme je l'ai dit, l'objet d'un article particulier.

Je dois seulement faire remarquer que leur forme extérieure est souvent très-différente de celle des volcans actuels; que pour quelques-uns, comme ceux de l'Auvergne, des bords du Rhin, de la Bohème, etc., qui montrent encore les cônes et même les dépressions cratériformes, formes ordinaires des terrains volcaniques, un bien plus grand nombre présentent des formes différentes, telles que celles de longues collines et de grands plateaux. Ces formes indiquent des épanchemens plus considérables, ayant eu lieu plutôt sur des lignes que par des ouvertures cylindroïdes , comme celles des volcans actuels.

Je ferai encore remarquer que dans les terrains vulcaniques le groupe trappéen est bien plus commun que le groupe lavique, et que dans celui-ci les leucostines, les stigmites, les pépérines, sont plus fréquentes que les téphrines et les pumites, tandis que ces dernières roches forment, avec les basanites scoriacées, les téphrines pyroxéniques , amphigéniques et scoriacées , et quelques pépérines grisâtres , la masse principale des terrains volcaniques actuels.

On voit aussi par la comparaison des minéraux renfermés dans les roches des deux groupes vulcaniques, avec ceux que présentent les terrains pyrogènes de l'époque actuelle , combien les premières sont riches en espèces minérales qui ne se trouvent plus ou ne se trouvent qu'en très-petite quantité dans les roches volcaniques actuelles ; et je ne comprends pas dans l'énumération des premières tous ces minéraux qu'on trouve dans les roches agalysiennes rejetées autrefois par les volcans (telles que celles de la Somma au Vésuve), parce que je ne les considère pas comme appartenant aux terrains dont je trace les caractères.

Enfin , il est une autre considération très-importante à faire, et dont la première vue est due à Dolomieu. Quoique la plupart des terrains vulcaniques aient été éteints par la catastrophe clysmienne, il paroît cependant que quelques-uns ont repris de l'activité après cette catastrophe, ou que d'autres volcans se sont établis dans le même lieu; de là le soin qu'il faut mettre pour distinguer dans un volcan actuel ce qui appartient au terrain vulcanique de ce qui est dû aux éruptions joviennes. C'est ainsi que la base de l'Etna, que celle des volcans des Cordillères, sont probablement d'une époque géologique bien différente de leur sommet, ou au moins des parties qui recouvrent cette base, et qui se font reconnoître par leur position et par la nature de leurs roches et de leurs minéraux comme appartenant à la période jovienne,

Nous sommes partis de la surface de la terre, des terrains les plus superficiels et les plus nouveaux, pour nous enfoncer le plus profondément possible dans l'écorce du globe. Si on compare la profondeur à laquelle nous sommes parvenus avec la longueur du rayon de la terre, on verra que nous en avons à peine effleuré la surface, et qu'une rayure d'épingle sur le vernis qui enduit les globes terrestres de dimension ordinaire, est bien plus profonde que les cavités les plus basses dans lesquelles on soit arrivé. Nous avons vu cependant combien cette mince pellicule de la terre nous avoit fourni de faits variés et intéressans, susceptibles de donner lieu aux plus hautes conceptions, comme de fournir les matériaux les plus nombreux et les plus importans aux arts utiles, aux sciences et aux arts d'agrément.

Nous avons suivi, pour ainsi dire, de couches en couches les roches singulières qui ont été poussées et élancées de dessous cette écorce de la terre, que nous sommes loin d'avoir percée, jusqu'à la surface du globe.

La tâche que nous nous sommes donnée de rassembler ces faits, de les rapprocher, pour essayer de les comparer plus facilement et de les lier entre eux par quelques déductions théoriques, est remplie. On pourroit vouloir remonter plus haut et demander une théorie commune pour tous ces faits, mais ils ne nous paroissent ni assez nombreux, ni assez bien connus, ni avoir encore été rapprochés sous un assez grand nombre de points de vue, pour qu'une telle théorie ne devînt pas une hypothèse ou un système général de géologie. Si quelques personnes se croient assez avancées dans la connoissance des phénomènes géologiques de la nature, ou douées d'un génie assez pénétrant et assez audacieux pour créer la terre avec le petit nombre de matériaux que nous possédons, je leur abandonne cette brillante entreprise : je ne me sens ni les moyens ni la force de construire un édifice aussi hardi et peut-être aussi peu durable.[1] (B.)

---

[1] Cet article est un extrait, très-étendu à la vérité, d'un écrit publié séparément chez F. G. Levrault, intitulé : Tableau des terrains, ou Essai sur la structure de la partie connue de la terre, 1 vol. in-8.°

TABLEAUX

DES CORPS ORGANISÉS FOSSILES,

RAPPORTÉS AUX CLASSES, ORDRES ET GROUPES DE TERRAINS AUX-
QUELS ILS SONT PROPRES.

Avertissement sur ces tableaux.

Nous ne possédons pas encore les moyens de dresser des listes des seuls corps organisés fossiles qui peuvent servir à caractériser les divers groupes de terrains; il faut donc donner des listes beaucoup plus nombreuses que celles qu'on pourra faire dans la suite; j'aurois dû même n'omettre aucune espèce : car, quelque voisine qu'une espèce paroisse d'une autre, nous ne savons pas encore si ces légères différences spécifiques ne suffisent pas dans beaucoup de cas pour caractériser des terrains assez différens d'ailleurs. C'est probablement par ces listes et par les moyens qu'elles offrent, qu'on parviendra à distinguer partout les terrains protéiques des terrains tritoniens : c'est au moyen de listes aussi complètes qu'il sera possible de les faire, qu'on pourra arriver à obtenir des caractères tirés de rapports numériques au défaut de caractères absolus; mais si j'avois voulu rendre ces listes complètes, il en seroit résulté un volume uniquement composé de noms et un dédale à ne pas s'y reconnoître : c'eût été un travail immense et hors de proportion avec l'étendue de celui auquel il doit être annexé.

Il reste d'ailleurs encore un grand nombre de notions à acquérir sur les causes qui ont pu faire varier les corps organisés et sur la valeur de ces variations. Si la température et le climat, l'abondance ou la disette des alimens et leur nature ont eu une grande influence sur les genres et les espèces d'animaux et de végétaux qui ont pu habiter et peupler une contrée, on sent que ces différences peuvent s'être présentées sous la même latitude et dans la même contrée, suivant l'élévation. la position et même la nature du sol de cette contrée. Alors les différences des débris organiques fossiles ne résulteront pas des périodes géologiques pendant lesquelles ont vécu les êtres organisés dont ils proviennent, mais seulement de leur position géographique et physique.

Cependant, au défaut de ces moyens efficaces, il faut essayer d'obtenir quelques résultats utiles de la connoissance et de la comparaison des êtres organisés dont les restes sont enfouis dans les différentes couches de l'écorce du globe.

Or, pour fixer les idées sur ce que ces listes peuvent présenter de comparable et de caractéristique, j'ai marqué de différens signes les débris organiques compris dans ces tableaux, suivant qu'ils *m'ont paru* caractériser avec plus ou moins de sûreté les terrains auxquels on les rapporte. Ainsi :

Le point d'exclamation (!) indique que je regarde le genre ou l'espèce du corps fossile dont il précède le nom comme caractérisant assez bien, et d'une manière presque absolue, le terrain dans lequel on l'indique.

L'astérisque simple (*) ou double (**) indique que le genre ou l'espèce de ce corps fossile paroît pouvoir entrer dans la liste à dresser de l'ensemble des corps organisés fossiles caractéristiques.

Le point d'interrogation (?) fait connoître qu'il y a du doute que le corps appartienne réellement au terrain auquel on le rapporte, ou qu'il soit exactement de la même espèce que celui qu'on indique sous le même nom dans un autre terrain.

Les espèces qui ne sont précédées d'aucun de ces signes, sont celles sur lesquelles il n'y a encore aucune considération à faire.

Les signes particuliers à certaines listes seront expliqués en tête de ces listes.

Les noms des corps organisés fossiles sans citation des auteurs qui les ont décrits ou nommés n'ayant ni authenticité ni autorité, nous citerons toujours les naturalistes dont les ouvrages nous ont fourni ces exemples par les abrévations suivantes :

B.   = de Basterot.
Bl.   = de Blainville.
Blum.   = Blumenbach.
Bojan.   = Bojanus.
Bors.   = Borson.
Brd.   = Brard.
Brocc.   = Brocchi.
Al.Br.   = Alexandre Brongniart.
Ad.Br.   = Adolphe Brongniart.
Bronn.   = H. Bronn.
Buck.   = Buckland.
Cuv.   = Cuvier.
Dalm.   = Dalman.
Fér.   = de Férusac.
Defr.   = Defrance.
Desh.   = Deshayes.
Gold.   = Goldfuss.
Lam.   = de Lamarck.
Lamx.   = Lamouroux.
G. Mant.   = Gidéon Mantell.
M. de S.   = Marcel de Serres.
Montf.   = Denys de Montfort.
Munst.   = C.te Munster.
Nils.   = Nilson.
Park.   = Parkinson.
Prév.   = Constant Prévost.
Raf.   = Rafinesque-Schmaltz.
Sow.   = Sowerby.
Schl.   = de Schlotheim.
Wahl.   = Wahlenberg.

Corps organisés enfouis dans les groupes **PHYTOGÈNES** *et* **LIMONEUX** *des terrains* **ALLUVIENS.**

EXPLICATION DES ABRÉVIATIONS.

Lim. = Limoneux.

Sabl. = Sable ou sableux.

Tourb. = Phytogène tourbeux.

NOMS DES CORPS ORGANISÉS.	Specific. de quelq. terr.	EXEMPLES DE LIEUX ET OBSERVATIONS.
ANTHROPOÏDES.		
Ossemens humains............	lim.......	Guadeloupe. Caverne des morts , près Durfort , Gard. Köstritz.
Instrumens en silex , jaspes , quarz , jade , trappite.........	lim. sabl..	Sur tout le globe. Les plus anciens vestiges de l'espèce humaine.
Casse - tête.		
Haches.		
Armures de flèche , etc.....	....	Côteau d'Écorne - Bœuf , près Périgueux. Géorgie.
Poteries grossières	lim.	Caverne de Miremont.
MAMMIFÈRES.		
Cheval....................	tourb.	
Porc (*sus scrofa*)............	tourb.....	Scanie.
Renne de Scanie.............	tourb.....	Scanie.
Élan.....................	tourb.....	Scanie.
Cerf commun................	lim. tourb.	Scanie et partout.
Chevreuil..................	tourb.....	Département de la Somme.
Aurochs...................	tourb.....	Scanie.
Bœufs....................	tourb. lim.	Vallée du Rhin , etc.
Castor....................	tourb.....	Département de la Somme , etc.
ICHTHYOLITE.		
Clupea spratus, Bl............	lim.......	Rivages d'Islande.
MOLLUSQUES.		
Hélix divers................	lim.......	Atterrissement du Rhône à 60 mètres audessus de son niveau actuel.
Cyclostoma.................	lim......	
Cardium edule..............	lim.......	Abbeville.

Corps organisés fossiles des groupes LIMONEUX et DÉTRITIQUES des terrains CLYSMIENS.

EXPL. DES ABRÉVIATIONS.

Lim. = Limoneux.	Détr. volc. = Détritiques volcaniques.
Détr. = Détritiques.	Gr. coq. = Gravier coquillier.

NOMS DES CORPS ORGANISÉS.	Spécific. de quelq. terr.	EXEMPLES DE LIEUX ET OBSERVATIONS.
MAMMIFÈRES.		
1 *Elephas primigenius*, BLUM., CUV.	lim. détr..	Par tout l'ancien continent.
	détr. volc.	Auvergne, Périers.
2 *Mastodon maximus*, CUV........	détr. lim..	Amér. septentr. Auvergne.
— *angustidens*, CUV.....	lim......	Amérique septentrionale, principalement. Amérique mérid.: Pérou. Europe : Simorre ; Dax ; val d'Arno ; Asti.
— *Andium*, CUV.......	....	Amér. mérid. : Cordillères ; Santa-Fé-de-Bogota.
— *Humboldtii*, CUV.....	....	Amér. mérid.
— *minutus*, CUV........	....	Europe.
— *tapiroides*, CUV......	....	Europe.
3 *Hippopotamus major*, CUV......	lim.....	Val d'Arno supér. Walton en Essex.
— *minutus*, CUV....	....	Landes de Bordeaux.
4 *Rhinoceros tichorhinus*, CUV....	lim.....	Europe, partout, principalem. en Sibérie. Oxford. Canstadt, etc.
— *leptorhinus*, CUV....	....	*Ibid.*
— *incisivus*, CUV.......	....	Allemagne : Appelsheim.
— *minutus*, CUV.......	détr......	Moissac.
Cheval foss., *Eq. adamiticus*, SCHL.	détr. lim..	Partout. Auvergne.
*Tapir.......................	détr. volc..	Auvergne.
Tapir gigantesque............	....	Allan en Comminges. Vienne en Dauphiné. Chevilly. Avaray. Arbichaud, près d'Auch, etc.
Aper arvenensis, CROIZET......	détr. volc..	Auvergne.
Daim gigantesque, CUV........	....	Abbeville.
Renne d'Étampes, CUV........	lim.....	Breugne, département du Lot.
*Ceris....................	détr. volc..	Auvergne.
Cerf à bois gigantesques, CUV.; *Cervus megaceros*, HART.....	lim. argil..	Principalement à l'occident de l'Europe. Irlande. Essex. Silésie. Bords du Rhin. Sevran, près Paris, etc.
Bœufs.....................	détr. volc..	Auvergne.
Aurochs fossile, CUV.; *Bos urus priscus*, SCHL...............	lim......	Sibérie occident. et orient. Allem.: Prusse. Italie. Scanie. Amér.
Mericotherium sibiricum, BOJAN..	lim.....	Sibérie ?

NOMS DES CORPS ORGANISÉS.	Spécific. de quelq. terr.	EXEMPLES DE LIEUX ET OBSERVATIONS.
Felis divers..................	détr. volc..	Auvergne.
*Hyène fossile, Cuv...........	lim......	Canstadt. Fouvent, près Gray. Auvergne.
Canis....................	détr. volc..	Auvergne.
Chien gigantesque fossile, Cuv...	lim.......	Avaray, près Beaugency.
Renard des cavernes.........	lim......	Val d'Arno.
Ursus (en général)..........	détr. volc..	Auvergne.
Ursus cultridens, Cuv........	lim.......	Auvergne.
Trogontherium Cuvieri, Fischer.	lim......	Bord de la mer d'Azof près Taganrock.
Porc-epic fossile, Cuv........	lim.......	Val d'Arno.
Castor	détr. volc..	Auvergne.
Megalonix	lim.......	Green-Briar, ouest de Virginie.
Megatherium, Cuv...........	lim.......	Luxan, env. de Buénos-Ayres, Brésil.
Pangolin gigantesque, Cuv......	lim......	Envir. d'Alzey, Hesse rhénane.
REPTILES.		
Crocodile de Castelnaudary, Cuv.	lim. sabl.	
— de Brentfort, Cuv....	lim.	
Trionyx d'Avaray, Cuv........	sabl......	Avaray.
MOLLUSQUES et ZOOPHYTES.		
Natica ? littoralis	gr. coq...	Saint-Michel en l'Herm.
Turbo rugosus, Linn...........	gr. coq...	Nice. (Quoique altéré, il ne diffère pas de l'espèce vivante.)
— *littoreus*, Linn..........	gr. coq...	Saint-Michel.
Murex....................	gr. coq...	Saint-Michel.
— *corneus*, Linn.........	gr. coq...	Uddevalla en Suède.
Buccinum undatum, Linn......	gr. coq...	Uddevalla.
Strombus pespelecani, Linn.....	gr. coq....	Nice.
Nassa reticulata, Lam........	gr. coq...	Saint-Michel.
Fusus....................	gr. coq...	Stromstadt en Norwége.
Patella	gr. coq...	Nice.
Tellina triangularis, Linn......	gr. coq...	Uddevalla.
Venus exoleta, Linn.	gr. coq...	Stromstadt. Uddevalla.
Ostrea edulis, Linn.	gr. coq...	Saint-Michel. Stromstadt
Pectunculus pulvinatus, Linn....	gr. coq...	Nice.
Pecten islandicus, Linn........	gr. coq....	Uddevalla.
— ....\.	gr. coq...	Stromstadt.
Mytilus edulis, Linn., var.....	gr. coq...	Uddevalla. (Variété ou espèce non décrite, mais parfaitement semblable à celle qui vit dans le golfe de Christiania.)
Cardium edule, Linn..........	gr. coq...	Nice.
— *rusticum*, Linn.......	gr. coq...	Nice.
Mya arenaria, Linn..........	gr. coq...	Uddevalla.
— *truncata*, Linn.........	gr. coq...	Uddevalla.
Pholas crispata, Linn.	gr. coq...	Uddevalla.
Balanus miser ? Lam.........	gr. coq...	Uddevalla.
— *tintinnabulum ?* Lam. ..	gr. coq...	Uddevalla.
— *sulcatus*, Lam.	gr. coq....	Uddevalla.

Corps organisés fossiles du groupe CLASTIQUE des terrains CLYSMIENS.

EXPL. DES ABRÉVIATIONS.

Cav. = Cavernes à ossemens. | Br. ferr. = Brèches ferrugineuses.
Br. o. = Brèches osseuses.

NOMS DES CORPS ORGANISÉS.	Spécific. de quelq. terr.	EXEMPLES DE LIEUX ET OBSERVATIONS.
MAMMIFÈRES.		
Elephas primigenius, BLUM. . . .	cav.	Kirkdale. Hutton, Collines de Mendip. Muggendorf. Fouvent près Gray.
Hippopotamus.	cav.	Kirkdale.
Rhinoceros tichorinus, CUV. . . .	cav. et br. f.	Dream, près Callow, en Derbysh. Oreston, près Plymouth. Kirkdale. Le Harz.
Palæotherium.	br. o.	Villefranche - Lauraguais. (M. DE S.)
Chæropotamus	br. o.	Villefranche - Lauraguais. (M. DE S.)
Cheval fossile	cav.	Kirkdale. Fouvent. près Gray. Gibraltar.
Porc fossile	cav.	Mendip.
*Cerf de Gibraltar, CUV.	br. o.	Gibraltar. Cette. Antibes.
— de Nice	br. o.	Nice.
— de Pise.	br. o.	Pise.
**Antilope de Nice.	br. o.	Nice.
Bœuf fossile, BUCKL.	cav.	Kirkdale, etc. Köstritz. Gibraltar. (BUCKL.)
Chameau foss.? M. DE S.	cav.	Montpellier. Villefranche-Lauraguais.
Mouton fossile, M. DE S.	cav.	Villefranche-Lauraguais.
Felis spelæa, CUV., GOLDF. . . .	cav.	Schwartzfels. Muggendorf.
— *antiqua*, CUV., GOLDF. . .	cav.	Schwartzfels. Muggendorf.
Grand felis des brèches, CUV. .	br. o.	Nice.
Petit felis des brèches, CUV. . .	br. o.	Nice.
! * Hyène fossile	cav.	Kirkdale. Muggendorf. Harz. Fouvent, près Gray. Sandwich. Westphalie. Köstritz, près Leipzic, etc.
Putois fossile	cav.	Gaylenreuth.
Belette fossile.	cav.	Kirkdale.
Glouton	cav.	Gaylenreuth.
Loup fossile.	cav.	Kirkdale. Gaylenreuth.
Renard fossile	br. o.	Sardaigne.
! * *Ursus spelæus*, ou à front bombé, CUV.	cav. et br. f.	Dans presque toutes les cavernes à ossemens et dans les brèches ferrugineuses. Carniole. Alb de Wurt., etc.
Ursus arctoideus	cav.	
— *priscus*.	cav.	
Campagnol fossile moyen	br. o.	Corse. Sardaigne. et cav. Kirkdale.

NOMS DES CORPS ORGANISÉS.	Spécific. de quelq. terr.	EXEMPLES DE LIEUX ET OBSERVATIONS.
Campagnol fossile petit, Cuv. . .	cav.	Kirkdale.
Rat fossile. Cuv.	cav.	Kirkdale. Gibraltar.
Lagomys (deux espèces) , Cuv. .	br. o. . . .	Corse. Sardaigne.
Lièvre fossile, Cuv.	cav.	Kirkdale.
Lapin fossile , Cuv.	br. o. . . .	Gibraltar. Cette. Pise.
OISEAUX.		
Ornitholithes	cav.	Kirkdale, *br. o.* Gibraltar. (BUCKL.)
REPTILES.		
Lézard	br. o. . . .	Sardaigne.
MOLLUSQUES.		
Helix en général . . . , ...	br. o., cav.	Gibraltar, Corse. Cette. Villefranche-Lauraguais.
— *algira*	br. o. . . .	Nice.
— *lapicida*	br. o. . . ,	Nice.
— *vermiculata*	br. o. . . .	Nice.
— *neritoidea*	br. o. . . .	Pise.
Cyclostoma elegans , LAM.	br. o. . . .	Nice. Pise.
Pupa	br. o. . . .	Cette. Nice. Villefranche-Lauraguais.
Bulimus	br. o. . . .	Villefranche-Lauraguais.
Neritina . . . . , . . .	br. o. . . .	Villefranche- Lauraguais.

Observations sur les corps organisés fossiles des **TERRAINS LACUSTRES**, compris dans les tableaux N.ᵒˢ 4 et 6.

Il est très-présumable qu'il y a eu, dans les terrains thalassiques au moins, deux formations lacustres distinctes, c'est-à-dire que les eaux douces qui couvroient plusieurs parties de la terre à l'époque de la formation du silex meulière des plateaux supérieurs du bassin de Paris, nourrissoient dans leur sein et sur leurs bords des végétaux et des animaux différens de ceux que nourrissoient les eaux douces qui couvroient plusieurs parties de la terre à l'époque de la formation des terrains lacustres et du gypse palæothériens. Il est probable que ces deux périodes ont été séparées par des temps assez longs et par des phénomènes géologiques assez remarquables pour que plusieurs des espèces organiques des terrains lacustres palæothériens aient été détruites, et, ce qui est plus singulier, pour que plusieurs espèces des terrains épilymniques aient été produites. Cette différence est difficile à saisir dans les cantons assez nombreux où les deux terrains se touchent, et dans ceux non moins nombreux où l'un des deux n'existe pas : premièrement, parce qu'il peut y avoir beaucoup d'espèces communes aux deux terrains, ou du moins qui ne présentent dans leurs parties solides aucune différence appréciable, car on sait combien il est difficile de distinguer les espèces dans les coquilles lacustres et fluviatiles qui offrent si peu de caractères tranchés ; secondement, parce que le nombre des espèces caractéristiques de chaque terrain est peu considérable ; troisièmement enfin, parce que le nombre et les espèces ne sont pas encore parfaitement déterminés.

Cependant, comme je viens de l'énoncer, il est très-présumable qu'il y a des différences et qu'elles sont même assez nombreuses pour qu'on puisse un jour distinguer partout dans chaque canton les terrains épilymniques des palæothériens. Ce qui me fait soutenir cette opinion, c'est que dans un canton où, à l'aide d'un terrain marin intermédiaire, on peut, sinon facilement au moins sûrement, distinguer ces deux terrains, on peut aussi trouver des différences zoologiques, et par conséquent les employer avec sûreté pour reconnoître chaque terrain, lorsqu'il se présente isolé. Ainsi, en se bornant aux coquilles, on trouve dans le terrain palæothérien le *cyclostoma mumia*, le *lymneus longiscatus*, le *planorbis lens*, etc., qu'on ne retrouve plus dans le terrain épilymnique, tandis qu'on rencontre dans celui-ci des potamides, le *planorbis cornu*, le *lymneus ventricosus*, des *pupa*, qu'on n'a pas encore cités dans le terrain palæothérien. Mais c'est au bassin de Paris, dont les espèces ont été étudiées, décrites et figurées avec soin, c'est à celui de l'île de Wight et à quelques autres cantons très-peu nombreux que se bornent ces moyens de reconnoissance. C'est donc pour ces bassins qu'on doit établir avec soin l'énumération des espèces propres à chaque formation lacustre. Pour cela il faut réduire considérablement le nombre des espèces à citer; car à quoi serviroit une longue énumération des noms donnés par les géologues qui ont décrit des terrains d'eau douce, quand ces noms ne sont point l'expression d'espèces rigoureusement déterminées et comparées avec celles qui l'ont déjà été, lorsque leur description insaisissable, quelque longue qu'elle soit, n'est accompagnée d'aucune figure faite avec la pureté et la précision de contours qu'exigent des êtres dont les différences si légères ne dépendent souvent que de ces contours ou de quelques proportions dans les parties.

Tels sont les obstacles qui s'opposent à la distinction facile et sûre des deux formations des terrains d'eau douce dans le plus grand nombre des lieux où l'on a observé de ces terrains; aussi règne-t-il la plus grande incertitude dans le choix de ces lieux, quand on veut les appliquer comme exemple à l'une ou à l'autre des formations lacustres : tels sont les motifs pour lesquels les listes que je vais donner, paroîtront si courtes et si incomplètes. Je ne placerai dans le tableau N.º 4 que les corps organisés qui me paroissent appartenir évidemment au terrain lacustre épilymnique; je réunirai dans le tableau N.º 6, avec les corps organisés du terrain palæothérien, tous ceux dont la position géognostique est incertaine, ayant soin de les distinguer par différens signes.

Corps organisés fossiles du groupe ÉPILYMNIQUE des terrains THALASSIQUES.

EXPL. DES ABRÉVIATIONS.

Calc. = Calcaire.   Marn. = Marne.
Sil. = Silex.   Pépér. = Pépérine.

NOMS DES CORPS ORGANISÉS.	Spécific. de quelq. terr.	EXEMPLES DE LIEUX ET OBSERVATIONS.
MOLLUSQUES.		
Cyclostoma truncatum , Brd....	sil.......	Paris. Carnetin.
⁊* — elegans antiquum , Al.Br.	calc.....	Paris.
*Potamides Lamarckii , Al.Br....	sil. calc...	Paris. Aurillac. Nonette , près d'Issoire.
Planorbis rotundatus , Brd.....	sil. calc...	Paris. Salinelle, dép. du Gard. Quercy.
⁊* — cornu , Al.Br........	sil. calc...	Paris. Isle de Wight.
— evomphalus , Sow. ...	calc......	Isle de Wight.
— prevostinus , Al.Br....	sil.......	Paris. Isle de Wight.
— prominens , M. de S...	calc.....	Salinelle, dép. du Gard.
— compressus , M. de S..	calc......	Salinelle.
**Lymneus corneus , Al.Br.......	sil. calc...	Paris. Colle en Siennois.

NOMS DES CORPS ORGANISÉS.	Spécific. de quelq. terr.	EXEMPLES DE LIEUX ET OBSERVATIONS.
Lymneus fabulum, Al.Br......	sil......	Paris.
— *fusiformis*, Sow.......	calc......	Isle de Wight.
— *ventricosus*, Al.Br.,...	sil......	Paris.
— *inflatus*, Al.Br.......	sil......	Paris.
— *cylindrus*, Lrd........	sil......	Paris.
Bulimus pygmæus, Bru........	sil.-calc...	Paris.
— *terebra*, Al.Br.......	calc......	Paris.
Paludina Hammeri ?..........	calc......	Isle de Wight.
— *carinata*, Bru........	calc......	Paris.
Pupa Defrancii, Al.Br.........	sil.-pépér..	Paris. Auvergne, dans une pépérine.
— *muscorum*, Fér........		
Helix Lemani, Al.Br..........	sil......	Paris.
— *Desmarestina*, Al.Br.....	sil......	Paris.
Ancylus deperditus, M. de S......	calc......	Salinelle, dép. du Gard.
Indusia tubulata, Bosc.........	calc......	Moulins. Auvergne. Colle en Siennois.

VÉGÉTAUX.

Mousses.

Muscites squammatus, Ad.Br. ..	sil......	Longjumeau, près Paris.
Lycopodites squamm., Ad.Br. ,..	sil,......	Paris.

Characées.

Chara medicaginula, Ad.Br.....	sil......	Montmorency, Sanois, etc.
— *helicteres*, Ad.Br........	marne....	Pleurs, dép. de l'Aisne.

Nymphéacées.

Nymphæa arethusæ, Ad.Br.....	sil......	Longjumeau.
? *Carpolithes ovulum*, Ad.Br......	sil......	Longj.

Familles douteuses.

Carpolithes thalictroides, var. parisiensis	sil. marn..	Longjumeau. Isle de Wight.
Culmites anomalus, Ad.Br.....	sil.......	Longjumeau.
Exogenites..................	sil.......	Palaiseau.

Corps organisés fossiles des groupes **PROTÉIQUE** *et* **TRITONIEN**
des terrains **THALASSIQUES.**

Observations préliminaires.

La répétition fréquente des mêmes genres et des mêmes espèces,
l'importance de l'indication des groupes, des terrains et des lieux où
se trouvent ces genres et ces espèces pour qu'on puisse comparer ces
lieux sous le rapport de la ressemblance et de la différence des débris
organiques qu'ils renferment, sont des considérations qui m'ont engagé
à réunir dans un même tableau le plus grand nombre de débris organiques *marins* des terrains thalassiques (tertiaires). Les indications qu'on
va donner permettront d'appliquer à ces débris la position géologique
qu'on croira qui leur est propre. J'ai dû omettre un grand nombre
d'espèces ; car leur énumération complète eût élevé cette liste à plus
de quinze cents. Mes omissions ont porté sur les espèces sans caractères
ou incertaines quant à leur détermination spécifique et à leur position
géognostique ou géographique.

Explication des désignations géologiques et géographiques.

Désignations géologiques.

T. thal.　　= Terrain thalassique en général sans indication de position
　　　　　　　spéciale.
Prot. gr.　= Terrain thal. protéique ; Grès.
Prot. mar. = Terrain thal. protéique ; Marne.
Prot. calc. = Terrain thal. protéique ; Calcaire.
Prot. mol. = Terrain thal. protéique ; Molasse , ou collines subal-
　　　　　　　pines. Stud.
Tr. gr.　　= Terrain thal. tritonien ; Grès.
Tr. calc.　= Terrain thal. tritonien ; Calcaire.
Tr. gl.　　= Terrain thal. tritonien ; Glauconie grossière.
Tr. mar.　= Terrain thal. tritonien ; Marne.
Anal viv.　= Analogue à l'espèce vivante.

Divisions et désignations géographiques.

DIVISIONS ET DÉSIGNATIONS GÉOGRAPHIQUES.	ABRÉVIATIONS.	Divisions géologiques auxquelles peuvent se rapporter ces bassins.
Bassin central de la France, comprenant : Angers, l'Anjou, l'Orne, etc.	*Par.* = Paris..................	Tritonien et protéique.
Bassin de Londres...........	*Lond.* = Londres.............	Tritonien.
Bassin méridional de la France, ou versant septentrional des Pyrénées.	*Bord.* = Bordeaux	Tritonien.
	Dax. = Dax...............	Tritonien.
	Gar. = Garonne............	Tritonien.
Versant septentrional des Alpes..	*Bern.* = Berne..............	Protéique.
	H-Alp. = Hautes-Alpes, de Bex.	Tritonien.
	Suis. = Suisse.............	Protéique.
	Bav. = Bavière............	?
Versant méridional des Alpes...	*Tur.* = Turin	Protéique.
	Vic. = Vicentin............	Tritonien.
	Bass. = Bassano...........	Tritonien.
Versant septentrional des Apennins.	*Plais.* = Plaisantin...........	Protéique.
	Bolog = Bologne...........	
Versant méridional des Apennins.	*Côt. de Gên.* = Côte de Gênes...	Protéique.
	Sienn. = Siennois...........	
	Rom. = Etats romains.......	

NOMS DES CORPS ORGANISÉS.	Spécific. de quelq. terr.	EXEMPLES DE LIEUX ET OBSERVATIONS.
MAMMIFÈRES		
Phoca fossilis, Cuv............	t. thal....	Angers. Holisch. Comté de Neutra en Hong.
Morse fossile, Cuv............	t. thal....	Angers
CÉTACÉS.		
Lamantin fossile, Cuv..........	prot. calc..	Angers. Bordeaux. Paris.
Épaulart fossile, Cuv..........	prot. calc..	Plaisantin.
Dauphin à longue symphise, Cuv.	prot. calc..	Sort, près Dax.
— commun, Cuv..........	prot. calc..	*Ibid.*
— à long museau, Cuv...	prot. calc..	Département de l'Orne.
Zyphius planirostris. Cuv......	tr calc....	Anvers.
Rorqual fossile, Cuv...........	prot. calc..	Plaisantin. Monte-Pulgnasce.
Baleine fossile, Cuv...........	t. thal....	Paris.
REPTILES.		
Émyde de Suisse. Cuv.........	prot. mol.	Suisse. Dordogne.
— de Bruxelles...........	t. thal....	Melsbroeck, près Bruxelles.
— de Deluc.............	prot. calc..	Plaisantin.
Testudo punctata, Bourd......	prot. mol..	Suisse.
ICHTHYOLITHES.		
Labrus Julis??, Bl...........	triton. calc.	Paris.

NOMS DES CORPS ORGANISÉS.	Spécific. de quelq. terr.	EXEMPLES DE LIEUX.	OBSERVATIONS.
Squalus (3 espèces)............			
Trygonobatus crassicaudatus, Bl.			
Narkobatus giganteus, Bl.			
Balistes dubius , Bl...........			
Tetraodon Honckenii , Volta			
— *hispidus* , Volta			
Diodon.................			
Paleobalistum orbiculatum , Bl..			
Centriscus longirostris , Bl.....			
— *aculeatus* , Bl........			
Syngnatus typhle , Volta			
— *breviculus* , Bl.......			
Lophius piscatorius , Bl........	....	....	Analogue à la variété Ganelli de Risso ; espèce vivante.
Fistularia bolcensis , Bl.......			
Esox longirostris , Bl.......			
— *sphyræna* , Bl.	....	....	Analogue à l'espèce vivante. Bl.
— *macropterus* , Bl........			
Clupea murenoides , Bl........			
— *cyprinoides* , Bl.........			
— *evolans* , Bl...........			
Mugil brevis , Bl.............			
Trigla lyra ? Volta.........			
Scomber altalunga , Volta			
— *thynnus* , Volta			
— *Kleinii* , Volta			
— *speciosus* , Volta			
(Et plus de 6 autres espèces.)			
Perca? formosa ? , Linn. , Volta..		Bolca. M de Blainville n'y admet ni silure ni aucun autre poisson d'eau douce.	
(Et 3 autres encore incertaines.)			
Amia indica , Volta	prot. calc..		
Sciæna Plumieri , Volta.......			
Lutjanus lutjan ? , Volta.......			
— *ephippium* , Volta.....			
Holocentrus calcarifer ? , Volta..			
— *macrocephalus* , Bl....			
Sparus vulgaris , Bl..........			
(Et plusieurs autres espèces mal rapportées à ce genre et aux espèces vivantes. Bl.)			
Labrus turdus , Volta.........	....	....	Analogue à l'espèce vivante. Bl.
— *punctatus* , Volta......			
— *rectifrons* , Bl.			
Chætodon pinnatiformis , Bl....			
— *vespertilio* , Bl.......			
— *substriatus* , Bl.			
— *subarcuatus* , Bl.....			
— *saxatilis* , Volta	....	....	Peut-être analogue à l'esp. viv. Bl.
— *chirurgus* , Volta			
— *subaureus* , Bl.	....	....	Très-différent du *Ch. aureus*. Bl.
— *papilio* , Volta.......			
— *velifer* , Bl.			
(Et plus de 18 espèces toutes différentes des espèces vivantes.)			
Zeus platessus , Bl............			
— *rhombeus* , Bl............			
Pleuronectes quadratulus ? Belon.			
Gobius barbatus , Volta			
Blochius longirostris , Volta....			
Callionymus vestenæ , Volta....			
Ophidium barbatum , Volta ...			

NOMS DES CORPS ORGANISÉS.	Spécific. de quelq. terr.	EXEMPLES DE LIEUX ET OBSERVATIONS.
MOLLUSQUES.		
Belopteris, Desh...............	tr. calc....	Paris.
Nautilus imperialis, Sow........	tr. calc....	Par.
— *aturi*, Bast...........	tr. calc....	Bord. Paris.
Nodosaria, Lam...............	t. thal....	Plais.
Miliolites ringens, Lam........	tr. calc....	Paris.
— *saxorum*, Lam.......	tr. calc....	Par.
— *trigonula*, Lam.......	tr. calc....	Par.
**Nummulites lævigata*, Lam.....	tr. gl.....	Paris. Bord.
— *globularia*, Lam....	tr. gl.....	Paris.
— *scabra*, Lam.......	tr. gl.....	Par.
— *complanata*, Lam...	tr. calc....	Vicent. ? Bav. Bord. Petite-Oasis de Lybie.
— *nummiformis*, Def..	t. thal....	Vicent.
Iycophris lenticularis, Montf...	tr. calc....	Bord.
Vaginella depressa, Bast.......	tr. calc....	Par.
**Bulla lignaria*, Linn. Brocc.....	tr. calc....	Plais. Lond. Bord. (Anal. viv. dans l'Adriat.)
— *ovulata*, Lam. Brocc......	tr. et pr. c.	Par. Plais.
— *clathrata*, Desh.........	tr. calc....	Dax.
— *cylindrica*, Lam.........	tr. calc....	Par. Bord. Tur.
— *convoluta*, Brocc.......	tr. calc...	Plais.
— *striatella*, Lam.........	tr. calc....	Par.
Auricula ringens, Lam........	tr. et pr. c.	Par. Bord.
Tornatella sulcata, Bast......	tr. calc..	Par. Bord.
Pyramidella mitrula, Fér......	tr. calc....	Bord.
— *terebellata*, Lam....	tr. calc....	Par. Bord.
Turbo squammulosus, Lam.....	tr. calc....	Par.
— *radiosus*, Lam..........	tr. calc....	Par.
— *denticulatus*, Lam.......	tr. calc....	Par.
— *Parkinsonii*, Bast........	tr. calc....	Bord.
— *rugosus*, Brocc.........	t. thal....	Plais. (Analog. viv.)
Delphinula Calcar et Lima, Lam. (1)	tr. calc....	Paris. Valogn.
— *scobina*, Al. Br......	tr. calc....	Vicent. Bord.
— *conica*, Lam........	tr. calc....	Par. Valogn.
— *striata*, Lam........	tr. calc....	Par.
— *sulcata*, Lam........	tr. calc....	Par.
— *solaris*, Brocc......	t. thal....	Plais.
— *Gervillii*, Defr......	tr. calc....	Par. Valogn.
— *Warnii*, Defr......	tr. calc....	Par. Valogn.
Rissoa cimex, Bast..........	tr. calc....	Bord.
— *cochlearella (melania)*, Bast.	tr. calc....	Bord.
Turritella imbricataria, Lam....	tr. calc.... / prot. mol..	Par. / Suisse.
— *terebellata*, Lam......	tr. calc....	Par.
— *Terebra*, Brocc......	prot. mol..	Suisse.
— *sulcata*, Lam........	tr. calc....	Par.
— *triplicata*, Brocc.....	prot. mol..	Suisse.
— *vermicularis*, Brocc.	t. thal....	Plais.
— *multisulcata*, Lam....	tr. calc....	Par.
— *cathedralis*, Al. Br....	tr. calc....	Bord. Turin.
— *terebralis*, Bast......	tr. calc....	Bord. Par.
— *subangulata*, Brocc...	prot. mol.. / t. thal....	Plais. / Suisse.
— *elongata*, Sow.......	tr. calc....	Lond.
— *Archimedis*, Al. Br....	t. thal....	Bass. Bord.
— *Turris*, Bast.........	tr. calc....	Bord. (Anal. viv. dans le golfe de Gascogne.)

(1) Il paroît que c'est la même espèce dans des âges différens.

NOMS DES CORPS ORGANISÉS.	Spécific. de quelq. terr.	EXEMPLES DE LIEUX ET OBSERVATIONS.
Scalaria crispa, Lam...........	tr. calc....	Par.
— *pseudoscalaris*, Brocc..	t. thal....	Plais.
— *decussata*, Lam......	tr. calc....	Par.
— *cancellata*, Brocc.....	t. thal....	Plais.
Monodonta Araonis, Bast.....	tr. calc....	Paris. Anjou. Bord.
— *bidentata*, Defr....	tr. calc....	Par. Valogn.
Trochus crenularis, Lam........	tr. calc....	Paris.
— *Boscianus*, Al.Br......	tr. calc...	Vicent. Bord.
— *magus*, Brocc........	tr. calc...	Plais. (Différ. des vivans.)
— *patulus*, Brocc........	prot. calc..	Plais.
— *sulcatus*, Lam........	tr. et pr. c.	Par. Bord. Plais. Vienne.
— *carinatus*, Bors.......	prot. calc..	Turin.
— *Amedei*, Al.Br........	tr. calc....	Vicent. Bord.
— *ornatus*, Lam........	tr. calc....	Par.
— *striatus*, Defr........	tr. calc....	Bord.
— *monilifer*, Lam........	tr. calc....	Par.
— *altavillensis*, Def.....	tr. calc....	Par. Valogn.
** — *conchyliophorus*, Linn..	tr. calc....	Plais. (Ne diffère pas du vivant.)
** — *agglutinans*, Lam.....	tr. calc....	Par.
— *benettiæ*, Sow........	tr. et pr. c.	Plais. Turin. Bord.
** — *cumulans*, Al.Br.....	prot. calc..	Turin.
Solarium plicatum, Lam........	tr. calc....	Paris.
— *pseudoperspectivus*, Brocc.	t. thal....	Par.
— *patulum*. Lam...........	tr. calc....	Par. Bord.
— *elegans*, Defr...........	tr. calc....	Par. Valogn.
— *sulcatum*, Lam..........	tr. calc....	Par.
— *bifrons*, Lam...........	tr. calc....	Par.
Ampullaria acuta, Lam.........	tr. calc....	Par.
— *depressa*, Lam.....	tr. calc....	Par. Valogn. Vicent.
— *spirata*, Lam......	tr. calc....	Par.
— *hybrida*, Lam......	tr. calc....	Valog.
— *caniculata*, Lam....	tr. calc.... tr. marn...	Par. Par.
— *compressa*, Bast....	tr. calc....	Bord.
— *patula*, Lam........	tr. calc.... tr. marn...	Par. Par.
— *sigaretinus*, Lam....	tr. calc....	Par.
— *crassatina*, Lam....	tr. calc....	Par. Mayence. Bord.
— *Vulcani*, Al.Br......	tr. calc....	Vicent.
— *perusta*, Defr......	tr. calc....	Vicent.
— *pigmea*, Lam........	prot. marn	Par.
Melania costellata, Lam.......	prot. gr... tr. calc....	Par. Par. H - Alp. Bord. Vicent.
— *elongata*, Al.Br.......	tr. calc....	Vicent.
— *? marginata*, Lam......	tr. calc....	Par.
— *lactea*, Lam...........	tr. calc....	Par.
— *stygii*. Al. Br..........	tr. calc....	Vicent.
Phasianella turbinoidea, Lam...	tr. calc....	Par. Bord.
— *? Prevostina*, Bast...	tr. calc....	Bord.
Nerita conoidea. Lam..........	tr. gl.....	Par. Vicent.
— *tricarinata*, Lam......	tr. calc....	Par. Anj.
— *mammaria*, Lam......	tr. calc....	Par.
Natica cepacea, Lam..........	tr. calc....	Par.
— *glaucina*, Lam........	tr. calc.... prot. mol..	Bord. Plais Suisse.
— *epiglotina*, Lam........	tr. et pr. c.	Par. Vicent. Tur.
— *canrena*, Brocc........	t. thal....	Plais. Bord. (Analogue viv. ?
— *labellata*, Lam........	tr. calc....	Par.

NOMS DES CORPS ORGANISÉS.	Spécific. de quelq. terr.	EXEMPLES DE LIEUX ET OBSERVATIONS.
*Conus pelagicus, Brocc.	t. thal. ...	Plais.
— deperditus, Brocc.	tr. calc. pr.	Par. Plais. Vicent. Tur. Bord.
— ponderosus, Brocc.	t. thal. ...	Plais.
— antediluvianus, Brocc.	tr. calc. ...	Plais.
— olivarius, Al. Br.	t. thal. ...	Tur.
— alsiosus, Al. Br.	tr. calc. ...	Vicent.
— stromboides, Lam.	tr. calc. ...	Par.
*Cyprea inflata	tr. calc. ...	Par. Valog.
— lyncoides, Al. Br.	t. thal. ...	Tur. Bord.
— sulcosa, Lam.	tr. calc. ...	Paris.
— Physis, Brocc.	prot. calc. .	Plais.
— annulus, Brocc.	tr. calc. ...	Dax.
	prot. calc. .	Plais.
— Pediculus, Lam.	tr. calc ...	Par.
— annularia, Al. Br.	t. thal. ...	Tur. Bord.
Ovula passerinalis. Lam.	prot. calc. .	Plais.
Terebellum convolutum, Lam. ..	tr. calc. ...	Par. Lond.
— obvolutum, Al. Br. ...	tr. calc ...	Vicent.
Anolax inflata Bors.	t. thal. ...	Tur. Bord.
— glandiformis, Defr. ...	tr. calc. ..	Bord.
*Oliva mitreola, Lam.	tr. grès. ..	Par.
	tr. calc. ...	Par.
— basterostina, Defr.	tr. calc. ...	Bord.
— laumoniana, Lam.	tr. calc. ...	Par.
	prot. gr. ..	Par.
— picholina. Al. Br.	t. thal. ...	Anj. Tur.
Ancillaria buccinoides. Lam. ...	tr. calc. ...	Par.
— canalifera, Lam.	tr. calc. ...	Par. Bord. Lond.
*Voluta cithara, Lam.	tr. calc. ...	Par.
— rarispina, Lam.	tr. calc. ...	Dax.
— spinosa, Lam.	tr. calc. ...	Par.
— affinis, Brocc.	t. thal. ...	Plais. Lond.
— crenulata, Lam.	tr. calc. ...	Par. Vicent.
— musicalis, Lam.	tr. calc. ...	Par.
— Lamberti, Sow	t. thal. ...	Anj. Bord. Lond.
— muricina, Lam.	tr. calc. ...	Par.
— labrella, Lam.	tr. calc. ...	Par.
— bicorona, Lam.	tr. calc. ...	Par
— harpula, Lam.	tr. calc. ...	Par. ? Traunst.
— Citharella, Al. Br.	tr. calc. ...	Par.
	prot. calc. .	Tur.
— Bulbula, Lam.	tr. calc. ...	Par.
— ficulnea, Lam	tr. calc. ..	Par. Traunst.
Marginella eburnea. Lam.	tr. calc ...	Par. Valog.
— ovulata. Lam.	tr. calc ...	Par. Traunst
— Phaseolus. Al. Br.	prot calc. .	Tur.
Volvaria acutiuscula, Sow.	t. thal. ...	Lond.
Mitra crebricosta. Lam.	tr. calc ...	Par.
— scrobiculata Brocc.	prot. calc. .	Plais.
— monodonta, Lam.	tr. calc ...	Par.
— plicatella, Lam.	tr. calc. ...	Par.
	prot. calc. .	Plais.
— Terebellum, Lam.	tr. calc. ...	Par.
— musica, Lam.	tr. calc. ...	Par.
— mitraeformis, Brocc.	pr. c. et m.	Plais. Suisse.
*Cancellaria costulata. Lam.	tr. calc. ...	Par.
— trochlearis, Bors.	tr. calc. ...	Bord. Dax.
— varicosa, Brocc.	prot. calc. .	Plais

NOMS DES CORPS ORGANISÉS.	Spécific. de quelq. terr.	EXEMPLES DE LIEUX ET OBSERVATIONS.
Cancellaria piscatoria, Brocc....	prot. calc..	Plais.
* — buccinula, Bast......	t. thal. ...	Bord. Vienne.
— cassidea, Brocc.	pr. c. et m.	Plais. Suisse.
Buccinum stromboides, Lam.....	tr. calc....	Par.
— decussatum, Lam.....	tr. calc....	Par. [et Sow.]
— baccatum, Defr.	tr. calc....	Bord.
— contrarium, Sow.....	tr. calc....	Londr (C'est le murex contrarius, Gmel.
— Veneris, Fauj........	tr. calc....	Bord.
— corrugatum, Brocc...	pr. c. et m.	Plais. Suisse.
Eburna spirata, Lam.........	tr. calc....	Dax.
Dolium (bucc. dolium), Brocc..	prot. calc..	Plais.
Harpa mutica, Lam............	t. thal. ...	Par.
*Nassa reticulata, Bast.........	tr. calc....	Bord.
— costulata, Brocc........	tr. calc....	Londr.
— columbelloides, Bast....	t. thal. ...	Bord.
— serrata, Brocc.........	prot. calc .	Plais.
— puppa, Brocc..........	prot. calc..	Plais.
— conglobata, Brocc......	prot. calc..	Plais.
— prismatica, Brocc......	prot. calc..	Tur.
— Caronis, Al.Br.........	tr. et pr. c	Plais Bord.
— angulata, Brocc.......		Par
*Cassis harpæformis, Lam.......	tr. calc....	Par
	tr. calc....	Bord. (Anal. viv., Bast.)
— Saburon, Brug.........	prot. calc..	Plais. Vienne.
— carinata, Lam..........	tr. calc....	Par.
— cancellata, Lam........	tr. calc....	Par.
— obliquata, Brocc.......	prot calc..	Plais.
— intermedia, Brocc......	prot. calc..	Plais.
Cassidaria echinophora, Brocc..	prot. calc..	Plais. Nice. (Anal. viv., Brocc.)
— carinata, Lam.......	tr. calc...	Par. Traunst.
Terebra plicatula, Lam........	tr calc...	Par. Bord.
— subulata, Lam., Bast..	tr. calc....	Bord.
— duplicata, Brocc......	tr. calc. pr.	Plais. Bord.
— Vulcani, Al.Br.........	tr. calc....	Vicent. [leur quantité]
*Cerithium giganteum, Lam....	tr. calc....	Par. (Les cérithes sont caractéristiques par
— hexagonum Lam....	tr. calc....	Par.
— Castellini, Al.Br.....	tr. calc....	Vicent.
— serratum, Lam.	tr. calc....,	Par.
	prot. gr....	Par.
— lima, Brug., Brocc..	prot. mol..	Suisse.
— Maraschini, Al.Br...	tr. calc....	Par. Vicent.
— interruptum, Lam...	tr. calc....	Par.
— margaritaceum, Broc.	tr. calc. pr.	Plais. Mayence. Bord.
— clavatulum, Lam.....	tr. calc....	Par.
— ampullosum, Al.Br..	tr. calc. pr.	Bord. Vienne. Plais.
— angulosum, Lam.....	tr. calc....	Par. Bord.
— lacrimabundum, Def.	tr. calc....	Par.
— lamellosum, Lam....	tr. calc....	Par. Bord.
— echinoides, Lam.....	tr. calc....	Par.
— thiara, Lam........	tr. calc....	Par.
— Diaboli, Al.Br......	tr. calc....	H.-Alpes. Dax.
— mutabile, Lam......	prot gr...	Par.
	tr. calc....	Par
— bicalcaratum, Al.Br..	tr. calc....	Vicent.
— funatum, Sow......	tr. calc....	Lond.
— cinctum, Lam	prot. mar..	Par. Anj. Mayence. Bord.
	prot. gr...	Par.
— varicosum, Brocc ...	prot. calc..	Plais.

NOMS DES CORPS ORGANISÉS.	Spécific. de quelq. terr.	EXEMPLES DE LIEUX ET OBSERVATIONS.
Cerithium tuberculosum, Lam..	tr. calc....	Par.
— lemniscatum, Al.Br..	tr. calc....	Vicent. Bord.
— combustum, Defr...	trit. calc..	Vicent.
— lapidosum, Lam....	tr. calc....	Par. (N'est-ce pas une potamide?)
— baccatum, Defr....	trit. calc..	Vicent
— papaveraceum, Bast..	tr. calc....	Bord.
— quadrisulcatum, Lam.	tr. calc....	Par.
— plicatum, Lam.....	prot. mar.. / tr. calc....	Par. Suisse. / Mayence. Dax. Vicent.
— conoidale, Lam.....	prot. maru.	Par.
— rugosum, Lam......	tr. calc....	Par.
— spiratum, Lam.....	tr. calc....	Par.
— striatum, Brug....	tr. calc....	Par.
Murex tripteris, Lam.........	tr. calc....	Par.
— decussatus, Linn., Brocc.	prot. calc..	Plais. (Il y a quelque différence entre l'espèce fossile et la vivante.)
— rugosus, Park., Sow....	prot. mol..	Suisse.
— minax, Sow..........	prot. mol..	Suisse.
— tricarinatus, Lam......	tr. calc....	Par. Vicent.
— bracteatus, Brocc.....	prot. calc..	Plais.
— crispus, Lam.........	tr. calc....	Par.
— pomum, Linn., Brocc...	prot. calc.. / tr. calc....	Plais. Anj. (Anal. viv. dans la Méditerr.) / Bord.
— frondosus, Lam......	tr. calc....	Par.
— linguabovis, Bast......	tr. calc....	Bord.
Typhis tubifer, Lam..........	tr. c. et pr.	Par. Plais. Bord.
Ranella marginata, Brocc......	tr. c. et pr.	Plais. Pyr.-sept. Turin. Bord.
— leucostoma, Bast......	tr. c. et pr.	Bord. Plais. (Anal. vivans.)
Tritonium pileare, Linn., Brocc.	t. thal....	Plais.
— doliare, Brocc........	tr. c. et pr.	Plais. Sienne. Pyr.-sept. Bord.
— Rana, Brocc.........	prot. calc..	Plais.
— clathratum, Lam.....	tr. calc....	Par.
— colubrinum, Lam.....	tr. calc....	Par.
Fusus rugosus, Lam..........	tr. calc....	Par. Bord.
— lavatus, Brard........	tr. calc....	Bord. Par. Lond.
— Noe, Lam...........	tr. calc....	Par.
— longaevus, Lam.......	tr. calc....	Par.
— subulatus, Lam.......	tr. calc....	Par.
— clavellatus, Lam......	tr. calc....	Par.
— clavatus, Brocc.......	tr. et pr. c.	Plais. Bord.
— reticulatus (pyrula, Bast).	tr. calc....	Bord.
— implicatus, Lam......	tr. calc....	Par.
— subcarinatus, Lam.....	tr. calc....	Par. Vicent. (Mais beaucoup plus grand.)
— polygonus, Lam......	tr. calc....	Par. Vicent.
— bulbiformis, Lam......	tr. calc....	Par.
Pleurotoma filosa, Lam........	tr. calc....	Par.
— tuberculosa, Bast...	tr. calc....	Bord. Vienne.
— lineolata, Lam.....	tr. calc....	Par.
— turrella, Lam.....	tr. calc....	Par. Bord.
— clavicularis, Lam...	tr. calc....	Par. Vicent.
— Borsoni, Bast......	tr. calc....	Bord.
— dentata, Lam......	tr. calc....	Par.
— undata, Lam......	tr. calc....	Par.
— cataphracta, Brocc..	tr. et pr. c.	Plais. Bord.
— dimidiata, Brocc...	prot. calc..	Plais.
— glabrata, Lam......	tr. calc....	Par. Traunst.
Fasciolaria burdigalensis, Defr.	tr. calc....	Bord.
— uniplicata, Lam.....	tr. calc....	Par. Bord.

NOMS DES CORPS ORGANISÉS.	Spécific. de quelq. terr.	EXEMPLES DE LIEUX ET OBSERVATIONS.
*Pyrula ficus, LINN., BROCC.....	prot. calc..	Plais. (Parfaitem. semblable à l'esp. viv.)
— ficoides (bulla, BROCC.)..	prot. mol..	Suisse.
— lævigata, LAM..........	tr. calc....	Par. Traunst.
— clathrata............	tr. calc....	Par. Bord. Traunst.
— condita, AL.BR........	tr. calc....	Anj. Tur. Bord.
— clava, BAST.........	tr. calc....	Bord.
— rusticula, BAST......	tr. calc....	Bord.
— Lainei, BAST........	tr. calc.,	Bord.
*Strombus Knorri, AL.BR......	prot. calc.	Sienne.
— Bonelli, AL.BR......	t. thal.	Tur. Bord.
— fortis, AL.BR........	tr. calc....	Vicent.
— decussatus, DEFR.....	tr. calc....	Par.
— canalis, AL.BR.......	tr. calc....	Par.
— bartoniensis, SOW....	tr. calc....	Par. Lond
Pterocera radix, AL.BR.	prot. calc.	Tur.
Hippocrenes macroptera, LAM.	tr. calc...	Par.
-- cervina (rostellaria, AL.BR.)	tr. calc...	Vicent. [vivante). Bord.
*Rostell. pespelecani, LINN., BROCC	tr. calc. pr.	Plais. (Exactement semblable à l'espèce
— pescarboni, AL.BR.......	t. thal....	Vicent.
— fissurella, LAM........	tr. calc....	Par.
Sigaretus canaliculatus, SOW...	tr. calc....	Lond. Bord. Par.
Haliotis, M. DES........	prot. calc..	Montp.
Crepidula (patelia, BROCC.)....	prot. calc..	Plais.
— unguiformis, BAST....	tr. calc. pr.	Bord. Plais. (Analog. vivans.)
Fissurella labiata, LAM........	tr. calc....	Par.
— squamosa, DESH....	tr. calc....	Par.
— costaria, DESH......	tr. calc....	Par.
Emarginula costata, LAM.......	tr. calc....	Par.
— clathrata, DESH...	tr. calc....	Par.
*Calyptrea trochiformis, LAM....	prot. gr.... / tr. calc....	Par. Lond.
— crepidularis, LAM...	tr. calc....	Par.
— muricata, BROCC....	tr. calc. pr.	Par. Plais. Bord.
— deformis, LAM.....	tr. calc....	Bord.
Patella elongata, LAM.........	tr. calc....	Par.
— sulcata, BORS........	prot. calc..	Tur.
Capulus hungaricus, LINN., BROCC.	prot. calc..	Plais. (Semblable à l'espèce vivante.)
— spirirostris, LAM.......	tr. calc....	Par.
Hipponix cornucopiæ, DEFR.....	tr. calc....	Par. Valogn.
Chiton grignonensis	tr. calc....	Par.
Ostrea bellovacina, LAM........	tr. calc....	Par.
** — virginica, LAM.........	p. mar.mol.	Pyr.-sept. Suisse.
— edulina, SOW..........	prot. mol..	Suisse.
— spatulata, LAM......	prot. marn.	Par.
— pseudochama, LAM......	prot. marn.	Par.
— undata, LAM......	t. thal....	Montp. Bord.
— longirostra, LAM......	prot. marn.	Par.
— canalis, LAM......	prot. marn.	Par.
— callifera, LAM......	prot. marn.	Par.
— ponderosa, SOW.....	prot.? calc.	Mayence.
— deformis, LAM	tr. calc...	Par.
— flabellula, LAM	tr. calc.... / prot. grès..	Par. Bord. / Par.
— cymbula, LAM......	tr. calc....	Par. Bord.
— furiosa, BROCC........	t. thal....	Bologn.
— cyathula, LAM......	prot. marn.	Par.
— longirostris, LAM......	prot. marn.	Par.
— gigantea, SOW........	t. thal....	Angl. Italie sept. Traunst

NOMS DES CORPS ORGANISÉS.	Spécific. de quelq. terr.	EXEMPLES DE LIEUX ET OBSERVATIONS.
Pecten pleuronectes, Linn., Brocc.	t. thal. ...	Plais. (Réellement sembl. au vivant.)
— orbicularis, Sow.	t. thal. ...	Gand.
— plebeius, Lam.	tr. calc. ...	Par. Traunst.
— latissimus. Brocc.	prot. mol.	Suisse.
— medius, Studer	prot. mol.	Suisse.
— infumatus, Lam.	tr. calc. ...	Par.
— squamula, Lam.	tr. calc. ...	Par.
— Bertrandi. Bast.	tr. calc. ...	Bord.
— gigas. Seu solarium, Lam.)	tr. calc. ...	Bord.
— burdigalensis, Bast.	tr. calc. ...	Bord.
Lima spatulata, Lam.	tr. calc. ...	Par.
Anomia plicata. Brocc.	prot. calc.	Plais.
Spondylus radula, Lam.	tr. calc.	Par.
Plicatula deperdita, Lam.	tr. calc. ...	Par.
Perna maxillata, Lam.	t. thal. ...	Plaisance et Virginie en Amérique sept.
Avicula phalænacea. Lam.	tr. calc. ...	Par. Bord.
Meleagrina margaritacea, Stud.	prot. mol.	Suisse.
Pinna margaritacea. Lam.	tr. calc. ...	Par.
— tetragona, Brocc.	prot. calc.	Plais.
— nobilis, Brocc.	prot. calc.	Plais.
*Arca diluvii, Lam.	tr. calc. ...	Par.
— biangula, Lam.	tr. calc. ...	Par. Bord
— Noe, Lam., Brocc.	prot. calc.	Plais.
— antiquata. Lam.	prot. mol.	Suisse.
— scapulina, Lam.	tr. calc. ...	Par. Bord.
— mytiloides. Brocc.	prot. calc.	Plais.
— clathrata. Defr.	tr calc. ...	Bord. Anj. (Anal. vivant.)
Cucullea crassatina, Lam.	tr. c. et gl.	Par.
Pectunculus pulvinatus, Lam.	tr. calc. ... / prot. grès.	Par. Bord. Pyrén.-septentr. Turin. Traunst. (Différant entre eux par la taille.)
— Cor, Lam.	t. thal. ...	Traunst. Bord. (Cte. Münster.)
— angusticostatus, Lam.	tr. calc. ... / prot. marn.	Par. / Par.
— granulatus, Lam.	tr. calc. ...	Par.
— romuleus, Brocc.	tr. thal. ..	États romains.
Nucula margaritacea, Lam.	tr. calc. ... / prot. marn.	Par. Bord. / Par. Plais.
— deltoidea, Lam.	tr. calc. ...	Par.
Mytilus rimosus, Lam.	tr. calc. ...	Par.
— edulis? Brocc.	tr. pr. calc.	Vicent. Plais. Bord.
— Brardii, Al. Br.	prot. calc.	Mayence.
— ? corrugatus, Al. Br.	tr. calc. ...	Vicent.
— ? Faujasii. Al. Br.	prot. ? calc.	Mayence.
Modiola cordata, Lam.	tr. calc. ...	Par. Bord.
— subcarinata, Lam.	tr. calc. ...	Valogn.
— elegans, Sow.	pr. c. mol. ?	Londr. Suisse. (Stud.)
Cardita? avicularia, Lam.	tr. calc. ...	Par.
*Venericardia planicosta. Lam.	tr. calc. ... / tr. gl.	Par. Gand.
— intermedia, Brocc.	tr. pr. calc.	Plais. États romains. Bord.
— imbricata. Lam.	tr. calc. ...	Par.
— multicostata. Lam.	tr glauc.	Par.
— acuticostata. Lam.	tr. calc. ...	Par.
— senilis. Sow.	tr. calc. ...	Par. Lond.
— Jouanetti, Bast.	tr. calc. ...	Bord.
— corarium. Lam.	tr. cah. ...	Par. Lond.
— Lauræ. Al. Br.	tr. calc. ...	Vicent
Cypricardia coralliophaga. Brocc.	prot. calc.	Plais.

NOMS DES CORPS ORGANISÉS.	Spécific. de quelq. terr.	EXEMPLES DE LIEUX ET OBSERVATIONS.
*Cypricardia ? cyclopea , Al..Br....	tr. calc....	Vicent.
Crassatella tumida , Lam.....	tr. calc....	Par.
— sulcata , Lam.....	tr. calc....	Par.
— lamellosa Lam......	tr. calc....	Par.
— proteus , Def.....	tr. calc....	Par.
Chama lamellosa , Lam......	tr. calc....	Par.
— calcarata , Lam.......	tr. calc....	Par. Traunst.
— gryphoides , Bast......	tr. pr. et c.	Bord. Plais. (Anal. viv.)
Donax retus , Lam......	tr. calc. ..	Par.
— anatinus , Lam....	tr. calc....	Bord. (Anal. viv.)
Cardium edule , Lam........	tr. pr. et c.	Plais. Lond. Bord. (Anal. viv.)
— edulinum , Sow........	prot. mol. .	Suisse.
— oblongum Brocc....	prot. mol..	Suisse. Plais.
— semigranulatum , Sow..	prot. mol..	Suisse.
— hians , Brocc....	prot. mol..	Suisse. Plais.
— clodiense , Ren. , Brocc..	prot. mol..	Suisse. Plais.
— multicostatum , Brocc..	prot. mol..	Suisse. Plais.
— porulosum , Lam......	tr. calc....	Par.
— asperulum , Lam......	tr. calc....	Par.
— calcitrapoides , Lam....	tr. calc....	Par.
— obliquum , Lam.......	tr. calc....	Par.
— serrigerum , Lam......	tr. calc....	Par. Bord.
Tellina patellaris , Lam........	tr. calc....	Par.
— rostralis , Lam	tr. calc....	Par.
— elegans , Desh.........	tr. calc....	Par. Valogn. Bord.
— tumida , Brocc........	pr. c. et m.	Plais. Suisse.
Lucina lamellosa , Lam......	tr. calc....	Par.
— concentrica , Lam......	tr. calc....	Par.
— divaricata , Lam.......	tr. calc....	Par. Bord. Lond. (Anal. viv.)
— saxorum , Lam........	tr. calc....	Par.
— scopulorum , Al..Br....	tr. calc....	Vicent. Bord.
— sulcata , Sow.........	tr. calc....	Par.
Corbis lamellosa , Lam........	tr. calc....	Par.
Venus mutabilis ? Lam.........	tr. calc....	Par.
— obliqua , Lam.........	tr. calc....	Par.
— callosa , Lam.........	tr. calc....	Par.
— scobinellata , Lam......	tr. calc....	Par.
— casinoides , Lam........	tr. calc....	Bord. Vicent.
— islandica , Lam........	prot. mol..	Suisse.
— rustica , Sow.........	prot. mol..	Suisse.
Astarte obliquata , Sow........	tr. calc....	Lond.
— excavata , Sow.......	prot. mol..	Suisse.
Cytherea scutellaria (pyrina) , Lam.	tr. calc....	Par.
— semisulcata , Lam......	tr. calc.... / prot. mar. ?	Par.
— nitidula , Lam.........	tr. calc.... / prot. mar..	Par. Bord. Lond.
— laevigata , Lam........	tr. calc.... / prot. gr....	Par.
— concava , Al..Br........	prot. mol..	Suisse.
— tellinaria , Lam.......	tr. calc.... / pr. m. et gr.	Par.
— erycinoides , Lam......	tr. calc....	Par. Bord. Vicent.
*Corbula gallica , Lam.........	tr. c. et pr. m	Par. Suisse.
— rugosa , Lam.........	prot. gr.... / tr. calc....	Par.
— striata , Lam.........	tr. calc....	Par. Bord.
— anatina , Lam	tr. calc....	Par.

NOMS DES CORPS ORGANISÉS.	Spécifiq. de quelq. terr.	EXEMPLES DE LIEUX ET OBSERVATIONS.
Mactra semisulcata, LAM.	tr. calc....	Par.
— *deltoïdes*, LAM.	tr. calc....	Par. Bord.
— *triangula*, BROCC.	tr. calc....	Bord. Plais.
— *solida*, LINN.	prot. mol..	Suisse. (Anal. viv. ?)
Erycina lævis, LAM.	tr. calc....	Par.
— *elliptica*, LAM.	tr. calc....	Par. Bord.
Panopea Faujasii, MEN.	pr.c.et mol.	Plais. Bord. Suisse.
Mya mandibula ? Sow.	prot. mol..	Suisse.
Solen vagina, LAM.	tr.c.et p.m.	Par. Bord. Suisse. (Anal. viv.?)
— *fragilis*, LAM.	tr. calc....	Par.
— *strigilatus*, LAM.	tr. pr. et c.	Par. Bord. Suisse. (Anal. viv.)
— *legumen*, LINN.	prot. mol..	Suisse.
Psammobia ? *Labordei*, BAST.....	tr. calc....	Bord.
Teredo	tr. calc....	Par.
Fistulana Personata, LAM......	tr. calc....	Par.
— *elongata*, DESF.	tr. calc....	Par.
Clavagella coronata, DESF......	tr. calc....	Par. Bord.
Aspergillum legumen	tr. calc....	Bord.
Terebratula elvirensis, LAM....	tr. calc....	Par.
— *ampulla*, LAM......	prot. calc..	Plais.
— *vitrea* ?, LINN..BROCC.	tr. calc....	Plais. (Anal. viv.?)
— *incanstans*, Sow....	prot. calc..	Anglet.
CYRRHOPODES.		
Balanus tintinnabulum ?, LINN....	prot. calc..	Plais.
— *miser*, LAM.	prot. calc..	Par. Plais. (Analog. viv.)
— *sulcatus* ? LAM.	tr. et pr. c.	Le Loroux, près Nantes. Plais. (Anal. viv.?)
— *tessellatus*, Sow.	prot. thal..	Plais.
— *perforatus*, STUD. (1) ...	prot. mol..	Suisse.
Pyrgoma, LEACH...........	tr. calc....	Dax.
ANNÉLIDES.		
Serpula cristata, LAM...........	tr. calc....	Par.)On a pris quelquefois ces petits corps
Spirorbis conoidea, LAM........	prot. marn.	Par.) pour des planorbes
Dentalium radicula, LAM.	tr. calc....	Par.
— *aprinum*, LAM.......	prot. calc..	Plais.
— *striatum*, LAM......	tr. pr. et c.	Paris. Nice. Italie
— *entalis*, LAM.......	tr. calc....	Paris.
Siliquaria spinosa, LAM.	tr. calc....	Par.
— *lima*, LAM..........	tr. calc....	Par. Anjou.
— *anguina*, LINN., BROCC.	prot. calc..	Plais.
RAYONNÉS.		
Echinus monilis, DESM.	t. thal. ...	Anjou.
Scutella lilora, DESM.	tr. calc. ...	Bord.
— *subrotunda*, LAM.......	t. thal. ...	Bord. Anj.
— *lenticularis*, LAM.......	tr. calc....	Par.
Clypeaster Gaymardi, N.Bo......	t. thal. ...	Corse. Plais.
— *marginatus*, LAM.....	tr. calc....	Dax. Corse.
— *altus*, LAM.	t. thal ...	Corse ?
— *Richardi*, DESM......	tr. calc....	Dax. Vicent. Par.?
— *stelliferus*, LAM.......	tr. calc....	Bord.
— *trilobus*, DEFR........	t. thal. ...	? Un très-semblable de la montagne des Diablerets, dans les Alpes du Valais, près Bex, etc.

(1) Tous les balanes que j'ai sous les yeux appartiennent aux terrains thalassiques, et l'on voit que c'est toujours aux protéiques : je n'en connois encore aucun des terrains inférieurs.

NOMS DES CORPS ORGANISÉS.	Spécific. de quelq. terr.	EXEMPLES DE LIEUX ET OBSERVATIONS.
Cassidulus complanatus, LAM...	tr. calc....	Par. Noirmoutier. Traunst.
— *testudinarius*, AL.BR..	tr. calc....	Vicent. Traunst.
Nucleolites grignonensis, DEFR..	tr. calc....	Par. Corse.
Galerites conoideus. LAM......	t. thal....	Vérone. Traunst. (Cte. MUNSTER.)
— *bouei*, MUNST........	t. thal....	Traunst.
Spatangus..............	t. thal....	Près Palerme et exactement semblable à celui qui vit dans la mer de Sicile.
— ?..............	t. thal....	Sardaigne. Corse. (Espèce indéterminée.)
— *Parkinsonii*........	tr. calc....	Par. et dans les couches inférieures, renfermant du gypse, à Montmartre.
— *ornatus*, DEFR......	t. thal.? ..	Bassin de Saint-Invat, Côtes du Nord. Bord. (Entièrement sembl. à celui de la craie.)
Asterias auranciaca?, STUD....	prot. mol..	Suisse.
CRUSTACÉS.		
Atelecyclus rugosus, DESM......	thal. calc..	Montpell.
Leucosia Prevostiana, DESM....	tr. calc....	Par. Montm.
Inachus..................	tr. calc....	Par. Montm.
Palinurus................	tr. calc....	Bolca.
Spheroma mangorum, DESM...	prot. mar..	Montm.
ZOOPHYTES. (1)		
Flustra bifurcata, DESM.......	tr. calc....	Par.
Orbulites complanata. LAM....	tr. calc....	Par. Bord.
Dactylopora cylindracea, LAM..	tr. calc....	Par.
Polytripes elongata, DEFR......	tr. calc....	Par.
Eschara grignonensis, DEFR....	tr. calc....	Par.
Ovulites margaritula, LAM....	tr. calc....	Par.
Lunulites areolata, LAM......	tr. calc....	Par.
Alveolites madreporacea, LAM..	tr. calc....	Dax.
Favosites..............	tr. calc....	Anjou. Les Gléous. (Ils sont spheroïdaux, mais aucun n'est déterminé.)
Caryophillia altavillensis. DEFR..	t. thal....	Hauteville. Anjou. Dans les Apennins, etc.
Turbinolia elliptica, AL.BR......	tr. calc....	Par. Montm.
— *crispa*, LAM........	tr. calc....	Par.
— *sulcata*, LAM......	tr. calc....	Par.
— *appendiculata*, AL.BR.	prot. calc..	Plais. Vicent. H.-Alpes.
Astrea emarciata?, LAM......	tr. calc....	Par.
— *funesta*, AL.BR........	tr. calc....	Vicent.
Irea (alcyon) parasitica, LAMX..	prot. calc..	Plais.
VÉGÉTAUX.		
Conifères.		
Pinus cortesii, AD.BR........	prot. calc..	Plais
— *Defrancii*, AD.BR.......	tr. calc....	Par.
Juglandées.		
Juglans mixtaurinensis, AD.BR...	t. thal....	Env. de Turin
Conferves.		
Confervites thoreaformis, AD.BR. (Et autres espèces analogues à des ceramium.)	tr. calc....	Bolca.

(1) Il y a certainement un bien plus grand nombre de zoophytes dans les terrains thalassiques; mais l'inutilité de ne donner que des noms de genre, et l'imperfection de la détermination des espèces, s'opposent à ce qu'on puisse étendre davantage cette liste.

NOMS DES CORPS ORGANISÉS.	Spécific. de quelq. terr.	EXEMPLES DE LIEUX ET OBSERVATIONS.
ALGUES.		
Fucoides obtusus , AD.BR.		
— *Lamourouxii*		
— *spathulatus*		
— *Bertrandi*		
— *gazolanus*		
— *flabellaris*	tr. calc.	Bolca , etc.
— *Agardhianus*		
— *discophorus*		
— *turbinatus*		
— *Sternbergii*		
— *multifidus*	tr. calc.	Salcedo. Vicentin.
ÉQUISÉTACÉES.		
Equisetum brachyodon , AD.BR.	tr. calc.	Par.
FOUGÈRES.		
Tæniopteris Bertrandi , AD.BR.	prot. ? calc.	Puguelle , près Chiampo.
NAYADES.		
Caulinites parisiensis , AD.BR.	tr. calc.	Par.
— *amphytoites* , DESM.	tr. calc.	Par.
Zosterites teniæformis , AD.BR.	tr. calc.	Salcedo.
— *enervis.*		
Potamophyll. multinervis , AD.BR.	tr. calc.	Par.
PALMIERS.		
**Endogenites echinatus* , AD.BR.	tr. gl.	Vailly , près Soissons.
**Flabellaria parisiensis* , AD.BR.	tr. cal.	Par.
Familles douteuses.		
**Phyllites linearis* , AD.BR.		
— *nerioides.*		
— *mucronata*		
— *remiformis*	tr. calc.	Par.
— *retusa*		
— *spathulata*		
— *lancea*		

Corps organisés fossiles du groupe PALÆOTHÉRIEN des terrains THALASSIQUES.

EXPL. DES ABRÉVIATIONS.

M. l. = Marnes lymniques. | C. s. = Calcaire siliceux.
Gyps. = Gypse.

Nota. On a placé dans ce tableau tous les corps fossiles des terrains lacustres qui n'appartiennent pas évidemment au groupe *épilymnique.*

NOMS DES CORPS ORGANISÉS.	Spécific. de quelq. terr.	EXEMPLES DE LIEUX ET OBSERVATIONS.
MAMMIFÈRES.		
⁹*Palæotherium magnum*, Cuv. . .	gyps., C. s.	Par. La Grave, Dordogne.
— *medium*, Cuv. . . .	gyps. . . .	Par.
— *crassum*, Cuv. . .	gyps. . . .	Par.
— *latum*, Cuv.	gyps. . . .	Par.
— *minus*, Cuv.	gyps. . . .	Par. La Grave.
— *minimum*, Cuv. . .	gyps. . . .	Par.
— *aurelianense*, Cuv.	M. l.	Orléans.
— *isselanum*, Cuv.	M. l.	Issel, près Saint-Papoul.
Anoplotherium commune, Cuv. . ,	gyps. . . .	Par.
— *secundarium*, Cuv.	gyps. . . .	Par.
Xyphodon gracile, Cuv.	gyps. . . .	Par.
Dichobunes leporinus, Cuv.	gyps. . . .	Par.
— *murinus*, Cuv.	gyps. . . .	Par.
— *obliquus*, Cuv.	gyps. . . .	Par.
Chœropotamus parisiensis, Cuv. .	gyps. . . .	Par.
Anthracotherium velaunum, Cuv.	M. l.	Le Puy-en-Vélay.
Lophiodon major, Cuv.	M. l.	Argent. Issel. Soiss. Gannat. Montabuzar.
— *secundarius*, Cuv. . . .	M. l.	Argenton.
— *minor*, Cuv.	M. l.	Par.
— *pygmeus*, Cuv.	M. l.	Par.
— *maximus*, Cuv.	M. l.	Bastberg, près Bouxwiller.
— *secundus*, Cuv.	M. l.	Bastberg.
— *monspeliensis*, Cuv. . . .	M. l.	Boutonnet, près Montpellier.
— *quintus*, Cuv.	M. l.	Argenton.
Canis parisiensis, Cuv.	gyps.	Par.
Genette des plâtrières, Cuv.	gyps.	Par.
Coati des plâtrières, Cuv.	gyps.	Par.
Didelphis parisiensis, Cuv., Scbl.	gyps.	Par.
Écureuil des plâtrières, Cuv.	gyps. . . .	Par.
Loir des plâtrières, Cuv.	gyps.	Par.
— second, Cuv.	gyps.	Par.
Ornitholithes diverses	gyps., M. l.	Par. Auvergne. OEningen.
REPTILES.		
Crocodile des plâtrières, Cuv. . . .	gyps.	Par. (Voisin des Caïmans.)
— d'Argenton, Cuv.	M. l.	Argenton. (Voisin des Caïmans.)
⁹Trionyx des plâtrières, Cuv.	gyps.	Par.
— maunoir, Buord.	gyps.	Aix et Par.
— des molasses, Cuv. . . .	M. l.	La Grave. L'Agenois. Le Quercy. Haute-Vigne, Lot-et-Garonne. Castelnaudary.
*Émydes des plâtrières, Cuv.	gyps.	Par.
Tortue d'Aix, Cuv.	gyps.	Aix en Provence.
?Salamandre gigantesque, Cuv. . . .	M. l.	OEningen.

NOMS DES CORPS ORGANISÉS.	Spécific. de quelq. terr.	EXEMPLES DE LIEUX ET OBSERVATIONS.
POISSONS.		
Mugil cephalus, Bl., Cuv.	gyps.	Aix en Provence (analogue à l'espèce vivante? Bl.). M. de Blainville n'a reconnu à Aix aucune espèce marine.
Perca minuta, Bl.	gyps.	Aix et Paris.
Cyprinus squammosus, Bl.	gyps.	Ibid.
Cyprinus bipunctatus, Bl.	M. l.	OEningen.
— *jeses*, Bl.	M. l.	OEningen.
— *capito*, Schm.	M. l.	OEningen.
— *minutus*, Bl.	gyps	Par.
? — *idus?* Faujas.	M. l.	Rochesauve (Ardèche).
— *tinca?? * Bl.	M. l.?	Cadix.
Pœcilia Lametherii, Bl.	gyps	Par.
Anormurus macrolepidotus, Bl.	gyps	Par.
Esox, Bl.	M. l.	OEningen.
Amia ignota, Bl.	gyps	Par.
MOLLUSQUES.		
Cyclostoma mumia, Lam.	M. l.	Par.
Lymneus strigosus. Al.Br.	M. l.	Le Locle, près Neufchâtel.
— *fusiformis*. Sow.	M. l.	Isle de Wight.
— *longiscatus*. Al.Br.	M. l.	Par.
— *elongatus*, Al.Br.	M. l.	Par.
— *acuminatus*, Al.Br.	M. l.	Par.
— *œqualis*, M. de S.	M. l.	Salinelle (Gard).
— *pygmeus*, M. de S.	M. l.	Salinelle.
? — *ventricosus*, Brd.	M. l.	Bruère (Cher).
— *ovum*, Al.Bp.	M. l.	Par.
Planorbis lens, Al.Br.	M. l.	Par.
— *evomphalus*, Sow.	M. l.	Isle de Wight.
Bulimus atomus, Brd.	M. l.	Par. le Puy.
— *pusillus*, Brd.	M. l.	Par.
Paludina affinis, M. de S.	M. l.	Salinelle (Gard)
— *impura*, Drap.	M. l.	Querey.
? — *Hammeri*	M. l.	Bouxwiller. Isle de Wight.
Helix Ramondii, Al.Br.	M. l.	Orléans. Auvergne.
— *Cocqui*. Al.Br.	M. l.	Orléans. Auvergne.
Cypris faba, Desm.	M. l.	Le Puy. Gergovie. Le Locle.
Unio		Isle de Wight.
Cyclas		Aix en Provence. Le Locle.
?*Anodonta Lavateri*, Al.Br.		OEningen.
INSECTES.		
Aptères : *Aranea*		
Phrynus		
Coléoptères : *Dytiscus*		
Staphylinus		
Buprestis		
Melolontha	Marnes du gypse.	Aix en Provence, par M. Marcel de Serres, qui fait remarquer que ces insectes ont la plus grande ressemblance avec ceux de l'Europe méridionale.
Curculionides (plus de 10 espèces)		
Trogossita (et 5 espèces de Xylophages).		
Orthoptères (environ 8 espèces)		
Hémiptères (environ 20 espèces)		
Nevropt. (des libellules et leurs larv.)		
Hyménoptères (environ 8 espèces).		
Lépidoptères (à peine 2 espèces).		
Diptères (environ 15 espèces).		

NOMS DES CORPS ORGANISÉS.	Spécific. de quelq. terr.	EXEMPLES DE LIEUX ET OBSERVATIONS.
VÉGÉTAUX.		
Mousses.		
Muscites Tournalii, Ad.Br........	....	Armissan, près Narbonne.
Équisétacées.		
Equisetum brachyodon	....	Armissan.
Fougères.		
Filicites polybotria...........	....	Armissan.
Characées.		
Chara Lemani, Desc...........	M. l......	Saint-Ouen, près Paris.
— *tuberculosa*, Lyell.......	M. l......	White clift, dans l'île de Wight.
Conifères.		
Pinus pseudostrobus (*folia*)....	....	Armissan.
Taxites Tournalii.............	....	Armissan.
Liliacées.		
Smilacites hastata...........	....	Armissan.
Palmiers.		
**Flabellaria Lamanonis*	M. l......	Aix en Provence.
Comptonia ? dryandræfolia.....	....	Armissan.
Betula dryadum.............	....	Armissan.
Carpinus macroptera..........	....	Armissan.
Plantes de familles douteuses.		
***Endogenites*	M. l......	Montm.
Poacites..................	....	Aix en Provence.
Phyllites lœvigata.............	....	Aix.
— *Geslini*..............	....	Aix.

Corps organisés fossiles des LIGNITES des groupes MARNO-CHARBONNEUX, PALÆOTHÉRIEN et TRITONIEN.

Observations.

La position des différens dépôts de lignite et de la marne argileuse qui les accompagne ou les remplace dans les terrains thalassiques, devient plus incertaine que jamais. On peut rarement rapporter avec certitude à des positions géologiques déterminées les lignites dans lesquels on a reconnu des débris organiques. Ces motifs m'ont engagé à réunir dans un seul tableau tous les corps organisés des lignites du terrain thalassique ; mais j'ai cherché à indiquer, au moyen des signes convenus et expliqués à la tête de ces tableaux, la position certaine ou présumée de chacun de ces gîtes.

EXPL. DES ABRÉVIATIONS.

Lign. mol. = Lignite suisse ou de la molasse, ou palæothérien.

Lign. soiss. = Lignite soissonnois ou tritonien.

M. arg. = Marne argileuse sans lignite ni désignation de formation.

M. arg. P. = Marne argileuse palæothérienne.

M. arg. T. = Marne argileuse tritonienne.

NOMS DES CORPS ORGANISÉS.	Spécific. de quelq. terr.	EXEMPLES DE LIEUX ET OBSERVATIONS.
Corps organisés non marins.		
MAMMIFÈRES.		
Mastodon angustidens, Cuv.....	lign. mol..	Kœpfnach, près Horgen (Zurich).
— *elephantoides*, CLIFT...	lign. mol..	Irawadi (Indes). (1)
— *latidens*, CLIFT.......	lign. mol..	Irawadi.
Hippopotamus, CLIFT.........	lign. mol..	Irawadi.
Rhinocéros................	lign. mol..	Kœpfnach. Irawadi.
Tapir, CLIFT..............	lign. mol..	Irawadi.
Anthracotherium magnum, Cuv..	lign. mol..	Cadibona en Toscane.
— *minus*, Cuv.....	lign. mol..	Cadibona.
— *minimum*, Cuv...	lign. mol..	Cadibona.
— *alsaticum*, Cuv...	? lign. ?...	Lobsan.
— *silistrense*, PENTL.	lign. mol.?	Caribari au Bengale.
*Lophiodon du Laonnais, Cuv....	lign. soiss.	Départ. de l'Aisne.
Bos, CLIFT................	lign. mol..	Irawadi.
Castor des lignites, Cuv........	lign. mol..	Kœpfnach, près Horgen.
REPTILES.		
**Crocodile d'Auteuil, Cuv......	lign. soiss.	Auteuil, près Paris.
— vulgaire, CLIFT.......	lign. mol..	Irawadi.
— de Provence, Cuv....	lign. soiss.	Mine de Minet, envir. d'Aix (Provence).
— de Sheppey, Cuv.....	M. arg. T..	Sheppey, embouchure de la Tamise.

(1) On verra, dans l'ouvrage dont cet article est un extrait, les motifs qui me font soupçonner que le gîte des ossemens fossiles d'Irawadi est analogue au terrain de lignite suisse ou de la molasse

NOMS DES CORPS ORGANISÉS.	Spécific. de quelq. terr.	EXEMPLES DE LIEUX ET OBSERVATIONS.
**Leptorhyncus*, CLIFT.	lign. mol..	Irawadi.
**Émyde de Sheppey	M. arg. T..	Sheppey.
— de l'Inde, CLIFT.........	lign. mol..	Irawadi.
**Tryonyx de l'Inde, CLIFT.	lign. mol..	Irawadi.
MOLLUSQUES.		
Planorbis rotundatus, AL.BR. ...	M. arg....	Soissonnois; Bagneux, etc., près Paris. Bassin d'Épernay, etc.
— *regularis*, M. DE S....	lign. mol.?	Cétenon (Hérault).
— *incertus*, FÉR.........	M. arg.T..	Bagneux. Épern.
— *punctatus*, FÉR.	M. arg. T..	Bagneux. Épern.
— *Prevostinus*, AL.BR. ..	lign. mol..	Par.
Physa antiqua, FÉR.	lign. mol..	Épern.
Lymneus longiscatus, AL.BR.....	lign. mol..	Par.
— de Sheppey, BRO.	M. arg.T..	Isle de Sheppey.
Paludina virgula, FÉR...........	M. arg....	Épern.
— *unicolor*, OLIV., FÉR...	M. arg....	Soissonn.
— *Desmarestii*, PRÉV.....	M. arg. T..	Par.
Melania triticea, FÉR.	M. arg. T..	Épern.
— *Escheri*, AL.BR.	lign. mol..	Kœpfnach.
Melanopsis buccinoides, FÉR.....	M. arg....	Épernay. Soissonn. Cuiseau (Jura). Headenhill. Isle de Wight. Italie. Sestos, etc.
— *costata*, OLIV., FÉR..	M. arg....	Soissonn.
Ampullaria Faujasii, AL.BR....	lign. soiss..	S. Paulet (Gard).
Nerita globulus, FÉR.	M. arg....	Épern.
— *pisiformis*, FÉR..........	M. arg....	Épern.
— *sobrina*, FÉR...........	M. arg....	Bassin d'Épernay ; Soissonnois, etc.
Cyrena antiqua, FÉR.	M. arg....	Bassin de Sainte-Marguerite, près Dieppe.
— *tellinoïdes*, FÉR........	lign. soiss..	Soissonn.
— *cuneiformis*...........	lign. soiss..	Soissonn.
— *Crawfordi*............	lign. mol..	Irawadi.
Cyclas palustris, STUD........	lign. mol..	Suisse.
Unio ovatus? STUD...........	lign. mol..	Suisse.
VÉGÉTAUX.		
Fougères.		
Pecopteris	lign. mol.?	Menat, en Auvergne.
Conifères.		
Pinus sphærocarpa, AD.BR.....	lign.....	Erxleben, près Helmstædt.
— *ornata*, STERNB..........	lign.....	Wallsch en Bohème.
— *familiaris*, STERNB.......	lign.....	Triblitz en Bohème.
Taxites acicularis, AD.BR.	lign. soiss..	Meisner, près Cassel.
— *tenuifolia*, AD.BR.	lign.....	Comothau en Bohème.
— *diversifolia*, AD.BR.	lign. soiss..	Envir. de Cassel.
— *Langsdorfii*, AD.BR.	lign. soiss..	Nidda, près Francfort.
Juniperites brevifolia, AD.BR....	lign.....	Comothau.
— *acutifolia*, AD.BR....	lign.....	Comothau.
— *aliena*, AD.BR.	lign.....	Smetschna en Bohème.
Thuya gracilis, AD.BR........	lign.....	Comothau.
— *Langsdorfii*, AD.BR.....	lign.....	Nidda.
— *graminea*, AD.BR.	lign.....	Perutz en Bohème.
Nayades.		
Potamophyll. multinervis, AD.BR..	lign. soiss..	Mont-Rouge, près Paris.

NOMS DES CORRS ORGANISÉS.	Spécific. de quelq. terr.	EXEMPLES DE LIEUX ET OBSERVATIONS.
Palmiers.		
Phœnicites pumili	lign.....	La Chartreuse, près le Puy.
Flabellaria raphifolia, STERNB...	lign.....	Hœring, eu Tyrol.
Cocos Parkinsonis	M. arg....	Sheppey.
— *Faujasii*	lign.....	Liblar, près Cologne.
— *Burtini*	?.......	Woluve, près Bruxelles
Monocotylédones douteuses.		
Indogenites bacillaris	lign. mol..	Kœpfnach. Liblar.
Amentacées.		
Comptonia acutiloba	lign.....	Comothau.
Salix ?	lign.....	Nidda.
Populus ?	lign.....	Nidda.
Castanea ?	lign. mol. ?	Menat.
Ulmus ?	lign.....	Comotbau.
Juglandées.		
Juglans ventricosa	lign.....	Nidda.
— *lævigata*	lign.....	Nidda.
Acérinées.		
Acer Langsdorfii	lign.....	Nidda.
Dicotyléd. de fam. incertaine.		
Phyllites cinamomæfolia	lign.....	Habichtswald, près Cassel.
Autres espèces indéterminées d'amentacées, d'érables, etc.....	lign......	Nidda. Menat.
Carpolithes de monocotylédone.	lign. et M. arg.......	Sheppey. Nidda.
— de dicotylédone....		
Corps organisés marins.		
Cerithium funatum, Sow.......	mélé et adhérent au gr. marnocharbonn.	Bassin d'Épernai. Anvert, près Pontoise. Bagneux, près Paris. Sainte-Marguerite, près Dieppe. Soissonnois. Beauvoisis. Headenhill, etc.
— *melanoides*, Sow.....		
Ampullaria depressa, LAM.		
Ostrea bellovacea, LAM.		
— *incerta.*		

Corps organisés fossiles du groupe CRÉTACÉ des terrains PÉLAGIQUES.

Nota. On réunira les différentes roches de ce groupe, et on les désignera comme il suit :

Cr. bl. = Craie blanche.
Cr. tuf. = Craie tufau.
Gl. cr. = Glauconie crayeuse.

M. gl. = Marne de la glauconie, ou marne bleue (*Gault*).

NOMS DES CORPS ORGANISÉS.	Spécific. de quelq. terr.	EXEMPLES DE LIEUX ET OBSERVATIONS.
REPTILES.		
**Crocodile de Meudon, Cuv......	cr. bl.....	Mendon, près Paris. (Très-voisin des crocodiles vivans. Cuv.)
Chélonée de Maëstricht........	cr. tuf....	Maëstricht.
Mesosaurus, Cuv.............	cr. tuf. ...	Maëstricht. Seichem.
POISSONS.		
Ichthyolithes (indéterminées)...	cr. b. et c.t.	Par. Perpignan, etc.
Murœna ? lewesiensis, G. Mant...	cr. bl.....	Sussex.
Zeus lewesiensis, G. Mant.......	cr. bl.....	Sussex.
Salmo lewesiensis, G. Mant......	cr. bl.....	Sussex.
Esox lewesiensis, G. Mant......	cr. bl.....	Sussex.
MOLLUSQUES.		
***Belemnites mamillatus*, Nils....	cr. tuf....	Ignaberga en Scanie.
— *Scaniæ*, Bl..........	cr. tuf. ...	Scanie.
— *mucronatus*, Scht. ..	cr. bl. ...	Par. Pologne.
— *Listeri*, G. Mant....	M. gl.....	Sussex.
Baculites anceps, Nils.........	cr. tuf....	Balsberg (Suède).
Lituolites nautiloides, Lam......	cr. bl. ...	Par.
— *difformis*, Lam.......	cr. bl.....	Par.
Nodosaria sulcata, Nils........	g. c. et c. b.	Scanie.
— *lævigata*, Nils.......	cr. tuf. ...	Scanie.
**Turrilites costatus*, Sow........	cr. tuf. ...	Sussex.
— *undulatus*, Sow......	cr. tuf. ...	Sussex.
— *tuberculatus*, Sow....	cr. tuf. ...	Sussex.
Ammonites Stobæi, Nils.......	cr. tuf. ...	Scanie.
** — *varians*, Sow.......	cr. tuf. ...	Rouen. Suss.
** — *splendens*, Sow......	M. gl.....	Suss.
— *Woolgari*, G. Mant..	cr. tuf. ...	Suss.
— *catinus*, G. Mant. ...	cr. tuf. ...	Suss.
— *rusticus*, Sow.......	cr. tuf. ...	Suss.
— *lewesiensis*, G. Mant.	cr. tuf. ...	Suss.
— *Mantelli*, Sow.	cr. tuf. ...	Suss.
— *auritus*, Sow.	M. gl.....	Suss.
— *lautus*, Sow........	M. gl.....	Suss.
** — *rhotomagensis*, Al.Br.	cr. tuf. ...	Rouen. Suss. (*sussexiensis*, G. Mant.).
— *Gentoni*, Defr......	cr. tuf. ...	Rouen. Suss. (*biplicatus*, G. Mant.).
— *tuberculatus*, Sow...	M. gl.....	Suss.
— *canteriatus*, Defr. ..	M. gl.....	Rouen. Suss. (*falcatus*, G. Mant.).
**Hamites alternatus*, G. Mant...	cr. tuf. ...	Suss.
— *maximus*, Sow.......	M. gl.....	Suss.
— *intermedius*, Sow......	M. gl.....	Suss.
— *armatus*, Sow........	cr. tuf. ...	Suss.
**Scaphites striatus*, Park........	c. b. et c. t.	Rouen. Suss.
— *costatus*, G. Mant,....	c. b. et c. t.	Rouen. Suss.

NOMS DES CORPS ORGANISÉS.	Spécific. de quelq. terr.	EXEMPLES DE LIEUX ET OBSERVATIONS.
** *Nautilus pseudopompilius*, Schl.	c.b. etc. tuf.	Rouen, Périgueux.
— *elegans*, Sow.	c.b. etc. tuf.	Rouen. Suss.
— *inæqualis*, Sow.	M. gl.	Suss.
— *obscurus*, Nils.	cr. tuf.	Koping (Suède).
Lenticulites Comptoni, Nils.	cr. tuf.	Koping.
— *cristella*, Nils.	cr. bl.	Charlothenland (Suède).
Planularia elliptica, Nils.	cr. bl.	Charlothenl.
Trochus Basteroti, Al. Br.	c.b. etc. tuf.	Paris et Koping, en Suède.
— *inæqualis*, Sow.	M. gl.	Suss.
— *onustus*, Nils.	cr. tuf.	Koping.
Turbo sulcatus, Nils.	cr. tuf.	Koping.
Cirrus plicatus, Sow.	M. gl.	Suss.
Voluta ambigua, Sow.	cr. tuf.	Suss. (Semblable à celle du terr. triton.)
Rostellaria anserina, Nils.	cr. tuf.	Koping.
— *Parkinsonii*, G. Mant.	cr. tuf.	Suss.
— *carinata*, G. Mant.	M. gl.	Suss.
Pyrula planula, Nils.	cr. tuf.	Koping.
Natica? Retzii, Nils.	cr. tuf.	Balsberg (Suède).
Arca exaltata, Nils.	cr.	Carlshamm (Suède).
— *rhombea*, Nils.	cr. tuf.	Balsberg.
Cucullea decussata, Sow.	cr. tuf.	Rouen. Suss.
Pectunculus lens, Nils.	cr. tuf.	Balsberg.
Nucula producta, Nils.	cr. tuf.	Koping et Kaseberg (Suède)
— *pectinata*, Sow.	cr. tuf.	Suss. Boulonois.
Trigonia pumila, Nils.	cr. tuf.	Koping, Balsberg.
— *clavellata*, Sow.	gl. cr.	Suss. Lisieux.
— *alæformis*, Sow.	gl. cr.	Suss.
Cardita Esmarkii, Nils.	cr. tuf.	Kæsemark, en Scanie.
Corbula caudata, Nils.	cr. tuf.	Koping.
Avicula cærulescens, Nils.	cr. tuf.	Koping.
Ostrea vesicularis, Lam.	c.b., c.t. et g.c.	Paris. Périg. Anglet. Koping.
— *later lis*, Nils.	gl. cr.	Koping. Molla.
— *serrata*, Defr.	cr. bl.	Dreux. Norm. Suède. (Probabl. la même que l'ostr. *diluviana*, Nils., pl. 7, fig. 2.)
— *clavata*, Nils.	cr. tuf.	Mörby (Suède).
— *hippopodium*, Nils.	c. t. et gl. c.	Isle d'Isö. Koping. Molla, etc.
— *curvirostris*, Nils.	cr. tuf.	Isle d'Isö.
— *acutirostris*, Nils.	cr. tuf.	Isle d'Isö.
— *flabelliformis*, Nils.	cr. tuf.	Mörby.
— *lunata*, Nils.	cr. tuf.	Ahus, etc. (Suède).
— *diluviana?* Lam.	c. bl. etc. t.	
Plicatula spinosa, G. Mant.	cr. tuf.	Suss.
Chama? cornuarietis, Nils.	cr. tuf.	Balsberg.
— *laciniata*, Nils.	cr. tuf.	Balsberg.
— *haliotidea*, Sow.	cr. tuf.	Balsberg.
* *Catillus Cuvieri*, Al. Br.	c. b. etc. t.	Paris. Rouen. Tours. Scanie
— *Lamarkii*, Park.	cr. tuf.	Suss.
— *Brongnarti*, Sow.	cr. tuf.	Suss.
* *Inoceramus cinventricus*, Sow.	M. gl.	Suss.
— *sulcatus*, Sow.	M. g.	Suss.
— *undulatus*, G. Mant.	M. g.	Suss.
Mytiloides labiatus, Schl.	cr. bl.	Rouen. Joigny.
Podopsis truncata, Lam.	cr. tuf.	Balsberg, etc.
Pecten quinquecostatus, Lam.	cr. tuf.	Paris. Rouen. Scanie.
— *septemplicatus*, Nils.	cr. tuf.	Balsberg.
— *cretosus*, Def.	cr. bl.	Par.
— *crenatus*, Sow.	cr. tuf.	Koping.
— *arachnoides*, Def.	cr. bl.	Paris. Normandie

NOMS DES CORPS ORGANISÉS.	Spécific. de quelq. terr.	EXEMPLES DE LIEUX ET OBSERVATIONS.
Pecten membranaceus, NILS.....	cr. tuf. ...	Koping.
— *dentatus*, NILS.	cr. tuf ...	Balsberg. (Très-voisin de l'*asper*.)
— *orbicularis*, SOW...........	cr. tuf. ...	Normandie. Anglet. Koping.
— *intextus*, AL.BR.(*nitidus*,SOW.)	cr. tuf. ...	Suss.
— *Beaveri*, SOW.............	cr. tuf. ...	Suss.
— *lamellosus*, SOW..........	cr. tuf. ...	Suss. Tisbury (Wiltshire).
**Plagiostoma spinosum*, SOW. ...	c. bl. et c. t.	Paris. Normandie. Anglet. Polog. Koping.
— *semisulcatum*, NILS.	cr. tuf. ...	Balsberg.
— *Mantelli*, AL.BR....	c. bl. et c. t.	Douvres.
— *punctatum*, SOW....	cr. tuf. ...	Anglet. Balsberg.
Modiola imbricata	gl. cr.....	Suss.
Venus ringmerensis, G. MANT....	cr. tuf. ...	Suss.
Mytilus lavis, DEFR.........	cr. bl.....	Paris.
Terebratula Defrancii, AL.BR....	cr. bl.....	Paris. Scanie. (*ter. striatula*, C. MANT.) Suss.
— *longirostris*, WAHL., NILS.	cr. tuf. ...	Balsberg.
— *plicatilis*, SOW.........	cr. bl.....	Paris. Anglet. Suss.
— *ovata*	c. t. et gl. c.	Anglet. Suède. Suss.
— *alata*, LAM............	c. bl. et c. t.	Paris. Mörby.
— *subrotunda*, SOW.......	cr. bl.....	Suss.
— *carnea*, SOW...........	cr. bl.....	Paris. Normandie. Anglet.
— *octoplicata*, SOW.......	c. bl. et c. t.	Paris. Normandie. Suède.
— *undata*, SOW...........	cr. bl.....	Suss.
— *semiglobosa*, SOW......	c. bl. et c. t	Anglet. Charlothenl.
— *intermedia*, SOW.	cr. bl.....	Suss.
— *lens*, NILS.	cr. tuf. ...	Angl. Charlothenl.
— *spathula*, WAHL., NILS....	cr. tuf. ...	Balsberg. Ignaberga.
— *pectita*, SOW...........	cr. tuf. ...	Anglet. Ignaberga.
— *costata*, WAHL., NILS.....	cr. tuf. ...	Balsberg.
Magas pumilus, SOW.........	cr. bl.....	Paris. Anglet.
Crania parisiensis, DEFR........	cr. bl.....	Paris.
— *spinulosa*, NILS........	cr. tuf. ...	Mörby.
— *tuberculata*, NILS........	cr. tuf. ...	Mörby.
— *nummulus*, LAM.........	cr. tuf. ...	Balsberg.
— *striata*, LAM...........	cr. tuf. ...	Ignaberga.
CRUSTACÉS.		
Astachus Leachii, G. MANT.....	cr. bl.....	Suss.
ZOOPHYTES.		
Ananchites ovata, LAM.........	cr. bl.....	Paris. Normandie. Anglet.
— *pustulosa*, LAM......	cr. bl.....	Paris. Rouen.
Nucleolithes rotula, AL.BR......	cr. bl.....	Rouen.
Galerites albogalerus, LAM......	cr. bl.....	Normandie.
— *vulgaris*, LAM.........	cr. bl.....	Normandie.
— *subrotundus*, G. MANT..	cr. bl.....	Suss.
— *conoideus*, LAM	cr. bl. ?...	Périgord.
Spatangus coranguinum, LAM....	c. bl. et gl. c.	Paris. Normandie. Bourgogne, etc.
— *bufo*, AL.BR.........	c. bl. et c. t.	Paris. Normandie. Maëstricht
— *rostratus*, G. MANT...	cr. bl.....	Sussex. Yorkshire. Joigny.
Cidarites vulgaris, LAM........	cr. bl.....	Pologne.
— *saxatilis*, PARK.......	cr. bl.....	Suss.
— *Kœnigii*, PARK.......	cr. bl.....	Suss.
— *corollaris*, PARK......	cr. bl.....	Suss.
— *papillata*, PARK.......	cr. bl.....	Suss.
Asterias	cr. bl.....	Paris. Rouen.
Pentagonastes semilunatus, LINK.	cr. bl.....	Côtes de Douvres.
Pentaceros lentiginosus, LINK....	cr. bl.....	Côtes de Douvres.

NOMS DES CORPS ORGANISÉS.	Spécific. de quelq. terr.	EXEMPLES DE LIEUX ET OBSERVATIONS.
Apiocrinites ellipticus, G. MANT..	cr. bl.....	Suss.
Pentacrinites, MILL............	cr. bl....	Côtes de Douvres.
Marsupites ornatus, G. MANT....	cr. bl.....	Suss.
— *Milleri*, G. MANT. ...	cr. bl.....	Suss.
Caryophyllia cyathus, LAM......	cr. bl	Rouen. Suss.
— *costellata*, G. MANT.	cr. bl.....	Suss.
Turbinolia ? Kœnigii, G. MANT....	M. gl.....	Suss.
Alcyonium pyriformis, G. MANT.	cr. bl.....	Suss.
Spongia (jera?Lx.) ramosa, G. MANT.	cr. tuf. ...	Suss. Warminster. Noirmoutier.
Choanites subrotundus, G. MANT.	cr. bl.....	Suss.
— *flexuosus*, G. MANT...	cr. bl.....	Suss.
— *Kœnigii*, G. MANT.....	cr. bl.....	Suss.
Ventriculites radiatus, G. MANT.	cr. bl.....	Suss.
— *alcyonoides*, G. MANT.	cr. bl.....	Suss.
VÉGÉTAUX.		
Conferves.		
Confervites fasciculata	terr. crétacé	Arnager, dans l'île de Bornholm.
— *egagropiloides*	{ sans indication sp. de sous-group. }	Arnager.
Algues.		
Fucoides lyngbianus...........	....	Arnager.

THE

Corps organisés fossiles marins du groupe **ARÉNACÉ** *des terrains* **PÉLAGIQUES.**

EXPL. DES ABRÉVIATIONS.

Cr. tuf. = Craie tufau.	La difficulté de distinguer nette-
Gl. comp. = Glauconie compacte.	ment ces groupes a engagé à répéter
Gl. sab. = Glauconie sableuse.	les dernières roches du gr. crétacé.

NOMS DES CORPS ORGANISÉS.	Spécific. de quelq. terr.	EXEMPLES DE LIEUX ET OBSERVATIONS.
ICHTHYOLITHES.		
Dents et Os.		
Squalus cornubicus ? G. Mant....	gl. sab. ...	Suss.
— *mustela ?* G. Mant......	gl. sab....	Suss.
— *zygæna ?* G. Mant......	gl. sab....	Suss.
Balistes....................	gl. sab....	Suss.
Diodon.....................	gl. sab...	Suss.
MOLLUSQUES et ZOOPHYTES.		
Nautilus simplex, Sow.........	cr. tuf. ...	Rouen. Blackdown.
— *undulatus*, Sow.......	gl. sab....	Blackdown.
**Scaphites obliquus*, Sow......	cr.t. et gl.c.	Rouen. Brighton. Montagne des Fis.
**Ammonites varians*, Sow......	cr.t. et gl.c.	Rouen. Le Hâvre. Fis. Suss.
— *rostratus*, Munch...	cr. tuf. ...	Anglet. Suss.
** — *cameriatus*, Defr...	gl. comp..	Perte du Rhône. Suss.
— *inflatus*, Sow......	cr.t. et gl.c.	Rouen. Hâvre. Perte du Rhône. Fis.
— *Delaci*, Al.Br......	gl. s. et c..	Perte du Rh. Fis.
— *rhotomagensis*, Defr.	cr. tuf. ...	Rouen.
— *cristatus*, Del......	gl. sab....	Folkstone.
— *gentoni*, Def.......	cr. tuf ...	Rouen.
— *clavatus*, Del......	gl. s. et c..	Fis.
— *Boudanti*, Al.Br....	gl. s. et c..	Perte du Rh. Fis.
** — *selliguinus*, Al.Br....	gl. comp..	Fis.
— *Woolgari*, G. Mant.	gl. sab....	Suss. (On les a déjà vus, ainsi que plu-
— *catinus*, G. Mant...	gl. sab. ...	sieurs autres des corps organisés de ce
— *rusticus*, G. Mant...	gl. sab....	tableau, dans la craie tufau du tableau
— *lewesiensis*, G. Mant.	gl. sab....	précédent.)
— *monilis*, Sow......	gl. sab. ...	Blackdown.
— *mitfieldiensis*, Sow..	gl. sab....	
Hamites cameriatus, Al.Br.....	gl. s. et c..	Perte du Rh.
— *rotundus*, Sow.......	cr.t. et gl.c.	Rouen. Perte du Rh.
— *funatus*, Al.Br........	gl. sab....	Perte du Rh. Fis.
— *virgulatus*, Al.Br......	gl. sab....	Fis.
— *spinulosus*, Sow......	gl. sab....	Blackdown.
— *baculoides*, G. Mant....	gl. sab. ...	Suss.
**Turrilites costatus*, Montf......	gl. sab....	Rouen. Le Hâvre. Blackdown.
** — *Bergeri*, Al.Br.......	gl. s. et c..	Perte du Rh. Fis.
**Trochus gurgites*, Al.Br........	gl. s. et c..	Perte du Rh. Fis.
— *rhodani*, Al.Br.......	gl. sab....	Perte du Rh. Fis.
**Cirrus depressus*, Sow.........	gl. sab..	Suss. (Ils ne diffèrent peut-être pas des
— *perspectivus*, Sow.......	gl. sab....	trochus précédens.)
**Cassis avellana*, Al.Br........	gl. sab....	Rouen. Perte du Rh. Fis. Suss. (C'est pro-
		bablement l'*auricula incrassata* de M.
		Gid. Mantell.)
**Cerithium excavatum*, Al.Br....	gl. comp.	Perte du Rh.
Rostellaria Parkinsoni, G. Mant.	gl. sab....	Suss.
Podopsis truncata, Lam........	gl. s. et c.	Le Hâvre. La Touraine.

NOMS DES CORPS ORGANISÉS.	Spécific. de quelq. terr.	EXEMPLES DE LIEUX ET OBSERVATIONS.
Podopsis striata, Lam.	cr. tuf. . . .	Brighton.
Lutraria gurgitis, Al.Br.	gl. s. et c. t.	Perte du Rh. Koping en Suède.
Mytilus edentatus, Sow.	gl. sab. . . .	Anglet.
Inoceramus concentricus, Park. .	gl. s. et c. .	Perte du Rh. Rouen. Fis. Folkstone.
— *sulcatus*, Park. . . .	gl. s. et c. .	Folkstone. Perte du Rh. Fis.
— *mytil ides*, Sow. . . .	gl. cr.	Suss.
— *Websteri*, G. Mant.	gl. cr.	Suss.
Ostrea carinata, Lam.	cr. tuf. . . .	Le Hâvre. Anglet.
— *pectinata*, Lam.	cr. tuf. . . .	Le Hâvre.
Gryphœa columba, Lam.	gl. sab. . . .	Le Hâvre. Le Blanc. Longleat.
— *aquila*, Al.Br.	gl. sab. . . .	La Rochelle. Perte du Rh.
Pecten quinquecostatus, Sow. . . .	c. tuf. gl. s.	Perte du Rh. Le Hâvre. Sussex.
— *intextus*, Al.Br.	cr. tuf. . . .	Le Hâvre.
— *asper*, Lam.	cr. tuf. . . .	Le Hâvre. Suss.
— *orbicularis*, Munck.	cr. tuf. . . .	Anglet.
Plagiostoma spinosum, Sow. . . .	cr. tuf. . . .	Rouen. Brighton.
— *pect noides*, Sow. . . .	gl. sab. . . .	Perte du Rh.
Trigonia rugosa, Lam.	gl. sab. . . .	Perte du Rh.
— *scabra*, Lam.	gl. sab. . . .	Rouen. Perte du Rh.
— *clavellata*, Sow.	gl. sab. . . .	Suss.
— *alæformis*, Sow.	gl. sab. . . .	Suss.
— *dedalea*, Sow.	gl. sab. . . .	Blackdown.
Mytiloides labiatus, Schl.	cr. tuf. . . .	Rouen. Le Blanc (Indre).
Cucullea decussata, Sow.	gl. sab. . . .	Suss.
Thecidea radians, Defr.	cr. tuf. . . .	Maëstricht.
— *hieroglyphica*, Defr. . . .	cr. tuf. . . .	Maëstricht.
Terebratula semiglobosa, Sow. . .	cr. tuf. . . .	Rouen. Le Hâvre.
— *gallina*, Al.Br.	gl. sab. . . .	Perte du Rh. Le Hâvre.
— *ornithocephala*, Sow.	gl. sab. . . .	Perte du Rh. Fis.
— *alata*, Lam.	cr. tuf. . . .	Le Hâvre.
— *plicatilis*, Sow.	gl. sab. . . .	Fis.
— *pectita*, Sow.	cr. tuf. . . .	Le Hâvre.
— *octoplicata*, Sow. . . .	cr. tuf. . . .	Le Hâvre.
— *ovata*, Sow.	gl. sab. . . .	Sussex.
Spatangus bufo, Al.Br.	cr. tuf. . . .	Le Hâvre.
— *lævis*, Defr.	gl. sab. . . .	Perte du Rhône.
— *suborbicularis*, Defr. . .	gl. sab. . . .	Dives.
— *coranguinum*, Lam. . . .	cr.t. et gl.s.	Fis.
— *ornatus*, Defr.	cr. tuf. . . .	Biaritz, près Bayonne.
Echinonans Lampas, Delar. . . .	gl. sab. . . .	Lyme-Regis (Dorsetsh.)
Galerites depressus, Lam.	gl. sab. . . .	Fis.
Cidarites variolaris, Al.Br.	cr. tuf. . . .	Le Hâvre.
Nucleolites rotula, Al.Br.	gl. sab. . . .	Fis
— *castanea*, Al.Br.	gl. sab. . . .	Fis.
Orbitolites lenticulata, Lam.	gl. sab. . . .	Perte du Rhône.
Fistulana pyriformis, G. Mant. .	cr. tuf. . . .	Sussex.
Jerea pyriformis, Lamx.	gl. sab. . . .	Bourg Normandie.
Hallirhoa costata, Lamx.	gl. sab. . . .	Normandie.
Ventriculites radiatæ, G. Mant. .	gl. cr.	Suss.
— *Alcyonides*, G. Mant.	gl. cr.	Suss.
Choanites subrotundus, G. Mant.	gl. cr.	Suss.
Apiocrinites ellipticus, G. Mant. .	gl. cr.	Suss.

VÉGÉAUX.

Algues.

NOMS		EXEMPLES DE LIEUX
Fucoides Brardii, Ad. Br.	. . . .	Pialpinson, département de la Dordogne.
— *ortignianus*	. . . .	Isle d'Aix, près La Rochelle.
— *strictus*	. . . .	Isle d'Aix.

NOMS DES CORPS ORGANISÉS.	Spécific. de quelq. terr.	EXEMPLES DE LIEUX ET OBSERVATIONS.
Fucoides tuberculosus, Ad.Br. ...	....	Isle d'Aix.
— *Targionii*	....	Les Voirons , près Genève. Macigno de Florence. Bognor, en Sussex.
— *æqualis*	....	Vernasque, dans le Plaisantin.
— *difformis*	....	Bidache, près Bayonne.
— *intricatus*	....	Côte de Gênes. Bidache. Environs de Florence et de Vienne.
— *sulcatus*	....	Vernasque. Gênes. Florence.
— *ramosus*	....	Vernasque.

Cycadées.

NOMS DES CORPS ORGANISÉS.	Spécific. de quelq. terr.	EXEMPLES DE LIEUX ET OBSERVATIONS.
Cycadites Nilsonii, Ad.Br.	gl. cr.....	Scanie.

Nayades.

NOMS DES CORPS ORGANISÉS.	Spécific. de quelq. terr.	EXEMPLES DE LIEUX ET OBSERVATIONS.
Osterites caulinæfolia, Ad.Br. ...		Isle d'Aix , près Larochelle.
— *lineata*	gl. sab....	Isle d'Aix.
— *bellovisana*		Isle d'Aix.
— *elongata*		Isle d'Aix.

Tableau N.º IX *B.*

Corps organisés fossiles lacustres du sous-groupe veldien *du groupe* **ARÉNACÉ** *des terrains* **PÉLAGIQUES.**

Expl. des abréviations.

Arg. v. = Argile veldienne.   Lig. = Lignite.
Sab. f. = Sable ferrugineux.   Gr. = Grès.

Reptiles et Poissons.

Crocodiles de Sussex, Cuv......	sab. f.	Forêt de Tilgate (Sussex).
Megalosaurus , Cuv.	sab. f.	For. de Tilgate.
Iguanodon, G. Mant............	sab. f.	For. de Tilgate.
Emyde de Sussex, Cuv.........	sab. f.	For. de Tilgate.

Mollusques.

Potamides ?	arg. v.....	Suss.
Melania attenuata	arg. v.....	Suss.
— *tricarinata*	arg. v.....	Suss.
Paludina fluviorum	arg. v	Suss.
— *extensa*	arg. v.....	Suss.
— *elongata*	arg. v.....	Suss.
Cyrena membranacea	arg. v.....	Suss.
Cardium ? turgidum	arg. v.....	Suss.
Cypris faba , Desm............	arg. v.....	Suss.

Végétaux.

Pecopteris reticulata , Ad.Br.....	arg. v.....	For. de Tilgate. Env. de Beauvais.
Sphænopteris Mantelli, Ad.Br. ..	gr.	For. de Tilgate.
Clathraria Lyelli, Ad.Br.........	....	For. de Tilgate.
Carpolithes Mantelli, Ad.Br. ...	....	For. de Tilgate. (Ce fruit est probablement celui de la plante précédente, qui se rapproche surtout du *Xanthomea* et du *Dracæna*.)

Corps organisés fossiles du groupe ÉPIOLITHIQUE des terrains PÉLAGIQUES.

EXPL. DES ABRÉVIATIONS.

Calc. P. = Calcaire miliaire port-landien.   Calc. cor. = Calcaire corallique.

M. arg. hav. = Marne argileuse ha-vrienne.   M. arg. oxf. = Marne argileuse oxfordienne.

NOMS DES CORPS ORGANISÉS.	Spécific. de quelq. terr.	EXEMPLES DE LIEUX ET OBSERVATIONS.
REPTILES.		
Gavial longirostre , Cuv.........	M. arg. hav.	Honfleur.
— brevirostre , Cuv.........	M. arg. hav.	Honfleur.
Ichthyosaurus (espèce indeterm.)	M. arg. hav.	Honfleur. Oxford.
Plesiosaurus recentior , Conyb...	M. arg. oxf.	Kimeridge. Honfleur
MOLLUSQUES et ZOOPHYTES.		
Belemnites	M. a. h. et C.c.	
Nautilus angulosus , D'Orb.....	Calc. P. ...	Isle d'Aix
Ammonites giganteus , Sow.....	Calc. P...	Isle d'Aix
— Duncani , Sow......	M. arg. oxf.	
— calloviensis , Sow...	M. arg. oxf.	
— armatus , Smith	M. arg. oxf.	
— excavatus , Sow......	Calc. cor.	
** — triplicatus , Sow......	Calc. P.	
— perarmatus , Sow...	M. arg. hav.	Rochers de Dives.
— longispinus , Sow....	M. arg. hav.	Dives.
Melania headingtonensis , Sow...	M. arg. oxf.	Kimeridge. Headington.
— striata , Sow..........	Calc. cor..	Weymouth.
Turritella muricata . Sow......	Calc. cor..	Weymouth.
Turbo muricatus . Sow.........	Calc. cor. .	Weymouth (Yorkshire).
Trochus bicoronatus , Sow......	Calc. cor.	
— reticulatus . Sow......	Calc. cor. .	Weymouth.
Pterocerus Oceani , Al. Br. (1)....	M. arg. hav.	Hâvre. Jura. Perte du Rhône
— ponti , Al. Br.........	M. arg. hav.	Hâvre. Jura.
— pelagi , Al. Br.........	M. arg. hav.	Hâvre. Jura.
Pecten lamellosus . Sow........	Calc. P.	
— fibrosus . Sow.........	C. c. et M. oxf.	Oxford.
**Ostræa gregarea , Sow.........	Calc. cor.	
— cristagalli , Smith......	M. arg. hav.	
— Marshii , Sow........	M. arg. oxf.	Weymouth.
** — deltoidea , Sow........	M. arg. oxf.	Oxford. Kimeridge. Le Hâvre.
— palmetta , Sow	M. arg. oxf.	Oxford. Le Hâvre.
Lima rudis . Sow............	Calc. cor.	
— proboscidea , Sow.......	Calc. P. ? .	Loix (ile de Rhé). Weymouth.
Pholadomia protei , Al. Br.......	M. arg. hav.	Hâvre. Jura.
Pinna granulata , Sow.........	M. arg. hav.	Dives. Weymouth.
Avicula inæquivalvis , Sow......	M. arg. oxf.	

(1) Décrits sous le nom de *Strombus* dans mon Mémoire sur les *Caractères zoologiques des formations* (Ann. des mines, 1821 , p. 554, pl. 7 , fig. 1, 2 et 3. M. d'Orbigny a reconnu depuis que c'étoient des Ptérocères.

(2) Décrit dans le même mémoire sous le nom de *cardium protei* pl. 7, fig. 7. M. Sowerby a fait de ces coquilles, dont l'ouverture est billiante, le genre *Pholadomia*

NOMS DES CORPS ORGANISÉS.	Spécific. de quelq. terr.	EXEMPLES DE LIEUX ET OBSERVATIONS.
Perna aviculoides, Sow.	M. arg. oxf.	Weymouth.
Mytilus pectinatus, Sow.	Calc. cor..	Weymouth.
Donacites Alduini, Al. Br. (1).	M. arg. hav.	Hávre. Jura.
Plagiostoma obscurum, Sow.	M. arg. oxf.	
Lutraria ovalis Sow.	Calc. P.	
Gryphœa dilatata, Sow.	M. arg. oxf.	Weymouth.
— *cymbinus*, Lam.	M. arg. hav.	Mortagne. Kellaway (Wiltshire).
— *incurva*, Sow.	M. arg. oxf.	
** — *virgula*, Defr.	Calc. cor.. / M. arg. hav.	Hávre, etc.
Trigonia clavellata, Sow.	C. P. cor..	Weymouth.
— *costata*, Sow.	M. a h. et C.c.	Weymouth.
Terebratula ornithocephala, Sow.	M. arg. oxf.	
Clypeus cunicularis, Sedg.	Calc. cor..	Weymouth.
Cidaris papillosa, Park.	Calc. cor..	Weymouth.
— *intermedia*, Park.	Calc. cor.	
— *diadema*, Park.	Calc. cor.	
Cariophyllia carduus? Park.	Calc. cor.	
— *cespitosa?* Park.	Calc. cor.	
Astrea favosa? Smith	Calc. cor.	
VÉGÉTAUX.		
Cycadees.		
Bucklandia depressa, Ad. Br.	Calc. P...	Isle de Portland.

(1) Ouvrage cité, fig. 6.

Corps organisés fossiles du sous-groupe **SUPRAJURASSIQUE** *des terrains* **PÉLAGIQUES JURASSIQUES.**

EXPL. DES ABRÉVIATIONS.

Calc. sch. = Calcaire schistoïde. | Marn. arg. = Marne argileuse.
Calc. zoop. = Calcaire zoophytique. |

NOMS DES CORPS ORGANISÉS.	Spécific. de quelq. terr.	EXEMPLES DE LIEUX ET OBSERVATIONS.
MAMMIFÈRES et OISEAUX.		
Didelphis	calc. sch. .	Stonesfield.
Ornitholithes?	calc. sch. .	Stonesfield.
REPTILES.		
** *Gavialis priscus,* Sœm........	calc. sch. .	Monheim , près Boll. Eichstædt.
** *Geosaurus giganteus,* Sœm., Cuv..	calc. sch. .	Monheim. Eichstædt.
Megalosaurus Bucklandi	calc. sch. .	Stonesfield. Eichstædt.
* *Pterodactylus longirostris,* Sœm.	calc. sch. .	Eichstædt.
— *brevirostris,* Cuv..	calc. sch. .	Windischhof, près Eichstædt.
— *grandis,* Cuv.....	calc. sch. .	Solenhofen , près Eichstædt.
Émyde du Jura, Cuv..........	calc. sch. .	Près Soleure (Hugi).
POISSONS.		
Clupea sprattiformis, Bl.	calc. sch. .	Pappenheim , près Eichstædt.
— *Knorii,* Bl.............	calc. sch. .	Pappenheim. (Les autres espèces indiquées
— *Davilei,* Bl.............	calc. sch. .	sont douteuses sous tous les rapports.)
MOLLUSQUES.		
Ammonites discus? Sow.......	calc. sch. .	Stonesfield.
— *planulatus,* Schl....	calc. sch...	Solenhofen. (GERMAR).
— *colubrinus,* Rein....	calc. sch...	
Nautilus....................	calc. sch. .	Stonesfield.
Belemnites	calc. sch...	Stonesfield.
Turbo....................	....	Anglet.
Turitella?	calc. sch. et marn. arg.	Anglet.
Rostellaria.................	calc. sch. et marn. arg.	Anglet.
Patella rugosa, Sow..........	calc. sch.	
Modiola imbricata, Sow.......	calc. sch. .	Anglet.
— *aspera,* Sow........	calc. sch. .	Anglet.
Unio? acuta, Sow..........	calc. sch. .	Anglet. Caen.
** *Trichites,* Defr.............	calc. zoop..	Vermanton.
** *Pinna granulata??* Sow........	calc. sch...	La Rochelle , Pointe des Minimes
** *Trigonia clavellata,* Sow......	....	Anglet.
— *costata,* Sow.........	calc. sch. et marn. arg.	Anglet.
Cardita deltoidea, Sow........	calc. sch. .	Anglet.
— *lyrata,* Sow..........	calc. sch. .	Anglet.
— *producta,* Sow........	calc. sch. .	Anglet.
** *Lutraria Jurassi,* Al.Br........	calc. sch. .	Ligny. Meuse. Pointe de plomb à La Rochelle. Anglet.
Mya scripta, Sow............	calc. sch. .	Mesnil, près La Rochelle.
Venus?....................	....	Anglet.
Gryphæa cymbium, Lam........	calc. zoop.	Environs de Caen.
Ostrea Marshii, Sow..........	....	Anglet. (*Ostrea flabelloides,* Lam. , vrai
** — *cristagalli,* Schl........	calc. sch. et marn. arg.	*ostr. diluviana,* Linn. Ces noms paroissent appartenir à la même espèce.)

NOMS DES CORPS ORGANISÉS.	Spécific. de quelq. terr.	EXEMPLES DE LIEUX ET OBSERVATIONS.
Ostrea acuminata, Sow........	marn. arg.	Anglet.
Pecten fibrosus, Sow..........	calc. sch. et marn. arg.	Anglet.
— *laminatus*, Sow........	calc. sch. .	Anglet.
Avicula echinata, Sow.........	....	Anglet.
— *costata*, Sow.........	calc. sch. et marn. arg.	Anglet.
Lima gibbosa, Sow.	calc. sch. .	Anglet.
Terebratula subrotunda, Sow...	calc. sch. .	Anglet.
— *intermedia*, Sow....	calc. sch. .	Anglet.
** — *digona*, Sow......	calc. sch. et marn. arg.	Anglet.
** — *ornithocephala*, Sow.	calc. sch. .	Anglet.
— *obovata*, Sow......	calc. sch. .	Anglet.
— *obsoleta*, Sow......	calc. sch. et marn. arg.	Anglet.
Plagiostoma obscura, Sow.	calc. zoop.	Anglet.
Chama	calc. zoop.	Anglet.
CRUSTACÉS, INSECTES, ANNÉLIDES, RADIAIRES et ZOOPHYTES.		
Libellula	calc. sch. .	Eichstædt.
Eryon Cuvieri, Desm..........	calc. sch...	
Astacus leptodactylus, Germ. (f. 4)	calc. sch...	Solenhofen. (Germar.)
Mecochyrus locusta, Germ. (macroure, Desm., pl. 5, fig. 10)...	calc. sch...	
**Trigonellites latus*, Park........	calc. sch. .	Eichstædt.
— *problematicus*, Park. (tellinites, Schl.).........	calc. sch. .	Eichstædt et Amberg.
**Euryalis* (*ophyurus octofililatus*) Schl.	calc. sch. .	Eichstædt.
VÉGÉTAUX.		
Algues.		
Fucoides Stockii, Ad.Br.	calc. sch. .	Solenhofen.
— *encœlioides*, Ad.Br. ...	calc. sch. .	Solenhofen.
— *furcatus*, Ad.Br.	calc. sch. .	Stonesfield.
Fougères.		
Pecopteris Reglei, Ad.Br.	calc. sch. .	Mamers.
— *Desnoyerii*, Ad.Br. ..	calc. sch. .	Mamers.
Sphenopteris hymenophylloides ..	calc. sch. .	Stonesfield.
— ? *macrophylla*	calc. sch. .	Stonesfield.
Tœniopteris latifolia..........	calc. sch. .	Stonesfield.
Cycadées.		
Zamia pectinata..............	calc. sch. .	Stonesfield.
— *patens*..............	calc. sch. .	Stonesfield.
Zamites Bechii, Ad.Br.	calc. sch. .	Mamers.
— *Bucklandii*, Ad.Br.	calc. sch. .	Mamers.
— *lagotis*, Ad.Br........	calc. sch. .	Mamers.
— *hastata*, Ad.Br........	calc. sch. .	Mamers.
Conifères.		
Thuytes divaricata, Sterne......	calc. sch...	Stonesfield. Solenhofen.
— *expansa*.............	calc. sch...	Stonesfield.
— *acutifolia*	calc. sch...	Stonesfield.
— *cupressiformis*	calc. sch...	Stonesfield.
Taxites podocarpoides (*fucus elegans*) Ad.Br..............	calc. sch...	Stonesfield.

Corps organisés fossiles des sous-groupes MÉDIO- et INFRAJU-RASSIQUES des terrains PÉLAGIQUES JURASSIQUES.

EXPL. DES ABRÉVIATIONS.

Méd. j. = Groupe médiojurassique. | Infr. j. f. = Groupe infrajurassi-
Infr. j. = Groupe infrajurassique. | que ferrugineux.

Nota. Ces débris organiques se trouvent à peu près également dans les deux oolithes, et s'ils n'y sont pas cités explicitement, cela résulte de ce qu'on n'a pas toujours distingué clairement ces deux groupes ou que leur différence n'est peut-être ni constante, ni même réelle dans certains cas.

NOMS DES CORPS ORGANISÉS.	Spécific. de quelq. terr.	EXEMPLES DE LIEUX ET OBSERVATIONS.
REPITLES.		
Gavial de Caen, Cvv...........	méd. j....	Caen. Jura de Soleure.
Crocodile du Mans, Cuv........	méd. j....	Ballon. Chaufour (Sarthe).
Megalosaurus?	méd. j....	Caen.
Plesiosaurus carinatus, Cvv. ...	méd. j....	Boulogne.
— *pentagonus.* Cvv. ..	méd. j....	Environs d'Auxonne.
— ? *trigonus,* Cvv. ...	méd. j....	Côte du Calvados.
Ichthyosaurus	méd. j....	Reugny (Nièvre)
MOLLUSQUES.		
Belemnites compressus, Bl......	infr. j. f...	Amberg
Belemnites lanceolatus, Scut. (*hastatus,* Bt.)	infr. j....	Alsace (Voltz).
**_Ammonites discus,_ Sow........	infr. j. f...	Souvigny, près Caen. Bayeux. Aalen en Wurtemberg. Minérai de fer d'Aisy en Bourgogne. Dundry, près Bristol, etc.
— *elegans,* Sow.......	infr. j. ...	Anglet. Dundry.
— *Banksii,* Sow......	infr. j....	Anglet. Dundry.
— *Blagdeni.* Sow.	infr. j. ...	Anglet. Dundry
— *Braikenridgii,* Sow..	infr. j....	Anglet. Dundry
— *Brocchii,* Sow.	infr. j.	
— *Brongniarti,* Sow...	infr. j.	
— *Herweyi,* Sow.......	infr. j. ...	Anglet.
— *Stockesi.* Sow	infr. j....	Anglet.
— *Walcotii,* Sow......	infr. j. ...	Anglet.
— *Sowerbii,* Sow.	infr. j ...	Anglet. Dundry.
— *dedoratus,* Scat....	infr. j. f...	Amberg.
— *annulatus,* Sow....	infr. j. f...	Montdor. Lyon. Anglet.
— *Strangwaysii,* Sow..	infr. j. f...	Anglet.
— *falcatus,* Sow......	infr. j. f...	Anglet.
— *falcifer,* Sow.......	infr. j. f...	Anglet.
— *Browni,* Sow.......	infr. j. f...	Anglet. Dundry.
— *cordatus,* Sow.	infr. j. f. ..	Anglet. Dundry.
— *Birchii,* Sow.......	infr. j. f...	Mézières.
— *Bechii,* Sow........	infr. j. f...	Anglet.
— *sublœvis,* Sow.	infr. j. f...	Anglet.
Nautilus lineatus, Sow.	infr. j. f...	Anglet. Dundry
— *obesus,* Sow.........	infr. j. f..	Anglet.
— *sinuatus,* Sow........	infr. j. f. ...	Anglet.
**_Trochus similis,_ Sow........	infr. j. ...	Anglet. Dundry
— *concavus,* Sow.........	infr. j.	
— *dimidiatus,* Sow......	infr. j	

NOMS DES CORPS ORGANISÉS.	Spécific. de quelq. terr.	EXEMPLES DE LIEUX ET OBSERVATIONS,
Trochus duplicatus, Sow........	infr. j.	
— *elongatus*, Sow..........	infr. j.....	Anglet. Dundry.
— *punctatus*, Sow.........	infr. j....	Anglet. Dundry.
— *abbreviatus*, Sow......	infr. j.....	Anglet. Dundry.
— *fasciatus*, Sow.	infr. j....	Anglet. Dundry.
— *granulatus*, Sow.	infr. j. ...	Auglet. Dundry.
— *sulcatus*, Sow.........	infr. j.	
— *ornatus*, Sow.........	infr. j.	
— *bicarinatus*, Sow......	infr. j.	
**Cirrus nodosus*, Sow..........	infr. j.	
— *Leachi*, Sow.	infr. j.	
Strombus Oceani, Al.B.........	méd. j. ..	Alsace (VOLTZ). Jura de Nantua, etc.
Turbo ornatus, Sow.	méd. j.	
Rostellaria............	infr. j. ...	Anglet. Dundry.
Melania (très-caractérisée).....	infr. j. ...	Moulin. Caen.
Nerinea, DEFR. (*turritella*, Sow.)	méd. j....	Jura, Val Delémont, Vallangin. Isle d'Aix. Auxerre. Alsace.
Ampullaria	M. infr. j.	Angl.
***Trigonia costata*, Sow.........	M. infr. j..	Anglet. Alsace.
— *clavellata*, Sow.	M. infr. j..	Anglet. Dundry.
— *striata*, Sow.........	infr. j. ...	Anglet. Dundry.
— *duplicata*, Sow........	infr j.....	Anglet.
— *elongata*, Sow........	infr. j....	Alsace (VOLTZ).
Cucullea oblonga, Sow.	inf. j.	
Nucula margaritacea? Sow.....	infr. j.	
Cardita ? obtusa, Sow.........	infr. j.	
— *lunulata*, Sow.......	infr. j.	
— *similis*, Sow........	infr. etM. j.	
— *producta*, Sow.......	M. et infr.j.	Anglet.
— *deltoidea*, Sow.......	méd. j.	
— *lirata*, Sow.	méd. j. ...	Anglet. Dundry.
Lutraria gibbosa, Sow........	infr. j.	
— *lirata*, Sow........	infr. j.	
— *ambigua*, Sow.	infr. j.	
Astarte excavata, Sow........	infr. j.	
— *lurida?* Sow.	infr. j.	
— *cuneata?* Sow........	infr. j.	
— *ovata*, Sow........	infr. j.	
Unio ? Listeri	infr. j.	
— *concinna*, Sow.........	infr. j.	
— *acuta*	méd. j.	
Mya intermedia, Sow.		
— *V-scripta*, Sow.........	méd. j. ...	Alsace. Anglet. Dundry.
Modiola anatina, SMITH........	méd. j. ...	Anglet. Dundry.
— *imbricata*, Sow.......	méd. j.	
— *plicata*, Sow.........	infr. j.	
— *truncata*	infr. j.	
Pinna lanceolata, Sow..........	infr. j.	
***Trichites*, DEFR. (*Ostrea trichites*, CONYB.)............	infr. j.	
Ostrea rugosa, Sow.	infr. j.	
— *acuminata*, Sow.......	M. infr. j.	
— *gregarea*, Sow........	infr. j.	
— *palmata*, Sow........	infr. j.....	Anglet. Alsace.
— *cristata*, BOUÉ........	infr. j.	
— *Marshii*, Sow..........	M. infr. j. .	Anglet. Alsace.
— *cristagalli*, LAM.	M. infr. j..	Anglet. Alsace.
— *carinata*	infr. j....	Alsace.

NOMS DES CORPS ORGANISÉS.	Spécific. de quelq. terr.	EXEMPLES DE LIEUX ET OBSERVATIONS.
Pecten lens, Sow..............	infr. j. f...	Anglet. Alsace. Stranen , près Luxembourg.
— *barbatus*, Sow..........	infr. j.	
— *fibrosus*, Sow.	M. et infr.j.	
— *æquivalvis*, Sow.........	infr. j.	
— *laminatus*.	méd. j.	
Gryphæa dilatata, Sow.		
Lima proboscidea, Sow.	infr. j. ...	Anglet. Bayeux.
— *gibbosa*, Sow............	infr. j	
Avicula costata, Sow..........	M. et infr j.	
— *echinata*, Sow.........	méd. j.	
** *Perna aviculoides*. Sow.........	infr. j.	
** *Plagiostoma punctata*, Sow....	infr. j.	
— *rigida*, Sow...........	infr. j.	
— *gigantea ?* Sow......	infr. j. ...	Anglet. Dundry. (Cette espèce caractéristique de lias est indiquée ici par M. Conybeare avec doute.)
** *Terebratula intermedia*, Sow....	M. et infr.j.	Anglet. Alsace.
— *carnea*, Sow.......	infr. j.	
— *semigloba*, Sow. ...	infr. j.	
— *digona*, Sow........	M. et infr.j.	Angl. Dundry. Jura. Luc , près Caen , etc
— *ornithocephala*, Sow.	M. et infr.j.	Anglet. Dundry. Jura. Luc.
— *acuta*, Sow........	infr. j.	
— *resupinata*, Sow....	infr. j.	
— *media*, Sow.	infr. j.....	Anglet. Dundry. Jura. Luc.
— *obsoleta*, Sow......	M. et infr.j.	Anglet. Dundry. Jura. Luc.
** — *spinosa*, Sow.	infr. j. ...	Anglet. Dundry. Luc.
— *subrotunda*, Sow...	méd. j.	
— *reticulata*, Sow. ...	méd. j.	
— *rudis*. Sow. ? (*Pect. segulatus*, Schl.)..	infr. j. ...	Amberg.
ZOOPHYTES.		
Astrea....................	méd. j.	
Caryophyllia..................	méd. j.	
Cyclolites	infr. j....	Alsace.
Apiocrinites rotundus	méd. j. ...	Farque. Alsace.
Pentacrinites tuberculatus......	infr. j.....	Alsace.
Cidaris	M. et infr.j.	
Echinus...................	M. et infr.j.	
Galerites	M. et infr.j.	
VÉGÉTAUX. (1)		
Équisétacées.		
Equisetum columnare..........	infr. j.....	Whitby. Brora.
Fougères.		
Pachypteris lanceolata........	infr. j. ...	Whitby.
— *ovata*............	infr. j....	Whitby.
Sphenopteris Williamsonis.....	infr. j. ...	Whitby.
— *crenulata*.	infr. j....	Whitby.
— *hymenophylloides*..	infr. j. ...	Whitby.
— *denticulata*.......	infr. j....	Whitby.
Pecopteris polypodioides.......	infr. j. ...	Whitby.
— *denticulata*.........	infr. j....	Whitby.

(1) Cette liste et la dénomination des espèces sont tirées du Prodrome d'une histoire des végétaux fossiles de M. Adolphe Brongniart.

NOMS DES CORPS ORGANISÉS.	Spécific. de quelq. terr.	EXEMPLES DE LIEUX ET OBSERVATIONS.
Pecopteris Phillippi	infr. j.	Whitby.
— *whitbyensis*	infr. j.	Whitby.
— *nebhensis*		Bornholm.
— *tenuis*		Bornholm.
— *Pingelii*		Bornholm.
— *Bechii*		Bornholm. Raus, près Helsingborg.
Tæniopteris vittata		Whitby.
Cycadées.		
Pterophyllum Williamsonis	infr. j.	Whitby.
Zamia longifolia	infr. j.	Whitby.
— *pennæformis*	infr. j.	Whitby.
— *elegans*	infr. j.	Whitby.
— *Goldiæi*	infr. j.	Whitby.
— *acuta*	infr. j.	Whitby.
— *lævis*	infr. j.	Whitby.
— *Youngii*	infr. j.	Whitby.
— *Feneonis*	infr. j.	Seissel.

Corps organisés fossiles des groupes du **LIAS** et du **KEUPER** des terrains **ABYSSIQUES.**

EXPL. DES ABRÉVIATIONS.

L. = Lias	K. = Keuper.
Gr. l. = Grès du lias.	Gr. k. = Grès du keuper.
Amp. l. = Ampélite du lias.	

NOMS DES CORPS ORGANISÉS.	Spécific. de quelq. terr.	EXEMPLES DE LIEUX ET OBSERVATIONS.
REPTILES.		
Ichtyosaurus communis, DELAB.		
— *platyodon*, DELAB.		
— *tenuirostris*, DELAB.	L.	Entre Lyme-Regis et Charmouth (Dorset.).
— *intermedius*, DELAB.		
Plesiosaur. dolichodeirus, CONIB.	L.	Lyme-R. Bristol. Newcastle (Northumb.). Honfleur.
POISSONS.		
Dapedium politum, DELABÈCHE	L.	Lyme-R.
MOLLUSQUES, etc.		
Ammonites planorbis, Sow.	K.	Lyme-R.
— *Walcotii*, Sow.	L.	Bath.
— *annulatus*, Sow.	L.	
— *communis*, Sow.	L.	
— *angulatus*, Sow.	L.	
— *giganteus*, Sow.	L.	
— *Birchii*, Sow.	L.	Charmouth.
— *Bechei*, Sow.	L.	Lyme-R.
— *armatus*, Sow.	L.	Lyme-R.
— *planicosta*, Sow.	L.	Lyme-R.
— *stellaris*, Sow.	L.	
— *Brookii*, Sow.	L.	Lyme-R.
— *Bucklandii*, Sow.	L.	Bath.
— *Conybeari*, Sow.	L.	Anglet. : Bath et Lyme-R. Alsace : Gunders-hofen et Bouxwiller.
— *fimbriatus*, Sow.	L.	Lyme-R.
— *Grenoughii*, Sow.	L.	Bath.
— *Henleyi*, Sow.	L.	Lyme-R.
— *Loscombi*, Sow.	L.	
— *obtusus*, Sow.	L.	Lyme-R.
— *heterophyllus*, Sow.	L.	
Belemnites brevis, BL.	L.	Alais.
— *apicicurvatus*, BL.	L.	Alais.
— *giganteus*, SCHL.	L.	Amberg.
— *penicillatus*, BL.	L.	Salins. Anduze (Gard).
— *bisulcatus*, BL.	L.	Caen.
— *Aalensis*, VOLTZ	gr. l.	Aalen en Wurtemb.
Nautilus intermedius, Sow.		
— *striatus*, Sow.	L.	Anglet. Alsace.
— *truncatus*, Sow.	L.	Bath.
Trochus duplicatus, Sow.		Alsace.
— *similis*, Sow.		
— *imbricatus*, Sow.	L.	Cheltenham.

NOMS DES CORPS ORGANISÉS.	Spécific. de quelq. terr.	EXEMPLES DE LIEUX ET OBSERVATIONS.
Trochus anglicus , Sow.........	L.........	Weston.
Helicina ? compressa , Sow.....	L.........	Leicestershire.
Helicina ? expansa , Sow.......	L.........	Lyme-R.
— solarioides , Sow......	L.........	Lyme-R.
Melania striata , Sow.	L.........	Lymington. (C'est une phasionelle de l'oolithe.)
Cerithium...................	L.........	Alsace (VOLTZ).
Patella discoides , SCHL.........	L.........	Alsace.
Cucullea lœvis , Sow...........	L.	
Cardita lyrata , Sow.	L.	
Astarte....................	L.	
Lutraria ambigua , Sow........	L.........	Alsace (VOLTZ).
Unio ? crassissima , Sow.......	L.........	Bath.
Puma granulata , Sow.........	K.........	Sommersetshire.
Mya depressa , Sow...........	L.........	Alsace.
— V-scripta , Sow.	L.........	Alsace. Scarborough en Angleterre.
Modiola lœvis , Sow...........	L.........	Angl.
— depressa , Sow.		
— minima , Sow........	L.........	Anglet.
— hillana , Sow.........	L.........	Anglet.
Lucina ?..................	K.........	Alsace. Wilgotheim.
Avicula inæquivalvis , Sow.....	L.........	Anglet. Dursley.
Pecten æquivalis , Sow.	L.........	Glocestershire. Yeovil.
**Gryphæa incurva , Sow.........	L.........	Partout. (Ne paroît pas différer de l'arcuata.)
— obliquata . Sow.......	L.........	Glamorgan.
* — arcuata LAM.	L.........	Partout.
— gigantea , Sow........	L.........	Glocestershire.
Lima antiqua , Sow...........	L.	
Trigonia navis , VOLTZ..........	L.........	Alsace.
— costata , Sow.........	L.........	Alsace.
Perna ? mytiloides , Sow.......	L.........	Anglet. Alsace.
Plagiostoma punctata , Sow.....	L.........	Anglet.
— gigantea , Sow.	L.........	Anglet. : Bath , etc. Alsace : Gundershofen, Bouxwiller.
— semilunaris , Sow...	L.........	Alsace.
— Hermanni , VOLTZ ..	L.........	Alsace.
Plicatula spinosa , Sow.........	L.........	Anglet. Alsace.
Hippopodium ponderosum , Sow.	L.........	Cheltenham.
Terebratula ornithocephala ? Sow.	L.........	
— acuta , Sow........	L.........	Ce sont des espèces de terre.
— crumena , Sow.....	L.........	
Spirifer Walcotii , Sow........	L.........	Bath. Alsace.
Pentamerus.		
Echinus.		
Pentacrinites caput medusæ , MILL.	....	Anglet. Alsace. Gundershofen
— briareus , MILL.		
— subangularis , MILL.		
— basaltiformis , MILL.	L.........	Anglet. Alsace.
— tuberculatus , MILL.	L.........	Anglet. Alsace.
Turbinolia.		

VÉGÉTAUX.

Equisetum Meriani , AD.BR......	K........	La Neuewelt , près Bâle.
— columnare	L........	Corcelles (Haute-Saône).
Glossopteris nilsoniana..........	gr. l.....	Hör en Scanie (AD.BR.).

NOMS DES CORPS ORGANISÉS.	Specific. de quelq. terr.	EXEMPLES DE LIEUX ET OBSERVATIONS.
Pecopteris agardhiana.........	gr. l......	Hör,
— Meriani............	K.........	Neuewelt.
*Clathropteris meniscoides	gr. l......	Hör. Saint-Étienne (Vosges).
Taxipteris vittata...........	gr. l. et K.	Hör. Neuewelt.
Marantoidea arenacea, JÆGER...	gr. l......	Envir. de Stuttgart
Lycopodites patens...........	gr. l......	Hör.
Culmites Nilsonii	gr. l......	Hör.
Cycadées.		
*Zamites Bechii..............	l.........	Lyme-R.
— Bucklandii	l.........	Lyme-R.
*Pterophyllum longifolium	k.........	Neuewelt.
— Jageri............	gr. l......	Envir. de Stuttgart.
— Meriani.........	k.........	Neuewelt.
— dubium	gr. l......	Hör.
*Nilsonia brevis	gr. l......	Hör.

La famille des Cycadées, qui commence au *Zamites*, y est dominante. On n'y connoît encore aucune plante de la famille des Conifères si nombreuse dans le terrain pœcilien. (Ad. Br.)

Corps organisés fossiles du groupe **CONCHYLIEN** des terrains **ABYSSIQUES**.

NOMS DES CORPS ORGANISÉS.	Spécific. de quelq. terr.	EXEMPLES DE LIEUX ET OBSERVATIONS.
MOLLUSQUES.		[saure.)
Grand saurien, Cuv.	. . . .	Lunéville. (Peut-être voisin de l'ichthyo-
Plesiosaurus, JÆGER.	. . . .	Boll en Wurtemberg.
Ryncholites	. . . .	Lunéville et Götting., BRUM. (Corps qui ont de l'analogie avec les becs de sèche.)
Ammonites nodosus, SCHL. . . .	. . . .	Göttingue. Toulon. Le Meisner. Wurtemb.
— *bipartitus*, GAILLARDOT.	. . . .	Lunéville.
Nautilus bidorsatus, SCHL.	. . . .	Weimar. Heinberg. Wurtemberg. (Tous trois du genre *Ceratites* de HAAN. Ainsi il n'y auroit pas de vraies ammonites dans ce terrain.)
Buccinum obsoletum, SCHL.	. . . .	Göttingue.
Strombites denticulatus, SCHL. . .	. . . .	(Ressemble beaucoup au *strombus* [*rostellaria*] *Oceani*, AL.BR. (1), du calcaire oolithique supérieur du Jura.)
Dentalites torquatus, SCHL. . . .	. . . .	Göttingue.
— *lævis*, SCHL.	. . . .	Göttingue.
Patellites mitratus, SCHL.		
Myacites elongatus, SCHL.	. . . .	Wurtemberg.
— *musculoides*, SCHL.		
— *ventricosus*, SCHL.	. . . .	Lunéville.
Cardium (*chamites*, SCHL.) *striatum*	. . . .	Göttingue. Wurtemberg.
Plagiost. (*chamites*, SCHL.) *punctatum*	. . . .	Göttingue. Toulon. Gotha.
— *lineatum*	. . . .	Göttingue.
Ostracites pleuronectites lævigatus, SCHL.	. . . .	Göttingue. Lunéville. Toulon. (C'est une coquille très-particulière, qui n'appartient ni au genre Huître, ni à aucun des genres que je connoisse.)
— *pleuronectites discites*, SCHL.	. . . .	(Ne paroît différer de la précédente que par la taille.)
Ostrea cristata difformis, SCHL.	. . . .	Lunéville.
Pecten (*ostracites pectinites*) *reticulatus*, SCHL.	. . . .	Göttingue.
Spondyl. (*ostr. spondiloides*), SCHL.	. . . .	Lunéville. Göttingue. Toulon.

(1) Sur les caractères zoologiques des formations. Annales des mines, 1821, tome 6, pag. 570, pl. 7, fig. 2.

NOMS ET OBSERVATIONS.	Spécific. de quelq. terr.	EXEMPLES DE LIEUX ET OBSERVATIONS.
*Trigonellites pes anseris, Schl...	....	Göttingue. Lunéville. (Coquille qu'il ne faut pas confondre avec les trigonellites de Parkinson, genre très-différent.)
— vulgaris, Schl....	....	Göttingue. (Pourroit très-bien être le jeune âge du précédent.)
— curvirostris, Schl..	....	Göttingue.
*Mytulites socialis, Schl........	....	Göttingue. Le mont Meisner en Hesse. Toulon. Lunéville. Wurtemberg. (Ce n'est certainement pas un mytilus.)
— costatus, Schl......	....	Göttingue.
— incertus, Schl......	....	Göttingue.
— eduliformis, Schl....	....	Göttingue. Lunéville.
Terebratula vulgaris, Schl. ...	....	Göttingue. Lunéville. Toulon. Wurtemb.
— orbiculata, Schl...	....	Wurtemberg.
*Encrinites liliiformis, Schl.....	....	Göttingue. Wurtemberg.
VÉGÉTAUX.		
Nevropteris Gaillardoti, Ad.Br. .	....	Lunéville.
Mantellia cylindrica, Ad.Br.....	....	Lunéville.

Nota. On peut dire que presque tous ces corps organisés sont caractéristiques du groupe conchylien; ceux qu'on a marqués d'une astérisque (*) paroissent le caractériser encore plus particulièrement. On remarquera avec M. Élie de Beaumont, qu'on n'a encore reconnu dans ce terrain ni bélemnites ni ammonites, si abondans dans le lias, et qu'on n'y cite aucun des productus qui vont se rencontrer en assez grand nombre dans le terrain suivant.

Les végétaux y sont en très-petit nombre, et y ont été évidemment transportés par les cours d'eau.

     THE

Corps organisés fossiles des groupes **POECILIEN** et **PÉNÉEN** des terrains **ABYSSIQUES**.

Expl. des abréviations.

Ps. b.   = Psammite bigarré. | M. b.   = Marne bigarrée.
C. f. p. = Calcaire fétide pénéen. | Calc. p. = Calcaire pénéen.

NOMS DES CORPS ORGANISÉS.	Spécific. de quelq. terr.	EXEMPLES DE LIEUX ET OBSERVATIONS.
ICHTHYOLITHE.		
Chætodon.	M. b.	Durham (Anglet.).
MOLLUSQUES.		
Ammonites.		
M. lænia? scalata (strombite, Schl.)	ps. b.	Domptail (Vosges).
Natica.	ps. b. . . .	Domptail.
Pecten priscus, Schl.	calc. p.	
Mytilus eduliformis, Schl.	ps. b. . . .	Domptail.
— socialis, Schl.	ps. b. . . .	Domptail.
Gryphœa lævis, Schl.	ps. b.	Heinberg, près Götting. (Très-voisine de l'arcuata et entre le calc. conchylien et le psammite bigarré.)
Trigonellites vulgaris, Schl.	ps. b. . . .	Domptail.
Product. aculeat. (gryphites), Schl.	calc. p. . . .	Thuringe, etc.
— rugosus, Schl.	calc. p.	
— speluncarius, Schl.	calc. p. . . .	Glückbrunn.
Terebratula alata.		
— paradoxa, Schl. . . .	calc. p. . . .	Schmerbach.
— lacunosa, Schl. . . .	calc. p. . . .	Schmerb.
— elongata, Schl.	calc. p. . . .	Schmerb.
— inflata, Schl.	calc. p. . .	Schmerb.
— pelargonata, Schl. . .	calc. p. . . .	Schmerb.
— pygmœa, Schl.	calc. p. . . .	Leimstein, près Schmalkalde.
Encrinites ramosus, Schl.	calc. p. . . .	Glückbrunn.
Millépores.		
Corallinites columnaris, Schl. .		
Flustra.	. . . .	Durham (Anglet.).
VÉGÉTAUX.		
Équisétacées.		
Calamites arenaceus, Ad. Br. (1) . .	ps. b.	Wasselonne et Marmoutier (Bas-Rhin).
— Mougeotii.	ps. b.	Marmoutier
— remotus	ps. b.	Wasselonne

---

(1) Toutes ces déterminations sont prises des travaux sur les végétaux fossiles de M. Adolphe Brongniart, notamment de son traité intitulé : *Prodrome d'une histoire des végétaux fossiles*, un cah., in-8.°, Strasbourg et Paris, Levrault, et de son *Essai d'une Flore du grès bigarré*, Ann. des sc. nat., 1828, tom. 15. pag. 435. pl. 15 -- 20.

NOMS DES CORPS ORGANIS.̈S.	Spécific. de quelq. terr.	EXEMPLES DE LIEUX ET OBSERVATIONS.
Fougères.		
Anomopteris Mougeotii	ps. b.	Soultz aux-Bains. Wasselonne.
Nevropteris Voltzii...........	ps. b.	Soultz-aux-Bains.
— *elegans*	ps. b.	*Ibid.*
Sphenopteris myriophyllum.....	ps. b.	*Ibid.*
— *palmetta*	ps. b.	*Ibid.*
Filicites scolopendroides........	ps. b.	*Ibid.*
Conifères.		
Voltzia brevifolia	ps. b.	Soultz-aux Bains.
— *elegans*	ps. b.	*Ibid.*
— *rigida*...............	ps. b.	*Ibid.*
— *acutifolia*	ps. b.	*Ibid.*
— *heterophylla*..........	ps. b.	*Ibid.*
? ? *Cupressites Hullmanni* , Bronn.	ps. b. ? ...	Frankenberg en Hesse.
Liliacées.		
Convallarites erecta	ps. b.	Soultz-aux-Bains.
— *nutans*	ps. b.	*Ibid.*
Monocotylédones douteuses.		
Palœoxyris regularis	ps. b.	Soultz-aux-Bains.
Echinostachys oblongus	ps. b.	*Ibid.*
Æthophyllum stipulare........	ps. b.	*Ibid.*

Nota. On remarquera que parmi les coquilles les *Mytilus eduliformis* et *socialis* , et le *trigonellites vulgaris*, appartiennent aussi au groupe conchylien.

THE

Corps organisés fossiles du schiste **BITUMINEUX PÉNÉEN.**

EXPL. DES ABRÉVIATIONS.

Lign. = Lignite.

NOMS DES CORPS ORGANISÉS.	Spécifiq. de quelq. terr.	EXEMPLES DE LIEUX ET OBSERVATIONS.
REPTILES.		
Monitor de Thuringe, Cuv.	....	Pays de Mansfeld. Rothenbourg sur la Saale. Glückbrunn. Memmingen, etc.
POISSONS.		
Ichthyolithes en général	....	Mines de mercure du Palatinat. Himmelsberg. — Dans des nodules ellipsoïdes à Perschweiler, près Saarbruck. Seefeld? en Bavière.
Palæothriss. macrophtalmum, Bt.	....	Mansfeld.
— *magnum ,* Bt.	....	Mansfeld.
— *inæquilobum,* Bt. ...	....	Autun.
— *parvum ,* Bt.	....	*Ibid.*
Palæoniscum Freieslebense , Bt. .	....	Mansfeld.
Clupea? Lametherii , Bt.	....	*Ibid.*
Esox? Eislebensis , Bt.	....	*Ibid.*
Stromateus major , Bt.	....	Hesse.
MOLLUSQUES.		
Ammonites gibbosus.		
Terebratula lacunosa	....	Schmerbach en Thuringe.
VÉGÉTAUX.		
Fucoïdes Brardii, Ad.Br.	....	De Frankenberg, comme ceux de Pialpinso. (Voisin des *conferva carpolites, hæmilocinus,* Sch..)
— *selagenoïdes*	....	Mansfeld.
— *lycopodioïdes*	....	*Ibid.*
— *frumentarius*	....	*Ibid.*
— *pectinatus*	....	*Ibid.*
— *digitatus*	....	*Ibid.*
— *septentrionalis*	lign. ?....	Höganes en Scanie.
— *nilsonianus*	lign. ?....	*Ibid.*
Zosterites agardhiana	lign. ?....	*Ibid.*

Corps organisés fossiles du groupe **HOUILLER** des terrains **ABYSSIQUES**.

N..ta. Dans toute cette énumération nous n'avons indiqué par leur nom que les espèces qui se retrouvent dans un grand nombre de localités, et qui sont par conséquent plus caractéristiques du terrain houiller que les antres, ou celles qui appartiennent à des localités remarquables par leur éloignement. Toutes celles pour lesquelles nous n'avons pas cité de lieu particulier sont fréquentes dans les terrains houillers de France, d'Allemagne ou d'Angleterre.

NOMS DES CORPS ORGANISÉS.	Spécific. de quelq. terr.	EXEMPLES DE LIEUX ET OBSERVATIONS.
MOLLUSQUES.		
Unio?		
Anondontite?		
VÉGÉTAUX.		
Plantes marines (aucune espèce).		
Plantes terrestres.		
Équisétacées.		
Equisetum (2 espèces douteuses).		
Calamites (12 espèces).		
— *Suckovii.*		
— *Cistii.*		
— *cannæformis.*		
— *pachyderma.*		
— *approximatus.*		
Fougères.		
Sphænopteris (21 espèces).		
— *furcata.*		
— *stricta.*		
— *artemisiæfolia.*		
— *dissecta.*		
— *trifolialata.*		
— *Schlotheimii.*		
— *Haninghausii.*		
— *latifolia.*		
Cyclopteris orbicularis.		
— *obliqua.*		
Nevropteris (11 espèces).		
— *Loshii.*		
— *tenuifolia.*		
— *flexuosa.*		
— *gigantea.*		
Glossopteris Browniana	. . . .	Dans les mines de houille de l'Inde et de la Nouvelle-Hollande.
Pecopteris (46 espèces)		
— *blechnoïdes.*		
— *cyathea.*		
— *polymorpha.*		
— *aquilina.*		
— *pteroides.*		
— *lonchitica.*		
— *gigantea.*		
— *nervosa.*		
— *Defrancii.*		
— *alata*	. . . .	Des mines de la Nouvelle-Hollande.

NOMS DES CORPS ORGANISÉS.	Spécific. de quelq. terr.	EXEMPLES DE LIEUX ET OBSERVATIONS.
Pecopteris aspera.		
— *Miltoni.*		
— *dentata.*		
Lonchopteris Brivii.		
* *Odontopteris* (5 espèces)........	....	Toutes les espèces de ce genre sont du terrain houiller.
* *Schizopteris anomala*.........	....	*Ibid.*
* *Sigillaria* (41 espèces)........	....	*Ibid.*
Marsiléacées.		
* *Sphœnophyllum* (7 espèces)	....	Genre propre au terrain houiller.
Lycopodiacées.		
Lycopodites (10 espèces).		
— *piniformis.*		
— *phlegmarioides.*		
Selaginites (2 espèces).		
* *Lepidodendron* (34 espèces)....	....	Ce Genre et les quatre suivans ne se trouvent que dans le terrain houiller.
* *Lepidophyllum* (3 espèces)......	....	Ce sont les feuilles isolées des *lepidodendron.*
* *Lepidostrobus* (4 espèces)......	....	Ces fruits appartiennent probablement aux *lepidodendron.*
* *Cardiocarpon* (5 espèces).......		
* *Stigmaria* (8 espèces).		
Palmiers.		
? *Flabellaria borassifolia*	....	Il n'est pas bien certain que ce soit une feuille de palmier.
Noggerathia foliosa........	....	Genre très-différent des palmiers actuels.
Zeugophyllites calamoides	....	Des mines de l'Aude. (Genre différent de tous les palmiers existans.)
Cannées.		
Cannophyllites Virletii........	....	Saint-George-Chatellaison.
Monocotylédones douteuses.		
Sternbergia (3 espèces).		
Poacites (3 espèces).		
Trigonocarpum (5 espèces)....	....	La plupart de ces fruits viennent de Langeac.
Musocarpum (3 especes)......		
Dicotylédones.		
Aucune bien caractérisée......		
Plantes de classe douteuse.		
Phyllotheca australis.........	....	Des mines de la Nouvelle-Hollande.
* *Annularia* (7 especes).........	....	Ces trois genres sont tous particuliers au terrain houiller. (1)
* *Asterophyllites* (10 especes) ...		
* *Volkmannia* (3 especes)........		

(1) D'où il résulte qu'on n'a trouvé dans le terrain houiller aucune plante des classes des agames, des cryptogames celluleuses, des phanérogames gymnospermes, des phanérogames dicotylédones, tandis que sur environ deux cents espèces connues il y en a plus de cent quatre-vingts appartenant à la classe des cryptogames vasculaires et une vingtaine aux phanérogames monocotylédones. (ADOLPHE BRONGNIART.)

Corps organisés fossiles des groupes **CALCAREUX**, **QUARZEUX** et **SCHISTEUX** des terrains **HÉMILYSIENS**.

Expl. des abréviations.

Calc. = Calcareux.	Schist. = Schisteux ou traumateux.
Quarz. = Quarzeux.	Phyll. = Phyllade.

NOMS DES CORPS ORGANISÉS.	Spécific. de quelq. ter.	EXEMPLES DE LIEUX ET OBSERVATIONS.
MOLLUSQUES, etc.		
Nautilus carinæformis, Sow. ...	calc.	Dublin.
Orthoceratites communis, Wahl. .	calc.	Westerplana en Westrogothie.
— *duplex*, Wahl.	calc.	*Ibid.*
— *imbricatus*, Wahl. ...	calc.	Gothland et Kentuky.
— *striatus*, Sow.	calc.	Malmoë, près Christiania.
— *undulatus*, Schl. ...	psammite ?	Tsarko-Sselo, près S. Pétersb. Vizet, près Liége.
— *crassiventris*, Wahl. ..	calc.	Gothland.
— *gracilis*, Blum., Schl.	schist.	Hellenburg en Nassau.
— *tenuis*, Wahl.	ampélite ..	Mösseberg en Westrogothie. Christiania. Bornholm. May, près Caen.
Lituolites perfectus, Wahl.	calc.	Mösseberg.
— *imperfectus*, Wahl. ...	calc.	Jungby en Suède.
Conularia, Mill.	quarz.	May, près Caen.
Posidonia Becheri, Bronn	phyll.	Werden.
	ampélite ..	Dillenbourg, près Marbourg.
Bellerophon tenuifascia, Sow...	calc.	Vizet.
— *costatus*, Sow......	calc.	Dublin.
— *apertus*. Sow......	calc.	Carlingford (Nord de l'Irlande).
Turbo ? (*helic. catenulatus*. Wahl.)	calc.	Gothland. (Beaucoup de ressemblance avec le *delph. lima.*)
Evomphalus	calc.	Argenteau en Belgique. Vizet.
— *alatus* (*helicites*, Wahl.).	calc.	Malmoë. Gothland.
— *pentagulatus*, Sow......	calc.	Namur. Dublin.
— *pseudogualterianus*, (ou *catillus*, var.. Sow., *helicites Gualterianus* Schl.)	calc.	Reval.
— *macluvei* (*maclurites magna*, Lesueur)	calc. sch..	Lac Érié.
Cardium hybernicum, Sow......	calc.	Saint-Dolough s, près Dublin.
Isocardia ?? (moule intérieur)..	calc.	Environs de Dublin.
Astarte ? cypricardi ??	calc.	Environs de Dublin.
	quarz.	May, près Caen. (Moule intérieur.
Terebratula Durassii, Defr. ...	calc.	Environs de Dublin.
— *reticularis* (*anomites*. Wahl.)	calc.	Gothland.

54.   h

NOMS DES CORPS ORGANISÉS.	Spécific. de quelq. terr.	EXEMPLES DE LIEUX ET OBSERVATIONS.
Terebratula plicatella, WAHL....	calc.....	Gothland ? Gotha-Canal.
— *crumena ?* Sow.....	calc.....	Environs de Dublin.
— *prisca*, SCHL.......	calc.....	Bensberg.
— *ostiolata*, SCHL. (ou *spirifer pinguis ?*).	calc.....	Eifel.
— *aperturata*, SCHL. ...	calc.....	Bensberg.
— *dubia*, DEFR.......	calc.....	Duras en Irlande.
— *cor*	calc.....	Eifel.
— *aspera*, SCHL........	calc.....	Eifel.
— *Basterotina*, DEF. (ou *spirifer pinguis ?*).	calc.....	Duras.
— *lenticularis* (*anomytes*, WAHL.)......	calc..... / ampélite..	Billingen, vers Hallewaden. / Westrogothie. Andrarum en Scanie.
Spirifer cuspidatus, Sow.......	calc.,....	Environs de Dublin.
— *pinguis*, Sow...........	calc.....	*Ibid.*
— *glaber*, Sow...........	calc.....	*Ibid.*
— *striatus*, Sow.........	calc.....	*Ibid.*
— ?	grès.....	Pays de Caynga, État de New-York.
— *striatus*, var...........	calc.....	Environs de Namur. Environs de Dublin.
— *striatula*, SCHL.........	calc.....	Environs de Dublin.
— *intermedius* (terebr..SCHL.)	qu. et calc.	Allenhead en Northumberland. Eifel. Monts Alleghanis.
— *alatus*	schist....	Environs de Coblence.
— *hysterolites*, SCHL.......	psammite..	Zellerfeld, etc., au Harz. Belfast. District du Maine (Amérique septentrionale).
— *sarcinulatus* (terebr.,SCHL.; *anomites rhomboidalis*,WAHL.)	sch. calc. et grès terreux	Coblence. Malmoë. Monts Catskill, État de New-York. Mösseberg.
Strophomenes rugosa, RAF.....	calc.....	Kentucki. Ohio.
— *pilaopsis*, RAF..........	calc.....	Kentucki.
— *umbraculum*, SCHL. (*Gonotrema*, RAF.).......	....	Eifel. Golfe de Christiania. (Probablement la même espèce que la précédente.)
Pecten (*anomites*, WAHL.).....	calc. et sch.	Mösseberg, Halbberg en Westrogothie. Monts Catskill.
Pentamerus (*anomites*, WAHL.)	calc.....	Gothland.
— *conchidium*, LINN...	calc.....	Golfe de Christiania.
Productus scabriusculus, Sow...	calc.....	Kiskaldy en Écosse. Vizet.
— *scoticus*, Sow........	calc.....	Environs de Liége. Duras.
TRILOBITES.		
Calymene Blumenbachii, AL.BR..	calc.....	Dudley, Worcestersh. Lebanon sur l'Ohio, et Newport, près Utica, Amér. sept.
— *macrophtalmus*......	schist.....	Cromford, près Dusseldorf. États-Unis.
— *variolaris*, AL.BR.....	calc.	

NOMS DES CORPS ORGANISÉS.	Spécific. de quelq. terr.	EXEMPLES DE LIEUX ET OBSERVATIONS.
Calymene Tristani, AL.BR.	schist.	Breuville en Cotentin. Falaise. La Hunaudière. Bain , près Rennes.
Asaphus cornigerus , SCHL.	calc.	Environs de Saint-Pétersbourg.
— *expansus* , WAHL.	calc.	Husbyfjöl, Kinnekulle en Westrogothie. Malmoë.
— *candigerus* , AL.BR. . . .	calc.	Dudley.
— *Hausmanni* , AL.B.	calc.	Amhersbury. Nehou (Manche). Prague.
— *deBuchii* , AL.BR.	calc.	Dynevorspark (pays de Galles).
? *Brongniartii* , DELONGR.	quarzite. . .	May. Nehou. Eifel.
— *crassicauda* , WAHL. . .	calc.	Husbyfjöl (Suède). Christiania. Tzarko-Sselo (Russie).
	schist.	Bain.
Isotellus gigas et planus, DE KAY.	calc.	Trenton. Canajoharie.
Ogygia Guettardii , AL.BR.	schiste ard.	Angers.
— *Desmaresti* , AL.BR.	schiste ard.	Angers.
— *Wahlenbergi* , AL.BR. . .	schiste ard.	Angers.
— *Siliimani* , AL.BR. (1)	schiste. . . .	Rive de la Mohauk , près Schenectady
Paradoxides Tessini , AL.BR.	sch. marn.	Obstorp, Westrogothie.
— *Hoffii* , GOLDF.	sch. marn.	Braatz, près Ginez en Bohême.
— *gibbosus* , AL.BR. . . .	calc. et sch.	Kinnekulle.
— *spinulosus* , AL.BR. . . .	ampélite. .	Andrarum.
— *scaraboides* , AL.BR. . .	calc.	Falkoping (Suède).
Agnostus pisiformis , AL.BR.	calc. et sch. marn. . . .	Kinnekulle et Mösseberg en Westrogothie
ZOOPHYTES.		
Encrinites gothlandicus , WAHL. . . .	calc. et qu.	Gothland.
Echinospherites pomum , WAHL. . .	calc.	Kinnekulle.
— *aurantium*, WAHL.	calc.	Billingen , en Westrogothie.
— *Wahlenbergii*, ESMARK.	calc.	Golfe de Christiania.
Alecto serpens , LAM. (*audopora* GOLDF.)	calc.	Bensberg. Gothland. Christiania
— *elegans* , GOLDF.	calc.	Bensberg.
Retepora (*millepora retep.*,WAHL.)	calc.	Mösseberg.
Catenipora escaroides , LAM.	calc.	Christiania. Gothland.
— *tubulosa* , LAM.	calc.	Christiania.
— *catenularia* , WAHL. . . .	calc.	Gothland.
Calamipora polymorpha , GOLDF.	calc.	Eifel. Bensberg. Harz.
— *spongites* , GOLDF. . . .	calc.	Eifel. Bensberg.
— *cervicornu* (*Millepora* , WAHL.)	calc.	Gothland.
Favosites gothlandica , LAM.	calc. et sil.	Slœbene – Aker , Christiania. Angers. S. Dooglas , près Dublin. Eifel. Batavia. État de New-York. Monts Catskill.

(1) Ces deux espèces fort remarquables n'ont pas été publiées.

NOMS DES CORPS ORGANISÉS.	Spécific. de quelq. terr.	EXEMPLES DE LIEUX ET OBSERVATIONS.
Favosites Bromelli, Men.	calc.	Nehou.
— *truncata*, Raf.	silic.	Contrée de Garrard en Kentucky.
— *Kentukensis*, Raf.	silic.	*Ibid.*
— *boletus*, Men.	calc. noir.	Christiania.
Columnaria sulcata, Goldf. (*Lithostroma incurvata*, Raf.)	calc. bl.	Bensberg. Chutes de l'Ohio (Amériq. sept.)
Tubipora tubularia, Lam.	silic.	Theux, près Liége.
Amplexus coralloides, Sow.	calc.	Sablé dans la Sarthe. Montchaton, prés Contances. Monts Catskill, État de New-York.
Caryophyllia ? (*Madreporites sinactis*, Raf.)	silic.	Contrée de Garrard, Kentucky.
Caryophylla calycularis (*madrepora*, Wahl.)	calc.	Gothland.
— *flexuosa*, Wahl.	calc.	*Ibid.*
— *turbinata*, Wahl.	calc.	Gothl. Eifel. Contrée de Garrard, Kentucky.
— *stellaris*, Wahl.	calc.	Gothland.
— *articulata*, Wahl.	calc.	*Ibid.*
Astrea (*cyathophyllum hexagonum*, Goldf.)	calc.	Bensberg.
— *quadrigeminum*, Goldf.	calc.	Eifel. Bensberg.
— *rotularis ?*	calc.	Irlande.
— *porosa*, Gold. (*madrepora interstriatus*, Wahl.)	calc.	Gothland. Eifel.
Mastrema pentagona, Raf.	silic.	Contrée de Garrard, Kentucky.
Madrepora ananas, Wahl.	calc.	Gtohland.
Stromatopora concentrica, Goldf.	calc.	Eifel.

VÉGÉTAUX.

NOMS DES CORPS ORGANISÉS.	Spécific. de quelq. terr.	EXEMPLES DE LIEUX ET OBSERVATIONS.
Fucoides antiquus, Ad. Br.	calc.	Christiania.
— *Serra*, Ad. Br.	calc.	Quebeck.
— *circinatus*, Ad. Br.	quarz.	Base du Kinnekulle (Suède).
Calamites radiatus	fragm.	Bitschweiler (Haut-Rhin).
— *Voltzii*		Zundsweiler (Bade).
Sphenopteris dissecta	schist.	Berghaupten (Bade), et à Montrelais (Bretagne).
Cyclopteris flabellata	schist.	Berghaupten.
Pecopteris aspera,	schist.	Berghaupten et Montrelais.

THEPHIS. (*Bot.*) Ce nom grec de la renouée, cité par Mentzel, est écrit *telphis* par Ruellius. Adanson l'employa pour désigner l'*atraphaxis undulata* de Linnæus, dont il fait un genre à cause de son calice à divisions égales. Voyez Stemphis. (J.)

THEPSO. (*Bot.*) Nom grec de la terre-noix, *bunium*, cité par Mentzel. (J.)

THÉRAPHOSES. (*Entom.*) Nom d'une tribu établie par M. Walckenaër, dans son tableau des aranéides, pour désigner les genres dont les mâchoires et les mandibules sont dirigées en avant, avec l'onglet replié en dessous. Tel est en particulier le genre Mygale. (C. D.)

THÉRATE. (*Entom.*) M. Latreille appelle ainsi un genre de coléoptères créophages, pour y placer les *cicindelæ labiata*, *flavilabris* et *fasciata* de Fabricius, dont les palpes maxillaires internes manquent et sont remplacés par un appendice en forme d'épine. Ce sont des insectes propres aux îles de la mer du Sud. (C. D.)

THÉRÉBINTACÉES. (*Bot.*) Voyez Térébintacées, t. LIII, p. 120. (J.)

THEREBINTARIA. (*Bot.*) Daléchamps dit que Dilfius, auteur ancien, nommoit ainsi le *scrophularia aquatica*, parce qu'elle avoit, suivant lui, une faculté semblable aux vertus de la térébenthine. (J.)

THÉRÉBINTE. (*Bot.*) Voyez Térébinthe. (L. D.)

THERENIABIN, TRUNGIBIN. (*Bot.*) Noms arabes, mentionnés par Rauwolf, de la manne recueillie dans les déserts de l'Arabie sur l'alhagi, *hedysarum alhagi* de Linnæus, que les Maures nomment *agul* et *algul*. Cette manne est aussi ramassée sur ce sous-arbrisseau dans la Perse, où on la nomme *trunschibin* et *trunscibal*. Voyez aussi Terniabin et Transchibil, pour faire concorder le témoignage de Belli avec celui de Rauwolf. (J.)

THÉRÈSE JAUNE. (*Ornith.*) Ce bruant du Mexique, *emberiza mexicana*, Linn., approche beaucoup, par le plumage, de notre bruant commun. (Ch. D.)

THERESIA, Neck. (*Bot.*) C'est le même genre que le Knowlthonia. Voyez ce mot. (Poir.)

THÉRÈVE, *Thereva*. (*Entom.*) Genre d'insectes à deux

ailes, de la famille des chétoloxes ou latérisètes, caractérisé par les notes suivantes : Corps court, large, épais, velu, à ventre déprimé, obtus ; à tête grosse, large, à bouche renflée ; à antennes courtes, de trois articles, dont le dernier porte une soie à sa base ; à ailes épaisses, colorées, dépassant à peine l'abdomen, à cuillerons formant une sorte d'écaille voûtée, renflée et ciliée.

Fabricius, en constituant ce genre, lui a appliqué le nom par lequel M. Latreille avoit désigné ses *bibions*, autre dénomination, déjà employée par Geoffroy, pour indiquer le genre qu'il a appelé *Hirtée*. Toutes ces différences de noms sont véritablement une calamité pour la science. Il faut donc consigner à regret toutes ces transitions arbitraires, pour mettre sur la voie des recherches et de l'histoire de la science.

L'étymologie, suivant M. Latreille, qui a le premier indiqué ce nom, convenoit, dit-il, à ses bibions, quoique nous les ayons toujours rencontrés sur des fleurs. Mais il les croit chasseurs d'animaux, et en effet le mot Θηρευτης signifie *venator*. D'un autre côté le mot Θηρευς donne l'idée d'un bouclier, d'un écusson, d'un cuilleron (*clypeus*, *scutum*), et d'après la forme de l'écaille voûtée qui recouvre le balancier, le nom paroîtroit mieux appliqué.

Nous avons fait représenter une espèce de ce genre sous le n.º 6 de la planche 49 de l'atlas de ce Dictionnaire.

Pour bien désigner ce genre, nous renvoyons au tableau synoptique de la famille des chétoloxes.

Fabricius en décrit quatorze espèces, mais on n'en trouve que trois ou quatre aux environs de Paris ; encore y sont-elles rares. Telles sont les suivantes.

1. Thérève sous-engaînante : *Th. subcoleoptrata.*

Panzer l'a figurée dans le 74.ᵉ cahier de sa Faune allemande, dans les planches 13 et 14.

Car. Corselet noir ; ailes épaisses, cendrées, avec deux bandes brunes, cendrées.

C'est le *conops subcoleoptratus* de Linné.

2. Thérève hémiptère, *Th. hemiptera.*

Car. Corselet velu, à bords roux ; ailes cendrées, opaques, tachetées de jaune et de brun.

3. Thérève crassipenne. *Th. crassipennis.*

C'est celle que nous avons fait figurer sur la planche 49.

Car. Corselet brun, à bords plus pâles; abdomen jaune, à dos brun; ailes brunes, à milieu jaunâtre.

Nous avons trouvé constamment ces insectes isolés sur les fleurs des ombellifères dans les bois. (C. D.)

THERIACARIA. (*Bot.*) Il est difficile de déterminer quelle est la plante nommée par Césalpin *ononis lœvis*, ayant une odeur approchant de celle de la thériaque; ce qui lui a fait donner, dans la Toscane, le nom de *theriacaria*. Mentzel et Adanson citent encore un *theriacalis* de Montalbanus, qui est, suivant le premier, le *thlaspi officinale* ou *raphanus rusticanus*, *cochlearia armoracia* de Linnæus. (J.)

THÉRIDION , *Theridium.* (*Entom.*) M. Walckenaër a nommé ainsi un genre d'araignées qu'il a placées parmi les rétitèles. Voyez l'article ARAIGNÉE, tome II de ce Dictionnaire, page 332 et suivantes, les n.ᵒˢ 15, 16, 17, 18 et 19. (C. D.)

THERMANTIDE. (*Min.*) Haüy a donné ce nom a des roches homogènes, qui doivent leur dureté et leur âpreté à l'action du feu, mais non pas exclusivement à celui des volcans. Il nomme le tripoli. *thermantide tripoléenne;* le jaspe-porcelaine de Werner, *thermantide jaspoïde.* Voyez TRIPOLI et PORCELLANITE. (B.)

THERMES. (*Entom.*) Voyez TERMÈS. (DESM.)

THERMIA. (*Bot.*) Voyez THERMOPSIS. (POIR.)

THERMOMÈTRE. (*Phys.*) Instrument qui sert à mesurer les changemens de TEMPÉRATURE (voyez ce mot). Le premier de ce genre fut inventé vers la fin du 16.ᵉ siècle, ou au commencement du 17.ᵉ, par Corneille Drebbel. Pour s'en faire une idée, il faut concevoir un baromètre à cuvette dont le tube n'ait pas été purgé d'air, et soit terminé par une boule (voyez BAROMÈTRE). On voit que la chaleur, dilatant cet air, fait baisser le mercure dans le tube; il remonte, au contraire, lorsque l'air est condensé dans la partie supérieure : mais, pour que l'instrument donne une indication précise, il faut que le mercure du tube ne descende pas au-dessous du niveau de celui de la cuvette, et ne monte pas jusqu'à la boule. Dans le thermomètre de Drebbel, au lieu de mercure, c'étoit une liqueur colorée, et l'on n'en avoit

fait entrer dans le tube que la quantité nécessaire pour sa-
tisfaire aux deux conditions énoncées ci-dessus.

On voit par cette description que les variations de la pression de l'air extérieur sur la surface de la cuvette influoient
sur l'instrument de Drebbel en même temps que les variations de la température, et que par conséquent il ne pouvoit
faire connoître exactement ces dernières. On renonça donc
bientôt à cette construction. L'Académie *del cimento* (de l'expérience) imagina d'enfermer dans un tube une portion d'un
liquide susceptible de se dilater très-sensiblement, et qui ne
remplissoit pas le tube.

En scellant l'extrémité supérieure de ce tube, on écartoit
l'influence des changemens de pression de l'atmosphère ; mais
ce n'étoit pas encore assez pour former des instrumens com-
parables entre eux ; il falloit partir de termes fixes, et, dans
l'intervalle, obtenir des divisions correspondantes. Amontons
trouva d'abord que la température de l'eau bouillante, dans
un vase ouvert, étoit au moins sensiblement constante. Mais
ce n'étoit encore là qu'un seul terme ; pour former les divisions au - dessous de ce terme, Amontons, qui se servoit des
changemens de volume de l'air, marquoit les changemens dus
à des pressions déterminées. Réaumur revint à l'emploi d'un
liquide ; il choisit l'esprit de vin porté à un degré connu de
concentration ; partant ensuite du volume, auquel cet esprit
de vin est réduit par la congélation artificielle de l'eau, il
marqua sur le tube , par des moyens très-ingénieux , des
espaces comprenant des volumes égaux : espaces qui seroient
de même longueur, si l'intérieur du tube étoit bien cylindrique (ou exactement *calibré*). Il prit ensuite pour une de
ses divisions la millième partie de la capacité de la boule,
et détermina la dilatation qu'éprouvoit l'alcool porté au degré
de chaleur qui précède immédiatement son ébullition. Par
des expériences réitérées, il trouva qu'à l'état de concentration où il employoit ce liquide , son volume augmentoit alors
de 80 millièmes. Telle est l'origine de l'intervalle de 0 à 80
degrés, regardé ensuite comme le fondement de la division
des thermomètres : il ne répondoit pas d'abord à l'espace
compris entre le terme de la glace fondante et celui de
l'ébullition de l'eau.

On s'aperçut bientôt que ce thermomètre n'étoit pas toujours exact. D'abord l'alcool, entrant en ébullition avant l'eau, n'a pas une dilatation uniforme dans les températures un peu élevées; car il est reconnu aujourd'hui que les variations de volume des corps, dues à celles de la chaleur, sont inégales près des termes où ces corps passent de l'état solide à l'état liquide, ou de celui-ci à l'état de vapeur élastique, et réciproquement; d'un autre côté le terme inférieur adopté par Réaumur, étant la congélation artificielle de l'eau, n'est pas bien constant.

Newton avoit mieux fait dès 1701, en indiquant sur le thermomètre qu'il avoit construit avec de l'huile de lin, les points correspondans à la neige fondante et à l'eau en ébullition. Ses divisions étoient aussi fondées sur le rapport du volume primitif du liquide avec le volume acquis par la température éprouvée. La détermination de ce rapport pouvoit être curieuse en elle-même; mais elle étoit superflue pour la construction de l'instrument, quand on connoissoit deux termes fixes assez éloignés l'un de l'autre et de ceux auxquels le liquide contenu dans le tube change d'état. Ces conditions furent complétement remplies quand on eut substitué à l'alcool, le mercure, qui ne bout qu'à une température fort élevée, et ne passe à l'état solide que bien après la congélation de l'eau. Il n'y eut plus alors qu'à plonger le même tube dans la neige ou la glace fondante, et dans un vase d'eau mis ensuite en ébullition, pour obtenir les points correspondans aux deux termes fixes. Cela fait, si l'intérieur du tube avoit été exactement cylindrique, il auroit suffi de diviser en parties égales l'intervalle compris entre ces points, et de continuer les divisions au-dessous de celui de la glace fondante.

Quant à la *sensibilité* du thermomètre, c'est-à-dire à la grandeur des divisions, il est visible qu'elle dépend du rapport entre la capacité de la boule et celle du tube; plus ce dernier sera étroit, plus la même dilatation ou la même condensation y occupera de place. On obtiendra donc des divisions très-grandes, en joignant à une boule d'un assez grand diamètre un tube fort étroit. Quelquefois on substitue à la boule, soit un tuyau roulé en spirale, soit un cylindre fort alongé, parce que la petitesse de la surface de la boule, par rapport à son volume, fait que le liquide qu'elle contient n'éprouve que lentement l'action de la température extérieure, tandis que, sous les deux autres formes, ce même liquide se présente à cette action avec peu d'épaisseur et avec une grande surface.

Dans cette construction, ramenée à l'état le plus simple, la division en 80 parties ne répondoit plus à rien de réel ; ce n'étoit qu'une convention arbitraire qu'on a pu remplacer par toute autre ; et lorsqu'on on a réformé le système métrique (voyez à l'article Pesanteur, tome XXXIX, p. 177), la division centésimale a obtenu la préférence.

Il seroit assez inutile d'entrer ici dans le détail de toutes les précautions nécessaires pour construire un bon thermomètre ; elles sont exposées avec soin dans le plus grand nombre des traités de physique, et demandent des manipulations délicates, qu'il faut nécessairement avoir vues pour les pratiquer ; je me bornerai donc à indiquer les conditions qu'elles doivent remplir :

1.° S'assurer que le tube est exactement calibré, ou y suppléer, en déterminant les longueurs qui répondent à des capacités égales, ce qui se fait de plusieurs manières, dont la plus simple consiste à promener, dans toute la longueur du tube, une petite portion de liquide, et à marquer les espaces qu'elle occupe dans chacune de ses positions ;

2.° A bien purger le mercure d'air par une ébullition préparatoire (voyez Baromètre) ; mais il n'est pas nécessaire de chasser absolument l'air qui peut rester dans la partie supérieure du tube, parce qu'étant, par son élasticité, beaucoup plus compressible que le liquide, il met bien peu d'obstacle à la dilatation de celui-ci ;

3.° Il faut que la neige ou la glace soient exactement au passage de l'état solide à l'état liquide, ce qui aura lieu si elles sont bien abreuvées d'eau produite par leur fusion, et si la température extérieure est au-dessus de ce point ;

4.° Il faut tenir compte de l'état du baromètre, car on a vu à son article que la pression de l'atmosphère influoit sur l'ébullition de l'eau ; et pour avoir un terme constant, il faut ramener le résultat de l'observation à ce qu'il seroit pour une pression moyenne de 76 centimètres (environ 28 pouces).

Avec les précautions qu'on emploie aujourd'hui, on construit des thermomètres qui reviennent au même point, dans les mêmes circonstances, et, partant de points correspondans, s'accordent entre eux, du moins à très-peu près. Il y a cependant encore des causes d'erreurs qu'il paroît bien difficile d'éviter. Le verre qui contient le liquide est lui-même susceptible de condensation et de dilatation. Dans le premier cas, qui est celui du refroidissement, la capacité du tube et de la boule diminuant, le liquide paroît plus élevé qu'il ne le seroit si les parois du vase où il est renfermé ne s'étoient pas resserrées. L'effet absolument contraire a lieu quand une augmentation de chaleur dilate à la fois le mercure et son enveloppe de verre. On n'observe donc en réalité que la différence entre le changement du volume du liquide et celui de la capacité de son enveloppe. Cette mesure seroit suffisante si le second changement étoit toujours proportionnel au premier. On a déterminé la dilatation du verre mis sous la forme de bâtons ou de verges, c'est-à-dire, réduit à peu près à une seule dimension, et l'on en a conclu la dilatation qui en résulte dans le volume ou la capacité des vases composés de cette matière. On voit, dans les traités de physique de M. Biot, que, depuis le terme de la glace fondante jusqu'à celui de l'eau en ébullition, le mercure se dilate de $\frac{100}{5412}$, ou un peu moins de $\frac{1}{54}$ de son volume primitif, mais que ce changement ne paroît plus que de $\frac{1}{63}$ dans une enveloppe de verre. [1]

MM. Gay-Lussac, Arago et d'autres physiciens ont remarqué que, lorsqu'on plongeoit de nouveau dans la glace fondante, un thermomètre construit depuis long-temps, le mercure ne descendoit pas à la marque faite alors sur le tube, en sorte que le nouveau point de o se trouvoit plus élevé que l'ancien.

Cela arrive-t-il à cause que le mercure a augmenté de volume par de l'air tenu en dissolution, ou parce qu'avec le temps la boule s'est contractée sur elle-même? C'est ce que l'on ignore; mais le fait bien constaté montre la nécessité

---

[1] MM. Dulong et Petit ont trouvé pour ces nombres $\frac{1}{55}$ et $\frac{1}{4}$.

de vérifier assez souvent les points fondamentaux de l'échelle du thermomètre.

J'ai déjà indiqué pourquoi le mercure devoit être employé préférablement à l'esprit de vin pour la construction des thermomètres. J'ajouterai que, dans le siècle passé, il avoit été soumis par Deluc à de nombreuses épreuves, desquelles il résulte que sa marche est très-égale dans toute l'étendue de l'échelle ordinaire. Cette recherche a été reprise depuis par M. Gay-Lussac et ensuite par MM. Dulong et Petit; ils ont comparé la dilatation du mercure avec celle de l'air, qui a été trouvée très-égale, et ils ont reconnu que depuis le terme de l'ébullition de l'eau jusqu'à 36° au-dessous de zéro (division centésimale), les changemens de volume de l'air et du mercure se correspondent parfaitement.

Il est facile maintenant de déterminer à fort peu près la marche des thermomètres construits avec d'autres liquides.

Par exemple, ayant placé un thermomètre à l'alcool et un bon thermomètre à mercure, dans un vase contenant de l'eau, qu'on échauffera de plus en plus, et marquant sur le tube du premier thermomètre les degrés indiqués par le second, des espaces égaux sur l'échelle de celui-ci répondront à des espaces inégaux sur celle de l'autre. Pour les degrés au-dessous de zéro, on emploira des refroidissemens soit naturels, soit artificiels, suivant les circonstances. Si l'on se bornoit à comparer les mêmes thermomètres, pour obtenir deux points seulement de l'échelle de celui qui est formé d'alcool, et qu'on divisât l'intervalle de ces points en parties égales, les thermomètres ne marcheroient plus ensemble dans ces divisions. Ce n'est donc qu'en se servant du thermomètre à mercure, ou en y rapportant d'une manière exacte les indications des autres thermomètres, qu'on peut donner quelque sûreté à l'observation des températures.

En variant les principes de construction et la forme des thermomètres, on leur a aussi donné diverses graduations, qu'il faut savoir ramener les unes aux autres. Celles dont on fait encore usage sont au nombre de trois, savoir : deux dont le zéro est placé au terme de la glace fondante, et dont l'une, qu'on attribue mal à propos à Réaumur (pag. 260), comprend 80 degrés depuis ce terme jusqu'à celui de l'eau bouillante. et l'autre en contient 100 dans le même intervalle ; la troisième graduation est celle du thermomètre de Farenheit, employée par les Anglois et les Allemands. Ce physicien a construit son thermomètre en mercure ; mais au lieu de faire partir sa division du terme de la glace fondante, il a placé le zéro au point qui correspond au froid produit par un mélange de glace et de sel ammoniac, et il a mis 212 degrés depuis ce point jusqu'à celui de l'ébullition de l'eau, ce qui donne à peu près 32 degrés pour le point de la glace fondante ; mais comme cette dernière température est plus constante que celle que Farenheit avoit prise pour point de départ, on y a fixé invariablement le 32.ᵉ degré, et de là jusqu'au terme de l'eau bouillante, il en reste 180°. Avec ces données on traduit sans peine les indications de l'une quelconque de ces trois échelles dans les deux autres.

Pour passer de l'échelle dite Réaumur à l'échelle centigrade, il suffit d'augmenter de $\frac{1}{4}$ le nombre donné. Si l'on a, par exemple, 32° de Réaumur, on en prend $\frac{1}{4}$, qui est 8, et en l'ajoutant à 32, on trouve 40° de la division centésimale.

Pour revenir de celle-ci à la première, il faut retrancher $\frac{1}{5}$ du nombre donné. Dans l'exemple précédent, le 5.ᵉ de 40 est 8, et en le retranchant, on retombe sur 32°.

Lorsque l'indication est exprimée dans l'échelle de Farenheit, il faut d'abord prendre la différence entre le nombre donné et 32, afin de partir du zéro des deux autres échelles ; cela fait, comme 180° de cette division répondent à 80° de celle de Réaumur, et à 100 de la division centésimale, il s'ensuit que le degré de la première est les $\frac{80}{180}$, ou les $\frac{8}{18}$, ou enfin les $\frac{4}{9}$ du degré de la seconde, et les $\frac{100}{180}$, ou les $\frac{10}{18}$, ou les $\frac{5}{9}$ de celui de la troisième.

Ainsi donc, pour convertir un nombre de degrés de Farenheit en degrés de Réaumur. il faut multiplier le premier par 4, et prendre le 9.ᵉ du produit. Soit, pour exemple, 59 degrés de la division de Farenheit à convertir dans celle de Réaumur ; en ôtant d'abord 32, il reste 27, qui, multipliés par 4, donnent 108. et divisant ensuite par 9, on trouve 12 pour résultat.

Pour passer à l'échelle centigrade, il auroit fallu multiplier

27 par 5 ; alors le produit 135, divisé par 9, auroit donné 15 degrés centésimaux. [1]

Pour rendre plus facile la détermination des variations diurnes de la température, on a inventé des thermomètres propres à indiquer la plus grande et la plus petite hauteur à laquelle le liquide s'est élevé dans l'intervalle de temps écoulé entre deux observations. Voici un des moyens les plus simples d'atteindre ce but : que l'on conçoive un thermomètre à mercure, dans lequel un petit cylindre de fer repose sur la surface du fluide. Lorsque ce tube sera couché horizontalement, le cylindre de fer sera poussé par le mercure jusqu'à l'endroit de la plus grande dilatation, et il y restera après la retraite du liquide : on connoîtra donc ainsi jusqu'où la température s'est élevée. Voilà pour déterminer le maximum. Pour obtenir le minimum, c'est un thermomètre d'alcool qu'il faut employer, et un cylindre d'émail. Le tube étant placé horizontalement, et le cylindre affleurant l'extrémité du liquide dans lequel il est entièrement plongé, si ce liquide se retire, il entraine avec lui le cylindre, mais il le laisse en place quand il revient, parce qu'il passe alors dans le vide qui reste entre le cylindre et les parois du tube : on a donc ainsi le point le plus bas auquel s'est arrêté le liquide. Il faut dire cependant que ce dernier instrument est beaucoup moins sûr que le premier ; le petit cylindre d'émail ne marche pas toujours bien.

M. Rutherford, qui est l'inventeur de ces procédés, a réuni les deux thermomètres en un seul instrument, dont la disposition permet de leur faire prendre la situation verticale.

M. Gay-Lussac a construit aussi un thermomètre pour déterminer le minimum de la température ; il le destine spécialement à faire connoître celle des eaux profondes. (*Traité élémentaire de physique*, par M. Despretz, 2.ᵉ édit., p. 774.)

Nous avons encore à parler d'une sorte de thermomètre,

---

1 Il est évident que la hauteur du thermomètre cesse d'être appréciable, lorsque le liquide ne forme pas une masse continue, ce qui arrive quelquefois ; mais on y remédie en attachant à la partie supérieure du thermomètre une ficelle et le faisant tourner avec rapidité ; la force centrifuge qui nait de ce mouvement, réunit les parties du liquide qui étoient séparées.

imaginé à peu près en même temps par MM. Rumfort et Leslie. nommé par l'un *thermoscope*, et *thermomètre différentiel* par l'autre : il y a bien quelques petites différences dans les détails de la construction, mais le principe et l'usage sont les mêmes. Cet instrument consiste dans un tube composé de trois parties, dont les deux extrêmes sont rélevées perpendiculairement sur celle du milieu, et sont terminées par deux boules. La branche intermédiaire renferme un liquide coloré, qui est déplacé toutes les fois que la température de l'air contenu dans les boules n'est pas la même. Quand une de ces boules est échauffée, le liquide est poussé vers l'autre. Voilà tout ce qu'on peut dire ici de cet instrument, qui sert à constater la différence de température de deux points peu éloignés l'un de l'autre. Comme c'est la dilatation de l'air qui le fait marcher, il est plus sensible que les autres.

Les liquides ne sont pas les seules substances propres à faire des thermomètres; on a employé aussi les métaux. L'instrument construit par feu M. Bréguet, étant le plus remarquable de ce genre, sera le seul dont je ferai mention. Il est fondé sur le changement de figure qu'éprouve une lame formée en appliquant l'une sur l'autre, deux lames de métaux différens, par exemple, de cuivre et de fer. Si cette lame est droite au moment de sa construction, et que la température vienne ensuite à augmenter, le cuivre, étant plus dilatable que le fer, prendra plus d'extension, et la lame se courbera de manière que la concavité sera du côté du fer. Elle se seroit trouvée du côté du cuivre, s'il y avoit eu refroidissement.

Pour augmenter ces changemens, M. Bréguet a roulé en spirale une lame qu'il a composée de trois autres, savoir : une d'argent, une d'or et une de platine; celle d'or est destinée à réunir les deux autres pour prévenir les ruptures que pourroit occasioner la trop grande différence de leurs dilatabilités. L'assemblage passé au laminoir a été réduit à l'épaisseur d'un 5o.ᵉ de millimètre, et à si peu de volume qu'il obéit presque instantanément à toutes les variations de température. La lame étant fixée par l'une de ses extrémités, l'autre fait mouvoir une aiguille qui indique, sur le cadran, des espaces correspondans à la quantité dont la spirale se tord ou se détord alternativement. La comparaison de sa marche avec celle d'un bon thermomètre à mercure donnera la graduation de ce cadran. Cet instrument mérite d'être suivi ; car, outre sa sensibilité, il est le plus portatif des thermomètres : il n'occupe pas plus de place qu'une petite montre.

L'échelle des thermomètres construits en mercure, quoique plus étendue vers le haut que celle des thermomètres d'alcool, ne va pas encore très-loin, parce que le premier de ces liquides entre en ébullition à environ 360 degrés centésimaux ; et bien avant ce point sa marche cesse d'être régulière : elle est plus rapide que celle du thermomètre à air, auquel MM. Dulong et Petit l'ont comparé. Pour aller audelà, et apprécier les degrés de chaleur qu'on obtient dans les fourneaux où l'on cuit la porcelaine, dans ceux des verreries, des forges, etc., on a recours aux *pyromètres ;* mais tous ceux qu'on a construits jusqu'ici, n'ont pas encore donné des résultats bien satisfaisans.

La première idée a été d'employer la dilatation des métaux. Une barre de fer plongée dans un foyer, et dont une extrémité soit arrêtée par un obstacle inébranlable, s'alongera par l'autre extrémité, en raison de la chaleur qu'elle éprouvera ; et si cette extrémité appuie contre la petite branche d'un levier, l'autre branche décrira sur un cadran des espaces qui pourront être très-sensibles. Mais comment s'assurer de la fixité du point d'appui dans un foyer bien ardent ? Comment prévenir l'oxidation de la barre qui change la marche de la dilatation ? Ce sont sans doute ces causes qui ont empêché qu'on ne tirât un bon parti de cette espèce de pyromètre.

On se sert plus communément aujourd'hui de celui que Wedgwood a imaginé d'après la propriété qu'a l'argile de se contracter de plus en plus par l'élévation de la température (voyez ARGILE, tom. III, p. 4). De petits cylindres de cette terre convenablement préparée, sont placés entre deux règles inclinées l'une vers l'autre, et s'arrêtent à l'endroit où la distance de ces règles est égale au diamètre des cylindres. On met ensuite ces cylindres dans le foyer dont on veut connoître la température, et lorsqu'on les a retirés, on les replace entre les règles dont nous venons de parler ; mais comme ils se sont contractés, ils s'avancent plus loin du côté vers lequel ces règles s'approchent. Des divisions marquées sur le bord de ces mêmes règles donnent la mesure du retrait de l'argile.

Ce qu'on vient de lire suffit pour faire connoître l'usage de ce pyromètre dans la comparaison des températures très-élevées; mais les physiciens demandent plus : ils voudroient assigner les rapports de ces températures avec celles que marquent les thermomètres, en liant la suite de celles-ci avec les autres. Newton l'avoit essayé; par son thermomètre formé d'huile de lin, il avoit assigné la température de l'étain fondant, et comparant ensuite les temps qu'un fer rouge employoit à revenir à des températures de moins en moins élevées, jusqu'à celle-là, il détermina les rapports insérés dans sa table, qui va jusqu'à la chaleur « d'un charbon ardent dans un petit feu fait avec du charbon de terre qui « n'a pas été soufflé. »

Depuis l'on a essayé de combiner l'échelle du thermomètre à mercure avec celle du pyromètre de Wedgwood. L'on voit, dans la *Physique mécanique* de M. Fischer, traduite par M. Biot (pag. 79 de la 3.ᵉ édition), une suite de températures depuis la congélation du mercure jusqu'à la fusion de la fonte de fer.

Le premier et le dernier nombre de cette table, rapportés à la division centésimale, sont 40 degrés au-dessous de zéro et 9970 au-dessus. Le zéro du pyromètre de Wegdwood est placé à la température du fer qui paroît rouge au jour, exprimée par 580 degrés. La fusion de la fonte de fer répond à 130 degrés de ce pyromètre. On trouve une autre table du même genre dans les *Élémens de physique* de M. Pouillet (t. 1, p. 317); elle diffère beaucoup de celle que je viens de citer, et ne s'accorde pas non plus avec quelques déterminations de ce genre, rapportées dans le *Traité élémentaire de physique* de M. Despretz (p. 98 de la 2.ᵉ édit.). Il y a donc encore beaucoup d'incertitude sur ce sujet, et tout porte à croire que les évaluations des hautes températures pèchent par excès. (L. C.)

THERMOMETRUM VIVUM. (*Ichthyol.*) Quelques écrivains, Clauder entre autres, ont donné ce nom au *misgurne fossile*. Voyez MISGURNE. (H. C.)

THERMOPSIS. (*Bot.*) Genre de plantes dicotylédones, à fleurs complètes, papilionacées, de la famille des *légumineuses*, de la *décandrie monogynie* de Linnæus, offrant pour caractère essentiel : Un calice persistant, alongé, à demi divisé en cinq découpures, presque à deux lèvres, convexe à sa partie postérieure, rétrécie à sa base; la corolle papilionacée; les pétales presque égaux en longueur; l'étendard réfléchi à ses côtés; la carène obtuse; dix étamines persistantes; les filamens libres; un ovaire supérieur; un style; une gousse linéaire, comprimée, polysperme.

THERMOPSIS LANCÉOLÉ : *Thermopsis lanceolata*, Ait., *Hort. Kew.*, *édit. nov.*, 3, pag. 3; *Sophora lupinoides*, Pall., *Ast.*, 119, tab. 2; *Podalyria lupinoides*, Willd., *Spec.*, 2, pag. 504; *Thermia*, Nuttal, *Amer.* Cette plante a, dans son port, l'aspect d'un lupin. Ses tiges sont herbacées, striées, un peu velues, principalement à leur partie supérieure, divisées en rameaux garnis de feuilles alternes, pétiolées, ternées, composées de folioles longues d'un pouce et plus, étroites, oblongues, lancéolées, elliptiques, obtuses, un peu inégales, légèrement velues, principalement à leur face inférieure; le pétiole court, pubescent, muni à sa base de deux grandes stipules sessiles, assez semblables aux folioles. Les fleurs sont disposées en un épi droit, terminal, rapprochées presque en verticilles, ordinairement au nombre de trois à chaque verticille; les pédicelles sont courts, uniflores, un peu velus, garnis chacun à sa base d'une bractée ovale, velue, presque semblable aux stipules; le calice est un peu campanulé, à cinq divisions; la supérieure plus petite que les autres. La corolle est jaune, ayant l'étendard presque aussi long que les ailes; la carène composée de deux pétales obtus; les filamens sont libres, un peu inclinés, plus courts que la carène; l'ovaire est oblong, velu; il lui succède une gousse renflée et pubescente. Cette plante croît au Kamtschatka. (POIR.)

THERMOS. (*Bot.*) Mentzel et Adanson citent ce nom grec ancien du lupin. (J.)

THERMOSCOPE. (*Phys.*) Voyez THERMOMÈTRE, tom. LIV, page 267 de ce volume. (L. C.)

THERMUTIS. (*Bot.*) Ce nom grec, cité par Ruellius et Mentzel, appartient, selon le premier, à l'*ocymoides* de Dioscoride, nommé aussi *ocimastrum*, qui est un *lychnis* de Tournefort, *lychnis dioica* de Linnæus. Un autre *ocymoides* ou *ocimastrum*, très-différent, est l'*acinos* des Grecs et de Dioscoride. *clinopodium* de C. Bauhin et de Tournefort, *thymus acinos* de Linnæus. (J.)

THERMUTIS. (*Bot.*) Genre de la famille des champignons, fondé par Fries sur des plantes qui avoient été placées dans les genres *Collema, Dematium* et *Scytonema*. Le *Thermutis* est caractérisé par son thallus un peu pulvérulent, formé de fibres lâches, irrégulièrement entrelacées, intérieurement annulées, opaques et se noircissant; par les conceptacles ou excipules propres, enfoncés dans le thallus, orbiculaires, marginés, sessiles, dont le disque change un peu d'apparence par suite du développement des fibres annulées contenues dans l'intérieur, avec les séminules en masses. Ces filamens internes paroissent manquer dans le genre *Cænogonium*, Ehrh. et Fries, avec lequel le *Thermutis* a une très-grande affinité. Ces genres font partie de la tribu des cœnogoniés de la grande cohorte des byssacées de Fries, qui représente les champignons byssoïdes des auteurs. Ce genre a pour type le *collema velutinum*, Ach. Fries annonce que ce genre comprend plusieurs espèces. Elles croissent sur les pierres, à terre, dans les lieux humides, et n'ont été trouvées jusqu'ici que dans le Nord. (Lem.)

THERNE. (*Ornith.*) En islandois, pierre garin. (Ch. D.)

THEROPHONOS. (*Bot.*) Voyez Theliphonos. (J.)

THERUMBROS. (*Bot.*) Voyez Thymiatitis. (J.)

THESCE. (*Bot.*) Voyez Cyclaminus. (J.)

THÉSÉ. (*Bot.*) Voyez Securinega. (Poir.)

THÉSÉE. (*Entom.*) Nom donné à un papillon de la division des chevaliers troyens à ailes supérieures brunes, et dont les inférieures portent neuf croissans ou taches rouges ponctuées de blanc. C'est une espèce de Sumatra, figurée par Cramer, pl. 180, fig. *B.* (C. D.)

THÉSION ; *Thesium*, Linn. (*Bot.*) Genre de plantes dicotylédones apétales, de la famille des *éléagnées*, Juss., et de la *pentandrie monogynie*, Linn., qui présente pour caractères : Un calice monophylle, partagé en cinq découpures ovales, colorées à leur intérieur et un peu ouvertes; point de co-

rolle ; cinq étamines à filamens subulés, courts, opposés aux
divisions du calice, insérés à leur base, terminés par des
anthères arrondies ; un ovaire infère ou adhérent à la base du
calice, surmonté d'un style de la longueur des étamines et
chargé d'un stigmate obtus ; une capsule globuleuse, à une
seule loge, qui ne s'ouvre pas naturellement et qui ne contient qu'une graine arrondie.

Les thésions sont des plantes herbacées ou ligneuses, à
feuilles entières, éparses ou alternes, et dont les fleurs, ordinairement placées dans les aisselles des feuilles, forment
des espèces de grappes plus ou moins fournies. On en connoît vingt-cinq espèces, parmi lesquelles cinq appartiennent
à l'Europe ; toutes les autres sont exotiques, et le plus grand
nombre d'entre elles est naturel au cap de Bonne-Espérance.

* *Tiges herbacées.*

THÉSION A FEUILLES DE LIN ; *Thesium linophyllum*, Linn.,
Spec., 301. Sa racine est vivace ; elle produit plusieurs tiges
menues, anguleuses, longues de quatre à dix pouces et même
plus, garnies de feuilles linéaires plus ou moins étroites, très-
glabres, ainsi que toute la plante. Ses fleurs sont petites,
verdâtres, pédonculées, munies de trois bractées à leur base
et disposées, dans la partie supérieure des tiges, en grappes
plus ou moins rameuses ; leur calice est court, campanulé et
à cinq découpures. Cette plante varie à tiges couchées ou
redressées, et à grappes de fleurs simples ou paniculées,
d'où quelques auteurs ont pris occasion de se servir de ces
différences accidentelles pour former plusieurs espèces, auxquelles ils ont donné les noms de *thesium humifusum*, de *Th.
intermedium*, de *Th. pratense* et de *Th. montanum*. Mais aucune
de ces prétendues espèces n'offre de caractères constans, et
c'est tout au plus s'il faut les distinguer comme variétés. Le
thésion à feuilles de lin croît naturellement sur les collines
découvertes et dans les prés secs et montueux en France, en
Europe, dans plusieurs parties de l'Asie et dans l'Afrique
septentrionale.

THÉSION DES ALPES : *Thesium alpinum*, Linn., *Spec.*, 301 ;
Jacq., *Fl. aust.*, t. 416. Cette espèce ressemble beaucoup à
la précédente ; mais elle en diffère parce que ses fleurs ont

leur calice un peu plus alongé, presque cylindrique et seulement à quatre divisions. Cette plante croît dans les lieux montueux en France, dans le reste de l'Europe et dans le nord de l'Afrique.

** *Tiges ligneuses.*

Thésion scabre; *Thesium scabrum*, Linn., *Spec.*, 302. Ses tiges sont droites, légèrement striées, hautes de huit à dix pieds, divisées, dans leur partie supérieure, en rameaux nombreux, simples, garnis de feuilles subulées, triangulaires, très-rudes en leurs bords, séssiles, très-rapprochées les unes des autres et comme verticillées. Les fleurs sont rassemblées en forme de tête à l'extrémité d'un pédoncule alongé et terminal. Leur calice est turbiné, à cinq découpures aiguës, chargées vers leur sommet d'un duvet blanchâtre, assez épais. Cette espèce croît au cap de Bonne-Espérance.

Thésion paniculé; *Thesium paniculatum*, Linn., *Mant.*, 51. Ses tiges sont médiocrement ligneuses, divisées en un grand nombre de rameaux diffus, anguleux, garnis de feuilles linéaires-lancéolées, très-petites, éloignées les unes des autres. Ses fleurs sont fort petites, pédonculées, axillaires et disposées, dans leur ensemble, en panicule étalée. Cette plante croît au cap de Bonne-Espérance. (L. D.)

THESKE, THESCE. (*Bot.*) Noms grec et égyptien du *cyclamen*, cité par Ruellius et Mentzel, selon lesquels il est encore nommé *triumphalites* ou *triphalites*, d'après Zoroastre. (J.)

THESPEZIA. (*Bot.*) Corréa de la Serra (Ann. du Mus. de Par., 9, page 290, tab. 25, fig. 1) a présenté comme genre, d'après l'analyse du fruit, une espéce d'*hibiscus* (ketmie), l'*hibiscus populneus*, Linn. Ce fruit est une capsule charnue, presque globuleuse, presque pentagone, ombiliquée au sommet, terminée par le rudiment du style en pointe. L'écorce est coriace, épaisse; l'intérieur divisé en cinq loges; chacune d'elles partagée par une cloison mince, membraneuse; cinq autres cloisons alternes, qu'on ne distingue qu'à la base du fruit; dans chaque loge quatre semences ovales, acuminées, couvertes d'un léger duvet jaunâtre et soyeux; l'embryon horizontal, de la grandeur des semences; les cotylédons foliacés, parsemés de glandes vésiculeuses: la radicule blanche, cylindrique ; le périsperme mince, membraneux, un peu charnu, s'étendant entre les cotylédons.

Thespezia a feuilles de peuplier : *Thespezia populnea*, Corr., *loc. cit.; Malvaviscus populneus*, Gærtn., *De fruct.*, tab. 135 ; *Hibiscus populneus*, Linn. ; *Bupariti*, Rhéed., *Malab.*, 1, tab. 29 ; *Novella littorea*, Rumph., *Amb.*, 2, tab. 74 ; vulgairement le Polché. Arbre toujours vert, médiocrement élevé, et dont le tronc, épais et rameux, soutient une cime dense, arrondie, garnie d'un beau feuillage, presque semblable à celui du tilleul par son port. Son écorce est tendre, souple et fibreuse ; ses rameaux glabres, cylindriques, chargés, ainsi que les bourgeons et les jeunes feuilles, de petites écailles orbiculaires, ferrugineuses. Les feuilles sont alternes, pétiolées, en cœur, glabres, arrondies, acuminées, très-entières ; les pédoncules sont axillaires, solitaires, uniflores, presque de la longueur des pétioles. Les fleurs sont assez grandes, campanulées, jaunâtres, avec un fond pourpre; les pétales arrondis au sommet, un peu arqués ou projetés d'un côté ; le calice est double; l'intérieur d'une seule pièce, hémisphérique, tronqué à son bord, avec cinq dents très-petites ; le calice extérieur à trois folioles linéaires, aiguës, caduques. Cette plante croît dans les Indes orientales, dans la partie australe de la Chine, à l'Isle-de-France et à celle d'Otaïti. (Poir.)

THETHIS. (*Mamm.*) Nom d'une petite espèce de kanguroo, découverte par M. de Bougainville, et qui se distingue des autres par un pelage brun, plus fauve à la nuque, et par une raie blanchâtre oblique sur la cuisse. (F. C.)

THÉTIS. (*Foss.*) M. Sowerby, qui a signalé ce genre fossile, lui a assigné les caractères suivans : *Coquille bivalve, équivalve, subéquilatérale, plus ou moins orbiculaire et convexe, à ligament marginal ; trois à quatre petites dents pointues sur la charnière ; la ligne de l'attache ou du manteau ? est marquée par un sinus profond, qui s'étend jusque près du sommet : deux petites impressions musculaires arrondies se trouvent loin de la charnière; le ligament est extérieur.* (Sow., *Min. conch.*, tom. 6, pag. 19.)

Thetis major, Sow., *loc. cit.*, pl. 513, fig. 1 — 4. Coquille convexe, orbiculaire, à bord postérieur un peu anguleux, et à sommets pointus. Longueur, un pouce et demi. Fossile de Blackdown et des environs de Devins, en Angleterre.

Thetis minor, Sow., *loc. cit.*, même pl., fig. 5 et 6; *Venus*, Mantell., *Geol. of Sussex*, pag. 73, n.º 12. Coquille gibbeuse, aussi large que longue, et à bord postérieur arrondi. Cette espèce est moins grande que celle ci-dessus, et on la trouve dans le sable vert à Parham et dans l'ile de Wight, en Angleterre. (D. F.)

THETYS. (*Malacoz.*) Quelques auteurs écrivent ainsi le nom du genre TÉTHYS de Linné. Voyez ce mot. (DE B.)

THEUTIE. (*Ichthyol.*) Nom françois donné par Daubenton et Haüy au genre *Theutis* de Linnæus. (H. C.)

THEUTIS. (*Ichthyol.*) Linnæus avoit donné ce nom au genre de poissons que Bloch a depuis appelé ACANTHURE. Voyez ce mot. (H. C.)

THEVETIA. (*Bot.*) Ce nom avoit été donné primitivement par Linnæus, dans l'*Hort. Cliff.*, au genre *Ahouai* de Plumier et de Tournefort, ensuite il l'a réuni à son *Cerbera;* mais celui-ci ayant un fruit composé, dans le *cerbera manghes*, de deux ovaires accollés, dont un avorte souvent, et le *Thevetia* n'ayant qu'un ovaire, ce dernier genre a été rétabli dans une section distincte, et on lui réunit le *cerbera ahouai* et le *cerbera thevetia*. Suivant Adanson ces deux espèces doivent encore former deux genres distincts; il nomme *Ahouai* le premier, qui a un fruit uniloculaire, contenant un osselet, et son *Thevetia* est indiqué avec un fruit biloculaire, à loges contenant quelques graines. (J.)

THEXIMON. (*Bot.*) Voyez TEUXIMON. (J.)

THEYLO. (*Ornith.*) Ce nom islandois, qui s'écrit aussi heylo, désigne le pluvier guignard, *charadrius morinellus*, Linn. (CH. D.)

THIA. (*Crust.*) Genre de crustacés décapodes brachyures, établi par M. Leach, et dont nous avons fait connoître les caractères dans l'article MALACOSTRACÉS, tome XXVIII, page 214, de ce Dictionnaire. (DESM.)

THIARE BATARDE. (*Conchyl.*) Nom marchand de la *voluta pertusa*, Linn. (DE B.)

THIARE ÉPISCOPALE; *Mitra episcopalis*, Lamk. (*Conch.*) C'est la *voluta episcopalis*, Linn. (DE B.)

THIARE FLUVIATILE. (*Conchyl.*) C'est le nom que les

marchands de coquilles donnent encore quelquefois à une espèce de mélanie des zoologistes modernes, *M. amarula*, Lamk.

On trouve dans les anciens catalogues les noms de Thiare fluviatile, papyracée, ventrue et épineuse, pour variétés de la même coquille. (DE B.)

THIARE PAPALE. (*Conchyl.*) Nom spécifique d'une espèce commune de mitre, *M. papalis*, Lamk.; *Voluta papalis*, Linn. (DE B.)

THIBAUDIA. (*Bot.*) Genre de plantes dicotylédones, à fleurs complètes, monopétalées, de la famille des *éricées*, de la *décandrie monogynie* de Linnæus, très-voisin des *vaccinium*, offrant pour caractère essentiel : Un calice adhérent avec l'ovaire; son limbe libre, à cinq dents; une corolle tubuleuse, ventrue à sa base; le limbe à cinq lobes; dix étamines insérées sur le calice, non saillantes; les anthères oblongues, mutiques, prolongées au sommet en deux tubes; un ovaire inférieur; un style; un stigmate en tête; une baie à cinq loges, recouverte par le calice; les loges polyspermes.

THIBAUDIA A FLEURS NOMBREUSES; *Thibaudia floribunda*, Kunth, *in* Humb. et Bonpl., *Nov. gen.*, 3, page 269, tab. 254. Cette plante a des rameaux glabres, cylindriques, cendrés, garnis de feuilles éparses, médiocrement pétiolées, lancéolées, acuminées, très-entières, glabres, coriaces, longues de cinq ou six pouces. Les fleurs sont disposées en grappes axillaires, solitaires, presque longues de deux pouces; les pédicelles longs de quatre lignes; le calice est glabre, à cinq petites dents ovales, aiguës; la corolle tubulée, d'un rouge écarlate, longue de huit lignes, renflée à sa base; le limbe à cinq lobes ovales, obtus, égaux; les anthères sont très-longues, linéaires, bifides à leur base jusque vers le milieu; l'ovaire est un peu globuleux, charnu, à cinq loges polyspermes. Cette plante croît aux lieux montagneux dans la Nouvelle-Grenade, proche la ville de Santa-Fé de Bogota.

THIBAUDIA A LONGUES FEUILLES; *Thibaudia longifolia*, Kunth, *loc. cit.* Cette espèce est pourvue de rameaux pentagones, très-glabres, de couleur cendrée. Les feuilles sont éparses, pétiolées, oblongues, lancéolées, acuminées, obtuses à leur base, très-entières, nerveuses, réticulées, à trois ou cinq nervures saillantes, glabres à leurs deux faces, longues d'environ sept pouces, larges de douze ou quinze lignes ; les pétioles épais, cylindriques, d'un brun noirâtre, longs d'un demi-pouce. Les fleurs sont disposées en grappes axillaires, une fois plus courtes que les feuilles, de la même forme et grandeur que celles de l'espèce précédente. Cette plante croit dans les Andes de Quindiu, proche La Séja.

THIBAUDIA A FEUILLES EN CŒUR ; *Thibaudia cordifolia*, Kunth, *loc. cit.*, tab. 255. Arbrisseau dont les rameaux sont épars, cylindriques, vernissés dans leur jeunesse ; les feuilles éparses, très-rapprochées, pétiolées, ovales, obtuses. en cœur à leur base, coriaces, très-entières, à cinq ou sept nervures, glabres à leurs deux faces, luisantes en dessus, longues d'un pouce et demi, larges de neuf ou dix lignes ; les grappes axillaires, solitaires, sessiles, situées au sommet des rameaux, un peu plus longues que les feuilles, accompagnées de plusieurs bractées imbriquées, presque orbiculaires, entières et un peu ondulées à leurs bords ; le calice est glabre, à cinq dents ovales, aiguës, étalées ; la corolle ventrue, tubulée, pubescente en dehors, divisée à son limbe en quatre, cinq ou six lobes courts ; les filamens sont ciliés, un peu confluens à leur base ; les anthères glabres, bifides, mutiques, très-longues, à deux loges ; l'ovaire à demi globuleux ; le fruit à cinq ou six loges polyspermes. Cette plante croit dans les Andes de la Nouvelle-Grenade.

THIBAUDIA DES ROCHERS ; *Thibaudia rupestris*, Kunth, *loc. cit.* Cet arbrisseau a des rameaux cylindriques, un peu striés, pubescens, de couleur brune. Les feuilles sont éparses, pétiolées, lancéolées, un peu obtuses, aiguës à leur base, glabres à leur face supérieure, pubescentes en dessous, particulièrement sur la nervure du milieu, quelquefois entièrement glabres, longues de trois pouces, larges de dix ou douze lignes ; les pétioles épais, un peu pubescens, longs de deux ou trois lignes ; les grappes solitaires, axillaires, longues de trois ou quatre pouces ; les fruits portés sur un pédicelle épais, pubescent, long de sept ou huit lignes. Ces fruits sont autant de baies presque globuleuses, revêtues du calice persistant, couronnées par le limbe à cinq dents, très-glabres, de la grosseur des fruits du prunier épineux, à cinq ou neuf loges. remplies d'un grand nombre de semences fort petites, luisantes, oblongues, anguleuses. Cette plante croît dans la Nouvelle-Grenade, à Paramo di Saraguru, proche Loxa et Alto de Pulla.

THIBAUDIA A GRANDES FEUILLES; *Thibaudia macrophylla*, Kunth, *loc. cit.* Arbrisseau d'environ douze pieds, dont les rameaux sont glabres, lisses, cylindriques, de couleur brune; les feuilles éparses, médiocrement pétiolées, ovales, lancéolées, acuminées, très-entières, arrondies à leur base, réticulées, à cinq nervures saillantes en dessous; glabres, coriaces, longues de huit ou neuf pouces; larges d'environ un pouce et demi; les grappes sont solitaires, axillaires, presque sessiles, munies à la base des pédicelles de très-petites bractées courtes, ovales. concaves, aiguës: le calice est rougeâtre, à cinq dents courtes, aiguës; la corolle blanche, tubulée, rouge et ventrue à sa base, très-glabre; ses lobes sont ovales, oblongs, obtus. réfléchis. Le fruit est une baie globuleuse, à cinq loges polyspermes. Cette plante croît dans les Andes, proche Pindamon et Palache. (POIR.)

THIDEAR. (*Bot.*) Nom hébreu de l'orme, suivant Mentzel. (J.)

THIEBAUTIA. (*Bot.*) Genre de plantes monocotylédones. à fleurs incomplètes, de la famille des *orchidées*, de la *gynandrie digynie* de Linnæus, offrant pour caractère essentiel : Une corolle à cinq pétales dressés, étalés, persistans; un sixième pétale en lèvre, non éperonné, à trois lobes, recourbé au sommet, relevé en côte en dessus, vers la base; une anthère operculée, à deux loges, caduque, bordée à la base antérieure de la lèvre supérieure du stigmate.

THIEBAUTIA NERVEUSE; *Thiebautia nervosa*, Colla. *Hort. ripul.*, pag. 139. Cette plante est pourvue d'un tubercule orbiculaire, d'où sortent, à sa partie inférieure. des racines à fibres charnues; il s'en élève une hampe très-simple, presque nue. longue d'un pied; les feuilles sont toutes radicales. nerveuses. ensiformes, de la longueur des hampes. Les fleurs sont disposées en une grappe terminale; les pédoncules accompagnés de petites bractées en écailles vaginales. lancéolées, trèscourtes; la corolle est d'un pourpre foncé, persistante, à cinq pétales disposés sur deux rangs: les trois pétales extérieurs

inégaux ; le supérieur dressé , lancéolé ; les inférieurs obliques,
ovales-lancéolés, recourbés, couvrant les organes sexuels ; la
lèvre ou le sixième pétale est partagé en trois lobes, réfléchi
au sommet, de la longueur des pétales extérieurs, trois fois
plus large, muni au-dessus de sa base de côtes jaunâtres, saillantes, ondulées ; les lobes latéraux sont entiers. Celui du milieu est échancré ; l'ovaire est inférieur, il se prolonge en un
style charnu, arqué, prismatique, terminé par un stigmate à
deux lèvres ; la supérieure recouvre une anthère sessile , operculée, à deux loges. Le pollen est globuleux ; la capsule prismatique, à trois valves, à une seule loge, s'ouvrant par ses
angles ; les semences sont nombreuses.

Cette plante croît aux Antilles. C'est la même que le *limo-
dorum purpureum*, Lamk., Encycl., n.° 1, figuré sous le nom
de *Serapias* dans les *Illust. des genres*, tab. 728, fig. 3, que
M. Colla a converti en genre. (POIR.)

THIEN-PHAO. (*Bot.*) Selon Loureiro, son *solanum biflo-
rum* est ainsi nommé à la Cochinchine. (J.)

THIL. THILAGRA. (*Bot.*) Suivant Mentzel, ces noms arabes
sont donnés aux *gramens* en général. (J.)

THILACHIUM (*Bot.*), Lour., *Flor. Coch.*, 418. Ce genre,
établi par Loureiro, appartient aux *capparis* de Linné. Voyez
CAPRIER. (POIR.)

THILCO. (*Bot.*) Nom que porte au Chili, suivant Feuillée,
le *fuchsia coccinea*, petit arbrisseau qui fait maintenant un
des ornemens de nos orangeries. (J.)

THILI. (*Ornith.*) Ce nom, qui est aussi écrit *chili* dans
Molina (*turdus thilius*), désigne la même grive que celui de
tilli. Elle est décrite sous le mot MERLE, au tome XXX de
ce Dictionnaire, page 148, et Molina observe à cet égard,
page 230, que la femelle est effectivement de couleur grise,
raison qui a porté Linné à lui donner le nom de *turdus
plumbeus*, mais que le mâle est tout noir, à l'exception d'une
tache blanche qu'il a sous les ailes, et que sa queue est cunéiforme. L'auteur ajoute qu'il fait son nid sur les arbres voisins
des rivières, avec du limon détrempé ; que son chant est doux
et sonore, et que sa chair a une odeur forte et désagréable.
(CH. D.)

THILICRANIA. (*Bot.*) La plante désignée sous ce nom

grec par Théophraste, est rapportée par C. Bauhin au cornouiller sanguin. (J.)

THIM. (*Bot.*) Voyez Thym. (L. D.)

THIMELÉE. (*Bot.*) Voyez Thymelée. (L. D.)

THIOTHIO, QUIOQUIO. (*Bot.*) Voyez Avoira. (J.)

THIRSÉ. (*Erpét.*) Voyez Tyrsé. (H. C.)

THIUM. (*Bot.*) Un des noms anciens de l'astragale, cité par Ruellius. Mentzel l'écrit Tium. Voyez ce mot. (J.)

THLAQUATZIN. (*Mamm.*) C'est le nom mexicain et génĕrique des sarigues. (Lesson.)

THLASPI. (*Bot.*) Ce nom ancien, donné à diverses plantes crucifères, remonte jusqu'à Dioscoride, et des auteurs ont cru que son thlaspi étoit le *lepidium perfoliatum.* Il a été donné à d'autres *lepidium*, à des *iberis*, des *draba*, à un *biscutella*, un *myagrum*, au *cochlearia armoracia*, à l'*anastatica hierochuntica.* Tournefort avoit un genre *Thlaspi*, adopté aussi par Linnæus, qui en a séparé les espèces à pétales inégaux, reportées à son *iberis*. (J.)

THLASPI. (*Bot.*) Voyez Ibéride et Tabouret. (L. D.)

THLASPI FAUX. (*Bot.*) C'est la lunaire. (L. D.)

THLASPI DES JARDINIERS. (*Bot.*) Nom vulgaire de l'ibéride en ombelle et de quelques autres espèces du même genre cultivées dans les jardins. (L. D.)

THLASPI JAUNE. (*Bot.*) C'est l'alysse jaune. (L. D.)

THLASPI DE MONTAGNE. (*Bot.*) C'est l'ibéride amère. (Lem.)

THLASPIDIUM. (*Bot.*) Ce genre de crucifères, fait par Tournefort et auquel Adanson conservoit le même nom, est la lunetière, *biscutella* de Linnæus. Quelques *iberis* ont aussi été nommés *thlaspidium* par Rivin et Dillen. Tragus donnoit à l'alliaire, *erysimum alliaria*, le nom de *thlaspidium cornutum.* (J.)

THLASPIOÏDES. (*Bot.*) C'est ainsi que Barrère désigne le *dodonæa viscosa* dans sa Flore équinoxiale. Les fruits de cette plante imitent, dans leur forme, celle des fruits du thlaspi des champs ou tabouret. (Lem.)

THOA. (*Bot.*) Genre de plantes dicotylédones, à fleurs incomplètes, monoïques, de la famille des *urticées*, de la *monoécie polyandrie* de Linnæus, offrant pour caractère essentiel : Des fleurs monoïques; point de calice ni de corolle; un grand nombre d'étamines dans les fleurs mâles, situées à chaque nœud d'un épi; les anthéres globuleuses : dans les fleurs femelles, deux ovaires à la base de l'épi des fleurs mâles ; point de style apparent; trois ou quatre stigmates; une capsule ovale, à une seule loge , munie sous son écorce de poils soyeux et piquans ; une seule semence.

THOA PIQUANT: *Thoa urens*, Aubl., Guian., 2 , tab. 356; Lamk., *Ill. gen.*, tab. 784. Arbrisseau d'une grosseur médiocre , dont la tige est noueuse, un peu souple, revêtue d'une écorce glabre, d'où s'écoule une sorte de gomme assez abondante. Les branches sont pliantes, noueuses, sarmenteuses; les rameaux opposés, glabres, noueux, dichotomes à leur sommet, munis à chaque nœud de deux feuilles opposées, ovales, pétiolées, très-entières, longues de deux ou trois pouces et plus, larges d'environ deux pouces, glabres; aiguës, veinées, réticulées, quelquefois un peu ondulées à leur contour; les pétioles courts.

Les fleurs sont monoïques, disposées en épis simples, grêles, alongés, situés dans l'aisselle des feuilles supérieures, à l'extrémité des rameaux et dans leur bifurcation. L'axe de l'épi est divisé par articulations et par des nœuds renflés en cœur. A chaque nœud, excepté aux deux inférieurs, sont placées les fleurs mâles, uniquement composées d'étamines nombreuses, dont les filamens sont courts; les anthéres petites; globuleuses; il n'y a point de calice ni de corolle. Les fleurs femelles sont au nombre de deux, opposées, situées au nœud inférieur de l'épi : elles n'ont ni calice, ni corolle; elles offrent chacune un ovaire sessile, sans style apparent, surmonté de trois ou quatre stigmates. Le fruit est une capsule de la forme d'une olive, mais au moins une fois plus grosse, glabre, un peu mucronée à son sommet, légèrement échancrée à sa base au point d'attache; son écorce est garnie en dedans de poils soyeux et piquans : il n'y a qu'une seule loge indéhiscente ; une semence ovale, oblongue, bonne à manger. Cet arbuste, que les Galibis nomment *thoa*, croît dans les forêts de la Guiane.

Lorsque l'on entame , dit Aublet, l'écorce et les branches de cet arbrisseau, il en suinte une liqueur claire et visqueuse qui, en se desséchant, forme une gomme transparente. On en trouve souvent des morceaux attachés au tronc et aux branches. Lorsqu'on coupe les troncs et les grosses branches, il en découle abondamment une liqueur aqueuse, claire et transparente, que l'on peut boire dans le besoin, faute d'eau; elle n'a aucun goût. Si l'on enlève la première écorce de la capsule, on trouve une substance sèche, composée de poils roides, couchés, qui se détachent facilement les uns des autres, et pour peu qu'il en tombe sur la peau, ils causent une grande démangeaison. Sous cette substance est une coque fragile, qui contient une amande à deux cotylédons, dont la peau est roussâtre. Cette amande, bouillie ou grillée, est bonne à manger, Les marails, espèce de coq d'Inde, et les hocos se nourrissent de ce fruit, qu'ils avalent tout entier. (Poir.)

THOA , *Thoa*. (*Polyp.*) Genre établi par Lamouroux (Polyp. flex. , p. 210) parmi les nombreuses espèces de sertulaires de Linné et même de M. de Lamarck , pour une ou deux dont la tige et même une partie des rameaux sont composés de tubes nombreux , entrelacés , et dont les loges polypifères paroissent être à l'extrémité de ces tubes, ce qui rapproche ce genre des Tubulaires : aussi Pallas plaçoit-il la seconde espèce de thoa de Lamouroux dans ce dernier genre, sous le nom de *Tubularia ramea*. Les seules espèces de thoa connues jusqu'ici , sont :

La T. halucine : *T. halucina ; Sertul. halucina* , Linn., Gmel., p. 3848, n.° 8 ; Ellis, *Corallin.*, p. 32, n.° 15, tab. 10, fig. *a*, *A* , *B* , *C.* Polypier rameux , pinné , à rameaux alternes , à denticules tubiformes , biarticulées; à ovaires ovales-irréguliers et solitaires.

Des mers d'Europe, où elle vit fixée sur les pierres , les coquilles, mais point sur les plantes marines.

La T. de Savigny : *T. Savignii ; Tubularia ramea* , Linn. , Gmel. , p. 3831 , n.° 10 ; Lamouroux, Polyp. flex., pl. 6 , fig. 2 *a* , *B.* , *C.* Polypier peu rameux , composé de rameaux et de ramules alternes, avec des ovaires réunis en grappes et rarement isolés.

De la Méditerranée.

Ce genre Thoa a été établi aussi par M. Oken sous le nom d'*Haluium*. (De B.)

THOMASIA. (*Bot.*) Genre de plantes dicotylédones, à fleurs

polypétalées, de la famille des *buttnériacées* (Rob. Brown),
de la *pentandrie monogynie* de Linnæus, offrant pour caractère essentiel : Un calice persistant, campanulé, entouré d'un
involucre à trois divisions; cinq pétales fort petits, en forme
d'écailles, quelquefois nuls; cinq étamines; les filamens souvent connivens à leur base, quelquefois cinq autres filamens
stériles; les anthères à deux loges, s'ouvrant par une fente
de chaque côté; un ovaire supérieur; un style; une capsule
à trois valves; les cloisons formées par le bord rentrant des
valves, à trois loges; une ou trois semences dans chaque loge.

THOMASIA PURPURINE : *Thomasia purpurea*, Gay, Monogr.
des Lasiop., page 22, tab. 6, fig. 8 — 13; *Lasiopetalum purpureum*, Ait., *Hort. Kew.*, 1, *edit. nov.*, 2, page 36. Arbrisseau à peine d'un pied de haut, foible, médiocrement rameux; sa tige est glabre, verdâtre; ses rameaux sont grêles,
étalés, hérissés d'un duvet court, ferrugineux; ses feuilles alternes, médiocrement pétiolées, linéaires, elliptiques, molles,
en cœur à leur base, obtuses au sommet, hérissées en dessous de poils en étoile, lâches, distans, jaunâtres; les grappes
sont opposées aux feuilles, très-peu garnies; le pédoncule
est tomenteux, ferrugineux, nu en partie; les fleurs sont un
peu inclinées, situées vers le sommet du pédoncule, unilatérales, pédicellées; les stipules plus longues que les pétioles;
la bractée ou l'involucre qui accompagne le calice est persistant, de même grandeur que lui, à trois divisions réfléchies,
glabres, linéaires; celle du milieu est un peu plus grande; le calice est d'un pourpre violet, campanulé, hérissé sur le dos; les
divisions en sont ovales, un peu aiguës; il y a cinq pétales cunéiformes, en forme d'écailles, de couleur purpurine; cinq filamens fertiles, un peu connivens à leur base; point de stériles;
les anthères sont d'un pourpre foncé; l'ovaire est presque sessile;
la capsule est sphéroïde, à trois ou quatre sillons profonds,
ponctuée et tuberculée, à trois loges souvent monospermes
par avortement. Cette plante croît à la Nouvelle-Hollande.

THOMASIA FEUILLÉE : *Thomasia foliosa*, Gay, *loc. cit.*, tab. 7.
Arbrisseau très-rameux, chargé de feuilles et de fleurs nombreuses. Les feuilles sont alternes, pétiolées, à peine longues d'un pouce, d'un vert obscur, plus pâles en dessous,
hérissées à leurs deux faces de poils distans, ferrugineux, en

étoile, sinuées à leurs bords en lobes obtus, opposés; les stipules fort petites, hérissées, linéaires-lancéolées; les grappes sont opposées aux feuilles, presque de la même longueur, très-étalées, souvent réfléchies, à deux ou cinq fleurs; les pédoncules hérissés de poils ferrugineux; les pédicelles hispides, munies au sommet et à la base de bractées linéaires, filiformes; l'involucre à trois divisions ovales, lancéolées; l'intermédiaire un peu plus longue et plus large; le calice presque glabre, un peu hérissé sur le dos; ses découpures ovales, un peu aiguës; il n'y a point de corolle; les filamens sont un peu connivens à leur base; tous fertiles; l'ovaire est sessile et fort petit. Cette plante croît à la Nouvelle-Hollande.

THOMASIA A FEUILLES DE MORELLE : *Thomasia solanacea*, Gay, *loc. cit.*, tab. 6, fig. 1 — 7. Cet arbrisseau s'élève à la hauteur de sept ou huit pieds. Son tronc est glabre, cendré, chargé de rameaux en désordre, hérissés de poils ferrugineux. Les feuilles sont alternes, pétiolées, ovales, oblongues, sinuées, anguleuses, longues d'un à quatre pouces, larges d'un ou deux; les stipules foliacées, pétiolées, élargies, en forme de rein, hispides, ainsi que les feuilles; les grappes sont opposées aux feuilles, redressées, étalées, chargées de quatre ou cinq fleurs; les pédoncules tomenteux ou pubescens, ainsi que les pédicelles; les bractées solitaires, subulées, sétacées et caduques; l'involucre est à trois, rarement à cinq divisions réfléchies, une fois plus courtes que le calice; celui-ci est campanulé, imitant une corolle mélangée de rose et de blanc, pubescent à ses deux faces; il y a cinq pétales d'un pourpre foncé, en forme d'écailles; cinq étamines fertiles; les filamens de couleur purpurine, connivens à leur base; cinq autres stériles; l'ovaire est sessile; la capsule est sphéroïde, tomenteuse, à trois côtes. Cette plante croît à la Nouvelle-Hollande.

THOMASIA A TROIS FOLIOLES : *Thomasia triphylla*, Gay, *loc. cit.*; *Lasiopetalum triphyllum*, Labill., *Nov. Holl.*, 1, page 63, tab. 88. Arbrisseau de trois ou quatre pieds, dont les rameaux sont très-nombreux, tomenteux ou pubescens vers leur sommet, garnis de feuilles pétiolées, alternes, ternées, les deux latérales plus petites, en cœur; l'intermédiaire longue d'un pouce et plus, obtuse à ses deux extrémités, échancrée à sa base, hérissée de poils en étoile, très-abondans, sinuée ou médiocrement lobée ; les grappes sont simples, dressées, opposées aux feuilles, longues d'un ou deux pouces, chargées de trois ou quatre fleurs unilatérales ; le pédoncule hispide, légèrement tomenteux ; les pédicelles garnis de bractées alongées, caduques ; l'involucre est à trois divisions linéaires, lancéolées, un peu obtuses, de la longueur du calice ; celui-ci est presque campanulé, à cinq divisions ovales ; il n'y a point de corolle ; cinq étamines fertiles ; cinq autres filamens stériles et plus courts ; les anthères sont glauques, ovales, à deux loges ; la capsule est globuleuse, à trois sillons, à trois valves, à trois loges ; quatre ou six semences dans chaque loge, quelquefois moins. Cette plante croît à la Nouvelle-Hollande, dans la terre Van-Leuwin.

THOMASIA A FEUILLES DE CHÊNE : *Thomasia quercifolia*, Gay, *loc. cit. ; Lasiopetalum quercifolium*, Andr., *Bot. repos.*, t. 459 ; *Bot. Magaz.*, tab. 1485. Arbrisseau fort petit, dont les rameaux sont hérissés de poils ferrugineux. Les stipules sont foliacées, pétiolées, réniformes, à trois nervures, parsemées de poils courts, distans, en étoile, ainsi que les feuilles ; celles-ci sont alternes, pétiolées, divisées en lobes presque semblables à ceux de l'*acer monspessulanus*, quelquefois seulement à trois lobes ; les grappes sont dressées, souvent une fois plus longues que les feuilles ; les pédicelles hispides, accompagnés de bractées ovales ou linéaires-lancéolées, quelquefois réniformes, hérissées sur le dos ; l'involucre est à trois divisions réfléchies, lancéolées ; la division intermédiaire est plus longue et plus large que les latérales ; le calice est de couleur purpurine, hérissé sur le dos de quelques poils en étoile ; il n'y a point de corolle ; cinq filamens fertiles, inégaux, connivens à leur base ; cinq autres stériles, de moitié plus courts ; les anthères sont ovales-oblongues ; l'ovaire est sessile ; la capsule sphéroïde, à trois côtes, hérissée de poils en étoile. Cette plante croît au cap de Bonne-Espérance.

M. Gay, qui a formé ce genre de plusieurs espèces de *lasiopetalum*, comme on vient de le voir, y a joint un autre genre sous le nom de *Seringia*, pour une autre espèce de *lasiopetalum*. Comme cet article n'a point été mentionné en son lieu, nous croyons devoir le rappeler ici.

SERINGIA A FEUILLES PLATES : *Seringia platyphylla*, Gay, Mém.

monogr. des Lasiop., page 13, tab. 1 et 2; *Lasiopetalum ar-borescens*, Ait., *Hort. Kew.*, edit. nov., 2, page 36. Ce genre a pour caractère : Un calice qui se dessèche sur le fruit ; point de corolle ; dix filamens subulés ; cinq pourvus d'anthères, qui s'ouvrent sur le dos ; cinq autres stériles ; cinq ovaires libres ; autant de styles ; cinq capsules bivalves, renfermant deux ou trois semences. Cette plante est un arbrisseau de quatre ou cinq pieds ; ses rameaux sont lâches, flexibles, étalés, couverts d'un duvet court, ferrugineux, un peu comprimés vers le sommet ; les feuilles alternes, médiocrement pétiolées, ovales-lancéolées, anguleuses et dentées à leur contour, longues de quatre ou six pouces, larges de trois ou cinq, presque glabres, d'un vert obscur en dessus, pâles en dessous, tomenteuses et ferrugineuses sur leurs nervures ; les stipules entières, lancéolées ; les fleurs petites, disposées en une cime opposée aux feuilles ; le calice est semblable à une corolle, jaunâtre ; ses divisions sont arquées, réfléchies, légèrement pubescentes ; il n'y a point de corolle ; les filamens sont égaux, subulés, un peu plus courts que les ovaires, qui entourent fortement les cinq filamens stériles ; les cinq capsules sont comprimées, rudes, tomenteuses. Cette plante croît sur les côtes orientales de la Nouvelle-Hollande. (Poir.)

THOMÆA. (*Bot.*) Voyez Fleur de Saint-Thomas. (J.)

THOMER. (*Bot.*) Voyez Thamar. (J.)

THOMISE, *Thomisus*. (*Entom.*) Nom donné par M. Walckenaër et adopté par M. Latreille pour désigner un genre établi parmi les araignées vulgairement appelées *araignées crabes*. Telles sont les espèces que nous avons décrites sous les n.ᵒˢ 38, 39 et 40. (C. D.)

THOMSONITE. (*Min.*) C'est à M. Brooke que l'on doit la connoissance de ce minéral, encore peu répandu dans les collections, qui ne s'est offert jusqu'ici que dans une seule localité, et dont la détermination spécifique laisse beaucoup à désirer [1]. Il lui a donné le nom de *thomsonite*, adopté par tous les minéralogistes en l'honneur du célèbre chimiste qui, le premier, en a fait connoître la véritable composition. A en juger par le résultat de son analyse, que M.

---

[1] Voyez le tome 16 des Annales de philosophie, page 193.

Berzelius a confirmé depuis, on ne peut douter que la thomsonite ne constitue bien réellement une nouvelle espèce; mais il reste encore des incertitudes sur la nature du système cristallin auquel ses cristaux doivent être rapportés.

La thomsonite est une substance blanche, vitreuse, transparente ou au moins translucide, d'une dureté médiocre et facile à casser.

Elle s'offre sous la forme de prismes plus ou moins modifiés par des facettes sur les bords et sur les angles, et susceptibles de clivage dans trois directions perpendiculaires entre elles. Suivant M. Beudant, la forme primitive de ces cristaux seroit le prisme droit à bases carrées, dont la hauteur et le côté sont comme les nombres 22 et 31. M. Brooke pense, au contraire, qu'ils dérivent d'un prisme droit rhomboïdal de 90° 40′ et 89° 20′; et cette opinion a été adoptée par MM. Mohs, Haidinger et Phillips. Le clivage parallèle aux pans est d'une grande netteté; la cassure est inégale; son éclat est vitreux et passe à l'éclat nacré.

La thomsonite est fragile; sa dureté est supérieure à celle du fluorite, et presque égale à celle de l'apatite; sa pesanteur spécifique est de 2,57. (Brooke.)

Elle se boursoufle au chalumeau et donne de l'eau par la calcination. Par un feu prolongé, elle devient opaque et d'un blanc de neige, sans se fondre : elle est soluble en gelée dans l'acide nitrique.

Composition. = $6ASi + CaSi + 15Aq.$ (Beudant.)

Silice.	Alumine.	Chaux.	Soude.	Oxide de fer.	Magnésie.	Eau.	
36,80	31,36	15,40	0,00	0,20	0,60	13,00	Thomson.
38,30	30,20	13,54	4,53	0,40	0,00	13,00	Berzelius.

Variétés.

1. *Thomsonite cristallisée.* En prismes quadrangulaires, modifiés sur les arêtes longitudinales par une ou plusieurs facettes, et sur les bords de la base par une seule face, inclinée sur le pan adjacent de 125° 22′.

Ces cristaux sont ordinairement implantés par une de leurs extrémités sur leur gangue. Souvent ils se réunissent en rayonnant autour d'un centre , et composent ainsi des groupes flabelliformes ou des masses basilaires , à structure radiée.

2. *Thomsonite compacte.* En masses amorphes, offrant des passages à la variété précédente.

La thomsonite n'a encore été trouvée que dans une seule localité, à Kilpatrick en Écosse , dans des roches trappéennes ; elle y est accompagnée de prehnite. (Delafosse.)

THON , *Thynnus.* (*Ichthyol.*) Aux dépens du grand genre des Scombres de Linnæus et des autres ichthyologistes, M. Cuvier a formé sous ce nom un genre de poissons qui appartient à sa cinquième famille des acanthoptérygiens ou à celle des scombéroïdes, et qu'il faut rapporter à celle des atractosomes parmi les holobranches thoraciques de M. Duméril.

Les caractères de ce genre sont les suivans :

Squelette osseux; des fausses nageoires très-distinctes à la suite de la nageoire anale et de la seconde nageoire dorsale, qui est très-rapprochée de la première et la touche même souvent ; corps couvert partout de petites écailles, épais, arrondi , fusiforme; branchies complètes; catopes thoraciques; point d'aiguillons au devant de la première nageoire dorsale; une carène saillante à chacun des côtés de la queue; une rangée de dents à chaque mâchoire; nageoires pectorales ordinaires.

Il devient donc ainsi facile de distinguer les Thons des Maquereaux, chez lesquels les nageoires dorsales sont écartées ; des Scombéroïdes, des Gastérostées, des Centronotes, des Atropus, des Cæsiomores, des Céphalacanthes, des Lépisacanthes, des Cæsions et des Caranxomores, qui n'ont qu'une seule nageoire dorsale; des Trachinotes, chez lesquels les nageoires du dos sont précédées d'aiguillons; des Germons, qui ont les nageoires pectorales extraordinairement longues; des Pomatomes, des Centropodes, des Caranx, des Pasteurs, des Sérioles et des Istiophores, qui n'ont point de fausses nageoires sur le dos ou sous la queue. (Voyez ces différens noms de genres, et Atractosomes dans le Supplément du tome III de ce Dictionnaire.)

En général, les thons ont l'intestin ample et l'estomac en cul-de-sac ; leurs cœcums sont nombreux.

Ils vivent en grandes troupes et donnent lieu à des pêches très-productives. Parmi eux, nous citerons :

Le Thon commun : *Thynnus vulgaris; Scomber thynnus;* Linnæus. Huit ou neuf fausses nageoires au-dessus et au-dessous de la queue; corps très-alongé; tête petite; œil gros; ouverture de la bouche très-large; mâchoire inférieure plus avancée que la supérieure; dents aiguës; langue courte et lisse; orifice des branchies très-grand; écailles minces et foiblement attachées; nageoire de la queue très-étendue et en croissant.

Les couleurs qui distinguent ce poisson ne sont pas très-variées; mais elles sont agréables et brillantes. Son dos a la nuance de l'acier poli; celle de l'argent éclate sur son ventre, sur ses flancs et à la surface de son iris, dont la circonférence est dorée. Toutes ses nageoires sont jaunes, à l'exception toutefois de la première dorsale, des catopes et de la caudale, qui sont d'un gris plus ou moins foncé.

Les thons présentent communément des dimensions considérables; aussi Pline et les autres auteurs anciens les rangeoient-ils parmi les poissons les plus remarquables par leur volume. Le naturaliste romain affirme qu'on en a vu du poids de quinze talens; ce qui, à l'évaluation la plus basse et d'après Paucton, équivaudroit à six cent soixante-quinze de nos livres, et certains individus, mesurés par des observateurs modernes, ont présenté une taille de dix pieds et un poids de cent dix à cent vingt livres environ. Pennant, par exemple, a décrit un thon de sept pieds dix pouces de longueur sur cinq pieds sept pouces de circonférence et du poids de quatre cent soixante livres. Le père Cetti assure que les thons du poids de mille livres ne sont pas très-rares en Sardaigne, et que l'on y en a pris quelquefois d'énormes et qui ne pesoient pas moins de dix-huit cents livres.

Il n'est donc pas étonnant de voir ces animaux consommer une grande quantité de nourriture et annoncer une grande voracité. On les voit se jeter avec vivacité sur les clupées, les exocets, les maquereaux et même les jeunes individus de leur espèce, et se gorger goulument de diverses espèces d'algues, comme pour tromper une faim dévorante.

D'un autre côté, les requins, les renards de mer et plusieurs grands squales, ainsi que les xiphias, sont, pour les

thons, des ennemis dangereux et que n'arrête point leur
réunion en troupes nombreuses. Ils sont également tourmentés
par les piqûres des calyges et des géroflées, qui les rendent
furieux, de la même manière que l'insecte ailé des déserts
brûlans de l'Afrique agite, irrite les panthères, les tigres
et les lions, et devient pour eux un véritable fléau, malgré
sa petitesse et sa foiblesse apparente. Pline connoissoit ce
fait; car il rapporte qu'un animal, dont il compare le volume à celui d'une araignée et la figure à celle du scorpion,
se fixe, se cramponne avec force auprès ou au-dessous des nageoires pectorales du thon, le pique de son aiguillon et lui
cause une douleur si vive, qu'il le livre à une sorte de dé-
lire, sous l'influence duquel il bondit avec violence au-dessus de la surface des eaux, s'agite en tous sens, et excédé,
égaré, transporté de rage, s'élance sur le rivage ou sur le
pont des vaisseaux, où il ne tarde point à succomber.

Hi torti stimulis incursant navibus altis,
Et sæpè in terram saliunt è gurgite vasto,
In tanto volvunt luctantia membra dolore.

Oppien.

On trouve le thon dans presque toutes les mers chaudes
ou tempérées de l'Europe, de l'Asie, de l'Afrique et de l'A-
mérique ; mais il n'est point également commun dans toutes
les saisons, ni dans toutes les portions de mer qu'il fréquente.

Il entre dans la mer Méditerranée une quantité prodi-
gieuse de thons par le détroit de Gibraltar. Ces poissons se
divisent en deux troupes : l'une cherche les côtes d'Afrique ;
l'autre, les rivages de l'Europe. Ceux-ci se répandent dans
les mers de France, de Ligurie, d'Espagne et dans le canal
de Piombino ; passant ensuite entre l'île d'Elbe et la Corse,
ils viennent frayer sur les côtes de Sardaigne. Les autres,
après avoir longé les rives africaines, remontent dans la mer
Noire, pour y déposer leurs œufs ou les féconder : ils suivent alors, dit-on, la rive droite du Bosphore, tandis qu'en
revenant ils n'abandonnent point sa rive gauche ; ce qui a
fait avancer à quelques anciens naturalistes que les thons
voyoient plus clair de l'œil droit que du gauche : opinion
déjà professée par Aristote et modifiée par Pline, qui ajoute
aux assertions de ses devanciers, que dans le Bosphore, au-

près de Chalcédoine, il existe un rocher d'un blanc si éclatant, qu'il effraie ces poissons et les force à se jeter du côté de Byzance. Depuis long-temps déjà Tournefort a fait justice de ces erreurs.

L'abbé Fortis assure aussi que les thons parcourent en grandes troupes les canaux voisins de l'île de Morter, sur les côtes de la Dalmatie. Beaucoup de ces poissons y passent même l'hiver, particulièrement sur les bas-fonds, près du hameau de Ramina, où il y avoit autrefois des salines.

En général, ils interrompent leurs voyages aux approches du froid et pour plusieurs mois, se retirant, afin d'y passer l'hiver, dans les endroits où la mer a le plus de profondeur, et, de préférence, au-dessus des fonds limoneux.

Les thons, outre les migrations périodiques et régulières dont il vient d'être question, entreprennent quelquefois des courses vagabondes, soit pour fuir un ennemi et éviter un danger, soit pour poursuivre une proie et apaiser une faim dévorante. L'espace alors ne semble point les arrêter : ils franchissent avec une facilité merveilleuse les golfes et les mers intérieures, et parcourent sans relâche des centaines de lieues au sein de l'immense Océan.

Souvent, durant leur traversée d'Europe en Amérique ou d'Amérique en Europe, les marins voient des thons accompagner leurs vaisseaux pendant plus de quarante jours de suite. C'est un fait que confirme Thibault de Chauvalon dans son Voyage à la Martinique.

Cette habitude qu'ont les poissons dont nous parlons de s'approcher des navires, peut bien tenir à la facilité avec laquelle ils se procurent leur nourriture au milieu des débris de substances alimentaires que l'on jette à la mer. Mais, comme l'a noté Commerson, un autre motif paroît les retenir encore dans ce voisinage, au moins au milieu des mers chaudes de l'Asie, de l'Afrique et de l'Amérique, où les flots de lumière, versés à la surface de l'onde, les éblouissent, où les rayons ardens du soleil des tropiques les fatiguent. Une escadre est alors pour eux un abri flottant, qui leur prête son ombre tutélaire, et ils en obtiennent le même secours que celui que leur offrent les rivages escarpés, les rochers avancés, les promontoires élevés.

D'après la connoissance que l'on a acquise des habitudes du thon, du genre de nourriture qu'il préfère, de sa voracité extrême, de l'audace avec laquelle il brave les dangers, de la frayeur que lui inspirent certains objets, de la périodicité d'une partie de ses courses, de la durée de ses migrations, on a choisi avec avantage, et depuis un temps immémorial déjà, les époques, les endroits et les moyens les plus propres à lui déclarer une guerre productive.

La pêche de ce poisson remonte au moins au siècle d'Aristote; car ce philosophe nous apprend que de son temps on la faisoit aux portes de Byzance, sur l'emplacement de laquelle est élevée Constantinople. Athénée et Oppien, qui écrivoient dans le second siècle de notre ère, en font également mention. Le premier rapporte qu'après avoir retiré leurs filets, les pêcheurs, ses contemporains, immoloient un thon à Neptune, auquel ils avoient déjà, du reste, avant de commencer la pêche, offert un sacrifice du même genre, destiné à éloigner le xiphias, ennemi dangereux de nos poissons.

Au rapport d'Athénée encore, on ne pêchoit le thon, dans l'Hellespont, la Propontide et le Pont-Euxin, que depuis le commencement du printemps jusque vers la fin de l'automne. Du temps de Rondelet, c'est-à-dire dans le 16.ᵉ siècle, c'étoit au printemps, en automne, et quelquefois en été, qu'on prenoît une grande quantité de thons près des côtes d'Espagne, et surtout vers le détroit de Gibraltar.

Depuis le tremblement de terre de 1744, les thons paroissent se diriger plus spécialement vers la côte d'Afrique, quoique, à l'issue de l'hiver, ils abondent encore sur les rivages signalés par Rondelet. Ainsi on en prend en quantité à Conil, à sept lieues de Cadix, ce qui appelle en cet endroit une multitude de spectateurs, et ce qui valoit autrefois, suivant Guys, l'auteur des Lettres sur la Grèce, au duc de Médina Sidonia une rente annuelle de 80,000 ducats, malgré l'infériorité de ces thons d'Espagne par rapport aux nôtres, qui sont et moins gros et plus délicats.

Dans le golfe de Gascogne, en Espagne et en France, vers les Pyrénées occidentales, on s'occupe de la pêche des thons depuis les premiers jours d'Avril jusqu'en Octobre.

Dans les autres contrées de la France on prévoit par l'arrivée des maquereaux celle des thons, qui les poursuivent pour en faire leur proie.

Leur animosité contre ces poissons est en effet si marquée et si connue, que, pour les attirer dans un piége, il suffit de leur présenter un leurre qui imite même grossièrement la forme du maquereau.

L'ardeur avec laquelle ils chassent aussi les sardines, a conduit les pêcheurs à un résultat analogue. C'est ainsi que, dans les environs de Bayonne, un bateau à voile traîne à sa suite des lignes, dont les hameçons sont garnis d'un petit sac de toile en forme de sardine, et ramène, à chaque course, plus de cent cinquante thons.

Il existe du reste un grand nombre de manières de pêcher le thon, et parmi elles on distingue la *pêche au doigt, à la canne, au libouret, au grand couple, au thonaire et à la madrague.*

La première se fait avec une ligne de la longueur de 12 à 15 brasses, tenue à la main, et d'une grosseur proportionnée au poids et au volume du poisson. Elle a lieu pendant la nuit, et est exécutée par deux hommes montés sur un léger bateau.

La pêche à la canne consiste à attacher au bout d'une perche une ligne garnie, qu'on retire promptement dès que l'animal a mordu à l'appât. Cette perche doit être fabriquée d'un bois élastique et léger, de coudrier ou de saule, par exemple, auquel on devroit encore préférer celui du micocoulier. Quant à la ligne, elle doit être composée d'une forte corde ou d'un assemblage de crins bien choisis, bien noués et teints en vert glauque.

Le libouret est composé d'une corde ou ligne principale, à l'extrémité de laquelle est suspendu un poids de plomb, et qui passe au travers d'un morceau de bois qui tourne librement autour d'elle entre deux nœuds, et auquel tient une autre ligne, garnie de plusieurs cordelettes armées d'hameçons, et de diverses longueurs, pour ne point se mêler les unes dans les autres, et avoir la faculté de se diriger çà et là, suivant le cours de l'eau.

Avec cette espèce d'instrument, la pêche se fait à l'ancre, et avec l'aide de trois pêcheurs seulement.

Le grand couple des Basques est assez analogue au libouret, mais on n'exécute ce genre de pêche que sur des barques montées de huit à dix hommes.

En Provence on appelle *thonaire*, un filet qui présente deux variétés :

1.° Le *thonaire de poste* ou sédentaire ;

2.° La *courantille* ou thonaire dérivant.

Le premier est composé de trois pièces de filet jointes les unes au bout des autres, et ayant chacune 80 brasses, ce qui fait que le filet entier en a deux cent quarante, et offre une chute de 6 brasses. Le bas de ce filet n'est pas plombé, mais on attache, de dix en dix brasses, à la corde qui le borde, des cablières du poids de 10 à 12 livres chacune ; sa tête est soutenue par 160 flottes de liége, distribuées à une brasse et demie les unes des autres. On l'établit, un bout à la côte et l'autre au large, d'abord en ligne droite, ensuite on lui fait décrire un crochet.

Le bout qui tient à la terre est fixé par un grapin de fer du poids de cent livres environ ; le reste flotte au gré du courant. Comme les thons suivent ordinairement les côtes, lorsqu'ils rencontrent le filet, ils le côtoient dans sa longueur, et quand ils sont parvenus au contour de l'extrémité, ils s'effarouchent, s'agitent et s'embarrassent eux-mêmes dans les mailles.

Quant à la courantille, elle est abandonnée à elle-même et dérive au gré du courant. Plus longue que le filet précédent et sans cablières au pied, devant représenter une sorte de panse ou de bourse, elle se jette en ligne droite, de manière à ce que le courant puisse la prendre de plein et l'entraîner. Un bateau, monté par quatre hommes, la tire par une de ses extrémités et souvent on ne la relève qu'à deux ou trois lieues de l'endroit où on l'avoit lancée à la mer.

En Provence et dans le golfe de Messine, cette pêche n'est permise que depuis le milieu de Juin jusqu'au commencement d'Avril.

La pêche principale des thons est celle dite *à la madrague*, pour l'accomplissement de laquelle il faut des parcs entiers, des appartemens, des chambres, le tout construit au fond de la mer, exécuté en cloisons et en filets, que soutiennent des

flottes de liége étendues au moyen d'un lest de pierres main-
tenues par des cordes, dont une extrémité est attachée à la
tête du filet, et l'autre amarrée à une ancre.

C'est, sans contredit, jusqu'à présent, la plus savante et
la plus parfaite de toutes les pêches qu'a inventées l'industrie
des hommes.

Elle est presque exclusivement en usage sur les côtes de
Gênes, de Marseille et de Sardaigne, tandis que la thonaire
est plus usitée sur celles de Calabre et de Sicile.

La ville de Martigues, suivant Pitton, réclame l'honneur
de l'avoir inventée.

Une madrague est destinée à arrêter les grandes troupes
de thons au moment où ils abandonnent les rivages pour vo-
guer en pleine mer, et, dans ce but, on établit entre la rive
et la grande enceinte une *allée de chasse*, que les thons suivent, en passant de chambre en chambre, de compartiment
en compartiment, jusqu'au *corpon* ou *corpou*, qu'on appelle
aussi la *chambre de mort*.

Pour les contraindre à se rassembler dans ce dernier asile,
on les presse et on les pousse à l'aide d'un filet long de plus
de vingt brasses, tendu derrière eux au moyen de deux bateaux, que l'on dirige vers le corpou, autour duquel arrivent
en même temps plusieurs barques avec des pêcheurs qui, soulevant les filets, ramènent les poissons près de la surface de
l'eau, où on les saisit et où on les enlève avec des crocs, comme
on peut le voir dans le beau tableau de Joseph Vernet, qui
décore les salles de notre Musée à Paris.

On accourt à cette pêche comme à une fête, et on la fait
au son des instrumens de musique. C'est en effet un spectacle
curieux, comme l'ont dit Duhamel et de Lacépède, que de
voir ainsi entassés dans un petit espace sept ou huit cents
poissons, dont quelques-uns pèsent cent cinquante livres;
d'être témoin du combat qui s'établit entre eux et les pêcheurs; des efforts que font les uns pour s'échapper ou se défendre; de la légèreté et de l'activité des autres pour atta-
quer, et cela au sein d'un horizon sans bornes, dans un air
pur et doux, sous un ciel éclatant des feux d'un soleil vivi-
fiant et réfléchi par des flots qu'agite mollement le souffle du
zéphir.

Quoi qu'il en soit, le produit de la pêche du thon, amené à terre dans des barques, est sur-le-champ déposé dans de grandes halles couvertes, après toutefois qu'on a tranché la tête à chacun des poissons qui en font partie et que l'on suspend sur la même ligne et par la queue au moyen d'un lacet de grosse corde.

Là, en un instant, les chairs sont séparées en six parties différentes et dont chacune doit être soumise à un genre spécial de salaison.

Les œufs et le foie sont salés à part de la même façon que la Botargue (voyez ce mot) et mis ensuite à la presse.

Le produit annuel de nos madragues de Provence doit être considérable, puisqu'Azuni évalue à un million celui des pêcheries de Sardaigne, dans lesquelles, selon Cetti, on ne prend pas moins de 45,000 thons année commune.

Ce fait devient croyable quand on le rapproche de ce que dit Quiqueran de Beaujeu, suivant lequel on a, de son temps, pris à Marseille, et en un seul jour, jusqu'à huit mille thons.

La chair du thon est très-savoureuse et très-délicate; aussi, depuis un temps immémorial, la recherche-t-on sur les tables bien servies. Elle a beaucoup de rapports avec celle du veau. La tête et les parois du ventre sont du reste les morceaux qu'on préfère aujourd'hui, comme on le faisoit déjà chez les anciens maîtres du monde.

Comme celle de la Morue (voyez ce mot), on la mange fraîche, salée ou marinée. C'est sous cette dernière forme qu'on la mange ordinairement à Paris, tandis qu'en Italie, en Espagne et en Turquie, le thon salé est très-commun, et faisoit autrefois, sous le nom de *thonine*, un objet de commerce très-connu en France.

Il paroit que chez les anciens on donnoit aux thons différens noms, selon leur âge et leur volume. Aristote, par exemple, rapporte qu'au sortir de l'œuf, on les appeloit σκορδυλες et αυξιδες; qu'au printemps suivant, on les nommoit πηλαμυδες, et que ce n'étoit que l'année d'ensuite qu'on les désignoit sous la dénomination de θυννοι ou de θυννιδες.

La Bonite : *Thynnus sarda*, N.; *Scomber sarda*, Bloch. Sept fausses nageoires au-dessous et six au-dessus de la queue. Dos bleu, rayé obliquement de noir.

Ce poisson, qu'il ne faut pas confondre avec le *scomber alalunga* de Gmelin, est appelé *ălalunga* par les habitans de la Sardaigne. Il vit dans la Méditerranée comme le thon. Sa voracité est excessive. Il ne devient pas aussi gros que le thon, mais sa chair est plus blanche et plus délicate. A Malte on l'estime beaucoup.

La Bonite rayée : *Thynnus pelamys*, N.; *Scomber pelamys*, Linn. Huit petites nageoires au-dessus et sept au-dessous de la queue; dos bleu, marqué de quelques raies, qui se prolongent longitudinalement sur les flancs; quatre raies longitudinales et noires sur le ventre, qui brille de la teinte de l'argent; catopes bruns; nageoire anale nacrée; intérieur de la bouche noirâtre; iris, dessous de la tête et langue, comme dorés.

Ce poisson parvient à la taille d'environ deux pieds. On le rencontre dans le grand Océan, aussi bien que dans l'océan Atlantique; mais on ne le voit communément que dans les environs de la zone torride.

Sa chair est fort estimée.

Le Bonitol : *Thynnus mediterraneus*; *Scomber mediterraneus*, Rondelet. Dos bleu, marqué de larges bandes transverses noirâtres; six ou sept fausses nageoires; dents fortes et pointues, tandis que celles des espèces précédentes sont fort petites.

Moins gros que le thon, il vit dans l'Océan et la Méditerranée.

Le *scombre Commersonien* de feu de Lacépède; le *Wingeram* de Russell; le *scomber guttatus* de Schneider; le *scombéromore Plumier* de feu de Lacépède, et le *scomber maculatus* de Mitchill, doivent être rapportés au genre Thon. (H. C.)

THONNO. (*Ichthyol.*) Les Italiens nomment ainsi le thon. (H. C.)

THONSCHIEFER. (*Min.*) C'est un nom purement allemand, c'est-à-dire, qui n'a subi aucune altération, et qu'on emploie souvent dans des ouvrages françois, quoique notre nom de Schiste argileux y réponde parfaitement. Voyez ce mot. (B.)

THONYM. (*Ichthyol.*) Nom hollandois du Thon. Voyez ce mot. (H. C.)

THOR ou TOR. (*Ornith.*) Ces noms désignent la tourterelle en hébreux. (Desm.)

THOR et THORA. (*Mamm.*) Noms chaldéens qui, au rapport de quelques anciens auteurs, désignent le taureau. Peut-être le mot *thur* en est-il synonyme. (Desm.)

THORA, TORA. (*Bot.*) La plante ainsi nommée par Gesner et d'autres anciens, est le *ranunculus thora* de Linnæus. (J.)

THORA-PÆRU. (*Bot.*) Nom malabare, cité par Rhéede, du cajan, *cytisus cajan* de Linnæus, *cajan* d'Adanson, *cajanus* de MM. De Candolle et Kunth. (J.)

THORACINS. (*Ichthyol.*) Voyez Thoraciques. (H. C.)

THORACIQUES. (*Ichthyol.*) On donne ce nom aux poissons osseux dont les catopes sont implantés immédiatement sous les nageoires pectorales. Suivant la classification imaginée par M. le professeur Duméril, ils constituent un sous-ordre dans le grand ordre des holobranches.

Le sous-ordre des thoraciques peut être ainsi caractérisé :

Branchies complètes ; catopes distincts, insérés sous les nageoires pectorales.

Il renferme plusieurs familles importantes, de la disposition desquelles on pourra prendre une idée dans le tableau suivant.

Sous-ordre des Thoraciques.   Famil[les]

Corps — très-mince :
- presque aussi haut que long ; yeux
  - latéraux .... Leptoso[...]
  - d'un seul côté .... Hétéroso[...]
- alongé, en forme de lame .... Pétaloso[...]

Corps — épais :
- comprimé ; remarquable par la tête
  - simple à
    - lèvres charnues ; opercules
      - épineuses ou dentelées .. Acantho[...]
      - sans épines ni dentelures. Léiopom[...]
    - mâchoires saillantes, osseuses .... Ostéosto[...]
  - en général fort grosse .... Céphalot[...]
  - nageoire du dos très-longue .... Lophionot[...]
  - les pectorales à quelques rayons isolés .... Dactylés[...]
- arrondi ; en
  - fuseau ou plus gros au milieu .... Atractoso[...]
  - cylindre ; nageoires pectorales
    - réunies, soudées .... Plécopod[...]
    - distinctes, séparées .... Élethé[...]

Voyez ces divers noms de familles, et Holobranches. (H. C.)

THORACIQUES. (*Crust.*) Nom donné par M. de Blainville, dans sa Méthode de classification des animaux, au groupe entier des crustacés décapodes proprement dits. (Desm.)

THORACIQUES ou STERNOXES. (*Entom.*) Noms sous lesquels nous avons désigné une famille d'insectes coléoptères pentamérés, qui comprend les taupins, les buprestes et autres genres voisins, remarquables par leur sternum saillant et par la forme de leur corselet. Voyez STERNXOES. (C. D.)

THORAX : *Thorax, Pectus.* (*Anat. comp.*) On appelle ainsi, dans la généralité des animaux vertébrés, la cavité qui renferme les principaux organes de la respiration et de la circulation.

Dans l'HOMME cette cavité, de forme conoïde, un peu aplatie antérieurement, placée au devant de la région dorsale de la colonne vertébrale, est composée d'os et de cartilages unis par des ligamens.

Le *Sternum*, sur la ligne moyenne et en avant, et douze *côtes* de chaque côté, forment la poitrine avec les douze *vertèbres dorsales*, qui en occupent la partie postérieure, suivant en arrière la ligne médiane comme le sternum la parcourt en avant entre les deux clavicules et les cartilages des sept paires de vraies côtes, lesquelles représentent des arcs élastiques obliquement placés entre le rachis immobile et qui devient l'hypomochlion ou point d'appui de leurs mouvemens, et le sternum, qui jouit d'une certaine mobilité.

Sur le squelette, la base du cône que représente le thorax est en bas, excepté chez quelques femmes, où l'usage des corps de baleine a beaucoup rétréci sa partie inférieure et où la poitrine est alors renflée au milieu. Cette figure est fort différente de celle que l'on observe lorsque la cavité est recouverte de ses parties molles et en rapport avec les épaules; car, dans ce cas, la portion la plus large semble être située en haut.

En général, la cavité du thorax est symétrique, c'est-à-dire parfaitement semblable à droite et à gauche : elle est aussi habituellement moins développée chez la femme que dans l'homme.

Latéralement ses parois offrent une série de onze intervalles obliques qui séparent les côtes les unes des autres et qui ont la même obliquité que ces os. Ils sont occupés par les *muscles intercostaux*.

Le sommet du thorax circonscrit un espace vide et ovalaire transversalement, par lequel passent la trachée-artère, l'œsophage et les artères, les nerfs et les veines qui vont de la poitrine aux membres thoraciques et à la tête, ou qui, de ces parties, descendent dans la poitrine.

Sa base, très-étendue, surtout transversalement, offre en avant une échancrure considérable, au milieu de laquelle est l'appendice xiphoïde.

L'axe de cette cavité est oblique de haut en bas et d'arrière en avant, en sorte qu'une ligne qui monteroit verticalement du centre de sa base ne sortiroit point par le milieu de son sommet et viendroit percer la partie supérieure du sternum.

Sur le squelette encore la hauteur de la poitrine paroît bien plus marquée qu'elle ne l'est sur le corps revêtu de ses parties molles, parce que, dans ce dernier état, le muscle diaphragme remonte assez haut dans son intérieur. Tous ses diamètres antéro-postérieurs et transverses sont d'autant plus grands qu'on les mesure plus inférieurement.

Ses dimensions présentent des variétés individuelles excessivement nombreuses; elles en offrent aussi de très-grandes sous le double rapport et des âges et des sexes.

La hauteur de cette portion du tronc est, par exemple, moindre chez la femme que chez l'homme.

Ces différences ne sont pas moins grandes si l'on examine comparativement le fœtus, l'enfant, l'adulte et le vieillard.

Dans le fœtus la poitrine est très-convexe en avant en raison du volume considérable que présentent, à cette époque de l'existence, le cœur et le thymus, tandis qu'elle est rétrécie de gauche à droite, à cause du peu de développement des poumons.

Mais, une fois que l'enfant a vu le jour, il s'opère une révolution subite dans l'étendue de son thorax, révolution qui tient à ce que les poumons, jusque-là resserrés sur eux-mêmes et refoulés dans un petit espace, admettant l'air dans leur tissu, doublent et triplent même leur volume, et forcent ainsi à s'écarter les parois de la cavité qui les renferme.

Vers l'époque de la puberté, les côtes acquièrent plus de solidité et les cartilages sterno-costaux plus de densité, ce qui rend naturellement un peu moins libres les mouvemens des parois du thorax.

Chez l'adulte le sternum, qui, durant l'enfance, étoit composé d'une série de pièces isolées, ne forme plus qu'un seul ou deux os tout au plus, en même temps que le tissu des côtes, surchargé de phosphates terreux, devient par degrés de plus en plus cassant. On voit aussi très-souvent, sinon constamment, les cartilages de prolongement des côtes s'ossifier, soit à l'extérieur, par des plaques ou lames irrégulières, très-compactes, soit à l'intérieur, par des points graniformes plus ou moins multipliés.

Dans la femme les phénomènes de ce changement de tissu se manifestent bien moins vîte et bien moins complétement que chez l'homme.

Les côtes de celle-là sont en général plus droites que celles de celui-ci, ce qui fait que la cage du thorax est habituellement plus étroite.

La poitrine des ANIMAUX MAMMIFÈRES autres que l'homme, varie considérablement sous le rapport de sa configuration. Dans ceux qui ne sont point claviculés, comme l'éléphant et le lamantin, elle est en général comprimée par les côtés, et le sternum forme en devant une saillie plus ou moins marquée.

Dans les carnassiers et les paresseux, comme l'aï, le thorax est extrêmement alongé.

Du reste, il est chez tous composé d'un *sternum* et de *côtes*.

Le nombre et la figure de celles-ci sont sujets à de grandes variations, suivant les familles auxquelles appartiennent les mammifères soumis à notre investigation.

L'orang-outang et le pongo en ont douze, sept vertébro-sternales, et cinq asternales, comme l'homme.

Le saï en a treize, neuf des premières et quatre des secondes seulement.

Dans les autres quadrumanes le nombre des côtes ne s'élève pas au-delà de quinze et ne descend pas au-dessous de douze.

On en compte quinze dans le hérisson et dans le phoque, mais le premier n'en offre, comme notre espèce, que sept vertébro-sternales, tandis que le second n'en présente pas moins de dix.

Chez les carnassiers vermiformes le thorax est quelquefois limité sur les côtés par dix-neuf paires de ces os, qui, dans l'ours, le glouton, le raton, le loutre, ne sont pas en plus grand nombre que quatorze.

Le lion, le chat et le loup, sont munis chacun de treize paires de côtes, dont neuf sont vertébro-sternales, et quatre seulement asternales.

Parmi les herbivores, l'hippopotame en possède quinze, sept vraies et huit fausses, et le tamanoir seize, dont dix vraies. Le cheval en a dix-huit, huit vraies et dix fausses; le rhinocéros dix-neuf, sept vraies et douze fausses; l'éléphant vingt, sept vraies et treize fausses, etc.

Parmi les cétacés, le dauphin et le marsouin en présentent six vraies et sept fausses, à droite et à gauche.

Celui des animaux qui en offre le plus, est l'unau, qui en a vingt-trois de chaque côté, et cependant l'aï, qui en est voisin à tant d'autres rapports, n'a que huit paires de côtes vertébro-sternales et huit paires de côtes asternales, ce qui réduit leur nombre à seize de chaque côté, tout en le portant au-delà de quatorze, indiqué naguère par Daubenton.

Dans les carnassiers vermiformes les côtes sont communément étroites, tandis que chez les herbivores, et surtout chez les ruminans, comme le bœuf, le chameau, la chèvre, ou chez les solipèdes, comme le cheval et l'âne, elles sont larges et épaisses. Il en est de même dans le rhinocéros, l'aï, l'éléphant et l'hippopotame, et leur largeur est telle dans le fourmilier didactyle, qu'elles sont placées en recouvrement les unes au-dessus des autres, comme les tuiles d'un toit. Cette dernière disposition doit augmenter de beaucoup la solidité des parois du thorax.

L'éléphant a les côtes moins courbées, et plus amincies vers le bas, que celles d'aucun autre grand mammifère.

Dans le rhinocéros les côtes de la première paire sont soudées ensemble vers le bas.

Chez le grand mastodonte, cet animal fossile voisin des éléphans, ce colosse des mammifères quadrupèdes, que nos continens ne nourrissent plus aujourd'hui, les côtes, minces près du cartilage, sont épaisses vers le dos, et leurs six premières paires sont très-fortes, en comparaison des autres, qui deviennent très-courtes aussi à proportion, ce qui a fait, avec justesse, conclure à M. Cuvier que l'éléphant devoit avoir le ventre plus volumineux.

Dans le tapir d'Amérique, où l'on compte de dix-neuf à vingt paires de côtes, ces os sont tous grêles et arrondis sur la plus grande partie de leur longueur.

Dans tous les tatous, et spécialement dans l'encoubert et dans les cachicames, la première côte est d'une largeur extra-ordinaire.

Chez les cachicames, en particulier, les sept ou huit dernières des onze côtes qui existent sont creusées en demi-canal et ont le bord postérieur saillant. Leurs parties sternales s'ossifient et s'articulent les unes avec les autres, de la deuxième à la cinquième, par des petites apophyses, et dans les suivantes, par une grande portion de leurs bords.

Dans les monotrèmes la moitié sternale des vraies côtes est ossifiée comme leur moitié rachidienne, et est unie à celle-ci par un cartilage.

Les côtes des phoques et de l'otarie du Cap sont anguleuses plutôt que plates, et minces en comparaison de celles des lamantins, qui sont singulièrement grosses et épaisses, et qui, aussi convexes en dedans qu'en dehors, disposition unique chez les mammifères, ont leurs deux bords arrondis.

Dans le dauphin la partie sternale des côtes est ossifiée.

Le narwal, ainsi que nous l'apprend M. Scoresby, a six paires de vraies côtes et six paires de fausses côtes, toutes également assez grêles.

Dans les baleines, les quatre dernières et les deux premières des quinze paires de côtes qui existent, n'atteignent point le corps des vertèbres qui leur répondent et ne s'attachent qu'aux apophyses transverses.

Quand il s'agit des mammifères, le mot de *sternum* est, pour les anatomistes qui s'adonnent à la philosophie de la science, un nom collectif qui s'applique à un ensemble de pièces dont est formée la partie inférieure du thorax, et destinées, d'une part, à gouverner le mécanisme des parois de cette cavité, de l'autre, à défendre contre le contact des corps extérieurs l'important laboratoire des phénomènes chimiques de la respiration.

Tout sternum, dans les animaux de cette classe, est, en effet, formé par une suite de pièces osseuses placées à la file les unes des autres sur la ligne médiane et le plus ordinairement au nombre de neuf.

Lorsque le thorax est porté à son plus grand développement en longueur, ces pièces sont toutes impaires.

Lorsque, au contraire, cette cavité est aussi large, aussi ample que possible, elles peuvent, quoiqu'en série, être accouplées deux à deux, comme dans l'ornithorinque, qui se rapproche en cela des reptiles.

C'est dans les phoques, qui se distinguent d'ailleurs des autres mammifères par un plus long coffre pectoral, que cette espèce d'appareil se montre avec le plus de simplicité et que les pièces qui le composent semblent présenter le plus d'homogénéité, la dernière seulement étant et plus longue et plus grêle que les autres. En avant de la première on observe une proéminence pointue, qui reste cartilagineuse dans les phoques, mais qui s'ossifie dans les otaries.

On retrouve également neuf pièces dans le sternum des lions, des tigres, des léopards, des lynx, des panthères et de la plupart des carnassiers, de même que dans celui des paresseux.

Dans les animaux à sabots, le cochon, le cheval, l'éléphant, le rhinocéros, l'âne, le tapir, on ne trouve que six à sept os sternaux, la poitrine étant plus courte d'avant en arrière que dans les précédens. Chez tous, en outre, les deux dernières pièces, qu'on a désignées récemment sous la dénomination de *xiphisternaux*, sont placées côte à côte.

L'orang-outang et le pongo ont un sternum large à peu près comme celui de l'homme. Les autres quadrumanes ont cet os étroit et composé de sept à huit pièces.

Les chéiroptères, la roussette en particulier, ont un sternum étroit, surmonté antérieurement d'une carène élevée et terminée, dans le même sens, en une sorte de T, sur les branches duquel viennent se poser les clavicules.

Dans le tamanoir et le tamandua, chacun des os du sternum a une espèce de double corps, une partie cylindrique au dedans de la poitrine, et une partie comprimée vers le dehors. Les cartilages de prolongement des côtes, complétement ossifiés, s'articulent par deux têtes distinctes chacun avec ces deux parties.

Dans les pangolins on compte huit os sternaux aplatis; les trois avant-derniers sont placés transversalement, et le dernier, très-long, cylindrique et bifurqué, se termine en deux fortes cordes fibreuses, qui aident beaucoup ces animaux à se ployer en boule.

Dans le dauphin et l'hypéroodon, dont on conserve un squelette au Musée du Collége royal des chirurgiens de Londres, le sternum n'est composé que de trois pièces uniquement.

Celui des cachalots et des baleines n'a pas encore pu être soumis à un examen approfondi.

Le thorax des Oiseaux, quoique formé simplement par les côtes et le sternum, comme chez les mammifères, est cependant beaucoup plus étendu proportionnellement que chez ceux-ci. Cela tient à ce que le sternum a d'autres dimensions et d'autres formes; car le nombre des côtes est ici généralement moindre, et les espèces qui, comme le casoar de Java, en présentent le plus, n'en ont jamais que onze paires. L'autruche même en a neuf seulement, et le casoar de la Nouvelle-Hollande n'en possède que huit.

Les côtes, dans les oiseaux, sont caractérisées par plusieurs particularités et ne sont pas situées de la même manière que dans les mammifères.

Les côtes asternales ou fausses, par exemple, précèdent le plus communément les autres, quoiqu'il y en ait aussi quelquefois en arrière, comme sur le casoar de Java, chez lequel, sur les onze côtes que présente chacun des côtés de son thorax, il y a quatre asternales en avant, trois asternales en arrière, et quatre vertébro-sternales moyennes.

L'extrémité rachidienne de ces os est bifurquée; l'une de ces branches porte sur le corps d'une seule vertèbre dorsale, et l'autre sur son apophyse transverse. Leur extrémité sternale s'articule avec une lame osseuse, comprimée, qui remplace le cartilage sterno-costal des mammifères. Elle fait avec cette portion osseuse un angle obtus, dont la partie saillante est dirigée en arrière.

La région moyenne du bord postérieur de chacune des côtes vertébro-sternales porte une apophyse aplatie, dirigée obliquement en arrière et en haut, au-dessus de la côte qui suit, de manière que tous ces os prennent des points d'appui les uns sur les autres. Ces apophyses sont surtout développées dans les espèces destinées à un vol très-élevé et très-prolongé:

dans la plupart des rapaces, l'épervier en particulier, chacune d'elles occupe presque deux espaces intercostaux. Chez le plus grand nombre des passereaux, tels que la pie, et des gallinacés, tels que la perdrix, le coq de bruyères, le faisan, la caille, elles n'en occupent plus qu'un et paroissent plus foibles : le casoar de la Nouvelle-Hollande en est même tout-à-fait privé.

Dans les rapaces, et en particulier dans l'aigle de mer, dans le hibou et quelques autres oiseaux, les côtes sont creuses et remplies d'un air qu'elles reçoivent par plusieurs trous visibles en dedans de la cavité du thorax.

Le sternum des oiseaux est très-large et presque carré : il est fort peu épais et recouvre non-seulement le thorax, mais encore une grande partie de l'abdomen.

Sa face antérieure, convexe, porte, sur la ligne moyenne, dans tous les oiseaux qui volent, une crête très-saillante et en forme de carène, ce qui l'a fait généralement comparer à la quille d'un navire. Son extrémité antérieure est comme tronquée pour recevoir latéralement les deux grosses clavicules; la postérieure est fort amincie et se trouve percée de trous ou d'échancrures profondes, destinées à rendre l'os plus léger. Quelquefois aussi elle est tronquée comme l'antérieure et porte deux angles plus ou moins alongés, ainsi que cela a lieu dans l'épervier, ou même trois, ainsi qu'on l'observe dans le jacana et le martin-pêcheur.

Cet os, chez les oiseaux, est ordinairement composé de cinq pièces : une moyenne, de laquelle fait partie la carène; deux latérales antérieures pour l'attache des côtes, et deux latérales postérieures en forme d'anses pour l'extension de sa surface. Le plus ou moins d'ossification de ces dernières dénote le plus ou moins de vigueur des oiseaux pour le vol.

L'étendue du sternum et le volume de sa crête moyenne permettent aux muscles abaisseurs de l'aile de se fixer sur de larges surfaces, et doivent varier suivant le genre de vie des oiseaux. Ainsi, dans l'autruche et le casoar, par exemple, qui ne volent point, cet os se rapproche de ce qu'il est dans l'homme : il n'a point de crête, mais il est large et courbé, comme un bouclier d'une forme à peu près ovale, et d'une grande épaisseur. Il manque aussi des ouvertures que nous venons d'indiquer comme propres à en diminuer la pesanteur. Dans les oiseaux de proie, au contraire, qui volent beaucoup, il est très-concave, très-mince et surmonté d'une crête très-prononcée, et dans l'aigle de mer, au rapport de P. Camper, il est même creux et rempli d'air, ce qui le rend des plus légers.

Dans la grue et dans quelques autres oiseaux du même ordre ou de celui des palmipèdes, le sternum, fort étroit, entièrement osseux, loge, dans son épaisseur, une portion de la trachée-artère.

Les cinq pièces dont le sternum des oiseaux est composé originairement, c'est-à-dire dans les très-jeunes individus, ont été considérées récemment comme des os distincts et ont même reçu des noms particuliers. Celle qui porte la carène est l'*ento-sternal* de M. le professeur Geoffroy ; les deux latérales antérieures sont ses *hyo-sternaux*, et les deux latérales postérieures ses *hypo-sternaux*. Cette disposition est reconnue de tous les observateurs ; mais j'avoue n'avoir pas été aussi heureux que notre savant collaborateur, toutes les fois qu'il s'est agi de reconnoître son *épisternal*, qu'il suppose exister en avant de l'ento-sternal, entre les articulations des os coracoïdiens, et qui n'est qu'une apophyse de cet ento-sternal, généralement fourchue dans les passereaux. De même ses *xiphisternaux*, dont il cherche les analogues dans la première et la dernière pièce du sternum des chéloniens, ne me paroissent être que deux prolongemens cartilagineux, qui, dans les jeunes sujets, s'étendent en arrière de l'ento-sternal. Il n'existe point de suture entre eux et celui-ci, et le savant observateur que nous venons de citer n'a vu encore l'épisternal isolé que sur un jeune rouge-gorge.

Nous avons déjà fait connoître les particularités qui distinguent le thorax des REPTILES, et ce qu'il faut penser de la disposition de cette cavité dans les POISSONS (voyez tome XLII, pag. 152 et suiv., et tome XLV, pag. 180 et suiv.). Nous n'y reviendrons point ici.

Tout ce qui concerne le *Thorax* des INSECTES a été exposé, par M. Duméril, à l'article INSECTES. Voyez ce mot. (H. C.)

THORAX ou CORSELET. (*Entom.*) On appelle ainsi la partie du tronc des insectes qui est comprise entre la tête et l'abdomen ou le ventre. C'est sur le thorax et ses diverses régions que les trois paires de pattes et les ailes sont articulées et mobiles. Trois segmens ou portions principales constituent cette région du corps, mais elles ne sont pas constamment très-distinctes ; le mode de jonction des trois pattes de chaque côté en indique seulement la présence. On a donné à ces trois segmens les noms de *prothorax*, *mésothorax* et *métathorax*. On distingue dans le thorax la partie supérieure, que l'on nomme dos du corselet ; les bords qui sont sur les côtés et la région inférieure, à laquelle on donne plus particulièrement le nom de poitrine, dont la ligne moyenne, plus ou moins saillante et prolongée, est appelée sternum. Voyez, pour plus de détails, l'article Insectes, tome XXIII, pag. 436. (C. D.)

THORAX. (*Conchyl.*) Nom employé autrefois pour désigner la petite coquille du genre Porcelaine qui servoit, dit-on, de monnoie en Guinée, *C. moneta*, Linn.; le *cauris* ou *kauris*. (De B.)

THORE. (*Bot.*) On donne vulgairement ce nom à un aconit et à une renoncule. (L. D.)

THORÉA. (*Bot.*) Genre de plantes de la famille des algues, qui fait partie de l'ordre des confervoïdes, division des batrachospermées, dans la méthode d'Agardh. Ces plantes sont en effet confervoïdes. Elles se distinguent de tous les autres genres par leurs filamens solides, point articulés, filiformes, muqueux, rameux, hérissés d'une multitude de filets semblables à des cils courts, fins, articulés, et qui forment un duvet sur toutes les parties du végétal : Agardh les considère comme des rameaux simples. Ce genre, établi par M. Bory de Saint-Vincent, a été adopté par les naturalistes. Il se rapproche du *Batrachospermum* et du *Draparnaldia*, et surtout du premier, dont l'affinité a été indiquée par l'auteur même du genre. Les espèces du genre *Thorea* sont des plantes aquatiques qui se plaisent dans les eaux douces et courantes ; elles sont faciles à reconnoître par leur forme élégante et leur mouvement vermiforme. Elles sont d'un noir verdâtre, d'un pourpre violet ou même vertes. On n'en distingue qu'un petit nombre ; et M. Bory de Saint-Vincent en décrit quatre dans son mémoire sur ce genre, inséré dans les Annales du Muséum d'histoire naturelle de Paris, vol. 12, p. 126, qui se trouvent consignées dans le *Systema algarum* d'Agardh, et réduites à deux dans le *Systema* de Curt Sprengel. Ces plantes ne présentent aucun organe qu'on puisse présumer être la fructification, et diffèrent essentiellement en cela des *Batrachospermum*, avec lesquels M. De Candolle avoit réuni l'espèce principale.

1. Le Thoréa très-rameux : *Thorea ramosissima*, Bory, Ann. du Mus., 12, pag. 128, pl. 18, fig. 1; *Berlin. Magaz.*, 1808, pl. 6, fig. 1; Turpin, atlas de ce Dictionnaire, cahier 50, pl. 10, fig. 2; Agardh, *Syst. alg.*, pag. 56; Spreng., *Syst.*, 5, pag. 370; *Thorea Lehmanni*, Hornem., *in Flor. Dan.*, pl. 1594, fig. 1; *Batrachospermum hispidum*, Decand., Flor. franç., 2, pag. 60; *Conferva hirsuta*, Thore, *Chlor. Land.*, p. 440. Filamens très-rameux, à rameaux courts, d'un vert noir, mais qui par la dessiccation deviennent violacés. Plusieurs de ces filamens naissent d'une petite plaque fixée sur les corps plongés dans les rivières et les eaux courantes, sur les racines des arbres, les pierres et les parois des bateaux, sur les pieux, etc., et s'y développent jusqu'au point d'atteindre plusieurs pieds de longueur. Cette plante a été trouvée d'abord par M. Thore dans l'Adour, et il l'a fait connoître, le premier, dans le Magasin encyclopédique, vol. 6, pag. 398, sous le nom de *conferva hispida*. On l'a découverte ensuite dans un grand nombre de rivières, en France. Nous l'avons récoltée en grande quantité dans la Seine, adhérente aux bateaux et aux racines des arbres. Elle a été observée dans plusieurs parties de l'Allemagne, dans le Rhin, etc. Quand on étale cette plante sur du papier, on voit qu'elle est entièrement recouverte de cils qui lui donnent l'aspect velu. Dans la variété qui croît dans l'Adour, les cils sont plus grands et les rameaux plus épais. Dans la variété parisienne les filamens sont beaucoup plus grêles et les cils plus fins; la plante est aussi d'un violet noirâtre. On cite d'autres variétés de cette espèce.

On trouvera dans le mémoire de M. Bory de Saint-Vincent la note des expériences chimiques faites sur la nature de cette plante, et d'après lesquelles l'auteur conclut que le *Thorea* se rapproche des plantes qu'on a nommées *animalisées*.

2. Le Thoréa violacé : *Thorea violacea*, Bory, l. c., pl. 18.

fig. 2, et *Berlin. Magaz.*, 1806, pl. 6, fig. 2 ; Turpin, atlas de ce Dictionnaire, cah. 50, pl. 10, fig. 3 ; Agardh, *Syst.*, *l. c.; Conf. flexuosa*, Bory, Voy. aux quatre îles d'Afrique, 2, p. 336; Curt Sprengel, *loc. cit.*, p. 570. Filamens très-longs, presque ou tout-à-fait simples et d'un violet pourpré. Cette espèce a été recueillie par M. Bory de Saint-Vincent dans l'eau pure, froide et rapide des sources de la rivière des Remparts, torrent de l'île de Bourbon. Elle adhéroit appliquée contre des rochers de laves. A sa base on observe de petits bourgeons qui semblent être des rameaux avortés. La plante vivante est d'un violet pourpre, ce qui la distingue de la précédente, laquelle, dans le même état, est d'un vert obscur.

3. Le Thoréa vert : *Thorea viridis*, Bory, *loc. cit.*, fig. 3 ; Turpin, atlas de ce Dictionnaire, cah. 50, pl. 10, fig. 1. Filamens rameux, d'un vert-pomme vif, plus courts que dans l'espèce précédente, couverts d'un duvet plus long. Cette espèce brunit avec l'âge. Sa patrie n'est pas connue.

4. Le Thoréa plume ; *Thorea pluma*, Bory, *loc. cit.*, fig. 4. Cette espèce s'éloigne beaucoup des précédentes par sa manière de croître et par sa structure, et il peut très-bien se faire qu'elle ne puisse rester dans ce genre. Ses filamens sont d'un blanc de neige, en forme de plume, avec les rameaux alongés, d'un gris noirâtre. Cette plante, qui a l'apparence d'un *mucor*, croît sur le *lichen salazinus*, Bory, à l'île de Bourbon.

Nous citerons encore une espèce de ce genre, qui pourra s'en éloigner : elle a été trouvée par M. Gaudichaud dans la mer, aux îles Marianes; c'est le *Thorea viridis*, Agardh, *Syst.* Elle est rameuse et d'un vert olive. (Lem.)

THORINE. (*Chim.*) M. Berzelius avoit donné ce nom à une base salifiable, analogue aux bases terreuses, qu'il croyoit d'une nature particulière. En 1825 il reconnut que la thorine étoit un phosphate d'yttria. (Ch.)

THORNBOCK. (*Ichthyol.*) Un des noms anglois de la *raie bouclée*. Voyez Raie. (H. C.)

THORPATH. (*Bot.*) Nom ancien africain du raifort, cité par Mentzel. Il fait aussi mention, ainsi que Ruellius, du *thorpathsadoe* des Carthaginois, qu'il croit être l'*apios* de Diossoride. Cet *apios* est une plante laiteuse et à racine tubéreuse, suivant cet ancien auteur. Pour cette raison les uns ont cru que c'étoit un tithymale à racine tubéreuse; les autres ont donné plus justement ce nom à une plante légumineuse également tubéreuse et donnant du lait, dont Boërhaave faisoit son *apios*, adopté d'abord par Linnæus, ensuite reporté par lui à son *glycina*, et plus récemment rétabli par plusieurs modernes. (J.)

THORYBETRON. (*Bot.*) Voyez Dorypetron. (J.)

THOS. (*Mamm.*) Les anciens donnoient ce nom à un mammifère carnassier, qui paroit devoir être rapporté à l'espèce du chacal. (Desm.)

THOTTEA. (*Bot.*) Genre établi par Rottboll (*Nov. act. Dan.*, 2, pag. 530, tab. 2), auquel il attribue pour caractère essentiel : Une corolle monopétale, supérieure; son limbe partagé en trois lobes ; point de calice ; un réceptacle tronqué , en rayon; un stigmate sessile au centre des rayons: des étamines nombreuses, insérées sur le réceptacle; une silique à quatre angles. (Poir.)

THOUAROU. (*Ornith.*) Le sterne noddi est ainsi nommé à la Guiane, selon le rapport de Barrère. (Desm.)

THOUARSE. (*Bot.*) Voyez Thuarea. (Poir.)

THOUIN. (*Ichthyol.*) Nom spécifique d'un Rhinobate. Voyez ce mot. (H. C.)

THOUINIA. (*Bot.*) Genre de plantes dicotylédones, à fleurs complètes, polypétalées, de la famille des *sapindées*, de l'*octandrie monogynie* de Linnæus, offrant pour caractère essentiel : Un calice persistant, à quatre divisions profondes; quatre pétales velus en dedans; huit étamines ; un ovaire supérieur; un style; trois stigmates; trois capsules réunies à la base du style, monospermes, se séparant au sommet, surmontées d'une aile membraneuse.

Deux autres genres avoient déjà été établis sous le nom de *Thouinia*, mais ils n'ont pu être acceptés, soit parce qu'ils appartenoient déjà comme espèces à d'autres genres, soit parce qu'ils étoient connus sous d'autres noms : c'est ainsi que le *Thouinia* de Thunberg et de Swartz s'est trouvé être une espèce de *chionanthus*, et le *Thouinia* de Smith, un *humbertia* de M. de Lamarck. M. Poiteau, jaloux également de rendre hommage au savant distingué dont il a reçu, comme tant d'autres, des preuves de bienveillance et de bonté, a rappelé un nom chéri pour l'appliquer à un nouveau genre, qu'il a découvert dans l'Amérique.

Thouinia a feuilles simples; *Thouinia simplicifolia*, Poit., *in Annal. Mus. Par.*, 3, page 71, tab. 6. Arbrisseau composé d'un grand nombre de tiges simples, roides, arquées, longues de huit ou quinze pieds, souvent soutenues par les arbrisseaux qui les avoisinent. Le bois est très-dur ; les feuilles sont alternes, pétiolées, roides, lancéolées, aiguës, glabres, dentées en scie, réticulées et un peu tomenteuses en dessous, longues de trois ou cinq pouces, larges de deux. Les fleurs sont petites, blanchâtres, disposées en épis axillaires, plus courts que les feuilles ; le calice est campanulé, persistant, à quatre divisions profondes, concaves, ovales, obtuses ; deux opposées plus étroites ; la corolle est plus longue que le calice ; les pétales sont cunéiformes, concaves, garnis d'une touffe de poils vers le milieu de leur côté inférieur, insérés à la base extérieure d'un bourrelet glanduleux, à quatre lobes ; les filamens sont de la longueur des pétales ; l'ovaire supérieur est à trois faces ; le style droit, persistant, terminé par trois stigmates subulés, étalés. Le fruit est composé de trois capsules attachées à la base du style, terminées par une aile membraneuse, renfermant une semence ovale, insérée à la base de la loge, recouverte d'une seule tunique, composée d'un embryon, dont la radicule est subulée, dirigée vers la base ; les deux cotylédons sont inégalement repliés vers la radicule. Cette plante croît à l'île de Saint-Domingue.

Thouinia a feuilles ternées ; *Thouinia trifoliata*, Poit., *loc. cit.*, et vol. 5, tab. 127. Arbre dont les rameaux sont chargés de feuilles alternes, pétiolées, ternées ; les folioles en ovale renversé, glabres, dentées, luisantes en dessus et sillonnées par des nervures saillantes en dessous, munies à chaque angle d'une petite touffe de poils ; la foliole terminale, étant plus grande que les deux autres, est longue de trois ou quatre pouces. Les fleurs sont disposées comme dans l'espèce précédente et leur ressemblent ; les pétales ont la forme de spatule. Cette plante croît à Saint-Domingue.

Thouinia a feuilles ailées ; *Thouinia pinnata*, Turp., Ann.

du Mus. de Paris, 5, p. 4o1, tab. 26. Arbre de moyenne taille, terminé par une tête arrondie, composée de rameaux diffus, garnis de feuilles alternes, ailées; ces feuilles composées d'une à trois paires de folioles opposées, ovales-oblongues, glabres, coriaces, luisantes, entières, un peu échancrées au sommet; longues de deux ou trois pouces. Les fleurs sont blanches, petites, nombreuses, disposées en une panicule terminale. Les divisions du calice sont profondes, ovales, oblongues, inégales; les pétales concaves, soyeux, cunéiformes, onguiculés, munis vers leur base d'un appendice à deux lobes; les filamens de la longueur des pétales, soyeux à leur base, entourés d'un bourrelet glanduleux; les anthères droites, ovales; l'ovaire est à trois faces; le stigmate médiocrement bifide; le fruit assez gros, composé de trois capsules monospermes, indéhiscentes, terminées chacune par une aile membraneuse, longue de plus d'un pouce. Cette plante croît à Saint-Domingue.

THOUINIA A DIX ÉTAMINES : *Thouinia decandra*, Humb. et Bonpl., *Pl. æquin.*, 1, page 198, tab. 56; Poir., *Ill. gen.*, *Suppl.*, tab. 943. Arbre de quinze ou vingt pieds, dont les rameaux sont glabres, étalés, inclinés, chargés à leur extrémité de feuilles alternes, pétiolées, longues de six ou dix pouces, ailées sans impaire, composées de quatre ou six paires de folioles pédicellées, longues de deux ou trois pouces; larges de huit lignes, membraneuses, lancéolées, glabres, dentées, d'un vert tendre. Les fleurs sont disposées en une panicule terminale, petites, sessiles, nombreuses, d'un blanc pâle. Les folioles du calice sont lancéolées, plus courtes que la corolle; les pétales glabres, oblongs; il y a dix étamines insérées sur un disque placé sous le pistil; les anthères sont à deux loges, et s'ouvrent latéralement; l'ovaire est triangulaire; le stigmate trifide. Le fruit est composé de trois capsules ovales, monospermes, réunies par leur base, divergentes, terminées par une aile oblongue, membraneuse; les semences sont lenticulaires. Cette plante croît sur les bords de la mer du Sud, dans les environs de la ville d'Acapulco. (POIR.)

THOUR. (*Mamm.*) Voyez THUR. (DESM.)

THOUS. (*Mamm.*) Le thous ou thos des anciens (*Thoes*, Pline, liv. 8, ch. 34), paroit être le chacal. (DESM.)

THOUYOU. (*Ornith.*) Ce nom est une abréviation du

mot *thouyouyou* par lequel le jabiru est désigné à la Guiane.
Il ne faut pas le confondre avec celui de *touyou*, qui désigne le nandu ou autruche à trois doigts, des terres Magel-
laniques. Voyez Touyou et Nandu. (Desm.)

THOVAYLE. (*Bot.*) Voyez Madre de dios. (J.)

THRACIE, *Thracia*. (*Conchyl.*) Genre de coquilles établi
par le docteur Leach pour quelques espèces qui se groupent
autour du *mya pubescens* de Linné, et que nous avons ainsi
caractérisé, l'auteur ne l'ayant pas fait, du moins à notre
connoissance : Coquille mince, bombée, ovale, inéquivalve,
inéquilatérale, à sommets bien marqués, un peu recourbés
en avant; charnière dissemblable; une échancrure anguleuse,
un peu profonde, et en avant une callosité nymphale, étroite,
pour l'insertion d'un ligament externe sur la valve droite,
correspondant à un cuilleron ou avance plus prononcée et
deux plis obliques de la valve gauche; deux impressions musculaires petites, distantes; l'antérieure très-abaissée et réunie
à la postérieure par une ligule palléale assez rentrée en arrière.

Nous avons caractérisé ce genre d'après une assez grande
coquille que nous avons vue chez M. Deshayes. Elle est toute
blanche, fort mince, un peu irrégulière, comme vésicu-
leuse; elle a été figurée, atlas de ce Dictionnaire, pl. 76,
fig. 7, sous le nom de Thracie corbuloïde, *T. corbuloidea*.
J'ignore sa patrie. Il me paroît qu'elle n'étoit pas complète
et qu'il lui manquoit une sorte de petite pièce calcaire transverse, soutenant, pour ainsi dire, le ligament, comme on en
voit dans l'*anatina myalis* de M. de Lamarck. Alors ce genre
rentrera dans une petite famille, à laquelle M. Deshayes
donne le nom d'Ostéodesme.

Quant à la seconde espèce, que nous avons rapportée à ce
genre sous le nom de *T. pubescens*, M. Leach la rapporte au
mya pubescens de Linné, nom qui n'existe cependant pas dans
cet auteur, ou du moins dans l'édition de Gemlin. (De B.)

THRAN. (*Ichthyol.*) Presque tous les peuples de l'Europe
boréale s'accordent à nommer ainsi l'*huile de baleine* et l'*huile
de poissons* indifféremment.

Le *thran clair* est celui que l'on tire, par expression, de
la graisse non bouillie.

Le *thran brun* vient de la graisse bouillie.

Le thran le plus estimé est celui qui dégoutte des foies des *cabéliaux*, des *chiens marins* et d'autres grands poissons. Aussi, dit Anderson, les Islandois ont-ils grand soin d'amasser ces foies dans des tonneaux, où ils les abandonnent à eux-mêmes pendant environ six semaines, au bout duquel temps ils recueillent l'huile qui surnage.

Les Norwégiens, lorsqu'il fendent les dorschs et les cabéliaux, pour en faire du *Stockfisch*, exposent au grand air les foies de ces poissons et en laissent distiller le thran, qu'ils recueillent avec soin, en quoi ils sont imités sur le banc de Terre-Neuve par les pêcheurs françois. (H. C.)

THRASI. (*Bot.*) Voyez Trasi. (J.)

THRASIE, *Thrasia.* (*Bot.*) Genre de plantes monocotylédones, à fleurs glumacées, de la famille des *graminées*, de la *triandrie digynie* de Linnæus, offrant pour caractère essentiel : Un calice à deux fleurs, dont une stérile ; la valve supérieure du calice à deux découpures profondes, munies chacune au-dessous du sommet d'une arête courte ; la valve inférieure entière, mutique ; trois étamines ; deux styles en pinceau ; une semence enveloppée par les valves.

Thrasie faux-paspale ; *Thrasia paspaloides*, Kunth, *in* Humb. et Bonpl., *Nov. gen.*, 1, page 120, tab. 39. Cette plante a le port du *paspalum platicaule*. Ses tiges sont droites, glabres, rameuses, longues d'un pied et demi, velues à leurs nœuds ; les feuilles planes, linéaires, pubescentes à leurs deux extrémités ; les gaînes glabres, munies à leur orifice d'une membrane obtuse, ciliée ; les épis sont solitaires, terminaux, souvent au nombre de trois, situés dans les gaines des feuilles supérieures ; les pédoncules très-longs ; le rachis est glabre, concave, membraneux, cilié à ses bords, long de deux pouces ; les épillets sont sessiles, solitaires, biflores, unilatéraux ; les valves calicinales inégales, membraneuses ; la supérieure est partagée presque jusqu'à sa base en deux découpures lancéolées, aiguës, à trois nervures, ciliées et pileuses sur leur carène et au sommet, pourvues chacune un peu au-dessous, d'une arête courte ; la valve inférieure est chargée de longs poils jaunâtres ; les valves de la corolle sont velues et ciliées au sommet ; la fleur mâle n'a qu'une seule valve fort longue ; les semences sont libres, oblongues, obtuses, enveloppées par les valves.

Cette plante croît sur les bords de l'Orénoque, aux lieux inondés, dans l'île Panumana. (Poir.)

THRATTA. (*Ichthyol.*) Voyez Tritta. (H. C.)

THRAUPIS. (*Ornith.*) Ce nom, qu'on trouve dans les auteurs de l'époque de la renaissance des lettres, et qui est hybride du latin et du grec, a été employé par eux pour désigner plusieurs petits passereaux de notre pays : tels que le tarin, le verdier et le chardonneret. (Desm.)

THREE-BEARDETEAD. (*Ichth.*) Voyez Whistlefish. (H. C.)

THRELKELDIA. (*Bot.*) Rob. Brown, *Nov. Holl.*, 1, page 409. Genre de plantes dicotylédones, à fleurs incomplètes, de la famille des *atriplicées*, de la *triandrie monogynie* de Linnæus, offrant pour caractère essentiel : Un calice urcéolé, persistant, muni de trois écailles membraneuses en dedans du bord tronqué ; trois étamines placées sur le réceptacle, opposées aux écailles ; un drupe en forme de baie, produit par le calice ; une semence ovale.

Ce genre a été établi par M. Rob. Brown pour un arbuste de la Nouvelle-Hollande, qui nous est peu connu, qu'il nomme *threlkeldia diffusa*. Ses tiges sont glabres ; ses rameaux diffus, garnis de feuilles alternes, à demi cylindriques, glabres à leurs deux faces, entières. Les fleurs sont sessiles, solitaires, situées dans l'aisselle des feuilles, dépourvues de bractées ; elles renferment trois étamines ; un ovaire supérieur, qui se convertit en un drupe monosperme. (Poir.)

THRICHECUS. (*Mamm.*) Nom latin, donné par Linné au genre des amphibies qui renferme le morse. (Desm.)

THRIDACIA, XERANTHES. (*Bot.*) Noms anciens donnés à la mandragore, suivant Ruellius. (J.)

THRIDACINE. (*Bot.*) C. Bauhin croit que la plante ainsi nommée par Galien est la laitue scarole, dont la côte des feuilles est épineuse en dessous dans l'état sauvage. (J.)

THRIDAX. (*Bot.*) Ce nom grec, donné primitivement à une laitue, suivant Mentzel, est maintenant celui d'une autre plante composée, *tridax* de Linnæus. (J.)

THRINACE, *Thrinax*. (*Bot.*) Genre de plantes monocotylédones, à fleurs incomplètes, de la famille des *palmiers*, de l'*hexandrie monogynie* de Linnæus, offrant pour caractère essentiel : Un calice monophylle, à six dents ; point de cosolle; six étamines libres; un ovaire supérieur; un style; un stigmate creusé en entonnoir et oblique. Le fruit est une baie monosperme, couverte d'écailles.

Thrinace a petites fleurs : *Thrinax parviflora*, Swart., *Fl. Ind. occid.*, 1, page 614; Willd., *Spec.*, 2, page 202; *Corypha palmacea*, etc.; R. Brown, *Jam.*, page 190. Ses tiges sont droites, épaisses, cylindriques, très-simples, hautes depuis dix jusqu'à vingt pieds, dépourvues d'épines, couronnées à leur sommet par une cime composée de feuilles nombreuses, très-amples, plissées en éventail, glabres, à découpures roides, lancéolées, à longs pétioles glabres, sans épines, comprimés, plus longs que les feuilles, grêles, flexibles, pendans. Les fleurs sont disposées en très-longues grappes paniculées, redressées, très-rameuses, longues de deux ou trois pieds; chaque fleur est pédicellée, composée d'un calice entier, d'une seule pièce, muni de six dents à son orifice; il n'y a point de corolle; les étamines sont au nombre de six; l'ovaire est libre; les styles sont surmontés d'un stigmate en entonnoir et oblique. Le fruit est une baie écailleuse, ne renfermant qu'une seule semence. Cette plante croît sur les côtes arides et maritimes de la Jamaïque et à la Nouvelle-Espagne. (Poir.)

THRINCIA. (*Bot.*) Genre de plantes dicotylédones, à fleurs composées, de l'ordre des *semi-flosculeuses*, de la *syngénésie polygamie égale* de Linnæus, offrant pour caractère essentiel : Un involucre composé de deux ou trois rangs de folioles inégales, imbriquées; la corolle formée uniquement de demi-fleurons tous hermaphrodites et fertiles; cinq étamines syngénèses; un style; le stigmate bifide; le réceptacle nu, ponctué; les semences du centre chargées d'une aigrette médiocrement pédicellée, composée de poils plumeux et inégaux; cette aigrette est courte et avortée dans les semences de la circonférence, renfermées chacune dans une écaille du calice.

Quelques espèces de *leontodon*, d'*hyoseris*, et autres, dont la place étoit douteuse, d'après les caractères de leur fructification, ont servi à la formation du genre que nous présentons ici.

Thrincie hérissée : *Thrincia hirta*, Roth, *Catal. bot.*, 1, p. 98; *Leontodon hirtum*, Linn.; *Hedypnois hirta*, Smith, *Flor. brit.*; *Hyoseris taraxacoides*, Lamk., *Encycl.*; C. Bauh., *Prodr.*,

p. 63. Cette plante a des racines composées d'un grand nombre de fibres simples, cylindriques, qui partent d'une souche commune : elles produisent des feuilles toutes radicales, oblongues, étroites, sinuées ou dentées, quelquefois presque pinnatifides, d'autres entières, parsemées de poils simples, quelquefois bifurquées ou trifurquées au sommet. Du centre des feuilles s'élèvent plusieurs hampes droites, cylindriques, simples, presque glabres, terminées par une fleur jaune, inclinée avant son épanouissement. L'involucre ou le calice commun est glabre, caliculé à sa base. Les semences sont oblongues, rudes, un peu aiguës; celles du centre munies d'une aigrette de poils plumeux, qui est nulle aux semences de la circonférence. Cette plante croît dans les champs, sur le bord des chemins, aux lieux secs et pierreux.

THRINCIE HISPIDE : *Thrincia hispida*, Roth, *loc. cit.; Hyoseris taraxacoides*, Vill., Dauph., 3, tab. 25; *Leontodon saxatile*, Lamk., Encycl. Il y a si peu de différence entre cette espèce et la précédente, qu'il est facile de les confondre, et que peut-être elles ne sont que deux variétés de la même plante; mais celle-ci est annuelle, tandis que la première est vivace. Les poils sont plus nombreux et toujours bifurqués, particulièrement sur les folioles du calice, qui d'ailleurs n'est point caliculé, comme celui de l'espèce précédente. Cette plante croît aux lieux pierreux et sablonneux du Dauphiné, du Piémont, etc.

THRIPOPHAGE. (*Ornith.*) Charleton donne le nom de *thripophagos* (mangeur de vermisseaux ou d'insectes) comme l'un des synonymes du grimpereau de notre pays. (DESM.)

THRIPS. (*Entom.*) Nom d'un genre d'insectes hémiptères, formant à lui seul un groupe ou une petite famille que nous avons indiquée sous les noms de vésitarses ou de physapodes.

Ce nom, employé d'abord par Linnæus, a été par lui emprunté d'Aristote, qui désignoit ainsi, Θριψ, un *petit insecte*, un *vermisseau*.

Ce genre est très-facile à distinguer de tous ceux du même ordre des hémiptères par les caractères suivans, qui sont en même temps ceux de la famille : les ailes supérieures sont coriaces et croisées; ce en quoi il diffère de tous les genres voisins des cigales et des pucerons, qui n'ont pas les ailes croisées et qui les ont le plus souvent transparentes et membraneuses. Les ailes supérieures ou les demi-élytres croisées sont en outre très-étroites et linéaires, tandis qu'elles sont larges dans tous les insectes que l'on désigne ordinairement sous le nom de punaises terrestres ou aquatiques.

On peut donc caractériser les thrips par les notes suivantes, que l'on distinguera sur la planche 36 de l'atlas de ce Dictionnaire, n.° 1 *bis*.

Corps alongé, à élytres plans, étroits, croisés, couchés sur le dos dans l'état de repos; antennes de huit articles, de la longueur de la tête et du corselet; bec excessivement court; pattes courtes, à deux articles, dont le dernier forme comme une vésicule.

Ces insectes sont, en général, très-petits : ils atteignent au plus deux lignes de longueur; on les rencontre ordinairement dans les fleurs sous les trois états de larves, de nymphes motiles, avec des rudimens d'ailes, et d'insectes parfaits; ils ont à peu près le port et les habitudes des staphylins, leur vivacité et la faculté de redresser l'abdomen et d'en porter l'extrémité libre vers la tête en marchant ainsi recourbés : il paroît que les pelotes vésiculeuses de leurs tarses leur donnent le moyen d'adhérer aux surfaces les plus lisses.

Le Thrips vessie-pied, *Thrips physapus.*

C'est celui que nous avons fait figurer : il est noir; cependant ses ailes sont presque transparentes; elles sont bordées de poils ou de cils assez longs.

On le trouve sur les fleurs flosculeuses et composées, principalement sur celles des scabieuses; mais aussi sur beaucoup d'autres. Fabricius dit que c'est cet insecte qui rend monstrueuses les fleurs du lotier cornu, qui se gonflent et ne s'épanouissent pas. Il dit aussi qu'il rend stériles les fleurs du seigle; que sa larve est rosée blanchâtre.

Thrips du genévrier, *Th. juniperina.*

Degéer l'a fait connoître dans les Actes de Stockholm, en 1744 : il est brun, avec les ailes blanches, d'un blanc de neige et opaque; il se trouve dans les galles des boutons de genévrier; on dit qu'il saute. Geoffroy le figure pl. 7, n.° 6.

Thrips rayé, *Th. fasciata.*

Car. Brun; élytres à bandes transversales, noires et blanches. Geoffroy l'a décrit, tome 1, page 385. (C. D.)

THRISSA. (*Ichthyol.*) Voyez Alose et Cailleu tassart, ainsi que Clupée et Clupanodon. (H. C.)

THRISSE, *Thrissa.* (*Ichthyol.*). M. Cuvier a ainsi appelé un genre de poissons osseux holobranches de la famille des gymnopomes, et reconnoissable aux caractères suivans :

Rayons des nageoires pectorales réunis ; opercules lisses, sans écailles ; os maxillaires supérieurs bien dentés et se prolongeant en pointes libres au-delà de la mâchoire inférieure ; ventre caréné, dentelé et presque droit ; nageoire anale unie à la nageoire caudale.

Ce genre, que M. de Lacépède avoit désigné sous la dénomination de Myste (voyez Gymnopomes), se distingue par ce dernier caractère de tous les autres genres de la famille.

Il ne renferme encore qu'une espèce, c'est :

Le Thrisse myste : *Thrissa mystus*, Nob.; *Clupea mystus*, Linn. ; *Clupea mystax*, Schneider. — Nageoire caudale lancéolée ; corps ensiforme ; teinte générale blanche ; dos foncé.

De la mer des Indes. (H. C.)

THRIXPERME, *Thrixpermum.* (*Bot.*) Genre de plantes monocotylédones, à fleurs incomplètes, de la famille des orchidées, de la *gynandrie diandrie* de Linnæus, offrant pour caractère essentiel : Cinq pétales droits, linéaires, subulés, presque égaux ; le sixième ou la lèvre, inférieur, trifide ; le supérieur à deux lobes, ovale, saillant ; point de calice ; une étamine ; l'anthère operculée, à deux lobes ; un ovaire inférieur ; le style épais, soudé à la base du sixième pétale ; une capsule à trois angles, à trois valves, à une seule loge ; les semences nombreuses, très-petites.

Thrixperme centipède; *Thrixpermum centipeda*, Lour., *Flor. Cochin.*, 2, p. 635. Plante parasite, rampante au pied des arbres, dont les racines sont courtes, simples ; les tiges longues, comprimées, vivaces, garnies de feuilles vaginales fort petites, linéaires-lancéolées, glabres à leurs deux faces, entières, réfléchies en dehors. Les fleurs sont disposées latéralement en épis droits, en forme de chaton : elles n'ont point de calice, mais chaque fleur est munie à sa base d'une petite écaille aiguë. La corolle est composée de cinq pétales oblongs, linéaires, subulés, presque égaux ; le sixième est adhérent au réceptacle, situé entre les deux pétales inférieurs, divisé en deux lobes : l'inférieur a trois divisions ; les deux latérales sont courtes, obtuses ; celle du milieu est ascendante, conique, plus alongée ; le lobe extérieur entier, ovale, saillant, plus long que les pétales inférieurs. L'étamine est pourvue d'un filament court, filiforme, inséré sur le pistil, terminé par une anthère ovale, operculée, à deux lobes ; l'ovaire filiforme ; la capsule oblongue, à trois faces, à trois angles, à trois valves, à une seule loge, contenant des semences longues, très-fines, presque semblables à des poils. Cette plante croît à la Cochinchine ; elle rampe au pied des arbres. (Poir.)

THROSQUE, *Throscus.* (*Entom.*) Genre ainsi nommé par M. Latreille dans l'ordre des insectes coléoptères pentamérés, et dans la famille des thoraciques ou sternoxes.

Ce nom de throsque est tiré du verbe grec Θροσκῶ, qui signifie, *je saute.*

On n'a jusqu'ici rapporté à ce genre qu'une seule espèce, nommée d'abord par Linnæus *elater dermestoides,* dont Fabricius avoit fait ensuite un dermeste et que Kugelan a appelé *Trixagus.*

Dans l'état actuel de la science le genre Throsque peut être distingué, ainsi qu'il suit, de ceux de la même famille : ses antennes sont dentelées à l'extrémité, où elles forment une petite masse de trois articles ; le corselet offre deux pointes en arrière, comme dans les taupins, ainsi que le sternum, au moins pour sa partie antérieure ; l'avant-dernier article des tarses est à deux lobes (voyez l'article STERNOXES) : ainsi c'est un taupin, excepté par la forme des antennes ; aussi Olivier l'avoit-il nommé *elater clavicornis.* Nous l'avons fait figurer dans l'atlas de ce Dictionnaire, pl. 8, n.° 3, sous le nom de

THROSQUE DERMESTOÏDE. Il vit sur le chêne ; il est brun, plus clair en dessous ; ses élytres sont sillonnés par des stries en longueur de points enfoncés. (C. D.)

THRUSH. (*Ornith.*) Nom par lequel les Anglois désignent les grives. (DESM.)

THRUSH-ORANGE-BREASTED. (*Ornith.*) Sous ce nom Lewin a figuré, pl. 6 de ses Oiseaux de la Nouvelle-Hollande, le *muscicapa pectoralis* de Latham, ou *pachycephala pectoralis* d'Horsfield et de Vigors. (CH. D. et L.)

THRYALLIS. (*Bot.*) Théophraste et Pline citent ce nom grec ancien pour un *verbascum*, et Mentzel fait la même citation d'après Dioscoride ; mais de plus, il la cite encore pour un boucage, *pimpinella* ; Linnæus s'en sert pour désigner un genre fort éloigné, appartenant à la famille des malpighiacées. (J.)

THRYALLIS. (*Bot.*) Genre de plantes dicotylédones, à fleurs complètes, polypétalées, régulières, de la famille des *malpighiacées*, de la *décandrie monogynie* de Linnæus, offrant pour caractère essentiel : Un calice persistant, à cinq divisions profondes ; cinq pétales égaux ; dix étamines ; les anthères arrondies ; un ovaire supérieur ; un style ; un stigmate simple ; une capsule à trois loges, presque à trois coques monospermes.

Thryallis du Brésil : *Thryallis brasiliensis*, Linn., *Sp.; Fruticescens herba Pisonis*, Marcgr., *Brasil.*, pag. 97, fig. 3. Arbuste peu élevé, dont la tige se divise en rameaux glabres, cylindriques, articulés, garnis de feuilles opposées, pétiolées, ovales, glabres, entières, munies à la base des pétioles de stipules sétacées. Les fleurs sont terminales, disposées en une grappe simple, longue d'environ un pied, placée dans la bifurcation des rameaux ; les pédicelles accompagnés à leur base de petites bractées sétacées, très-courtes. Les fleurs sont petites, jaunâtres ; elles ont le calice partagé en cinq découpures profondes, droites, lancéolées ; les pétales arrondis, très-ouverts ; les étamines plus longues que le calice ; un ovaire obtus, surmonté d'un style filiforme, de la longueur des étamines. Le fruit est une capsule à trois faces, à trois angles, à trois loges, qui se séparent presque en trois coques, renfermant chacune une semence glabre, ovale, obtuse à la base, recourbée et mucronée au sommet. Cette plante croît au Brésil. (Poir.)

THRYAS. (*Bot.*) Nom grec ancien de l'*epimedium*, suivant Ruellius et Mentzel. (J.)

THRYOCEPHALUM. (*Bot.*) Genre de Forster, qui paroît être la même plante que le *kyllingia monocephala*. Voyez Killinge. (Poir.)

THRYOTHORE ; *Thryothorus*, Vieill. (*Ornith.*) Sous ce nom M. Vieillot a formé un genre pour recevoir des petits oiseaux, qui ne se distinguent presque point des fauvettes et des troglodytes, dont ils semblent être le chaînon intermédiaire. Les thryothores sont véritablement des petites FAUVETTES (voyez ce mot), qui vivent au Brésil, au Paraguay et dans la Guiane, grimpent sur les plantes aquatiques, et qui ont une livrée peu variée dans les diverses espèces; elles se rapprochent des troglodytes par la forme des ailes, le port de la queue et les raies transversales qui se dessinent sur les rémiges et les rectrices, mais leur bec est plus robuste, plus épais à la base, plus ou moins arqué, et leur pouce est toujours plus long que le doigt interne. Voyez TROGLODYTE. (CH. D. et LESSON.)

THRYSANTHE, *Thrysanthus*. (*Bot.*) Genre de plantes de la famille des légumineuses, établi par Elliot sur le *glycine frutescens*, Linn., et qu'on trouve indiqué dans le second volume du Journal des sciences naturelles de Philadelphie. Nuttal (*Gen. of pl.*, 2, p. 115) avoit déjà formé de ce glycine le type de son *Wisteria*. Ce genre n'est pas admis par les botanistes. (LEM.)

THUAREA. (*Bot.*) Genre de plantes monocotylédones, à fleurs glumacées, de la famille des *graminées*, de la *polygamie monoécie* de Linnæus, offrant pour caractère essentiel : Des fleurs polygames; les épillets unilatéraux composés de deux fleurs, l'une hermaphrodite, l'autre mâle; dans la première les valves de la corolle, fort grêles, dures, coriaces, mutiques, renferment trois étamines et deux styles, à stigmates en pinceau; la fleur mâle est semblable, mais ne contient que des étamines.

THUAREA SARMENTEUSE : *Thuarea sarmentosa*, Pers., *Synops.*, 1, p. 110; Pal. Beauv., *Agrost.*, p. 127, tab. 22, fig. 9; *Microthuareia*, Pet. Thouars, *Nov. gen. Madag.*, n.° 9 ; THOUARSE, Encycl. Graminée très-remarquable, dont les tiges sont rampantes et sarmenteuses, garnies de feuilles alternes, tomenteuses, disposées sur deux rangs opposés. Les fleurs sont polygames, réunies sur un épi terminal, dont le rachis, membraneux, se roule sur lui-même et tombe. L'épillet à la base de l'épi est le seul polygame; il contient deux fleurs, l'une hermaphrodite, l'autre mâle ; tous les autres ne renferment que deux fleurs mâles. Le calice est à deux valves; celles de la corolle sont dures, coriaces, ovales, mutiques; les étamines sont au nombre de trois; l'ovaire est courbé en bec, surmonté de deux styles, à stigmates en pinceau; la semence dans les valves durcies; le rachis se replie, se durcit, et les épillets s'enfoncent dans la terre comme les fruits de l'*arachis*, y germent et produisent de nouvelles plantes. Cette graminée croît dans le sable, à l'île de Madagascar, où elle a été découverte par M. du Petit-Thouars. (Poir.)

THUFUTYTLINGR. (*Ornith.*) Olaüs mentionne sous ce nom un oiseau des régions arctiques, qui paroît être le *fringilla lapponica*, type du nouveau genre *Plectrophanes*. Les Groënlandois le connoissent sous le nom de *nardsarmiutak*, suivant Fabricius. (Ch. D. et Lesson.)

THUIA. (*Bot.*) Voyez Thuya. (Lem.)

THUILÉE. (*Erpét.*) Un des noms de la tortue caret, que quelques ouvrages présentent avec cette orthographe vicieuse. Voyez Chélonée. (H. C.)

THULITE. (*Min.*) C'est une substance encore peu connue, que l'on s'est empressé de nommer et d'ériger en espèce, avant d'avoir fait l'essai de sa composition chimique. Les caractères qu'on lui assigne ne suffisent pas pour la distinguer du silicate de manganèse, analysé et décrit par M. Henri Rose : c'est une substance laminaire, d'un rouge de rose, à cassure vitreuse, d'une dureté inférieure à celle du quarz, et se clivant, suivant M. Brooke, dans deux directions différentes, parallèlement aux pans d'un prisme quadrangulaire de 92° 30′ et 87° 30′ : elle se trouve à Suhland en Tellemark, dans la partie méridionale de la Norwége, où elle est accompagnée de quarz, de fluorite et d'idocrase cuprifère. (Delafosse.)

THUM, CHAUM, CHAIRIN. (*Bot.*) Daléchamps cite ces noms arabes de l'ail. (J.)

THUMERSTEIN. (*Min.*) C'est le nom allemand du minéral qu'Haüy et les minéralogistes françois nomment Axinite. Voyez ce mot. (B.)

THUMITE. (*Min.*) C'est une altération du mot *Thumerstein*, nom que les Allemands donnent à l'Axinite. Voyez ce mot. (B.)

THUMMAM. (*Bot.*) Voyez Temam. (J.)

THUMORAH. (*Bot.*) Voyez Thamar. (J.)

THUN, THUNFISCH. (*Ichthyol.*) Noms allemands du Thon. Voyez ce mot. (H. C.)

THUNBERG. (*Ichthyol.*) Nom spécifique d'un labre. Voyez ce mot. (H. C.)

THUNBERGIA. (*Bot.*) Genre de plantes dicotylédones, à fleurs complètes, monopétalées, de la famille des *acanthacées*, de la *didynamie angiospermie* de Linnæus, offrant pour caractère essentiel : Un calice double, l'extérieur à deux folioles; l'intérieur plus court, à douze divisions profondes, subulées; une corolle campanulée; le limbe à cinq lobes inégaux; quatre étamines didynames; un ovaire supérieur; un style terminé par un stigmate à deux lobes; une capsule en bec, à deux loges; deux semences dans chaque loge.

Il existoit un autre genre du même nom, décrit dans les *Act. Holm.*, 1773, p. 282, tab. 11, sous le nom de *Thunbergia capensis* : il a été depuis reconnu pour appartenir aux *gardenia*. C'est le *gardenia thunbergia*, Willd., *Spec.*

Thunbergie du Cap : *Thunbergia capensis*, Linn. fils, *Suppl.*, 292; Lamk., *Ill. gen.*, tab. 549, fig. 1; Retz, *Act. Lond.*, p. 163, *Icon.* Cette plante a des tiges diffuses, herbacées, menues, quadrangulaires, hérissées de poils courts, garnies de feuilles opposées, presque sessiles, d'une grandeur médiocre, un peu élargies, très-entières, presque obtuses, glabres en dessus, un peu velues en dessous, ciliées à leur contour. Les fleurs sont solitaires, situées dans l'aisselle des feuilles supérieures, qui leur servent de bractées, soutenues par des pédoncules simples, uniflores, velus, presque filiformes, beaucoup plus longs que les feuilles. Le calice est double; l'extérieur composé de deux folioles concaves, lancéolées, aiguës, hérissées de poils un peu rudes; le calice intérieur très-court, divisé en douze découpures très-étroites, subulées. La corolle est presque campanulée, de couleur jaune; le tube un peu plus long que le calice extérieur; le limbe divisé en cinq lobes égaux, très-obtus, presque arrondis, rétrécis en forme d'étranglement à leur base; les filamens des étamines insérés sur le tube de la corolle, terminés par des anthères ovales; le style plus court que le tube de la corolle. Le fruit est une capsule globuleuse, courbée en bec d'oiseau, à deux loges, qui s'ouvrent dans leur longueur : chaque loge contient deux semences convexes, en forme de rein, un peu ridées. Cette plante croît au cap de Bonne-Espérance.

Thunbergie odorante : *Thunbergia fragrans*, Willd., *Spec.*, 3, pag. 588 ; Lamk., *Ill. gen.*, tab. 549, fig. 2 ; Roxb., *Cor.*, 1, pag. 47, tab. 67 ; Andr., *Bot. repos.*, tab. 128. Cette espèce a des tiges ligneuses, glabres, cylindriques, grimpantes : elle ressemble beaucoup, par son port, au *convolvulus sepium*. Ses feuilles sont opposées, pétiolées, oblongues, lancéolées, acuminées, un peu échancrées en cœur à la base, munies de deux oreillettes anguleuses, glabres, un peu aiguës, entières ; les pétioles cylindriques, plus courts que les feuilles. Les fleurs sont opposées, solitaires, axillaires ; les pédoncules glabres, cylindriques, uniflores, plus courts que les feuilles : le calice extérieur glabre, à deux folioles concaves, oblongues, acuminées ; la corolle presque campanulée ; le tube de la longueur du calice extérieur ; le limbe partagé en cinq lobes élargis, quelquefois un peu échancré au sommet, très-obtus, rétrécis en onglet à leur base. Cette plante croît dans les Indes orientales, le long des fleuves, parmi les broussailles. On la cultive dans quelques jardins de l'Europe (Poir.)

THUNBERGIEN. (*Ichthyol.*) Nom spécifique d'un Plotose. Voyez ce mot. (H. C.)

THUNDER-BIRD. (*Ornith.*) Les Anglais, établis à la Nouvelle-Galles du Sud, ont donné le nom de *thunder-bird* ou oiseau-tonnerre, au *turdus gutturalis* de Latham, du genre *Pachycephala* de M. Swainson. (Ch. D. et L.)

THUNNUS. (*Ichthyol.*) Un des noms donnés au thon par les latins. (H. C.)

THUR. (*Mamm.*) Ce nom, employé par les anciens, désigne un bœuf sauvage de Pologne, qui paroît ne plus exister dans ce pays. M. G. Cuvier le considère comme devant être rapporté à l'espèce du buffle, et M. Desmoulins pense qu'il désignoit une grande espèce de bœuf, à front plat, dont nous ne trouvons plus aujourd'hui que quelques ossemens épars dans le lit des grands fleuves. (Desm.)

THURARIA. (*Bot.*) Genre de plantes dicotylédones, à fleurs complètes, monopétalées, très-rapproché de la famille des *solanées*, de la *décandrie monogynie* de Linnæus, offrant pour caractère essentiel : Un calice tubuleux, persistant ; une corolle monopétale, infundibuliforme, une fois plus longue que le calice; le limbe entier; dix étamines non saillantes; un ovaire supérieur; deux styles; une capsule à deux loges; deux semences.

M. de Jussieu regarde ce genre, établi par Molina, comme très-voisin du *Codon*, si même il n'en est pas congénère.

THURARIA DU CHILI; *Thuraria chilensis*, Molina, Hist. nat. du Chili, pag. 135. Arbrisseau dont les tiges sont nombreuses, cylindriques, rameuses, de couleur cendrée, hautes d'environ quatre pieds, qui distillent, des fentes de leur écorce, une résine abondante, assez semblable à l'encens. Les feuilles sont alternes, pétiolées, roides, ovales, très-entières, succulentes, rudes au toucher, longues de quatre pouces. Les fleurs sont petites, terminales, pédonculées, munies d'un calice tubulé. La corolle est monopétale, d'un jaune verdâtre, en forme d'entonnoir, une fois plus longue que le calice, entière à son limbe : elle renferme dix étamines égales, filiformes, plus courtes que la corolle, ayant les anthères à deux loges; les ovaires sont oblongs; les deux styles sétacés, plus longs que la corolle; la capsule est sphérique, à deux loges, à deux semences brunes et alongées. Cette plante croît au Chili.

Pendant l'été la résine suinte à travers l'écorce de cet arbrisseau. On la récolte sous la forme de grains ou de larmes, d'un blanc transparent, qui s'attachent le long des branches. La récolte s'en fait en automne, lorsque les feuilles commencent à tomber; elle a un goût fort amer; mais l'odeur en est aromatique. (POIR.)

THURNTRAGER. (*Ichthyol.*) Un des noms allemands de l'ostracion chameau de mer. Voyez COFFRE, tom. IX, p. 554. (H. C.)

THURON ou THURUS. (*Mamm.*) Ces noms ne paroissent être que des synonymes de THUR. Voyez ce mot. (DESM.)

THUSAI, TUSAI. (*Bot.*) Noms persans du lis de Perse, *fritillaria persica*, suivant Mentzel. (J.)

THUSF. (*Bot.*) Voyez GARCH. (J.)

THUT. (*Bot.*) Voyez TUT. (J.)

THUYA. (*Bot.*) Genre de plantes dicotylédones, à fleurs incomplètes, monoïques, de la famille des *conifères*, de la *monœcie monadelphie* de Linnæus, offrant pour caractère essentiel : **Des fleurs monoïques; les mâles disposées en forme de bouclier**, en chatons ovales, composés d'écailles imbriquées sur quatre rangs; sous chaque écaille quatre anthères presque sessiles, à une loge, attachées vers l'extrémité du pédicelle; dans les fleurs femelles des écailles ovales, persistantes, munies d'un tubercule ou d'un crochet un peu au-dessous du sommet; deux ovaires sous chaque écaille, recouvrant deux semences très-souvent pourvues d'une aile membraneuse.

Les thuya se rapprochent beaucoup des genévriers et plus particulièrement des cyprès par leur fructification; mais dans ces derniers les cônes sont globuleux, formés par l'agrégation d'écailles épaisses, en tête de clou, tandis que dans les thuya elles sont ovales, munies d'un tubercule ou d'un crochet un peu au-dessous du sommet. Le nom de thuya vient du mot grec θύω (*je sacrifie*), parce que son bois, qui exhale en brûlant une odeur aromatique, étoit employé dans les sacrifices comme le véritable encens (*thus*), qui a la même étymologie. On a donné en françois le nom d'ARBRE DE VIE au *thuya*, à cause de sa verdure perpétuelle.

Les thuya, une seule espèce exceptée, sont tous originaires de l'Amérique ou des Indes, d'où vient qu'il y a, dans les auteurs du seizième siècle, beaucoup de confusion dans l'application qu'ils ont fait du nom thuya. Daléchamps décrit plusieurs genévriers sous ce nom; il en compte quatre espèces: il paroît néanmoins que la seule qu'il connût, étoit le *thuya occidentalis*, cultivé depuis long-temps dans les jardins des rois de France, à Fontainebleau. Comme les botanistes du siècle dont nous parlons vouloient absolument trouver dans Pline ou Théophraste la description d'arbres ou de plantes souvent originaires de l'Amérique, il en est résulté les méprises et les erreurs sans nombre que l'on trouve dans leurs ouvrages. J. Bauhin a donné l'histoire du thuya d'Occident ou arbre de vie; mais il a judicieusement observé que le nom d'*arbre de vie* étoit donné, dans son temps, à des arbres de toutes les contrées : il a pensé que c'étoit d'une espèce de thuya dont Lucain a voulu parler, quand il a dit que Cléopatre possédoit les meubles les plus somptueux, faits avec l'ivoire et le *thuya*. Cette assertion est plus que douteuse, à moins que ce ne soit le *thuya articulata*, observé par M. Desfontaines sur les montagnes de l'Atlas, qui avoisinent le royaume d'Alger, mais qui, à ce qu'il paroît, étoit inconnu aux anciens; d'où il suit encore que le thuya de Théophraste ne peut appartenir à aucune espèce de l'Amérique, quoique plusieurs auteurs l'y aient rapporté. Le thuya de Théophraste étoit un grand arbre, que nous ne connoissons pas, et qui croissoit naturellement aux environs du temple de Jupiter Ammon et dans la Cyrénaïque. Théophraste dit qu'il ressemble au cyprès sauvage, que son bois est d'une très-longue durée, qu'on en faisoit des poutres, des statues et divers ouvrages d'un grand prix. Il est également fait mention dans l'Odyssée du *thuya*, ou mieux *thuja*, liv. 5, lorsque Mercure se rend chez Calypso : à l'entrée de sa grotte étoient des brasiers superbes, d'où s'exhaloit un parfum de cèdre et de thuya qui embaumoit l'air.

THUYA DU CANADA : *Thuya occidentalis*, Linn., *Spec.*; Lamk., *Ill. gen.*, tab. 787, fig. 1; Duham., Arbr., tab. 90; Gærtn., *De fruct.*, tab. 91. Arbre d'un aspect fort agréable, qui s'élève, dans son pays natal, depuis trente jusqu'à quarante pieds. Son tronc est droit, revêtu d'une écorce brune et gercée, très-rameux; les rameaux, surtout dans leur jeunesse, ont la forme d'un éventail, et, quoiqu'écartés du tronc, leur ensemble forme la pyramide : ils sont d'ailleurs d'un jaune rougeâtre, très-glabres, couverts de feuilles planes, imbriquées, courtes, un peu obtuses, appliquées contre les tiges, épaisses, en forme d'écailles, en bosse sur le dos, d'un beau vert foncé, plus vif en hiver. Les fleurs sont monoïques; les mâles situées à l'extrémité des jeunes rameaux, réunies en chatons ovales, écailleux; les femelles forment un cône ovale, situé comme les précédentes, composé d'écailles oblongues, très-lisses, obtuses au sommet; les semences placées à la base des écailles, environnées d'une aile membraneuse, échancrée tant au sommet qu'à la base. Cet arbre croît au Canada, dans les autres contrées de l'Amérique septentrionale, aux lieux humides, et sur les collines le long des rivières.

Cet arbre fut introduit en France et cultivé dans le Jardin royal de Fontainebleau, sous le règne de François I.er Il résiste très-bien aux froids les plus rigoureux; les hivers de 1789, 1815 et 1820 ne lui ont fait aucun tort. Son bois passe pour incorruptible, très-propre à être employé à l'air ou en terre, dans les lieux humides. On l'emploie au Canada pour palissader les fortifications, pour faire des clôtures de jardin. Comme il est liant et léger, on en fait des courbes de bateaux : il est très-bon aussi pour le chauffage; les jeunes branches servent à faire des balais. Il répand une mauvaise odeur quand on le travaille; on lui attribue une vertu sudorifique et l'on en applique les feuilles mêlées avec de la graisse sur les parties du corps affectées de rhumatisme. Il sort de cet arbre des grains d'une résine jaune et transparente comme le copal; mais cette résine n'est point dure, et en la brûlant elle répand une odeur de galipot. Lorsque cet arbre fut connu en France, on lui donna le nom d'*arbre de paradis*, avec celui d'*arbre de vie*, à cause de l'odeur pénétrante et aromatique qui s'échappe de ses feuilles quand on les froisse, et aussi, comme nous l'avons dit, parce qu'il conserve son feuillage pendant l'hiver. On multiplie cette espèce, ainsi que les autres, de graines, qu'il faut semer à l'ombre et au frais, vers le commencement du printemps, dans du terreau léger et bien divisé, tel que celui de bruyère : ils reprennent également de bouture. On peut transplanter ce thuya du Canada, même à un âge avancé, presque avec autant de succès qu'à sa sortie de la pépinière : il souffre la taille sans inconvénient. On s'en servoit autrefois pour l'ornement des jardins, et il prenoit sous le ciseau différentes figures, suivant le caprice et le goût du moment; mais on s'aperçut que des arbres mutilés par le fer ne pouvoient plus offrir ces formes naturelles et variées, cet abandon gracieux, dont la nature a embelli toutes ses productions. Au lieu de les planter parmi les fleurs ou autour d'un parterre, on les a réservés pour les bosquets, parmi les autres arbres verts, où ils forment, avec les sapins, une des bases des bosquets d'hiver. On peut aussi s'en servir avec succès pour former des abris et et des palissades toujours vertes, qu'on tond aux ciseaux.

THUYA DE LA CHINE : *Thuya orientalis*, Linn., *Spec.*; Lamk., *Ill. gen.*, tab. 787, fig. 2; Gærtn., tab. 91. Cet arbre diffère du précédent par son port et par les écailles de ses cônes pointues et recourbées en hameçon. Ordinairement il s'élève moins et ne parvient guère qu'à la hauteur de quinze ou vingt pieds. Son tronc est droit, un peu raboteux, de couleur brune. Ses rameaux, au lieu d'être étalés et pendans, sont redressés, et forment avec les tiges un angle aigu. Les feuilles sont nombreuses, imbriquées, très glabres, d'un beau vert, surtout en hiver, épaisses, ovales, obrondes, un peu aiguës, très-serrées, souvent un peu tuberculées sur leur carène, très-peu odorantes. Les fleurs mâles sont réunies en un chaton court, un peu arrondi, composé d'écailles aiguës, placées sur quatre rangs ; les fleurs femelles forment un chaton presque rond ; les écailles aiguës, courbées en hameçon au sommet. Les écailles, à l'époque de la maturité, s'épaississent, deviennent raboteuses et s'ouvrent dans leur longueur : chacune d'elles renferme deux semences nues, ovales, un peu anguleuses, d'un brun rougeâtre. Cette plante croît à la Chine et dans les Indes orientales.

Cet arbre est très-utile pour former des rideaux de verdure le long des murs que l'on veut masquer. Son bois, qui est fort dur, résiste long-temps à l'humidité : on en fait de très-bons pieux. Il est plus agréable à la vue que le précédent ; aussi est-ce lui que l'on préfère pour mettre sur les consoles et les cheminées des appartemens pendant l'hiver. Il s'en fait à Paris une consommation d'autant plus grande, que ses pieds meurent toujours dans l'année, par défaut d'air, d'arrosement, etc. Il craint beaucoup les gelées, d'où vient qu'il est rare d'en voir beaucoup de vieux pieds dans les jardins paysagers, quoiqu'on en plante fréquemment.

THUYA ARTICULÉ : *Thuya articulata*, Desf., Flor. atlant., 2. pag. 353, tab. 252 ; Duham., édit. nouv., 2, tab. 5 ; Vahl, *Symb.*, 2, tab. 48 ; Shaw, *Afr. spec.*, n.° 184, *Icon*. Cet arbre n'est quelquefois qu'un arbrisseau peu élevé ; quelquefois il parvient à la hauteur de quinze ou vingt pieds, lorsqu'il croît dans un sol plus favorable. Son tronc a de huit à quinze pouces de diamètre : il se divise en rameaux étalés, ouverts presque en angle droit ; ses ramifications sont nombreuses, fragiles, comprimées, vertes, articulées, striées ; les articulations élargies à leur partie supérieure. Les feuilles sont fort petites, droites, inégales, mucronées au sommet, quater nées à chaque verticille, munies à leur base de fort petites glandes à peine visibles. Les fleurs mâles sont disposées en un cône un peu incliné, petit, ovale, légèrement tétragone, composé d'écailles disposées sur quatre rangs, au nombre de quatre à chaque rang, pédicellées, d'un jaune pâle, en forme de bouclier. Les fleurs femelles sont solitaires, situées à l'extrémité des rameaux, formant un cône tétragone, à angles obtus, avec quatre écailles ligneuses, épaisses, en forme de cœur, creusées longitudinalement à leur face extérieure, convexes en dedans, s'ouvrant de leur base à leur sommet; les deux plus grandes opposées, portant seules des semences; les deux autres écailles stériles, plus petites; les semences petites, munies à leurs bords d'une aile membraneuse. Cette plante croît en Barbarie, sur le mont Atlas, et dans le royaume de Maroc.

D'après les observations de MM. Desfontaines et Broussonnet, cet arbre produit la résine connue dans le commerce sous le nom de *sandaraque*, qui existe sous la forme de larmes claires, luisantes, presque transparentes, d'un blanc jaunâtre. En la faisant dissoudre dans l'esprit de vin, elle fournit un vernis assez tendre et qui s'égratigne aisément. Réduite en poudre fine, elle sert à vernir le papier, à lui donner plus de consistance, à l'empêcher de boire, surtout lorsqu'on a été obligé de le gratter pour enlever l'écriture. « Le thuya articulé, dit M. Desfontaines, ne pourroit être « cultivé que dans le midi de la France. J'en ai vu des forêts « dans les montagnes du royaume d'Alger qui avoisinent celui « de Maroc. Les plus jeunes individus n'avoient guère que « huit à neuf mètres de hauteur sur un mètre de circonfé- « rence ; mais Broussonnet m'a assuré qu'il en avoit vu de plus « grands à Maroc. Son fruit n'a que quatre écailles, dont « deux sont dépourvues de graines. Le bois, qui est fort « compacte, pourroit être employé utilement. »

THUYA AUSTRAL ; *Thuya australis*, Desf., Catal. ; Poir., Enc., Suppl. Cette espèce a des rapports avec le *thuya articulata* : elle en diffère par son port, par la finesse de ses derniers rameaux, par ses branches très-lisses, cylindriques, de couleur cendrée. Les rameaux sont étalés, anguleux, irréguliers, chargés d'un grand nombre d'autres plus petits, touffus, filiformes, articulés, anguleux, très-fragiles; les articulations très-courtes et nombreuses, assez semblables à celles des prêles, sans autres feuilles qu'une petite écaille très-courte, aiguë, au sommet de chaque articulation. Cette plante est cultivée au Jardin du Roi : elle est originaire des Terres australes. (Poir.)

THYASSIRE, *Thyassira*. (*Conchyl.*) Genre établi par Leach pour des coquilles qui entrent, à ce qu'il paroit, dans le genre Amphidesme de M. de Lamarck, et qui par conséquent n'a pas été adopté. (De B.)

THYLACINE. (*Mamm.*) C'est sous ce nom que M. Temminck a fait un genre du didelphe cynocéphale de Harris.

Le thylacine a huit incisives supérieures et six inférieures; deux canines et quatorze mâchelières à chaque mâchoire, et ce qui caractérise celles-ci, c'est que les carnassières sont au nombre de trois de chaque côté des deux mâchoires : on sait que tous les autres carnassiers n'ont qu'une seule carnassière de chaque côté de leurs mâchoires. Les pieds antérieurs ont cinq doigts et les postérieurs quatre, armés d'ongles fouisseurs. La queue est longue et comprimée sur les côtés. Les organes génitaux ressemblent à ceux des sarigues, et l'on n'a point de notions sur les organes des sens. La seule espèce connue est le

Thylacine cynocéphale : *Thyl. cynocephalus; Th. Harrisii*, Temm., Mon. de Mam., t. 1, p. 63, pl. 7, fig. 1, 2, 3 et 4; *Didelphus cynocephalus*, Harris, *Trans. linn.*, tom. 9, pl. 19. Il est de la taille du loup, mais beaucoup plus bas sur pattes; gris-brun jaunàtre en dessus, avec des bandes transversales noires sur la croupe, au nombre de seize, blanc-grisâtre en dessous. De la Nouvelle-Hollande et de la terre de Diémen. On le trouve près de la mer, et il fait son habitation dans les fentes et les excavations des rochers. (F. C.)

THYLACIS. (*Mamm.*) Nom proposé sans succès par Illiger, pour remplacer celui de *perameles*, que M. Geoffroy a créé pour désigner un genre de mammifères marsupiaux carnassiers de la Nouvelle-Hollande. (Desm.)

THYLACITES. (*Entom.*) M. Germar, et par suite M. Schœnherr, ont ainsi nommé un genre d'insectes coléoptères, de la famille des rhinocères ou des charansons, à antennes coudées, à bec court. (Voyez à la fin de l'article Rhinocères, le genre n.º 46.) Ce nom signifie en grec, en forme de sac. Il est fort nombreux en espèces et subdivisé en sept sousgenres. (C. D.)

THYLACITIS. (*Bot.*) Reneaulme, qui divisoit le *Gentiana* en plusieurs genres, désignoit sous ce nom les espèces telles que le *gentiana acaulis*, à tige très-basse, à corolle campanulée et à cinq lobes, et à anthères réunies. (J.)

THYLACIUM. (*Bot.*) Un des noms grecs anciens du pavot cultivé, cité par Ruellius et Mentzel. (J.)

THYM; *Thymus*, Linn. (*Bot.*) Genre de plantes dicotylédones monopétales, Juss., et de la *Didynamie gymnospermie*, Linn., dont les principaux caractères sont d'avoir : Un calice monophylle, tubulé, fermé à son orifice par des poils, et divisé en deux lèvres, dont la supérieure à trois dents et l'inférieure à deux; une corolle monopétale, à deux lèvres, la supérieure plane et échancrée, l'inférieure plus longue, à trois lobes, dont celui du milieu plus large ; quatre étamines didynames, à filamens un peu courbés; un ovaire supère, à quatre lobes, surmonté d'un style filiforme, terminé par un stigmate bifide ; quatre petites graines nues, placées au fond du calice persistant et resserré à son orifice.

Les thyms sont de petites plantes herbacées ou des arbustes, à feuilles simples, opposées, parsemées de glandes, et à fleurs rassemblées le plus souvent en verticilles axillaires ou en têtes terminales. On en connoît maintenant plus de soixante espèces.

* *Fleurs resserrées en tête.*

THYM DE NUMIDIE; *Thymus numidicus*, Poir., Voy. en Barb., 2, pag. 187. Cette espèce est un petit arbuste, haut de cinq à six pouces, qui se divise dès sa base en branches et en rameaux nombreux, garnis de feuilles linéaires, glabres, presque sessiles, plus longues que les entrenœuds. Les fleurs sont petites, purpurines, réunies à l'extrémité des rameaux en épis courts, épais, et formant la tête; leur calice est trèsvelu. Cette plante croît dans les lieux arides et pierreux, en Barbarie.

THYM TRÈS-VELU; *Thymus hirsutissimus*, Poir., Dict. encyc., 7, pag. 650. Ses tiges sont redressées, ligneuses, peu éle-

vées, glabres, divisées en rameaux nombreux, presque fasci-
culés, garnis de feuilles ovales-lancéolées, presque sessiles,
parsemées de poils rudes, blanchâtres et renflés à leur base.
Les fleurs sont légèrement purpurines, disposées, à l'extrémité des rameaux, en épis courts, très-velus, touffus et
resserrés en tête. Cette espèce est originaire du Levant.

**** *Fleurs disposées en tête lâche ou en verticilles
formant l'épi.***

THYM SERPOLET : vulgairement SERPOLET, PILLOLET, THYM SAU-
VAGE ; *Thymus serpyllum*, Linn., *Spec.*, 825. Sa racine est
menue, fibreuse, rampante, vivace ; elle produit des tiges
grêles, ligneuses inférieurement, couchées et étalées, divisées
en rameaux nombreux, ordinairement redressés, hauts de
deux à quatre pouces, et s'élevant quelquefois jusqu'à un
pied, dans certaines variétés. Ses feuilles sont petites, ovales,
rétrécies en un court pétiole, glabres ou velues, souvent
ciliées en leurs bords. Ses fleurs sont d'une couleur purpurine, disposées en épis oblongs, ou quelquefois rapprochées
en tête à l'extrémité des rameaux. Cette espèce est commune sur les côteaux exposés au soleil, sur les pelouses et
aux bords des bois.

Toutes les parties du serpolet ont une odeur pénétrante et
agréablement aromatique ; elles sont toniques et excitantes.
C'est principalement des sommités fleuries dont on fait usage
en infusion théiforme ; on les emploie avec avantage dans
les débilités gastriques et intestinales, les affections spasmo-
diques, les rhumes anciens, les catarrhes chroniques, l'asthme,
la coqueluche, etc. Le serpolet communique un bon goût
à la chair des moutons qui le broutent.

THYM COMMUN ; *Thymus vulgaris*, Linn., *Spec.*, 825. Ses
tiges sont ligneuses, hautes de huit pouces à un pied, divisées en rameaux nombreux, redressés, garnis de feuilles
ovales, souvent roulées en leurs bords, plus ou moins chargées d'un duvet court qui les rend d'un vert cendré, surtout
en dessous. Ses fleurs sont blanchâtres ou légèrement purpurines, disposées par verticilles rapprochés, au sommet
des rameaux, en épis courts. Cette plante est commune sur
les collines sèches, dans le midi de la France et de l'Europe.

on la cultive dans les jardins, où souvent elle se multiplie d'elle-même; on en fait principalement des bordures.

Le thym commun a une odeur plus forte et plus pénétrante que le serpolet. On en retire, par la distillation, une huile essentielle qui s'emploie quelquefois par gouttes, pour mettre sur les dents cariées et douloureuses; cette huile a aussi été conseillée, mêlée dans un véhicule convenable, contre les coliques venteuses et la suppression des règles; mais il convient de n'en faire usage qu'avec beaucoup de ménagement, à cause de sa grande âcreté. C'est dans les cuisines qu'on se sert le plus souvent du thym, pour relever la saveur des mets. Le thym du mont Hymette étoit renommé chez les Grecs, qui l'employoient comme assaisonnement. Le miel du mont Hymette étoit aussi très-estimé : il devoit son parfum au thym. Effectivement le miel que les abeilles récoltent sur les fleurs de cette plante est excellent, et sous ce rapport il est avantageux d'en planter, quand on a beaucoup de ruches.

*** *Fleurs disposées en verticilles distincts et écartés.*

Thym des champs, vulgairement petit Basilic sauvage; *Thymus acinos*, Linn., *Spec.*, 826. Sa racine est annuelle, divisée en fibres nombreuses, menues; elle produit une, ou plus communément plusieurs tiges souvent couchées à leur base, ensuite redressées, simples ou peu rameuses, pubescentes, garnies de feuilles ovales, glabres, entières ou légèrement dentées. Ses fleurs sont purpurines, verticillées, ordinairement six ensemble dans les aisselles des feuilles, et disposées dans la moitié ou les deux tiers de la partie supérieure des tiges. Leur calice est strié, hérissé de poils courts et renflé à sa base. Cette espèce est assez commune dans les lieux secs et un peu arides, sur les collines, en France et dans d'autres contrées de l'Europe.

Thym des Alpes; *Thymus alpinus*, Linn., *Spec.*, 826. Cette espèce a les plus grands rapports avec le thym des champs; mais on l'en distingue facilement, parce que ses racines sont vivaces, que ses feuilles sont plus larges, et que ses fleurs sont deux ou trois fois plus grandes. Elle croit dans les lieux pierreux des montagnes de la France, de la Suisse, de l'Allemagne, et de plusieurs autres parties de l'Europe.

******** *Pédoncules axillaires portant une à trois fleurs.*

Thym de Corse; *Thymus corsicus*, Pers., *Synops.*, 2, p. 131. Ses tiges sont velues, rampantes, longues de deux à quatre pouces, garnies de feuilles arrondies, un peu aiguës, convertes de poils, très-entières et entourées d'un rebord cartilagineux. Les fleurs sont purpurines, presque sessiles, opposées et terminales, disposées le plus souvent, au nombre de quatre seulement, au sommet des rameaux. Le calice est strié, hispide, à cinq dents presque égales et colorées. La corolle est une fois plus longue que le calice, un peu velue extérieurement, ayant la lèvre supérieure échancrée, et l'inférieure à trois lobes arrondis. Cette plante croît sur les montagnes de l'île de Corse et dans les Pyrénées.

Thym poivré : *Thymus piperella*, Linn., *Syst. veget.*, p. 453; Allion, *Fl. Ped.*, n.° 81, t. 37, fig. 3. Ses tiges sont un peu ligneuses, divisées, presque dès leur base, en rameaux étalés, grêles, redressés dans leur partie supérieure, longs de quatre à cinq pouces, garnis de feuilles ovales, presque sessiles, à peu près glabres. Ses fleurs sont purpurines, portées, dans les aisselles des feuilles supérieures, sur des pédoncules quelquefois simples, souvent divisés en deux à trois pédicelles, terminés chacun par une fleur. Cette espèce croît sur les rochers et les collines incultes, en Italie, en Espagne et en Barbarie. (L. D.)

THYM. (*Ichthyol.*) Voyez Thymalle. (H. C.)

THYM BLANC. (*Bot.*) Nom vulgaire de la germandrée de montagne. (L. D.)

THYM DE CRÈTE. (*Bot.*) C'est sous ce nom qu'est connu le *satureia capitata.* (J.)

THYM DE SAVANNES. (*Bot.*) Nicolson cite à Saint-Domingue, sous ce nom, le *turnera.* (J.)

THYMALLE. (*Ichthyol.*) Nom spécifique d'un corégone. (H. C.)

THYMALLE LARGE. (*Ichthyol.*) Bloch appelle ainsi le *corégone large.* Voyez Corégone. (H. C.)

THYMALLOS. (*Ichthyol.*) Ælien a appelé Θυμαλλος notre *thymalle.* Voyez Corégone. (H. C.)

THYMALLUS, THYMALUS, THYMUS. (*Ichthyol.*) Noms latins du Thymalle. (H. C.)

THYMALON, THYMON. (*Bot.*) Noms grecs de l'If, *taxus,* suivant Mentzel. Ruellius l'écrit *thymion.* (J.)

THYMALUS. (*Entom.*) M. Latreille a proposé ce nom nouveau, qui est celui d'un poisson, pour désigner un genre d'insectes coléoptères pentamérés, de la famille des hélocères, et qui correspond à celui que Fabricius a nommé *peltis.* Il y rapporte les espèces que cet auteur nomme *limbata, grossa, ferruginea.* (C. D.)

THYMBRA ; *Thymbra,* Linn. (*Bot.*) Genre de plantes dicotylédones monopétales, de la famille des *labiées,* Juss., et de la *Didynamie gymnospermie,* Linn., dont les principaux caractères sont d'avoir : Un calice monophylle, presque cylindrique, à deux lèvres, muni en dehors d'une rangée de poils sur ses deux bords; une corolle monopétale, à deux lèvres, dont la supérieure est bifide, et l'inférieure à trois découpures presque égales; quatre étamines didynames; un ovaire à quatre lobes, surmonté d'un style filiforme, semibifide; quatre graines nues au fond du calice persistant.

Les thymbras sont des plantes un peu ligneuses, ou de petits arbustes à feuilles opposées et à fleurs disposées par verticilles ou rapprochées en épi. On en connoît quatre espèces.

Thymbra en épi; *Thymbra spicata,* Linn., *Sp.,* 795. Sa tige est ligneuse, rameuse, haute de six à huit pouces, garnie de feuilles linéaires-lancéolées, ponctuées, les supérieures ciliées. Ses fleurs sont purpurines, disposées en verticilles serrés, rapprochés en épi oblong et terminal. Cette espèce croit sur les montagnes en Italie et dans le Levant. Elle a une odeur forte et pénétrante.

Thymbra verticillé; *Thymbra verticillata,* Linn., *Spec.,* 796. Cette espèce ne diffère de la précédente que parce que ses verticilles de fleurs sont plus prononcés et plus distincts. Elle croît dans les environs de Nice et dans le midi de l'Europe. (L. D.)

THYMBRE. (*Bot.*) Zoroastre nommoit ainsi la coloquinte, suivant Ruellius. (J.)

THYMELÆA. (*Bot.*) Des rapports extérieurs, sans égard aux vrais caractéres de la fleur ou du fruit, ont fait donner ce nom à des plantes de familles très-différentes, à un *globularia*, un *tournefortia*, un *ernodea*, un *selago*, un *cliffortia*, un *strumpfia*. Il étoit consacré plus généralement, par les anciens et ensuite par Tournefort, à un genre apétale, que Linnæus, en supprimant le nom, a partagé en deux, le *Daphne* et le *Passerina*, appartenant, avec quelques autres genres, à une même famille à laquelle on donne le nom de thymélées, pour rappeler au moins la dénomination ancienne de ces genres, qui sont les types de cette famille. Les noms substitués par Linnæus avoient été donnés antérieurement par des anciens à un *ruscus* et à un lin. (J.)

THYMÉLÉES. (*Bot.*) On a conservé à cette famille le nom donné par Tournefort à son genre principal, auquel Linnæus a substitué celui de *Daphne*. Elle fait partie de la classe des péristaminées ou dicotylédones apétales, à étamines insérées au calice. Son caractère général est formé de la réunion des suivans.

Un calice tubulé, non adhérent à l'ovaire, divisé à son limbe en plusieurs lobes imbriqués dans la préfloraison, suivant l'observation de M. Brown. Dans quelques genres l'orifice du calice est garni d'écailles intérieures en nombre égal à ses divisions et imitant une corolle polypétale. Les étamines, à filets distincts et insérés au tube du calice, sont tantôt opposées à ses lobes et en nombre égal, tantôt en nombre double, dont la moitié est alterne avec eux, tantôt plus rarement en nombre moindre que celui des lobes. Un ovaire simple, non adhérent, contenant un seul ovule pendant; style unique, surmonté d'un stigmate ordinairement simple. Le fruit est un péricarpe indéhiscent, tantôt charnu, tantôt plus souvent très-mince, recouvrant une seule graine nue en apparence et dont il paroît être le tégument extérieur. Cette graine, attachée au sommet de sa loge, est conséquemment renversée et pendante. L'embryon, à radicule droite et montante, est dénué de périsperme, à moins qu'on ne prenne pour tel une substance blanche qui, dans quelques genres, tapisse sur deux points opposés le tégument intérieur de la graine. Les tiges sont herbacées ou forment plus souvent des sous-arbrisseaux. Les feuilles sont simples, ordinairement alternes. Les fleurs sont axillaires ou terminales, solitaires ou plusieurs rapprochées.

On rapporte à cette famille le *Dirca*, le *Cansjera* de Jussieu, le *Lagetta* du même, réuni peut-être à tort au genre *Daphne* par Swartz ; les genres *Daphne*, *Passerina*, *Pimelea* de Banks et Gærtner ; *Stellera*, *Struthiola*, *Lachnea*, *Dais*, *Drapetes* de Banks ; *Gnidia*, *Arjona* de Cavanilles. (J.)

THYMIATITIS, XYLOPETALON. (*Bot.*) Noms grecs anciens de la quinte-feuille, suivant Ruellius et Mentzel. Celui-ci cite encore pour la même ceux de *therumbros*, d'après Aetius, de *theomestron*, d'après Hermolaus, et de *thebeotis*, d'après C. Bauhin. (J.)

THYMIFOLIA. (*Bot.*) J. Bauhin nommoit ainsi la petite salicaire, *lythrum hyssopifolia* de Linnæus. (J.)

THYMION, THYMON. (*Bot.*) Voyez Thymalon. (J.)

THYMO. (*Ichthyol.*) Voyez Thymalle. (H. C.)

THYMOPHYLLE, *Thymophylla*. (*Bot.*) Genre de la famille des *synanthérées*, établi par Lagasca ; il le place dans l'ordre des *corymbifères* de Jussieu, dans la *syngénésie polygamie égale* de Linnæus. Ce genre est caractérisé ainsi : Calice monophylle, campanulé, denté, multiflore ; réceptacle nu ; aigrette composée de cinq écailles tronquées et courtes.

Le *Thymophylla setifera*, Lag., *Gen.*, p. 25, seule espèce de ce genre, est un sous-arbrisseau à rameaux presque filiformes, articulés, garnis d'un grand nombre de feuilles opposées, sessiles, presque sétacées et tomenteuses ; les pédoncules sont terminaux, un peu velus, roides, longs de deux pouces, uniflores et garnis d'une ou de deux petites feuilles. Le calice a sa surface pulvérulente et tomenteuse ; les fleurs sont purpurines. La Nouvelle-Espagne est la patrie de cette plante. (Lem.)

THYMUM LAPIDEUM. (*Polyp.*) Pallas (*Elench. zooph.*, p. 327) cite cette dénomination de Théophraste (*Hist. pl.*, lib. 4, *cap.* 8) comme synonyme de son *madrepora muricata*, M. *abrotonoides* des auteurs modernes. (De B.)

THYMUS. (*Bot.*) Ce nom latin du thym a été donné aussi à d'autres plantes labiées, à des *cunila*, à des *satureia* ; et ces dernières ont aussi reçu celui de *thymum*. (J.)

THYMUS. (*Ichthyol.*) Voyez THYMALLE. (H. C.)

THYNNUS. (*Entom.*) Nom donné par Fabricius à un genre d'insectes hyménoptères, voisin des scolies, qui ne comprend qu'une espèce de la Nouvelle-Hollande. (C. D.)

THYNNUS. (*Ichthyol.*) Voyez THUNNUS. (H. C.)

THYONE. (*Actinoz.*) Genre d'holothuries établi par M. Oken (Manuel de zoolog., tom. 1, pag. 351) pour l'*H. fusus* de Linné et Gmelin, et qu'il caractérise ainsi: Tentacules des bras très-gros; col rétréci; point de cercle de dents? Voyez HOLOTHURIE. (DE B.)

THYOU. (*Ornith.*) C'est un des noms du traquet, rapportés par Belon. (DESM.)

THYOURRE. (*Ichthyol.*) Nom du CENTROPOME-LOUP dans les parages qui avoisinent Bayonne. (DESM.)

THYREOCORIS. (*Entom.*) Nom donné par Schrank au genre d'insectes qui a été nommé *Pentatoma* par Olivier, et scutellère par MM. de Lamarck et Latreille. (DESM.)

THYRÉOPHORE, *Thyreophora.* (*Entom.*) M. Meigen a désigné sous ce nom, tiré du grec, et qui signifie porte-écusson, un petit genre d'insectes à deux ailes, qui comprend entre autres la mouche cynophile, dont l'écusson est prolongé et terminé par deux pointes. (C. D.)

THYRIDE, *Thyris.* (*Entom.*) M. Hoffmansegg a désigné sous ce nom une espèce de sphinx, qui est le *fenestrinus* de Fabricius. Ses ailes sont portées presque horizontalement écartées; elles sont tout-à-fait dépourvues d'écailles ou vitrées. M. Duponchel l'a trouvé aux environs de Paris. (C. D.)

THYRSE. (*Bot.*) Fleurs disposées en panicule serrée, de forme ovale; exemples: lilas, troène, marronier d'Inde, etc. (MASS.)

THYRSINE. (*Bot.*) Gleditsch désigne sous ce nom l'hypociste, *hypocistis* de Tournefort, *cytinus* de Linnæus, dont le caractère, réformé par Cavanilles, nous a fait reconnoître que le *phelypea* de Thunberg ou *hypolepis* de M. Persoon est du même genre.

Une autre plante, plus anciennement connue sous le nom grec *thyrsine*, suivant Mentzel, est l'orobanche caryophyllata de Linnæus. (J.)

THYRSION. (*Bot.*) Un des noms grecs anciens du thym, suivant Ruellius et Mentzel, qui citent le même pour le *catanance*. (J.)

THYSANOMITRIUM. (*Bot.*) Genre de la famille des mousses, établi par Schwægrichen sur une espèce recueillie à la Guadeloupe par Richard. Les caractères génériques qu'il lui assigne étant les mêmes que ceux du *Campylopus* de Bridel, il lui a été réuni. M. Arnott, qui approuve cette réunion, préfère le nom de *Thesanomitrium* à celui de *Campylopus*. Voyez Torpied. (Lem.)

THYSANUS. (*Bot.*) Genre de plantes dicotylédones, à fleurs complètes, polypétalées, régulières, de la famille des *térébintacées*, de la *décandrie tétragynie* de Linnæus, offrant pour caractère essentiel : Un calice coloré, persistant, à cinq divisions profondes : cinq pétales rapprochés en forme de cloche; dix étamines; les filamens courts; les anthères arrondies, à deux loges; un ovaire supérieur, à quatre faces; quatre styles insérés latéralement aux quatre angles de l'ovaire; quatre stigmates légèrement bifides; quatre drupes lanugineux; dans chaque drupe un noyau, entouré à sa partie supérieure d'un arille rouge, charnu, frangé à ses bords.

Ce genre tire son nom du grec, *tusanos* (frange), à cause de la tunique ou arille des semences frangé à ses bords. C'est à tort que Willdenow a rapporté ce genre à l'*Aylanthus*.

Thysanus palala; *Thysanus palala*, Lour., *Fl. Coch.*, page 349. Arbrisseau dont la tige est droite, cylindrique, divisée en rameaux glabres, touffus, étalés, sans épines, garnis de feuilles ailées, composées de dix paires de folioles glabres, oblongues, entières. Les fleurs sont latérales, disposées en grappes pédonculées, axillaires; le calice est coloré en rouge, à cinq divisions concaves, lancéolées, pileuses, très-ouvertes; la corolle blanche, à pétales de la longueur du calice. Le fruit consiste en quatre drupes oblongs, relevés en bosse, courbés à leur sommet, revêtus d'une écorce lanugineuse, s'ouvrant latéralement, renfermant chacun un noyau ovale-oblong, très-lisse et nue à sa partie inférieure, enveloppé à sa partie supérieure d'un arille rouge, charnu, frangé à ses bords. Cette plante croit dans les forêts, à la Cochinchine. (Poir.)

THYSANOTHE, *Thysanothus*. (*Bot.*) Genre de plantes monocotylédones, à fleurs incomplètes, de la famille des *asphodélées*, de l'*hexandrie monogynie*, offrant pour caractère essentiel: Une corolle persistante, à six découpures profondes, étalées; les intérieures plus larges; point de calice; six étamines inclinées, rarement trois; un ovaire supérieur; un style; un stigmate; une capsule à trois loges, à trois valves, partagées par une cloison; deux semences dans chaque loge; l'une droite, l'autre pendante.

Les espèces renfermées dans ce genre sont pourvues de racines fibreuses, ou composées de bulbes charnues, fasciculées, comme dans les asphodèles. Les feuilles sont étroites, linéaires, souvent canaliculées, quelquefois courtes ou filiformes; les fleurs terminales en ombelle, rarement éparses; les pédicelles articulés dans leur milieu; les divisions de la corolle bleues en dedans, verdâtres en dehors; les intérieures plus larges; leur limbe frangé par des cils articulés; les anthères purpurines, à deux loges; la valve extérieure des loges plus alongée; les filamens insérés ou sur le réceptacle ou à la base de la corolle; l'ovaire surmonté d'un style filiforme, incliné, terminé par un stigmate fort petit; une capsule recouverte par la corolle desséchée; les semences noirâtres, attachées au bord intérieur de chaque loge, quelquefois rétrécies en forme de pédicelle; le périsperme épais, charnu; l'embryon excentrique? Ce genre, établi par M. R. Brown, contient au moins une vingtaine d'espèces. Nous ne citerons que les plus remarquables.

* *Fleurs à six étamines.*

THYSANOTHE TUBÉREUX; *Thysanothus tuberosus*, Rob. Brown, *Nov. Holl.*, 1, page 282. Cette plante a des racines composées de bulbes fasciculées, pédicellées; les feuilles sont radicales, canaliculées, lâches, glabres; de leur centre s'élève une hampe lisse, cylindrique, paniculée à sa partie supérieure, garnie de feuilles un peu plus courtes. Les fleurs sont disposées en ombelles à deux ou trois fleurs; les anthères inégales. Cette plante croit à la Nouvelle-Hollande. Dans le *thysanothus isantherus*, Rob. Brown, *loc. cit.*, les racines sont également composées de bulbes fasciculées; les feuilles radi-

cales canaliculées, presque aussi longues que la tige; celle-ci
est lisse, cylindrique, presque simple; les ombelles sont composées de quatre ou cinq fleurs; les anthères égales. Le *thysanothus junceus*, Rob. Brown, *loc. cit.*, qui est le *chlamisporum
juncifolium*, Salisb., *Parad.*, 105, a des racines fibreuses. Ses
tiges sont rameuses, diffuses, cylindriques, striées; les rameaux presque anguleux; les feuilles radicales sont courtes;
celles des tiges roides, étalées, redressées; les ombelles peu
garnies de fleurs; les anthères inégales. Ces deux dernières
plantes croissent également à la Nouvelle-Hollande.

THYSANOTHE DICHOTOME : *Thysanothus dichotomus*, R. Brown,
loc. cit.; Ornithogalum dichotomum, Labill., *Nov. Holl.*, 1,
page 83, tab. 109. Cette plante a une racine à peine tubéreuse. Les tiges sont hautes d'un pied et demi, striées, très-
rameuses; les rameaux dichotomes; les feuilles presque toutes
radicales, étroites, linéaires, un peu striées, légèrement ciliées, quatre et six fois plus courtes que les tiges; une très-
petite feuille lancéolée à la base de chaque bifurcation. Les
fleurs sont terminales, solitaires ou ternées; les pétales lancéolés; trois intérieurs alternes, pourpres en dedans, bordés
de cils de même couleur; les trois extérieurs verdâtres; les
étamines insérées sous la corolle et opposées aux pétales; les
filamens plans, subulés; les anthères versatiles, lancéolées.
Le fruit est une capsule ovale, à trois sillons, à trois valves,
partagées par des cloisons; dans chaque loge deux semences
ovales, luisantes, noirâtres, finement ponctuées. Cette plante
croît à la Terre Van-Leuwin, dans la Nouvelle-Hollande.

** *Fleurs à trois étamines.*

THYSANOTHE MULTIFLORE.; *Thysanothus multiflorus*, R. Brown,
loc. cit. Ses racines sont fibreuses; les feuilles radicales linéaires, un peu planes, un peu rudes à leurs bords; la
hampe est très-simple, lisse, cylindrique, de la longueur des
feuilles; l'ombelle chargée de plusieurs fleurs; les pédicelles
sont articulées; l'articulation inférieure est à peine de la longueur des bractées. Dans le *thysanothus hispidulus*, R. Brown,
loc. cit., les racines sont également fibreuses; les feuilles radicales comprimées, filiformes, hérissées de poils de toutes parts;
la hampe est un peu rude, très-simple, longue d'un pouce,

plus courte que les feuilles ; l'ombelle peu garnie de fleurs. Ces plantes croissent à la Nouvelle-Hollande.

Thysanothe triandre: *Thysanothus triandrus*, Rob. Brown, *loc. cit.; Ornithogalum triandrum*, Labill., *Nov. Holl.*, 1, page 84, tab. 110. Cette espèce s'élève à la hauteur de six à sept pouces. Ses racines sont médiocrement tubéreuses; ses feuilles toutes radicales, étroites, linéaires, alongées, rudes, un peu charnues, légèrement striées; les hampes sont comprimées, de la longueur des feuilles, rudes à leur partie inférieure, terminées par des pédoncules presque de même longueur, glabres, uniflores, cylindriques, articulés, munis à leur base de bractées courtes, ovales, lancéolées; les trois pétales intérieurs ciliés, pourpres en dedans; les trois étamines opposées à ces pétales. Cette plante croît à la Terre Van-Leuwin, dans la Nouvelle-Hollande. (Poir.)

THYSANOURES. (*Entom.*) Ce nom, tiré du grec, θύσανος, *frange*, et ᾗρα, *queue*, ou *queue frangée*, a été donné par M. Latreille au premier ordre de la première section de la classe des insectes. Il y rapporte les podures et les forbicines, dont il forme deux familles. Voyez Némoures. (C. D.)

THYSSELINUM. (*Bot.*) La plante ombellifère ainsi nommée par Pline, est, suivant C. Bauhin, celle que Linnæus désigne sous le nom de *selinum sylvestre*. (J.)

TIAIBI. (*Mamm.*) Voyez Taiibi. (Desm.)

TIAÏLI. (*Bot.*) Les Otaïtiens donnent ce nom à un arbre que Cook appeloit le *plane*, et qui est le noyer de bancoul ou l'*aleurites trilobata*. Les naturels font avec ses noix un noir de fumée employé pour le tatouage, et ils en retirent une huile, avec laquelle ils se frottent seulement les cheveux. (Lesson.)

TIALON. (*Bot.*) Nom égyptien du lis, suivant Ruellius et Mentzel. (J.)

TIARELLE, *Tiarella*. (*Bot.*) Genre de plantes dicotylédones, à fleurs complètes, polypétalées, régulières, de la famille des *saxifragées*, de la *décandrie digynie* de Linnæus, offrant pour caractère essentiel : Un calice persistant, à cinq divisions profondes; cinq pétales insérés sur le calice; dix étamines plus longues que la corolle, insérées sur le calice, un ovaire supérieur, bifide; deux styles courts; les stigmates simples; une capsule à une seule loge, à deux valves inégales; plusieurs semences.

TIARELLE A FEUILLES EN CŒUR : *Tiarella cordifolia*, Linn., *Spec.*; Lamk., *Ill. gen.*, tab. 373; Herm., *Parad.*, tab. 130. Cette plante a des racines vivaces et rampantes, qui s'étendent au loin dans la terre ; elles produisent plusieurs tiges droites, presque nues, fort grêles, à peine pubescentes, hautes de quatre ou six pouces ; des racines sortent plusieurs feuilles simples, à longs pétioles, larges, presque ovales, en cœur, plus ou moins lobées, d'un vert clair, inégalement dentées à leur contour; les dents acuminées ; les pétioles grêles, longs d'environ trois pouces; quelquefois une ou deux petites feuilles alternes, situées vers le milieu des tiges. Les fleurs sont disposées en grappes terminales; les pédicelles alternes, uniflores, à peine plus longs que les fleurs. Le calice est court, très-glabre, à divisions ovales, aiguës; la corolle blanche, à pétales lancéolés, une fois plus longs que le calice; les étamines sont plus longues que la corolle; les anthères petites, arrondies. Le fruit est une capsule à deux valves inégales, droites, comprimées, aiguës, à une seule loge, contenant des semences ovales, luisantes. Cette plante croît dans les contrées méridionales de l'Amérique, au Canada et sur les monts Alleghanys.

TIARELLE TRIFOLIÉE : *Tiarella trifoliata*, Linn., *Spec.*; Willd., *Spec.*, 2, page 659. Cette plante a des tiges droites, hautes d'environ un demi-pied, presque filiformes, cylindriques, rudes, pileuses, un peu canaliculées à un de leurs côtés. Les feuilles sont ternées, pétiolées, radicales, peu nombreuses, composées de trois folioles anguleuses, dentées en scie, un peu rhomboïdales à leur milieu, trapéziformes à leurs côtés, couvertes de poils roides; deux autres feuilles plus petites; l'une vers le haut de la tige; l'autre vers sa base. Les fleurs sont disposées en une grappe terminale, longue de six pouces, composée de quelques petits corymbes alternes; leur calice est presque campanulé, persistant, à cinq découpures; la corolle blanche, à pétales ovales, à peine plus longs que le calice; les filamens sont subulés, plus longs que la corolle; les anthères petites, arrondies; la capsule, plus longue que le calice, a deux valves inégales. Cette plante croît dans les contrées septentrionales de l'Asie.

Tiarelle biternée; *Tiarella biternata*, Vent. , Jard. de Malm., tab. 54. Cette espèce a des tiges droites, simples, fistuleuses, cylindriques, un peu pubescentes, garnies de trois ou quatre grandes feuilles alternes, deux fois ternées, presque glabres, d'un vert gai, luisantes en dessus, un peu pubescentes en dessous; les pétioles sont pubescens, très-longs; les folioles pédicellées, très-grandes, ovales-oblongues, aiguës, échancrées à la base, incisées ou lobées, quelquefois cinq folioles au lieu de trois; les dentelures arrondies, surmontées d'une pointe courte. Les fleurs sont axillaires et feuillées; elles forment par leur ensemble une ample panicule très-lâche, composée d'un grand nombre de grappes alternes, fort grêles; leur axe parsemé de poils granuleux, muni de bractées très-courtes, lancéolées, aiguës, jaunâtres, persistantes; le calice est glabre, d'un jaune de soufre; la corolle d'un jaune pâle, à pétales linéaires, obtus; les étamines sont deux fois plus longues que la corolle; les anthères à quatre sillons; la capsule a deux valves à deux loges; les semences sont linéaires, nombreuses, fort petites, adhérentes par leur partie moyenne à des placentas filiformes, d'abord connivens avec le bord intérieur des valves, qui ensuite deviennent libres. Cette plante croît dans l'Amérique septentrionale.

Tiarelle de Menzie; *Tiarella Menziesii*, Pursh., *Flor. Amer.*, 1, page 313. Cette plante a des tiges droites, longues d'un pied et plus. Les feuilles sont ovales, en cœur, aiguës à leur sommet, dentées et lobées à leur contour; les lobes courts; les feuilles caulinaires alternes et distantes. Les fleurs sont disposées en grappes filiformes, presque en épi; le calice est tubulé. Cette plante croît dans l'Amérique septentrionale. (Poir.)

TIARIDIUM. (*Bot.*) Genre de plantes dicotylédones, à fleurs complètes, monopétalées, de la famille des *borraginées*, de la *pentandrie monogynie* de Linnæus, offrant pour caractère essentiel : Un calice persistant, à cinq divisions; une corolle hypocratériforme; le tube anguleux, peu à peu resserré vers son orifice; le limbe ondulé, à cinq rayons; cinq étamines non saillantes; un ovaire supérieur, à quatre lobes;

un style très-court; un stigmate en tête; quatre noix conniventes, à deux loges, fermées à leur base; la loge dorsale
monosperme; celle au-dessous vide.

TIARIDIUM DE L'INDE : *Tiaridium indicum*, Lehm., *Borrag.*,
14; Blum., *Fl. jav.*, 846; *Heliotropium indicum*, Linn., *Spec.*,
187; *Bot. Mag.*, tab. 1837; Pluken., *Phytogr.*, 245, fig. 4. Sa
racine est fusiforme, rameuse; sa tige herbacée, haute d'un
ou deux pieds, rude et velue. Les feuilles sont presque opposées, ovales, presque en cœur, aiguës, ondulées à leur contour, ridées, courantes sur le pétiole, longues de trois pouces; les épis terminaux, solitaires; les fleurs sessiles; un calice
court, à cinq divisions profondes, inégales, lancéolées, acuminées; le tube de la corolle blanc, anguleux, une fois plus
long que le calice; les lobes du limbe courts, obtus, de couleur lilas; les filamens adhérens au tube presque dans toute
leur longueur; les anthères presque sagittées; le stigmate d'un
blanc jaunâtre; quatre noix ovales, acuminées. Cette plante
croît dans les Indes orientales; elle est très-commune aux
lieux incultes, parmi les décombres.

TIARIDIUM VELOUTÉ : *Tiaridium velutinum*, Lehm., *loc. cit.*;
Blum., *Fl. jav.*, 846; Rhéed., *Hort. malab.*, 10, tab. 48? Cette
plante a des tiges pileuses, herbacées et rameuses. Ses feuilles
sont presque opposées, pétiolées, ovales, un peu obtuses,
épaisses, ridées, molles, légèrement crénelées, tomenteuses et
veloutées. Les épis sont latéraux et terminaux, très-velus, longs
d'environ trois pouces; les fleurs sessiles, alternes, disposées
sur deux rangs; le calice à cinq divisions linéaires; le tube
de la corolle un peu plus long que le calice, velu en dehors;
quatre noix presque glabres, soudées à leur base. Cette plante
croît aux mêmes lieux que la précédente.

TIARIDIUM ALONGÉ; *Tiaridium elongatum*, Lehm., *loc. cit.*
Cette espèce a des tiges renversées, ligneuses à leur base,
puis herbacées, hérissées. Les feuilles sont alternes, pétiolées,
rhomboïdales, lancéolées, acuminées, rétrécies sur le pétiole,
médiocrement crénelées à leurs bords, ridées, rayées en dessus, hérissées en dessous, longues de deux ou trois pouces.
Les épis sont pédonculés, latéraux et terminaux, solitaires,
très-longs; les pédoncules chargés de poils étalés; les fleurs
sessiles, alternes, disposées sur deux rangs. Le calice est par-

tagé en cinq découpures linéaires, recourbées ; la corolle en soucoupe ; le tube filiforme, trois fois plus long que le calice, très-velu en dehors ; son orifice resserré, à cinq rayons ; le limbe à cinq angles ; les quatre noix sont glabres, acuminées, brunes et luisantes. Cette plante croît au Brésil, dans les terrains sablonneux. (POIR.)

TIATIA. (*Ornith.*) C'est une des dénominations vulgaires de la litorne, espèce de grive. Voyez le mot MERLE. (DESM.)

TIBBUTHU. (*Bot.*) Voyez TUBBUTHU. (J.)

TIBCADI. (*Bot.*) Voyez DIPCADI. (J.)

TIBÉRON. (*Ichthyol.*) Voyez TIBURON. (H. C.)

TIBIA ou JAMBE DANS LES INSECTES. (*Entom.*) Voyez JAMBE, et, à l'article INSECTES, le premier alinéa de la page 440, tome XXIII. (C. D.)

TIBIANE, *Tibiana.* (*Polyp.*) Genre établi par M. de Lamarck, dans la nouvelle édition de ses Animaux sans vertèbres, tom. 2, pag. 184, et adopté par Lamouroux, Polyp. flex., pag. 217, pour quelques corps organisés que l'on ne connoît encore que desséchés et qui paroissent avoir plusieurs rapports avec les tubulariées. La dénomination de Tibiane, que M. de Lamarck a substituée à celle de Sacculine, qu'il avoit d'abord donnée à ce genre, rappelle, dit-on, quelque ressemblance avec certaines flûtes ; comparaison qui n'est rien moins qu'évidente. Quoi qu'il en soit, voici la caractéristique de ce genre, que je n'ai pas encore observé moi-même : Polypier assez peu phytoïde, fistuleux ou tubuleux, membraneux ou corné, composé de rameaux régulièrement fléchis en zigzag, avec des cellules à ouvertures arrondies, prolongeant chaque angle du tube et par conséquent alternes. D'après cette définition, qui comprend tout ce qu'on sait sur ces corps organisés, il est assez difficile de juger de leurs rapports d'une manière un peu rationnelle. M. de Lamarck place ce genre entre ses dichotomaires et ses acétabules, qui sont des corallines, tandis que Lamouroux en fait le premier genre de ses tubulariées, ce qui nous semble plus naturel.

On ne connoît encore que deux espèces de tibiane, venant probablement l'une et l'autre des mers de l'Australasie.

La T. FASCICULÉE : *T. fasciculata*, de Lamk., *l. c.*, n.º 2, et Lamx., Polyp. flex., pl. 7, fig. 3 *a*. Polypier composé de plu-

sieurs tubes ou rameaux réunis inférieurement , séparés supérieurement, fléchis en zigzag , et portant les cellules à
chaque angle : couleur fauve-brun.

De la collection du Stadthouder, et maintenant de celle
du Muséum.

La Tibiane rameuse; *T. ramosa, id., ib.*, n.° 1. Polypier formé
par un tube membraneux, subflexueux, rameux à la partie
supérieure, avec des cellules assez proéminantes et sacci-
formes , à ouverture supérieure ou horizontale : couleur
blanche.

Rapportée des mers de la Nouvelle-Hollande par MM. Péron et Lesueur. M. Lamouroux doute que ce soit une véri-
ble tibiane. (De B.)

TIBOUCHINA. (*Bot.*) Genre de plantes dicotylédones, à
fleurs complètes, polypétalées, régulières, de la famille des
mélastomées, de la *décandrie monogynie* de Linnæus, offrant
pour caractère essentiel : Un calice persistant, tubuleux,
écailleux à sa superficie ; le limbe à cinq lobes ; quatre ou
six écailles imbriquées, opposées en croix autour du calice ;
cinq pétales ; dix étamines ; les anthères à deux cornes à leur
base ; un ovaire supérieur ; un style ; une capsule à cinq loges,
à cinq valves, enveloppée par le calice.

Tibouchina rude : *Tibouchina aspera*, Aubl., Guian., 1,
t. 177 ; *Melastoma tibouchina*, Encycl., 4, pag. 49. Arbrisseau
dont presque toutes les parties sont couvertes d'aspérités ou
de très-petites écailles roides, pointues. Les tiges sont tétragones, rameuses, cassantes, hautes de deux ou trois pieds,
garnies de feuilles pétiolées, ovales-lancéolées, entières,
sèches, coriaces, lisses en dessus, marquées, dès leur base,
de cinq nervures saillantes en dessous, réunies par des veines
transverses peu apparentes, longues d'environ deux pouces,
larges de huit ou neuf lignes. Les fleurs sont presque terminales, axillaires, formant de petites panicules ou des corymbes peu garnis, munis aux dernières ramifications de
bractées ovales. Le calice est tubulé, à divisions lancéolées ; les
pétales sont ovoïdes, de couleur purpurine ; les anthères alongées ; l'ovaire est supérieur, oblong, couvert de petites lames
aiguës : il se convertit en une capsule à cinq loges, s'ouvrant
en cinq valves ; les semences sont nombreuses, fort menues. Cet

arbre croît à la Guiane. Toutes ses parties exhalent une odeur aromatique assez agréable. On estime ses fleurs, prises en infusion, pour les maux de poitrine, particulièrement dans les toux sèches. (Poir.)

TIBOURBOU. (*Bot.*) Arbre de Cayenne, ainsi nommé par les Galibis, rapporté par Aublet à son genre *Apeiba*, appartenant à la famille des tiliacées. (J.)

TIBULUS. (*Bot.*) Suivant Daléchamps, Pline nommoit ainsi le pin mugho. Adanson l'indique comme un nom italien. (J.)

TIBURIN. (*Ichthyol.*) Voyez Tiburon. (H. C.)

TIBURO. (*Ichthyol.*) Nom latin du pantouflier. Voyez Zygène. (H. C.)

TIBURON. (*Ichthyol.*) Un des noms du requin. Voyez Carcharias. (H. C.)

TIBURONE. (*Ichthyol.*) Quelques auteurs, Marcgrave et Nicremberg, entre autres, ont ainsi appelé le requin. Voyez Carcharias. (H. C.)

TIBUS. (*Bot.*) Nom égyptien, cité par Ruellius, du *stratiotes* de Dioscoride, que Prosper Alpin croit être une plante aquatique, nommée par les botanistes *pistia stratiotes*. Ce seroit plutôt le *stratiotes aloides*, suivant l'interprétation de Dodoëns et de Mentzel. (J.)

TICANTO. (*Bot.*) Ce nom brame, cité par Rhéede, est employé par Adanson pour distinguer du genre *Guilandina*, dans les légumineuses, le *guilandina paniculata* de M. de Lamarck, qui a les étamines diadelphes et la gousse courte, monosperme. (J.)

TICH. (*Bot.*) M. Caillaud cite ce nom arabe d'une conyze, trouvée par lui à Dongolat, près du Nil, et que M. Delile nomme *conyza dongolensis.* (J.)

TICHACH. (*Mamm.*) Nom par lequel les Tschuwaches désignent les poulains ou jeunes chevaux. (Desm.)

TICHODROME. (*Ornith.*) Voyez Échelette. (Ch. D.)

TICHURI. (*Mamm.*) Nom de la marte mink en Finlande. (Desm.)

TICORÉE, *Ticorea.* (*Bot.*) Genre de plantes dicotylédones, à fleurs complètes, polypétalées, de la famille des *rutacées* (Aug. S. Hil.), de la *monadelphie pentandrie* de Linnæus, offrant pour **caractère** essentiel : Un calice à cinq dents ; cinq pétales rapprochés en forme d'entonnoir ; cinq étamines ; les filamens réunis, rapprochés en tube ; un ovaire supérieur ; **un** style ; un stigmate ; une capsule à cinq loges.

TICORÉE FÉTIDE : *Ticorea fetida,* Aubl., Guian., 2, tab. 277 ; Cavan., *Diss.,* 7, tab. 206. Arbrisseau qui s'élève à la hauteur de dix ou douze pieds sur une tige droite et forte, qui se divise en rameaux alternes, étalés, revêtus d'une écorce verte, très-lisse. Les feuilles sont alternes, ternées ; les pétioles très-longs ; les folioles ovales-lancéolées, très-grandes, pédicellées, vertes, molles, glabres, entières, aiguës, rétrécies à leur base, longues d'un pied et plus, larges de quatre pouces ; la foliole terminale plus grande que les autres. Les fleurs naissent à l'extrémité des rameaux : elles sont axillaires, disposées en grappes paniculées, presque en corymbe ; le pédoncule commun long de plus d'un pied, divisé en ramifications chargées de fleurs sessiles, alternes. Le calice est glabre, évasé, terminé par cinq dents courtes, ovales, un peu mucronées ; la corolle blanche ; les pétales étroits, longs d'un pouce, concaves dans leur longueur, attachés au fond du calice, adhérens inférieurement par leurs bords ; les filamens réunis en un tube membraneux, divisé au sommet en cinq dents aiguës, terminées chacune par une anthère oblongue, à deux loges ; l'ovaire à cinq côtes arrondies ; le style simple ; le stigmate arrondi. Le fruit consiste en une capsule à cinq loges. Cet arbrisseau croît à la Guiane, dans les forêts de Caux. Ses feuilles, écrasées entre les doigts, répandent une odeur désagréable, approchant de celle de la pomme épineuse (*stramonium*).

M. De Candolle a publié quelques autres espèces de *ticorea* dans les Mémoires du Muséum de Paris, vol. 9, pag. 145, tel que le *ticorea pedicellata,* tab. 1, qui paroît différer de la plante d'Aublet par ses corymbes à douze ou quinze fleurs, au lieu de cinq à six ; par ses fleurs pédicellées le long des rameaux et non sessiles. Les feuilles sont composées de trois folioles presque sessiles. Dans le *ticorea longiflora,* Dec., *loc. cit.,* tab. 2, les feuilles sont également ternées ; les deux folioles latérales médiocrement pédicellées, un peu échancrées à leur base ; celle du milieu très-longue ; les pétioles pubescens. Les corymbes sont composés d'environ quinze à vingt fleurs, sessiles le long des rameaux; les pétales au moins dix fois plus longs que le calice. Ces plantes croissent dans la Guiane.

M. Auguste de Saint-Hilaire a également mentionné, dans les mêmes Mémoires, vol. 10, pag. 291, fig. *D*, deux espèces observées à Rio-Janeiro. Le *ticorea jasminiflora* est un arbrisseau de sept à huit pieds. Ses feuilles sont lancéolées, acuminées, rétrécies en pétiole à leur base; les panicules lâches; la corolle est blanche, infundibuliforme, longue d'un pouce et plus; le tube velu intérieurement; les étamines sont au nombre de cinq à huit, dont trois ou six souvent stériles, placées au sommet des dents d'un tube pentagone, en cupule, formé par la réunion des filamens; l'ovaire a cinq lobes. Les indigènes boivent le suc qui sort des feuilles pour se guérir de la maladie qu'ils nomment *bobas* et les Européens *framboesia*. Le *ticorea febrifuga* n'est peut-être qu'une variété de l'espèce précédente : il en diffère par sa tige souvent arborescente ; par ses panicules plus resserrées; par les fleurs une fois plus courtes; par plusieurs bractées presque foliacées; par le style plus saillant. L'écorce de cet arbrisseau est très-amère, astringente, puissamment fébrifuge. (Poir.)

TIC-TIC. (*Ornith.*) Ce nom est donné à deux espèces d'oiseaux : l'un, qui appartient au genre des Todiers (voyez ce mot), et l'autre à celui des Moucherolles de M. Vieillot. Ce dernier, qui est le *grand figuier de Madagascar* de Brisson, est rangé par Buffon avec les merles, et par Latham avec les gobe-mouches (*muscicapa madagascarensis*); aussi est-il difficile de le classer définitivement. Sa taille est celle de l'alouette; son plumage est vert-olive partout, si ce n'est sur la poitrine, où l'on voit du jaune verdâtre, et sur la gorge, où le jaune est pur. (Desm.)

TICTIVI. (*Ornith.*) Le prince de Neuwied dit qu'on nomme *tictivi*, au Brésil, le bentavi ou *lanius pitangua*, qui semble articuler très-nettement ce mot, qu'il répète sans cesse. (Lesson.)

TICTIVIE. (*Ornith.*) M. Vieillot rapporte ce nom à une espèce de tyran, qui est sans doute le même oiseau que celui dont il est fait mention dans l'article précédent. (Desm.)

TIÉ. (*Bot.*) Les Provençaux donnent ce nom, suivant Garidel, aux pins qui périssent par suite de surabondance de sucs résineux épaissis, qui s'opposent à la libre circulation de la séve. Leurs rameaux, dans cet état, dit-il, peuvent servir de torches lorsqu'ils sont enflammés : c'est pour cela aussi qu'on les nomme *tæda*. (J.)

TIEGERERZ. (*Min.*) C'est encore un nom allemand qu'on a employé tantôt sans traduction, tantôt en le rendant par l'expression de *mine d'argent tigrée*. Il paroît qu'on a appliqué ce nom à deux substances bien différentes. Dans le premier c'est réellement un minérai d'argent sulfuré, grenu, disséminé en taches noires dans des gangues de diverses natures. Dans le second cas on a nommé ainsi une roche à base de felspath, grenue, blanchâtre, avec de larges taches noires, également grenues, qui sont dues à de l'amphibole presque compacte ainsi disposé. (B.)

TIEN. (*Mamm.*) Ce nom est donné par Erxleben comme une désignation tartare de l'écureuil commun. (Desm.)

TIERAN ou TIERS-ANS. (*Mamm.*) Les sangliers âgés de trois ans sont ainsi appelés par les chasseurs des Pays-Bas. (Desm.)

TIERCE. (*Bot.*) Nom vulgaire dans l'Anjou, suivant M. Desvaux, de la circée, *circæa lutetiana*. (J.)

TIERCELET. (*Ornith.*) Le mâle de l'espèce de l'épervier est appelé vulgairement tiercelet, ainsi que celui de l'autour; mais ce nom peut également convenir aux mâles de toutes les autres espèces d'oiseaux de proie, parce que leur taille est ordinairement d'un tiers plus petite que celle des femelles. (Desm.)

TIERS. (*Ornith.*) Belon donne ce nom comme un de ceux qui se rapportent à l'espèce du harle à manteau noir, et il est aussi appliqué à une variété de la sarcelle ordinaire. (Desm.)

TIEVEL. (*Ichthyol.*) Un des noms allemands du dobule. (H. C.)

TIFA. (*Mollusq.*) C'est le nom que portent à Rotouma, île de la mer du Sud, les valves de l'huître ou aronde à perles. (Lesson.)

TIFFAH. (*Bot.*) Nom arabe du pommier, selon Delile.

Daléchamps le nomme *tufa*, *tufaha*. Forskal cite le même,
qu'il écrit *tyffahh*, pour le pommier nain, *pyrus nana*. (J.)

TIFLEH. (*Bot.*) Nom arabe du laurose ou laurier rose,
nerium, selon Delile. Forskal l'écrit *tiflœ*. (J.)

TIGARÉE, *Tigarea*. (*Bot.*) Genre de plantes dicotylédones,
à fleurs incomplètes, dioïques, de la famille des *dilléniacées*, de
la *dioécie polyandrie* de Linnæus, offrant pour caractère essentiel : Des fleurs dioïques; un calice à quatre ou cinq divisions; autant de pétales : dans les fleurs mâles un grand nombre
d'étamines; un ovaire stérile; dans les fleurs femelles plusieurs
étamines stériles : un seul ovaire; un style; une capsule à
deux valves; une seule semence.

Willdenow a réuni ce genre aux *tetracera*, dont il est en
effet très-voisin; mais, pour admettre cette réunion, il faudroit que l'observation puisse nous apprendre que les fleurs
ne sont dioïques que par avortement, que plusieurs des parties qui manquent dans certains individus, sont restituées dans
d'autres. N'ayant encore rien de positif sur ces faits, les *tigarea* se distingueront des *tetracera* par leurs fleurs dioïques,
par un seul ovaire, un seul style, et par une capsule bivalve,
monosperme. Le port des espèces est d'ailleurs le même que
celui des *tetracera*, ayant des tiges sarmenteuses, des feuilles
munies de stipules.

Tigarée a feuilles rudes : *Tigarea aspera*, Aubl., Guian.,
2, tab. 350; Lamk., *Ill. gen.*, tab. 826; *Rhinium*, Schreb.,
Gen.; *Tetracera aspera*, Willd., *Spec.*, 2, pag. 1242. Arbrisseau dont la tige est sarmenteuse et rameuse : elle s'élève
jusque sur la cime des plus grands arbres, d'où pendent ses
rameaux prolóngés jusqu'à terre; ils sont très-rudes, âpres
au toucher, garnis de feuilles alternes, médiocrement pétiolées, un peu ovales, ondulés à leurs bords, chagrinées et couvertes à leurs deux faces de poils roides et crochus, longues
d'environ trois pouces et demi, sur trois de large; les pétioles
offrent à leur base des poils caducs. Les fleurs sont dioïques, disposées en petites grappes axillaires. Le calice est
d'une seule pièce, à quatre ou cinq divisions concaves, aiguës; la corolle blanche, à quatre ou cinq pétales concaves,
arrondis, insérés par un onglet entre les divisions du calice.
Les étamines sont nombreuses, placées au fond du calice; les

filamens courts; les anthères jaunes, à deux lobes; un pistil qui avorte. Les fleurs femelles ont un calice et une corolle comme dans les fleurs mâles; des filamens sans anthères; un ovaire arrondi, surmonté d'un style terminé par un stigmate large, obtus. Le fruit est une capsule sèche, roussâtre, rude au toucher, avec le calice persistant, s'ouvrant en deux valves; une seule semence. Cette plante croît dans l'île de Cayenne.

Les Créoles ont donné à cette plante le nom de *liane rouge*, à cause de la couleur que prend sa décoction: elle passe dans le pays pour un bon remède dans les maladies vénériennes. On rencontre quelquefois cet arbrisseau en si grande quantité dans les bois, qu'il est impossible de les parcourir sans être déchiré par l'âpreté de ses rameaux et de ses feuilles, et surtout sans être arrêté par l'entrelacement de ses branches et de ses rameaux.

TIGARÉE A FEUILLES DENTÉES : *Tigarea dentata* , Aubl., *loc. cit.*, tab. 351 ; *Tetracera tomentosa*, Willd., *Spec.*, *loc. cit.* D'après Aublet, cet arbrisseau ressemble au précédent par ses fleurs et par ses fruits; il en diffère par ses tiges, qui sont velues; par ses branches, qui sont lisses et plus grosses; par ses feuilles ovales, dentées, terminées par une longue pointe: elles sont glabres à leur face supérieure, vertes, revêtues en dessous d'un duvet soyeux et tomenteux, longues d'environ cinq pouces, sur deux pouces et demi de large. Cet arbrisseau croît dans les bois à Cayenne. Les Créoles le nomment *liane rouge*, comme le précédent, et l'emploient aux mêmes usages. (POIR.)

TIGAS, TUGAS. (*Bot.*) Camelli, dont les descriptions sont recueillies dans l'ouvrage de Rai, parle d'un grand arbre de ce nom dans les Philippines, dont le tronc, cylindrique, atteint le diamètre de dix à douze pieds. Son bois est compacte, pesant, et si dur qu'il résiste à l'action de la scie et d'autres instrumens, d'où lui vient son nom vulgaire. Ses fruits, disposés en grappes, renferment trois noyaux. Cet arbre est encore nommé *tongon* ou *tongo*, dans quelques autres lieux des Philippines. (J.)

TIGE. (*Bot.*) La tige part du même point que la racine; mais elle s'alonge en sens inverse; tandis que la première descend vers le centre de la terre, l'autre s'élève vers le ciel.

La ligne de jonction de ces deux parties, qui est indiquée par le plan superficiel du sol, est le collet de la plante. Il ne faut pas le confondre avec le collet de l'EMBRYON. (Voyez ce mot.)

La tige est le caudex ascendant développé : elle porte, soit médiatement, soit immédiatement, les feuilles, les boutons, les fleurs et les fruits. Ses divisions sont des branches; ses subdivisions sont des rameaux.

Sans parler des champignons, des lichens et autres végétaux d'un ordre inférieur, il seroit facile de citer un grand nombre d'espèces dépourvues de tige, d'autant plus que les botanistes ne confondent jamais avec cet organe les supports particuliers des fleurs. (Voyez HAMPE.)

On distingue quatre espèces de tiges : le tronc, qui appartient aux arbres dicotylédons ; le stipe, qui caractérise les arbres monocotylédons ; le chaume, propre aux graminées, et les tiges proprement dites, qu'on ne peut nommer tronc, stipe ou chaume. Le nombre en est considérable et varié : elles sont herbacées ou ligneuses ; elles rampent ; elles grimpent ou s'élèvent verticalement sans appui : elles sont presque toujours flexibles, ramifiées; leur bois est formé de couches dans les dicotylédons et de filets dans les monocotylédons. (Voyez TRONC, STIPE, CHAUME.)

Organisation des tiges dicotylédones. On divise le tissu des tiges dicotylédones en trois parties anatomiques : 1.° l'externe ou l'ÉCORCE, composée de la substance ou enveloppe herbacée des couches corticales et du liber; 2.° la moyenne ou CORPS LIGNEUX, qui comprend l'aubier, le bois et les insertions ou rayons médullaires; 3.° la centrale ou la MÉDULLAIRE, laquelle est formée de l'étui médullaire et de la moelle. (Voyez tous ces mots.)

Ces parties, présentées comme distinctes, ne sont point séparées dans la nature. Il existe entre elles, au contraire, une parfaite connexion, et on ne les isole que par l'analyse mécanique ou par la macération qui détruit certaines portions du tissu et n'attaque point les autres. Le tronc est formé en réalité d'un seul et même tissu cellulaire, dont l'épiderme fait la limite.

Toutes les modifications possibles de ce tissu ne se rencontrent pas dans la même tige. Beaucoup d'espèces n'ont point de couches corticales; plusieurs ont un bois et un aubier si semblables en apparence, qu'on ne sauroit les distinguer; quelques-uns sont privés d'insertions médullaires. Le *myriophyllum*, herbe aquatique dicotylédone, est absolument privé de moelle.

Développement et croissance du tronc. Pour éclairer l'ordre des développemens, prenons l'arbre dès sa naissance et suivons-le dans ses progrès.

Avant la germination, la substance de la plumule n'offre en grande partie qu'un tissu délicat et régulier. On y découvre des traces mucilagineuses de cambium, premiers linéamens du tissu, que la nutrition doit rendre un jour plus apparens.

La germination commence : des trachées, des fausses trachées, des vaisseaux poreux, s'ouvrent autour de la moelle et constituent l'étui médullaire. Un réseau de cellules alongées, qui reçoit dans ses mailles des cellules plus courtes, se produit à la superficie de l'étui et constitue une couche, dont la partie interne est de l'aubier et l'externe du liber. L'aubier acquiert de jour en jour plus de ténacité; les parois des cellules s'épaississent; de gros vaisseaux, dont la formation semble due au retrait des parties environnantes, la parcourent dans toute son étendue. Alors ce n'est plus une couche d'aubier, c'est une couche de bois.

A mesure que l'aubier, devenu plus compacte et moins épais, se sépare du liber, et que celui-ci, par le développement de son tissu, devient plus ample, le cambium, ce mucilage organisé, ce tissu cellulaire fluide, s'accumule entre l'aubier et le liber et forme une couche régénératrice nouvelle, dont la partie qui touche à l'aubier se convertit en aubier et augmente le bois, et celle qui touche au liber, se convertit en liber et régénère l'écorce à mesure que la partie extérieure, soumise au contact de l'air et de la lumière, se désorganise. A cette couche de cambium en succède une troisième, qui éprouve les mêmes modifications. Une quatrième vient ensuite, puis une cinquième, puis une sixième, etc., et les feuillets du liber et du bois vont, se multipliant de cette manière, jusqu'à ce que la mort mette fin à l'épaississement du tronc.

Chaque couche ligneuse est d'ordinaire le produit de la végétation d'une année ; par conséquent, plus un arbre sera vieux, plus le nombre de ses couches sera considérable, et puisque l'on compte quelquefois plusieurs centaines de couches à la base du tronc, tandis qu'on n'en trouve jamais qu'une à l'extrémité des branches, il est clair que chaque couche ne s'étend pas dans toute la longueur de l'arbre, que la base du tronc réunit toutes les couches qui se sont organisées depuis la germination, et que l'extrémité des branches ne renferme sous son écorce que le prolongement de la couche annuelle.

Cette observation conduit à expliquer l'accroissement en hauteur : une graine d'arbre germe ; la jeune tige se montre et prolonge sa croissance jusqu'à ce que la couche ligneuse soit endurcie. Cette couche forme alors un cône alongé. Une couche nouvelle s'organise autour de la première, et se développant avec le bouton qui termine la tige, elle forme un cône ligneux beaucoup plus alongé que celui qu'elle recouvre. Une troisième couche se développe et dépasse la seconde ; elle est dépassée à son tour par une quatrième, qui, elle-même, est recouverte par une cinquième, etc. Chacun de ces cônes marque la croissance d'une année. Après cent ans de végétation, il y a cent cônes emboîtés les uns dans les autres, et les espaces compris entre les sommets de ces cônes indiquent la succession et l'alongement des pousses annuelles.

Une herbe est organisée de même que la pousse annuelle d'un arbre. On y trouve l'écorce, le corps ligneux et la moelle.

Organisation des tiges des monocotylédons. Les tiges des monocotylédons ne sont pas organisées de même que celles des dicotylédons. M. Desfontaines, le premier, en a marqué la différence, et cette découverte, qui éclaire à la fois la physiologie végétale et la botanique, est considérée comme l'une des plus importantes que l'on ait encore faites sur la structure interne des végétaux.

Les monocotylédons ont rarement une écorce distincte du reste du tissu. Ils n'offrent point de liber, d'aubier, de bois disposé en couches concentriques ; ils n'ont point de rayons médullaires, et leur moelle, au lieu d'être resserrée dans un

canal au **centre de** la tige, s'étend presque jusqu'à la circonférence. Leur bois est divisé en filets nombreux. **Ces**
filets, distribués dans le tissu médullaire avec plus **ou**
moins de symétrie, parcourent la tige dans sa longueur **et**
se réunissent de loin en loin, de façon qu'ils composent **des**
réseaux, analogues à ceux des dicotylédons, mais incomparablement plus lâches. **Des trachées**, des fausses trachées **ou**
des vaisseaux poreux, accompagnent chaque filet ligneux **et**
portent la séve dans le végétal.

En mettant en parallèle cette organisation **et** celle **des**
dicotylédons, on verra que la différence essentielle est dans
la grandeur des mailles des réseaux ligneux. Cette seule
modification organique suffit pour changer la marche des développemens. Chaque filet des monocotylédons, c'est-à-dire,
chaque branche de leurs réseaux n'étant point comprimée
par les autres branches, végète séparément; ainsi le tissu
qui s'organise à la superficie de tout le corps ligneux dans
les dicotylédons se produit autour de chaque filet dans les
monocotylédons. Les filets même s'y multiplient, et ces
nouvelles branches des réseaux ligneux naissent surtout au
centre, où la place ne manque pas, tandis que les réseaux
des dicotylédons s'accroissent vers la circonférence, entre
l'enveloppe herbacée et le corps ligneux, seul endroit où
la végétation puisse prendre de l'essor. De là vient que les
dicotylédons ont un tissu plus lâche à la circonférence qu'au
centre, et qu'en général l'inverse a lieu pour les monocotylédons.

Quand on fait une ligature au tronc d'un arbre dicotylé-
don, ou qu'une plante grimpante ligneuse le serre dans ses
replis, la nouvelle couche, fortement comprimée, se renfle
en bourrelet au-dessus du lien; mais les ligatures et les
plantes grimpantes ne font pas naître de bourrelet sur les
stipes, parce que l'accroissement du réseau ligneux s'y fait
au centre. On montre au Muséum d'histoire naturelle un
grand tronçon de palmier, embrassé par les branches vigou-
reuses d'un *bauhinia*, et quoique la pression ait été puissante,
il ne paroît sur le stipe aucun indice de bourrelet.

Développement des tiges des monocotylédons. Voyons en premier lieu comment naît et se développe le stipe. Prenons les

palmiers pour exemple. Je suppose que nous ayons semé,
dans des circonstances favorables, une graine de dattier ou
de *caryota*, ou de *chamærops* : la germination commence;
l'extrémité supérieure du cotylédon se gonfle et reste engagée
dans le périsperme, qu'elle absorbe insensiblement; l'extrémité inférieure pousse en avant la radicule et la plumule,
et fait tomber l'embryotége; la radicule descend dans la
terre; la plumule perce la coléoptile et monte vers le ciel.
Les feuilles, d'abord plissées sur elles-mêmes et engaînées les
unes dans les autres, se déploient, se multiplient, se groupent en gerbe à la surface de la terre. Les anciennes, re-
poussées à la circonférence par les nouvelles, se détachent;
mais leurs bases se soutiennent et forment un anneau solide,
qui est l'origine du stipe. Les nouvelles vieillissent à leur
tour; elles cèdent la place à de plus jeunes; elles tombent
comme les précédentes et laissent un second anneau au-dessus
du premier. Une suite d'anneaux semblables se produit par
les évolutions successives du bourgeon terminal. Le stipe,
couronné de ses feuilles, s'élève en colonne, sans que sa base
grossisse, parce que tous les développemens se font au centre,
et que la circonférence, composée de filets nombreux et en-
durcis, retient les parties intérieures. La végétation de la
plupart des autres palmiers offre les mêmes phénomènes.

De même que la succession des développemens est écrite
pour ainsi dire sur la coupe transversale du tronc des dicotylédons par les zones concentriques, de même aussi elle
est écrite à la superficie du stipe des palmiers par les cicatrices circulaires que produit la chute des feuilles; mais ces
cicatrices s'effacent à la longue, et le stipe de beaucoup de
palmiers devient très-lisse en vieillissant.

Les stipes du *dracœna*, des aloës, des *yucca*, diffèrent de
ceux des palmiers en ce qu'ils ont une double végétation.
Ils croissent en longueur par le développement des filets du
centre, et en épaisseur par le développement des filets de la
circonférence. Il arrive même qu'après un certain temps les
filets de la circonférence se soudent les uns aux autres et
composent par leur réunion une sorte de couche ligneuse.
Ils produisent des branches, mais peu nombreuses et sans
aucun ordre déterminé. Leurs bourgeons, en se développant,

alongent la tige ou la branche de même que les bourgeons des dicotylédons.

Les asperges, les *ruscus*, les *smilax*, les *dioscorea*, les *tamnus*, etc., dont les tiges sont grêles, flexibles, et souvent sarmenteuses, ont une écorce, une double végétation et des branches disposées avec régularité.

Les chaumes sont dépourvus d'écorce. Leur végétation est simple comme celle des palmiers; leurs nœuds sont solides; leurs entrenœuds ou articles, qui offrent presque toujours une grande lacune centrale, semblent sortir les uns des autres, à la façon des tubes d'une lunette d'approche. Chaque feuille part d'un nœud, dans lequel se fait la séparation des filets, dont les uns produisent la feuille et les autres la partie supérieure de la tige.

Les rotangs, que les caractères de leur fleur et de leur fruit confondent avec les palmiers, poussent des touffes de feuilles à la surface de la terre, de même que les stipes naissans. Du milieu de ces feuilles partent des jets articulés et feuillés comme les chaumes, et souples, sarmenteux, grimpans comme la tige des *smilax* et des *ubium*. Les rotangs ont une végétation simple; ils s'alongent prodigieusement et restent très-grêles. On a mesuré des tiges de deux cents mètres de longueur, qui n'avoient au plus que la grosseur du pouce.

Certaines fougères de l'Amérique méridionale développent un véritable stipe couronné de feuilles, et s'élèvent aussi haut que nos arbres de moyenne grandeur. Ainsi, quoique les fougères diffèrent infiniment par leur fructification des monocotylédons phénogames, la physiologie découvre dans les espèces arborescentes un lien naturel entre les arbres monocotylédons et les végétaux d'un ordre inférieur. Mirb., Élém. (Mass.)

TIGELKIO. (*Bot.*) Nom javanois, cité par Burmann, du *senecio pseudochina*. (J.)

TIGELLE. (*Bot.*) Rudiment de la tige dans la graine. Elle est visible avant la germination dans le *tropæolum majus*, le *faba*, le *nelumbo*, etc.; elle est invisible avant la germination dans le *pinus*, l'*allium*, etc. La tigelle est terminée par un petit bouton nommé gemmule. (Mass.)

TIGER-ILTIS. (*Mamm.*) Ce nom, qui paroît signifier *marte*

tigrée, est employé dans les Voyages de Pallas, pour désigner le pérouasca (*mustela sarmatica*), espèce de marte dont le pelage est en effet agréablement varié ou tigré de noir et de fauve. (Desm.)

TIGIEGA. (*Ichthyol.*) A Malte on appelle ainsi le gurnau. Voyez Trigle. (H. C.)

TIGNA. (*Bot.*) Nom péruvien du *conyza genistelloides* de M. de Lamarck, trouvé au Pérou par Joseph de Jussieu. (J.)

TIGNAMICA. (*Bot.*) Nom donné dans quelques lieux de la Toscane, suivant Césalpin, au *gnaphalium stœchas*. (J.)

TIGRE. (*Mamm.*) Ce nom, qui signifie chez les Indous *flèche* ou *javelot*, est celui du plus grand mammifère du genre des Chats, remarquable par les bandes noires transverses et bien symétriques qui se trouvent disposées sur le fond fauve de sa robe, tant sur le corps que sur le cou et les membres.

Il a été aussi attribué, avec des épithètes particulières, à plusieurs autres grands carnassiers du même genre : ainsi le tigre d'Amérique, le tigre du Brésil ou le tigre de la Guiane, sont le *jaguar;* le tigre barbet ou le tigre frisé de Brisson, est le *guépard*, qui semble être le même animal que le tigre-loup de Kolbe ; ce dernier nom a été aussi appliqué à l'hyène ; les phoques à pelage varié de taches brunes sur un fond clair ont été nommés *tigres marins;* le tigre noir d'Amérique est une variété du jaguar, et le tigre noir de Java est le *felis melas* de Péron ; le tigre des Iroquois, le tigre rouge et le tigre poltron sont autant de dénominations du couguar ; enfin le nom de tigre-chat ou de chat tigré est appliqué à diverses petites espèces, telles que le serval, l'ocelot, le margay, le chat sauvage, une variété du chat domestique, etc.

Le vrai tigre est désigné souvent en françois par les noms de *grand tigre* et de *tigre royal.* Voyez l'article Chat. (Desm.)

TIGRE. (*Erpét.*) Nom spécifique d'un Python. Voyez ce mot. (H. C.)

TIGRE. (*Conchyl.*) Nom spécifique d'une espèce de côné, *C. litteratus,* et d'une espèce de porcelaine, *cyp. tigris,* ainsi nommées à cause des taches orbiculaires noires dont elles sont ornées sur un fond blanc. (De B.)

TIGRE, TIGRÉE. (*Ichthyol.*) Noms spécifiques d'une Roussette. Voyez ce mot. (H. C.)

TIGRE-PUCE. (*Entom.*) M. Latreille dit, que ce nom vulgaire désigne un insecte de couleur grise, qui attaque les feuilles des arbres fruitiers, et qu'il soupçonne être un hémiptère du genre *Tingis*. (Desm.)

TIGRE-PUNAISE. (*Entom.*) Geoffroy a ainsi nommé une espèce d'acanthie, que nous avons décrite sous le n.º 13, tome I.ᵉʳ, page 104. Fabricius l'a rangée dans le genre *Tingis*, en lui conservant le nom spécifique de *clavicornis*. (C. D.)

TIGRÉ. (*Ichthyol.*) Nom spécifique d'un holocentre, décrit dans ce Dictionnaire, tome XXI, page 288, et d'un tétrodon, dont il sera question plus tard. (H. C.)

TIGRÉ. (*Ichthyol.*) Nom spécifique d'un Coffre. Voyez ce mot. (H. C.)

TIGRESSE. (*Mamm.*) Nom de la femelle du tigre. (Desm.)

TIGRI-FOWLO. (*Ornith.*) Nom donné par les habitans de la Guiane, suivant Stedman, tom. 1, p. 186 de la traduction françoise, à l'oiseau tigre, espèce de héron. (Ch. D.)

TIGRIDIA. (*Bot.*) Voyez Ferraria. (Poir.)

TIGRIE. (*Ornith.*) Nom piémontais du *corvus caryocactes* de Linné, du genre *Nucifraga* de Brisson. (Ch. D. et Lesson.)

TIGRIS. (*Mamm.*) Nom latin du tigre. (Desm.)

TIGRIS. (*Conchyl.*) Genre de coquilles proposé par Klein (*Ostracod.*, p. 41) pour les espèces univalves, obtuses, régulières, à ouverture arrondie, ombiliquée, qui offrent au-dessus d'une couche nacrée des taches noires, régulièrement disposées, sur un fond éburné; c'est-à-dire pour le *turbo pica*. (De B.)

TIGUAR. (*Bot.*) Nom du turbith sur la côte de Canara dans l'Inde, suivant Hernandez. (J.)

TIHO. (*Bot.*) C'est le nom que les habitans d'Oualan donnent aux fleurs d'un *pancratium*. Ils les portent dans un trou qu'ils pratiquent dans leurs oreilles, afin d'en recevoir sans cesse le parfum. (Lesson.)

TII. (*Bot.*) On donne ce nom à Otaïti à la racine d'un *maranta*, qui est employée par les naturels à préparer une sorte de tafia. Ils font fermenter le suc mucoso-sucré qu'elle contient et le soumettent à la distillation pour en obtenir l'alcool. Les procédés qu'ils emploient leur ont été donnés par des matelots européens. (Lesson.)

TIJÉ et TIJÈ GUACU. (*Ornith.*) Noms spécifiques de deux Manakins. Voyez ce mot. (Desm.)

TIJÉ PIRANGA. (*Ornith.*) Nom du jacapa et du cardinal de Brisson, au Brésil. (Desm.)

TIKAGUSIK. (*Mamm.*) C'est l'une des dénominations groënlandoises du physétère microps de feu de Lacépède. (Desm.)

TIKANTO d'Adanson. (*Bot.*) Voyez Ticanto. (Lem.)

TIKLIN. (*Ornith.*) Une espèce de râle des Philippines est ainsi nommée dans sa patrie, et les naturalistes en ont fait son nom spécifique. (Ch. D. et Lesson.)

TIKOUS. (*Mamm.*) Les Malais donnent ce nom à plusieurs espèces du genre Rat, répandues dans les îles de l'Est. (Lesson.)

TILAM. (*Bot.*) Nom du *mentha fœtida* de Burmann dans l'île de Java. (J.)

TILASON. (*Bot.*) Un des noms arabes de la grande joubarbe, *sempervivum*, cité par Daléchamps. (J.)

TILCUETZPALLIN. (*Erpét.*) Hernandez a parlé sous ce nom d'un gros lézard de la Nouvelle-Espagne, qui paroît être un sauve-garde. (H. C.)

TILCUETZPALLINE. (*Erpét.*) Voyez Tejuguacu. (H. C.)

TILÉSIE. (*Foss.*) Dans le terrain à polypiers des environs de Caen on trouve un polypier fossile que Lamouroux a regardé comme devant constituer un genre particulier, et auquel il a assigné les caractères suivans : *Polypier pierreux, cylindrique, rameux, tortueux, verruqueux; pores ou cellules petits, réunis en paquets ou en groupes polymorphes, saillans et couvrant en grande partie le polypier : intervalle entre les groupes lisse et sans pores.* (Lamx., Exp. méth. des genres de l'ord. des polyp., pag. 42.)

Tilésie tortueuse : *Tilesia distorta*, Lamx., *loc. cit.*, tab. 74, fig. 5 et 6 ; atlas de ce Dictionnaire, pl. de fossiles. Polypier à rameaux courts et tronqués ; pores ou cellules à ouverture parfaitement ronde. Grandeur, un pouce et demi. Diamètre des rameaux, deux lignes. Il paroît qu'on ne connoît qu'une seule espèce de ce genre. (D. F.)

TILIA. (*Bot.*) Voyez Tilleul. (Lem.)

TILIACÉES. (*Bot.*) Cette famille de plantes, à laquelle le tilleul, *tilia*, donne son nom, appartient à la classe des hypopétalées ou dicotylédons polypétales, à étamines insérées sous le pistil. Nous l'avions primitivement composée de trois sections; mais en observant que la seconde constituoit seule les véritables tiliacées, et que les deux autres, rapprochées pour le moment, pouvoient dans la suite en être séparées. En effet, il a été reconnu que la première, ayant, comme les malvacées, les filets d'étamines réunis, et, comme les vraies tiliacées, un embryon périspermé, devoit former entre elles une famille intermédiaire, dont l'*Hermannia* étoit le type, et à laquelle nous avons donné le nom de hermanniées (Mém. du Mus. d'hist. nat., 1, 242). Cette nouvelle famille, enrichie de plusieurs genres à fruit périspermé, mal rapportés aux malvacées. a été ensuite subdivisée en plusieurs sections ou familles, dont nous ne nous occuperons point dans le présent article.

La troisième section, caractérisée comme la seconde par des étamines à filets distincts et par un embryon périspermé, en différoit par l'unité de loge dans le fruit, et c'est principalement sur ce caractère que M. Kunth a fondé sa nouvelle famille des bixinées, dont il sera question plus bas.

Nous devons examiner d'abord la section qui renferme les genres à fruits multiloculaires, celle des vraies tiliacées, dont MM. Kunth et De Candolle ont tracé le caractère fondé sur la réunion des suivans.

Un calice à quatre, ou plus ordinairement à cinq divisions profondes, ou divisé en autant de sépales à préfloraison valvaire. Pétales en nombre égal (manquant rarement), alternes avec le calice, insérés au support de l'ovaire. Étamines en nombre indéfini ou quelquefois défini, ayant la même insertion; filets distincts; anthères arrondies ou oblongues, biloculaires, s'ouvrant du côté intérieur. Ovaire simple, libre, ordinairement pluriloculaire, sessile ou stipité, entouré souvent à sa base de quatre ou cinq glandes opposées aux pétales ou remplacées quelquefois par autant d'écailles; un ou plusieurs ovules dans chaque loge de l'ovaire; style simple ou rarement nul; stigmate simple ou plus souvent divisé. Fruit capsulaire ou charnu, ordinairement multiloculaire, à loges polyspermes, dont quelques-unes avortent souvent; l'embryon des graines, entouré d'un périsperme charnu, est droit, à radicule dirigée vers leur point d'attache, à lobes plans et foliacés.

Les plantes de cette famille ou section sont des arbres ou arbrisseaux, plus rarement des herbes. Les feuilles sont simples, alternes et stipulées. Les fleurs sont hermaphrodites, portées sur des pédoncules ordinairement axillaires et multiflores.

Les caractères indiqués déterminent la place des tiliacées dans la classe des hypopétalées, à la suite des hermanniées, dont l'embryon est également périspermé, mais qui diffèrent principalement par la réunion de leurs filets d'étamines.

Nous rapportions ici primitivement les genres *Antichorus*, *Corchorus*, *Heliocarpos*, *Sparmannia*, *Triumfetta*, *Sloanea*, *Apeiba*, *Muntingia*, *Grewia*, *Tilia*, avec quelques autres, reportés plus récemment à des familles différentes. Dans les Mémoires du Musée, 5, page 244, nous ajoutions les genres *Colona* de Cavanilles ou *Columbia* de Persoon, *Diplophractum* de M. Desfontaines, *Honckenya*, *Espera* et *Luhea* de Willdenow. M. Kunth, qui concentre dans cette section la vraie famille des tiliacées, admet la même série de genres, à l'exception des trois derniers : ceux-ci sont adoptés avec tous les autres par M. De Candolle, dans son *Prodromus*, 1, page 303, qui ajoute à cette série l'*Abatia* de la Flore du Pérou, et place à la suite, avec doute, les genres *Ablania* d'Aublet, *Gyrostemon* de M. Desfontaines, *Christiana* de M. Brown, *Alegria* de la Flore du Mexique, *Vatica* de Linnæus, *Wikstromia* de M. Schrader, *Berrya* de Roxburg ; l'*Espera* et le *Luhea*, cités plus haut, font partie de cette dernière réunion.

Il a été dit plus haut que M. Kunth avoit séparé des tiliacées leur troisième section ancienne, pour en former une famille des bixinées, que nous rappellerons ici pour qu'elle ne soit pas omise dans ce Recueil : plusieurs caractères lui sont communs avec les tiliacées. Il la distingue particulièrement par le nombre des parties du calice, qui s'élève quelquefois jusqu'à sept, et dont la préfloraison n'est pas uniforme ; par les pétales au nombre de cinq, ou plus souvent nuls ; par le nombre toujours indéfini des étamines insérées sous l'ovaire ou sur un disque occupant le fond de la fleur ; par un ovaire toujours sessile et surtout uniloculaire, muni intérieurement de quelques placentaires pariétaux, ovulifères, et devenant une capsule ou une baie ; l'une et l'autre également uniloculaires et polyspermes sur des placentaires pariétaux.

On voit ici que la principale différence consiste dans ces derniers caractères. Si un nouvel examen prouvoit que dans l'ovaire les placentaires pariétaux ont pu être rapprochés dans le centre de la loge, au point de contracter presque un contact; si l'on pensoit que ce rapprochement a pu simuler ainsi une pluralité de loges, laquelle, dans la maturité, auroit disparu par suite de la rétraction de ces placentaires, on trouveroit peut-être moins grande la différence indiquée, et on finiroit par conclure que, si ce ne sont pas deux sections d'une même famille, ce sont au moins deux familles très-voisines. M. Kunth ne paroît pas combattre cette conséquence.

Nous avions placé dans cette division le *Bixa*, le *Laetia* et le *Banara*. Il les admet également, et y joint le *Prockia* de P. Browne, le *Ludia* de Commerson, le *Patrisia* de Richard, ou *Ryania* de Vahl, et l'*Abatia* de la Flore du Pérou. Il reconnoît en même temps que l'on trouve dans quelques-uns de ces genres des exceptions au caractère général de la série, surtout dans l'insertion des étamines, qui, réputées hypogynes dans les vraies bixinées, sont dans le *Prockia* et le *Ludia* portées au fond de la fleur sur un disque qui paroît adhérent en partie au calice. Cette apparence d'insertion périgyne nous justifie presque d'avoir placé primitivement le *Prockia* dans une section des rosacées, et le *Ludia* à leur suite près de l'*Homalium* devenu plus récemment le type d'une nouvelle famille, indiquée par M. Brown. On retrouve dans le *Prodromus* de M. De Candolle la famille des bixinées, avec le même caractère général et les mêmes genres, à l'exception de l'*Abatia*, qu'il reporte aux tiliacées, et du *Patrisia*, qu'il croit plus voisin des flacurtianées, mentionnées plus bas, et il ajoute aux genres admis, l'*Azara* de la Flore du Pérou. Mais cet auteur diffère dans sa classification de la famille, qu'il place près des capparidées et loin des tiliacées, à cause de l'identité dans le fruit ordinairement uniloculaire et dans l'insertion pariétale des graines. Il est suivi en ce point par M. de Saint-Hilaire, qui, dans les Mémoires du Musée, tom. 14, page 124, présente un projet de distribution des familles à corolle polypétale. L'opinion de ces deux savans doit dans beaucoup de cas faire autorité ; cependant nous ne pouvons, pour le moment, renoncer à croire que notre ancienne série, qui, à la suite des crucifères et des capparidées, place immédiatement les sapindées, est plus naturelle, et que les familles qui les suivent jusqu'aux hypéricées exclusivement, forment avec elles un groupe qui pourra bien être augmenté, mais non décomposé. Cette conviction est plus fondée sur la structure intérieure de la graine que sur son point d'attache dans le fruit. Comme de plus la distribution de M. Kunth, en cette partie, est conforme à la nôtre, cet assentiment tend à la fortifier.

Il existe un genre, le *Flacurtia* de Commerson, que nous avons placé d'abord dans les tiliacées, en reconnoissant néanmoins qu'il différoit en plusieurs points. M. Poiteau, décrivant son nouveau genre *Rumea* (Mém. du Mus., 1, p. 261), le rapprochoit du *Flacurtia*, en observant, le premier, que ces deux genres devoient constituer un nouvelle famille, à laquelle se joindroit peut-être le *Stigmarota* de Loureiro, quand il seroit mieux connu. Nous avons rappelé cette observation dans le même Recueil (5, page 245), et adopté son opinion en la fondant principalement sur l'absence d'une corolle, la séparation des organes sexuels et la présence d'un disque staminifère. Nous ajoutions encore que peut-être on pourroit y joindre les genres *Mauneia* de M. du Petit-Thouars, *Phoberos* de Loureiro, et *Thamnia* de P. Browne. M. De Candolle, dans son *Prodromus*, 1, page 255, a établi cette famille sous le nom de flacourtianées, qu'il attribuoit a Richard ; mais il la présentoit différemment, avec l'addition de plusieurs genres polypétales et hermaphrodites. Nous croyons devoir consigner dans cet article le caractère général qu'il lui assigne.

Un calice divisé en quatre à sept parties, avec lesquelles sont alternes autant de pétales, manquant quelquefois : étamines insérées sous l'ovaire en nombre égal ou double, ou plus considérable ; quelquefois plusieurs de leurs filets stériles ayant la forme d'écailles ; ovaire simple et libre. surmonté d'un style (quelquefois nul), terminé par plusieurs

stigmates ; fruit uniloculaire, tantôt charnu, indéhiscent,
tantôt capsulaire, s'ouvrant en quatre ou cinq valves, tapissées intérieurement d'une pulpe mince ; quelques graines
enveloppées de cette pulpe desséchée, attachées à un placen-
taire, sortant du milieu de chaque valve ; embryon droit,
entouré d'un périsperme charnu ; la radicule dirigée vers
l'ombilic de la graine ; les lobes plans et foliacés ; tiges
ligneuses ; feuilles simples, alternes, non stipulées ; fleurs
portées sur des pédoncules axillaires, multiflores, quelquefois diclines.

M. De Candolle subdivise cette famille en quatre sections.
Dans la première, qu'il nomme les patrisiées, les fleurs sont
hermaphrodites, apétales ; le calice intérieurement coloré ; les
étamines indéfinies ; le fruit charnu ou capsulaire. Il y rapporte
le seul genre *Patrisia*, subdivisé en deux. M. Kunth en a fait
une bixinée ; nous le placions dans les tiliacées, parce que de
plus nous y observions des stipules linéaires, qui ne subsistent
qu'à la base des jeunes feuilles.

La seconde section, celle des vraies flacurtiées, qui a des
fleurs dioïques apétales, des étamines indéfinies et un fruit
charnu, renferme seulement les genres *Flacurtia*, *Rumea* et
Stigmarota, cités précédemment.

Dans la section des kiggelariées, qui est la troisième, sont
placés les genres *Kiggelaria*, *Melicytus* de Forster, et *Hydno-
carpus* de Gærtner, qui ont des fleurs dioïques par avortement, des pétales existans, des étamines en nombre défini,
et un fruit à demi charnu, s'ouvrant dans la maturité.

La quatrième section contient le seul genre *Erithrosper-
mum* de MM. du Petit-Thouars et de Lamarck, distingué par
des fleurs hermaphrodites, des pétales et des étamines au
nombre de cinq à sept, et un fruit charnu, indéhiscent.

Comme plusieurs des genres ici réunis ne sont pas connus parfaitement, leur rapprochement peut n'être pas défi-
nitif et être susceptible d'une nouvelle vérification. Il faut
seulement observer que l'objection faite précédemment contre
le placement des bixinées près des capparidées, est la même
contre l'admission des flacurtianées entre ces deux familles,
puisqu'elles n'ont pas, comme les capparidées. un embryon sans
périsperme, à radicule repliée sur les lobes.

Avant de terminer cet article, nous devons parler de quelques genres qui nous paroissoient avoir de l'affinité avec les tiliacées, et que nous proposions (Ann. du Mus., 11, p. 253) de placer à la suite dans une section particulière ou dans une famille distincte, ayant pour caractères propres des anthères alongées et droites, ouvertes par des pores terminaux, et des pétales ordinairement frangés ou lobés. Ces genres sont le *Vallea* de Mutis, le *Tricuspidaria* de la Flore du Pérou, le *Vatica* de Linnæus, cité plus haut, et surtout l'*Elæocarpus* de Burmann et Linnæus, auquel on réunissoit les genres *Dicera* de Forster, *Adenodus* de Loureiro, *Vateria* de Linnæus, et dont Gærtner avoit détaché le *Ganitrus* de Rumph. Les mêmes ont été en partie reproduits plus tard (Mém. du Mus., 5, p. 245) avec l'addition du *Blondea* de Richard et du *Craspedum* de Loureiro; mais nous distinguions alors l'*Elæocarpus* et le *Ganitrus*, dont le fruit est une noix recouverte d'un brou, des autres genres, qui ont le fruit capsulaire ou simplement charnu, en laissant entrevoir la possibilité d'en faire une famille distincte.

Elle a été établie, sous le nom d'élæocarpées, par M. De Candolle (*Prod.*, 1, p. 519), qui n'a point séparé ces genres et qui le premier en a tracé le caractère général, que nous présenterons encore ici, pour qu'il ne manque pas dans ce Dictionnaire.

Calice divisé en quatre ou cinq sépales à préfloraison valvaire, alternes avec autant de pétales hypogynes, dont le sommet est lobé ou frangé; quinze à vingt étamines à filets libres, à anthères oblongues, minces, biloculaires, dont les loges s'ouvrent supérieurement par un pore; ovaire pluriloculaire, porté sur un disque glanduleux; style unique; plusieurs graines dans chaque loge; embryon droit, à lobes plans et foliacés, entouré d'un périsperme charnu. Tiges élevées en arbrisseau ou en arbre: feuilles simples, alternes.

L'auteur rapproche cette famille des tiliacées et il y rapporte les genres *Elæocarpus*, dont, selon lui, le *Ganitrus* et l'*Adenodus* restent congénères; *Dicera*, auquel il réunit le *Craspedum*; *Tricuspidaria*; et il ajoute le *Decadia* de Loureiro, dont le fruit est un brou recouvrant une noix, et deux genres nouveaux créés par lui, *Aceratium*, à fruit inconnu, et *Frie-*

sia, à fruit en baie, différent du *Friesia* de M. Sprengel, qu'il croit être le *Crotonopsis* de Michaux.

Le caractère du fruit n'est pas énoncé dans cette famille, probablement parce qu'il n'est pas le même dans tous les genres, et que la structure des anthères et des pétales non entiers a paru offrir un signe plus important. Nous n'osons contredire cette préférence, parce que nous ne connoissons pas assez plusieurs des genres cités, et que leurs caractères, tracés par les auteurs d'une manière incomplète, ont besoin d'être plus détaillés et vérifiés de nouveau par M. De Candolle lorsqu'il en trouvera l'occasion. (J.)

TILIGUERTA. (*Erpét.*) Nom spécifique d'un Lézard. Voyez ce mot. (H. C.)

TILIGUGU. (*Erpét.*) Nom spécifique d'un Scinque. Voyez ce mot. (H. C.)

TILIN. (*Conchyl.*) C'est dans Adanson (Sénégal, pag. 91, pl. 6) le nom vulgaire du *conus mercator*, Linn. (De B.)

TILINGONI. (*Erpét.*) Voyez Tiligugu. (H. C.)

TILLANDSIA. (*Bot.*) Voyez Caragate. (Poir.)

TILLAU. (*Bot.*) On donne ce nom au tilleul des bois, qui a les feuilles plus petites que l'espèce cultivée et qui croît sans culture : c'est le *tillot* des Provençaux. (J.)

TILLDRA. (*Ornith.*) Nom islandois de l'huîtrier. (Desm.)

TILLE, *Tillus*. (*Entom.*) Olivier a désigné sous ce nom, emprunté du grec, τιλλῶ, *j'arrache*, un genre d'insectes coléoptères pentamérés, que nous rapportons à la famille des perce-bois ou térédyles.

Quoique ce nom ait été adopté par plusieurs auteurs, il a donné lieu à des difficultés très-grandes. Nous ne pouvons les faire comprendre qu'en retraçant l'histoire de l'emploi de ce nom.

Olivier, qui l'a introduit, n'a pas mis beaucoup d'importance à son étymologie. Il a voulu seulement faire distinguer d'abord l'insecte que Linnæus avoit appelé *chrysomela elongata*, et qu'ensuite Fabricius avoit rangé dans le genre *Lagria*.

Plusieurs auteurs, entre autres Illiger, l'avoient rangé dans le genre *Clerus* ; or, les véritables clairons sont hétéromérés, au moins ceux qui ont reçu primitivement ce nom de Geoffroy, car Linnæus les appeloit attélabes : c'est Olivier qui les a distingués en séparant les tilles, qui sont pentamérés.

Depuis, Fabricius a partagé les clairons en six genres : 1.º le G. TRICHODES, qui comprend les espèces nommées *apiarius*, *alvearius*, *bifasciatus*, *octopunctatus*, etc. ; 2.º le G. CLERUS, qui rapproche les espèces du genre dont nous allons parler, telles que celles qui avoient été appelées *mutillarius*, *formicarius*, *maculatus*, etc. ; 3.º le G. TILLUS, qui réunit l'*elongatus*, le *serraticornis*, l'*ambulans*, etc. ; 4.º le G. CORYNETES ou NÉCROBIE de M. Latreille, telles que les *violaceus*, *sanguinicollis*, *rufipes* ; 5.º le G. NOTOXE, comme le *mollis* et plusieurs autres espèces étrangères ; 6.º le G. ANTHICUS, auquel il rapporte toutes les petites espèces de méloës de Linnæus, la cuculle de Geoffroy, qu'il avoit précédemment rangée, avec quelque raison, avec les notoxes, au moins quant à l'étymologie.

Tel est l'état de la science. Nous avons réuni dans cet article le genre *Clerus* de Fabricius avec celui qu'il nomme *Tillus*, en lui conservant ce dernier nom, et dont voici les caractères essentiels :

Corps arrondi ; corselet plus étroit en arrière que la base des élytres, recevant la tête comme dans un capuchon ; antennes grossissant insensiblement.

Ces insectes vivent sur le tronc des arbres. M. Latreille dit que leurs larves se nourrissent de celles des vrillettes, parce qu'il les croit du même genre que celles des clairons. Voici les espèces principales.

1. TILLE MUTILLAIRE, *Tillus mutillarius*.

C'est l'espèce que nous avons fait figurer dans l'atlas de ce Dictionnaire, pl. 8, n.º 5 *bis*.

Car. Noir ; élytres à trois bandes blanches, fauves à la base ; abdomen rougeâtre.

On le trouve sur le tronc des chênes. L'étranglement qu'offre son corselet et la couleur rougeâtre du milieu du corps lui donnent à peu près le port d'une mutille.

2. TILLE FORMICAIRE, *T. formicarius*.

Car. Semblable au précédent, dont il n'est peut-être qu'une variété de sexe plus petite, avec deux bandes blanches seulement sur les élytres.

3. **Tille alongé**, *Tillus elongatus.*

Car. Noir bronzé, à corselet velu, rougeâtre.

Olivier l'a figuré dans son Entomologie, pl. 22, fig. 1.

3. **Tille corne en scie**, *T. serraticornis.*

Car. Noir, à élytres testacés; les trois derniers articles des antennes dilatés et en scie.

Ces quatre espèces se trouvent aux environs de Paris. (C. D.)

TILLÉE; *Tillæa*, Linn. (*Bot.*) Genre de plantes dicotylédones polypétales, de la famille des *crassulées*, Juss., et de la *triandrie trigynie*, Linn., qui a pour principaux caractères: Un calice divisé profondément en trois découpures ovales, pointues; une corolle de trois pétales ovales, aigus, plus courts que le calice; trois ovaires surmontés chacun d'un style court, à stigmate obtus; trois capsules ovales-oblongues, acuminées, étranglées transversalement par le milieu, à une seule loge, s'ouvrant longitudinalement par le côté intérieur et contenant deux graines. Ce genre ne renferme plus qu'une seule espèce, depuis qu'on en a retiré quelques autres plantes, qui n'en avoient pas le caractère, et que les unes ont servi à former le genre *Bulliarda*, tandis que les autres ont été rapportées aux crassules.

Tillée mousse : *Tillæa muscosa*, Linn., *Spec.*, 186; Lam., tab. 90, fig. 2. Sa racine est annuelle, très-menue; elle produit une tige rarement simple, divisée le plus souvent dès sa base en rameaux étalés, à peine hauts d'un pouce à un pouce et demi, glabres, rougeâtres comme toute la plante, garnis de feuilles très-petites, ovales, aiguës, un peu charnues, opposées et connées à leur base, contenant, dans leurs aisselles, un faisceau d'autres feuilles, formées par des pousses qui le plus souvent ne se développent pas. Ses fleurs sont blanchâtres, très-petites, à peine visibles à l'œil nu, presque sessiles, axillaires, solitaires ou souvent agrégées plusieurs ensemble. Cette petite plante croît en France et en Europe, dans les champs sablonneux et dans les sentiers des bois, principalement dans les lieux un peu humides. (L. D.)

TILLET, TILLOT. (*Bot.*) C'est le tilleul. (L. D.)

TILLEUL, *Tilia.* (*Bot.*) Genre de plantes dicotylédones

polypétales, qui a donné son nom à la famille des *tiliacées*, Juss., et qui appartient à la *polyandrie monogynie*, Linn. Il offre pour caractères : Un calice monophylle, très-caduc, à cinq découpures concaves ; une corolle de cinq pétales oblongs, alternes avec les divisions du calice ; des étamines nombreuses, insérées au réceptacle, à filamens subulés, presque égaux, de la longueur de la corolle, portant des anthères arrondies ; un ovaire supère, globuleux, surmonté d'un style filiforme, terminé par un stigmate en tête, à cinq dents ; une noix globuleuse, coriace ou ligneuse, indéhiscente, à cinq loges monospermes, dont quatre avortent ordinairement.

Les tilleuls sont des arbres élevés, à feuilles alternes, simples, et dont les fleurs sont disposées en corymbe sur un pédoncule commun, inséré sur le milieu d'une bractée. On en connoît maintenant dix espèces.

* *Pétales nus.*

TILLEUL A LARGES FEUILLES, vulgairement TILLEUL DE HOLLANDE; *Tilia platyphyllos*, Vent., Dissert., p. 6, tab. 1, fig. 2 ; *Tilia europæa, var. α*, Linn., *Spec.*, 733. C'est un arbre élevé de cinquante à soixante pieds, dont le tronc est revêtu d'une écorce épaisse, crevassée. Ses branches se divisent en rameaux nombreux, garnis de feuilles arrondies, un peu en cœur, acuminées, bordées de dents aiguës, presque glabres en dessus, légèrement pubescentes en dessous, et surtout sur leurs nervures, portées sur des pétioles plus courts qu'elles. Ses fleurs sont d'un blanc jaunâtre, portées sur des pédoncules axillaires, dilatés dans leur moitié inférieure en une aile oblongue, qui se prolonge sans adhérer à leur partie supérieure. Ses fruits sont ovales, un peu turbinés, ligneux, épais, relevés de côtes saillantes. Cette espèce croît dans les bois en France, en Suède, en Espagne.

TILLEUL A PETITES FEUILLES, vulgairement TILLET, TILLOT, TILLIER, etc.; *Tilia microphylla*, Vent., Diss., p. 4, t. 1, fig. 1. Cette espèce a beaucoup de ressemblance avec la précédente, mais elle en diffère parce que ses feuilles sont moitié plus petites, constamment glabres en dessus et en dessous, munies seulement en dessous, à leur base, ainsi qu'aux aisselles des ramifications de leurs nervures, d'une petite touffe de poils roussâtres; et encore parce que leurs fruits sont plus globuleux, plus petits, fragiles, dépourvus de côtes bien prononcées. Le tilleul à petites feuilles croit en France et dans plusieurs autres parties de l'Europe, particulièrement en Bohème, en Danemarck, en Russie.

Le bois de ces deux arbres est blanc, assez léger; il n'a pas beaucoup de dureté, mais il est liant, et peu sujet à être piqué des vers. Les menuisiers l'emploient pour faire des ouvrages légers, les boisseliers pour fabriquer de petits barils; les sculpteurs, les tourneurs, les sabotiers, en font aussi usage. Depuis quelques années on s'en sert, réduit en copeaux minces et menus, pour faire des chapeaux légers, qui ressemblent jusqu'à un certain point à ceux de paille. Celui de la seconde espèce est d'une meilleure qualité que celui de la première, pour les ouvrages de menuiserie, de sculpture, de tour, etc.

Avec le liber ou la seconde écorce des tilleuls on fait des cordes, qui n'ont pas sans doute la solidité de celles de chanvre, mais qui, étant à beaucoup meilleur marché, et pourrissant assez difficilement, sont d'un usage fréquent en divers lieux pour servir à tirer l'eau des puits. Pour exploiter les tilleuls sous ce rapport, on les tient en taillis, qu'on coupe tous les douze à quinze ans, ordinairement dans le courant de Mai, au moment où ils sont en séve, ce qui rend facile l'extraction de l'écorce, qu'on enlève dans toute la longueur des tiges, qui est communément de quinze à vingt pieds. Aussitôt que cette écorce est sèche, on en fait des bottes qu'on conserve dans un lieu frais, et lorsqu'on veut s'en servir pour fabriquer des cordes, on la met tremper dans l'eau pendant plusieurs jours, ce qui donne le moyen de séparer facilement, les uns des autres, les feuillets corticaux qui forment son épaisseur. Les meilleurs sont les plus intérieurs, et c'est avec eux qu'on fabrique des cordes; ceux du dehors, qui sont trop grossiers, servent à faire des liens pour lier les gerbes des céréales, les bottes de foin, etc. On fabriquoit autrefois des nattes avec cette écorce en France à ailleurs; mais cette fabrication est abandonnée maintenant. L'écorce de tilleul peut encore servir à faire du papier.

Les tiges de tilleul, dépouillées de leur écorce, sont employées selon leur grosseur; les plus fortes par les tourneurs, les moindres par les vignerons et les jardiniers pour faire des échalas et des perches à treillages ou à palissades.

Tous les bestiaux aiment les feuilles de tilleul, et dans quelques cantons on les recueille pour les faire sécher et les leur donner à manger pendant l'hiver; mais elles donnent, selon Linné, un mauvais goût au lait des femelles.

Les fleurs de ces arbres ont une odeur agréable, et elles fournissent aux abeilles des récoltes abondantes d'un miel de très-bonne qualité. En Russie il est ordonné, pour cette raison, de planter des tilleuls sur les bords des grandes routes. Ces fleurs, desséchées, sont employées en médecine comme antispasmodiques, et on en fait un fréquent usage dans toutes les affections nerveuses, vaporeuses, hystériques, etc. C'est en infusion aqueuse et théiforme qu'on les prépare. Elles font ainsi, en y ajoutant du sucre, une boisson légèrement tonique, d'une saveur agréable et qui plaît assez à la plupart des malades. L'eau distillée de fleurs de tilleul est aussi très-usitée; on en fait dans les pharmacies l'excipient de toutes les potions dites antispasmodiques et cordiales.

Les fruits de tilleul étoient regardés autrefois comme astringens et propres à arrêter les hémorrhagies. Les amandes de ces fruits sont oléagineuses, et pourroient être employées sous ce rapport, si ce n'étoit la difficulté de les retirer de leur coque ligneuse. Missa, médecin de la faculté de Paris, avoit proposé, d'après quelques expériences, de préparer avec ces amandes une sorte de chocolat; mais cette préparation n'étoit pas susceptible de prendre la consistance du véritable chocolat, et elle en différoit d'ailleurs beaucoup quant au goût et à l'odeur, sans compter qu'elle avoit encore l'inconvénient de rancir promptement.

On peut retirer, par l'incision, du tronc des tilleuls, lorsqu'ils sont en séve, une liqueur assez sucrée, qui, par la fermentation, acquiert une saveur vineuse et agréable au goût.

Les tilleuls se multiplient de graines, de rejetons, de marcottes, et même de boutures. Si, après en avoir récolté les graines, on ne les met en terre que le printemps suivant.

elles ne lèvent souvent qu'à la seconde année ; si, au contraire, on les sème aussitôt qu'elles sont mûres, ou si au moins on a la précaution de les stratifier dans du sable jusqu'au moment de les mettre en terre au commencement du printemps, elles lèvent presque toujours la même année. Ce n'est qu'à la seconde, ou même à la troisième année du semis, que le plant est bon à relever pour mettre en pépinière à deux pieds de distance l'un de l'autre. Comme les tilleuls élevés de semences sont long-temps à parvenir à la grandeur suffisante pour être mis en place, et que ce n'est en général que de la huitième à la dixième année qu'ils ont acquis assez de force pour être plantés à demeure, beaucoup de jardiniers préfèrent multiplier les tilleuls par les marcottes, parce que celles-ci acquièrent la grandeur convenable pour former des arbres bons à vendre plus tôt que le plant qui est venu de semis. Voici de quelle manière les jardiniers font ces marcottes : ils coupent rez-terre, dans le courant de l'hiver, des tilleuls déjà assez forts, ce qui, au printemps suivant, fait pousser à leur souche de nombreux rejets, et cette souche étant, aussitôt qu'il est possible, recouverte avec de la terre, tous ces jets poussent des racines et produisent en abondance du plant, qui peut être séparé à l'automne pour être mis en pépinière. Tous les ans les mêmes souches ainsi traitées produisent de nouveaux plants.

Les tilleuls aiment un sol léger, un peu substantiel et profond ; quoiqu'ils ne soient pas difficiles sur l'exposition, cependant c'est à celle du nord qu'ils réussissent le mieux. On plante ces arbres en avenues, en quinconces : on en fait des berceaux, des palissades ; ils supportent bien la tonte aux ciseaux ; on peut même, en les soumettant ainsi à deux tailles régulières chaque année, la première pendant l'hiver et la seconde pendant l'été, leur faire prendre diverses formes, comme celles de boules, de pyramides, de portiques, etc. ; mais la mode de tourmenter ainsi les arbres a été en général abandonnée depuis que le goût des jardins paysagers a remplacé celui des jardins d'alignement. Aussi depuis ce temps on ne plante plus autant de tilleuls. Cependant ces arbres sont toujours consacrés à former des avenues et des allées soit dans les parcs, les grands jardins, les promenades p...

bliques, ou au-devant des châteaux et des maisons de campagne. Le tilleul à larges feuilles est l'espèce dont on se sert
presque exclusivement pour ces sortes de plantations.

Le tilleul vit long-temps et devient d'une grosseur prodi-
gieuse dans les terres argileuses alliées de sable; Duhamel
dit en avoir vu un que quatre hommes avoient de la peine
à embrasser. Ray parle d'un tilleul qui, sur trente pieds
de tige, avoit environ quarante - huit pieds de circonférence, et Thomas Browne fait mention d'un arbre de la
même espèce, qui avoit quarante-cinq pieds de circonférence
à un pied et demi de terre, et soixante-quinze pieds de hauteur. Il y a environ vingt ans, qu'on voyoit encore devant le
château de Challié, près de Melle, dans les environs et sur
la route de Niort, un superbe tilleul qui avoit quarante-huit
pieds de circonférence et environ soixante pieds de hauteur:
il portoit au moins cent cinquante pieds de branches, et
n'avoit aucune marque de vétusté et de dépérissement. Dans
les terrains secs, arides et pierreux cet arbre n'acquiert jamais des dimensions aussi considérables.

** *Pétales munis d'une écaille à leur base.*

Tilleul glabre : *Tilia glabra*, Vent., Diss., pag. 9, t. 2;
Tilia americana, Mich., Arb. amér., 3, pag. 311, t. 1. Cet
arbre s'élève à une grande hauteur; dans les terrains profonds et fertiles de son pays natal il atteint souvent soixante-
dix à quatre-vingts pieds. Ses feuilles sont ovoïdes, grandes,
échancrées en cœur à leur base, rétrécies en pointe à leur
sommet, bordées de dents nombreuses et très-aiguës, parfaitement glabres. Ses fleurs sont d'un blanc jaunâtre, disposées, au nombre de douze à quinze, en un corymbe lâche,
porté par un pédoncule axillaire, une fois au moins plus long
que le pétiole des feuilles; leurs pétales sont tronqués au sommet. Cette espèce croît naturellement dans plusieurs parties
de l'Amérique septentrionale; on la cultive depuis long-temps
en France et en Europe. Son bois est blanc et tendre; selon
M. Michaux, on en fait en Amérique des caisses de cabriolet,
des chaises, et, sur les bords de l'Ohio, on en sculpte les
figures destinées à orner la proue des vaisseaux qui se cons-
truisent sur cette rivière. Les habitans des campagnes pré-

parent avec son écorce macérée dans l'eau, des cordes qu'ils emploient pour leur propre usage, mais qui ne se vendent pas dans les villes.

Tilleul pubescent : *Tilia pubescens*, Vent., Diss., pag. 10, t. 3; Mich., Arb. amér., 3, pag. 317, t. 3. Cet arbre a des rapports avec l'espèce précédente, mais il ne s'élève qu'à quarante ou cinquante pieds; ses feuilles sont plus arrondies, tronquées obliquement sur un des côtés à leur base, et veloutées en dessous; enfin, ses fleurs sont plus nombreuses et forment des corymbes plus lâches et plus fournis. Ce tilleul croit naturellement dans les parties méridionales des États-Unis, dans les Florides et la basse Louisiane. Il a été depuis long-temps introduit en France, et il ne souffre point des froids qu'on éprouve pendant l'hiver dans le climat de Paris.

Tilleul argenté : *Tilia argentea*, *Hort. Par.*; *Tilia rotundifolia*, Vent., Diss., pag. 12, t. 4. Ses rameaux sont couverts d'une écorce lisse et d'un gris cendré. Ses feuilles sont ovales-arrondies, terminées en pointe à leur sommet, inégalement dentées en leurs bords, échancrées en cœur à leur base, glabres et d'un vert foncé en dessus, revêtues en dessous d'un duvet blanc, court et serré. Ses fleurs sont d'un jaune blanchâtre, disposées en petits corymbes serrés, dont la bractée, accompagnant le pédoncule, est pubescente. Cet arbre croît naturellement en Hongrie et dans les environs de Constantinople. Il est propre à la décoration des jardins plus qu'aucune autre espèce de ce genre, soit par le contraste qu'offrent ses feuilles d'un vert foncé en dessus et d'un blanc argenté en dessous, soit par l'odeur suave de ses fleurs, qui est en quelque sorte semblable à celle de la jonquille. (L. D.)

TILLEUL A FEUILLES DÉCOUPÉES. (*Bot.*) Le tulipier est ainsi désigné dans l'Histoire de la Louisiane, par Le-Page-du-Pratz. (Lem.)

TILLI. (*Bot.*) Voyez Graine de Tilli. (J.)

TILLI ou TILLY. (*Ornith.*) Espèce de grive. (Desm.)

TILLUS. (*Entom.*) Voyez Tille. (Desm.)

TILO. (*Bot.*) Nom brame de diverses espèces de balsamine, cité par Rhéede. (J.)

TILO-SAMENO. (*Bot.*) Nom brame de l'*acara-patsjotti* du Malabar, que Burmann nommoit *calophyllum akara*, et qui est maintenant le *tetracera Rheedii* de M. De Candolle. (J.)

TILONI. (*Bot.*) Nom brame du *cleome viscosa*, cité par Rhéede. (J.)

TILVAU. (*Ornith.*) C'est un des noms picards du chevalier aux pieds verts. (Desm.)

TILY. (*Ornith.*) Molina décrit sous ce nom, dans son Histoire naturelle du Chili (page 23o), une espèce de grive, qu'il a nommée *turdus thilius*. Ce *thili*, qu'on prononce *chili*, auroit donné son nom à cette partie de l'Amérique méridionale, suivant Molina; mais on sait que le nom du Chili provient plutôt de celui de chile, que porte une rivière qui en arrose la partie centrale. (Ch. D. et Lesson.)

TIMAC. (*Bot.*) Voyez Liane a coureux. (J.)

TIMAGORA. (*Entom.*) M. Mégerle a désigné sous ce nom un genre qu'il a établi parmi les charansons : ce sont des cionides de M. Schœnherr. Voyez à la fin de l'article des Rhinocères, les n.os 185 et suivans. (C. D.)

TIMAHUE. (*Bot.*) Nom caraïbe du génipayer dans les Antilles, cité par Surian. (J.)

TIMALIE, *Timalia*. (*Ornith.*) M. Horsfield a publié la description de ce genre nouveau dans le tome 13 des Transactions de la société Linnéenne de Londres, où est consigné son Mémoire sur les oiseaux de Java. Les caractères génériques qu'il présente, suivant M. Horsfield, sont : d'avoir un bec médiocre, comprimé; la mandibule également recourbée de la base au sommet et à peine échancrée à la pointe; l'arête arrondie, très-saillante entre les narines; celles-ci latérales et placées dans une fossette ovalaire; les ailes courtes: les 3.e aux 6.e rémiges échancrées à leur bord externe; les 6.e et 7.e les plus longues: la queue alongée, arrondie; les pieds médiocres, très-robustes; les acrotarses scutellés; l'ongle postérieur du double plus grand que les antérieurs.

Ce genre a les plus grands rapports avec les merles, mais il en diffère par le bec et par les jambes. La seule espèce que M. Horsfield fait connoitre, est le

Timalie a calotte : *Timalia pileata*, Horsf., t. 13, pag. 151. Longueur, six pouces; d'un fauve olivâtre; une calotte marron recouvre la tête; la gorge et le cou sont blancs, linéolés de noir; le ventre est d'un blanc sale; les rémiges sont fauves et châtain en dehors; les rectrices fauves, rayées de couleur plus foncée; les tiges des plumes jugulaires, noires. C'est le *dawit* ou *gogo-stite* des Javanois.

On doit ajouter à ce genre un oiseau figuré par M. Temminck sous le nom de brève thoracique, et qui sera la timalie thoracique, *timalia thoracina*, N.

Cette espèce fait le passage des brèves au genre *Timalia*, et se trouve figurée pl. 76 de M. Temminck : elle est marron, excepté sur la gorge, où règnent un plastron noir et une écharpe blanche; sa queue est arrondie et inégale. Java est sa patrie. (Ch. D. et Lesson.)

TIMANTHEA. (*Bot.*) Ce genre, de M. Salisbury, paroît être le même que le *Baltimora* de Linnæus dans la famille des corymbifères. (J.)

TIMAOCOMAHEN. (*Bot.*) Surian, cité par Vaillant, désigne sous ce nom caraïbe un arbre des Antilles, à fruit en forme de gland, entouré de son calice cupuliforme, qu'il nomme en françois bois de perdrix à grandes feuilles. Ce nom françois est indiqué ailleurs pour le *Heisteria*, qui a un fruit pareil, retrouvé aussi dans plusieurs lauriers. (J.)

TIMARCHA. (*Entom.*) Nom donné par M. Mégerle à un genre de coléoptères tétramérés phytophages, tels que sont en particulier les *chrysomela tenebricosa*, *coriaria*, etc. (C. D.)

TIMBAI, SIN. (*Bot.*) Nom japonois du noisetier, suivant Thunberg. (J.)

TIMBALAVÉ. (*Bot.*) Rochon cite sous ce nom un arbrisseau de Madagascar, à fleurs blanches, sans autre indication. (J.)

TIMBO. (*Bot.*) Pison parle de plantes de ce nom au Brésil, dont les tiges, de la grosseur du doigt, s'élèvent en ligne droite jusqu'a la hauteur des plus grands arbres, tantôt en s'y attachant comme le lierre, tantôt sans leur adhérer, et redescendent ensuite jusqu'a terre, d'où elles poussent de nouveaux rejets, qui s'élèvent à leur tour et forment ainsi des forêts impénétrables. Comme elles sont très-flexibles et en même temps difficiles à rompre, on en forme des liens solides. Broyées et écrasées, elles peuvent servir d'étoupes et être employées pour tanner les cuirs. Les pêcheurs s'en servent pour teindre leurs filets, auxquels elles communiquent la propriété d'enivrer le poisson. Plusieurs de ces plantes ont des fleurs rouges et des siliques. Cette dernière indication peut faire croire que ces *timbo* sont des plantes légumineuses, qui ont, non des siliques, mais des gousses, et qu'ils paroissent avoir quelque rapport avec le genre *Piscidia*, qui a la même propriété. Dans le Recueil des voyages il est aussi fait mention du *timbo* et de ses propriétés. (J.)

TIMBOO-AKAR. (*Bot.*) Marsden cite sous ce nom malais un arbrisseau de Sumatra, nommé aussi *katian* dans ce pays, qui donne une couleur noire quand on le fait bouillir. Cette propriété le rendroit très-utile, si par de bonnes manipulations les habitans pouvoient parvenir à l'extraire avec la même facilité que l'indigo. (J.)

TIMBRES VIOLETS. (*Bot.*) Petit champignon décrit par Paulet (Trait., tom. 2, p. 233, pl. 3, fig. 4), et de la famille des serpentins. Il est lilas ou violet clair, excepté sur les feuillets, lesquels sont blancs. Leur chapeau est comparé, pour sa forme, au timbre d'une pendule; le stipe est cylindrique, fistuleux; il a une ligne de diamètre. Ce champignon forme au pied des arbres des touffes d'une douzaine d'individus. Il n'a rien de suspect. (Lem.)

TIMHIO, THIM. (*Bot.*) Noms chinois, cités par Rumph, de son *Agallochum secundarium*, qui est le *garo cohinjan* des Malais, regardé par Loureiro comme son *Aloexylum agallochum*. Cavanilles et M. de Lamarck regardent le *garo* comme le même que leur *Aquilaria* (voyez Garo), et Willdenow, adoptant l'*Aquilaria*, manifeste la même opinion. Dans son édition de la Flore de la Cochinchine de Loureiro, il regarde encore l'*Ophiospermum* de ce dernier comme très-voisin de l'*Aquilaria*, d'où il suivroit que l'*Aloexylum* et l'*Ophiospermum* seroient congénères, quoique différens par les caractères indiqués. Un nouvel examen sur la nature déterminera seul le véritable degré d'affinité. (J.)

TIMIER. (*Bot.*) On donne vulgairement ce nom, dans quelques cantons, au sorbier des oiseaux. (L. D.)

TIMIR ATTA. (*Ichthyol.*) En Sibérie on appelle ainsi un poisson de rivière sur lequel les ichthyologistes manquent de renseignemens positifs. (H. C.)

TIMITI. (*Bot.*) Palmier des forêts voisines de l'Orénoque,

vu par M. de Humboldt, qui dit que ses frondes pennées
sont très-propres à couvrir les toits des maisons. (J.)

TIMMIA. (*Bot.*) Genre de la famille des mousses, établi
par Hedwig : il est caractérisé par son péristome double,
l'extérieur à seize dents pointues; l'intérieur membraneux,
sillonné, découpé irrégulièrement en seize lanières, opposées
aux dents, irrégulièrement percées de trous et jointes par des
filets transversaux anastomosés. Capsules ovoïdes; coiffe en
alène, fendue latéralement.

Ce genre, dédié à Timm, auteur d'une Flore du Mecklenbourg, ne comprend que deux espèces, selon Bridel : ce
sont de jolies mousses d'Europe, à fleurs monoïques; les mâles
gemmiformes, axillaires, pédicellées, et les femelles terminales.

1. Le Timmia du Mecklenbourg : *Timmia megapolitana*,
Hedw., *Stirp. crypt.*, 1, p. 83, pl. 31; *Timmia polytrichoides*,
Brid., Bryol. univers., 2, pag. 70; *Orthopyxis megapolitana*,
Beauv.; *Mnium timmia*, Hoffm., *Germ.*, 2, p. 53; *Mnium me-
gapolitanum*, Gmel., *Syst*. Tige droite, longue d'un pouce et
demi, d'abord simple, puis divisée, garnie de feuilles linéaires-lancéolées, vertes, dentelées, étalées et même un
peu réfléchies, carénées, à carène lisse; pédicelle terminal,
quelquefois latéral, à cause de l'alongement des rameaux,
droit, rougeâtre, long de huit à neuf lignes; capsule pen-
chée, ovoide, munie d'un opercule convexe, dont le centre
se déprime. Cette belle mousse, qui a le port du *polytri-
chum*, a été d'abord découverte en Suisse, par Lachenal;
ensuite par Timm, dans le duché de Mecklenbourg: puis
dans diverses parties des Basses-Alpes, au Brusquet en Provence, etc. Elle se plaît sur les rochers schisteux, où elle
forme de très-belles touffes. Il paroît qu'elle se trouve également aux États-Unis, puisque Bridel et Mohr ne trouvent
aucune différence entre elle et le *Timmia cuculata* de Michaux, *Fl. bor. amer.*, 2, p. 304, excepté que dans celui-ci
la capsule se fait jour à travers la coiffe, qui est persistante.
C. Sprengel rapporte la plante de Michaux à l'espèce suivante.

Le *Timmia megapolitana*, Funk, est une variété de l'espèce
que nous décrivons : c'est le *timmia megapolitana bavarica*,

Brid., et le *timmia bavarica,* Hess., *Comment. de Timm.,* p. 19, fig. 3.

Le Timmia d'Autriche: *Timmia austriaca,* Hedw., *Sp. musc.,* p. 176, pl. 42, fig. 1 — 7; Decand., Fl. fr., n.° 1292; Brid., Bryol. univ., 2, pag. 71; *Timmia megapolitana,* Flœrk. Tige droite, longue de deux pouces et demi, un peu rameuse, à feuilles linéaires, d'un vert jaunâtre, subulées, dentelées, carénées, à carène scabre et bord un peu infléchi; pédicelle terminal ou latéral long de douze à dix-huit lignes, droit et rouge. Capsules inclinées, ovales-oblongues, surmontées d'un opercule conique ou mamellaire. Cette espèce croît dans les lieux arides et ombragés des montagnes : en Autriche, en Carinthie, en Carniole, dans le Salzbourg, en Franconie, en Silésie, dans les Alpes de la Suisse et du Valais, dans le Jura; aux environs de Seynes en Provence; enfin, dans la province de Nordland en Suède. Ainsi l'on peut dire que cette espèce se rencontre partout en Europe; elle est admise par la majorité des botanistes.

Le *Timmia polyantha* de Schw., *Franckl. Journ.,* est encore peu connu et rapporté avec doute à ce genre.

Le *Timmia longiseta* de Weber et Mohr est le *meesia longiseta,* Hedw. (voyez Meesia), et une espèce de leur *diplocomium,* ainsi que pour Bridel, et un *bryum* pour M. Arnott. Ce dernier naturaliste pense que l'on doit établir ainsi les caractères du genre Timmia : Péristome double; l'extérieur à seize dents; l'intérieur à soixante-quatre cils, réunis par leur base en une membrane plane, libres à leur extrémité ou réunis deux ou quatre par leur pointe, et alors opposés aux dents extérieures. (Lem.)

TIMMIA. (*Bot.*) C'est sous ce nom que Gmelin désigne un genre de la famille des narcissées, qui est le *Cyrtanthus* d'Aiton et de Willdenow. (J.)

TIMONIUS. (*Bot.*) La plante ainsi nommée par Rumph, paroît congénère de l'*Erithalis* de P. Browne : c'est le *Timon* de l'ile d'Amboine, le *Timone* du Dictionnaire encyclopédique. (J.)

TIMORON. (*Bot.*) Un des noms grecs anciens de la ciguë, suivant Ruellius et Mentzel. (J.)

TIMUCU. (*Ichthyol.*) Pison, dans son Histoire naturelle de

l'Inde, liv. 3 , p. 62 , a figuré sous ce nom la fistulaire pétimbe , qu'il dit être nommée *peixe agulka* par les Portugais
de Macao. (LESSON.)

TIMUCU. (*Ichthyol.*) Nom brésilien de l'ORPHIE. Voyez ce
mot. (H. C.)

TIN. (*Bot.*) Nom arabe du figuier ordinaire, *ficus carica*,
cité par Forskal. Le figuier d'Inde ou nopal, sur lequel se
nourrit la cochenille, est le *tin-frandi*. (J.)

TINAMOU; *Tinamus*, Lath. (*Ornith.*) Latham a proposé
ce nom pour un groupe d'oiseaux gallinacés, exclusivement propres à l'Amérique méridionale. Illiger, sans tenir
compte du nom de *tinamus*, employé par Latham, créa celui de *crypturus*, que M. Vieillot changea sans nécessité en
celui de *cryptura*. Ce nom de *tinamou* est, dit-on, usité par
les Caraïbes de la Guiane; mais il est fort probable, au contraire, que c'est un mot insignifiant et altéré, et il nous
paroit plus rationnel de présenter la description des espèces
de ce genre au mot YNAMBU ; car la majeure partie des *tina-
mous* ont été décrits sous le nom guarani, qu'ils portent au
Paraguay, par d'Azara, le premier auteur qui nous ait fourni
de bons détails sur leurs mœurs et sur leurs distinctions spécifiques. Voyez YNAMBU. (CH. D. et LESSON.)

TINAMUS. (*Ornith.*) Nom latin, proposé par Latham pour
les oiseaux gallinacés de l'Amérique méridionale, nommés
ynambu. (CH. D. et LESSON.)

TINCA. (*Ichthyol.*) Nom latin de la tanche. (H. C.)

TINCA MARINA. (*Ichthyol.*) Voyez TANCHE DE MER.
C'est aussi un des synonymes de KAPIRAT. Voyez ce mot
et NOTOPTÈRE. (H. C.)

TINCAL, TINCHAR et TINKA (*Min.*), sont les noms indiens sous lesquels on met dans le commerce la soude bo-
ratée ou borax brut. Voyez BORAX. (B.)

TINCTA. (*Bot.*) Les Garipous de la Guiane ont emprunté
ce nom des Portugais, suivant Aublet, pour désigner son
melastoma parviflora, employé par eux en décoction pour
teindre en noir différentes toiles qu'ils fabriquent. (J.)

TIND. (*Ichthyol.*) Voyez STICHLING. (H. C.)

TIND-ORET. (*Ichthyol.*) Un des noms danois de l'épinoche.
Voyez GASTÉROSTÉE. (H. C.)

TIND-OURE. (*Ichthyol.*) Voyez STORE. (H. C.)

TINDABIKIA. (*Ichthyol.*) Nom islandois de la *raie char-don.* Voyez RAIE. (H. C.)

TINDABUKIA. (*Ichthyol.*) Nom islandois *de la raie bouclée.* Voyez RAIE. (H. C.)

TINDALI, TENDALI. (*Bot.*) Noms brames de quelques plantes cucurbitacées, qui se rapprochent du genre *Cucumis.* (J.)

TINDA-PARUA. (*Bot.*) Nom malabare, cité par Rhéede, du *morus indica* de Linnæus. (J.)

TINEA. (*Entom.*) Nom latin du genre Teigne. (C. D.)

TINEARIA. (*Bot.*) Selon Daléchamps, quelques-uns donnoient ce nom au stœchas citrin, *gnaphalium stœchas.* (J.)

TINÉITES. (*Entom.*) M. Latreille désigne sous ce nom la troisième tribu des insectes lépidoptères nocturnes, qui comprend les teignes, les yponomeutes, les lithosies et plusieurs autres genres, qu'il a établis en séparant des espèces du genre Teigne. (C. D.)

TINÉLIER. (*Bot.*) Voyez ANGUILLARIA et ARDISIA. (POIR.)

TINET. (*Mamm.*) Ce nom espagnol est rapporté à l'espèce du dauphin orque par Brisson. (DESM.)

TIN-FRANDI. (*Bot.*) Voyez TIN. (J.)

TINGAZU. (*Ornith.*) D'Azara a décrit sous ce nom une espèce de coucou, dont M. Vieillot a fait son genre *Coulicou.* (CH. D. et LESSON.)

TINGIS. (*Entom.*) Fabricius, dans son Système des Rhyngotes, a établi sous ce nom un genre d'insectes hémiptères, de la famille des rhinostomes, que nous avons déjà indiqué dans ce Dictionnaire, tom. I.er, comme un second sous-genre dans celui des ACANTHIES. Nous en avons fait figurer une espèce, pl. 36, fig. 4. (C. D.)

TINGMIK. (*Ornith.*) Othon Fabricius, dans sa Faune du Groënland, donne ce nom au *pelecanus cristatus* de Müller. Il paroit que cet oiseau est le *topskarv* de Ström et le *hraukuer* d'Olaüs. Ce nom de *tingmik*, usité au Groënland, est souvent remplacé par celui de *tingmirksoak.* (CH. D. et L.)

TINGULONG. (*Bot.*) La plante citée par Rumph sous ce nom javanais, est, selon Linnæus, son *amyris protium*, que M. Kunth a rétabli comme genre distinct sous le nom de *Protium*, donné primitivement par P. Browne. (J.)

TINGUY DA PRAYA. (*Bot.*) Suivant le prince Maximilien de Neuwied, ce nom signifie *tingi des bords de la mer*, et est appliqué à un arbuste à baies rouges et à feuilles obovalaires, qui est le *jacquinia obovata*. (Lesson.)

TINI. (*Ornith.*) Ce nom est donné comme spécifique à une espèce d'oiseau de proie que Sonnini a rapportée au genre Faucon. (Desm.)

TINIER. (*Bot.*) Selon M. Bosc on donne ce nom au lin cembro dans les Alpes. (Lem.)

TINIER D'OCCIDENT (*Bot.*) : *Tinus occidentalis*, Linn., *Spec.; Clethra tinifolia*, Willd., *Spec.*, 1, pag. 530; Browne, *Jam.*, 214, tab. 21, fig. 1. Nous ne présentons ici cette plante que comme devant appartenir au Clethra (voyez ce mot), où elle n'a point été mentionnée. Linné en avoit fait un genre particulier, n'ayant de sa fructification qu'une connoissance imparfaite. L'observation a depuis confirmé le soupçon de M. de Jussieu sur le nombre des étamines et autres parties de fleurs. Cette plante est un arbrisseau d'un port élégant, qui se rapproche de celui des autres *clethra*, mais sa tige est plus forte, plus élevée. Ses rameaux sont étalés, garnis de feuilles alternes, médiocrement pétiolées, simples, oblongues, lancéolées, glabres, entières, vertes en dessus, blanchâtres et légèrement tomenteuses en dessous, aiguës au sommet, rétrécies à leur base. Les fleurs sont disposées en grappes axillaires, oblongues, ramifiées en une panicule, dont les pédoncules sont tomenteux et blanchâtres, dépourvus de bractées. Le calice est légèrement pubescent, à cinq divisions égales ; la corolle composée de cinq pétales un peu élargis, connivens à leur base ; les étamines, au nombre de dix, ont les filamens libres, point saillans ; l'ovaire est supérieur ; le style simple, terminé par un stigmate à trois divisions. Le fruit est une capsule en forme de baie, à trois loges, à trois valves, glabre, arrondie. Cette plante croit dans les contrées méridionales de l'Amérique, sur les hautes montagnes. (Poir.)

TINNE DE BEURRE. (*Conchyl.*) Nom marchand d'une espèce de cône, *C. betulinus*, Linn. (De B.)

TINNE DE BEURRE [Fausse]. (*Conchyl.*) Nom marchand, et qui se trouve dans les anciens catalogues, d'une espèce de cône, *C. glaucus.* (De B.)

TINNUNCULUS. (*Ornith.*) Nom latin de la crécerelle, espèce du genre Faucon. (D**esm.**)

TINOPORE, *Tinoporus*. (*Conchyl.*) Denys de Montfort a fondé sous ce nom un genre de coquilles polythalames, voisin des Camérines, qu'il caractérise ainsi : Coquille libre, univalve, cloisonnée et cellulée, spirée et lenticulaire ; têt granulé extérieurement ; ouverture semi-lunaire, placée vers la circonférence et sur un des côtés ; dos caréné, armé de quatre pointes au plus ; les deux centres ovés et barbés. Ce genre paroit se rapporter à l'un de ceux que M. d'Orbigny a créé. Les espèces qui le composent n'ont pas plus de deux lignes de diamètre, et habitent la mer des Indes, le golfe Persique et la Méditerranée. (D**esm.**)

TINSCHEMET. (*Ornith.*) Ce nom est une des dénominations hébraïques de l'ibis, du moins selon certains commentateurs. (D**esm.**)

TINT. (*Ichthyol.*) Voyez S**tintitfs**. (H. C.)

TINTILAUM. (*Ornith.*) C'est l'un des noms de la mésange charbonnière en Portugal. (D**esm.**)

TINTINNE, *Tintinnus*. (*Infus.*) Genre établi par M. Oken (Man. de zool., tom. 1, pag. 48) pour quelques espèces de *trichoda* de Muller, et qu'il définit : Coquille ou enveloppe cylindrique ou ventrue, contenant un ressort (*Schneller*) mobile. Le type de ce genre paroit être le *trichoda inquilinus* de Muller. Quant aux autres espèces que M. Oken rapporte à son *Tintinnus*, et qu'il nomme *T. sessilis* et *T. pedicellatus*, je ne les connois pas, non plus que les *trichoda ingenita* et *innata*, qu'il dit devoir aussi être placées dans ce genre. Voyez T**richode**. (D**e** B.)

TINUS. (*Bot.*) Le tin, vulgairement nommé laurier-tin, dont Tournefort faisoit un genre sous ce nom, a été réuni avec raison à la viorne, *viburnum*. Il a été aussi reconnu que le *Tinus* de Linnæus étoit congénère du *Clethra*, et que celui de Burmann, *Fl. zeyl.*, appartenoit à l'*Ardisia*. Linnæus a encore rapporté à son *Decumaria* le *Tinus* de Fabricius, de sorte que ce dernier nom, resté sans emploi générique, est seulement cité comme spécifique d'un *viburnum*. (J.)

TINY. (*Ornith.*) Voyez T**ini**. (D**esm.**)

TIOL ou TIPUL. (*Ornith.*) Nom indien de la grue. (D**esm.**)

TIONG BATU. (*Ornith.*) On nomme ainsi à Sumatra le *coracias orientalis* de Linné, tandis que le nom de *tiong* seul est appliqué au *gracula religiosa* de Linné; celui de *tiong alu* ou *punting alou* désigne l'*oriolus chinensis*, et le *tiup api* ou *burong papa*, le *lanius bentet* d'Horsfield. (Lesson.)

TIONGINA. (*Bot.*) Nom chinois du *bæckea frutescens*, cité, d'après Osbek, par Reichard et d'autres éditeurs de Linnæus, et substitué par Adanson au nom antérieurement admis. (J.)

TIOQUET. (*Ornith.*) En Bourgogne ce nom est une des désignations vulgaires du pinson d'Ardenne. (Desm.)

TIOSCKF JŒLING. (*Ichthyol.*) Un des noms suédois de l'ide, *leuciscus idus*. Voyez Able dans le Supplément du tome I.ᵉʳ de ce Dictionnaire. (H. C.)

TIOURNIE. (*Ornith.*) Nom du paille-en-queue dans les îles Mariannes, suivant le Vocabulaire de M. Arago, dans sa Promenade autour du monde. (Ch. D.)

TIOUTÉ. (*Ornith.*) Nom que les Samoïèdes donnent au morse. (Desm.)

TIPCADI. (*Bot.*) Voyez la même plante sous le nom de Dipcadi. (J.)

TIPHIE, *Tiphia.* (*Entom.*) Nom donné par Fabricius à un genre d'insectes hyménoptères dont l'abdomen est porté sur un pédicule étranglé, dont les antennes ne sont pas brisées, n'ayant que quatorze à dix-sept articles, et dont les mâchoires et les lèvres ne dépassent pas les mandibules, par conséquent de la famille des fouisseurs ou oryctères. Ce genre est voisin de celui des sphéges.

Ce nom a été pris à peu près au hasard. En grec le mot Θιφὶη désignoit un *oiseau*, d'après Hesychius.

Nous donnons pour caractères à ce genre, dont nous avons fait représenter une espèce sur la planche 33, fig. 2, de ce Dictionnaire, les particularités suivantes :

Corps alongé, velu; antennes presque en fil, se roulant en arc; abdomen ovale, à premier anneau concave; pattes de la longueur du corps.

Cette forme des antennes en fil distingue le genre Tiphie de tous ceux de la même famille, qui les ont en soie, en particulier des larres, qui ont de plus l'abdomen déprimé, presque sessile ou accolé, des sphéges et des tripoxylons,

qui ont le ventre porté par un pétiole très-long, et des pom-
piles et des pepsides, chez lesquels les pattes sont plus longues que le corps.

On ne connoît pas les mœurs des tiphies ou plutôt leurs
métamorphoses; sous l'état parfait, on les rencontre sur les
fleurs. L'espèce que nous avons fait figurer est à peu près la
seule de ce genre qui se trouve en Europe; c'est :

La Tiphie a cuisses, *Tiphia femorata.*

Elle est noire, velue, et elle a les quatre cuisses postérieures d'un roux ferrugineux. (C. D.)

TIPHIUM. (*Bot.*) Quelques anciens, selon C. Bauhin,
croyoient que Théophraste désignoit sous ce nom le tussi-
lage commun. Daléchamps paroit croire que ce *tiphium* ou
tiphyon de Théophraste est plutôt la plante nommée maintenant *scilla autumnalis.* (J.)

TIPHLE. (*Ichthyol.*) Gesner a parlé sous ce nom d'un poisson qui paroit être une sorte de syngnathe.

M. Rafinesque-Schmaltz donne aussi ce nom à un nouveau
genre de poissons, qui renferme les *syngnathus tiphle* et *acus*
de Linnæus, qu'il appelle *tiphle hexagonus* et *tiphle heptagonus.*
(H. C.)

TIPI. (*Bot.*) Nom brésilien d'une espèce de gouet, *arum,*
dépourvue de tige et munie de grandes feuilles en cœur. Sa
racine, presque sphérique et tubéreuse, a une saveur douce,
et on la mange comme la patate. Cette espèce, mentionnée
par Pison, n'est point citée dans les livres modernes. (J.)

TIPIOJA. (*Bot.*) Le suc exprimé de la racine de manioc,
passe généralement pour être un poison, et on en dépouille
avec soin cette racine par une forte pression, avant de l'employer comme nourriture. On lit cependant dans Marcgrave
que ce suc, en repos dans un vase, dépose au fond une fécule très-blanche, nommée au Brésil *tipioja, tipiuca, tipiu-
bica;* laquelle, desséchée, fournit une farine nommée *tipio-
cui,* dont on fait des galettes, que l'on mange comme du
pain. Comme toutefois, de l'aveu de Marcgrave, ce suc
passe pour poison mortel, on peut conclure de son récit que
la pression n'est pas nécessaire pour en séparer la fécule, qui,
par le simple repos, se précipite au fond du vase, comme
celle de la pomme de terre. (J.)

TIPPOLI. (*Bot.*) Nom brame du *manneli* des Malabares, *aspalathus indica* de Linnæus. (J.)

TIPULAIRES. (*Entom.*) M. Latreille a désigné sous ce nom la seconde tribu de la première famille (némocères) de la première section du onzième ordre (diptères) de la classe des insectes. Nous avions déjà, dès l'année 1799, dans les tableaux qui font partie du premier volume de l'Anatomie comparée de M. Cuvier, employé le nom d'*hydromies* ou *bec-mouches* pour désigner la même famille.

M. Latreille a beaucoup étudié les insectes de cette tribu; nous ne pouvons mieux faire que de présenter ses recherches sous la forme même qu'il leur a donnée dans son dernier ou-vrage, intitulé Familles naturelles du règne animal. Nous au-rions désiré la présenter d'une manière plus synoptique; mais il nous a été impossible d'en présenter un tableau analytique, les divisions étant trop nombreuses, les phrases indicatives trop longues et non comparatives, et les moyens qu'il a employés pour les indiquer, consistant en lettres, en étoiles, en croix et en numéros italiques et romains, dont il est difficile de re-tenir les marques : nous nous contenterons de les représenter de la même manière; nous profiterons ensuite du travail de M. Macquart, de Lille, sur les Insectes du nord de la France, pour faire connoître l'histoire de ces insectes, qui offrent beaucoup d'intérêt.

Seconde tribu : Tipulaires (*Tipularia*).

Trompe tantôt courte et terminée par deux grandes lèvres, tantôt en forme de siphon ou de bec, soit très-court, soit fort long, mais dirigé sous le des-sous du corps ; suçoir de deux pièces ; palpes un peu velus, ordinairement courbés et toujours très-courts lorsqu'ils sont élevés.

§. 1.er Antennes grêles, en fil ou en soie, sensiblement plus longues que la tête, du moins dans les mâles, de plus de douze articles dans le plus grand nombre; pattes lon-gues et grêles.

N.º 1. Point d'ocelles (c'est-à-dire de stemmates ou yeux lisses).

A. *Palpes toujours courts; extrémité antérieure de la tête non prolongée en manière de museau; ailes toujours couchées ou en toit, à nervures généralement peu nombreuses, les parcourant en divergeant dans un sens longitudinal, point réunies transversalement au limbe postérieur; yeux lunulés; jambes sans épines.*

Espèces petites, vivant, en état de larves et de nymphes, dans l'eau ou dans les galles des végétaux.

a) Antennes des mâles plumeuses, ou ayant au moins un faisceau de poils; celles des femelles poilues.

Les Culiciformes (*Culiciformes*).

* Antennes des mâles plumeuses des deux côtés et jusqu'au bout.

† Antennes entièrement composées, dans les deux sexes, d'articles ovalo-cylindriques.

Le genre Corèthre.

†† Antennes des deux sexes moniliformes inférieurement, terminées ensuite, soit par un article fort long et linéaire, soit par deux articles, dont le dernier renflé et ovalaire.

Les genres Chironome et Tanype.

** Antennes des deux sexes presque entièrement moniliformes, avec les cinq derniers articles plus alongés; celles des mâles n'ayant qu'un faisceau de poils situé à leur base.

Les genres Cératopogon et Macropèze ?

b) Antennes des deux sexes moniliformes, garnies de soies verticillées ou simplement pubescentes.

Les Gallicoles (*Gallicolæ*).

Les genres Psychode, Culicoïde, Cécidomye, Lasioptère.

B. *Palpes, de plusieurs, longs, et à dernier article alongé; extrémité antérieure de la tête rétrécie et prolongée en museau (souvent même avec une saillie pointue); ailes souvent écartées, à nervures nombreuses, réunies transversalement, du moins en partie, au-delà du milieu de la longueur; deux ou trois cellules discoïdales fermées; yeux ronds ou ovales, sans échancrure remarquable; extrémités des jambes épineuses.*

Espèces généralement grandes; la plupart, sous la forme

de larves et de nymphes, vivant dans le terreau ou dans le bois pourri.

Les TERRICOLES (*Terricolæ*).

a) Antennes de treize articles au moins; tantôt soit barbues ou pectinées, soit en scie, tantôt plus ou moins moniliformes ou noueuses et garnies de soies verticillées.

* Dernier article des palpes fort long, comme noueux ou articulé (antennes souvent barbues, pectinées ou en scie; ailes toujours étendues).

Les genres CTÉNOPHORE, PÉDICIE, TIPULE, NÉPHROTOME.

** Dernier article des antennes guère plus long que les autres, point noueux (ailes le plus souvent couchées sur le corps).

Les genres RHIPIDIE, LIMNOBIE, ÉRIOPTÈRE, POLYMÈRE.

b) Antennes de dix articles au plus, grêles ou capillaires, simplement velues ou pubescentes; poils ne formant pas sensiblement de verticilles (palpes et ailes comme dans la dernière division).

* Des ailes.

Les genres TRICHOCÈRE, MŒKISTOCÈRE, DIXA, HEXATOME (*Anisomère* de Meigen), NÉMATOCÈRE.

** Point d'ailes.

Le genre CHIONÉE (*Dalman*).

N.° 2. Deux ou trois ocelles (stemmates).

Nota. Yeux ordinairement ronds; ocelle impair plus petit; antennes simples; dernier article des palpes jamais très-long, ni noueux; ailes couchées sur le corps; des éperons aux jambes.

Les FONGIVORES (*Fungivoræ*).

A. *Antennes pas manifestement grenues, ni perfoliées.*

a) Antennes plus longues que la tête et le thorax (capillaires).

Les genres MACROCÈRE. BOLITOPHILE.

b) Antennes de la longueur au plus de la tête et du thorax.

* Deux ocelles.

Les genres SYNAPHE, MYCÉTOPHILE.

** Trois ocelles.

Le genre LEÏA.

(Tome LIV, page 395.)

MÉTHODE DE M. MACQUART, DE LILLE.

Tableau synoptique des genres de Diptères de la tribu des Tipulaires.

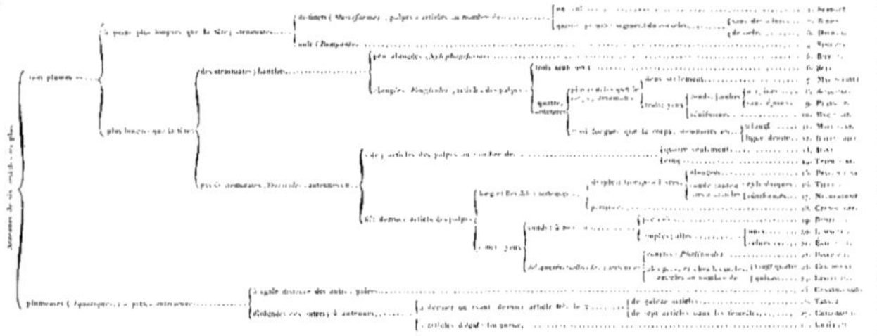

ge

M

eau syn

s...... { dis

(nu...

iches......

Terricoles);

ale distance

gnées des astronom

B. *Antennes soit grenues ou noueuses, soit perfoliées.*

a) Antennes de la même grosseur ou plus menues vers le bout.

* Museau prolongé en manière de bec.

Les genres ASINDULE (*Gnoriste*, Meigen), RHYPHE.

** Museau point rostriforme.

† Yeux entiers.

Les genres PLATYURE, SCIOPHILE, CAMPILOMYZE.

†† Yeux échancrés.

Les genres MYCÉTOBIE, MOLOBRE (*Sciare*, Meigen).

b) Antennes en massue perfoliée ou presque en forme de râpe.

Le genre CÉROPLATE (*Cératoplate*).

§. 2. Antennes de douze articles au plus, plus courtes que la tête et le thorax, épaisses, cylindracées, moniliformes ou perfoliées ; pattes ordinairement courtes ; ailes larges ; trois ocelles égaux dans la plupart.

Les FLORALES (*Florales*).

N.° 1. Point d'ocelles.

Les genres CORDYLE, SIMULIE.

N.° 2. Des ocelles.

A. *Antennes de onze articles.*

Les genres SCATOPSE, PENTHRÉTRIE, DILOPHE.

B. *Antennes de huit à neuf articles.*

Les genres BIBION, ASPISTE.

Telle est la division proposée par M. Latreille : elle réunit vingt-huit genres divisés en deux sections d'après la forme des antennes et des pattes. Chacune de ces deux sections se partage ensuite en deux divisions ou numéros, d'après l'absence ou la présence des yeux lisses. Ces deux divisions, d'après les lettres A et B majuscules, se subdivisent encore ; viennent ensuite les lettres italiques *a* et *b*, puis les étoiles ; enfin, les croix et les genres.

(Voyez ci-contre le tableau synoptique que M. Macquart a placé à la tête de l'ouvrage qu'il a publié sur les tipulaires, mais sans y comprendre les cousins.)

Déjà dans le tome XXII de ce Dictionnaire nous avons traité, sous le nom d'Hydromyes, des insectes qui composent cette famille, et nous avons offert un tableau des six genres principaux qu'il renferme; mais nous croyons être utile aux lecteurs, en donnant ici un aperçu du travail de M. Macquart, à l'exception du genre *Tipule* proprement dit, dont nous traiterons dans l'article suivant. Nous avons fait connoître aussi, d'après les noms alphabétiques, les genres Céroplate ou Cératoplate, Hirtée, Psychode et Scatopse.

Les tipulaires constituent pour ainsi dire un ordre particulier, une sorte de section parmi les diptères, à cause de la longueur du corps, des ailes et des pattes, et surtout à cause de la conformation particulière des larves, des nymphes, et du nombre considérable des articles aux antennes chez les insectes parfaits.

Les Musciformes semblent lier les tipules avec les autres diptères par la brièveté des pattes et l'épaisseur du corps: ils ont le vol pesant; on les trouve sur les écorces des arbres et dans les lieux humides.

Tels sont les *Scatopses*, que nous avons fait figurer sous le n.° 6 de la planche 51 de l'atlas de ce Dictionnaire; les *Bibions* ou *Hirtées* de Scopoli et de Fabricius, dont nous avons donné un exemple sous le n.° 5 de la planche ci-dessus indiquée; les *Dilophes* de Meigen, espèces du genre précédent, caractérisées par les dentelures des bords du prothorax, et par deux pointes dont sont armées les jambes antérieures. Telles sont les hirtées nommées *febrilis* et *femorata*.

Les Rampantes ne comprennent que les espèces du genre *Simulie* de M. Latreille ou *Moustiques*, qui n'ont pas de stemmates et dont les antennes sont insérées entre les yeux.

Les Xylophagiformes ne rapprochent que les espèces du genre *Rhyphe* de M. Latreille.

Les Fongicoles se développent dans les champignons; les sciares, les *mycétophiles*, les *sciophiles*, les *platyures*, qui correspondent aux céroplates, dont nous avons donné la figure pl. 51; les *mycétobies*, les *macrocères*, les *bolitophiles*, les *dixas*, ont pour caractères essentiels ceux que nous avons indiqués dans le tableau synoptique qui précède.

Quant aux Terricoles, comme ce sont de grandes espèces

qui correspondent principalement aux Tipules, nous les ferons connoître principalement sous ce nom; nous rappellerons seulement ici que M. Macquart y rapporte les genres suivans : *Trichocère, Ptychoptère, Tipule, Néphrotome, Cténophore, Rhipidie, Limnobie, Érioptère.*

Les Phalénoïdes ne comprennent que le genre *Psychode*, dont nous avons traité spécialement dans l'ordre alphabétique.

Les Gallicoles réunissent les *Cécidomyes* et le nouveau genre que M. Macquart a nommé *Lestrémie.*

Enfin, les divisions des Aquatiques comprend toutes les tipules à antennes plumeuses : elle rapproche ainsi les *Cératopogons*, les *Tanypes*, les *Chironomes* et les *Corèthres.* Nous parlerons de tous ces genres à la fin de l'article Tipule. (C. D.)

TIPULARIA. (*Bot.*) Genre de plantes monocotylédones, à fleurs incomplètes, de la famille des *orchidées*, de la *gynandrie diandrie* de Linnæus, offrant pour caractère essentiel: Cinq pétales étalés, en forme de spatule; la lèvre entière, sessile, munie à sa base d'un éperon; la colonne des organes sexuels non ailée, libre, prolongée; l'anthère persistante, operculée; quatre paquets de pollen parallèles.

Tipularia a deux couleurs : *Tipularia discolor*, Nutt., *Amer.*, 2, p. 195; *Orchis discolor*, Pursh, *Amer.*, 2, pag. 586. Cette plante a des bulbes ovales, aiguës : elles ne produisent qu'une seule feuille ovale, pétiolée, glabre, nerveuse, plissée, purpurine en dessous; le pétiole ondulé, plissé à ses bords; la hampe nue, glabre, cylindrique, longue d'un pied, munie d'une ou de deux gaines. Les fleurs sont médiocrement pédicellées, inclinées, d'un pourpre sombre et verdâtre, disposées en un épi lâche; les pétales oblongs, flexueux, en spatule, un peu aiguës; la lèvre plus longue que les pétales, un peu ondulée; un éperon filiforme, flexueux, ascendant, de couleur purpurine. Cette plante croît à la Caroline et à New-Jersey. (Poir.)

TIPULE, *Tipula.* (*Entom.*) Genre d'insectes diptères de la famille des hydromyes ou becs-mouches, établi par Linnæus pour y comprendre la plupart des espèces connues de son temps, qui correspondent à la famille que nous venons de nommer.

Ce genre est suffisamment caractérisé par les notes suivantes : Antennes longues, en fil ou en soie, souvent pectinées dans les mâles ; pattes très-longues ; ailes écartées du corps dans le repos.

En effet, la brièveté des antennes éloigne les espèces qui, comme les *hirtées* et les *scatopses*, ont en outre les pattes et les ailes courtes.

L'écartement des ailes et leur longueur, en même temps que leur surface, qui est à peu près nue, les fait distinguer des *psychodes*, qui, ayant aussi les antennes arrondies, ont cependant les ailes courtes et velues.

Enfin les *céroplates* portent, comme leur nom le fait connoître, des antennes aplaties.

Le nom de *tipule* est emprunté de Plaute et des autres auteurs latins, qui désignoient ainsi des insectes légers qui couroient sur les eaux. *Tantæ lævitatis, ut super aquam currentes non desidant*; de là ce dicton : *Neque tipulæ levius pondus est.*

Nous avons fait suffisamment connoître, dans l'article qui précède, les changemens que la science de l'entomologie a fait subir à ce genre, sur lequel nous ne présenterons que peu de détails.

Fabricius et la plupart des auteurs modernes n'ont laissé dans le genre des tipules que les plus grandes espèces, dont le corps est alongé, les pattes très-longues, ainsi que les ailes, qui sont souvent écartées du corps ; la tête rétrécie en arrière, prolongée en devant en une sorte de bec muni de palpes alongés ; les antennes longues, en fil ou en soie, le plus souvent composées de treize articles, quelquefois pectinées ou dentelées, mais non plumeuses ni velues : les yeux saillans, ovales, entiers, et point de stemmates ou de petits yeux lisses.

Leurs larves se développent dans la terre humide et dans le terreau, dont elles paroissent extraire leur nourriture : elles se meuvent à l'aide de quatre tentacules qui terminent leur abdomen et où l'on distingue aussi deux stigmates principaux.

Leurs nymphes sont remarquables dans la classe des diptères, parce que l'on distingue à leur surface les lignes qui indiquent la situation des diverses parties de leurs corps. Elles portent sur la partie saillante antérieure et dorsale du corselet deux tuyaux cornés, qui sont les orifices de deux grosses trachées.

Nous avons fait représenter une espèce de ce genre dans l'atlas de ce Dictionnaire, sous le n.º 1 de la planche 51 : c'est

1. La Tipule a croissant, *Tipula lunata*, Fabr., que M. Meigen a nommée *ochracée*.

Car. D'un jaune de rouille ; ailes grises, à lunule blanche.

C'est la tipule à ailes cendrées, avec une tache blanche marginale de Geoffroy, tom. 2, pag. 556, n.º 4. Il l'a rangée parmi les couturières, qui font, lorsqu'elles sont fixées, des mouvemens alternatifs de va et vient sur leurs longues jambes.

2. La Tipule potagère, *T. oleracea*.

C'est la tipule à bords des ailes bruns de Geoffroy, n.º 3.

Car. D'un brun cendré ; ailes d'une teinte cendrée foncée, à bord externe brun.

On la nomme aussi *tipule des prés*. Le mâle diffère de la femelle par la forme du ventre, qui est en massue, tandis qu'il se termine en pointe dans cette dernière.

3. Tipule gigantesque, *T. gigantea*.

C'est la tipule à ailes panachées de Geoffroy.

Car. Cendrée, à pattes jaunâtres ; ailes transparentes au milieu ; une bande sinuée, jaunâtre, sur le bord externe, et des taches obscures sur le bord postérieur.

On la trouve dans les bois. Schellenberg a donné une trèsbonne figure de la larve, de la nymphe et de l'insecte parfait, pl. 36, fig. 1, *a*, *b*, *c*.

4. La Tipule safranée, *T. crocata*.

Car. Noire, à trois bandes safranées en travers sur l'abdomen ; ailes jaunâtres, avec un point marginal noir et une tache obscure transversale.

On la trouve au printemps.

On a nommé Néphrotomes, celles dont les antennes, ainsi que leur nom l'indique, ont de quinze à dix-neuf articles, souvent en forme de reins, au moins dans les femelles : telle est

5. La Tipule dorsale, *T. dorsalis*.

Car. Jaune, à dos brun ; ailes transparentes, avec une tache noire sur le bord.

On la trouve dans les bois humides, en été.

On a appelé Cnétophores, celles dont les antennes ne sont composées que de treize articles, et qui sont pectinées dans les mâles. (Voyez l'article que nous leur avons consacré, tom. XII, p. 131.)

Les Limnobies ou Limonies ont des antennes de seize articles légèrement en fil; elles se trouvent dans les lieux humides. On croit que leurs larves se développent dans l'eau des riviéres. C'est une division fort nombreuse : nous ne citerons que

6. La Tipule peinte, *T. picta.*

Schellenberg en a donné une figure dans son Histoire des diptères, pl. 38, fig. 1, *A, B, C.*

Car. D'un brun jaunâtre ; ailes à anneaux et taches obscures ; pattes rousses à jarretières brunes.

Les espèces à ailes velues ont été indiquées sous le nom d'Érioptères; nous citerons

7. La Tipule jaunatre , *T. flavescens.*

C'est la tipule jaune aux yeux noirs de Geoffroy , n.° 7.

Car. Jaune, à ailes fauves; abdomen à ligne dorsale brune.

Les espèces de tipules dont le bord interne des ailes est replié et dont les antennes ont seize articles, forment le genre Ptycoptère. Geoffroy a décrit, sous le n.° 8, l'une de ces espèces : c'est

8. La Tipule souillée , *T. contaminata.*

Car. Noire, à pattes d'un jaune livide ; l'abdomen porte de chaque côté des taches de même couleur; les ailes ont des taches noires.

Enfin , sous le nom de Trichocères, on a réuni les espèces de tipules dont les antennes, en soie, sont velues, de la longueur de la tête et du corselet, avec un bec court et obtus ; dont l'abdomen est un peu déprimé , et chez lesquelles les ailes restent, dans le repos, couchées le long du corps. Ce sont de très-petites espèces qui volent le soir, au printemps et en automne, en troupes innombrables et qui semblent suivre les hommes et les animaux. Telles sont :

9. La Tipule d'hiver , *T. hyemalis.*

C'est celle que Geoffroy a appelée toute noire, n.° 11.

Car. D'un noir brun; corselet grisâtre , à quatre bandes obscures.

On l'observe en automne et en hiver.

10. La Tipule du dégel , *T. regelationis.*

Car. Semblable à la précédente , mais à ailes transparentes.

On la trouve au premier printemps. (C. D.)

TIQUE , *Crotonus.* (*Entom.*) Genre d'insectes sans ailes, de la famille des parasites ou rhinaptères, comprenant les espéces sans mâchoires, remplacées par une sorte de bec ou de suçoir, avec une tête mobile ou distincte, et qui de plus ont huit pattes rapprochées, très-courtes.

Par ces caractéres, ces insectes diffèrent de tous les autres aptères, qui ont des mâchoires et qui forment cinq autres familles; ensuite, par le nombre des pattes, ils se séparent des *poux*, des *puces*, des *smaridies* et des *leptes*, qui n'en ont que six : le seul genre des *Sarcoptes*, qui a aussi huit pattes, les a longues et écartées. On peut se faire une idée exacte de ces différences, en considérant les planches 52 et 53 de l'atlas de ce Dictionnaire.

Nous avons fait déjà connoître la synonymie de ce genre au mot Ixode, et nous avons dit que le nom de *crotonus*, du mot grec κροτον, *tique qui gâte les chiens*, paroissoit convenir mieux que celui de *cynorhæstes*, donné par Hermann. Il faut cependant rappeler encore que la plupart des auteurs françois ont souvent confondu les espèces avec celles du genre *Ciron* ou *Mite* (*Acarus*).

Les tiques se trouvent le plus ordinairement dans les bois, et elles s'attachent sur les animaux : les mammifères, les reptiles et les oiseaux, en sont souvent attaqués. Elles s'accrochent sur leur peau et y enfoncent leur suçoir. On les nomme vulgairement *ricins* ou *louvettes*. Quand ces insectes commencent à se fixer, ils sont plats, avec des pattes fort distinctes; mais quand ils ont été quelque temps fixés comme parasites, leur corps se gonfle comme une vessie. Il ressemble alors à une verrue arrondie ou ovale, portée par un pédicule court, formé par la réunion de toutes les pattes insérées près du suçoir.

Nous décrirons seulement quelques espèces, telles que

1. La Tique ricin, *Crotonus ricinus.*

C'est la tique des chiens, de Geoffroy, tom. 2, page 621, n.° 1.

Car. Quand elle **est** libre ou non adhérente, sa couleur est roug, avec une plaque arrondie en devant de couleur brune; mais quand elle est adhérente aux animaux, sa teinte varie de couleur du gris cendré au brun rougeâtre, semblable à la graine du ricin palme de Christ, dont on auroit enlevé la surpeau marbrée.

On la trouve principalement sur les oreilles des chiens de chasse, autour des oreilles des lézards, en général sur la tête; mais aussi sur le fanon des bœufs.

2. La Tique variée, *Crotonus variegatus.*

C'est cette espèce qui a été figurée sur la planche 53 de l'atlas de ce Dictionnaire, n.° 6. Fabricius l'avoit décrite sous ce même nom et d'après l'individu qu'il avoit vu dans notre collection, et qui provenoit de l'Afrique.

Car. Alongé, ovale, déprimé; corps d'un gris rougeâtre, tacheté très-symétriquement de marques noirâtres, alongées. (C. D.)

TIQUE. (*Ornith.*) M. Vieillot cite ce nom comme étant, dans la Sologne, donné vulgairement au pipi des arbres, *anthus arboreus*, Bechst. (Ch. D.)

TIQUE ou CHIQUE. (*Entom.*) Voyez Puce pénétrante. (C. D.)

TIQUE ou CIRON DU FROMAGE. (*Entom.*) Voyez l'article Ciron. (Desm.)

TIQUE ou CIRON DE LA GALE. (*Entom.*) Voyez Sarcopte. (Desm.)

TIQUE ou TISSERAND D'AUTOMNE. (*Entom.*) Espèce de mite qu'on trouve sur les feuilles du tilleul en automne, et qui appartient au petit genre que M. Latreille a formé sous le nom de *Gamase.* C'est à tort, ainsi que M. Latreille l'a remarqué, que Geoffroy avoit attribué à cet insecte les productions filamenteuses qu'on voit en cette saison dans la campagne, et qu'on désigne vulgairement par le nom de *fils de la vierge.* Ces filamens sont le résultat du travail d'une petite araignée. (Desm.)

TIQUE AQUATIQUE. (*Entom.*) Voyez Hydrachne. (C. D.)

TIQUE DE LA CHAUVE-SOURIS. (*Entom.*) Voyez Nyctéribie. (C. D.)

TIQUE DES CHIENS. (*Entom.*) Voyez ci-avant *Tique ricin*, à l'article Tique. (Desm.)

TIQUE DU FROMAGE. (*Entom.*) Voyez Ciron. (C. D.)

TIQUE DES OISEAUX, DES VOLAILLES. (*Entom.*) Voyez Ricin. (C. D.)

TIQUE DES PAYS CHAUDS. (*Entom.*) Voyez les articles Ixode, Chique et Puce. (Desm.)

TIQUE ROUGE SATINÉE. (*Entom.*) Voyez Trombidie. (C. D.)

TIQUE DES VOLAILLES ou KARAPATE. (*Entom.*) Nom qu'on donne à l'île Bourbon à une espèce de mite qui attaque les volailles, et qui vraisemblablement appartient au genre Ixode. Voyez ce mot. (Desm.)

TIQUI. (*Bot.*) Nom brame du *carua* du Malabar, *laurus cassia*, cité par Rhéede. (J.)

TIQUILIA. (*Bot.*) Genre de plantes dicotylédones, à fleurs complètes, monopétalées, régulières, de la famille des *borraginées*, de la *pentandrie monogynie* de Linnæus, offrant pour caractère essentiel : Un calice persistant, à cinq divisions; une corolle infundibuliforme; le limbe à cinq lobes échancrés; le tube nu à son orifice; cinq étamines saillantes; quatre ovaires supérieurs; un style; un stigmate bifide; quatre coques conniventes, dont trois avortent très-souvent.

Tiquilia dichotome : *Tiquilia dichotoma*, Pers., *Synops.*, 1, pag. 157; *Lithospermum dichotomum*, Ruiz et Pav., *Fl. per.*, 2, pag. 5, tab. 111, fig. C; *Coldenia dichotoma*, Lehm., *Asper.*, 1, p. 9. Ses tiges sont couchées, un peu ligneuses, géniculées, cylindriques, dichotomes et fragiles, glabres à leur partie inférieure, un peu hispides à la supérieure. Les fleurs sont ramassées, inégales, pétiolées, ovales-oblongues, pliées, ridées, roulées à leurs bords, sèches, très-rudes, longues d'un pouce, hérissées de poils en dessus, plus abondans en dessous, un peu blanchâtres. Les fleurs sont sessiles. presque réunies en verticilles axillaires. Le calice est hispide, à cinq divisions lancéolées, aiguës; la corolle violette, infundibuliforme, le tube insensiblement agrandi, un peu plus long que le calice; l'orifice nu, ouvert: le limbe à cinq lobes ovales, échancrés; les filamens sont insérés à l'orifice du tube, filiformes, de la longueur de la corolle: le style est plus long que les étamines. bifide au sommet. Le fruit consiste en quatre noix ovales, glabres, panachées, d'un brun cendré, dont trois avortent souvent. Cette plante croît au Pérou, dans les terrains sablonneux. (Poir.)

TIQUIL-TIQUIL, TIQUILO. (*Bot.*) La plante ainsi nommée au Pérou et dont M. Persoon a fait son genre *Tiquilia*, est le *lithospermum dichotomum* de la Flore du Pérou, qui a sa tige dichotome; les lobes de la corolle échancrés et une des quatre graines ordinairement avortée : c'est le *coldenia dichotoma* de M. Lehmann. (J.)

TIRAE. (*Bot.*) C'est le nom otaïtien du *Gardenia florida*, qui croît abondamment dans l'île d'Otaïti, et dont la fleur est tellement aimée par les habitans, qu'ils en portent constamment des paquets passés dans les trous des lobes des oreilles. (Lesson.)

TIRANITE. (*Foss.*) Dans la Conchyliologie systématique, Denys de Montfort a signalé ce genre, auquel il donne les caractères suivans :

Coquille libre, univalve, cloisonnée, droite et en cone fistuleux; cloisons ondulées sur les bords; bouche ovale, ondulée, horizontale; sommet pointu; siphon central.

Denys de Montfort donne pour type de ce genre le tiranite géant, *tiranites gigas*, figuré par lui dans son ouvrage, et par Knorr, *Suppl.*, pl. 12, fig. 1 — 5. Il dit que certaines coquilles de cette espèce pouvoient avoir douze pieds de longueur sur trois pouces de diamètre à la base.

La figure de cette coquille, donnée par cet auteur, désigneroit plutôt une tige d'encrinite que toute autre chose ; cependant, s'il a pu voir qu'elle avoit une bouche horizontale et un siphon central, elle rentreroit dans le genre des orthocératites; mais nous pensons que, s'il avoit connu ces caractères, il n'auroit pas manqué de les exprimer dans la figure qu'il a dessinée et gravée lui-même. Il annonce qu'il a trouvé des tiranites dans la montagne crayeuse de Sainte-Catherine, près de Rouen. (D. F.)

TIRA - PEOUSES. (*Bot.*) Nom languedocien de la lampourde, *xanthium strumarium*, cité par Gouan. (J.)

TIRASSO. (*Bot.*) Nom provençal, cité par Garidel, de la traînasse ou renouée ordinaire, *polygonum aviculare*. Le nom de *tirasse* est aussi indiqué dans la Flore françoise de M. De Candolle. (J.)

TIRASTAWALU. (*Bot.*) Le *convolvulus turpethum* porte ce nom dans l'île de Ceilan, suivant Linnæus. (J.)

TIRCIS. (*Entom.*) Nom donné par Geoffroy, tome 2, page 48, n.° 16, à un papillon de la division des satyres ou du genre *Hipparchia* de Fabricius, que nous avons décrit sous le nom d'*Égérie*. Voyez PAPILLON, tome XXXVII, n.° 68. (C. D.)

TIRE-ARRACHE. (*Ornith.*) Nom vulgaire dans certaines provinces de France, donné à divers oiseaux, et à ceux notamment qui détachent les bourgeons ou la pulpe de gros fruits. Il désigne la grive rousserolle et quelquefois la pie-grièche écorcheur. (CH. D.)

TIRE-BARBE. (*Conchyl.*) Nom marchand de la vulselle lingulée, *ostrea vulsella* et *mya vulsella*, Linn., et qui lui vient sans doute de sa forme de pince. (DE B.)

TIRE-BOURRE. (*Conchyl.*) Les marchands et les anciens conchyliologistes désignoient sous cette dénomination, non pas de véritables serpules, mais des vermets, et surtout la siliquaire, à cause de la disposition particulière de leur spire. (DE B.)

TIRE-CENDRE. (*Min.*) Nom trivial, sous lequel on a désigné la tourmaline, à cause de la propriété qu'elle a d'attirer la cendre et les autres corps légers, en devenant électrique par la chaleur. Voyez TOURMALINE. (B.)

TIRE-FOND, *Haustator.* (*Conchyl.*) Nom sous lequel Denys de Montfort (Conchyl. syst., tom. 2, pag. 183) a établi un genre avec une espèce de turritelle fossile qui ne diffère des autres que parce que l'ouverture est un peu anguleuse en avant, ce qui donne aux tours de spire l'aspect d'un tire-bouchon à spires serrées. (DE B.)

TIRE-GORET. (*Bot.*) Nom vulgaire dans l'Anjou, suivant M. Desvaux, de la renouée, *polygonum aviculare*, nommée plus généralement traînasse. (J.)

TIRE-LANGUE. (*Ornith.*) Nom vulgaire dans presque toute la France du torcol, *yunx torquilla*, qui possède une très-longue langue, avec laquelle il saisit les fourmis, dont il fait sa pâture. (CH. D.)

TIRE-POIL. (*Conchyl.*) Nom marchand de la vulselle lingulée, *mya vulsella* et *ostrea vulsella*, Linn. (DE B.)

TIRÉSIAS. (*Bot.*) M. Bory de Saint-Vincent, en établissant

ce genre, demande si le *Prolifera* de Vaucher n'est pas le
même. Son tirésias, appartient à la division des zoocarpées, de la famille des arthrodiées. Ce genre remarquable
est constitué par des filamens cylindriques, dont le tube intérieur, articulé et divisé par des cloisons, offre des loges
carrées, remplies d'une matière colorante dans laquelle se
développent des corpuscules hyalins, qui finissent par s'ag-
glomérer dans chaque article en une sphère ou zoocarpe,
d'apparence semblable aux gemmes des conjuguées, et inerte
jusqu'au moment où, par suite de son développement, elle
déchire et brise l'article et se met en contact avec le fluide
qui l'environne, et commence à se mouvoir en divers sens
et librement, formant, en s'alongeant et se fixant, de nouveaux filamens, etc. M. Bory de Saint-Vincent ajoute que le
conferva bipartita de Dillwyn est certainement une espèce de
Tirésias, dont les *cercaria podura* et *viridis*, Mull., sont les
zoocarpes, et qu'il les a vus, après un certain temps, se fixer
par leur extrémité fendue sur des débris de végétaux ou même
sur d'autres tirésias, et s'y alonger en filamens confervoïdes.
Ce genre et son développement, propres aux tirésias, sont
les mêmes que ceux du *Prolifera* de Vaucher, et ont été très-
bien observés par M. Leclerc.

Le genre Tirésias de Bory est inscrit par Fries au nombre
des genres qu'il adopte, et qu'il place dans son ordre des plantes
ulvacées, le premier de ses *hydrophyces* ou algues; il fait observer que c'est le *zoocarpea* de Nées (*Nov. act. nat. cur.*, ann.
1823, p. 517), et le caractérise ainsi : Filamens tubuleux, cloisonnés, distincts et contenant une matière séminulifère, ag-
glomérée et prolifique. Les articulations terminales sont caduques et reproduisent de nouveaux individus. Les filamens
sont simples, quelquefois rameux, mais rarement. Fries fait
observer que le *prolifera* de Vaucher doit rentrer ici en grande
partie et peut-être l'*oedegonium* de Link. Il ne peut se rendre
à l'idée de concevoir que les zoocarpes ou les globules, qui
sont dans les tubes, soient des animaux, et il établit à ce
sujet des comparaisons entre le mouvement des feuilles de
l'*hedysarum gyrans*, Linn., et les sporidies sautantes des *equisetum* ou prêles, etc., qui doivent leur mobilité à une cause
mécanique ou hygrométrique.

M. Bory range le tirésias avec ses *anthophysis* et *cadmus* en un seul ordre, celui des zoocarpées, parce que leurs filamens, d'une nature végétale, produisent des êtres animés analogues aux infusoires. L'*anthophysis* est composé de filamens microscopiques simples ou divisés, tubuleux, produisant par leurs extrémités des rosettes ou glomérules hyalins, doués d'un mouvement rotatoire; ces rosettes se détachent bientôt, jouissent d'une faculté locomotive et finissent par se diviser en une multitude de zoocarpes animés. Ce genre ne contient que deux espèces, dont l'une est le *volvox vegetans* de Muller, décrite comme une infusion. Elles vivent dans les eaux douces.

Le *cadmus* a des filamens cylindriques ou peut-être un peu comprimés et articulés; ces tubes contiennent une matière homogène, qui se réunit en deux zoocarpes qui brisent le tube et s'échappent en nageant avec une grande rapidité. Le *conferva desiliens* de Dillwyn est un *cadmus*, et ses zoocarpes seroient, selon M. Bory, le *monas* ou l'*enchelis pulvisculus* de Muller, etc. (Lem.)

TIREUR D'ARMES. (*Conchyl.*) On trouve quelquefois ce nom bizarre dans les anciens catalogues de coquilles, pour désigner le *strombus gallus*, probablement en supposant que les digitations de la coquille représentent les membres très-étendus de l'homme qui tire des armes, au moment où il est le plus fendu et vient de porter une botte. (De B.)

TIRIAM-JABYN. (*Bot.*) Voyez Trungibyn. (J.)

TIRIBA. (*Ornith.*) Les Brésiliens nomment *tiribas*, des perroquets qui vivent dans les buissons et qui sont de l'espèce décrite dans les méthodes sous le nom de *psittacus cruentatus*. (Lesson.)

TIRICA. (*Ornith.*) Nom caraïbe et spécifique d'un perroquet américain. (Ch. D. et Lesson.)

TIRICTA. (*Bot.*) Nom africain, cité par Ruellius et Mentzel, du *gingidium*, qui, selon Dioscoride, est commun dans la Syrie. Parmi les *gingidium* mentionnés par C. Bauhin, il est difficile de déterminer auquel doit être appliqué le nom de Dioscoride. Une espèce est nommée *gingidium syriacum* par Camerarius, et C. Bauhin lui attribue des feuilles de fenouil : c'est l'*artedia squamata* de Linnæus; mais Dioscoride dit sa plante semblable au panais et seulement plus menue, et son indication s'applique mieux au *gingidium* de Matthiole et de Daléchamps, *daucus visnaga* de Linnæus, mieux nommée *ammi visnaga* par M. de Lamarck, à cause de son fruit non hérissé. (J.)

TIRIDA. (*Bot.*) Nom africain de la passerage, *lepidium*, cité par Mentzel. (J.)

TIRIN. (*Ornith.*) Nom que Belon attribue au serin, mais qui pourroit bien plutôt être considéré comme synonyme de *Tarin*. (Desm.)

TIRINGOESI. (*Bot.*) Nom brame, cité par Rhéede, du *caretti* du Malabar, *guilandina bonducella.* (J.)

TIRI-PANNA. (*Bot.*) Rhéede (*Malab.*, 12, t. 33) figure sous ce nom une fougère parasite des arbres, qui est l'*acrostichum lanceolatum*, L., selon Loureiro, et très-voisine de l'*acrostichum lingua*, Thunb., *Jap.*, 33, tab. 33. Cette fougère se trouve dans toute l'Asie australe ; en Cochinchine elle s'appelle *cay-kim-luon*. (Lem.)

TIRIRI. (*Ornith.*) Ce nom a été donné à une espèce de Tyran (voyez ce mot), dont il représente le cri habituel. (Desm.)

TIRIT. (*Ornith.*) C'est un des noms du mouchet en Lorraine, et *tirits* celui du bruant-proyer, dans d'autres provinces de France. (Desm.)

TIRITE. (*Bot.*) Palmier d'Amérique, à feuilles pennées, cité par M. de Humboldt, sur les rives des fleuves Temi et Tuamini. (J.)

TIROT. (*Ichthyol.*) Un des noms de la *raie bouclée.* Voyez Raie. (H. C.)

TIRSA. (*Bot.*) Nom donné dans l'Ukraine à une graminée que Guettard a décrite et nommée *stipa ucranica.* Elle sert de nourriture aux chevaux. (Lem.)

TIRTAVA. (*Bot.*) Rhéede cite ce nom malabare et celui de *perim-tolassi*, pour une plante qu'il croit être une scrophulaire, ayant de l'affinité avec la scrophulaire aquatique. (J.)

TIRU, *Tirus.* (*Ichthyol.*) M. Rafinesque-Schmaltz a donné ce nom à un genre de poissons abdominaux, qui a pour type une espèce des mers de Sicile, très-voisine des truites ou saumons, et ayant les caractères suivans :

Corps cylindrique; bouche garnie de dents; une nageoire dorsale plus éloignée de la tête que les catopes, qui sont dépourvus d'appendices.

La seule espèce du genre est le *tirus marmoratus*, long de moins d'un pied, à dos marbré de gris et de fauve, à ventre blanc.

Sa chair est peu estimée.

Tiru est son nom sicilien. (H. C.)

TIRUCALLI. (*Bot.*) Nom malabare d'une euphorbe, qui est l'*euphorbia tirucalli* de Linnæus. (J.)

TIRU-TALI. (*Bot.*) Le *convolvulus marginatus* de M. de Lamarck porte ce nom sur la côte malabare. (J.)

TIS. (*Bot.*) Nom égyptien de la menthe, suivant Mentzel et Ruellius. (J.)

TISLOUÉ. (*Bot.*) Nom caraïbe, cité par Surian (Herb., n.° 363) d'une petite herbe des Antilles, dont M. Turpin a fait son genre *Cypselæa*, de la famille des portulacées. (J.)

TISSA. (*Bot.*) Adanson désignoit sous ce nom l'*arenaria rubra*, dont il faisoit un genre distinct, remarquable par ses graines bordées d'une membrane et ses feuilles stipulées. (J.)

TISSA. (*Ichthyol.*) Un des noms sardes du *mugil cephalus*. Voyez MUGE. (H. C.)

TISSAH DAHABY. (*Bot.*) Nom arabe, signifiant pomme d'or, donné à une morelle, *solanum æthiopicum*, selon M. Delile. On la nomme aussi *tissah el-heb* ou pomme d'amour. (J.)

TISSAVOYANE. (*Bot.*) Les François du Canada ont donné ce nom à deux plantes différentes dont les racines sont employées dans les teintures. La tissavoyane jaune est l'*helleborus trifolius* de Linnæus, *helleborus trilobus* de M. de Lamarck. La tissavoyane rouge est une espèce de garance ou de galiet. (J.)

TISSERAND D'AUTOMNE. (*Entom.*) Geoffroy nomme ainsi l'insecte qui, selon lui, produit en automne les fils de la vierge, qui seroit l'*acarus telarius*. Voyez FIL-NOTRE-DAME. (C. D.)

TISSERANDS. (*Ornith.*) Ce sont les oiseaux de l'ordre des sylvains, de la tribu des anysodactyles de M. Vieillot, que cet ornithologiste a réunis en famille sous le nom de *textores*, et qui comprennent les genres Loriot, Tisserin et Troupiale : ce dernier avec tous les genres qui ont été démembrés. (CH. D. et LESSON.)

TISSERIN; *Ploceus*, Cuv. (*Ornith.*) En démembrant le genre *Fringilla* de Linné en plusieurs sous-genres, M. Cuvier a proposé comme première division des moineaux le groupe des tisserins, adopté comme genre par M. Vieillot et classé dans son ordre des sylvains et dans la famille des tisserands. M. Temminck a aussi adopté ce genre, qu'il place dans son 4.ᵉ ordre, les granivores, à la suite des tangaras et avant les bec-croisés. Linné et Latham ont décrit les espèces qu'on peut réunir sous ce nom dans les genres Gros-bec, Troupiale et Loriot, et il est en effet fort difficile de les isoler des oiseaux de ces genres, avec lesquels elles se confondent par des nuances insensibles et graduelles. Ce qui isole nettement les tisserins des troupiales, suivant M. Cuvier, c'est que les premiers ont la commissure de leur bec droite, tandis qu'elle est recourbée chez les seconds. Leurs caractères génériques sont : Bec robuste, dur, fort, longicône, convexe, un peu droit, aigu, à arête s'avançant sur le front, fléchi et comprimé à la pointe, sans échancrure, à bords des mandibules courbés en dedans; narines basales, près de la surface du bec, ovales et ouvertes; les pieds médiocres, à tarse de la longueur du doigt intermédiaire; les doigts antérieurs soudés à la base; les ailes médiocres; la première rémige médiocre ou courte; la deuxième et la troisième moins longues que la quatrième, qui est la plus longue; telle est la définition admise par M. Temminck; elle s'accorde assez avec celle qui a été adoptée par M. Vieillot, mais cependant ce dernier dit que les narines sont recouvertes par une petite membrane, et que la langue, cartilagineuse, est frangée à la pointe.

Ce nom de tisserin vient du grec πλοκευς, tisserand, parce que les oiseaux qui composent ce genre tissent leurs nids avec le plus grand art. Cet instinct ne leur est point exclusivement propre, puisque la plupart des fringilles et des gros-becs le partagent, et cette particularité de mœurs est peut-être ce qui établit entre eux les rapports les plus intimes et les plus naturels. Les tisserins *tissent* donc, ainsi que l'indique leur nom, le nid qui doit être le berceau de leur famille avec la soie, la laine et tout ce qu'ils peuvent se procurer, même les herbes menues. Ces nids, suspendus aux rameaux des arbres, sont divisés par compartimens et faits avec un

art admirable, ainsi qu'il sera facile de s'en faire une idée
lorsque nous décrirons celui du *nélicourvi*.

Les tisserins vivent à la manière de tous les moineaux et
gros-becs, c'est-à-dire, qu'ils se réunissent volontiers par
troupes criardes et dévastatrices des terres ensemencées.
Leur livrée est assez uniforme et le plus souvent mélangée
de jaune, de brun ou de noir; ils vivent de graines céréales, de bourgeons, et occasionnent de grands dégâts dans
les rizières. Le plus grand nombre des espèces appartient à
l'Afrique et aux Indes orientales, et M. Vieillot en sépare
une espèce d'Amérique, qu'il laisse parmi les troupiales,
tandis que M. Cuvier la réunit aux tisserins, et qui est le
cassique noir ou *oriolus oryzivorus* de Gmelin.

Les espèces admises dans le genre *Ploceus* sont les suivantes :

TISSERIN CAP-MORE : *Ploceus textor*, Vieill.; *Oriolus textor*,
Gmel., Enlum., 375 et 376. Buffon a figuré cet oiseau sous le
nom de troupiale mâle du Sénégal dans ses Enluminures.
Le mâle a tout le devant de la tête et la gorge d'un noir
parfait; le corps d'un jaune-orangé plus ou moins vif; les
ailes noires, chaque plume étant bordée de jaune pur. Les
rectrices sont égales, brunes, bordées de jaune. Les pieds
sont de couleur de chair. La femelle diffère beaucoup du
mâle. La tête, le devant du cou et la gorge, sont d'un jaune-
serin très-clair; le manteau est brun; les ailes sont brunes,
bordées de jaune; le ventre est blanc; la queue jaune verdâtre, et le bec noir, comme celui du mâle. Les tisserins
cap-mores changent de livrée suivant les saisons. Le capuchon brun, teinté quelquefois de mordoré, n'existe chez le
mâle qu'au printemps, il s'efface dans l'automne, pour être
remplacé par du jaune pur. L'œil a l'iris orangé.

Le cap-more est de la taille de la petite grive : il vit de
graines et pourrait être élevé aisément en France. On le
trouve au Sénégal et dans toute l'Afrique chaude, où il est
très-commun. On dit son ramage fort gai. La femelle construit son nid avec soin avec des brins d'herbes et de joncs,
qu'elle tisse adroitement.

TISSERIN A TÊTE ROUGE : *Ploceus erythrocephalus*; *Fringilla
erythrocephala*, Gmel.; le MOINEAU DE L'ISLE-DE-FRANCE,

Buffon , Enl., 565 , fig. 1 et 2. Ce tisserin est regardé par plusieurs ornithologistes comme une espèce du genre Moineau , et en effet il en a la plupart des caractères, et son bec est moins long et entaillant moins de plumes du front. La tête, la gorge et le haut de la poitrine, sont d'un rouge vif, ainsi que le croupion. Le ventre est cendré, la queue brune ; le manteau et le haut du cou en arrière sont, ainsi que les ailes, gris verdâtre avec des flammèches brunes. La femelle a une livrée plus sombre ; elle est verdâtre en dessus et jaunâtre en dessous. Le bec est noir, et les taches jaunâtres. On le trouve à l'Isle-de-France.

Tisserin malimbe ; *Ploceus cristatus*, Vieill., Dict. d'hist. nat., tome 34, p. 129. La face présente un masque noir ; l'occiput est surmonté de plumes longues, déliées, soyeuses et formant une huppe d'un rouge fort vif : cette couleur s'étend sur les joues, la gorge et le haut de la poitrine. Le reste du plumage est d'un noir profond ; le bec et les pieds sont noirs.

La femelle du malimbe se distingue du mâle parce qu'elle n'a pas de huppe, et parce que les couleurs de son plumage sont moins vives ; sa longueur totale est de six pouces trois lignes. Ces oiseaux habitent l'Afrique et particulièrement l'état de Malimbe ; ils paroissent y être de passage et ne s'y rendre qu'à l'époque de la maturité des fruits d'un figuier. La femelle façonne son nid avec des herbes fines, arrangées avec art et garnies en dedans de coton. Ce nid est de forme ronde, et son ouverture est sur le côté. La ponte est de trois à cinq œufs de couleur grisâtre.

Tisserin jonquille ; *Ploceus jonquillaceus* , Vieill. , Dict. d'hist. nat., p. 130. Cet oiseau est long de cinq pouces et demi ; il a le bec noir, les tarses bruns, le haut de la tête d'un noir verdâtre, ainsi qu'un trait qui part de la mandibule supérieure, traverse l'œil, et va se perdre à l'occiput. Le reste du corps est olive foncé en dessus, tandis que toutes les parties inférieures sont d'un beau jaune jonquille ; un trait jaune recouvre l'œil. Cet oiseau habite la côte d'Angola en Afrique. Peut-être le tisserin noir, *ploceus nigrinus*, Vieill., trouvé au Congo, est-il le mâle du tisserin jonquille.

Tisserin cap-jaune ; *Ploceus atricapillus* , Vieill. Il a la gorge, le devant du cou, l'occiput, le dessous du corps, les ailes et la queue, noirs. Le sommet de la tête, les côtés de la gorge et du cou, le dessous du corps et les couvertures inférieures de la queue, le bord extérieur des pennes alaires et caudales, d'un jaune-orangé fort vif. On le trouve en Afrique dans le Congo.

Tisserin bicolore; *Ploceus bicolor*, Vieill. Il a six pouces et demi de longueur totale ; la tête et la nuque noirâtres ; le dessous du corps brun olivâtre ; les rémiges et les rectrices brunes ; le dessous du corps jaune. Il habite l'Afrique.

Tisserin a collier; *Ploceus collaris*, Vieill. Cet oiseau est jaune, excepté la tête, le cou, le haut de l'aile et quelques-unes des rémiges et des rectrices, qui sont noires. Les ailes sont variées de noir et de jaune. Une large tache rouille occupe le milieu de la poitrine. Sa taille est celle du tisserin *cap-more*, et comme lui on le trouve en Afrique.

Tisserin a gorge noire ; *Ploceus nigricollis*, Vieill. Cet oiseau, que M. Vieillot a figuré sous le nom de malimbe à gorge noire, pl. 45 des Oiseaux chanteurs, est brun verdâtre en dessus avec une tache noire sur la nuque et sur la gorge ; le dessous du corps est jaune et sa longueur totale est de cinq pouces et demi environ. Ce tisserin habite le Congo.

Tisserin voilé ; *Ploceus velatus*, Vieill. Ce tisserin est d'Afrique, du pays des Namaquois; M. Vieillot le décrit ainsi : Un voile noir et velouté couvre le front, les côtés de la tête jusqu'au-dessus de l'œil, la gorge , le devant du cou, et finit en pointe sur le haut de la poitrine; le reste de la tête, le dessus et les côtés du cou, la poitrine, le ventre et l'abdomen, sont d'un jaune brillant ; le dos est d'un jaune olivâtre; le croupion et le bord extérieur des grandes couvertures des ailes, de leurs pennes et de celles de la queue, du même jaune, le reste de ces pennes est d'un olive rembruni; le bec est d'un noir bleuâtre, et les pieds sont gris. Longueur totale, six pouces environ : la femelle est un peu plus petite que le mâle, et en diffère en ce qu'elle n'a point de voile noir ; le capistrum seul est de cette teinte, et ses autres couleurs sont moins vives.

Tisserin orangé ; *Ploceus aurantius*, Vieill. Cet oiseau est figuré, pl. 44 des Oiseaux chanteurs, sous le nom de malimbe orangé. Il a cinq pouces de longueur totale. Il est olivâtre en dessus et jaune-orangé sur la tête, la gorge et la poitrine ; les pennes sont jaunâtres , bordées de noir en dedans. Il habite l'Afrique.

TISSERIN FRINGILLE; *Ploceus fringilla*, Less. Cet oiseau est de la taille d'un moineau, gris-roux en dessus, et blanchâtre en dessous. L'œil est surmonté d'un trait jaune , le bec est de couleur de corne : il habite l'Amérique septentrionale.

TISSERIN FLAMMICEPS : *Ploceus flammiceps*, Less.; *Loxia flammiceps* , Cuv. Cet oiseau est de la taille d'un moineau, et provient de Pondichéry. L'occiput et le ventre sont d'un jaune d'or ; le bas-ventre et la région anale sont d'un blanc pur ; la face, la gorge et le dos, sont cendrés.

TISSERIN A TÊTE D'OR ; *Ploceus aureus* , Less. Cet oiseau, dont la patrie est inconnue, a le corps blanc ; une calotte jaune-doré recouvre la tête ; la poitrine est noire ; le dos et les ailes sont brunâtres, teintés de gris.

TISSERIN DE PATERSON : *Ploceus Patersonii* , Less.; *Loxia socia* , Pat. (voy. pl. 19). Il est de la taille d'un moineau ; son plumage est gris-cendré ; sa face et sa gorge sont noires ; des points noirs nombreux couvrent le gris des flancs.

TISSERIN BAGLAFECHT ; *Ploceus abyssinica* , Lath. De la taille d'un moineau ; le bec, la tête, la gorge et la poitrine, noires ; tout le reste du corps d'un jaune clair ; les ailes brunes, frangées de jaune ; l'iris rouge. Cet oiseau habite le Sénégal et l'Abyssinie ; la femelle construit son nid en forme de pyramide , dont l'intérieur est divisé en deux compartimens ; les œufs n'occupent que la seconde chambre , et pour y parvenir , l'oiseau s'introduit par la première , et descend le long de la cloison. Ce nid est suspendu sur les branches des arbrisseaux qui ombragent les eaux.

TISSERIN NÉLICOURVI : *Ploceus pensilis* , Vieill. ; *Loxia pensilis*, Lath. Les seuls bons détails que nous ayons sur les nélicourvis, sont dus à M. Sonnerat, qui en a donné une figure pl. 112 de son Voyage aux Indes et à la Chine ; il le décrit ainsi :

« Le nélicourvi, dit Sonnerat, t. 2 , p. 200 , est de la gros-
« seur d'un moineau de France ; la tête, le cou, la gorge ,

« sont jaunes ; une raie d'un vert terne traverse les joues ;
« tout le dessus du corps est verdâtre ; le ventre est gris-foncé ;
« les couvertures inférieures de la queue sont mordorées ;
« le bec et les pieds sont noirs.

« Cet oiseau fait son nid sur le bord des ruisseaux , et
« l'attache le plus souvent à des feuilles de *caldeir* ou va-
« quois ; il est composé de paille et de joncs artistement en-
« trelacés , et forme par le haut une poche où il fait sa de-
« meure : sur l'un des côtés de cette poche est adapté un
« long tuyau de même nature que le nid , tourné vers le
« bas ; l'ouverture du nid est au bout du tuyau ; il met ainsi
« ses petits à l'abri de la voracité des couleuvres et autres
« reptiles. L'année suivante il fait son nid au bout de celui-
« là. » Sonnerat en a vu jusqu'à cinq attachés les uns au
bout des autres. Ces oiseaux font leurs nids en société, et
il n'est pas rare d'en voir cinq à six cents sur le même arbre :
ils ne font que trois petits par ponte.

TISSERIN TOUCNAM-COURVI : *Ploceus philippinus* , Vieill. ; *Loxia
philippina* , Lath. ; le GROS-BEC DES PHILIPPINES , Buff. , Enl. ,
155, fig. 2. Cet oiseau, à peu près de la taille d'un moineau ,
a la face noire. Il est jaune en dessous, et a le bas-ventre
blanc ; le dos, le derrière du cou, sont jaunes, flammés de
noir ; les rémiges et les rectrices sont noires , bordées de
blanchâtre ou de jaunâtre.

Le toucnam-courvi est célèbre par la manière dont il
fait son nid ; il le suspend à l'extrémité des branches par
sa partie supérieure, en lui donnant la forme d'un ballon de
chimie, c'est-à-dire qu'il forme un long tube très-renflé à
une extrémité, et dont l'ouverture est cachée soigneusement.

Cet oiseau est très-commun aux îles Philippines.

M. Cuvier range encore parmi les tisserins un oiseau qu'on
a long-temps ballotté parmi les loriots, ou les corbeaux,
et qui nous paroît décidément devoir rester parmi les troupiales : c'est l'*oriolus niger* de Gmelin. (CH. D. et L.)

TISSU DES ANIMAUX. (*Chim.*) Nous avons traité des
propriétés des tissus des animaux au nom spécifique de chacun
d'eux. Dans cet article nous ne voulons que les considérer
sous le rapport de la quantité d'eau qu'ils contiennent à
l'état normal. Nous avons démontré que la souplesse, la

flexibilité de tous, l'élasticité du tissu élastique jaune, l'aspect satiné du tendon, la couleur blanche de la cornée opaque, etc., sont dues à l'eau qu'ils contiennent dans un état qu'il est difficile de déterminer; mais l'influence que ce liquide exerce sur les propriétés physiques de chaque tissu est trop importante pour ne pas fixer l'attention du naturaliste; c'est ce qui nous détermine à présenter dans un tableau la proportion d'eau contenue dans plusieurs tissus à l'état frais:

100 p. de tissu élastique jaune d'éléphant perdent dans le
    vide sec . . . . 49,5 d'eau,
    de gros tendons de bœuf 50,39
    de fibrine de sang de bœuf 80,65
    du pavillon de l'oreille humaine. . . 69,36
    de tégument cartilagineux humain . . 76,80.

Tous ces tissus reprennent, par l'immersion dans l'eau, les propriétés qui les distinguent les uns des autres. (CH.)

TISSU ÉLASTIQUE JAUNE DES ANIMAUX. (*Chim.*) Ce tissu, distingué par les anatomistes françois, spécialement par Bichat et M. de Blainville, est remarquable par les deux propriétés qui servent à le désigner, sa couleur et surtout son élasticité. Il possède cette dernière propriété à un degré qu'on ne peut comparer qu'à l'élasticité du caoutchouc.

Le tissu jaune élastique frais est opaque et mat. Il a une structure plus sensiblement fibreuse que le tendon. Ce dernier est bien formé de fibres; mais celles-ci, très-adhérentes les unes aux autres et formant des couches concentriques ou superposées, ne peuvent être séparées en faisceaux comme les fibres du tissu jaune.

La matière séchée a beaucoup de ressemblance avec le tendon sec. si ce n'est cependant qu'elle est un peu plus foncée en couleur, moins transparente, plus fibreuse; mais elle ne possède plus cette propriété de s'étendre quand on la tire dans le sens de sa longueur et de revenir sur elle-même lorsqu'on cesse de la tirer; elle a donc perdu ce caractère qui, avant la dessiccation, la distinguoit si éminemment du tendon frais. La preuve que l'élasticité du tissu jaune frais est due à de l'eau, c'est que si l'on plonge dans ce liquide le tissu qui a été desséché, il l'absorbera peu à peu, et au bout

de vingt-quatre heures environ, il en aura pris sensiblement
la même quantité que celle qu'il avoit perdue, et en même
temps il aura recouvré son élasticité première.

100 p. de tissu jaune de bœuf frais se sont réduites : parties d'eau absorbées par 100 parties des matières ci contre, après une immersion de :

A l'air, à 52,57
Au vide sec à 50,5

vingt-quatre heures . . . 99
douze jours 147

100 p. de tissu jaune de bœuf frais se sont réduites :

vingt-quatre heures . . 99,4
douze jours 148,0

A l'air à 52,80
Au vide sec à 49,8

(Ch.)

TISSU ORGANIQUE DES VÉGÉTAUX. (*Bot.*)

Tissu cellulaire vu à l'œil nu. Si l'on examine la tranche horizontale du tronc d'un de nos arbres forestiers, qui sont tous
dicotylédons, on voit au centre une substance lâche, à laquelle
on a donné le nom de *moelle;* à la circonférence, une écorce
épaisse; dans la partie intermédiaire, des couches de bois qui
forment des zones concentriques, et du centre à la circonférence, des insertions ou rayons médullaires, semblables aux
lignes horaires d'un cadran.

Si l'on examine la coupe horizontale d'un palmier ou de
tout autre végétal monocotylédon, on reconnoît que la moelle
forme la majeure partie de la tige; que le bois est composé
de longs filets disséminés dans le tissu médullaire; qu'il n'y a
point de rayons prolongés du centre à la circonférence et
souvent point d'écorce.

Enfin, si l'on examine les champignons et les algues, plantes
privées d'organes sexuels, on n'y trouve qu'une masse d'un
tissu plus ou moins serré, plus ou moins alongé, mais d'ailleurs
homogène et semblable, sous beaucoup de rapports, à la
moelle des végétaux monocotylédons et dicotylédons.

Les nervures des calices et des feuilles présentent une substance analogue à celle du bois; la partie verte, renfermée
entre les nervures, ne diffère point sensiblement par la consistance et l'aspect du tissu extérieur des jeunes écorces.

Les corolles ont un tissu lâche et des veines délicates.

Les fruits sont tantôt charnus. tantôt membraneux, tantôt
ligneux.

54.

Les plantes herbacées, plus molles que les végétaux ligneux, ressemblent cependant, par leur contexture, aux
palmiers ou à nos arbres forestiers, selon qu'elles sont monocotylédones ou dicotylédones.

Nombre d'espèces herbacées ou ligneuses contiennent visiblement dans leur moelle ou dans leur écorce de grandes
cavités remplies de sucs colorés; et leur bois n'est pas d'un
tissu tellement serré, qu'on ne puisse y apercevoir quelquefois, sans même faire usage de la loupe, les orifices des gros
vaisseaux qui les parcourent.

Voilà à peu près tout ce que l'œil de l'observateur découvre
à la première vue; mais il est indispensable de pénétrer plus
avant dans la connoissance de l'organisation interne, soit
pour prendre une juste idée de l'organisation externe, soit
pour se rendre raison des phénomènes de la vie végétale. Le
scalpel et le microscope deviennent donc des instrumens nécessaires au botaniste.

Tissu organique observé au microscope. Un tissu membraneux, cellulaire et continu, plus ou moins transparent,
forme toute la substance des végétaux. La membrane qui
constitue le tissu membraneux est d'une épaisseur variable,
selon la nature particulière des espèces et l'âge des individus.
Elle est pourvue de pores, les uns visibles, les autres invi-
sibles. L'existence de ces derniers est prouvée par la trans-
fusion des fluides d'une partie du végétal dans une autre,
lors même qu'il est impossible d'apercevoir la communication des cellules : l'existence des autres est prouvée non-seulement par la marche des fluides, mais encore par l'observation microscopique, qui fait distinguer nettement les pores
et les fentes dont souvent la membrane est criblée. Ces ouvertures sont quelquefois bordées de petits bourrelets épais
et calleux, qui se détachent en ombre quand on oppose le
tissu membraneux à la lumière.

Pour rendre plus évidentes les diverses modifications du
tissu membraneux, je le diviserai systématiquement en deux
organes élémentaires : 1.º le tissu cellulaire; 2.º le tissu vasculaire.

Tissu cellulaire. Il est composé de cellules contiguës les
unes aux autres, et dont les parois sont communes. Grew les

compare à l'écume d'une liqueur en fermentation. Cette comparaison n'est pas dépourvue de justesse.

Les cellules tendent d'abord à se dilater dans tous les sens : mais chacune d'elles étant comprimée par les cellules adjacentes et souvent aussi par les parties dures du végétal, il arrive que leur forme dépend surtout des résistances qu'elles éprouvent.

Lorsque les cellules n'éprouvent d'autres résistances que celles qu'elles s'opposent mutuellement, ce qui a lieu d'ordinaire au centre de la moelle et dans les racines et les fruits charnus ou pulpeux, leurs coupes horizontale et verticale offrent fréquemment des hexagones réguliers, comme les alvéoles des abeilles.

Les parois des cellules sont très-minces et aussi transparentes que du verre.

Elles sont quelquefois criblées de pores, dont l'ouverture n'a peut-être pas pour diamètre la trois-centième partie d'un millimètre. Plus rarement elles sont coupées de fentes transversales, et ces fentes sont si multipliées dans quelques espèces, que les cellules y sont transformées en un vrai tissu réticulaire. (Ex. : moelle du *nelumbo.*)

Il est à remarquer qu'en général les pores sont nombreux et rangés en séries transversales, lorsque les cellules sont très-alongées, et qu'au contraire ils sont épars et peu nombreux lorsque le diamètre des cellules est, à peu de chose près, égal dans tous les sens.

Le tissu cellulaire ne reçoit les fluides et ne les transmet que très-lentement.

Le tissu cellulaire régulier et peu poreux compose ordinairement toute la moelle ; il forme aussi presque toute l'écorce, etc. On l'observe en grande abondance dans les cotylédons épais, dans les racines charnues, dans les fruits pulpeux, etc. ; macéré dans l'eau, il s'altère et se détruit facilement.

Les couches ligneuses des dicotylédons et les filets ligneux des monocotylédons sont formés en grande partie de tissu cellulaire; mais les cellules y sont très-alongées et y paroissent comme de petits tubes parallèles les uns aux autres : de là le nom de *tissu cellulaire alongé.* Leurs parois sont épaisses, à demi opaques, quelquefois percées de pores très-fins. Leurs cavités s'obstruent dans les anciennes couches des arbres. Ce tissu, qui constitue la partie la plus solide des végétaux, ne se dissout point dans l'eau.

Les rayons médullaires qui marquent la coupe transversale des tiges des arbres dicotylédons de traits semblables aux lignes horaires d'un cadran, sont presque toujours des séries de cellules alongées du centre à la circonférence, et dont par conséquent la direction coupe à angle droit le fil du bois.

Les cellules des rayons médullaires rencontrent, chemin faisant, les vaisseaux du bois, et s'abouchent avec eux par le moyen des pores.

Le tissu cellulaire régulier a peu de consistance. Aussi arrive-t-il quelquefois qu'il se déchire et laisse, par sa défection, des vides plus ou moins considérables dans le corps du végétal : ce sont des lacunes. Elles se montrent surtout dans les plantes aquatiques, et elles y sont distribuées avec tant de symétrie, que les botanistes étrangers aux recherches anatomiques, les ont considérées comme représentant la structure primitive du végétal. On peut reconnoître leur existence, à la simple vue, dans le *typha*, le *nymphæa*, l'*equisetum*, le *gratiola*, etc. Elles se forment dans un ordre de choses si sagement combiné, qu'elles n'apportent aucun préjudice à la végétation. Le plus ordinairement elles ne contiennent que de l'air, ce qui peut-être les rend bien utiles aux plantes aquatiques, dont le tissu, pénétré par une trop grande quantité d'eau, s'altéreroit en peu de temps.

Tissu vasculaire. Les tubes ou vaisseaux des plantes parcourent les différens organes, s'unissent par de fréquentes anastomoses, et forment ainsi une sorte de réseau. Leur calibre est cylindrique ou ovale, ou anguleux. Ils distribuent dans toutes les parties l'air et les fluides nécessaires à la végétation. Leurs parois sont fermes, épaisses, peu transparentes. Ces vaisseaux ne doivent pas être comparés, comme l'ont fait quelques auteurs, ni aux veines et aux artères, ni au canal intestinal. Les artères ont une force de contraction qui pousse le sang dans les veines ; les veines sont pourvues de soupapes ou valvules qui s'opposent à la marche ré-

trograde du sang : rien d'analogue n'existe dans les plantes.
Et quant au canal intestinal, il doit avoir deux issues extérieures, ou au moins une, pour recevoir la nourriture et rejeter les excrémens solides : or les plantes n'ont point d'excrémens solides, et leurs vaisseaux sont toujours fermés aux
deux bouts. Le nom de *vaisseau* ne doit pas même être pris
à la rigueur, attendu qu'il n'indique ici que de très-longues
cellules unies au reste du tissu et percées d'ouvertures latérales qui permettent aux fluides de se répandre de tous côtés,
tandis que dans les animaux, les vaisseaux, ayant des parois
distinctes et closes, conduisent les fluides en des endroits déterminés.

On peut distinguer six principales modifications dans les
vaisseaux des plantes : 1.º les vaisseaux en chapelet ou moniliformes ; 2.º les vaisseaux poreux ; 3.º les vaisseaux fendus
ou fausses trachées ; 4.º les trachées ; 5.º les vaisseaux mixtes ;
6.º les vaisseaux propres.

Les vaisseaux en chapelet sont des cellules poreuses placées bout à bout, ou, si l'on aime mieux, des tubes poreux
resserrés de distance en distance et coupés de diaphragmes
percés à la manière d'un crible. On les trouve fréquemment
dans les racines, et à la naissance des branches et des feuilles ;
ils servent d'intermédiaires entre les gros vaisseaux des tiges
et des branches, et c'est par leur moyen que la séve passe
des unes dans les autres.

Les vaisseaux poreux sont criblés de pores rangés en séries
transversales. Ils existent dans toutes les parties du végétal
où la séve circule avec quelque liberté ; ainsi on les trouve
dans le corps des racines, le bois des tiges et des branches ,
les grosses nervures des feuilles, etc. Il ne faut pas se les représenter comme des tubes continus depuis la base du végétal jusqu'à son sommet : ils se joignent, se séparent, se re-
joignent encore , disparoissent quelquefois et se changent
toujours en tissu cellulaire vers les extrémités. Les pores qui
les couvrent sont en général d'autant plus fins, que les bois
sont plus durs et d'un grain plus serré.

Les fausses trachées sont des tubes coupés de fentes transversales, ou, si l'on veut, des tubes à larges pores. Ces vaisseaux ne diffèrent donc des tubes poreux que par une nuance

légère. On peut les observer dans les bois, et particulièrement dans celui d'un tissu mou et lâche. Ce sont, aussi bien
que les trachées, les principaux canaux de la séve. Ils la portent de l'extrémité du végétal à l'autre, et la répandent, à
la faveur des pores, dans toutes les parties latérales. Lorsque
les fentes des fausses trachées sont très-prolongées, chacun
de ces vaisseaux paroît composé d'une suite d'anneaux placés au-dessus les uns des autres.

Les trachées, dans lesquelles Malpighi, Hedwig et d'autres
ont cru reconnoître un appareil pulmonaire, comparable à
celui des insectes, sont des lames étroites, argentées, ordinairement élastiques, roulées en tire-bourre et bordées souvent de petits bourrelets calleux.

Elles sont comme passées à travers le tissu qui leur sert de
gaîne, et elles n'y adhèrent que par leurs extrémités. Néanmoins il est évident qu'elles ne sont que des modifications
des fausses trachées. On les trouve, dans les tiges dicotylédones, autour de la moelle, et dans les tiges monocotylédones, ordinairement au centre des filets ligneux.

Elles se développent en général dans les parties jeunes et
tendres dont la croissance est rapide. L'âge ne les fait point
disparoître, mais elles s'obstruent à la longue par l'effet de
la nutrition. L'écorce et les couches annuelles du bois n'en
contiennent jamais. Les racines en offrent rarement.

Le procédé le plus simple pour les observer est de briser
une jeune branche, ou de déchirer une feuille ou même un
pétale, sans secousses violentes. Comme les trachées se dé-
roulent en restant attachées par leurs extrémités aux deux
portions de la partie qu'on a divisée, il est aisé d'en reconnoître la structure.

Il y a des trachées à hélice double, triple, quadruple, etc.

Les trachées sont si abondantes dans le bananier, qu'on a
proposé de les extraire pour en fabriquer des étoffes.

Les vaisseaux mixtes sont alternativement, dans leur longueur, percés de pores, fendus transversalement et découpés
en tire-bourre; ce qui prouve que les quatre espèces précédentes ne sont que des modifications les unes des autres.

Telle est la simplicité de l'organisation végétale, que souvent même un tube revêt successivement toutes les formes

que je viens de décrire, en parcourant les différens organes. Ainsi une trachée de la tige peut se terminer, dans la racine, en vaisseau, en chapelet; devenir fausse trachée dans le nœud situé à la base de la branche; parcourir celle-ci sous la forme de tube poreux, et prendre dans les nervures des feuilles ou dans les veines des pétales, ou dans les filets des étamines, la forme de trachée.

Les trachées marchent presque toujours en ligne droite et sans déviation ; les autres tubes, au contraire, se courbent de côté et d'autre. Tous se métamorphosent, vers leurs extrémités, en tissu cellulaire; en sorte qu'aucun n'arrive jusqu'à l'épiderme sous la forme de vaisseau.

Lorsque l'on plonge le bout supérieur ou inférieur d'une jeune branche chargée de feuilles dans une liqueur colorée, la liqueur est aspirée, et son passage dans la branche est marqué par la coloration des vaisseaux. On voit même quelquefois le tissu voisin se teindre d'une auréole qui s'affoiblit en s'éloignant du centre de coloration. Cette expérience, faite sur le *periploca græca*, etc., concourt à prouver, avec les observations physiologiques, que la séve, aspirée par les racines ou les feuilles, monte ou descend par les grands tubes et s'épanche latéralement par les pores.

Les vaisseaux propres ont des parois sur lesquelles on ne découvre ni fentes ni pores. Ils contiennent des sucs huileux, résineux, etc., propres à chaque espéce de plantes. On les observe dans les écorces, la moelle, les feuilles, les corolles, etc. Ils se distinguent en deux espèces, les solitaires et les fasciculaires.

Les vaisseaux propres solitaires, qui sont toujours isolés, ainsi que l'indique leur nom, et qui peut-être ne devroient être considérés que comme de simples réservoirs des sucs propres, offrent trois variétés : 1.° les vaisseaux dont les parois sont d'un tissu cellulaire très-fin, comme sont, par exemple, les lacunes courtes et tortueuses de l'écorce du pin du Lord ; 2.° ceux de forme cylindrique et qui ne sont que de longues cellules, comme on les observe communément dans la moelle ; 3.° ceux qui sont produits dans l'écorce par les déchiremens irréguliers du tissu cellulaire, comme sont les lacunes de la plupart des euphorbes.

Les vaisseaux propres fasciculaires sont formés par la réunion de plusieurs petits tubes placés à côté les uns des autres. Ils sont distribués avec plus ou moins de symétrie dans le tissu cellulaire de l'écorce. Les vaisseaux propres de l'*asclepias syriaca*, du chanvre, appartiennent à cette espèce. La filasse que l'on retire de l'écorce de ces plantes est formée par le déchirement longitudinal des faisceaux propres fasciculaires.

Toutes les plantes ne semblent pas être pourvues de vaisseaux propres. Ces vaisseaux, très-visibles dans les jeunes pousses, disparoissent souvent dans les vieilles tiges et les vieilles branches, parce que, dans certains végétaux, ils sont constamment repoussés à la circonférence et finissent par se dessécher, et que, dans d'autres végétaux, ils sont recouverts et oblitérés, après un laps de temps plus ou moins long, par les nouvelles couches qui augmentent la masse du bois.

Épiderme. L'épiderme est une membrane transparente formée par la réunion des parois les plus extérieures du tissu cellulaire; aussi ne peut-on l'enlever sans déchirer ce tissu. On voit, à la surface interne de l'épiderme détaché du végétal, les lambeaux des parois latérales des cellules adhérens à cette membrane. Les différences qu'elle présente viennent de la forme des cellules dont elle faisoit partie, et, plus encore, des glandes et des poils qui couvrent sa surface. Les parois cellulaires, restant attachées à l'épiderme, y dessinent de petits compartimens, dont la forme indique celle du tissu cellulaire lui-même. Tantôt ce sont des parallélogrammes plus ou moins réguliers, tantôt des hexagones, tantôt des polygones divers, dont les côtés sont ondulés. On y trouve aussi des aires ovales, au milieu desquelles plusieurs anatomistes croient reconnoître des pores, et j'ai moi-même long-temps partagé cette opinion; mais je commence à soupçonner qu'elle n'a pour base qu'une illusion d'optique.

L'épiderme des plantes parfaites est enduit d'une matière cireuse qui le défend de l'action de l'humidité.

Le liége est un véritable épiderme épaissi par la réunion d'une multitude de couches celluleuses.

Les couleurs variées de l'épiderme sont dues aux substances qu'il recouvre, car il est, par sa nature, incolore et transparent, de même que le tissu auquel il doit son origine. Il

est susceptible de s'accroître dans sa jeunesse par la multiplication et même, jusqu'à certain point, par la dilatation des
cellules; mais il n'est point élastique et extensible, comme
l'entendoient ceux qui voyoient dans cette membrane un organe distinct et séparé du tissu cellulaire. Il se renouvelle
promptement sur les parties jeunes des plantes ligneuses. On
parvient, avec quelques précautions, à le détacher des pousses
tendres et des feuilles, et, à l'aide de verres grossissans, on
reconnoit son organisation.

Considérations générales sur le tissu organique. D'après leur
organisation intime, les végétaux se distribuent en trois
groupes.

Le premier groupe comprend les espèces de l'ordre le plus
inférieur. Ces plantes sont privées de vaisseaux; telles sont les
nostocs, qui ont l'apparence d'une gelée; les conferves, qui
sont composées d'un simple rang de cellules placées bout à
bout, ou bien qui, dans une substance épaisse et homogène,
offrent des vides tubulés; les champignons et les lichens,
dans lesquels on ne remarque qu'un tissu cellulaire plus ou
moins alongé, semblable quelquefois à un feutre; les algues,
qui ne sont encore formées que de tissu cellulaire, mais qui
en présentent assez nettement trois différentes modifications,
savoir : des cellules régulières, des cellules à cavité prolongée en tube, et des cellules alongées ou ligneuses.

Le second groupe comprend les végétaux d'un ordre plus
relevé, qui ont, outre toutes les modifications du tissu cellulaire, des trachées, des fausses trachées et des vaisseaux
poreux; mais dans lesquels la direction des vaisseaux et l'a-
longement du tissu ont lieu uniquement de la base au sommet de la tige. Tels sont la plupart des monocotylédons.

Le troisième groupe comprend les végétaux dont l'organisation est la plus compliquée. Ils offrent, comme les précédens, toutes les modifications du tissu cellulaire et des vaisseaux; et l'alongement de ces parties organiques s'opère chez
eux non-seulement de la base au sommet, mais encore du
centre à la circonférence. Tels sont la plupart des dicotylédons.

Ces trois divisions sont vraies dans leurs généralités; mais
il ne semble pas jusqu'ici qu'il soit possible d'en faire une

application immédiate et rigoureuse à la classification botanique.

Diverses opinions sur la structure du tissu végétal. La théorie
que je viens de développer sur l'organisation végétale, n'est
pas arrivée tout à coup à ce degré de simplicité, et ses progrès ont été souvent retardés par de nombreux écarts.

Grew, Malpighi, Leuwenhoeck, fondateurs de l'anatomie
et de la physiologie végétales, ont fait d'admirables observations, mais ne sont pas parvenus à les réunir en un corps de
doctrine. Leurs écrits contiennent beaucoup de faits épars,
un petit nombre d'aperçus généraux que l'expérience a con-
firmés, et des erreurs que de nouvelles observations recti-
fient tous les jours.

Quelques mots échappés à l'illustre Grew, semblent avoir
fourni à M. Médicus la première idée de sa doctrine sur la
structure végétale. Il n'admet point de membranes dans les
végétaux, et suppose que leur tissu est composé de fibres en-
lacées de diverses manières. Cette opinion est si manifestement contraire aux faits, que, malgré le mérite bien reconnu
de M. Médicus, elle n'a trouvé aucun partisan parmi les observateurs dont le nom a quelque poids dans la science.

Il faut convenir que Malpighy et Grew avoient souvent
poussé trop loin la comparaison entre les organes des animaux et des plantes. Tournefort avoit cru voir des valvules
dans les vaisseaux de ces dernières. Le père Serrabot, plus
connu sous le faux nom de Labaisse, enhardi par ces autorités imposantes, ne balança pas à admettre un cœur, des
veines et des artéres, dans les végétaux; et, après lui, Dar-
win, se montrant en cette matière plus poète que naturaliste,
leur accorda des muscles, des nerfs et même une ame sensible et raisonnable. Ces exagérations n'ont abusé personne;
mais il n'en a pas été de même de l'ingénieux système d'Hedwig, dont toutes les parties sont liées avec un art qu'il faudroit admirer, s'il y avoit quelque chose d'admirable dans les
théories des naturalistes hors ce que confirment l'observation
et l'expérience.

Selon Hedwig, les plantes ont quatre ordres de vaisseaux :
les *adducteurs*, les *pneumatophores*, les *réducteurs* et les *lymphatiques.* Cet appareil vasculaire est environné de tissu cellu-

laire composé d'*utricules* rapprochées, dont les parois les plus
extérieures forment l'épiderme, lequel est criblé de pores.

Les adducteurs et les pneumatophores sont toujours réunis,
soit que les premiers, placés parallèlement les uns auprès des
autres, enferment les seconds un à un, comme dans un étui,
soit que chaque adducteur soit roulé en hélice autour de
chaque pneumatophore. Ces deux espèces de vaisseaux parcourent le végétal dans sa longueur. Les pneumatophores
contiennent l'air nécessaire à la respiration de la plante. Les
adducteurs aspirent la séve, l'élaborent en la mettant en
contact avec l'air enfermé dans les pneumatophores, et la
distribuent de tous côtés. Ce double système vasculaire représente, comme il est facile de le voir, les trachées des insectes, les branchies des mollusques et des poissons, et les
poumons des reptiles, des oiseaux et des quadrupèdes.

Les réducteurs offrent un réseau vasculaire dont les rameaux nombreux se glissent entre les utricules. Les fonctions
des réducteurs consistent à recevoir des adducteurs la séve
élaborée et à la transmettre aux différens organes qu'elle
doit nourrir et développer. Ainsi ce réseau vasculaire est
analogue à l'arbre artériel des animaux.

La matière de la transpiration est rejetée dans les vaisseaux
lymphatiques. Ces vaisseaux, unis par de fréquentes anastomoses, rampent sous l'épiderme et se terminent par des
pores qui s'ouvrent à l'extérieur.

Les objections naissent en foule contre ce système, et je
ne dirai que les principales. 1.° Les trachées sont de simples
fils roulés en tire-bourre, et il est prouvé que la séve, mêlée
à l'air, s'élève par les tubes que forment les circonvolutions
des trachées; par conséquent il n'existe ni adducteurs ni pneumatophores. 2.° Le tissu cellulaire est continu dans toutes ses
parties, et non pas composé d'utricules qui laissent des interstices entre elles: d'où il suit que les réducteurs sont des
êtres imaginaires. 3.° Les parois des cellules qui aboutissent
à l'épiderme et dont les lambeaux restent fixés sur cette
pellicule, lorsqu'on la détache, ont été pris par Hedwig pour
des vaisseaux lymphatiques.

Quoi qu'il en soit, le système d'Hedwig a eu beaucoup de
partisans, et les erreurs qui en sont la base ont été repro-

duites, sous diverses formes, dans la plupart des écrits sur l'anatomie végétale qui ont paru depuis.

Hedwig avoit aussi cherché à expliquer la formation de ce qu'il nomme la fibre ligneuse, c'est-à-dire les cellules alongées. Selon lui, les adducteurs roulés en hélice ne sont susceptibles de se dérouler que quand ils sont jeunes ; avec l'âge et par l'effet de la nutrition, leurs hélices s'unissent les unes aux autres à de petits intervalles qui se remplissent peu à peu, et ils se couvrent en dehors de fibres solides ; en sorte que ces vaisseaux n'offrent plus, après un certain temps, qu'un tube droit et continu à paroi épaisse : de là l'endurcissement successif du bois. Si l'on se rappelle ce que j'ai dit des vaisseaux et des cellules alongées, on ne pourra guère douter que Hedwig n'ait eu une idée confuse de ces diverses modifications du tissu végétal, et que les transformations qu'il fait subir à ses adducteurs ne soient une manière de s'expliquer l'existence des fausses trachées, des vaisseaux poreux et des vaisseaux mixtes. Ce système de transformation n'est pas plus admissible que les idées générales du même auteur sur la structure de la plante ; car il est bien démontré aujourd'hui que les trachées ne se métamorphosent pas en fausses trachées, celles-ci en vaisseaux poreux, et ces dernières en cellules alongées.

En ces derniers temps, quelques physiologistes allemands, voulant tout expliquer par de certaines forces occultes qu'ils admettent dans les molécules organiques des corps vivans, ont avancé que le végétal résulte du rapprochement de petits grains vésiculaires, qui se soudent les uns aux autres et se développent de diverses manières, selon la force dont ils sont animés, et deviennent ainsi successivement des utricules, des vaisseaux poreux, des fausses trachées, des trachées. Mais, sans insister sur ce que cette idée renferme d'obscur et de fantastique, il me suffira de dire que les grains que les inventeurs prennent pour des vésicules organisées, sont des concrétions, ou amilacées, ou résineuses, ou salines, produits immédiats de la végétation, que l'on trouve fréquemment dans les poches du tissu cellulaire.

On a produit encore d'autres systèmes sur l'anatomie végétale. Je les passe sous silence. Ils ont eu trop peu de vogue

pour que je doive en donner l'analyse, et d'ailleurs ils ne
sont guère que des modifications des précédens. [Mirb., Élém.]
(Mass.)

TISSUS ORGANIQUES DES ANIMAUX. (*Anat. comp.*) Des
fibres ou des lamelles élémentaires, différemment combinées,
réunies deux à deux, trois à trois, quatre à quatre, forment
les parties contenantes du corps des animaux, celles qui déterminent surtout la forme et qui impriment le mouvement,
c'est-à-dire des *tissus* plus ou moins composés, des organes
plus ou moins complexes, dont aucun n'est isolé, qui sont
tous entrelacés, qui ont tous des communications entre eux ;
tels sont :

1.° Le Tissu cellulaire, ou Tissu aréolaire, ou Tissu lamineux, *Tela cellularis* des auteurs latins, assemblage de lames
blanchâtres, hygrométriques, filamenteuses, extensibles, te-
naces, rétractiles, qui se rencontre dans toutes les parties
du corps des animaux vertébrés en général, qui en entoure
tous les organes, qui pénètre dans leurs interstices, leur
servant en même temps de moyen et d'union et de séparation ; espèce de trame, qui s'étend partout et forme le parenchyme plus ou moins mou, plus ou moins extensible, plus
ou moins contractile, plus ou moins perméable aux liquides,
plus ou moins spongieux, de leur substance.

De tous les tissus simples, il est le plus généralement répandu dans l'économie des animaux supérieurs (voyez Système cellulaire) : il peut être considéré comme l'élément gé-
nérateur des autres tissus.

2.° Les Membranes, *Membranæ*, sorte d'organes larges,
minces et mous, composés de fibres ou de lamelles rapprochées à des degrés variables, tapissant les diverses cavités du
corps, entourant plusieurs viscères, servant souvent à en
favoriser les mouvemens, et contenant dans leur structure
beaucoup de vaisseaux de différens ordres et souvent des
nerfs.

3.° Les Vaisseaux, *Vasa*, qui sont des canaux rameux plus
ou moins élastiques, formés par la superposition de diverses
membranes dans lesquelles sont contenues et circulent les
humeurs, soustraites à toute espèce de contact avec les corps
extérieurs.

D'après leurs usages, les vaisseaux sont distingués en *artères,* en *veines* et en *vaisseaux lymphatiques.*

Les premières, après être parties du cœur, vont, en rayonnant du centre vers la périphérie, se distribuer dans tout le corps, où elles portent le sang qui a subi les changemens que lui imprime l'acte de la respiration.

Telle est au moins la disposition la plus habituelle de ces vaisseaux ; c'est celle que l'on observe dans l'homme, dans les oiseaux et dans les mammifères.

Chez les poissons il n'en est pas de même, et dans ces animaux, à l'exception du tronc qui va se distribuer aux branchies, les artères ne naissent pas du cœur.

Les VEINES, *Venæ,* en général, proviennent des derniers ramuscules des artères, se réunissent en troncs plus ou moins volumineux, et vont, en se rapprochant de la périphérie au centre, verser dans le cœur le sang qu'elles ont rassemblé dans toute l'économie.

Beaucoup plus nombreuses que les artères, les veines ont aussi plus de capacité que celles-ci ; leurs parois, demi-transparentes, sont bien plus minces que les leurs, qui sont opaques, épaisses et jaunâtres, au moins chez l'homme et les mammifères ; leur cavité intérieure est, de temps en temps, interrompue par des valvules ou soupapes, qu'on ne rencontre point dans les artères, et qui sont propres à soutenir le sang, à l'empêcher d'obéir aux lois de la pesanteur.

Les VAISSEAUX LYMPHATIQUES OU ABSORBANS, *Venæ lymphaticæ, Ductus lymphatici,* sont également minces, transparens et garnis de valvules en dedans ; mais, au lieu de sang, ils contiennent un fluide particulier, nommé *lymphe.*

Ils sont universellement répandus par tout le corps, et versent dans les veines le liquide qu'ils charient.

On peut encore regarder comme des vaisseaux les *conduits excréteurs,* qui naissent des organes glanduleux et transmettent au dehors ou dans des réservoirs spéciaux le fluide sécrété par ceux-ci. (Voyez SYSTÈME DES SÉCRÉTIONS.)

4.° Les Os, *Ossa,* qui sont les parties les plus dures, les plus compactes, les plus résistantes du corps ; ils servent de base et de soutien aux autres organes, et sont composés d'un parenchyme cartilagineux et celluleux, organisé, incrusté de sels terreux.

L'assemblage de tous les os du corps porte le nom de *squelette*, tant dans l'homme que dans les autres animaux vertébrés. (Voyez Squelette.)

5.° Les Cartilages, *Cartilagines*, dont la substance, d'un blanc laiteux, opalin, est moins compacte, moins pesante, moins résistante, moins dure et plus élastique que celle de l'os, et peut se réduire en gélatine par l'effet de l'ébullition dans l'eau.

Flexibles et compressibles, les cartilages servent de prolongement à des os, comme ceux qu'on voit, chez l'homme, entre les côtes et le sternum, ou bien ils en recouvrent les extrémités articulaires, comme cela a lieu dans toutes les diarthroses; ou bien, enfin, ils entrent dans la formation de quelques organes complexes, comme le larynx, le nez, etc.

On n'aperçoit que difficilement la direction de leurs fibres, parce qu'elles sont tellement serrées, qu'au premier coup d'œil elles paroissent former un tout homogène.

6.° Les Fibro-cartilages, qui tiennent le milieu entre les cartilages proprement dits et les ligamens, et ne paroissent autre chose que ces derniers, imbus de gélatine.

Ils sont très-flexibles, éminemment élastiques, fort résistans, fort minces, et composent certains organes, comme le pavillon de l'oreille chez l'homme et la plupart des mammifères, ou servent aux articulations, tels que ceux que l'on rencontre dans les articulations de la mâchoire avec le crâne, de la clavicule avec le sternum, du fémur avec le tibia, etc.

Il existe aussi des *fibro-cartilages d'incrustation* partout où il y a un frottement considérable d'un tendon contre le périoste d'un os, comme on le voit pour les coulisses de l'extrémité inférieure du tarse des oiseaux, du tibia, du radius, du péroné, chez l'homme et beaucoup de mammifères.

7.° Les Ligamens, *Ligamenta*, dont la nature est manifestement fibreuse et qui sont situés autour des articulations.

Leur forme, leur aspect général, varient beaucoup : car tantôt ils sont épanouis en membranes, et tantôt ils constituent des cordes serrées, arrondies, blanchâtres, très-résistantes, fixées aux os par leurs deux extrémités.

Les fibres qui les composent sont albuginées et peu extensibles.

8.° Les Muscles, *Musculi*, qui sont des organes rouges ou rougeâtres, éminemment contractiles, composés d'un tissu fibrilleux rassemblé en faisceaux variables et unis par un tissu cellulaire, où se voient des vaisseaux et des nerfs, et, ce qui est vraiment caractéristique, des séries linéaires de globules microscopiques.

Ils constituent ce que l'on nomme vulgairement la *chair* des animaux.

9.° Les Tendons, *Tendines*, espéce de cordons fibreux, blancs, soyeux, nacrés, resplendissans, arrondis ou aplatis, terminant les muscles très-souvent, et se fixant aux os par une de leurs extrémités seulement.

10.° Les Aponévroses, *Aponeuroses*, qui sont des membranes fibreuses d'un blanc perlé, comme irisées, luisantes, satinées, plus ou moins larges et plus ou moins résistantes, d'un tissu dense, serré, élastique, peu extensible.

Elles enveloppent les muscles ou servent de point d'appui à leurs fibres charnues.

11.° Le Tissu élastique, qui forme des organes d'une teinte jaunâtre spéciale, d'une excessive élasticité et de nature albumineuse et fibrineuse, et toujours en antagonisme avec l'action de la pesanteur et de la contraction musculaire, comme dans les artères, à la colonne vertébrale, etc.

12.° Le Tissu adipeux, réunion de vésicules très-petites, microscopiques, entassées, groupées en plus ou moins grand nombre, attachées les unes aux autres par du tissu cellulaire lamineux et servant de réservoir à la graisse. (Voyez Système graisseux.)

13.° Les Nerfs, *Nervi*, sorte de cordons mous, blanchâtres, d'une forme variable, se divisant en un grand nombre de branches, qui portent le sentiment et le mouvement dans tout le corps et sont formés de petits filets placés les uns à côté des autres, unis par du tissu cellulaire et par des vaisseaux, et de globules microscopiques autrement arrangés que ceux qui composent les muscles. (Voyez Nerfs et Système nerveux.)

14.° Les Glandes, qui sont des organes très-variables sous le rapport de la figure, du volume, de la couleur, de la

consistance, de la structure, mais tous destinés à séparer de
la masse du sang un fluide particulier à chacun d'eux, et
qui, à l'aide de conduits excréteurs ramifiés, est rejeté au
dehors immédiatement, ou conservé. durant quelque temps,
dans des réservoirs isolés. (Voyez Système des sécrétions.)

15.° Les Follicules ou Cryptes, sortes d'ampoules ou vésicules membraneuses, vasculaires, arrondies ou lenticulaires,
dans lesquelles est sécrétée une humeur particulière qui se
répand à la surface de la partie et la lubrifie.

On en observe beaucoup dans les membranes muqueuses,
dans l'épaisseur de la peau, au voisinage de l'anus, etc., chez
une multitude d'animaux. (Voyez Système des sécrétions.)

16.° Les Ganglions lymphatiques, qu'on appeloit anciennement *glandes conglobées*, petits corps, dont la forme varie
de même que le volume, d'une couleur rougeâtre ou grise,
d'une texture intime encore peu connue, d'une consistance
plus ferme que celle d'aucun autre organe mou, recevant,
d'une part, quelques vaisseaux lymphatiques, et de l'autre,
en émettant quelques-uns qui vont se porter vers leur tronc
commun. (Voyez Système lymphatique.)

17.° Les Viscères, *Viscera*, enfin, qui sont des organes
d'une structure très-complexe, formés par la plupart des
tissus que nous venons d'énumérer immédiatement, et situés
entièrement ou en partie dans les cavités du tronc, où ils
servent aux fonctions les plus importantes de la vie.

Si quelques auteurs ont prétendu distinguer les *viscères*
des *organes*, parce que les uns sont logés à l'intérieur et les
autres situés à l'extérieur du corps, il est évident qu'ils ont
pris pour point de départ de leur classification une base peu
solide; car, dans tout être vivant, toute partie animée par la
vie et qui manifeste par ses actes l'existence de celle-ci, ou
l'entretient par son exercice, est un *organe*.

On pourroit encore joindre à ces diverses sortes de tissus
organiques le *tissu érectile* ou *caverneux*, et le *tissu corné*,
ainsi que l'ont fait récemment plusieurs anatomistes du premier mérite.

Le premier est un tissu spongieux, essentiellement vasculaire et nerveux, composé de petits filamens qui se croisent,
s'unissent, se séparent dans toutes les directions, interceptant

entre eux des aréoles, des vacuoles, des cellules, qui communiquent les unes avec les autres et sont communément remplies de sang. On trouve ce tissu dans le pénis, le clitoris, le mamelon, l'épaisseur des parois de l'uréthre, etc.

Le *tissu corné* comprend des parties dans la composition desquelles on ne sauroit démontrer la présence ni de vaisseaux ni de nerfs, qui sont insensibles et qui jouissent du privilége de se reproduire quand elles ont été détruites. C'est à lui qu'il faut, avec les professeurs Richerand et Carus, rapporter les *ongles*, les *griffes*, les *ergots*, les *sabots*, les *poils*, les *cheveux*, les *piquans*, les *plumes*, *es cornes*, l'*épiderme*, les *écailles*, la *cornée transparente*, la *membrane du tympan*, etc.

Mais nous ne saurions, à l'exemple du célèbre anatomiste Bichat, distinguer comme des tissus spéciaux les *systèmes médullaire, synovial et pileux* (voyez Moelle, Synovie, Système, Tégumens); ils se confondent trop évidemment avec les *tissus cellulaire, séreux et épidermoïde* du même auteur. Nous repousserons également une multitude d'autres divisions moins importantes, tout en étant néanmoins plus nouvelles.

Quoi qu'il en soit, les tissus organiques n'ont été ainsi rangés en diverses classes ou genres, que parce qu'ils diffèrent prodigieusement les uns des autres, par rapport à leur forme extérieure, à leur structure interne, à leur composition chimique et surtout à leur degré de complication, dernière considération, qui a porté les observateurs les plus marquans à distinguer les *tissus générateurs* des *autres tissus*. C'est ainsi que Haller a admis dans la composition des organes, outre le tissu cellulaire, qui est le plus répandu, la *fibre musculaire* et la *substance médullaire*; que Walther reconnoît une *texture membraneuse* ou *cellulaire*, une *fibreuse* ou *vasculaire*, et une *nerveuse*; que Pfaff en signale une *vasculaire*, une *fasciculaire* et une *cellulaire*; que le professeur Chaussier adopte la classification de Haller, en y joignant, sous la dénomination de *fibre albuginée*, une quatrième sorte de fibre, celle qui fait la base des ligamens; et que Bichat, en portant le nombre des tissus à vingt-un, en indique trois comme *formateurs* ou *primitifs*, le *cellulaire*, le *vasculaire* et le *nerveux*; que M. Meyer, de Bonn, compte également trois systèmes de tissus élémentaires, savoir:

a) La *cellule*, le *vaisseau* ou la *glande;*

b) La *fibre irritable*, *cellulaire* ou *vasculaire;*

c) La *fibre sensible* ou le *nerf;*

Que feu Dumas en distingue quatre, le *celluleux* ou *spon-gieux*, le *musculeux* ou *fibreux*, le *mixte* ou *parenchymateux*, et le *lamineux* ou *osseux*.

Cet accord presque général entre les anatomistes semble-roit démontrer que l'universalité des tissus organiques se rap-porte à quelques-uns de ceux-ci, qui sont plus généralement répandus que les autres, qu'ils concourent à former et à en-tretenir sans éprouver de leur part une réciprocité d'in-fluence analogue. Ce sont des *organes* ou des *systèmes orga-niques simples*, des *parties similaires*, suivant l'expression signi-ficative des anciens, autour desquelles viennent se grouper d'autres *organes* ou *systèmes organiques composés*, des *appareils* résultant de la réunion des tissus primitifs associés dans un ordre tel qu'ils donnent naissance à des *parties uniques* ou tout au plus *doubles*, et *chargées d'accomplir une fonction spé-ciale.*

C'est au milieu de toutes ces variations et en conséquence du fait qui résulte non-seulement d'elles, mais encore des opinions différentes de Béclard, de Pinel, de Carmichaël Smith, de J. F. Meckel, de J. Gordon, de P. Mascagni et de C. Meyer, que nous avons cru devoir présenter la clas-sification précédente des tissus d'après l'ensemble de leurs caractères anatomiques et chimiques, sans, du reste, pré-tendre aucunement établir l'ordre successif dans lequel ils doivent être rangés, et tout en reconnoissant que cet ordre peut être justement fondé sur diverses bases, sur la généra-lité plus ou moins grande des organes dans la série des ani-maux, sur la nature différente des fonctions végétatives ou animales, sur les systèmes générateurs ou générés, sur l'ordre d'analogie, par exemple, etc.

Au reste, nous établissons ici en principe, que le corps des animaux, considéré dans son ensemble, résulte d'un as-semblage de systèmes composés, décomposables en élémens variables, et qu'il faut réduire à leurs premiers principes, si l'on veut avoir une idée exacte et complète des conditions de leur existence.

La main, le pied, l'œil, l'oreille, le nez, la bouche, le larynx, etc., nous offrent des exemples d'*appareils ;* une lame de tissu cellulaire, une portion du péritoine, une tranche de chair, une branche de l'aorte, etc., nous présentent au contraire les *tissus cellulaire, membraneux, musculaire, vasculaire, nerveux,* etc., dans leur état de simplicité.

Cependant il convient de dire encore que les *tissus* peuvent être formés par des fibres semblables ou différentes, et de rappeler qu'un *organe* résulte communément de la réunion de plusieurs tissus et constitue presque toujours une partie plus ou moins composée. L'œil, par exemple, est composé tout à la fois par des membranes, des nerfs, des vaisseaux artériels et veineux, du tissu cellulaire, etc. Un simple muscle même voit se réunir, pour sa formation, la fibre charnue, le tissu cellulaire qui l'entoure, et le tissu albuginé qui la termine en un tendon ou en une aponévrose. (H. C.)

TISUK. (*Bot.*) M. Blume cite ce nom de son *hibiscus spathaceus,* dans l'île de Java. (J.)

TIT. (*Bot.*) C. Bauhin cite sous ce nom, d'après Linscot, une plante des îles Açores, qui croît dans les bois et ne porte point de fruit. Le sommet de son feuillage, jaunâtre, mou et flexible, est employé sur les lieux pour garnir les lits, et on tire de sa tige, haute et droite, une filasse qui peut remplacer celle du chanvre ; ce qui a déterminé C. Bauhin à en faire mention à la suite du chanvre. (J.)

TITA. (*Bot.*) Scopoli a voulu substituer ce nom générique à celui de *Cassipurea* d'Aublet ou *Legnotis* de Swartz et de Willdenow, genre de la famille des lythraires. (J.)

TITANE. (*Min.*) Ce métal a été découvert en 1781 par William Gregor, en analysant le sable ferrugineux d'un ruisseau qui traverse la vallée de Menachan en Cornouailles. Kirwan donna à ce nouveau métal le nom de *ménachine,* et au sable qui le lui avoit fourni, celui de *ménakanite.* En 1785, Klaproth ayant soumis a l'analyse un minéral de Boïnick en Hongrie, que l'on avoit regardé jusque-là comme une substance pierreuse, et que l'on désignoit sous le nom de *schorl rouge* de Hongrie, y découvrit aussi un métal, qu'il crut nouveau et nomma *titane.* Ce ne fut qu'en 1797 qu'il reconnut l'identité de sa découverte avec celle du chimiste anglois.

Le titane n'a point été observé à l'état métallique dans la nature, et l'on n'est pas même parvenu à le réduire complétement dans les laboratoires. Mais le docteur Wollaston a découvert dans les scories des forges de Merthyr-Tydvil, dans le pays de Galles, de petits cristaux cubiques, ayant l'éclat et la couleur du cuivre bruni, et qu'il reconnut pour être du titane parfaitement pur. Il en détermina la pesanteur spécifique, qui est de 5,3. Ce métal, à l'état d'oxide ou plutôt d'acide titanique, est la base d'un genre composé de quatre espèces minérales, dans lesquelles il est libre ou combiné soit avec la chaux, soit avec l'oxide de fer. Ces quatre espèces sont le *titane ruthile*, le *titane anatase*, la *craïtonite* et le *sphène*. Les deux dernières, la craïtonite et le sphène, ayant déjà été décrites dans ce Dictionnaire, il ne nous reste plus à parler ici que des deux autres, le ruthile et l'anatase. Rappelons d'abord en peu de mots les caractères qui sont communs à toutes les espèces du genre, c'est-à-dire aux différens minérais qui contiennent de l'oxide de titane. Toutes ces substances, traitées au chalumeau avec le borax, donnent au feu d'oxidation un verre incolore, qui devient d'un blanc laiteux par le flamber ou après le refroidissement. Au feu de réduction elles donnent un verre qui est jaune, améthyste ou bleu, suivant la quantité de titane que renferme le minérai. Ces couleurs toutefois sont souvent masquées par l'oxide de fer, dont il faut détruire l'effet en le désoxidant au moyen de l'étain métallique. Les mêmes substances, si on les fond avec la soude, produisent un sel insoluble dans l'eau, mais attaquable par l'acide muriatique, et dont la solution précipite en rouge-brun par le ferro-prussiate de potasse, si le minérai ne renferme que de l'oxide de titane, et en vert d'herbe, s'il contient de l'oxide de fer. Dans l'un et l'autre cas une lame de zinc, plongée dans la solution, lui communique toujours une teinte violette.

1.re *Espèce.* TITANE RUTHILE. [1]

Cette substance, que l'on a regardée pendant long-temps

---

[1] *Peritomous titanium-ore*, HAIDING.

comme une pierre, a été désignée sous différens noms. La variété de Hongrie, en longs prismes, striés longitudinalement, a été nommée *schorl rouge* par de Born. La variété réticulée du Saint-Gothard a été appelée *sagénite* par Saussure, et *crispite* par Delamétherie. D'autres variétés ont reçu les noms de *nigrine* et de *gallizinite*. Werner a nommé ce minéral *Rutil* et *Nadelstein*, et Kirwan, *titanite*; enfin Haüy l'a décrit dans son Traité sous la dénomination de *titane oxidé rouge*.

Le ruthile est un minéral d'un rouge brunâtre, tirant quelquefois sur le rouge-aurore et sur le jaune-brun, translucide ou opaque, ayant un éclat métalloïde, une dureté assez considérable, une structure laminaire, et s'offrant fréquemment sous la forme de cristaux prismatiques, chargés de cannelures longitudinales.

Ces cristaux dérivent d'un prisme droit, à bases carrées, dans lequel le côté de la base est à la hauteur à peu près comme 11 est à 5. Les clivages parallèles à l'axe ont beaucoup de netteté. La cassure transversale est conchoïde et un peu raboteuse.

Le ruthile est facile à casser : sa dureté est supérieure à celle du felspath, et presque égale à celle du quarz; sa pesanteur spécifique est de 4,25.

Il est infusible sans addition au chalumeau. Avec le borax, il se dissout en produisant beaucoup de bulles.

Le ruthile, lorsqu'il est pur, est entièrement composé d'oxide de titane, et contient, d'après M. H. Rose, 66,05 de métal, et 33,95 d'oxigène; mais il est fréquemment mélangé d'oxide de fer, d'oxide de manganèse et même de chaux, qui s'y trouvent en quantités très-variables. Le ruthile de Saint-Yrieix, analysé par M. H. Rose, lui a donné 1,53 pour cent d'oxide de fer.

Variétés de formes.

Les variétés de formes du ruthile sont peu nombreuses; mais elles sont remarquables par leur tendance générale à s'accoler deux à deux par une face terminale, oblique à l'axe. Nous les diviserons en deux groupes, dont l'un comprendra les cristaux simples ou sans groupement, et l'autre les cristaux maclés.

* *Cristaux simples.*

Haüy ne compte que trois variétés de formes simples; ce sont :

1.° Le *ruthile octaèdre.* En octaèdre à base carrée, provenant d'une modification du prisme fondamental par une facette sur les arêtes des bases.

2.° Le *ruthile dioctaèdre.* Prisme octogone, terminé par des sommets à quatre faces trapézoïdales. Au Saint-Gothard.

3.° Le *ruthile bissexdécimal.* En prisme à seize pans, terminé par des pyramides à huit faces.

** *Cristaux maclés.*

La réunion des cristaux de ruthile a toujours lieu de manière que deux cristaux prismatiques se joignent par deux faces obliques à l'axe, en formant une sorte de coude ou de genou; de là le nom de *géniculés*, que donne Haüy aux cristaux de ruthile ainsi accolés, et dont les axes font toujours entre eux par leur croisement un angle obtus d'environ 114°. Souvent la jonction se répète plusieurs fois entre un certain nombre de prismes, de telle sorte qu'il résulte de leur assemblage des portions de polygones ou des espèces de rosaces analogues à celles que l'on observe dans le fer pyriteux prismatique. Cette variété remarquable se rencontre dans une multitude de pays différens : en Espagne, à Horcajuelo, dans la Nouvelle-Castille; à Saint-Yrieix, près de Limoges, en France; au Simplon, dans les Alpes; en Hongrie; en Norwége; aux États-Unis d'Amérique.

Variétés de structure.

1. *Ruthile laminaire.* En lames ou en grains à structure lamelleuse. (Norwége; New-Jersey, en Amérique.)

2. *Ruthile lamelliforme.* En petites lamelles répandues à la surface d'un quarz hyalin (à la Tête-Noire, au Mont-Blanc); en lames hexagonales aiguës, plus ou moins modifiées sur leurs angles et sur leurs bords (Saint-Christophe,

en Oisans). Ces cristaux laminiformes ne paroissent pas pouvoir être rapportés à un prisme à base carrée, ce qui conduit M. Beudant à penser que le ruthile cristallise peut-être sous deux formes différentes, le prisme à base carrée et le prisme rhomboïdal.

3. *Ruthile cylindroïde.* En longs prismes striés longitudinalement et souvent engagés dans du quarz. (De la cime de Craig, en Écosse; en Hongrie; au Brésil; à Ceilan, dans une pegmatite.)

On trouve cette même variété au Saint-Gothard, en cylindres creux et recouverts de chlorite.

4. *Ruthile aciculaire.* En filets capillaires ou en aiguilles, qui ont quelquefois un décimètre de longueur, et qui sont ordinairement engagés dans le quarz hyalin; d'un rouge brun ou d'un gris d'acier, qui les feroit prendre pour des aiguilles d'antimoine sulfuré, si leurs extrémités n'étoient pas rouges et transparentes. — A Madagascar; au Brésil; à Ceilan, sur un felspath lamellaire blanc avec la chlorite.

5. *Ruthile réticulé* (*Sagénite*, de Saussure; *Crispite*, Delamétherie). Composé d'aiguilles qui se croisent sous des angles constans, de manière à imiter un réseau ou un filet par leur assortiment. — Au Saint-Gothard, sur le quarz, le felspath adulaire, le fer oligiste; dans la vallée de Doron, près de Moustiers, en Savoie; en Hongrie, près de Boïnick.

6. *Ruthile pulvérulent.* Répandu à la surface d'un calcaire spathique.

Variétés de mélanges.

1. *Titane ruthile ferrifère* (*Eisentitan*). D'un gris de fer; agissant plus ou moins sur l'aiguille aimantée; renfermant de l'oxidule de fer, en proportions variables. Certaines variétés granuliformes en contiennent jusqu'à 36 et 40 pour cent; ce qui les a fait regarder comme constituant une véritable combinaison d'oxide de fer et d'acide titanique, et par conséquent une espèce particulière, à laquelle on a donné les noms de *fer titané*, *titanate de fer*, *grégorite*, *nigrine*, *isérine*. On peut distinguer deux sous-variétés dans le titane ruthile ferrifère :

a. *Laminaire* ou *massif.* Nommé *gallitzinite*, en l'honneur du prince Dimitri de Gallitzin, qui en fit la découverte. Se trouve dans les terrains primordiaux en masses ou en veines, sans indice de structure lamelleuse ; au Spessart, près d'Aschaffenbourg, en Franconie, dans une roche granitique ; à Hof-Gastein, dans le Salzbourg ; à Egersund, en Norwége. M. H. Rose a analysé le fer titané d'Egersund, et en a retiré 51 pour cent d'oxidule de fer.

b. Granuliforme. Ménakanite, isérine, nigrine. Provenant en grande partie de la destruction des roches volcaniques. — Dans un ruisseau de la vallée de Menakan, en Cornouailles. A Ohlapian, en Transylvanie, dans un terrain d'alluvion.

2. *Titane ruthile chromifère.* D'un gris métallique noirâtre, qui approche du gris de fer. — A Karingbricka, paroisse de Fernbo, près de Sahla, en Suède, dans un talc verdâtre.

3. *Titane ruthile uranifère.* A Gersdorf, en Saxe. — Dans le lit du Don, rivière de l'Aberdeenshire, en Écosse.

Gisement et lieux. Le ruthile appartient aux terrains primordiaux, dans lesquels on le rencontre presque toujours disséminé sous la forme de cristaux, formant quelquefois des nids ou des veines plus ou moins puissantes, ou tapissant de ses aiguilles les cavités des différentes roches, depuis le granite le plus ancien jusqu'aux schistes et aux calcaires intermédiaires. Les substances qui lui sont le plus ordinairement associées, sont le quarz hyalin, qui lui sert presque toujours de gangue immédiate, le felspath, le fer oligiste, le fer spathique, la chlorite, etc. — On le trouve dans le granite à la montagne de Tatra, en Hongrie ; à Rewuza, dans le comitat de Gomor. — Dans l'Erzgebirge de la Saxe, près de Scheibenberg et d'Erbisdorf. — En France, près de Gourdon, département de Saône-et-Loire, et à Saint-Yrieix, près de Limoges, dans la Haute-Vienne. On le cite dans le gneiss à Arendal, en Norwége, où il est associé au sphène, et fait partie d'un filon de granite. — A Aschaffenbourg, en Franconie. — Dans la pegmatite, aux environs de Candy, île de Ceilan. — Au Connecticut et dans le Delaware, Amérique du Nord. — Dans le granite alpin, vallée de Chamouny. — Dans le micaschiste, à Boïnick et Rhonitz, en Hongrie. — Au passage du Simplon et au Saint-Gothard. — Au milieu des stéaschistes à Saint-Jean de Belleville, vallée de Doron, près Moustiers, en Savoie, dans une veine composée de calcaire, de fer spathique, de fer oligiste et de quarz. — Dans la syénite, à l'île de Mull, et dans le calcaire de Rannoch, en Écosse.

Le ruthile se rencontre très-rarement dans les terrains pyrogènes : on le cite dans le basalte de Sattelberg, en Bohème ; il est beaucoup plus commun à l'état de titane nigrine, dans les terrains d'alluvion, et surtout dans les sables ferrugineux qui proviennent de la destruction des roches primordiales et volcaniques. — Vallée de Menakan, en Cornouailles. — Iscrufer, en Bohème. — Ohlapian, en Transylvanie.

Le ruthile étant assez abondamment répandu dans les différentes parties de la terre, il seroit impossible de faire l'énumération de tous les lieux où on l'a observé. Parmi les localités les plus remarquables, nous nous contenterons de citer :

En FRANCE. Les environs de Saint-Yrieix, dans la Haute-Vienne et ceux de Charolles, département de Saône-et-Loire, où on le trouve en cristaux roulés et arrondis ; la montagne d'Allemont, en Dauphiné.

En HELVÉTIE. Au Simplon, la variété géniculée associée au pyroxène mussite ; au Saint-Gothard, les variétés dioctaèdre et réticulée d'un rouge hyacinthe à la surface du fer oligiste, du felspath adulaire, du quarz, etc. ; dans les Alpes piémontaises, à Saint-Martin, vallée d'Aoste, en gros prismes rouges, engagés dans le quarz ; à la montagne de la Novarda, vallée de Viu, dans un talc ; à celle de la Cardonera, vallée de Soana, et dans la vallée de Biallèse.

En ESPAGNE. A Cajuelo, près Buytrago, dans la province de Guadalaxara, à douze lieues de Madrid, en cristaux géniculés et cylindroïdes, de la grosseur du pouce.

En ANGLETERRE. Dans la vallée de Menackan, en Cornouailles, et surtout en Écosse, à Cairngorn, Rannoch, Craig-Cailleach, près Killin, et Beddgelert, dans le Caernarvonshire.

En ALLEMAGNE. A Schöllkrippen, près d'Aschaffenbourg ; Hüttenberg, en Carinthie, variété fibreuse d'un jaune roussâtre sur un fer spathique rhomboïdal ; en Tyrol, à Lisens ; dans la vallée de Rouris, près de Salzbourg.

En Sibérie. Dans les monts Ourals, près d'Ekaterinebourg et de Sarapulca.

En Asie. A Ceilan, environs de Candy.

En Afrique. A Madagascar, variété aciculaire dans le quarz hyalin massif et limpide.

Dans l'Amérique septentrionale. Pendleton, dans la Caroline du sud; environs de Richmond, en Virginie; de Baltimore dans le Maryland; dans le Massachusets; à Worthington, comté de Hampshire; environs de New-Haven, dans le Connecticut; Topsham, dans la province du Maine; dans l'état de New-York, près de Kingsbridge, dans un filon traversant le calcaire primitif; à London-grow, comté de Chester; en Pensylvanie, en cristaux disséminés dans un calcaire grenu et associés au sphène.

Dans l'Amérique méridionale. A la cime de la Silla de Caracas, dans les Andes; au Brésil, dans les districts de Villa-Rica et de Sabara.

2.ᵉ *Espèce.* Titane anatase. [1]

C'est à M. Schreiber que l'on doit la première connoissance du titane anatase, qu'il découvrit en Dauphiné dans les roches primitives des montagnes de l'Oisans. Le comte de Bournon et Romé de l'Isle lui donnèrent le nom de *schorl bleu indigo*, auquel Delamétherie substitua bientôt celui d'*Oisanite*. De Saussure, qui de son côté avoit trouvé le même minéral au Saint-Gothard, l'appela *octaédrite*, en raison de sa forme ordinaire. Enfin Haüy crut devoir remplacer toutes ces dénominations par celle d'*anatase*, qui veut dire *étendu en hauteur*, et fait allusion à la forme ordinairement très-alongée des cristaux de cette substance.

L'anatase ne s'est encore présenté que sous la forme de très-petits cristaux octaèdres, de deux à huit lignes de longueur. Ces cristaux sont rarement incolores; le plus souvent ils ont une teinte d'un bleu indigo ou d'un gris d'acier joint à un éclat demi-métallique.

La forme primitive de ces cristaux est, suivant Haüy, un octaèdre à base carrée, dont les faces sont inclinées de part et d'autre de la base de 137°. Il ne seroit pas impossible de

---

[1] *Pyramidal Titanium-ore*, Haid. -- *Octaédrite*. Wern. et Phill.

faire dériver cette forme par des modifications assez simples de celle que nous avons indiquée comme la forme primitive du titane ruthile ; en sorte que les deux espèces ne sont pas nettement distinguées l'une de l'autre par les caractères cristallographiques. Nous verrons bientôt que leur séparation n'est pas établie non plus d'une manière bien rigoureuse par les résultats de l'analyse chimique. L'anatase se clive avec netteté parallèlement aux faces de l'octaèdre dont nous venons de parler, et de plus dans le sens de la base commune des deux pyramides, dont il est l'assemblage.

Ce minéral est facile à briser ; sa cassure est conchoïdale, et son éclat se rapproche de l'éclat adamantin. Il est transparent ou au moins translucide, lorsqu'on le place entre l'œil et une vive lumière.

Sa dureté est supérieure à celle de l'apatite ; inférieure à celle du felspath adulaire : sa pesanteur spécifique est de 3,826.

Seul, il est infusible ; avec le borax, il se comporte comme l'espèce précédente.

On n'a pu retirer de cette substance par l'analyse que de l'oxide de titane ; mais on ignore à quel degré d'oxidation se trouve ce métal, et s'il est réellement à l'état d'oxide pur.

Variétés.

On ne connoît jusqu'à présent dans cette espèce que des variétés de formes et de couleurs ; encore ne sont-elles pas très-nombreuses. On distingue parmi les premières :

Le titane anatase *primitif* ou *octaèdre* : en octaèdre pur, à base carrée, dont les faces sont recouvertes de stries transversales.

Le titane anatase *basé* : l'octaèdre précédent, dont les sommets sont tronqués parallèlement à la base.

Le titane anatase *dioctaèdre* : provenant d'une modification par quatre faces sur les angles des sommets.

Les couleurs les plus ordinaires sont le brun jaunâtre, le brun enfumé, le gris, le rouge-brun, le bleu indigo pur. Il est plus rare de trouver des cristaux blancs ou presque incolores.

Le titane anatase, beaucoup moins répandu dans la nature

que le titane ruthile, ne s'est encore trouvé que dans deux
ordres de terrains, les terrains primordiaux de cristallisation et les terrains d'alluvion. Dans les premiers on ne le
rencontre que dans les fissures et dans les veines quarzeuses
qui traversent le granite et le micaschiste. C'est dans le granite du Dauphiné que M. Schreiber le découvrit pour la
première fois près du hameau de la Vilette, dans la commune de Vaujani, en Oisans. Il est en cristaux disséminés
dans des veines felspathiques et quarzeuses, et accompagné
de felspath cleavelandite, de chlorite, de craïtonite et de
fer oligiste. On l'a retrouvé depuis dans la gorge de la Selle,
au-dessus du pont du Diable, dans la commune de Saint-
Christophe. Le comte de Bournon a cité le béryl parmi les
substances qui accompagnent l'anatase du Dauphiné. Le titane anatase a été découvert ensuite au Saint-Gothard par
de Saussure : il y est en cristaux bruns ou noirâtres, quelquefois gris de lin, épars sur des druses de quarz et de
felspath adulaire, et associés à d'autres cristaux de fer oligiste, de ruthile, de sphène et de zircon jargon. On l'a
trouvé encore au-dessus du village de Selvaz, dans le pays
des Grisons.

MM. Brochant et Brard ont découvert l'anatase aux environs de Moustiers, en Tarantaise, dans les fissures d'un
micaschiste. On cite encore ce minéral dans la vallée de
Chamouny. — A Barèges, dans les Pyrénées. — Dans les montagnes de la Vieille-Castille. — En Cornouailles. — A Hadeland, en Norwége. — Enfin, à Villa-Rica, au Brésil, où il
se rencontre en cristaux isolés, transparens et d'un blanc
grisâtre, au milieu des sables qui renferment l'or et les diamans. (DELAFOSSE.)

TITANE. (*Chim.*) Corps simple, compris dans la 4.ᵉ section
des métaux. (Voyez Corps, tome X, page 511.)

Propriétés physiques.

Le titane est solide ; il a la couleur du cuivre bruni : il a
été obtenu en cubes semblables à ceux du chlorure de sodium, d'une densité de 5,3.

Il est infusible au chalumeau.

Il raie l'acier le plus dur, l'agate et le cristal de roche.

Le titane n'est pas magnétique quand il est complétement dépouillé de fer.

Il conduit parfaitement l'électricité.

Propriétés chimiques.

A la température ordinaire, l'air n'a pas d'action sur le titane; à une température élevée et continue, il s'oxide et il devient pourpre ou rouge à sa surface, suivant le degré d'oxidation ou l'épaisseur de la couche qui s'oxide.

Le titane ne paroît pas disposé à s'unir aux métaux, notamment au fer, à l'étain, au plomb, à l'argent, au cuivre.

Les acides hydrochlorique, nitrique, l'eau régale, l'acide sulfurique, bouillans, n'ont pas d'action sur lui.

Il en est de même du borax, employé seul ou mêlé avec le sous-carbonate de soude.

Le nitrate de potasse, à chaud, en oxide seulement la surface. Si l'exposition des matières au feu est suffisamment prolongée, le métal est attaqué dans toute sa masse.

Le nitre et le borax, mêlés, ont une action plus forte sur le titane; en effet, l'acide nitrique oxide le métal, et le borax dissout l'oxide produit : en ajoutant de la soude, l'effet est encore accéléré.

OXIGÈNE ET TITANE.

Il est très-probable qu'il existe au moins deux oxides de titane : cependant jusqu'ici il n'y a que celui qu'on regarde comme saturé d'oxigène, dont les propriétés aient été bien étudiées. Nous le décrirons d'abord et nous parlerons ensuite des circonstances où l'on pense que le peroxide de titane perd de l'oxigène sans se réduire cependant à l'état métallique.

PEROXIDE DE TITANE; ACIDE TITANIQUE.

Composition.

H. Rose.

Oxigène. 33,95
Titane. 66,05

Préparation.

(Voyez ci-après, *Extraction du titane.*)

Propriétés.

L'oxide de titane est solide, blanc. Lorsqu'on l'expose au feu, il devient d'un jaune citron; mais par le refroidissement il repasse au blanc.

L'oxide de titane, libre de toute combinaison avec les acides, qui est chauffé pour la première fois, présente, ainsi que je l'ai observé, le phénomène de l'incandescence. Après l'avoir manifesté, la cohésion de ses particules est augmentée d'une manière remarquable, et les acides qui pouvoient le dissoudre auparavant, n'ont plus d'action sur lui.

Il est insipide, inodore.

Il joue le rôle d'un acide dans la plupart de ses combinaisons; c'est ce qui lui a fait donner le nom d'acide titanique par M. H. Rose, et cette dénomination est très-exacte, lorsqu'on considère ses affinités pour les bases salifiables et son peu de tendance à neutraliser les acides.

M. H. Rose dit, qu'en mettant un peu d'oxide de titane sur une goutte de teinture de tournesol, l'oxide se teint en rouge.

Pour déterminer la capacité de saturation de l'acide titanique dans ses combinaisons neutres, M. H. Rose a adopté une méthode qui est basée sur ce résultat de l'expérience, c'est que si l'on chauffe un acide fixe anhydre, tel que la silice, avec un grand excès de sous-carbonate de potasse, également anhydre, l'acide carbonique dégagé contient une quantité d'oxigène égale à celle de l'acide fixe qui l'a déplacé.

En soumettant à cette expérience l'acide titanique et le sous-carbonate de potasse en excès dans un creuset de platine, chauffé sur une lampe à alcool à double courant, M. H. Rose a obtenu deux couches; la supérieure, formée du sous-carbonate de potasse en excès, et l'inférieure, formée de titanate neutre, et il a conclu de son expérience, que dans les titanates neutres l'oxigène de l'acide est à celui de la base :: 2 : 1, par conséquent, 100 d'acide neutralisent dans les bases 16,98 d'oxigène.

Quand on traite un titanate neutre par l'eau, une partie de la base est dissoute avec très-peu d'acide, et il reste un surtitanate. M. H. Rose a examiné les sur-titanates de soude et de potasse ; il a obtenu les résultats suivans :

SUR-TITANATE DE SOUDE.

L'oxide de titane, fondu avec deux parties de sous-carbonate de soude, puis lavé à l'eau, laisse un résidu insoluble dans ce liquide, qui est appelé par M. H. Rose sur-titanate de soude, et qu'il regarde comme composé de

Acide titanique	. . .	74,73	. . .	83,15
Soude	. . . .	15,14	. . .	16,85
Eau	. . . .	10,13.		

En mettant ce composé en contact avec l'acide hydrochlorique concentré, il reste un sur-sel, formé de

| Acide | . . . . | 96,38 |
| Soude | . . . . | 3,62. |

SUR-TITANATE DE POTASSE.

M. H. Rose, en unissant l'acide titanique à la potasse, a obtenu deux combinaisons qui ne correspondent pas aux précédentes.

| Acide | . . . . | 82,33 |
| Potasse | . . . . | 17,67. |

| Acide | . . . . | 91,3 |
| Potasse | . . . . | 8,7. |

SELS DE TITANE OU ACIDE TITANIQUE ET ACIDE.

M. H. Rose ne pense pas qu'il y ait de sels à base de titane : il regarde les composés, qu'on a appelés hydrochlorate, nitrate, sulfate de titane, et qui ont été préparés avec les sur-titanates de potasse ou de soude, et les acides hydrochlorique, nitrique et sulfurique, comme formés de potasse ou de soude et de deux acides. Les cristaux qu'on a obtenus de ces composés sont du chlorure de potassium ou de sodium. Enfin M. H. Rose ne nie pas l'existence des composés de titane avec les acides qui ne contiennent pas de potasse ou de soude ; mais il les regarde plutôt comme étant analogues aux composés que les acides forment entre eux, que comme

des sels proprement dits, surtout d'après la grande proportion de l'oxide de titane et la propriété qu'ils ont de rougir
fortement le tournesol.

M. H. Rose a obtenu le sulfate, l'arseniate, le phosphate,
l'oxalate, le tartrate d'acide titanique, en versant dans une
solution hydrochlorique de sur-titanate de potasse, de l'acide
sulfurique, arsenique, phosphorique, oxalique et tartrique.
L'alcali reste dans la liqueur. Les acides nitrique, acétique
et succinique, comme on sait, ne précipitent pas la solution
dont nous parlons.

Les précipités sont solubles, et dans un excès de l'acide
précipitant, et dans un excès de la solution d'hydrochlorate
de titane.

SULFATE D'ACIDE TITANIQUE.

Ce composé, séché légèrement, est déliquescent : il est
fortement acide. Au feu, il perd l'eau et son acide sulfurique. Il est formé de

		H. Rose.
Acide sulfurique	. . . . . .	7,78
Acide titanique.	. . . . . .	76,83
Eau		15,39.

ARSENIATE ET PHOSPHATE D'ACIDE TITANIQUE.

Ces composés ressemblent à l'alumine en gelée. Séchés, ils
sont luisans comme la gomme arabique.

OXALATE D'ACIDE TITANIQUE.

Il est formé, suivant M. H. Rose, de

Acide oxalique	. . . .	10,56
Acide titanique	. . . .	73,77
Eau		15,67.

TARTRATE D'ACIDE TITANIQUE.

Il ressemble au précédent.

SILICATE ET TITANATE DE POTASSE.

M. H. Rose a obtenu ce composé en faisant fondre de
l'acide titanique avec un excès de silice et du sous-carbonate
de potasse. L'eau, appliquée à la masse refroidie, dissout la

potasse et du sous-silicate de potasse ; il reste un sel double, formé de *titanate* et de *silicate de potasse.*

Ce sel double est soluble dans l'acide hydrochlorique.

On peut séparer assez bien l'acide titanique de l'acide silicique, en précipitant la solution hydrochlorique du sel double par l'ammoniaque, en séchant ce précipité à une chaleur modérée et le traitant par l'acide hydrochlorique concentré, qui ne dissout pas la silice.

La solution hydrochlorique de sur-titanate de potasse est caractérisée :

Par sa saveur très-astringente et sa couleur jaune ;

Par le précipité rouge-orangé, épais, qu'y forme l'infusion de noix de galle.

Par le précipité rouge-orangé qu'y forme l'hydrocyano-ferrate de potasse ;

Parce que l'acide hydrosulfurique ne la précipite pas.

Dans le sphène, les acides silicique et titanique sont unis à la chaux et forment un composé analogue au précédent.

Cas où l'oxide de titane perd de l'oxigène.

L'oxide de titane, très-légèrement imbibé d'huile et chauffé dans un creuset brasqué à la plus haute température qu'on puisse produire dans une forge, est réduit.

Il colore en jaune le borax avec lequel on le chauffe. A une température plus élevée, il le colore en bleu, probablement parce qu'il passe à l'état de protoxide.

Klaproth a vu que le zinc, mis dans une solution hydrochlorique de sur-titanate de potasse, le fait passer au bleu d'indigo, et que l'étain le fait passer au rose, puis au rouge de rubis.

M. H. Rose, en confirmant ces résultats, a vu qu'une pareille solution, qui a passé au bleu sous l'influence du zinc, donne un précipité bleu quand on en a ôté ce métal et qu'on a privé la liqueur du contact de l'air, et qu'après un certain temps le précipité devient blanc sans le contact de l'air. Il a vu en outre que si l'on précipite la liqueur colorée en bleu par l'ammoniaque ou la potasse, lorsqu'elle n'est pas encore déposée, le précipité bleu passe au blanc en décomposant de l'eau sous l'influence de l'alcali.

De ces observations et de la couleur rouge du titane il s'ensuit qu'il y a toute raison de croire que, quand l'oxide de titane passe au bleu, il devient protoxide; mais, enfin, ce protoxide n'a point encore été isolé.

Sulfure de titane.

Composition.

Soufre. 50,83
Titane. . . . . 49,17.

M. H. Rose dit que l'hydrogène, l'acide hydrosulfurique, le sulfure de potassium, ne réduisent pas l'oxide de titane; mais que le sulfure de carbone le réduit quand on fait passer sa vapeur sur l'oxide chauffé au rouge-blanc dans un tube de porcelaine.

Le sulfure de titane est d'un vert foncé : frotté avec un corps dur, il prend l'éclat du cuivre jaune.

Chauffé au contact de l'air, il prend feu, se change en gaz acide sulfureux et en acide titanique.

L'acide nitrique est décomposé par ce sulfure. Il se produit de l'acide titanique, et du soufre se sépare en petits globules.

Traité par une solution de potasse, le sulfure se décompose; il se précipite du sur-titanate de potasse, et la liqueur filtrée dégage de l'acide hydrosulfurique.

État.

Le titane existe dans la nature, à l'état

1.° D'*oxide rouge* ou *ruthile*, souvent mêlé de titanates de fer et de manganèse;

2.° D'*anatase*, qui est encore un oxide de titane, mais, au lieu d'être rouge comme le précédent, il est bleu. On ignore s'il est identique avec le protoxide bleu dont nous avons parlé; on ignore s'il est au même degré d'oxidation que l'oxide rouge, et, enfin, on ignore les rapports de l'oxide rouge avec le peroxide de titane;

3.° De *titanate de fer* ou *nigrine*;

4.° De *silicate* et de *titanate de chaux* ou *sphène*, combinaison qui ne diffère de celle dont nous avons parlé plus haut, qu'en ce que la chaux y remplace la potasse.

Extraction du titane.

1.er *Procédé.* M. H. Rose a suivi le procédé que nous allons décrire pour obtenir l'acide titanique du ruthile de Styrie :

On fait fondre le ruthile réduit en poudre dans un creuset de platine, avec 3 fois son poids de sous-carbonate de potasse. On traite par l'eau la matière fondue ; le lavage est clair, tant qu'il retient du carbonate de potasse, mais ensuite il devient trouble.

Le résidu est dissous dans l'acide hydrochlorique. On étend d'eau et on précipite par l'ammoniaque du titanate de peroxide de fer; on met le précipité encore humide dans une fiole avec de l'hydrosulfate d'ammoniaque : au bout d'un certain temps le peroxide de fer est réduit en sulfure; alors on filtre, en ayant soin d'éviter que ce sulfure ne se suroxide par l'action de l'air, et en traitant le précipité par l'acide hydrochlorique, le sulfure de fer est dissous et le peroxide de titane ne l'est pas. Dans cet état M. H. Rose le regarde comme étant parfaitement pur.

2.e *Procédé.* Après avoir obtenu une dissolution d'acide titanique et de peroxide de fer dans l'acide hydrochlorique, on y ajoute de l'acide tartrique, de l'eau et de l'ammoniaque, sans y faire de précipité; on y verse ensuite de l'hydrosulfate d'ammoniaque : tout le fer est précipité en sulfure; on filtre; on lave le précipité avec de l'eau contenant un peu d'hydrosulfate ammoniacal. Quant à la liqueur filtrée, on la fait évaporer à siccité et on brûle le résidu. La cendre est l'oxide de titane; bien entendu qu'il faut n'opérer que sur des peroxides de fer et de titane.

Ce procédé est encore de M. H. Rose.

3.e *Procédé.* On peut encore traiter le ruthile par le procédé suivant :

(*a*) On fait fondre le minéral réduit en poudre fine avec son poids de sous-carbonate de potasse.

(*b*) La masse, lessivée à froid, cède à l'eau :

1.° Du peroxide de manganèse, qu'on précipite de sa solution par l'ébullition;

2.° Du titanate de peroxide de fer, qu'on précipite de la lessive qui a bouilli au moyen d'un courant d'acide carbonique;

5.° La liqueur retient encore du titanate de peroxide de fer et quelquefois de l'acide chromique et de l'alumine.

(c) Le résidu, indissous dans l'eau, peut être fondu de nouveau avec la potasse et traité encore une fois par l'eau.

(d) Le résidu (c), insoluble dans l'eau, est complétement dissous dans l'acide hydrochlorique concentré. La solution, étendue d'eau, est précipitée par l'acide oxalique : on a un dépôt d'oxalate de titane; on filtre, et en faisant concentrer, on obtient un nouveau précipité du même sel; on peut encore séparer de l'oxalate en neutralisant l'excès d'acide par la potasse.

(e) L'oxalate de titane, lavé et brûlé, donne du peroxide assez pur; si on vouloit l'avoir dans son dernier état de pureté, il faudroit le fondre avec la potasse, traiter la masse fondue par l'eau, le résidu par l'acide hydrochlorique, et précipiter de nouveau par l'acide oxalique. L'oxalate calciné donneroit un oxide parfaitement pur.

L'oxide de titane, préparé par l'un ou l'autre de ces procédés, peut être réduit dans un creuset brasqué.

En fondant l'oxide de titane préparé par le dernier procédé que je viens de décrire, avec deux fois son poids de potasse, lavant la matière fondue avec l'eau jusqu'à ce que le lavage concentré n'agit plus sur le papier de tournesol rougi par un acide, j'ai obtenu un sur-titanate qui étoit formé, après avoir été séché à 100^{d}, de

$$\begin{aligned} &\text{Titanate}\dots\dots\dots\quad 71,5\\ &\text{Eau}\dots\dots\dots\dots\quad 28,5. \end{aligned}$$

Le titanate, privé d'eau, étoit formé de

$$\begin{aligned} &\text{Acide titanique}\dots\dots\quad 100\\ &\text{Potasse}\dots\dots\dots\dots\quad 16,5. \end{aligned}$$

La potasse contient $\frac{1}{12}$ de la quantité de l'oxigène de l'acide.

J'ai préparé l'hydrochlorate de titane en précipitant le sur-titanate, dissous dans l'acide hydrochlorique, par l'ammoniaque, le lavant et le faisant redissoudre dans l'acide hydrochlorique.

Histoire.

En 1781 M. Gregor reconnut qu'un sable noir qui se trouvoit dans la vallée de Menachan, étoit formé d'oxide de fer et de l'oxide d'un nouveau métal, auquel il donna le nom de *ménachine*. En 1795, Klaproth retira du schorl rouge un métal, qu'il appela *titane*. Deux ans après ce travail il reconnut que la ménachine n'étoit que du titane. Depuis ces travaux MM. Vauquelin et Hecht ont confirmé les résultats de Klaproth. M. Wollaston a décrit en 1823 les propriétés du titane métallique, dont quelques-unes avoient été aperçues par MM. Vauquelin et Hecht en 1796; par Lowitz en 1798; par Lampadius en 1803, et par M. Laugier en 1814. Enfin, en 1821, M. Henri Rose étudia d'une manière toute particulière l'oxide de titane et plusieurs de ses combinaisons. (Ch.)

TITANITE. (*Min.*) C'est le titane silicéo-calcaire ou nigrine, ou Sphène. Voyez ce dernier mot. (B.)

TITANOCÉRATOPHYTE. (*Zoophytes.*) Nom donné par Boerhaave aux espèces de gorgones qui sont constamment couvertes d'une écorce le plus souvent calcaire, dans lesquelles sont les loges des polypes. Ce sont les plexaures de Lamouroux. (De B.)

TITARÈS. (*Ornith.*) Sonnini a indiqué ce nom comme étant celui d'un oiseau himantopède des Indes, voisin du chevalier aux pieds rouges. (Ch. D. et L.)

TITCUETZ-PALLIN. (*Erpét.*) Voyez Tilcuetzpallin. (H. C.)

TITEL-BARSCH. (*Ichthyol.*) Nom allemand du Warna rœpanja des Indes. Voyez ce mot et Diagramme. (H. C.)

TITHONIE, *Tithonia.* (*Bot.*) Ce genre de plantes appartient à l'ordre des Synanthérées, à la tribu naturelle des Hélianthées, à notre section des Hélianthées-Rudbeckiées, et à la sous-section des Rudbeckiées vraies, au commencement de laquelle nous l'avons placé, immédiatement avant le genre *Echinacea.* (Voyez notre tableau des Rudbeckiées, tom. XLVI, pag. 397 et 399.)

Le *Tithonia tagetiflora*, qui est le type du genre, nous a offert les caractères génériques suivans.

Calathide radiée : disque multiflore, régulariflore, androgyniflore; couronne unisériée, liguliflore, neutriflore. Péricline supérieur aux fleurs du disque, probablement subcampanulé, formé de squames entièrement libres, irrégulièrement

subtrisériées : les extérieures subbisériées, un peu inégales,
un peu dissemblables, larges, presque arrondies, coriaces, multinervées, appliquées, surmontées d'un grand appendice peu
distinct[1], inappliqué, ovale, foliacé ; les intérieures subunisériées, beaucoup plus petites, un peu inégales, un peu dissemblables, ordinairement oblongues, membraneuses, multinervées, inappendiculées, plus ou moins analogues aux
squamelles du clinanthe. Clinanthe conique, garni de squamelles inférieures ou supérieures aux fleurs, embrassantes,
presque enveloppantes, oblongues-lancéolées, coriaces-mem-
braneuses, multinervées, aiguës, roides et presque spines-
centes au sommet. *Fleurs du disque :* Ovaire ou fruit oblong,
tétragone, lisse, glabriuscule, comme tronqué au sommet ;
aigrette stéphanoïde, haute, coriace, roide, opaque, inci-
sée, découpée et denticulée très-irrégulièrement, inégalement
et variablement, offrant en outre sur les ovaires intérieurs
une ou deux squamellules plus ou moins longues, filiformes,
triquêtres ou laminées, subulées, roides, un peu barbellulées sur les angles, nées sur le même rang que l'aigrette
stéphanoïde, entre ses divisions, et souvent confluentes par
la base avec elle. Corolle à tube extrêmement court, pubescent, à limbe très-long, muni de nervures surnuméraires
entre les vraies nervures, ayant sa partie basilaire enflée,
subglobuleuse, épaisse, velue, sa partie moyenne cylindra-
cée, membraneuse, glabre, sa partie apicilaire découpée en
cinq divisions oblongues-lancéolées, dont les nervures sont
intra-marginales, et les bords réfléchis en dedans. Étamines
à filets libérés au sommet du tube de la corolle ; anthères
ayant les loges noirâtres, l'appendice apicilaire ovale-lan-
céolé, aigu, les appendices basilaires très-courts, pollini-
fères. Style à deux stigmatophores très-longs, linéaires, subulés au sommet. *Fleurs de la couronne :* Faux-ovaire long,

---

[1] L'appendice des squames du péricline étant peu distinct, on peut,
si l'on veut, ne le considérer que comme une partie supérieure appendiciforme : c'est pourquoi nous avions dit autrefois (tom. **XXXV**, pag.
277) que les squames extérieures du péricline du *Tithonia* sont oblongues-lancéolées, ayant leur partie inférieure appliquée, coriace, et la
supérieure appendiciforme, étalée, foliacée.

grêle, triquètre, glabre, surmonté d'une petite aigrette stéphanoïde, et privé de style. Corolle articulée sur le faux-
ovaire, n'offrant aucun rudiment d'étamines, à tube court,
à languette longue, large, elliptique - oblongue, multiner-
vée, ordinairement tridentée au sommet.

Nous connoissons deux espèces de *Tithonia*.

Tithonie a feuilles trilobées; *Tithonia tagetiflora*, Desf.,
Ann. du Mus. d'hist. nat., tom. 1, pag. 49, pl. 4. C'est une
plante mexicaine, herbacée, à racine annuelle, rameuse;
la tige, haute d'environ un pied et demi, grosse comme le
doigt, droite, cylindrique, lisse, couverte d'un duvet fin et
très-court, est divisée en deux, trois ou plusieurs rameaux
inégaux, creux, renflés et dénués de feuilles au sommet,
terminés chacun par une calathide; les feuilles sont alternes,
un peu pendantes, supportées par un pétiole légèrement
canaliculé, longues d'environ trois pouces et demi, larges
de deux à trois pouces, décurrentes sur le pétiole, cordi-
formes-triangulaires, rudes, velues, trinervées, dentées; les
inférieures ordinairement divisées en deux ou trois lobes un
peu aigus, dont les sinus sont arrondis; les calathides sont
larges d'un pouce et demi; leur couronne est composée de
neuf à douze languettes; les corolles sont de couleur aurore.

Cette description spécifique est empruntée au Mémoire de
M. Desfontaines : mais celle des caractères génériques, qui
la précède, est le résultat des observations faites par nous-
même sur deux calathides sèches.

Tithonie a feuilles indivises : *Tithonia tubæformis*, H. Cass.;
Helianthus tubæformis, Jacq., *Hort. Schœnbr.*, vol. 3, pag. 65,
tab. 375; Orteg., *Decad.*, 8, pag. 101. Cette seconde espèce,
qui habite le Mexique, comme la première, est annuelle,
selon Jacquin, vivace suivant Ortega; sa racine est grosse
comme le doigt, presque fusiforme, ramifiée, blanchâtre;
la tige, haute de huit à neuf pieds, et plus épaisse que le
pouce, est dressée, très-rameuse, cylindrique, striée, velue;
les feuilles sont alternes, réfléchies, supportées par un long
pétiole canaliculé, cordiformes - deltoïdes, décurrentes par
la base sur le pétiole, acuminées au sommet, dentées en
scie sur les bords, triplinervées, velues, molles au toucher;
les plus grandes longues de neuf pouces; les calathides sont

grandes et solitaires au sommet des derniers rameaux, qui
forment de longs pédoncules feuillés, dressés, un peu courbes,
velus, creux en dedans et renflés vers le haut comme une
trompette; le péricline est hérissé de poils; le disque est hémisphérique; la couronne est composée de onze à quatorze
languettes; les corolles sont jaunes, les anthères violettes.

Cette description spécifique est empruntée à Jacquin et
à Ortega : mais, ayant analysé nous-même deux calathides
sèches, nous allons décrire, d'après nos propres observations,
les caractéres génériques du *Tithonia tubæformis*, afin qu'on
puisse les comparer à ceux de la première espèce, exposés
plus haut.

Calathide radiée : disque multiflore, régulariflore, androgyniflore; couronne unisériée, liguliflore, neutriflore. Péricline supérieur aux fleurs du disque, subcampanulé, formé
de squames subbisériées : les extérieures unisériées, égales,
courtement oblongues, coriaces, plurinervées, appliquées,
surmontées d'un long appendice inappliqué, oblong, foliacé; les intérieures subunisériées, plus courtes, un peu
inégales, un peu dissemblables, plus ou moins analogues aux
squamelles du clinanthe. Clinanthe (probablement convexe)
garni de squamelles égales ou supérieures aux fleurs, graduellement plus longues vers le centre, embrassantes, carénées, ovales, oblongues ou lancéolées, coriaces-membra-
neuses, plurinervées, glabres, prolongées au sommet en une
pointe plus ou moins longue, triquètre, roide, cornée,
spinescente. *Fleurs du disque :* Ovaire ou fruit obovoïde, sub-
tétragone, plus ou moins comprimé bilatéralement, hérissé
de longs poils dressés, caducs, tronqué au sommet, ayant
l'aréole basilaire petite, très-oblique-intérieure, et l'aréole
apicilaire très-large, entourée d'un très-petit bourrelet en
dehors de l'aigrette; aigrette stéphanoïde, distante de la corolle; courte, épaisse, coriace, opaque, absolument continue à la substance du péricarpe, très-irrégulièrement découpée, comme frangée au sommet, interrompue sur le
sommet des deux arêtes, extérieure et intérieure, qui portent deux squamellules plus ou moins manifestes (nulles sur
les fruits marginaux), opposées, très-inégales, persistantes,
très-continues au péricarpe, nées sur le même rang que l'ai-

grette stéphanoïde, entre ses divisions, à partie inférieure laminée-paléiforme, de la même nature que l'aigrette stéphanoïde, à partie supérieure plus ou moins longue (souvent avortée sur l'arête intérieure), subulée, filiforme, roide, barbellulée. Corolle munie de poils qui occupent principalement la base du limbe, les nervures et le sommet des lobes; tube extrêmement court, large, peu distinct; limbe très-long, cylindracé, un peu enflé à sa base. *Fleurs de la couronne* : Faux-ovaire long, triquètre, glabre, muni d'une petite aigrette stéphanoïde, et privé de style. Corolle n'offrant aucun rudiment d'étamines, à tube court, à languette longue, large, plurinervée, ordinairement tridentée au sommet.

Le *Tithonia tagetiflora* fut découvert, dans les environs de Vera-Cruz, par le voyageur Thiéry, qui, en 1778, en envoya des graines au Jardin du Roi, où cette plante fut cultivée pendant deux ou trois ans. M. Desfontaines l'ayant observée à cette époque, en fit un genre nouveau, qu'il nomma *Tithonia*, à cause de la couleur *aurore* de ses fleurs, et dont il présenta la description à l'Académie des sciences en 1780. Cette description devoit être insérée dans le douzième volume des Mémoires des savans étrangers : mais ce volume n'ayant point été imprimé, la description du *Tithonia* est restée inédite jusqu'en 1802, époque où elle fut publiée par son auteur, avec une figure, dans le tome premier des Annales du Muséum d'Histoire naturelle. Cependant M. de Jussieu avoit déjà, en 1789, publié, dans son *Genera plantarum*, le caractère essentiel du genre *Tithonia*, d'après le manuscrit de M. Desfontaines; et M. de Lamarck avoit fait graver, sur la planche 708 de ses *Illustrations des genres*, une figure du *Tithonia tagetiflora*. Cette figure, publiée, je crois, en 1796, fut dessinée d'après un petit échantillon sec, en mauvais état, conservé dans l'herbier de M. de Lamarck, et qui provenoit de l'un des individus cultivés en 1780 dans le Jardin du Roi. Mais elle n'étoit accompagnée d'aucune description; elle ne portoit point le nom spécifique; elle étoit faussement placée sous le titre de Syngénésie polygamie *nécessaire* (erreur adoptée depuis par M. Poiret, *Illustr.*, tom. 3, pag. 284 et 519); et il seroit difficile de trouver, dans aucun livre moderne de botanique, une figure plus mauvaise, plus inexacte, déparée par des fautes plus nombreuses et plus grossières. Sur cette figure, le pédoncule n'est point renflé vers le haut; le péricline est, comme dans les *Tagetes*, *Othonna*, *Gorteria*, formé d'une seule pièce tubuleuse, découpée seulement au sommet; les ovaires de la couronne sont parfaits et absolument semblables à ceux du disque; l'ovaire et son aigrette ne sont aucunement distincts l'un de l'autre, et le tout ensemble imite parfaitement un calice infère, cylindrique, tubuleux, quinquédenté, tel à peu près que celui de beaucoup de labiées; le tube des corolles du disque est capillaire et porte un limbe énormément large; les languettes de la couronne se terminent en pointe fort aiguë, simple, très-entière; les stigmatophores semblent terminés chacun par une masse globuleuse.

La figure publiée quelques années après par M. Desfontaines, est assurément un chef-d'œuvre d'exactitude, si on la compare à celle de M. de Lamarck. Cependant elle n'est pas irréprochable, et on ne doit point s'en étonner, puisqu'elle n'a pas été faite immédiatement d'après nature, mais d'après un dessin anciennement esquissé, sous les yeux de M. Desfontaines, par une main peu habile.

Voici comment le caractère essentiel du genre *Tithonia* est décrit par l'auteur de ce genre, dans les Annales du Muséum : « Calice cylindrique, très-profondément divisé en la-« nières nombreuses, disposées sur deux rangs, presque « égales, conniventes, ovales-oblongues; fleurs radiées; « demi-fleurons ligulés, neutres ou stériles; fleurons herma-« phrodites, tubuleux, enflés au-dessus de la base, quinqué-« dentés; graines alongées, couronnées par quatre ou cinq « paillettes; réceptacle garni de paillettes concaves. Feuilles « alternes. » Selon M. Desfontaines, son genre *Tithonia* a du rapport avec le genre *Gaillardia* de Fougeroux; et il en diffère par son calice cylindrique, dont les divisions sont sensiblement égales, ovales-alongées, serrées et disposées sur deux rangs, par ses fleurons renflés près de la base, enfin par ses graines très-alongées et surmontées seulement de quatre ou cinq paillettes, au lieu d'être coniques et couronnées de huit paillettes, comme dans le *Gaillardia*.

Depuis 1780, le *Tithonia tagetiflora*, dont les graines mûrissoient difficilement en France, avoit disparu du Jardin du Roi; et il paroît que cette belle plante ne se trouvoit même plus dans aucun herbier. C'est pourquoi, n'ayant pu d'abord l'étudier que dans les livres, où nous trouvions que son aigrette est composée d'environ cinq squamellules paléiformes, distinctes, analogues à celles du *Gaillardia*, nous rapportâmes alors le *Tithonia* à la section des Héléniées (tom. XX, pag. 348); et même nous avions cru (tom. XVIII, pag. 17) que le genre *Tithonia* différoit très-peu du genre *Gaillardia*. Mais, en 1822, le *Tithonia tagetiflora* ayant reparu en France, notamment à Neuilly, dans le Jardin de Mgr le Duc d'Orléans, nous pûmes, l'année suivante, analyser une ou deux calathides sèches, en assez bon état; et il devint évident pour nous, 1.° que les caractères génériques admis par les botanistes devoient être rectifiés en quelques points, principalement en ce qui concerne l'aigrette; 2.° que le *Tithonia* n'étoit point du tout une Hélianthée-Héléniée voisine du *Gaillardia*, mais bien une Hélianthée-Rudbeckiée, très-voisine des Hélianthées-Prototypes, et notamment du genre *Helianthus*. (Voyez tom. XXXV, pag. 277; et tom. XLVI, pag. 399.)

En même temps nous fûmes frappé de l'analogie qui nous parut exister, au moins à l'extérieur, entre le *Tithonia tagetiflora* de M. Desfontaines, et l'*Helianthus tubæformis* décrit en 1798 par Jacquin et par Ortega. Malheureusement ces deux botanistes, négligeant l'observation exacte des caractères génériques, s'étoient contentés de dire qu'ils sont absolument conformes à ceux que Linné assigne au genre *Helianthus*, et nous n'avions pas pu d'abord observer la calathide de la plante en question. Néanmoins, en nous fondant sur des ressemblances extérieures, et sur une mauvaise figure du fruit, grossièrement représenté dans l'*Hortus schœnbrunnensis*, nous hasardâmes de rapporter l'*Helianthus tubæformis* au genre *Tithonia* (tom. XXXV, pag. 278; tom. XLVI, pag. 400). Peu de temps après, cette conjecture fut confirmée par quelques observations que nous pûmes faire sur une calathide sèche en très-mauvais état (tom. XLVII, pag. 295). Plus récemment, nous en avons observé une autre moins défectueuse, et il ne nous reste plus aucun doute, quoique nous n'ayons pas encore pu connoître si le clinanthe est convexe, comme dans le type du genre *Tithonia;* mais cela est probable, puisque, d'après Ortega, le disque de la calathide est hémisphérique.

Le principal caractère de ce genre consiste, selon nous, dans la structure de l'aigrette, qui est stéphanoïde, et qui offre en outre (au moins sur les fruits intérieurs) deux longues squamellules persistantes, subulées, barbellulées, nées sur le même rang qu'elle, entre ses divisions. Les deux espèces qui le composent se distinguent surtout par les feuilles, trilobées dans la première, indivises dans la seconde. Il a beaucoup d'affinité avec le genre *Helianthus,* et encore plus avec le genre *Viguiera;* mais la forme de son fruit et la structure de son aigrette le fixant dans la section des Rudbeckiées, il constitue un lien très-naturel entre cette section, au commencement de laquelle il est placé, et celle des Hélianthées-Prototypes, qui la précède, et où se trouvent les genres *Viguiera* et *Helianthus.*

Notre section des Hélianthées-Rudbeckiées, qui naguères (tom. XLVI, pag. 397) présentoit vingt-trois genres, en comprend maintenant vingt-six, disposés comme il suit.

I. Rudbeckiées vraies : (A.) 1. *Tithonia;* 2. *Echinacea;* 3. *Dracopis;* 4. *Obeliscaria;* 5. *Rudbeckia.* = (B.) 6. *Heliophthalmum;* 7. *Gymnolomia;* 8. *Chaliakella;* 9. *Wulffia;* 10. *Tilesia;* 11. *Podanthus;* 12. *Euxenia.*

II. Héliopsidées : (A.) 13. *Ferdinanda.* = (B.) 14. *Diomedella;* 15. *Heliopsis;* 16. *Callias;* 17. *Pascalia;* 18. *Helicta;* 19. *Stemmodontia;* 20. *Wedelia;* 21. *Trichostemma;* 22. *Eclipta.*

III. Baltimorées : 23. *Baltimora;* 24. *Fougerouxia;* 25. *Diotostephus;* 26. *Chrysogonum.* (H. Cass.)

TITHONUS. (*Entom.*) Ce nom a été donné par M. Mégerle à un genre de charansons, voisin de celui qui comprend le *Curculio ligustici.* (C. D.)

TITHYMALOIDES. (*Bot.*) Ce genre de Tournefort, réuni par Linnæus à l'*euphorbia,* a été séparé de nouveau par M. Poiteau sous le nom de *pedilanthus.* (J.)

Ventenat a aussi désigné par ce nom la famille des euphorbiacées. (Lem.)

TITHYMALUS. (*Bot.*) Ce genre des anciens et de Tournefort, a été réuni par Linnæus à l'EUPHORBE. Voyez ce mot. (J.)

TITHYS. (*Ornith.*) Voyez SYLVIA TITHYS. (CH. D. et L.)

TITI. (*Bot.*) Les habitans d'Otaïti donnent ce nom à une petite fougère (*filix rugulosa*, Labill.) dont les frondes, finement découpées, trempées dans de la teinture de matai (*ficus mata*), sont appliquées sur les étoffes et forment de jolis dessins, qui font l'ornement des vêtemens de ces insulaires. (LEM.)

TITI. (*Mamm.*) Dénomination brésilienne, par laquelle sont désignés les petits quadrumanes des genres Ouistiti et Sagoin. Le *titi du Brésil* de d'Azara est l'ouistiti ordinaire ; le *titi de Carthagène* ou *de Turbaco* est, selon M. de Humboldt, l'ouistiti pinche ; le *titi de l'Orénoque* du même auteur se rapporte au sagoin saimiri, et son *titi tigre* est le nothore douroucouli, dont on trouvera la description dans notre article SAKI, tom. XLVII, p. 39, de ce Dictionnaire. ·(DESM.)

TITI. (*Ornith.*) Nom vulgaire, dans la Saintonge, de l'*anthus arboreus* ou alouette des buissons. (CH. D. et L.)

TITIA. (*Ornith.*) Nom générique proposé par Hermann, dans ses Observations zoologiques, pour le promépic décrit par Levaillant, tome 3, pag. 112, de son deuxième Voyage en Afrique. Ce genre, qui n'a point été adopté, a pour caractères : Un bec fort, courbé ; les pieds à deux doigts en avant et deux en arrière ; la queue composée de plumes flexibles. (CH. D. et L.)

TITIRI. (*Ichthyol.*) Voyez TITRI. (H. C.)

TITIT. (*Ornith.*) Nom que l'on donne parfois à la fauvette d'hiver. (CH. D. et L.)

TIT-MOUSE. (*Ornith.*) Nom anglois des oiseaux nommés mésanges, *parus*. (CH. D. et L.)

TITOULIHUE. (*Bot.*) Voyez BOIS LAITEUX. (J.)

TITRA. (*Entom.*) M. Mégerle nomme ainsi un genre de charansons que M. Germar a rangé parmi les *Sibinia*. (C. D.)

TITREC ou VITREC. (*Ornith.*) Le motteux est ainsi appelé dans quelques provinces de France. (DESM.)

TITRI. (*Ichthyol.*) Le P. Labat nous apprend que les Caraïbes donnent ce nom à un petit poisson de l'archipel des Antilles, et que l'on appelle *titiri* à la Martinique, et *pisquet* à la Guadeloupe. Ce poisson, assez semblable, dit Lachesnaye-des-Bois, à celui de la Méditerranée, que les Italiens nomment *lattarini*, du volume seulement d'un fer d'aiguillette, est blanc comme de la neige dans sa jeunesse, tacheté plus tard de rouge, de vert, de bleu, sur un fond gris : il vit en troupe, remonte les fleuves et couvre quelquefois leur surface de ses innombrables légions, dont les individus s'entassent les uns sur les autres pour franchir les cataractes, auprès desquelles on les prend facilement à la main ou avec un drap, que quatre hommes tiennent chacun par un coin et promènent dans l'eau.

Ce poisson est fort gras et très-recherché des gourmets, malgré son abondance, qui permet à tout le monde d'en manger.

On manque de renseignemens pour pouvoir le classer convenablement dans les cadres ichthyologiques. (H. C.)

TITTAKELANKAKIRI. (*Bot.*) Nom du *bryonia cordifolia* à Ceilan, suivant Linnæus. (J.)

TITTAM-COTTI. (*Bot.*) Voyez Tettam-cotti. (J.)

TITTI, TITTIUS. (*Bot.*) L'arbrisseau cité sous ces noms par Rumph, a été rapporté par nous avec doute au *cornutia*, de la famille des verbénacées, dont il diffère par sa corolle divisée en cinq lobes. (J.)

TITTLING. (*Ichthyol.*) Voyez Tare-torsk. (H. C.)

TITU. (*Erpét.*) Nom d'un serpent du Brésil, mentionné par Séba. (H. C.)

TITYRA. (*Ornith.*) Voyez Bécarde et Tyran. Ce nom brésilien est souvent donné à deux espèces de ces deux genres. (Ch. D. et L.)

TITYRE. (*Entom.*) Nom donné par Fabricius à un papillon du genre Hétéroptère, à ailes brunes, prolongées en queue, ayant une bande jaune sur les supérieures et une zone argentée sous les inférieures. (C. D.)

TIUM, THIUM. (*Bot.*) Un des noms anciens de l'astragale, cité par Mentzel. Il a été employé plus récemment par Medicus et Mœnch, pour désigner un genre formé de l'*astragalus sulcatus*, ayant une gousse uniloculaire, sillonnée d'un côté, dont la suture est moins enfoncée par le bas. (J.)

TIUR. (*Mamm.*) Nom suédois du taureau. (DESM.)

TIUTE. (*Mamm.*) Les habitans des rives de l'Oby, près de son embouchure, désignent le morse par cette dénomination. (DESM.)

TIVEL. (*Conchyl.*) Adanson (Sénég., pag. 239, pl. 18) décrit et figure sous ce nom une coquille de son genre Telline, correspondant à celui des Donaces de Linné et des conchyliologistes modernes, et dont Gmelin fait sa *Venus tripla.* Cependant Adanson dit positivement que la charnière ressemble à celle de l'espèce précédente, qui est certainement une donace, quoiqu'elle ne soit reprise, ni dans Gmelin, ni dans M. de Lamarck. (DE B.)

TIVOUCH. (*Ornith.*) Flaccourt, dans son Histoire de Madagascar, mentionne sous ce nom un oiseau noir et gris, ayant une belle huppe, et qui nous paroît le *schet* blanc rayé. Sonnini croit que c'est la huppe du Cap, *upupa capensis*, Linn. (CH. D. et L.)

TIWADA, TOWADA. (*Bot.*) Noms donnés, suivant Rumph, dans l'île de Ternate, à son *soccus arboreus minor*, espèce de jaquier, qui est l'*artocarpus integrifolia.* (J.)

TJABE, TSJABE. (*Bot.*) Voyez LADA. (J.)

TJAGERI-NUREM. (*Bot.*) Nom malabare, cité par Rhéede, d'un iguame, *dioscorea trifolia*, qui est le *carandi* des Brames. (J.)

TJAKKO. (*Mamm.*) On trouve ce nom indiqué, comme l'un de ceux du macaque, dans l'ouvrage de Schreber sur les mammifères. Il paroit n'être qu'une transformation du mot *jacquot*, par lequel on désigne communément en France plusieurs singes du genre des Macaques. (DESM.)

TJAKUTJO-KA. (*Bot.*) Un des noms japonois du *lycium japonicum* de M. Thunberg. (J.)

TJAMPAKKA. (*Bot.*) Voyez TSJAMPAKKA. (J.)

TJERLANG. (*Bot.*) A Java, suivant M. Blume, on donne ce nom, ainsi que celui de *wellan*, à son *pterospermum diversifolium.* (J.)

TJERRI-TJERRI. (*Erpét.*) Nom indien du *python d'Houttuyn.* Voyez PYTHON. (H. C.)

TJOEN-TJON. (*Bot.*) M. Blume dit que son *magnolia pumila* est ainsi nommée à Java. (J.)

TJONGE. (*Bot.*) Nom javanois, cité par Burmann, du *se-necio divaricatus.* (J.)

TJONGINA. (*Bot.*) Ce nom chinois, cité par Osbeck, est substitué par Adanson à celui de *bœckea* de Linnæus. (J.)

TJOTJOR - BEBBECK. (*Bot.*) Nom de l'*hedyotis fruticosa*, dans l'île de Java, cité par Burmann. (J.)

TJULEN. (*Mamm.*) Le phoque veau marin, est ainsi nommé en Russie. (DESM.)

TKAKÆ. (*Mamm.*) Nom par lequel les Hottentots dési-gnent un cétacé des environs du cap de Bonne-Espérance, que feu de Lacépède croit être, mais sans doute à tort, la baleine franche. (DESM.)

TLACALLACATL. (*Ornith.*) Nom mexicain d'une espéce du genre Oie, *Anser.* (CH. D. et L.)

TLACOOZLOTL. (*Mamm.*) Ce nom est une des dénomi-nations mexicaines de l'ocelot. Voyez l'article CHAT. (DESM.)

TLAHUELILOCA, QUAHUITL. (*Bot.*) Ces noms mexi-cains, qui, selon Hernandez, signifient arbre de la folie, sont ceux de l'arbre qui donne la gomme CARAGNE (voyez ce mot). L'auteur, qui n'en donne pas la figure, dit qu'il est odorant, que son tronc est élevé, que ses feuilles sont orbi-culaires, disposées en croix (c'est-à-dire peut-être verticil-lées quatre à quatre). Il ne dit rien de la fleur ni du fruit. (J.)

TLALAMATL. (*Bot.*) Nom mexicain, cité par Hernandez, d'une espéce de *solanum* à gros fruit alongé. (J.)

TLALOCELOTL. (*Mamm.*) C'est un des noms que l'ocelot, espéce de chat, porte en Mexique. (DESM.)

TLAMITZLI. (*Mamm.*) Nieremberg indique sous ce nom un quadrupède carnassier du Brésil, qui pourroit se rap-porter au margay, espèce du genre Chat. (DESM.)

TLAMOTOTLI. (*Mamm.*) Séba rapporte ce nom, qui est celui d'un écureuil, selon Hernandez, à la figure d'un animal de ce genre, dont le pelage brun cendré est marqué de sept bandes blanches longitudinales.

Il n'est rien moins que certain que cet animal habite l'A-mérique, et qu'il appartienne à l'espéce de celui dont Fernan-dez a fait mention. Pennant, et après lui Erxleben, l'ont ad-mis dans leurs méthodes sous le nom de *sciurus mexicanus.* (DESM.)

54. 30

TLAPALCOCOTLI. (*Ornith.*) Nom mexicain de la tourterelle cocotzin. (Cʜ. D. et L.)

TLAPALEZPATLI. (*Bot.*) L'arbre qui porte ce nom au Mexique, y est employé avec succès, suivant Hernandez, pour arrêter les divers écoulemens trop abondans. Quelques auteurs croient que c'est le même que le Bois ɴᴇᴘʜʀᴇᴛɪǫᴜᴇ (voyez ce mot), originaire du même pays. On avoit cru que ce bois étoit celui du *moringa*, qui fournit la noix de ben. Mais la figure donnée par Hernandez, représentant des branches à feuilles opposées et composées de trois folioles, ne peut appartenir à un *moringa*, et on restera indécis sur les véritables rapports botaniques de ces deux végétaux. (J.)

TLAPALTECACAYATL. (*Bot.*) C'est le nom mexicain d'une espèce d'œillet d'Inde, *tagetes*, suivant Hernandez. (J.)

TLAPATL. (*Bot.*) Nom mexicain d'une stramoine, *datura*, cité par Hernandez. (J.)

TLAQUACUM. (*Mamm.*) Ce nom a été regardé comme une des dénominations par lesquelles les Mexicains désignent en général les Sᴀʀɪɢᴜᴇs. Voyez ce mot. (Dᴇsᴍ.)

TLAQUATZIN. (*Mamm.*) Autre désignation mexicaine des sarigues. Le *tlaquatzin épineux* de Hernandez appartient à un autre genre; c'est le coëndou à grande queue de feu de Lacépède, ou le sinéthère coëndou de M. Frédéric Cuvier. Voyez le mot Pᴏʀᴄ-ᴇᴘɪᴄ, tom. XLII, p. 352. (Dᴇsᴍ.)

TLAQUILIN. (*Bot.*) Nom mexicain, cité par Hernandez, d'une espèce de belle-de-nuit, *nyctago*. (J.)

TLATLANCUAYE. (*Bot.*) Hernandez cite ce nom mexicain du poivre long. (J.)

TLATLAUHQUI. (*Mamm.*) Nom mexicain qui, selon Hernandez, se rapporte à un animal du genre des Chats; mais on ne sauroit préciser l'espèce. Dans la même langue l'ocelot a été dénommé tlatlaushqui-ocelotl. (Dᴇsᴍ.)

TLAUHQUECHUL. (*Ornith.*) Nom mexicain, suivant Hernandez, de la spatule aïaïa. (Cʜ. D. et L.)

TLAUHQUECHULTOTOTL. (*Ornith.*) Nom mexicain consacré par Hernandez à une espèce de pic que Sonnini dit être le *pic ouantou*. (Cʜ. D. et L.)

TLEHUA. (*Erpét.*) Nom brésilien du *boa bordé*. Voyez Bᴏᴀ. (H. C.)

TLEVA. (*Erpét.*) Voyez TLEHUA. (H. C.)

TLIBOCONE, *Tliboconus.* (*Conchyl.*) Nom que j'ai trouvé inscrit sur une coquille de la collection du Muséum de Paris, et désignant un genre particulier qu'en faisoit Péron. Cette coquille a passé, je crois, dans le genre Stomatelle de M. de Lamarck. (De B.)

TLILOCOTEQUILLIN ou QUAUHTECHALOTL THLILTIC. (*Mamm.*) Nom sous lequel Hernandez a figuré un écureuil dont le pelage est noir. (Desm.)

TLILXOCHITL. (*Bot.*) C'est le nom mexicain de la vanille. (J.)

TLIPOTON. (*Bot.*) La plante citée et figurée par Hernandez sous ce nom mexicain, est un panicaut, très-voisin de l'*eryngium fœtidum.* (J.)

TLOTLI. (*Ornith.*) Brisson rapporte à son faucon noir un oiseau de proie ainsi nommé au Mexique, et qui semble être un *rancanca.* (Ch. D. et L.)

TMESIPTERIS. (*Bot.*) Ce genre de plantes, de la famille des *lycopodiacées*, a été établi par Bernhardi et adopté par Willdenow, qui lui assigne pour caractère d'avoir des capsules didymes, biloculaires, à deux loges à demi bivalves. M. Rob. Brown a trouvé que ces caractères étoient inexacts, et il a observé que ces capsules étoient à deux ou trois loges et autant de valves; en conséquence de ce fait il a pensé qu'on ne sauroit séparer le *Tmesipteris* du *Psilotum*, autre genre de la même famille, et cette réunion semble naturelle.

Le *Tmesipteris tannensis* (Bernh. *in* Schrad., *Journ.*, 1800, 2, p. 131, pl. 2, fig. 5; Willd., *Sp. pl.*, 5, p. 56; *Lycopodium tannense*, Spreng.), est une plante vivace, à tige simple et ascendante, à feuilles éparses, oblongues, entières, acuminées. Les capsules sessiles, axillaires. On le trouve dans l'île de Tanna et à la Nouvelle-Hollande. Willdenow lui rapporte le *tmesipteris tannensis*, Labill., *Nov. Holl.*, 2, pl. 252; mais il fait observer que la figure qu'il donne de cette plante ne représente pas exactement la figure donnée par Bernhardi: en effet, dans la plante de Labillardière (voyez n.° 27 de l'atlas de ce Dictionnaire) les feuilles sont arrondies à l'extrémité, même un peu échancrées et surmontées d'une pointe. Cette plante est donnée pour le *psilotum truncatum* de Rob. Brown.

Sprengel (*Syst.*, 4, pag. 11) les réunit toutes au *Psilotum* et n'en fait qu'une seule espèce. (Lem.)

TO. (*Bot.*) C'est sous ce nom qu'est désignée la canne à sucre dans l'île d'Otaïti, suivant Forster. (J.)

TOA. (*Bot.*) Nom donné par les habitans de l'île d'Otaïti au *casuarina*, suivant Forster et Marchand. (J.)

TOAD - FISH. (*Ichthyol.*) Un des noms anglois du *coffre à quatre piquans*. (Voyez Coffre.)

Le même nom paroît avoir été aussi donné souvent à la Baudroie ou Raie pêcheresse (voyez ces mots) et au *tétrodon perroquet*. Voyez Tétrodon. (H. C.)

TOADSTOOL. (*Bot.*) Nom que l'on donne en Angleterre à l'agaric comestible (*agaricus edulis*, Bull.), quand on le rencontre dans les champs sur les tas de fumier. (Lem.)

TOÆJM MEDHÆFAA. (*Bot.*) Noms arabes, cités par Forskal, de son *dianthera paniculata*, que Vahl a reporté au *dianthera bicaliculata* de Retz. (J.)

TOALD - FISH. (*Ichthyol.*) A la Jamaïque on appelle ainsi le Tau. Voyez ce mot. (H. C.)

TOBACKSPFEIFE. (*Ichthyol.*) Nom allemand de la *fistulaire pétimbe*. Voyez Fistulaire. (H. C.)

TOBACTLI. (*Ornith.*) Nom mexicain du héron agami, probablement. (Ch. D. et L.)

TOBAQUE. (*Ornith.*) Nom africain, suivant M. Vieillot, d'un moineau. (Ch. D. et L.)

TOBAYPIPERVISCH. (*Ichthyol.*) Nom hollandois de la *fistulaire pétimbe*. Voyez Fistulaire. (H. C.)

TOBI, TARANOO. (*Bot.*) Ces noms japonois, cités par Kæmpfer, appartiennent au *veronica virginica*, suivant Thunberg. (J.)

TOBIAS. (*Ichthyol.*) Nom allemand de l'appât de vase. Voyez Ammodyte. (H. C.)

TOBIESEN. (*Ichthyol.*) Un des noms danois de l'appât de vase. Voyez Ammodyte. (H. C.)

TOBIO. (*Mamm.*) Nom africain usité dans le Begharmi pour désigner le lion, suivant Denham. La lionne se nomme *tobiony*. (Lesson.)

TOBION. (*Bot.*) Voyez Stœbe. (J.)

TOBIRA, TOBERA. (*Bot.*) Noms japonois, cités par Kæmpfer, d'un arbrisseau dont Thunberg donne une description détaillée sous celui d'*evonymus tobira*, maintenant le *pittosporum tobiri* d'Aiton, reporté conséquemment à une famille distincte, celle des pittosporées. (J.)

TOBIS. (*Ichthyol.*) Voyez Tobiesen. (H. C.)

TOBIS-AAL. (*Ichthyol.*) En Suède et en Danemarck on donne ce nom à l'Anguille. Voyez ce mot. (H. C.)

TOCALNA. (*Ornith.*) M. Vieillot cite sous ce nom la passerine des prairies. (Ch. D. et L.)

TOCAMBOA. (*Bot.*) Flaccourt cite sous ce nom un fruit de Madagascar ressemblant à une poire, mortel pour les chiens qui en mangent. (J.)

TOCAN. (*Ichthyol.*) Voyez Tacon. (H. C.)

TOCAN. (*Ornith.*) Voyez Toucan. (Ch. D. et L.)

TOCHINGO. (*Ornith.*) Selon Sonnini, ce nom est un de ceux dont les Hurons se servent pour désigner la grue. (Desm.)

TOCIZQUIUH. (*Bot.*) Hernandez cite ce nom mexicain d'un arbrisseau qui paroît être le *lantana camara*. (J.)

TOCK. (*Ornith.*) Nom spécifique d'un oiseau d'Afrique que les auteurs ont placé parmi les calaos, et dont on a fait deux espèces, qui sont les *buceros erythrorhynchus* et *nasutus*. (Ch. D. et L.)

TOCKAYE. (*Erpét.*) Voyez Tokaye. (H. C.)

TOCO. (*Bot.*) Suivant les auteurs de la Flore équinoxiale, on nomme ainsi à Cumana, en Amérique, le *crateva gynandra* de Linnæus. (J.)

TOCO. (*Ornith.*) Voyez l'article Toucan. (Desm.) ·

TOCOCO. (*Ornith.*) Nom du flammant ou phénicoptère à la Guiane. (Desm.)

TOCOLIN. (*Ornith.*) Voyez l'article Troupiale. (Desm.)

TOCOT-GUEBIT. (*Bot.*) Voyez à l'article Focot-guebit. (J.)

TOCOYÈNE, *Tocoyena*. (*Bot.*) Genre de plantes dicotylédones, à fleurs complètes, monopétalées, de la famille des *rubiacées*, de la *pentandrie monogynie* de Linnæus, offrant pour caractère essentiel : Un calice persistant, à cinq dents ; une corolle hypocratériforme ; le tube très-long, nu, élargi à son orifice ; le limbe à cinq lobes ; cinq étamines saillantes ; un ovaire inférieur ; un style ; un stigmate à deux lames ; une baie à deux loges polyspermes; les semences placées sur deux rangs dans chaque loge.

TOCOYÈNE A LONGUES FEUILLES : *Tocoyena longifolia*, Aubl., Guian., 1, tab. 50; Lamk., *Ill. gen.*, tab. 163, fig. 1; *Ucriana speciosa*, Willd., *Spec.*, 1, p. 961. Cette plante a des tiges droites, glabres, verdâtres, hautes d'environ trois pieds, un peu ligneuses, tendres et pleines de moelle sous l'épiderme, de la grosseur du petit doigt, quadrangulaires; les angles mousses; les rameaux opposés et de même forme, garnis de feuilles un peu pétiolées, étroites, opposées, glabres, lancéolées, molles, entières, acuminées, longues d'environ douze à quinze pouces, sur deux ou trois de large; les stipules ovales, sessiles, presque embrassantes. Les fleurs sont réunies en tête, au nombre de douze à quinze, à l'extrémité des rameaux : elles sont presque sessiles, rapprochées, d'une odeur suave, chacune séparée par une petite bractée ovale, aiguë. Le calice est fort court, à cinq dents ovales, aiguës; la corolle tubulée, de couleur jaune, longue d'environ huit à neuf pouces; le limbe est blanc, à cinq lobes courts, ovales, aigus; l'ovaire ovale, couronné par un disque charnu; le style de la longueur du tube, velu vers la partie supérieure renflé en massue; le stigmate épais, divisé en deux lames, marquées de cinq stries à l'extérieur. Cette plante croît en Guiane, dans les bois d'Aroura.

TOCOYÈNE A LARGES FEUILLES : *Tocoyena latifolia*, Poir., Enc., 7, p. 692; Lamk., *Ill. gen.*, tab. 163, fig. 2. Arbuste dont les tiges sont glabres, rameuses, garnies de feuilles opposées, larges, fort amples, médiocrement pétiolées, glabres, ovales, coriaces, très-entières, luisantes en dessus, arrondies à leur base, obtuses et un peu mucronées au sommet, longues de six ou huit pouces et plus, larges de quatre; le pétiole court, strié, comprimé. Les fleurs sont disposées en une petite grappe droite, un peu paniculée; les ramifications peu nombreuses, courtes, souvent dichotomes, uniflores. Le calice est glabre, un peu campanulé, à cinq dents courtes, aiguës; le tube de la corolle long de quatre à cinq pouces, glabre, cylindrique; le limbe à cinq divisions profondes, linéaires, obtuses; les étamines sont insérées à l'orifice du tube; les anthères vacillantes, sagittées à leur base, aiguës au sommet, à deux loges. Cette plante croit dans les forêts de la Guiane.

Tocoyène de Mutis; *Tocoyena Mutisii*, Kunth, *in* Humb. et Bonpl., *Nov. gen.*, 3, p. 411. Arbrisseau dont les rameaux sont glabres, cylindriques; les feuilles opposées, pétiolées, oblongues, un peu aiguës, coriaces, un peu arrondies ou aiguës à leur base, veinées, glabres à leurs deux faces, luisantes, un peu roulées à leurs bords, longues de six ou sept pouces; les pétioles canaliculés, glabres, longs d'un pouce, plus épais à la base; les stipules glabres, ovales, acuminées, un peu plus courtes que les pétioles. Les fleurs sont terminales, disposées en corymbe; les pédicelles glabres; le calice est supérieur, court, glabre, à cinq dents; le tube de la corolle long de quatre pouces, droit et glabre; le limbe à cinq lobes oblongs, obtus, étalés; l'orifice du tube glabre; les filamens sont très-courts; les anthères saillantes. Cette plante croît dans les contrées chaudes de la Nouvelle-Grenade.

Tocoyène a grandes feuilles; *Tocoyena macrophylla*, Kunth, *loc. cit.* Cet arbrisseau a des rameaux tétragones, parfaitement glabres. Les feuilles sont opposées, pétiolées, larges, ovales, arrondies à leur base, médiocrement acuminées au sommet, veinées, réticulées, coriaces, légèrement acuminées au sommet, glabres à leurs deux faces, d'un vert gai, luisantes en dessus, longues de huit ou neuf pouces, larges de six; les pétioles presque longs d'un pouce, glabres, épais, canaliculés; les stipules libres, ovales, arrondies, longues d'un pouce. Les grappes sont terminales, médiocrement pédonculées, munies de bractées caduques; la corolle pourvue d'un tube de cinq pouces; le limbe à cinq lobes oblongs, étalés. Cette plante croît sur les bords du fleuve de la Magdeleine.

Tocoyène a longues feuilles; *Tocoyena longifolia*, Kunth, *loc. cit.* Arbrisseau dont les rameaux sont glabres, cylindriques, d'un brun pâle; les feuilles opposées, pétiolées, ovales-oblongues, médiocrement acuminées, arrondies à leur base, coriaces, glabres à leurs deux faces, d'un vert gai, luisantes en dessus, roulées à leurs bords, longues de six ou sept pouces; les pétioles presque longs d'un pouce, glabres, épais, canaliculés; les stipules ovales, acuminées, presque glabres, une fois plus courtes que les pétioles. Les grappes sont terminales, médiocrement pédonculées, longues d'un pouce et demi, glabres, ainsi que les pédicelles; les bractées caduques, à cinq dents aiguës; le tube de la corolle est long de cinq pouces, grêle, presque glabre; le limbe partagé en cinq lobes oblongs, obtus, étalés. Cette plante croît à la Nouvelle-Grenade, dans les contrées les plus chaudes. (Poir.)

TOCQUET. (*Erpét.*) Voyez Tokaye. (H. C.)

TOCRO. (*Ornith.*) Sous ce nom M. Vieillot a formé le genre *Odontophorus*, pour recevoir un oiseau gallinacé du genre Perdrix. Voyez ce mot. (Ch. D. et L.)

TODAI-KUSA. (*Bot.*) Nom japonois de l'*euphorbia coralloides*, suivant Thunberg. (J.)

TODDALI, *Toddalia*. (*Bot.*) Genre de plantes dicotylédones, à fleurs complètes, polypétalées, régulières, de la famille des *térébintacées*, de la *pentandrie monogynie* de Linnæus, offrant pour caractère essentiel : Un calice persistant, fort petit, à cinq dents; cinq pétales; cinq étamines libres; un ovaire supérieur; le style très-court; le stigmate aplati, à cinq lobes peu apparens; une baie sèche, à quatre ou cinq loges.

Toddali asiatique : *Toddalia asiatica*, Poir., Enc.; Lamk., *Ill. gen.*, tab. 163, fig. 1; *Paulinia asiatica*, Linn., *Spec.*; Jacq., *Obs.*, 3, tab. 62, fig. 1; *Scopolia aculeata*, Willd., *Sp.*; Smith, *Icon. ined.*, 1, p. 34; *Cranzia*, Schreb., *Gen.; Toddalia nitida*, var. β, Burm., *Zeyl.*, tab. 24. Arbrisseau dont les tiges grêles et les rameaux sont armés d'aiguillons courts, en crochet, très-nombreux, larges et blanchâtres à leur base, noirâtres au sommet; ces piquans se retrouvent aussi sur la côte des feuilles. Les rameaux sont alternes, élancés, irréguliers, garnis de feuilles pétiolées, alternes, ternées; les folioles ovales-lancéolées, sessiles, glabres à leurs deux faces, vertes en dessus, plus pâles et presque cendrées en dessous, obtuses au sommet, rétrécies en pointe à la base, entières ou légèrement denticulées à leur contour. Les fleurs sont disposées en grappes axillaires, ordinairement plus courtes que les feuilles, peu ramifiées; les ramifications grêles et nues; les pédicelles courts, inégaux, capillaires; le calice est glabre, fort petit; les pétales sont ovales, obtus, concaves, beaucoup plus longs que le calice; les filamens de la longueur des pétales; les anthères ovales. L'ovaire est supérieur, ovale; le style presque nul; le stigmate tronqué, à cinq lobes peu marqués. Le fruit est une baie sèche, jaunâtre, de la grosseur d'un pois, parsemée de petites taches noires, à cinq, plus souvent à trois ou quatre loges; autant de semences que de loges, lisses, ovales, de couleur grise ou cendrée.

Le *toddalia nitida* ne me paroît être qu'une variété de la précédente, bien moins épineuse. Les aiguillons plus courts, quelquefois presque nuls; les feuilles entières, repliées à leurs bords, sans aiguillons; les grappes de fleurs plus longues que les feuilles. Cet arbuste croit dans les Indes orientales, à l'ile de Ceilan.

Toddali paniculé : *Toddalia paniculata*, Poir., Encycl.; Lamk., *Ill. gen.*, tab. 139, fig. 2 ; *Scopolia inermis*, Willd., *Spec.* Arbrisseau qui a presque le port d'un sumac et dont les tiges se divisent en rameaux alternes, dépourvus d'aiguillons, garnis de feuilles alternes, pétiolées, ternées; les folioles sont sessiles, ovales, très-entières à leurs bords, très-glabres, parsemées de points transparens, obtuses et arrondies au sommet, rétrécies en pointe à leur base; les pétioles bordés. Les fleurs sont disposées en une panicule terminale, droite, peu garnie, plus longue que les feuilles; les ramifications courtes, glabres, inégales. Les fruits sont de petites baies sèches, globuleuses, à quatre côtés arrondis, à quatre valves, autant de loges, renfermant chacune une semence. Cette plante croît à l'Isle-de-France.

Toddali a feuilles lancéolées : *Toddalia lanceolata*, Poir., Enc.; Lamk., *Ill. gen.*, 2, page 117. Cette plante a beaucoup de rapports avec la précédente ; elle en diffère par ses feuilles lancéolées, un peu luisantes, acuminées et non obtuses au sommet. Les fleurs sont disposées en petites grappes : les unes latérales; d'autres terminales, formant par leur ensemble une panicule courte, terminale. Les baies sont sèches, petites, arrondies, glabres, à quatre lobes, autant de semences. Cette espèce a été recueillie à l'Isle-de-France par Commerson.

Toddali a feuilles étroites : *Toddalia angustifolia*, Poir., Enc. ; Lamk., *Ill. gen.*, *loc. cit.* Arbuste dont les tiges sont droites, cylindriques, divisées en rameaux alternes, un peu grêles ; les plus jeunes pubescens, garnis de feuilles pétiolées, alternes, ternées ; les folioles étroites, lancéolées, luisantes en dessus, entières, un peu aiguës au sommet. Les fleurs sont axillaires, disposées en petites grappes courtes, bien moins longues que les feuilles, médiocrement ramifiées ; les pédicelles courts, inégaux, soutenant une petite fleur à cinq pétales ovales, obtus. Le fruit est une baie globuleuse, arrondie, fort petite, à quatre ou cinq loges. Cette plante croît dans les Indes orientales. (Poir.)

TODDA-PANNA. (*Bot.*) Nom malabare du *cycas circinalis*. Le *todda-vaddi* est l'*oxalis sensitiva*. (J.)

TODEA. (*Bot.*) Genre de la famille des fougères, établi par Willdenow et fondé sur l'*acrostichum barbarum*, Linn., déjà donné par Thunberg pour une espèce d'*osmunda*; ses caractères sont : Capsules presque globuleuses, à moitié bivalves, situées sur les veines transversales de la fronde et privées d'indusiums, c'est-à-dire d'une membrane recouvrante. Ce genre diffère de l'*osmunda* seulement par la disposition de sa fructification, placée sur les veines et point paniculée ni disposée sur les bords de la fronde. Robert Brown n'a pas cru convenable de distinguer ces deux genres : les capsules sont pédicellées dans l'un et l'autre. Il a été admis par Kaulfuss et Sprengel, *Syst.*, 4, p. 25; ce dernier fixe ainsi le caractère générique : Capsules réticulées, globuleuses, pédicellées, ayant une bosse dorsale pellucide, s'ouvrant par le côté, et placées sur les veines des frondules inférieures, lesquelles ne se contractent point. A l'exception de la position des capsules, ce caractère générique convient aussi à l'*osmunda*.

Le TODEA D'AFRIQUE : *Todea africana*, Willd., *Sp. pl.*, 5, pag. 77; *Act. acad. Erf.*, 1802, p. 14, pl. 3, fig. 1; *Acrostichum barbarum*, Linn.; *Osmunda barbara*, Thunb., *Prod.*, Rob. Brown; *Osmunda totta*, Swartz *in* Schr., *Journ.* C'est une belle fougère, haute d'une coudée; le stipe est glabre et tétragone; la fronde bipennée, à frondules lancéolées, obtuses, dentées, sessiles, alternes et un peu coriaces. La fructification est dorsale et située à la partie inférieure de la fronde. Cette fougère a été observée par Thunberg au cap de Bonne-Espérance, et a été retrouvée à la Nouvelle-Hollande. (Lem.)

TODIDÆ. (*Ornith.*) Les naturalistes anglois ont introduit

les familles naturelles dans l'ornithologie, et cette innovation sera féconde en résultats utiles. Ils ont nommé *todidæ*, une famille du deuxième ordre ou des *insessores*, dans laquelle ils rangent les genres *eurylaimus*, Horsf. ; *eurystomus*, Vieill. (*colaris*, Cuv.), et *todus* des auteurs. (Cн. D. et L.)

TODIER, *Todus*. (*Ornith*.) Brisson plaça ce genre à côté des martins-pêcheurs, dans son treizième ordre, et Linné le conserva dans sa classe des *picæ* et dans sa troisième section. Latham ne changea rien à l'arrangement de ce genre. Feu de Lacépède le conserva dans sa troisième division des platypodes, dans son dix-huitième ordre; M. Duméril, dans ses ténuirostres ou leptoramphes. Illiger sépara le genre *Todus* des *Alcedo* et des *Merops*, et le plaça dans ses *canori*, à la suite des pie-grièches, et avant les manakins. M. Cuvier, ayant égard à l'organisation des doigts, classa ce genre dans les syndactyles avec les guépiers, les motmots, les martins-pêcheurs et les calaos. M. Vieillot rangea les todiers dans ses oiseaux sylvains, dans sa deuxième tribu des anisodactyles et dans sa dix-huitième famille, avec les myothères, les moucherolles et les platyrhynques. M. Temminck ne s'éloigna pas beaucoup de cette idée, et conserva les rapports de ce genre en l'admettant dans son troisième ordre des insectivores. M. Latreille a suivi l'ordre admis par M. Cuvier. Quant à nous, nous *regardons* le genre Todier comme devant venir immédiatement après celui des platyrhynques, dans la famille des moucherolles, et établir leur passage par les todiramphes avec les martins-pêcheurs.

Les caractères du genre *Todus* sont : Un bec long, formé de deux lames minces et obtuses, plus large que haut, à arêtes distinctes; la pointe de la mandibule supérieure est droite et divisée au bout; l'inférieure est obtuse et tronquée. Les narines sont placées à la surface du bec, distantes de la base, ouvertes et arrondies; des soies garnissent la base des mandibules ; les pieds sont médiocres ; les doigts latéraux sont inégaux; l'externe est uni jusqu'à la troisième articulation et l'interne est uni jusqu'à la seconde ; les ailes sont courtes et la quatrième rémige est la plus longue.

Les todiers, dont le nom vient du latin *todus*, qui veut dire petit. ont été et sont encore confondus tous les jours avec les moucherolles du genre Platyrhynque. Deux seules espèces appartiennent véritablement à ce genre : ce sont de très-petits oiseaux d'Amérique qui vivent d'insectes qu'ils attrapent dans le limon ou sur l'eau. Leur bec, large et aplati, garni d'aspérités ou de dents, leur permet d'éparpiller la boue et de retenir leur proie ; ils cherchent aussi de petits insectes sous la mousse ou sur le bord des ruisseaux. Les todiers sont vraiment des moucherolles aquatiques.

Le Todier vert : *Todus viridis*, Gmelin, Buffon, Enl., 585, fig. 1 et 2 ; Desm., Pl. d'hist. nat. des todiers. Ce petit oiseau, qu'on nomme *petit perroquet* de terre, et *petite spatule* à Saint-Domingue et aux Antilles, sa patrie, n'a que quatre pouces de longueur totale. Son corps est vert ; la gorge et le devant du cou sont rouges ; la poitrine blanc-cendré et le ventre d'un jaune pâle. La femelle fait son nid dans de la terre sèche ou dans du tuf tendre, où elle creuse un trou rond qu'elle remplit de paille au fond. Elle y pond quatre à cinq œufs gris, tachés de jaune très-foncé.

Son ramage, au temps des amours, est, dit-on, assez agréable. Le cri habituel de cet oiseau est triste ; ses mœurs sont solitaires et son vol bas et peu étendu. Le todier vert est très-commun aux Antilles et à la Guiane.

Toutes les espèces admises dans le genre *Todus* par M. Vieillot sont ou des Platyrhynques ou des Moucherolles. Voyez ces mots. (Ch. D. et Lesson.)

TODIRAMPHE, *Todiramphus*. (*Ornith.*) M. Lesson a proposé ce genre (Mém. de la soc. d'hist. nat., t. 3) pour isoler dans la famille des alcyons un groupe très-naturel, qui, jusqu'à ce jour, a fort embarrassé les naturalistes, et qui comprendra les oiseaux de la mer du Sud, décrits sous les noms d'*alcedo sacra*, Gmel., Spec., 30 (*sacred king's fisher*, Lath., Syn., sp. 15), d'*alcedo tuta* et *venerata* (*sp.* 16 et 17, Lath.; sp. 28 et 29, Gmelin).

Les caractères d'organisation qui les distinguent et leurs mœurs ne permettent pas de les ranger ni avec les vrais martins-pêcheurs (*alcedo* des auteurs) ni avec les martins-chasseurs (*dacelo*, Leach), ni avec les ceyx (alcyons tridactyles), ni avec notre nouveau genre *Syma* ou martin-pêcheur à bec garni de dents fortes et aiguës. Ce groupe est remarquable aussi par la forme aplatie du bec, qui rappelle celle des todiers. M. Swainson a placé deux espèces dans son genre *Halcyon*. Si ce genre repose sur les mêmes formes que le nôtre, ce que nous ignorons, nous pensons que son nom ne peut être conservé, ce mot *halcyon* (quoiqu'il soit écrit par un *h*) impliquant un embarras synonymique très-désavantageux pour l'étude. MM. Horsfield et Vigors (Transact. de la Soc. linn. de Londres, tom. 15, page 206) ont décrit sous le nom d'*halcyon sanctus* un martin-pêcheur du port Jackson, différant peu de la même espèce de la Nouvelle-Zélande, et nullement de la même espèce de la Nouvelle-Guinée, dont nous avons rapporté des individus. Leur description est parfaitement bonne, et cette espèce est réelle. Ces naturalistes témoignent cependant leur embarras pour distinguer leur *halcyon sanctus* de l'*alcedo sacra* de Gmelin et de Latham. Nous étant aussi procuré des individus de cette dernière espèce à Otaïti et à Borabora, nous pourrons résoudre la question. Le plumage de ces espèces se ressemble en effet d'une manière frappante, et si on observe des différences, elles sont légères, et d'ailleurs elles s'effacent d'individu à individu. Toutes ont cela de particulier, que la moitié de la mandibule inférieure est blanche en dessous et a sa base; mais un caractère plus spécial tranche la question. L'*alcedo sacra*, si mal défini par les auteurs, formera notre genre *Todiramphus*, et l'*halcyon sanctus* de MM. Horsfield et Vigors demeurera dans le genre *Alcedo*, dont il a tous les caractères.

Bec droit, à mandibule inférieure très-légèrement renflée, très-déprimé, plus large que haut, sans arête, à mandibules égales, obtuses au bout et aplaties, à bords entièrement lisses; narines basales en fissure oblique. très-peu apparentes, bordées par les plumes du front; ailes courtes, arrondies; première rémige plus courte: la quatrième la plus longue; queue longue, à rectrices égales, au nombre de douze; tarses alongés, médiocres, réticulés.

Les oiseaux de ce genre vivent sur les îles de la mer du Sud et ne semblent être que des variétés les uns des autres. Ils habitent les bois et se perchent presque constamment sur les cocotiers. Leur nourriture ne se compose que de moucherons, qu'ils saisissent lorsqu'ils viennent se placer sur les spathes chargés de fleurs de ce palmier. Les insulaires des îles de la Société les nomment *o-tataré* : c'étoient, avec le crabier blanc, des oiseaux vénérés dans l'ancienne religion de ces peuples. Il étoit défendu de les tuer sous des peines sévères, et leur dépouille étoit offerte au grand dieu *Oro*.

Todiramphe sacré : *Todiramphus sacer*, Less.; *Alcedo tuta*, Gmel., *sp.* 28; Lath., *Syn.*, *sp.* 17; *Alcedo sacra*, Gmel., *sp.* 30, *var. A*; Lath., *sp.* 15, *var. A* (mâle); *Sacred king's fisher*, pl. 27, Lath., *Gen. syn.*, *var. C*, page 622, part. 2.

Cet oiseau a huit pouces six lignes de longueur totale. Le bec a vingt-une lignes de sa commissure à sa pointe. La queue a trois pouces.

Bec noir, blanc à la naissance de la mandibule inférieure.

Le sommet de la tête est recouvert par des plumes d'un vert brunâtre, qui forment une calotte, séparée par une large raie blanche, qui naît au front, passe au-dessus des yeux et se rend derrière l'occiput. Un large trait noir naît de l'œil, et, prenant une teinte verte, puis brune, forme une bordure à la ligne blanche et la circonscrit. La gorge, la poitrine, et tout le dessus du corps, sont d'un blanc pur; un demi-collier très-large, blanchâtre, sinuolé de brun léger et de marron très-foible, occupe le haut du manteau et est bordé de noir; le dos, les couvertures des ailes, le croupion, le dessus de la queue et les ailes, sont d'un vert bleuâtre uniforme; les rémiges sont brunes, et bleues sur leur bord externe; les rémiges moyennes sont terminées de brun; la queue en dessous est de cette dernière couleur; les tarses sont noirs; les ailes s'étendent au tiers supérieur de la queue.

Cet oiseau est très-commun dans les îles d'Otaïti et de Borabora. Il se tient sur les cocotiers; les naturels le nomment, ainsi qu'une sittèle, *o-tataré*. Son vol est peu étendu, et ses habitudes ne sont point craintives. Il vit d'insectes que l'exsudation miellée des spathes des fleurs de cocos attire. On remarque que cette espèce et la *perruche-e-vini* (*ps. taitensis*) se tiennent constamment sur les cocotiers, qui forment des ceintures au bord de la mer sur toutes ces îles.

Latham dit que son *sacred king's fisher* a été trouvé à la baie Dusky de la Nouvelle-Zélande et qu'on l'y nomme *ghotaré*.

Todiramphe dieu; *Todiramphus divinus*, Less. Cette espèce a sept pouces huit lignes de longueur totale : le bec a dix-huit lignes, et la queue trente-quatre : le bec est beaucoup plus aplati que dans l'espèce précédente ; il est légèrement convexe en dessus, et ressembleroit parfaitement à celui d'un todier, s'il avoit la moindre trace de carène et des barbes qu'on observe à la base de celui des oiseaux de ce genre; il est noir, et blanc à la base de la mandibule inférieure ; le sommet de la tête est d'un brun prenant sur les joues une légère teinte verdâtre peu sensible ; la gorge est blanche ; une bandelette noire, large, naît à la commissure du bec et sépare le blanc de la gorge du brun verdâtre de la tête ; un large collier noir occupe le haut de la poitrine, et se perd sur le dos avec la teinte brune de tout le dessus du corps et même des ailes ; le ventre est d'un blanc passant au blanchâtre-roux et se continuant aux épaules, en prenant un peu de brun ; les rectrices sont brunes, légèrement bordées de vert extérieurement ; la queue est brune en dessous et brun-verdâtre en dessus ; les tarses sont noirs et organisés comme ceux des *alcedo* ; les ailes, dans cette espèce, ne s'étendent que jusqu'à la naissance de la queue.

Nous eussions été tentés de considérer cet oiseau comme la femelle de l'espèce précédente, cependant la forme encore plus aplatie du bec ne permet pas de s'arrêter à cette opinion.

Le todiramphe dieu jouoit un grand rôle dans l'ancienne théogonie des habitans des archipels de la Société : c'étoit un des oiseaux favoris du grand dieu *Oro*. Nous ne nous en procurâmes que deux individus, tués dans l'île de Borabora. (Lesson.)

TODTENRUHE. (*Ichthyol.*) Voyez Stachelloses Viereck. (H. C.) .

TODTLIEGENDE. (*Min.*) Malgré l'étrangeté de ce nom pour des François, malgré sa signification non moins étrange pour les Allemands eux-mêmes, puisqu'il veut dire *gisement* ou *sol mort*, et qu'il faut une longue explication de mineurs pour savoir d'où lui vient cette singulière signification ; malgré, dis-je, ces graves défauts, ce nom a été employé souvent sans traduction et avec l'épithète de *rothe*, qui l'alonge encore plus, dans plusieurs ouvrages écrits en françois. On avoit pour excuse de ne pouvoir le rendre par aucun nom scientifique équivalent. Le *rothe Todtliegende* n'est pas le nom d'une roche, mais c'est celui d'un terrain qui est inférieur au calcaire compacte alpin, qui fait la ligne de séparation des terrains de transition et des terrains houillers, qui est généralement composé de débris, et qui est aussi généralement rouge.

Les personnes qui nomment grès tous les agglomérats dans lesquels il y a du sable, l'ont appelé *grès rouge*; mais, pour le distinguer d'un grès rouge plus nouveau que lui, les géologues anglois l'ont nommé *old red sandstone*, et les François, *vieux grès rouge*. Ces. dénominations géologiques sont bonnes comme désignant un terrain; mais comme la roche dominante dans ces terrains a une composition particulière, qui, lorsqu'elle est bien caractérisée, peut servir à la distinguer de toutes les autres roches d'agrégation, j'ai cru devoir la définir minéralogiquement et lui donner le nom univoque et scientifique de *pséphite*. Le pséphite n'est point le *rothe Todtliegende* ou vieux grès rouge, parce que celui-ci est un terrain ou association de roche, déterminé par sa position; mais c'est la roche souvent dominante dans ce terrain. Voyez les caractères et les variétés du *pséphite* à l'article Roches de ce Dictionnaire. (B.)

TODUS. (*Ornith.*) Voyez Todier. (Ch. D. et L.)

TODWALLEWEL. (*Bot.*) Burmann cite ce nom d'une plante de Ceilan comme synonyme du *kudici-valli* du Malabar, ou Bajasajo des Brames (voyez ce mot), qu'il regarde comme une espèce de liseron. (J.)

TŒLPEL. (*Ornith.*) Nom allemand des fous. (Ch. D. et L.)

TOERI-MERA. (*Bot.*) Voyez Turi. (J.)

TOË-TOË. (*Ornith.*) Les Nouveaux-Zélandois désignent sous ce nom une petite mésange rougeâtre-cendré fort commune, et qui imite assez notre penduline. (Ch. D. et L.)

TOFIELDIE; *Tofieldia*, Huds. (*Bot.*) Genre de plantes monocotylédones, de la famille des *colchicacées*, Juss., et de l'*hexandrie trigynie*, Linn., dont les principaux caractères sont les suivans : Calice de six folioles égales, persistantes, entouré à sa base d'un petit involucre à trois divisions; point de corolle ; six étamines à filamens glabres ; un ovaire supère à trois lobes, surmonté d'autant de styles courts, à stigmates obtus ; trois capsules, réunies par leur base, contenant chacune des graines nombreuses.

Les tofieldies sont des plantes herbacées, à feuilles entières, souvent ensiformes et radicales ; leurs fleurs sont disposées en épi ou en grappe au sommet des tiges. On en connoît huit espèces, dont deux croissent naturellement en Europe.

Tofieldie des marais : *Tofieldia palustris*, Huds., *Angl.*, 157 ; *Anthericum calyculatum*, Linn., *Spec.*, 447. Sa racine est fibreuse, vivace ; elle produit plusieurs feuilles ensiformes, nerveuses, glabres, disposées au bas de la tige et de deux côtés opposés. La tige est droite, simple, cylindrique, nue dans la plus grande partie de son étendue ; haute de six pouces ou environ, terminée par un épi de fleurs petites, verdâtres, munies chacune, à la base de leur court pédoncule, d'une bractée ovale et concave. Cette plante croît dans les pâturages marécageux des Alpes et des Pyrénées : on la trouve aussi dans les autres montagnes alpines de l'Europe, en Asie et dans l'Amérique septentrionale.

Tofieldie froide ; *Tofieldia frigida*, Kunth, *in* Humb. et Bonpl., *Nov. gen.*, 1, page 267. Ses racines sont formées de fibres charnues, cylindriques ; elles produisent des feuilles ensiformes, engaînantes à leur base, distiques, toutes radicales, longues de trois à quatre pouces. Les tiges sont cylindriques, glabres, hautes d'un pied ou environ, munies, dans leur partie supérieure, de trois bractées ovales, aiguës, et terminées à leur sommet par un épi droit, long de deux pouces, composé de fleurs blanchâtres, brièvement pédicellées, accompagnées de bractées à leur base. Cette espèce croit sur les montagnes du Pérou.

Tofieldie pubescente ; *Tofieldia pubescens*, Pers., *Synops.*, 1, page 209. Ses feuilles sont toutes radicales, ensiformes, glabres, plus courtes que les hampes, qui se terminent par plusieurs épis alongés, disposés en faisceau. Cette plante croit dans l'Amérique septentrionale. Voyez Narthèce. (L. D.)

TOGWA, TO-KUA. (*Bot.*) Noms japonois du *cucurbita Pepo*, suivant Kæmpfer. (J.)

TOHORKEY. (*Ornith.*) Nom d'un martin-pêcheur huppé des Philippines, suivant M. Vieillot. (Ch. D. et L.)

TOÏBANDOLO. (*Ichthyol.*) Voyez Toïlandolo. (H. C.)

TOÏLANDOLO. (*Ichthyol.*) Nom espagnol du marteau de mer. Voyez Zygène. (H. C.)

TOILE D'ARAIGNÉE. (*Conchyl.*) Nom spécifique d'une espèce de cône, *C. araneosus*, ainsi nommée à cause de sa coloration. (De B.)

TOILE A MATELAS. (*Conchyl.*) Les conchyliologistes du dernier siècle donnoient ce nom à la coquille connue maintenant sous la dénomination classique de Pyrule mélongène, *Murex melongena*, Linn., à cause sans doute de la manière dont elle est striée par gros carreaux. (De B.)

TOÏOAÏÉ. (*Min.*) Sous ce nom les habitans d'Otaïti connoissent les obsidiennes, qui sont communes au pied de la haute montagne Papeida, et avec lesquelles ils façonnoient leurs anciennes haches. Le basalte porte chez eux le nom d'*oïaïé*. (Lesson.)

TOISON. (*Mamm.*) Ce nom est employé pour désigner le pelage laineux de plusieurs animaux mammifères. On s'en sert à l'égard du mouton, pour désigner la peau entière de l'animal, encore revêtue de sa laine. (Desm.)

TOIT CHINOIS ou PAGODE. (*Conchyl.*) C'est le nom vulgaire de la coquille dont Denys de Montfort a fait son genre Tectaire, *Trochus obeliscus*, Linn., et du *Turbo pagodus* (voyez ces deux mots). Il paroît qu'on désignoit aussi quelquefois sous le même nom une espèce de calyptrée des auteurs modernes, *patella sinensis*, Linn., d'où même lui vient l'épithète de *sinensis*, car elle est de toutes nos mers. (De B.)

TOIT PERSIQUE. (*Conchyl.*) C'est aussi quelquefois le nom du *trochus obeliscus* et du *turbo pagodus*. (De B.)

TOJUGUA ou SERPENT COURONNÉ. (*Erpét.*) Sous cette dénomination Séba a donné la figure d'un serpent remarquable par ses belles couleurs et qu'il avoit reçu de la Nouvelle-Espagne. (H. C.)

TOKA. (*Bot.*) Un figuier de ce nom chez les Arabes a été nommé, par Forskal, *ficus toka*. (J.)

TOKAIE ou TOKAYE. (*Erpét.*) Nom vulgaire du *gecko de Siam*. Voyez Gecko. (H. C.)

TOKÉ. (*Erpét.*) Ce mot est le véritable nom , à Sumatra, des sauriens nommés *gecko;* cependant une deuxième espèce, assez commune dans l'île, s'appelle *gogoh.* Sir Raffles rapporte que les habitans aiment à voir ces animaux dans leurs maisons, où ils vivent des petits insectes qu'ils y trouvent. (LESSON.)

TOKEN. (*Bot.*) Voyez TSUTSUSI. (J.)

TOKO. (*Ornith.*) On donne ce nom , ainsi que celui de *burong gading*, à Sumatra, au *buceros galeatus* de Gmelin. Le même oiseau , d'après sir Raffles, se nomme *libbang mantooa* à Malacca. (LESSON.)

TOKORO, KAI. (*Bot.*) Le *dioscorea quinqueloba* de Thunberg est cité par Kæmpfer sous ces noms japonois. (**J.**)

TOKUA. (*Bot.*) Voyez TOGWA. (**J.**)

TOKUSA. (*Bot.*) L'*alisma flava* de Linnæus, plante aquatique, est ainsi nommé au Japon, suivant Thunberg. Le même nom est cité par Kæmpfer pour une prêle, *equisetum hyemale.* (**J.**)

TOL. (*Bot.*) Nicolson dit qu'à Saint-Domingue on appelle ainsi une espèce d'aloès, qu'il ne désigne point. (**J.**)

TOLABO. (*Bot.*) Nom du *crinum asiaticum* à Ceilan, suivant Linnæus. (**J.**)

TOLAÏ. (*Mamm.*) C'est le nom spécifique d'un rongeur du genre LIÈVRE. Voyez ce mot. (DESM.)

TOLAK. (*Bot.*) Nom arabe du *micrelium* de Forskaï, reporté par Vahl au genre *Eclypta* dans la famille des corymbifères. C'est le *sa-deh* des Arabes, selon M. Delile. Le nom de *tolak* est aussi donné à un figuier. Voyez DELB. (**J.**)

TOLASION. (*Bot.*) Dans quelques îles Moluques on donne ce nom, suivant Rumph, à son *quercus molucca.* (**J.**)

TOLASSI. (*Bot.*) Nom brame du *mau-maravara* ou *vellia-theka-maravara* du Malabar, qui est le *pholidota imbricata* de M. Lindley, dans la famille des orchidées. (**J.**)

TOLCHILI. (*Ornith.*) Sonnini cite ce nom en parlant de la chouette tolchiquatli, *strix tolchiquali*, Lath. (CH. D. et LESS.)

TOLCHIQUATLI. (*Ornith.*) Une espèce de chat-huant ou de chouette du Mexique est désignée, sous ce nom, dans les naturalistes qui ont écrit sur l'ornithologie de l'Amérique

méridionale. Latham l'admet sous le nom de *strix tolchiquali.*
(Desm.)

TOLEK. (*Ornith.*) Nom courlandois du tourne-pierre. (Desm.)

TOLITOLO. (*Ornith.*) M. Vieillot dit que ce nom vulgaire désigne le pouillot dans l'Orléanois. (Ch. D. et L.)

TOLL. (*Bot.*) Nom ouolof d'un arbre ou arbrisseau du Sénégal, que les François de cette colonie nomment *folles-aigres*, dont on mange le fruit, qui est acide comme le limon. Adanson, qui le cite, croit que c'est un *brunfelsia.* (J.)

TOLLO. (*Ichthyol.*) On appelle ainsi au Chili un squale, dont a parlé Molina dans son Histoire de cette partie de l'Amérique méridionale et qui présente, comme l'aiguillat, deux épines dorsales. Ces épines, triangulaires, ont une pointe recourbée et sont aussi dures que l'ivoire; elles sont longues de trente lignes et en ont cinq de largeur.

Le tollo n'a point de nageoire anale, et son corps, aminci, est marqué de taches ocellées.

Gmelin, Walbaum et feu de Lacépède, considèrent comme une simple variété de l'aiguillat, ce poisson, qu'on a aussi appelé *squalus fernandinus.* (Voyez AIGUILLAT, dans le Supplément du tome I.ᵉʳ de ce Dictionnaire.)

Les habitans du Chili regardent comme un spécifique contre l'odontalgie, l'application de la pointe d'un de ses piquans sur la dent malade. (H. C.)

TOLMACH-CHAPPACH. (*Bot.*) Nom turc du concombre serpent, cité par Forskal. (J.)

TOLMERUS. (*Entom.*) L'hémérobe perle, *hemerobius perla*, a été ainsi désigné par Lister. (Desm.)

TOLO. (*Ornith.*) Voyez TOULOU. (Desm.)

TOLOCATZANATL. (*Ornith.*) Nom mexicain dont on a fait par contraction celui de TOLCANA. Voyez ce mot. (Desm.)

TOLOLA. (*Ornith.*) Voyez l'article TOULOLA. (Desm.)

TOLPIS. (*Bot.*) Voyez DRÉPANIE, tome XIII, page 5o6. (H. Cass.)

TOLTECOLOCTLI. (*Ornith.*) Nom mexicain de la sarcelle du Mexique. (Ch. D. et L.)

TOLU. (*Ornith.*) Un coucou de Sumatra, qu'on appelle dans le pays *kradok* ou *booboot*, est le *cuculus tolu* du Catalogue systématique de sir Raffles. (Lesson.)

TOLU, *Toluifera*. (*Bot.*) Genre de plantes dicotylédones, à fleurs complètes, polypétalées, irrégulières, qui, d'après M. Achille Richard (*Ann. des sc. nat.*, vol. 2. page 168), doit appartenir à la famille des *légumineuses*, et être réuni au genre *Myroxylum* de Linné fils, de la *décandrie monogynie*, offrant pour caractère essentiel : Un calice campanulé, à cinq dents ; cinq pétales irréguliers, dont quatre linéaires, égaux ; le cinquième une fois plus grand, muni d'un onglet de la longueur du calice ; dix étamines libres : un ovaire supérieur ; point de style ; un stigmate aigu. Le fruit paroît être une petite gousse bivalve, à plusieurs loges monospermes.

TOLU BALSAMIFÈRE ; *Toluifera balsamifera*, Linn., *Spec.* Arbre qui s'élève à une grande hauteur sur un tronc revêtu d'une écorce rude, fort épaisse, de couleur brune, divisé en branches fortes, nombreuses, très-étalées, ramifiées. Les feuilles sont alternes, ailées, avec une impaire, composées de folioles alternes, sessiles, ovales-oblongues, glabres, très-entières, d'un vert clair, arrondies à leur base, obtuses, mucronées ; la foliole terminale un peu plus grande, longue de quatre pouces sur deux de large. Les fleurs sont réunies en petites grappes, situées dans les aisselles des feuilles, supportées chacune par un pédicelle grêle, filiforme, long d'environ un pouce. Le calice est glabre, campanulé, divisé à son bord en cinq dents obtuses, presque égales ; la corolle jaune, composée de cinq pétales, dont quatre plus courts, étroits, linéaires, à peine plus longs que le calice ; le cinquième muni d'un onglet de la longueur des pétales, terminé par une lame de forme ovale, en cœur ; les dix étamines sont courtes ; les anthères d'un jaune de soufre, droites, oblongues ; l'ovaire est supérieur, oblong, privé de style. Le fruit, de la grosseur d'un pois, est peu connu. Cette plante croît en Amérique, dans les environs de Carthagène, dans une contrée que les Indiens nomment *Tolu*, et les Espagnols, *Honduras*.

Il découle de cet arbre, par incision, un baume connu sous le nom de *baume de Tolu*. C'est un suc tenace, résineux, d'une consistance qui tient le milieu entre le baume liquide et le sec, tirant sur la couleur d'or, d'une odeur qui approche de celle du *benjoin*, d'une saveur douce et agréable ;

ce qui le fait différer des autres baumes, qui ont une saveur âcre et amère. La saveur agréable de celui-ci le rend plus propre à être pris intérieurement, ayant surtout l'avantage de ne point exciter de nausées comme les autres baumes. Lorsqu'il est bien sec, il est fragile et cassant. Les Indiens le recueillent dans des *couis* ou cuillers faites de cire noire, et le versent dans des calebasses. On en fait usage intérieurement dans la phthisie et les ulcères internes : c'est un excellent vulnéraire ; il consolide et guérit en très-peu de temps les plaies récentes. On y reconnoît en général les mêmes propriétés que celles du baume de Judée.

Tolu de la Cochinchine; *Toluifera cochinchinensis*, Lour., *Flor. Coch.*, page 521. Arbrisseau dont les tiges sont droites, dépourvues d'épines, très-rameuses, s'élevant à la hauteur d'environ cinq pieds. garnies de feuilles alternes, médiocrement pétiolées, ovales, longues de trois pouces, d'une odeur de citron, luisantes, glabres, entières, d'un vert foncé, obtuses, quelquefois un peu aiguës. Les fleurs sont disposées en grappes axillaires et terminales. Leur calice est court, campanulé, muni de cinq dents à son orifice; la corolle blanche, composée de cinq pétales oblongs, connivens, presque égaux; l'inférieur plus grand, mais point en cœur. Le fruit est arrondi, d'un blanc rougeâtre, petit, glabre, succulent, presque diaphane, rempli d'une pulpe résineuse, d'une saveur et d'une odeur agréables; une semence arrondie, quelquefois deux dans une même loge; dix étamines courtes et libres; un stigmate sessile, lenticulaire, persistant. Cette plante croît en plaine, dans les lieux incultes, à la Cochinchine. Il est douteux qu'elle appartienne à ce genre. Ne seroit-elle pas plutôt une espèce de *bursera?* Elle est aromatique, d'une odeur agréable, stomachique, échauffante, résolutive. Les indigènes font usage de la racine et des fruits, mais non de la résine, qu'ils négligent de recueillir. (Poir.)

TOLUIFERA. (*Bot.*) Voyez Tolu. (J.)

TOLY-FA. (*Bot.*) Nom d'une espèce de chêne à larges feuilles dans la Hongrie, suivant Clusius. (J.)

TOLYPEUTES. (*Mamm.*) Ce nom a été employé par Illiger pour désigner un genre qu'il séparoit de celui des tatous pour y placer le *dasypus tricinctus*, qui fait maintenant partie du genre Tatusie de M. Frédéric Cuvier. Voyez l'article Tatou. (Desm.)

TOM. (*Bot.*) Nom arabe de l'ail cultivé, cité par Forskal. Le *tom-erneb* est son *conyza tomentosa*. (J.)

TOMAÏ. (*Bot.*) La plante ainsi nommée dans un Herbier de la côte de Coromandel, est une espèce de mollugine, ayant beaucoup de rapports avec le *mollugo verticillata*. Il est dit dans le catalogue qu'elle entre dans la composition des remèdes contre les maux vénériens. (J.)

TOMARASOO. (*Bot.*) Nom japonois de l'épine-vinette, *berberis vulgaris*, suivant Thunberg. (J.)

TOMATE-CIMARRON. (*Bot.*) Voyez Saracha. (J.)

TOMATES. (*Bot.*) Voyez Taumates. (J.)

TOMBANTE [Graine]. (*Bot.*) Le point par lequel elle tient au funicule (cordon ombilical) regarde le haut du fruit, tandis que le point d'attache du funicule est à la base du fruit: exemple : plombaginées, etc. (Mass.)

TOMBAY. (*Bot.*) La plante ainsi nommée dans un Herbier de la côte de Coromandel, est, selon Commerson, le *phlomis indica*. (J.)

TOMBECORNE, *Piptoceras*. (*Bot.*) Ce nouveau genre de plantes, que nous avons indiqué dans l'article Stemmacanthe (tom. L, pag. 469), appartient à l'ordre des Synanthérées, à la tribu naturelle des Centauriées, à la section des Centauriées-Prototypes, et à la sous-section des Centauriées-Prototypes vraies, dans laquelle il doit être placé entre le *Microlophus* et le *Mantisalca*.

Voici les caractères du genre *Piptoceras*, tels que nous les avons observés sur les deux espèces qui le composent.

Calathide discoïde : disque multiflore, subrégulariflore, androgyniflore ; couronne unisériée, inampliatiflore, neutriflore. Péricline inférieur aux fleurs, ovoïde, formé de squames régulièrement imbriquées, appliquées, coriaces: les extérieures et les intermédiaires ovales, surmontées d'un appendice très-petit et caduc, plus ou moins étalé, subulé, corné, toujours simple sur les squames extérieures, souvent accompagné à sa base de deux petites pointes latérales sur les squames intermédiaires ; les squames intérieures longues, étroites, membraneuses sur les bords, scarieuses au sommet. Clinanthe garni de fimbrilles nombreuses, libres, longues, inégales, filiformes. *Fleurs du disque* : Ovaire comprimé, obovale, pubescent, ayant l'aréole basilaire très-oblique-intérieure, et un petit bourrelet apicilaire entier ou un peu crénelé; aigrette normale, parfaite, plus longue que l'ovaire, et contenant une petite aigrette intérieure. Corolle subrégulière ou obringente. Étamines à filets longuement papillés ou courtement poilus; appendices apicilaires des anthères longs, aigus, cornés. Style à deux stigmatophores longs et entregreffés. *Fleurs de la couronne* : Faux-ovaire long, grêle, glabre, inaigretté. Corolle à tube grêle, à limbe non amplifié, divisé presque jusqu'à sa base en quatre lanières à peu près égales, très-longues et très-étroites.

Nous connoissons deux espèces de ce genre.

Tombecorne béhen : *Piptoceras behen*, H. Cass.; *Centaurea behen*, Linn., Willd., Pers. La tige de cette plante est dure, striée, presque glabre, rameuse; les feuilles radicales sont grandes, pétiolées, lyrées-pinnatifides, parsemées sur les deux faces de poils très-distans, longs, flexueux, cloisonnés, blancs, et de corpuscules glanduliformes, roussâtres; leur lobe terminal est hasté; les latéraux sont oblongs, très-entiers, opposés, un peu inclinés vers le pétiole, séparés par des incisions très-profondes, qui se terminent en large sinus près de la côte moyenne; les feuilles caulinaires sont alternes, sessiles, plus ou moins décurrentes, selon leur situation plus ou moins basse, lancéolées, entières mais scabres sur les bords, presque glabres, un peu coriaces, nervées-réticulées; les calathides, hautes d'environ un pouce, sont solitaires et sessiles au sommet de la tige et des rameaux; chacune d'elles est entourée de quelques bractées ou petites feuilles lancéolées, pétiolées, nées sous la base du péricline; les corolles sont jaunes; le péricline est très-glabre, lisse, luisant; ses appendices sont très-petits, non étalés et simples sur les squames extérieures; ils sont étalés ou réfléchis, promptement caducs, plans, et souvent à trois pointes, sur les squames intermédiaires; après la chute de ces appendices on n'aperçoit au sommet des squames qui les portoient qu'une très-petite tache ou cicatrice presque invisible; les squames intérieures ont le sommet élargi et scarieux; les corolles du

disque sont obringentes; l'aigrette est composée de squamellules plurisériées, régulièrement imbriquées, étagées; les extérieures courtes, larges, oblongues, paléacées; les intérieures longues, étroites, filiformes-laminées, barbellées; il
y a en outre une petite aigrette intérieure, composée de
squamellules nombreuses, unisériées, étroites, laminées, linéaires, aiguës au sommet, nues.

Nous avons fait cette description spécifique, et celle des
caractères génériques qui la précède, sur un échantillon sec,
innommé, de l'herbier de M. Desfontaines. En comparant cet
échantillon innommé avec un autre échantillon, étiqueté dans
le même herbier *Centaurea behen*, il nous a paru évident que
la plante innommée étoit le vrai *Centaurea behen* de Linné,
de Willdenow, de Persoon, et que l'autre plante (fort différente à tous égards) étoit probablement celle que M. De
Candolle avoit prise par erreur pour le *Centaurea behen* de
Linné, et qu'il a en conséquence nommée *Serratula behen*.
Nous avons tout lieu de croire que la même erreur de synonymie avoit été précédemment commise par M. de Lamarck
(Encycl., tom. 1, pag. 605). Quoi qu'il en soit, nous avons
décrit la plante en question (tom. L, pag. 468) sous le nom
de *Serratula cordata*, et nous engageons les botanistes à comparer cette description avec celle du *Piptoceras behen*, exposée
ci-dessus. Le Tombecorne béhen est, suivant Linné, vivace
par sa racine, et il habite l'Asie mineure, le Liban.

Tombecorne-babylonien : *Piptoceras babylonicum*, H. Cass.;
Serratula babylonica, Linn., *Sp. pl.*, pag. 1148; *Centaurea babylonica*, Linn., *Mant.*, 460. Cette seconde espèce habite le
Levant, et est vivace par sa racine, comme la précédente.
C'est une plante très-remarquable, comparativement gigantesque, fort analogue par son port à un *Onopordon;* sa tige,
qu'on dit haute de six ou sept pieds et garnie de calathides
depuis le milieu jusqu'au sommet, étoit, dans l'échantillon
observé par nous, herbacée, très-épaisse, striée, lanugineuse,
ailée; les feuilles radicales (que nous n'avons point vues)
sont, dit-on, très-larges, lyrées, arrondies au sommet, nerveuses; les feuilles caulinaires que nous avons observées
étoient fort grandes, très-décurrentes, elliptiques, indivises,
inégalement dentées sur les bords, très-peu lanugineuses; les

calathides de notre échantillon étoient nombreuses, disposées en un long épi irrégulier le long de la partie supérieure de la tige, presque sessiles ou très-courtement pédonculées, géminées; chaque couple de calathides étoit né dans l'aisselle d'une bractée ou petite feuille étroite, linéaire-subulée, qui se prolongeoit inférieurement en décurrences formant des ailes très-étroites; les corolles étoient jaunes; le péricline étoit glabre, et muni de petits appendices caducs, subulés, cornés, ordinairement simples, quelquefois accompagnés à la base de deux petites pointes latérales; les squames intérieures avoient l'appendice lancéolé, aigu, scarieux; les corolles du disque étoient subrégulières; les ovaires avoient le bourrelet apicilaire entier; leur aigrette étoit à peu près comme dans l'espèce précédente, si ce n'est que les squamellules extérieures étoient bien moins larges, moins laminées, que les intérieures étoient filiformes, et que celles de la petite aigrette intérieure étoient plus longues que dans l'autre espèce, et avoient la partie supérieure filiforme, barbellulée.

Nous avons étudié les caractères génériques et spécifiques de cette belle plante sur un échantillon sec, incomplet et en mauvais état, de l'herbier de M. Desfontaines. Elle est évidemment tout-à-fait congénère de l'autre espèce; et ces deux plantes nous semblent constituer un genre ou sous-genre de Centauriées suffisamment distinct et assez bien caractérisé. Nous l'avons nommé *Piptoceras* ou Tombecorne, à cause des appendices du péricline, qui ressemblent à de petites cornes et qui sont caducs.

Ce genre, étant étroitement lié par ses affinités avec le *Microlophus* et avec le *Mantisalca* (ou *Microlonchus*), nous devient très-utile pour fixer définitivement avec assurance la vraie place du *Microlophus*, jusqu'ici fort douteuse, et sur laquelle nous avions varié dans nos deux tableaux successifs des Centauriées (tom. XLIV, pag. 35; tom. L, pag. 247). Cela nous procure aussi l'occasion de décrire ce genre *Microlophus*, qui n'avoit été jusqu'à présent que légèrement indiqué.

MICROLOPHUS, H. Cass. Calathide discoïde : disque multiflore, subrégulariflore, androgyniflore; couronne unisériée, ténuiflore, neutriflore. Péricline très-inférieur aux fleurs, ovoïde, formé de squames régulièrement imbriquées, inter-dilatées, appliquées, coriaces; les intermédiaires ovales, ayant leur partie apicilaire desséchée, comme scarieuse, et sur-montée d'un appendice très-petit, peu distinct, inappliqué, non décurrent, scarieux, opaque, un peu corné dans le mi-lieu, comme palmé, découpé jusqu'à moitié en neuf lanières à peu près égales et très-glabres, dont la moyenne est étalée, épaisse, roide, cornée, spinescente, et dont les autres sont planes, linéaires, scarieuses, plus ou moins difformes et irré-gulières. Clinanthe épais, charnu, plan, garni de fimbrilles nombreuses, libres, longues, inégales, filiformes-laminées, simples au sommet. *Fleurs du disque :* Ovaire comprimé, pu-bescent, portant une grande et belle aigrette normale, par-faite, avec une petite aigrette intérieure. Corolle un peu ob-ringente. Étamines à filets poilus; appendices apicilaires des anthères longs, obtus, presque arrondis au sommet. Style à deux stigmatophores longs et entregreffés. *Fleurs de la cou-ronne :* Faux-ovaire long, grêle, glabre, portant une aigrette rudimentaire analogue à la petite aigrette intérieure des ovaires du disque. Corolle plus courte et plus étroite que celle des fleurs du disque, très-anomale, très-variable, offrant quel-quefois des rudimens d'étamines avortées; à tube grêle, à limbe inamplifié, tantôt tubuleux jusqu'au sommet, tantôt ligulé ou obligulé, tantôt divisé jusqu'à sa base en deux ou trois lanières égales, longues, étroites.

Microlophus alatus, H. Cass. (*Centaurea alata*, Lam., Enc.) Tiges herbacées, hautes de quatre à cinq pieds, dressées, ra-meuses, anguleuses; feuilles un peu pubescentes; les infé-rieures très-grandes, peu ou point décurrentes sur la tige, pétiolées, un peu lyrées, à limbe oblong, profondément pin-natifide à sa base; les supérieures graduellement plus petites, décurrentes, sessiles, obovales, oblongues ou lancéolées, très-entières; calathides ayant un pouce et demi de hauteur et autant de largeur, comme paniculées, solitaires au sommet des rameaux; corolles jaunes.

Nous avons fait cette description, générique et spécifique, sur un individu vivant, cultivé au Jardin du Roi. Cette plante offre beaucoup d'analogie avec le *Centaurea glastifolia* de Linné, type de notre genre *Chartolepis*, ainsi nommé à cause des appendices de son péricline, qui ressemblent à des *écailles de parchemin.* Les nombreux rapports qui paroissent rapprocher immédiatement les deux genres *Microlophus* et *Chartolepis,* vont être prouvés par la description suivante, si on la compare à la précédente.

Chartolepis, H. Cass. Calathide discoïde : disque multiflore, subrégulariflore, androgyniflore ; couronne unisériée, inampliatiflore, neutriflore. Péricline très-inférieur aux fleurs, ovoïde, formé de squames régulièrement imbriquées, interdilatées, appliquées, coriaces : les intermédiaires ovales, surmontées d'un appendice inappliqué, non décurrent, orbiculaire, concave, scarieux, diaphane, parcheminé, presque entier sur ses bords, échancré ou fendu au sommet, avec une très-petite languette subulée, occupant la base de l'échancrure. Clinanthe épais, charnu, plan, garni de fimbrilles nombreuses, libres, très-longues, inégales, filiformes-laminées, simples au sommet. *Fleurs du disque :* Ovaire comprimé, pubescent, portant une grande et belle aigrette normale, parfaite, avec une petite aigrette intérieure très-remarquable. Corolle un peu obringente. Étamines à filets poilus ; appendices apicilaires des anthères longs, aigus. Style à deux stigmatophores longs et entregreffés. *Fleurs de la couronne :* Faux-ovaire long, grêle, glabre, portant une aigrette rudimentaire analogue à la petite aigrette intérieure des ovaires du disque. Corolle (offrant quelquefois des rudimens d'étamines avortées) à tube long, grêle, à limbe non amplifié, divisé jusqu'à sa base en trois, quatre ou cinq lanières à peu près égales, longues, étroites, étalées.

Chartolepis glastifolia, H. Cass. (*Centaurea glastifolia,* Linn.) Tige herbacée, haute de cinq pieds, dressée, rameuse, à rameaux très-étalés, arqués à la base ; la tige et les rameaux ailés par les décurrences des feuilles, qui forment des ailes larges, linéaires, entières ; feuilles alternes, décurrentes, oblongues-lancéolées, très-entières, un peu pubescentes ; les radicales pétiolées ; les caulinaires sessiles et graduellement plus petites à mesure qu'elles sont situées plus haut ; calathides ayant un pouce et demi de hauteur et autant de largeur, solitaires au sommet de la tige et des rameaux ; corolles jaunes.

Nous avons fait cette description, générique et spécifique, sur un individu vivant, cultivé au Jardin du Roi. Les rapports intimes et multipliés, qu'on peut facilement remarquer entre le *Chartolepis* et le *Microlophus*, en comparant ici leurs descriptions, nous avoient décidé (tom. L, pag. 247) à rapprocher immédiatement ces deux genres. Mais aujourd'hui nous sommes obligé de les éloigner l'un de l'autre, parce que le *Microlophus* est invinciblement attiré par le *Piptoceras* dans la sous-section des Centauriées-Prototypes vraies, dont il ne dément pas le caractère, tandis que le *Chartolepis*, ayant le péricline muni de grands appendices, ne peut pas être admis régulièrement dans ce groupe. On auroit tort d'en conclure que notre méthode de classification des Centauriées est mauvaise. Aucun naturaliste n'ignore aujourd'hui que toute classification en série linéaire, simple et droite, est nécessairement plus ou moins artificielle et plus ou moins imparfaite, parce qu'elle est incapable d'exprimer tous les rapports existans. Nous soutenons en outre que cette méthode linéaire, si imparfaite, n'en est pas moins la seule dont l'exécution soit praticable.

Quoi qu'il en soit, voici les changemens que nous opérons dans notre dernier tableau des Centauriées (tom. L, p. 247). Le premier groupe, intitulé Jacéinées vraies, commencera, comme autrefois (tom. XLIV, pag. 35), par le genre *Chartolepis*; puis viendront le *Phalolepis*, le *Jacea* et les suivans. La sous-section intitulée Centauriées-Prototypes vraies sera composée de cinq genres, disposés ainsi : 29. *Microlophus*; 30. *Piptoceras*; 31. *Mantisalca* (ou *Microlonchus*); 32. *Centaurium*; 33. *Crupina*. Enfin, dans la sous-section des Chryséidées vraies, nous ajoutons un nouveau genre, nommé *Alophium*, qui précédera immédiatement le *Spilacron*, et que nous allons décrire.

ALOPHIUM, H. Cass. Calathide subdiscoïde : disque subduodécimflore, subrégulariflore, androgyniflore; couronne unisériée, suboctoflore, inampliatiflore, neutriflore. Péricline ovoïde, inférieur aux fleurs, formé de squames régulièrement imbriquées, appliquées, coriaces : les extérieures ovales, terminées par une très-petite épine solitaire; les intermédiaires ovales, terminées par trois petites pointes dressées, spiniformes; les intérieures oblongues, membraneuses sur les bords, obtuses et scarieuses au sommet. Clinanthe garni de fimbrilles libres, filiformes-laminées. *Fleurs du disque* : Ovaire oblong, comprimé, pubescent, ayant l'aréole basilaire très-oblique-intérieure, en forme de large échancrure quadrilobée; aigrette beaucoup plus courte que l'ovaire, composée de squamellules très-nombreuses, inégales, plurisériées, imbriquées, étagées; les extérieures courtes, larges, laminées, oblongues; les intermédiaires plus longues, plus étroites, laminées, linéaires (non étrécies vers la base ni vers le sommet), denticulées sur les bords; les intérieures presque filiformes, plus courtes et plus étroites que les intermédiaires. Corolle glabre, à tube bien distinct, à limbe un peu obringent, chargé de glandes. Étamines à filets très-poilus; appendices apiciliaires des anthères longs, aigus. Style à deux stigmatophores entregreffés, libres sur les bords et au sommet. *Fleurs de la couronne* : Faux-ovaire oblong, glabre, inaigretté. Corolle peu ou point amplifiée, à limbe profondément divisé en cinq lanières un peu inégales.

Alophium tenuifolium, H. Cass. Plante herbacée, très-rameuse; rameaux paniculés, feuillés, grêles, pubescens dans leur jeunesse, puis glabriuscules; feuilles (supérieures) alternes, sessiles, longues d'environ dix lignes, très-étroites, linéaires, simples, entières, terminées par une pointe blanchâtre, pubescentes dans leur jeunesse, puis glabriuscules; calathides hautes de sept à huit lignes, solitaires, sessiles au sommet des derniers rameaux; péricline très-glabre, lisse; disque composé de quatorze fleurs; couronne de huit fleurs très-peu plus longues que celles du disque; corolles paroissant blanches sur le sec, et parsemées de glandes jaunes.

Nous avons fait cette description, générique et spécifique, sur un échantillon sec et incomplet, de l'herbier de M. Desfontaines, étiqueté ainsi : *Rhaponticoides minima, tenuifolia, erecta, hispanica*. Les feuilles inférieures, que nous n'avons point vues, sont-elles simples ou pinnées? Quoique les squamellules du rang le plus intérieur de l'aigrette soient plus courtes et plus étroites que celles de la rangée qui les entoure immédiatement, elles ne forment cependant pas une petite aigrette intérieure suffisamment distincte. Les plus longues squamellules de l'aigrette ont la partie inférieure entière, et la supérieure denticulée et peut-être un peu plus large que l'inférieure. Ainsi, le genre *Alophium*, très-analogue au *Spilacron*, dont il ne diffère que par les appendices du péricline, est, comme lui, un genre ambigu, attiré en deux sens contraires vers les Centauriées-Prototypes vraies et vers les Chryséidées vraies, et démontrant l'affinité de ces deux groupes. Cependant, l'*Alophium* et le *Spilacron* nous semblent plus convenablement placés dans le groupe des Chryséidées vraies. Le nom d'*Alophium*, qui signifie *privé de crête*, exprime que l'appendice des squames du péricline est nul ou presque nul. (H. Cass.)

TOMENTELLA. (*Bot.*) Genre proposé par Persoon, *Obs. mycol.*, 2, pag. 18, et qu'il a réuni depuis au *Thelephora*. Il avoit pour type son *thelephora ferruginea*, *Syn.* et *Mycol. eur.*, 1, p. 141, qui est le *thelephora Persooni*, Decand., Fl. fr., et l'*hypochnus ferrugineus*, Fries, décrit à l'article Hypochnus. Cette espèce étoit le *tomentella ferruginea*, Pers. Dans ce genre *Tomentella* Persoon avoit également placé son *thelephora chalybæa*, devenu depuis son *tremella chalybæa*. Ce genre n'a pas été adopté. (Lem.)

TOMENTEUX, COTONNEUX, DRAPÉ. (*Bot.*) Couvert de poils nombreux, longs, mous et entremêlés comme un feutre; exemples : *onopordum acanthium*; feuilles du *lavatera arborea*; tige du *verbascum thapsus*; fruit de l'*amygdalus communis*, etc. (Mass.)

TOMENTEUX; *Balistes tomentosus*, Linn. (*Ichthyol.*) Voyez Velu. (H. C.)

TOMEX. (*Bot.*) L'arbrisseau que Linnæus nommoit ainsi dans le *Flor. zeyl.*, a été ensuite réuni par lui au *callicarpa*. Thunberg, dans sa Flore du Japon, a fait un autre genre *Tomex*, que nous avons indiqué dans les Annales du Muséum comme congénère du *Litsea*, dans les laurinées. Mais avant ce rapprochement, retrouvant dans Forskal le *dober* des Arabes, nommé aussi *tomex*, nous avons, dans le *Genera plantarum*, substitué à celui-ci, fait postérieurement au précédent, le nom de *dobera*, pour éviter le double emploi du même. Voyez Litsé. (J.)

TOMICUS. (*Entom.*) Voyez Tomique. (Desm.)

TOMILHO. (*Bot.*) Nom portugais du thym ordinaire, cité par Vandelli. (J.)

TOMINEO. (*Ornith.*) On trouve décrit sous ce nom portugais, qui désigne une mesure de pesanteur de quelques grains, dans le *Museum Wormianum*, pag. 298, un oiseau-mouche du Brésil, qu'il seroit fort difficile de reconnoître spécifiquement. On lui donne pour synonymes les noms brésiliens de *huitzitzil* et *ourisia*. On nomme les oiseaux-mouches *guainumbi*, suivant Thevet et Marcgrave, ce qui, en péruvien, veut dire rayons du soleil, et *guaracigaba*, qui veut dire cheveux du soleil. (Lesson.)

TOMIQUE, *Tomicus*. (*Entom.*) M. Latreille nomme ainsi un genre d'insectes coléoptères tétramérés, voisins des bostriches et des scolytes, avec lesquels les auteurs les avoient laissé réunis : ils appartiennent à la famille des cylindroïdes. Tel est le Bostriche des prés. Voyez ce mot. (C. D.)

TOMMO. (*Bot.*) Nom donné dans l'île de Java, suivant Rumph, à une espèce d'amome qu'il nomme *zerumbet* (*Herb. Amb.*, 5, 168, t. 69), mais qui est différente de l'*amomum zerumbet*, et qui n'est pas rapportée à une espèce connue. C'est le *tammon* des Macassares. (J.)

TOMOATE. (*Ichthyol.*) Nom anglois du Callichthe. Voyez ce mot. (H. C.)

TOMOGÈRE, *Tomogerus*. (*Conchyl.*) Genre de coquilles établi par Denys de Montfort (Conchyl. syst., tom. 2, p. 359) pour une ou deux espèces d'hélices déprimées ou subglobuleuses, non ombiliquées, dans lesquelles la terminaison de la spire ou l'ouverture se retourne, pour ainsi dire, en sens inverse de la direction de tout le reste, vers le dos de la coquille, et qui d'ailleurs est fortement dentée et à péristome complet par une callosité qui réunit les deux bords. Ce genre, qui fait partie de la division que M. de Férussac a nommée hélicodontes, ne comprenoit qu'une seule espèce connue à l'époque où Denys de Montfort écrivoit, le T. déprimé, *T. depressus*, qu'il nomma T. lampe antique, *T. ringens*, *helix ringens*, Linn., Gmel., p. 3618, n.° 22; vulgairement la Lampe antique, atl. de ce Dictionnaire, pl. 39, fig. 4, 4 *a*. Mais depuis, M. de Lamarck, qui a établi également ce genre sous une nouvelle dénomination, celle d'Anostome,

Anostoma, qui veut dire bouche en haut, en décrit une seconde espèce, qui sera le T. globuleux, *T. globulosus; Anostoma globulosa*, de Lamk., Anim. sans vert., tom. 6, 2.ᵉ part., pag. 102. Elle est plus petite, sensiblement plus globuleuse ou moins déprimée que la précédente. Tous les autres caractères sont presque semblables; car le nombre de dents, que M. de Lamarck dit de cinq dans le T. déprimé, deux à la columelle et trois au bord droit, et de six dans le T. globuleux, paroît varier. Voyez Hélice, tom. XX, pag. 427, où la première espèce est décrite. (De B.)

TOMOSITE. (*Min.*) M. Ch. Hartmann, dans son Vocabulaire de minéralogie, dit que c'est le nom d'une variété de carbonate de manganèse, sans nous apprendre quel est l'auteur de ce nom. (B.)

TOM - TIT. (*Ornith.*) On donne ce nom, à la Jamaïque, suivant M. Vieillot, au todier vert. (Ch. D. et L.)

TOMTOMBO. (*Ichthyol.*) Synonyme de coffre. (H. C.)

TONABEA. (*Bot.*) Voyez Ternstrome et Taonabo. (Poir.)

TONCHAT-SEYTAM. (*Bot.*) Nom malais, cité par Rumph, de son *arundastrum*, rapporté par Aublet comme synonyme de son *maranta tonchat*, plante employée dans la Guiane, comme dans l'Inde, à faire des paniers et autres ouvrages de vannerie. Loureiro cite cette plante comme la même que son *Donax arundastrum*, et il dit que son genre est différent du *Maranta*, du moins d'après les caractères énoncés. (J.)

TONGA ou TONCA et FÉVE DE TONKA. (*Bot.*) Noms du fruit du coumarou odorant, qui sert à aromatiser le tabac. Voyez Coumarou. (Lem.)

TONGA. (*Entom.*) M. Latreille donne ce nom, et celui de *talpier*, comme synonymes de *chique*. (Desm.)

TONGA. (*Mamm.*) Suivant le père Labat (Hist. gén. des voyages, tom. 3, pag. 310), les Nègres de la côte de Guinée donnent ce nom à une grande espèce de roussette, dont ils mangent la chair, et qui est peut-être la roussette d'Égypte de M. Geoffroy de Saint-Hilaire. (Lesson.)

TONG - BROSME. (*Ichthyol.*) Un des noms norwégiens de la *mustelle commune*. Voyez Mustelle. (H. C.)

TONG-CHU. (*Bot.*) Dans le Recueil des voyages il est fait mention d'un arbre de ce nom à la Chine, dont on extrait un suc nommé *tong-hien*, analogue au vernis de la Chine et employé aux mêmes usages. Cet arbre a beaucoup d'affinité avec un noyer, par son port et ses feuilles, ainsi que par ses fruits remplis d'une pulpe huileuse, entourée d'une espèce d'huile épaisse. Pour s'en servir, on la fait bouillir avec de la litharge ou oxide de plomb, en y faisant entrer la couleur que l'on veut donner à cette substance. On l'applique sur le bois que l'on veut préserver de l'humidité, sur le parquet des appartemens, qu'elle rend fort luisant. On peut lire, dans l'ouvrage cité, d'autres détails sur cet arbre, regardé comme très-utile, et qu'il faudroit transporter et naturaliser en Europe. (J.)

TONG-CHU. (*Bot.*) Le genre *Sterculia* est décrit sous ce nom dans quelques ouvrages sur l'histoire naturelle (voyez Sterulia). Le nom de *tong-chu* est donné également au *dryandra oleifera* de Thunberg, qui est le *vernicia montana* de Loureiro, *Flor. Coch.* Ce dernier naturaliste rapporte, que c'est le *tong-xu* des Chinois à Canton. On en retire une huile odorante qu'on emploie à divers usages, et principalement pour composer des vernis. Voyez Dryandre. (Lem.)

TONGE. (*Ichthyol.*) En Norwége et en Hollande on appelle ainsi la Sole. Voyez ce mot. (H. C.)

TONGON, TONGO. (*Bot.*) Voyez Tigas. (J.)

TONGOULOU. (*Bot.*) Nom de l'ail à Madagascar, suivant Flaccourt. (J.)

TONGOUMA-LEIN-TEIN. (*Bot.*) Espèce de menthe de Madagascar, citée par Rochon. (J.)

TONGU. (*Bot.*) Suivant Marcgrave, les naturels d'Angola nomment ainsi une espèce de *solanum*, jugée telle par la figure qu'il en donne sous le nom de *belingala*, donné par les Portugais du Brésil. (J.)

TONGUE. (*Bot.*) Herbe de Madagascar, ayant, selon Flaccourt, le port de la saponaire, la fleur du jasmin et la racine amère, employée contre les poisons comme celle du *vincetoxicon*. Il paroît que c'est une plante apocinée. (J.)

TONINAS. (*Mamm.*) Les Portugais ont donné ce nom aux dauphins dans le premier livre de la Navigation de l'Inde orientale, imprimé en 1598. (Lesson.)

TONINE, *Tonina*. (*Bot.*) Genre de plantes monocotylédones,

de la famille des *restiacées*, de la *monoécie hexandrie* de Linnæus, offrant pour caractère essentiel : Des fleurs monoïques;
dans les fleurs mâles : un calice à trois divisions concaves,
point de corolle; un corps central, vésiculeux, sur le bord
duquel sont placées six étamines; un ovaire très-grêle, stérile; dans les fleurs femelles : un ovaire à trois stries; trois
stigmates; une semence ovale, enveloppée par les trois valves
du calice.

Tonine fluviatile : *Tonina fluviatilis*, Aubl., Guian., 2,
tab. 330; Lamk., *Ill. gen.*, tab. 772; *Hyphydra amplexicaulis*;
Vahl, *Symb.*, 3, page 99; *Eriocaulon amplexicaule*, Roth,
Diss. plant. Surin., 4, tab. 1, fig. 1. Petite plante aquatique,
dont la tige, couchée à sa partie inférieure, produit pour
racine un grand nombre de petits filamens capillaires, presque
simples, terminés par une très-petite bulbe ovale. Cette tige
est presque cylindrique, tendre, grêle, un peu velue, garnie
dans toute sa longueur de feuilles nombreuses, rapprochées,
un peu courtes, graminiformes, alternes, embrassantes,
étroites, linéaires, très-aiguës, presque glabres, un peu
striées dans leur longueur, munies vers leurs bords de cils
très-fins, qu'on n'aperçoit qu'à la loupe. Les fleurs sont axillaires, réunies, à l'extrémité d'un pédoncule commun, en un
fascicule en tête; chaque fleur est pédicellée; le pédoncule
capillaire, simple, glabre, plus court que les feuilles; les pédicelles sont très-courts, munis vers leur milieu d'une petite
bractée membraneuse, ovale, lancéolée, ailée; celle des fleurs
mâles plus longue. Outre ces bractées, les fleurs mâles en offrent une autre, étroite, aiguë; les femelles en ont trois plus
alongées. Cette plante croît à la Guiane, dans le fond des eaux
fluviatiles. Il est assez probable qu'elle n'est qu'une espèce
d'*eriocaulon*. (Poir.)

TONJONG. (*Bot.*) Marsden cite sous ce nom un arbre de
Sumatra, dont le feuillage est touffu et d'un vert foncé. Sa
fleur, radiée, d'un blanc jaunâtre, a une odeur agréable à
quelque distance, mais trop forte lorsqu'on la respire de
près. Les femmes en font des guirlandes, qu'elles portent. Son
fruit contient une graine noirâtre et plate. Si la fleur est
véritablement radiée, cet arbre pourroit avoir quelque rapport avec le genre *Osteospermum*, dont cependant toutes les

espèces connues sont originaires du cap de Bonne-Espérance. (J.)

TONKOLLO. (*Bot.*) Nom cité par M. Blume du *kleinhovia hospita*, dans la partie occidentale de Java, où croît cette plante. (J.)

TONNE, *Dolium.* (*Conchyl.*) Groupe de coquilles parfaitement distingué sous ce nom par la plupart des anciens conchyliologistes, mais surtout par d'Argenville, et qui a été établi en genre par M. de Lamarck dans la première édition de ses Animaux sans vertèbres, et adopté depuis par tous les zoologistes. Adanson, qui a connu l'animal de quelques espèces, les a cependant confondues dans son grand genre Pourpre avec des coquilles qui appartiennent à des genres très-différens pour les conchyliologistes modernes, et Linné les a mises dans son genre Buccin; mais il faut remarquer qu'elles en font cependant, sous la dénomination d'Ampullacées et sous une définition exacte, toute la première section : et c'étoit, suivant nous, tout ce qu'il y avoit de mieux à faire. Quoi qu'il en soit, voici la caractéristique de ce genre, tirée, il est vrai, seulement de la coquille; car l'animal, ni même l'opercule d'aucune espèce, ne me sont connus : Coquille mince, légère, globuleuse, très-ventrue, cerclée par des cannelures décurrentes et jamais tuberculeuses; spire très-courte; le dernier tour beaucoup plus grand que tous les autres réunis; ouverture oblongue, très-ample par la grande excavation du bord droit denté ou crénelé dans toute sa longueur, fortement échancré en avant; la columelle tordue et canaliculée.

Les tonnes sont des coquilles assez remarquables, qui atteignent souvent une grande taille. Toutes celles que l'on connoît aujourd'hui dans les collections viennent des mers des pays chauds: une seule espèce habite la Méditerranée. Denys de Montfort les a partagées en espèces ombiliquées et en espèces non ombiliquées. Les premières forment son genre *Perdix*, et les autres les Tonnes proprement dites; mais si toutes les tonnes ne sont pas véritablement ombiliquées, toutes ont du moins la columelle plus ou moins canaliculée, et l'orifice de ce canal est plus ou moins visible, suivant que l'animal, plus ou moins adulte, a le dépôt calleux du bord columellaire plus ou moins considérable. Les espèces de tonnes connues aujourd'hui, sont :

La Tonne cannelée : *Dolium galea ; Buccinum galea*, Linn., Gmel., p. 3469, n.° 2 ; Mart., *Conch.*, 3, tab. 116, fig. 1070, et atlas de ce Dictionn., Malacoz., pl. 23, fig. 4, 4 *a*. Coquille très-grande, ovale, globuleuse, très-ventrue, mince, ombiliquée, sillonnée de côtes convexes, dont les antérieures sont plus petites ou mieux partagées en deux par un sillon ; la suture presque canaliculée ; tous les tours de spire sont en bourrelet à leur bord postérieur : couleur d'un blanc fauve.

Cette espèce, qui paroît être une des plus grandes du genre, puisqu'elle atteint, dit-on, la grosseur de la tête d'un homme, vient de la Méditerranée. Je la trouve en effet citée par Olivi et Renieri dans la mer Adriatique, et par M. Payraudeau sur les côtes de Corse, où il dit cependant qu'elle est rare. M. Poiret ne la cite pas de la côte de Barbarie.

La T. felure d'oignon : *D. olearium ; Buccinum olearium*, Linn., Gmel., p. 3469, n.° 1 ; Encycl. méthod., pl. 403, fig. 1. Coquille ovale, globuleuse, beaucoup moins grande que la précédente, ventrue, cerclée de côtes larges, presque plates, séparées par des sillons étroits et peu profonds ; suture canaliculée : couleur brune ou brunâtre, souvent variée de taches irrégulières plus foncées.

De la mer des Indes.

Le nom latin de cette espèce lui vient de ce que, dans le midi de la France, on s'en sert, ainsi que de la précédente, pour puiser de l'huile.

La T. tachetée : *T. maculatum ; B. dolium*, Linn., Gmel., p. 3470, n.° 5 ; *Dol. tessellatum*, Encycl. méth., pl. 403, fig. 3, *a*, *b* ; vulgairement le Tonneau. Coquille de la grosseur de la précédente, ovale, globuleuse, mince, cerclée de petites côtes convexes, étroites, très-distantes, avec une strie un peu saillante dans les interstices : couleur roussâtre, avec des séries de taches alternativement blanches et rousses sur les côtes.

De l'océan des grandes Indes et de la côte occidentale d'Afrique, s'il est bien certain que le minjac d'Adanson, Sénég., pag. 109, pl. 7, fig. 6, appartienne à cette espèce. Linné la rapporte à son *B. olearium*, mais évidemment à tort. Adanson nous apprend que son minjac, dans l'état frais, est couvert d'un périoste épais de couleur brune.

La Tonne fasciée: *Dolium fasciatum; Bucc. fasciatum*, Brug., Dict. enc., n.º 5; Mart., *Conch.*, 3, t. 118, fig. 1081. Coquille assez grande, ovale, ventrue, assez mince, cerclée de côtes plano-convexes, la plupart serrées; les postérieures moins que les autres; bord droit denté intérieurement et rebordé en dehors: couleur blanche, avec quatre fascies décurrentes fauves, s'évanouissant avec le bord.

De l'océan des grandes Indes.

La T. cassidiforme: *D. pomum; Bucc. pomum*, Linn., Gmel., p. 3470, n.º 4; Encycl. méth., pl. 403, fig. 3, *a*, *b*. Coquille un peu épaisse, ovale, bombée, à spire courte, cerclée de côtes un peu convexes, larges, se touchant; ouverture un peu rétrécie, dentée sur les deux bords; l'externe rebordé: couleur blanche, maculée de jaunâtre.

Cette espèce, qui vient de l'océan des grandes Indes, a tout-à-fait l'ouverture d'un casque, suivant M. de Lamarck, mais l'échancrure n'est pas à l'extrémité d'un tube très-court, recourbé.

La T. panachée; *D. variegatum*, de Lamk., *loc. cit.*, n.º 6. Coquille médiocre, mince, ovale, globuleuse, ventrue, ombiliquée, à spire courte, cerclée de côtes convexes, serrées: couleur variée de blanc et de roussâtre, formant des taches irrégulières, rangées en zigzag, à peu près longitudinales.

Des mers de la Nouvelle-Hollande: trouvée dans la baie des Chiens marins.

La T. perdrix: *D. perdix; Bucc. perdix*, Linn., Gmel., pag. 3470, n.º 5; Gualt., Test., tab. 51, fig. F; vulgairement la Perdrix. Coquille ovale, oblongue, mince, légère, comme enflée, à spire conique et un peu saillante, cerclée de côtes peu saillantes, serrées: couleur blanche, maillée de taches rousses, carrées ou semi-lunaires, formant des séries décurrentes sur chaque côté.

C'est sur cette espèce, qui se trouve, à ce qu'il paroît, dans toutes les mers équatoriales indiennes, africaines et américaines, que Denys de Montfort a établi son genre Perdrix, parce qu'elle est ombiliquée. Le fait est que, soit que nous ne la connoissions que jeune ou par toute autre cause, le canal de la columelle est plus grand que dans toute autre espèce, et que la callosité columellaire la couvre très-peu.

La Tonne rousse, *D. rufum*. Coquille ovale, un peu alongée, peu ou point ventrue, assez épaisse, à spire aiguë et assez élevée, cerclée de côtes nombreuses, subsaillantes, séparées par des sillons bien marqués et près de moitié aussi larges qu'elles; le canal de la columelle très-étroit et fort peu apparent; bord droit tranchant, non rebordé: couleur presque uniformément rousse en dehors, comme en dedans, si ce n'est sur les bords, qui sont blancs.

Si cette coquille, que je possède dans ma collection, n'est pas un individu mâle de l'espèce précédente, ce que je ne voudrois pas nier, elle en est bien distincte par plus d'épaisseur et de solidité, comparée à un individu plus grand qu'elle de la T. perdrix, par plus d'étroitesse, un plus grand nombre de côtes (vingt-une au lieu de dix-sept) dans une étendue moins considérable, par l'absence presque totale du canal de la columelle et même peut-être par la couleur.

J'ignore d'où elle vient; mais je suppose qu'elle est des mers de l'Australasie.

Gmelin range encore dans sa section des tonnes trois espèces, *B. caudatum*, *B. niveum* et *B. clathratum*, mais qui doivent évidemment passer dans la seconde, c'est-à-dire parmi les Casques ou les Cassidaires, genres, il est vrai, qui ne diffèrent que par des nuances les uns des autres. Pour s'en assurer, il me semble qu'il seroit convenable de ranger les tonnes dans trois sections.

La première ou les Perdrix, qui sont ovales, à spire assez saillante, avec le bord droit toujours mince, comme les *dolium perdix* et *rufum*.

La seconde ou les Tonnes véritables, qui sont ovales, globuleuses, à spire courte, comme les *dolium galea* et *olearium*.

La troisième, enfin, ou les Tonnes cassidiformes, qui sont ovales, plus ou moins globuleuses, avec les côtes très-espacées, le bord droit rebordé, et la columelle tordue à son extrémité, comme les *dolium maculatum*, *tessellatum*, *fasciatum*, *variegatum* et *pomum*, que M. de Lamarck a nommée la T. cassidiforme. (De B.)

TONNE. (*Foss.*) On rencontre rarement des tonnes à l'état fossile. Dans la Conchyliologie fossile subappennine, M. Brocchi annonce que, dans le Plaisantin, on trouve à cet état, 1.° le *Buccinum dolium*, Linn., qui est la tonne tachetée, *dolium maculatum*, Lamk., et qui vit dans la mer d'Afrique et dans l'Inde; 2.° le *Buccinum pomum*, Linn., auquel M. de Lamarck a donné le nom de Tonne cassidiforme, *dolium pomum*, qui vit sur les côtes de Java, d'Amboine et du Mexique ; et 3.° une troisième espèce, qu'il appelle *Buccinum lumpas*, mais qu'il regarde comme dépendant du genre des tonnes, et dont il a donné la figure dans l'ouvrage ci-dessus cité, pl. 5, fig. 2. Cette espèce est gonflée ; elle porte des stries transverses et d'autres longitudinales très-fines; la spire est alongée et pointue; la columelle est un peu contournée et réfléchie en dehors. Longueur, un pouce. La figure semble indiquer que l'individu représenté avoit perdu une partie du dernier tour.

Nous possédons le moule intérieur pétrifié d'une coquille que nous ne pouvons rapporter qu'à une tonne : il est plus gros qu'un œuf, et couvert de stries qui suivent les tours, ce qui prouveroit que le têt dans lequel il a été formé étoit mince et strié intérieurement, comme celui de certaines espèces de tonnes. Nous ne savons à quelle espèce rapporter ce moule unique, et nous ignorons où il a été trouvé. (D. F.)

TONNE. (*Ichthyol.*) Voyez Steenbat. (H. C.)

TONNE BIGARRÉE. (*Conchyl.*) Nom marchand du *voluta cymbium*, Linn., plus communément la Gondole. (De B.)

TONNE CANNELÉE. (*Conchyl.*) C'est le nom marchand du *buccinum dolium*, Linn.; *dolium maculatum*, de Lamarck. (De B.)

TONNE CANNELÉE A DOUBLE ET GROSSE LÈVRE (*Conchyl.*): *Buccinum pomum*, Linn.; *Dolium pomum*, de Lamk. (De B.)

TONNE CANNELÉE dite GRANDE CANNELÉE (*Conch.*): *Buccinum galea*, Linn.; *Dolium galea*, de Lamk. (De B.)

TONNE CANNELÉE ET STRIÉE, A CLAVICULE ÉLEVÉE (*Conchyl.*): *Buccinum echinophorum*, Linn.; *Cassidaria echinophora*, de Lamarck. (De B.)

TONNE FLUVIATILE. (*Conchyl.*) Nom que les auteurs de

conchyliologie donnoient à une espèce de limnée qui est fort mince et très-renflée, le *L. auricularia*, de Lamarck ; *Helix auricularia*, Linn. (De B.)

TONNE A MAMELONS (*Conchyl.*); *Voluta olla*, Linn. (De B.)

TONNE DE MER ou BOUÉE. (*Conchyl.*) Nom que les marchands et les amateurs de coquilles donnoient anciennement à la cérithe ou au *Troque télescope*. Voyez ce mot à l'article Troque. (De B.)

TONNE RÉTICULÉE [Petite]. (*Conchyl.*) Il paroît qu'on rencontre quelquefois ce nom pour désigner une espèce de cancellaire qui en effet est ventrue : c'est la *C. reticulata* de M. de Lamarck. (De B.)

TONNE SPHÉRIQUE. (*Conchyl.*) C'est l'un des noms qu'a reçus le *buccinum perdix*, ou tonne perdrix. (Desm.)

TONNE VOLUTÉE A VIVE - ARÊTE. (*Conchyl.*) Nom marchand ancien du *buccinum spiratum*, Linn., qui est maintenant l'*eburna spirata* de M. de Lamarck. (De B.)

TONNEAU. (*Bot.*) C'est une variété de poire. (L. D.)

TONNERRE. (*Phys.*) Voyez Électricité, tome XIV, p. 3i2. (L. C.)

TONNERRE. (*Ichthyol.*) Voyez Typhinos. (H. C.)

TONNINGIA. (*Bot.*) Necker a voulu distinguer sous ce nom générique le *nir-pulli* du Malabar, *tradescantia axillaris* de Linnæus, dans lequel il indique six étamines fertiles, un stigmate simple et un double calice, dont l'extérieur est profondément partagé en trois lobes, et l'intérieur tubulé, à six divisions plus petites. (J.)

TONNO. (*Ichthyol.*) Nom sarde des gros *thons*. Voyez Thon. (H. C.)

TONOLOMIBI. (*Bot.*) Nom caraïbe, cité par Surian, d'une espèce de *duranta* des Antilles. (J.)

TONOULOU. (*Bot.*) Nom caraïbe, cité par Surian, de l'*asplenium striatum* de Linnæus. (J.)

TONOULOUMIBI. (*Bot.*) L'arbre des Antilles que Surian désigne sous ce nom caraïbe, a été reporté par Vaillant au genre *Acer.* (J.)

TONSELLA. (*Bot.*) Schreber, qui a changé sans nécessité beaucoup de noms des genres d'Aublet, sous prétexte qu'ils étoient barbares, a substitué celui-ci à celui de *tontelea* de cet auteur. (J.)

TONTANE, *Tontanea*. (*Bot.*) Genre de plantes dicotylédones, a fleurs complètes, monopétalées, régulières, de la famille des *rubiacées*, de la *tétrandrie monogynie* de Linnæus, offrant pour caractère essentiel : Un calice persistant, entier, à quatre dents; une corolle infundibuliforme; le tube plus long que le calice; le limbe à quatre lobes; quatre étamines saillantes, insérées à l'orifice du tube; un ovaire inférieur; un style bifide au sommet; une baie ovale, couronnée par les dents du calice, à deux loges polyspermes.

Tontane de la Guiane : *Tontanea guianensis*, Aubl., Guian., 1, tab. 42; Lamk., *Ill. gen.*, tab. 64; *Bellardia repens*, Willd., *Spec.*, 1, pag. 626. Plante herbacée, à racines fibreuses. Ses tiges sont rampantes, médiocrement rameuses, cylindriques; les rameaux velus, ascendans, garnis de feuilles opposées, pétiolées, entières, pubescentes, ovales, lancéolées, aiguës, arrondies à leur base; les pétioles deux fois plus courts que les feuilles. Les fleurs sont axillaires, disposées en une cime lâche, peu garnie; le pédoncule commun plus court que les feuilles, pubescent; les partiels munis à leur base de petites bractées très-courtes, pubescentes. Le calice est droit, turbiné, à quatre dents droites, ovales, oblongues, aiguës; la corolle en entonnoir; le tube presque une fois plus long que le calice, cylindrique, un peu renflé à sa partie supérieure; le limbe à quatre lobes étalés, ovales, lancéolés, aigus; les anthères saillantes; le style beaucoup plus long que les filamens, divisé vers son sommet en deux parties divergentes; les stigmates aigus. Le fruit est une baie ovale, enveloppée par le calice adhérent et persistant, couronnée par ses divisions. Cette plante croît à Cayenne et dans les forêts de la Guiane. (Poir.)

TONTEL, *Tontelea*. (*Bot.*) Genre de plantes dicotylédones, à fleurs complètes, polypétalées, régulières, de la famille des *hippocratées*, de la *triandrie monogynie* de Linnæus, offrant pour caractère essentiel : Un calice persistant, urcéolé, à cinq divisions; cinq pétales persistans, insérés sur un anneau staminifère; trois étamines attachées aux parois internes de l'anneau; un ovaire supérieur; un style court; le

stigmate obtus ; une baie sphérique , à une seule loge, entourée du calice et de la corolle persistans, renfermant quatre
semences fort petites.

TONTEL GRIMPANT : *Tontelea scandens* , Aubl. , Guian. , 1,
tab. 10; Lamk. , *Ill. gen.* , tab. 26; *Tonsella scandens* , Vahl ,
Symb. , 1 ; pag. 17 ; Willd., *Spec.* Arbrisseau dont les tiges
sont longues, grimpantes, cylindriques, pliantes, divisées en
branches et en rameaux opposés, glabres, effilés, alongés.
Les feuilles sont presque sessiles, opposées, glabres, oblongues , lancéolées, entières, acuminées, rétrécies en pétiole
à leur base , longues de trois pouces et plus, larges d'un
pouce. Les fleurs sont latérales et terminales, situées dans
l'aisselle des feuilles, disposées en petites panicules opposées,
médiocrement ramifiées , munies à chaque division d'une petite bractée étroite, courte, subulée. Le calice est glabre,
petit, entier; l'orifice a cinq divisions ovales, aiguës; la corolle à peine plus longue que le calice; les pétales sont ovales,
obtus, insérés sur un tube urcéolé qui supporte trois étamines plus courtes que la corolle. Le fruit est une baie sphérique, un peu ovale, enveloppée par le calice et la corolle,
renfermant quatre petites semences dans une seule loge indéhiscente. Cette plante croit dans la Guiane et à l'île de la
Trinité.

TONTEL EN CROIX : *Tontelea decussata* , Poir.; *Tonsella decussata* , Vahl , *Enum.* , 2, pag. 30 ; *Anthodon decussatum* , Ruiz
et Pav., *Flor. per.* , 1, pag. 45, tab. 74, fig. 2. Le fruit de
cette plante , n'étant pas connu, rend cette espèce douteuse.
Les auteurs de la Flore du Pérou en ont fait un genre particulier, adopté par M. Kunth. Vahl l'avoit réuni au *Tonsella,*
qui est le *Tontelea* d'Aublet. C'est un arbrisseau à tige grimpante, glabre et rameuse. Les feuilles sont opposées, oblongues, presque acuminées, glabres, coriaces, longues de quatre
pouces et demi, larges de dix-huit à dix-neuf lignes , à cre-
nelures lâches, en dents de scie ; les pétioles longs de quatre
ou cinq lignes. Les fleurs sont terminales, solitaires ou géminées, quelquefois ternées, réunies en une cime axillaire,
deux ou trois fois plus courte que les feuilles; les ramifications glabres, dichotomes, munies chacune à leur base de
deux petites bractées glabres, opposées. ovales, aiguës. Le

calice est presque plan, glabre, à cinq lobes arrondis ; dont les deux extérieurs plus petits ; les pétales sont insérés sous le disque, ovales, oblongs, à côtés inégaux, un peu obtus, finement dentés, un peu épais, d'un blanc cendré ; les trois étamines entre le disque et l'ovaire ; les filamens glabres, membraneux, dilatés à leur partie inférieure ; les anthères uniloculaires. L'ovaire est sessile, conique, trigone, à trois loges, terminé par un style très-court ; il contient huit ovules dans chaque loge, attachés à un axe central sur trois rangs. Cette plante croît sur les rives de l'Orénoque, près d'Angostura.

Vahl a fait entrer dans ce genre plusieurs espèces rangées d'abord parmi les *Hippocratea* (béjuque). (Poir.)

TONTELTON. (*Ichthyol.*) Nom anglois du *perca polymna* de Linnæus. Voyez Amphiprion. (H. C.)

TONYN. (*Mamm.*) Ce nom est un de ceux que les Hollandois donnent au marsouin ordinaire. Voyez l'article Toninas. (Desm.)

TOO. (*Bot.*) C'est ainsi qu'on nomme à Borabora, l'une des îles de la Société, un grand et bel arbre, dont les fleurs sont aimées des naturels, et qui est le *guettarda speciosa* des botanistes. (Lesson.)

TOO, MOMU. (*Bot.*) Noms japonois du pêcher, suivant Thunberg. Son *bignonia tomentosa* est aussi nommé *too*, et on tire de ses graines une huile par expression, qui est le *toi*, mélangé dans les vernis. On trouve encore sous le nom de *too* un haricot, *phasealus radiatus*, qui sert de nourriture. (J.)

TOOBO. (*Bot.*) Marsden cite sous ce nom une plante de Sumatra, que les habitans jettent dans l'eau pour enivrer le poisson, qui surnage alors sans mouvement et qu'ils prennent à la main. Il dit que c'est une espèce de vigne, mais il est probable que c'est plutôt un ménisperme, dont plusieurs espèces sont connues comme jouissant de la même propriété. (J.)

TOODISIA. (*Bot.*) Thunberg cite ce nom japonois de la poirée, *beta vulgaris*. (J.)

TOODSU, NATTA-MANE. (*Bot.*) La plante citée sous ces noms japonois par Kæmpfer, est le *dolichos incurvus* de Thunberg. Voyez Natta-mane, (J.)

TOOHOOK. (*Ornith.*) Sous ce nom M. Raffles (Cat. d'une

collect. faite à Sumatra) mentionne les chouettes, qu'il dit être nommées par les malais *burong hantoo* ou *pongo*. Ces derniers noms sont ceux d'êtres imaginaires, auxquels ces peuples attribuent, par superstition, un pouvoir surnaturel. Les *strix* sont aussi nommés, à Malacca, *oiseaux de la lune*. (LESSON.)

TOOK. (*Mamm.*) Dénomination tongouse de l'élan, espéce du genre CERF. Voyez ce mot. (DESM.)

TOO-KAKI. (*Bot.*) Nom japonois du figuier ordinaire, cité par Thunberg. (J.)

TOO-KIBBI. (*Bot.*) Voyez SJOKUSO. (J.)

TO-OLAICE. (*Ornith.*) M. Vieillot dit qu'on donne ce nom et aussi celui de *hangoo*, à Otaïti, au *phaeton ethereus*. Ces mots sont évidemment estropiés. (CH. D. et L.)

TOORPÉDO. (*Ichthyol.*) Voyez SIDDERVIS. (H. C.)

TOOTHLESS MAKREL. (*Ichthyol.*) Nom anglois du *léiognathe argenté*. Voyez LÉIOGNATHE. (H. C.)

TOOU. (*Bot.*) A Rotuma, dans la mer du Sud, on appelle *toou* la canne à sucre. Le même nom désigne la même plante aux îles Sandwich. A l'île d'Otaïti elle se nomme *toa* : elle paroît y être indigène, et ses tiges ont communément huit pieds de hauteur. Ces insulaires n'en font aucun usage, si ce n'est d'en mâcher les tiges dans leur état frais. Quelques auteurs ont distingué cette canamelle sous le nom de *canne à sucre rouge d'Otaïti*. Elle est répandue dans toutes les îles de la mer du Sud situées entre les deux tropiques. (LESSON.)

TOPARAGNO. (*Mamm.*) Ce nom et celui de *topo aragno*, sont donnés par les Italiens aux musaraignes. (DESM.)

TOPAU. (*Ornith.*) Sous ce nom et aussi sous celui d'*avis indica* ou d'*avis rhinoceros* d'Aldrovande, est décrite, dans le *Museum Wormianum*, pag. 293, une espèce de calao, qui est le *buceros rhinoceros* de Linné ou le *corvus cornutus indicus* de Bontius. (LESSON.)

TOPAZE. (*Min.*) Les anciens ont appelé *topaze* une pierre verte que l'on trouvoit dans une île de la mer Rouge, qui portoit le même nom; mais cette pierre paroît avoir été de toute autre nature que les substances réunies sous la même dénomination par les minéralogistes modernes. Werner avoit composé son espèce *topaze* des différentes sortes de gemmes que les lapidaires nomment topazes de Saxe, du Brésil et de Sibérie, et qu'il ne faut pas confondre avec la topaze dite orientale, qui est un corindon télésie. Haüy a montré qu'il falloit y réunir, comme simples variétés, deux autres substances, que l'on avoit considérées comme des espèces distinctes, et dont l'une a reçu les noms de *schorl blanc*, de *béryl schorliforme*, de *leucolithe* et de *pycnite*, et l'autre ceux de *physalithe* et *pyrophysalithe*.

Les caractères communs aux variétés nombreuses et assez disparates qui sont renfermées dans l'espèce, telle que l'admettent aujourd'hui la plupart des minéralogistes, se tirent de la densité et de la dureté, de la structure cristalline et de la composition chimique.

Les topazes ont une dureté supérieure à celle du quarz hyalin. Leur pesanteur spécifique est assez considérable; elle est de 3,49 dans les variétés les plus pures : elles sont toujours cristallisées, et se clivent avec une netteté remarquable dans une seule direction, perpendiculaire à l'axe de cristallisation, ou au sens suivant lequel se fait l'alongement des cristaux. L'éclat du joint mis à découvert par ce clivage, est si vif qu'il peut servir de caractère pour faire reconnoître une topaze.

Toutes les variétés de ce minéral sont essentiellement composées de silice, d'acide fluorique et d'alumine, dans des proportions qui paroissent un peu variables, quand on compare les résultats des nombreuses analyses qui en ont été faites. Ces différences, qui semblent en rapport avec la diversité des phénomènes optiques, ne sont cependant ni assez considérables ni assez bien prouvées, pour établir entre les variétés qui les ont fournies, une ligne nette de séparation.

La forme primitive ou fondamentale de la topaze est un prisme droit rhomboïdal, de 124° 22′ (HAÜY) et 55° 38′. Ce prisme ne se clive avec netteté que parallèlement à ses bases. Haüy a néanmoins aperçu des joints parallèles aux pans, et d'autres joints obliques, qui mènent à un octaèdre rectangulaire. Les cristaux de topaze ont donc une double structure, et l'on est maître de choisir entre un prisme et un octaèdre le solide qui représente le noyau ou la forme primitive de l'espèce. Dans le prisme rhomboïdal, auquel on donne la préférence, à cause de sa plus grande simplicité, la hauteur est à la grande diagonale de la base à peu près comme les nombres 39 et 31.

La topaze est douée de la double réfraction attractive (Biot). Elle possède deux axes de double réfraction, et l'angle des axes est sujet à varier d'un échantillon à l'autre, lorsque la substance n'est pas tout-à-fait pure. M. Brewster a observé que dans la topaze bleue du comté d'Aberdeen, en Écosse, et dans la topaze incolore de la Nouvelle-Hollande, l'angle des deux axes est d'environ 65°; que dans les topazes du Brésil cet angle est variable et descend quelquefois jusqu'à 43°, et qu'enfin l'un des axes est souvent plus incliné que l'autre aux plans naturels des cristaux. Le même physicien ayant fait polir les bases d'un grand nombre de topazes du Brésil, et les ayant exposées à la lumière polarisée, pour étudier la distribution des couleurs sur les lames dont ces topazes sont composées, a remarqué que la partie intérieure des rhombes étoit toujours d'une autre couleur que la partie extérieure, et que les portions de teintes différentes varioient en même temps de forme, d'un cristal à un autre.

La topaze est aussi du nombre des substances qui jouissent, comme le dichroïte ou la cordiérite, de la propriété de donner des couleurs différentes par réfraction, suivant les sens dans lesquels la lumière les traverse. Suivant M. Sorret, elle posséderoit le trichroïsme, c'est-à-dire qu'elle manifesteroit trois couleurs différentes, étant placée dans des positions diverses entre l'œil et la lumière. Ce physicien a fait ses observations sur une topaze du Brésil, et il a trouvé qu'une des couleurs étoit donnée lorsque la lumière traversoit le corps parallèlement au plan des deux axes de réfraction et à la ligne moyenne entre les directions de ces axes; qu'une seconde avoit lieu, lorsque la lumière pénétroit le cristal parallèlement au même plan et perpendiculairement à la ligne moyenne, et qu'enfin on obtenoit la troisième, lorsque la lumière traversoit le corps perpendiculairement à ce plan et à la ligne moyenne. Dans la première direction la teinte étoit le rose légèrement jaunâtre; dans la seconde, c'étoit un violet presque pur, sans mélange de jaune, et dans la troisième on avoit un blanc jaunâtre.

Certaines topazes, celles du Brésil entre autres, sont phosphorescentes quand on les place sur un fer chaud. Toutes les variétés de l'espèce, le pyrophysalite excepté, possèdent en outre la propriété de s'électriser par la chaleur; la vertu électrique est surtout très-sensible dans les topazes du Brésil et de Sibérie. Les topazes de Saxe la possèdent à un foible degré, et elles ont besoin d'être isolées pour la manifester. La topaze s'électrise aussi avec une grande facilité par le frottement ou par la simple pression entre les doigts. Lorsqu'elle est limpide, elle est isolante et conserve son électricité très-longtemps.

Les topazes sont infusibles au chalumeau; avec le borax, elles se dissolvent lentement en un verre incolore.

Les variétés de formes qu'elles présentent sont assez nombreuses. Haüy en a décrit une vingtaine : elles peuvent toutes se rapporter à trois types principaux, le prisme droit rhomboïdal, l'octaèdre rectangulaire et l'octaèdre à base rhombe. Ce sont, en effet, des prismes rhomboïdaux terminés, soit par une base droite entourée de facettes annulaires, soit par des sommets cunéiformes, soit, enfin, par des sommets pyramidaux.

Les formes qu'on peut rapporter au prisme droit rhomboïdal, sont entre autres :

La Topaze septihexagonale. 'G'MBAP.

Le prisme rhomboïdal primitif, dont les arêtes latérales, aiguës, sont remplacées par une troncature droite, ce qui le transforme en prisme hexaèdre, et dont les bases sont entourées d'une rangée de facettes, placées sur les bords et sur les angles obtus.
D'Altenberg, en Saxe.

La Topaze septioctonale. ³G³MEBP.

Le prisme fondamental, dont les arêtes latérales, aiguës, sont remplacées par un bisellement qui le transforme en prisme octogone, et dont les bases sont entourées d'un anneau de facettes, placées sur les bords et sur les angles aigus.
Du Brésil et de Sibérie.

La *Topaze undécioctonale.* ^{3}G^{3}MÉBBP.

C'est la variété précédente, avec une facette de plus sur les bords de la base.

De la Daourie et de Schönfeld, près Schlackenwald, en Bohème.

La *Topaze septiduodécimale.* ^{2}G^2 ^{3}G^{3}MÉBP.

Prisme dodécagone, avec les sommets de la variété septioctonale.

De la Saxe.

La *Topaze quindécioctonale.* ^{3}G^{3}MÉBB(E^{2}B^{1}B^3)P.

Le prisme octogone de la variété septioctonale, avec un double rang de facettes au contour des bases.

De Saxe; de Sibérie.

Le second type, l'octaèdre rectangulaire, renferme entre autres variétés :

La *Topaze dihexaèdre.* ^{2}G^2 ^{1}H^{1}EE.

Prisme hexaèdre terminé par deux sommets, l'un à quatre faces, l'autre à deux. Cette différence de configuration dans les sommets est en rapport avec la diversité des pôles électriques qui se développent aux deux extrémités du cristal.

La *Topaze sexoctonale.* ^{2}G^{3}MEB.

Prisme octogone, terminé par un sommet cunéiforme, augmenté de deux petites facettes vers chaque angle obtus des bases.

Du Brésil et de la Sibérie.

La *Topaze serdécioctonale.* ^{3}G^{3}MÉBBBA.

Prisme octogone, terminé par un sommet à seize faces, parmi lesquelles dominent les deux faces du sommet cunéiforme de la variété dihexaèdre. Les cristaux de cette variété étant toujours groupés et implantés sur leur gangue, on n'a pu les observer qu'avec un seul sommet, en sorte qu'on ignore si le second sommet n'offriroit pas, comme celui de

54.   33

la topaze dihexaèdre, quelque différence de forme, dépendante de la vertu électrique.

A Schönfeld, en Bohème.

La *Topaze déciduodécimale.* 'G' ³G²MÉBAB.

Prisme décagone, dont le sommet a beaucoup d'analogie avec celui de la variété précédente.
De Sibérie.

Le troisième type, l'octaèdre à base rhombe, comprend les variétés à sommets pyramidaux, parmi lesquelles nous citerons :

La *Topaze quadrioctonale.* ³G³MB.

C'est un prisme octogone, terminé par un sommet à quatre faces, placées sur les arêtes de la base du prisme rhomboïdal.
Du Brésil.

La *Topaze équidifférente.* ³G³MÉB(E²B'B³).

Le même prisme octogone, terminé d'un côté par un sommet pyramidal à dix faces, et de l'autre par un sommet à six faces seulement.

Les topazes, considérées dans l'ensemble de leurs propriétés ou de leurs modifications, peuvent se diviser en trois variétés principales, que nous allons étudier successivement, en leur conservant les noms qui leur avoient été donnés quand on les considéroit comme des espèces distinctes.

1.ʳᵉ *Var.* TOPAZE GEMME. [1]

C'est la véritable topaze du commerce : elle se présente ordinairement sous la forme de prismes surchargés de stries longitudinales ou même de cannelures profondes, qui en dissimulent les pans, et aussi sous forme de morceaux roulés ou arrondis par le frottement. Les cristaux de topaze acquièrent quelquefois un volume assez considérable. L'on en cite quelques-uns dont le diamètre est de trois à quatre pouces, et d'autres dont la longueur est d'un demi-pied environ. On a trouvé aussi des topazes roulées de la grosseur du poing. Les

---

1 *Prismatischer Topaz*, MOHS. — *Edler Topas*, LEONH.

plus remarquables, sous ce rapport, sont les topazes de Sibérie et celles du Brésil.

La topaze gemme est toujours transparente ou translucide, avec des couleurs assez variées : elle a un éclat vitreux très-sensible et susceptible d'être rehaussé par le poli et par la taille ; sa dureté est supérieure à celle du quarz et inférieure à celle du spinelle ; sa pesanteur spécifique est de 3,5.

Composition. $= A^2Fl + 3AS.$ Berzelius.

Fluo - silicate d'alumine.

	Alumine.	Silice.	Acide fluorique.	
De Saxe	59	35	5	Klaproth.
Ibid........	57,45	34,24	7,75	Berzelius.
Ibid........	49	29	20	Vauquelin.
Du Brésil	47,5	44,5	7	Klaproth.
Ibid........	50	29	19	Vauquelin.
Ibid........	58,38	34,01	7,79	Berzelius.

Les variétés de couleurs de la topaze gemme sont assez nombreuses. On peut les partager en trois séries distinctes, dont chacune comprend plusieurs teintes différentes et dont les types appartiennent aux principales localités dans lesquelles la topaze a été observée jusqu'à présent.

A. *Topazes du Brésil* ou jaune-roussâtres et violettes. Les formes que ces topazes affectent plus particulièrement, sont la quadrioctonale, la sexoctonale et la septioctonale. Leur teinte la plus habituelle est le jaune foncé tirant sur l'orangé. L'intérieur de ces cristaux est souvent rempli de glaçures qui les déparent, et leur contour déformé par de nombreuses cannelures. C'est néanmoins à cette division qu'appartiennent les topazes les plus estimées dans le commerce. On peut les subdiviser en plusieurs soûs-variétés, comme le font les lapidaires.

Topaze jaune, d'un jaune foncé, sans mélange de roux ni de violet. Très-répandue, mais de peu de valeur.

Topaze orangée. Fort recherchée à cause de sa belle teinte.

Topaze jonquille, d'un jaune de safran, vulgairement *hyacinthe* occidentale.

Topaze rose pourpré. Rubis du Brésil des lapidaires.

Topaze rose, d'un violet pâle. Rubis balais, suivant quelques-uns.

On trouve souvent au Brésil des cristaux de topaze rose ou d'un violet améthyste, engagés dans des cristaux limpides de quarz hyalin.

Les topazes du Brésil sont beaucoup trop communes pour avoir une très-grande valeur dans le commerce. Les plus estimées sont les topazes roses et violettes, et les topazes orangées. Suivant M. Léman, une topaze orangée, parfaite, d'environ huit lignes de diamètre, vaut à Paris deux cent cinquante francs. Une topaze d'un beau violet a une valeur double, à volume égal. Il est rare d'avoir naturellement des topazes de cette teinte ; mais on y supplée en communiquant artificiellement cette couleur aux topazes roussâtres, d'un jaune foncé ; il suffit pour cela de leur faire subir un grillage modéré dans un bain de sable. On donne à ces topazes artificielles le nom de *topazes brûlées,* et l'on réserve celui de *rubis du Brésil* pour les topazes qui sont naturellement rouges.

B. *Topazes de Saxe* ou jaune paille, d'un blanc jaunâtre ou d'un jaune très-languissant. Les formes cristallines qui leur sont propres, sont la septiduodécimale, la quindécioctonale, la sexdécioctonale et l'undécioctonale. Les cristaux de cette variété sont peu volumineux : ce sont ordinairement des prismes fort courts, ayant au plus cinq lignes de diamètre et présentant quelquefois leurs deux sommets ; ils sont électriques par la chaleur ; mais ils ont souvent besoin d'être isolés, pour manifester leur vertu électrique.

C. *Topazes de Sibérie, blanche, bleuâtre et verdâtre.* Ces variétés acquièrent souvent un volume très-considérable. Elles présentent des formes très-compliquées, mais dont les sommets sont presque toujours terminés en coin ou en biseau. On distingue parmi ces topazes les sous-variétés suivantes :

La *Topaze blanche* ou *incolore.* Assez commune en Daourie, où on la trouve en cristaux groupés et réunis au béryl aiguemarine et au quarz hyalin noir ; mais très-répandue aussi au Brésil, où elle est roulée, en morceaux de grosseur très-variable, au milieu d'un conglomérat semblable au cascalho des mines d'or et de diamant. On leur donne au Brésil le nom de *topazes de la nouvelle mine*, pour les distinguer des topazes jaunes et violettes du même pays, que l'on appelle *topazes de l'ancienne mine*. On a aussi trouvé des topazes incolores en Écosse, dans la Nouvelle-Hollande, etc. Ces topazes ont peu de valeur dans le commerce; elles ont un éclat assez vif lorsqu'elles sont parfaites et taillées convenablement; et l'on a quelquefois essayé de les faire passer pour des diamans d'une qualité inférieure.

La *Topaze bleuâtre* ou *Topaze aigue-marine*, *Aigue-marine orientale*. D'un beau bleu céleste. Se trouve en Sibérie et aussi au Brésil, en Écosse et en Saxe.

La *Topaze bleu-verdâtre*, présentant la forme de la variété quindécioctonale, se trouve en Daourie, à la montagne Odon-Tchélon. Les habitans du pays donnent à cette variété le nom de *dent-de-cheval*.

2.ᵉ *Var.* Topaze pycnite[1]. — Le *béryl schorliforme* ou la *leucolithe* d'Altenberg.

Cette variété se présente en cristaux blancs opaques, appartenant à la variété septihexagonale, et plus fréquemment en longs prismes non terminés, opaques, d'un blanc jaunâtre ou d'une teinte violette, chargés de cannelures longitudinales, et très-fragiles dans le sens latéral. Sa pesanteur spécifique est de 3,51.

Composition. $= \text{AFl} + \text{5AS}$. Berz.

Alumine.	Silice.	Acide fluorique.	
52,6	56,8	5,8	Vauquelin.
49,5	43,0	4,0	Klaproth.
51,0	58,43	8,84	Berzelius.

La pycnite se rencontre à Altenberg en Saxe, dans un hyatomicte composé de quarz gris et de mica argentin, et for-

---

1 *Stangenstein; schorlartiger Beryl*, Wern.

mant un lit de plusieurs pouces d'épaisseur, subordonné au micaschiste. On la trouve aussi à Schlackenwald, en Bohème, en cristaux blancs, assez semblables au béryl des environs de Limoges, dans un minérai mélangé de quarz, d'étain oxidé, de cuivre pyriteux, de schéelin ferruginé et de molybdène sulfuré, au milieu d'un gneiss. On rencontre aussi la pycnite en Sibérie ; à Kongsberg en Norwége, et en France, dans les Pyrénées.

3.e *Var.* Topaze pyrophysalite, Hisinger et Berzelius.
Topaze prismatoïde d'Haüy.

En masses ou cristaux informes de couleur blanche ou verdâtre, offrant quelques indices de structure, et entre autres un joint naturel d'une assez grande netteté. Les caractères physiques de cette variété s'accordent assez bien avec ceux de la topaze gemme, à l'exception de celui qui se tire de l'électricité par la chaleur.

Composition.

	Alumine.	Silice.	Acide fluorique.	
Finbo........	57,74	34,36	7,77	Berzelius.

La topaze pyrophysalite se trouve en cristaux groupés, associés au talc et au fluorite, au milieu du granite de Finbo et de Brodbo, près de Fahlun en Suède. Elle existe aussi dans le granite de Goshen, aux États-Unis, avec la tourmaline verte et le mica rose laminaire.

Gisement général et localités.

Les topazes ne se sont montrées jusqu'à présent que dans deux sortes de gisemens ou de terrains différens : 1.° en cristaux implantés dans les cavités des roches primordiales, telles que le granite, le gneiss, la pegmatite, l'hyalomicte, le micaschiste et le schiste argileux ; et dans les filons qui traversent ces mêmes roches. C'est ainsi qu'on les trouve en Sibérie, en Saxe et en Bohème, dans l'Écosse, au Brésil et dans l'Amérique septentrionale. Les substances qui leur sont le plus ordinairement associées, sont le quarz hyalin, le **mica**, la tourmaline, le béryl, le fluorite, l'étain oxidé, le schéelin ferruginé , le cuivre pyriteux, le molybdène sulfuré, etc. 2.° En morceaux roulés, au milieu des terrains d'alluvion anciens, avec d'autres substances, telles que la cymophane, l'euclase, etc. C'est ainsi qu'on les trouve au Brésil, dans le district de Serro-Dofrio, aux environs de Villa-Rica; près de Hawkesbury, dans la Nouvelle-Hollande; au Kamtschatka; sur les bords du Poyk, dans le Caucase; en Écosse , dans l'Aberdeenshire ; à Eibenstock en Saxe.

Les principaux lieux dans lesquels on ait observé jusqu'ici les topazes, sont :

En FRANCE. On a cité de la topaze pycnite à Mauléon , dans les Pyrénées.

En ITALIE. Le comte de Bournon a décrit de petits cristaux de topaze jaune, observés par lui dans les roches micacées de la Somma ; mais M. Brooke croit pouvoir les rapporter au pyroxène diopside.

En ALLEMAGNE. La Saxe , au mont Schneckenstein, près d'Auerbach , dans les fissures d'un rocher qui occupe la cime de cette montagne, et qui est formé lui-même de la substance de la topaze mêlée de quarz, de mica, de tourmaline et de lithomarge. C'est à ce mélange que les Allemands ont donné le nom de *topasfels*, ou de roche à topazes. — A Geyer et à Ehrenfriedersdorf , dans les filons d'étain qui traversent le gneiss, avec le fluorite, le phosphorite, le mispickel, le cuivre pyriteux et la lithomarge.— A Eibenstock, dans un terrain d'alluvion. — La Bohème , à Schönfeld, près de Zinnwald et de Schlackenwald, dans les filons d'étain. — La Silésie, à Hirschberg, dans le schiste argileux. — Le Salzbourg, à Höllengraben, près de Werfen, dans un schiste argileux, avec quarz, calcaire ferro-manganésifère et chaux sulfatée.

En SCANDINAVIE. A Finbo et à Brodbo, près de Fahlun en Suède, topaze pyrophysalite. — A Kongsberg en Norwége, variété pycnite.

En SIBÉRIE. Dans les montagnes qui forment la chaîne de l'Altaï et celle de l'Oural ; au mont Odon-Tchélon, en Daourie; dans des amas de matières argileuses et ferrugineuses qui traversent une roche granitique. Les topazes y sont toujours accompagnées de béryl aigue-marine ou de quarz hyalin noir. — A Mourzinsk, dans l'Oural, au milieu de la pegmatite.

En Angleterre. A Saint-Agnès et au mont Saint-Michel, dans le comté de Cornouailles, avec l'étain oxidé dans les filons qui traversent le schiste argileux. — A Cairngorn et Mar, dans l'Aberdeenshire en Écosse : cristaux incolores et topazes roulées, semblables à celles du Brésil. — Dans les montagnes de Morne en Irlande.

Dans l'Amérique méridionale. Au Brésil, dans les roches talqueuses de Villarica, avec le quarz et le fer oligiste. — Dans les terrains meubles du district de Serro-Dofrio.

Dans l'Amérique septentrionale. A Guanaxuato au Mexique. — Non loin des rives du Connecticut, aux États-Unis, dans le granite de Goshen, déjà célèbre pour les belles tourmalines qu'il renferme. La topaze en cristaux incolores y est associée au pyrophysalite, à la tourmaline verte et bleue, au mica rose, au triphane et à la cléavelandite. (Delafosse.)

TOPAZE ORIENTALE. (*Min.*) C'est le corindon télésie jaune. Voyez Corindon. (B.)

TOPAZOLITE. (*Min.*) Le docteur Bonvoisin qui, le premier, a fait connoître le riche assemblage de minéraux de l'espèce des grenats, des pyroxènes, etc., des vallées d'Ala et de Mussa, en Piémont, a donné le nom de *topazolite* à un grenat d'un beau jaune de topaze, engagé dans du stéaschiste de ces vallées. Voyez Grenat. (B.)

TOPAZOSEME. (*Min.*) Haüy a désigné sous ce nom, tiré d'une langue scientifique, la roche du rocher de Schnecken-stein, en Saxe, que les minéralogistes allemands nomment *topasfels*, et qui n'est qu'un leptynite empâté de topazes. Cette pierre se présente en outre en cristaux implantés dans les cavités drusiques de ce leptynite. Je n'ai pas cru devoir faire une espèce de roche d'un mélange qui paroit n'être qu'accidentel, puisqu'on ne le connoît qu'au lieu cité plus haut, et qu'il ne s'y trouve même que sur une fort petite étendue de terrain.

Voyez *leptynite topazosème* au mot Roches de ce Dictionnaire. (B.)

TOPE. (*Ichthyol.*) Nom anglois du Milandre. Voyez ce mot. (H. C.)

TOPHORA. (*Bot.*) Fries donne ce nom à un groupe de cryptogames filamenteux ou byssoïdes, lesquels n'ont encore rien offert qu'on pût considérer comme la fructification. Ce sont des filamens libres, verdoyans, cloisonnés et entrelacés en touffes ou coussinets : ils se rencontrent dans les mines et les grottes. Fries donne pour type le *byssus cryptarum*, Linn., et y ramène toutes les espèces du genre *Conferva* d'Agardh, qui forme la neuvième tribu, désignée par *confervæ fodinarum* (Ag., *Syst. alg.*, p. 105), dans laquelle se rangent les *conferva fondinarum*, *Brownii*, *mollis*, d'Agardh, et le *conferva cryptarum* de Bory de Saint-Vincent, observé par lui dans les grottes de l'île Bourbon, à plus de douze cents pieds de hauteur; enfin, le *conferva boryana* d'Agardh, donné par M. Bory comme la même espèce que la précédente. Ces plantes rentrent donc dans la famille des algues, parmi les algues confervoïdes, dont le classement n'est pas encore fixé d'une manière précise, et Fries, pensons-nous, n'est pas fondé à placer le *tophora*, ainsi que le *protonema* d'Agardh (*herpotrichum*, Fries), qui a pour type le *byssus velutina*, Linn., à la suite et comme appendice de ses *byssacées*, tous étant des champignons byssoïdes. (Lem.)

TOPIARIA. (*Bot.*) Voyez Herpacantha. (J.)

TOPINAMBOUR. (*Bot.*) Nom vulgaire de l'hélianthe ou soleil, *helianthus tuberosus*, cultivé à cause de sa racine tubéreuse, bonne à manger. A Saint-Domingue il est nommé artichaut de Jérusalem, suivant Nicolson, probablement parce qu'il a le goût d'artichaut. (J.)

TOPINARA. (*Mamm.*) Aldrovande donne ce nom comme la dénomination bolonaise de la taupe. (Desm.)

TOPIRO. (*Bot.*) Dans une partie de l'Amérique voisine de l'Orénoque, on nomme ainsi une morelle, qui est le *solanum topiro* de la Flore équinoxiale. (J.)

TOPO. (*Mamm.*) Nom de la taupe en espagnol et en italien; dans cette dernière langue le mulot est appelé *topo di campagna*. (Desm.)

TOPOBÉE, *Topobæa*. (*Bot.*) Genre de plantes dicotylédones, à fleurs complètes, polypétalées, de la famille des *mélastomées*, de la *dodécandrie monogynie* de Linnæus, offrant pour caractère essentiel : Un calice campanulé, à six dents fort petites, ventru à sa base et entouré de quatre écailles en croix ; six pétales inégaux, insérés à l'orifice du calice ; douze étamines ; les filamens rapprochés en cylindre ; les anthéres à deux lobes ; un ovaire supérieur ; un style ; le stigmate en tête, à six côtes ; une baie spongieuse, à six loges, environnée par la base charnue du calice ; les semences nombreuses, fort petites, éparses dans une pulpe molle.

Ce genre pourroit être réuni au *Blakea*, comme l'a fait M. De Candolle.

Topobée parasite ; *Topobœa parasitica*, Aubl., Guian., ı, tab. ı89. Plante parasite qui croît sur le tronc des plus grands arbres. Ses tiges se divisent en longs rameaux sarmenteux, inclinés vers la terre, de la grosseur du doigt, quadrangulaires, garnis à leur partie supérieure de feuilles pétiolées, opposées, ovales, entières, quelquefois un peu échancrées en cœur à leur base, longues d'environ six pouces, sur trois et demi de largeur, vertes en dessus, un peu rougeâtres en dessous, à cinq nervures saillantes, couvertes de poils roussâtres ; les pétioles longs de deux pouces, rougeâtres, charnus, garnis de quelques poils à leur base.

Les fleurs sont pédonculées, réunies plusieurs ensemble dans l'aisselle des feuilles ; les pédoncules simples, plus courts que les pétioles. Le calice est campanulé, rouge, membraneux à sa partie supérieure, à six faces à sa partie inférieure, terminé par six petites dents aiguës, recouvert extérieurement par quatre folioles opposées, en forme d'écailles ; la corolle est couleur de rose, à six pétales arrondis, inégaux, onguiculés, insérés sur la partie moyenne du calice. Les étamines ont les filamens larges, aplatis, courbés en arc, réunis en cylindre ; les anthéres sont courbées en faucille, inclinées sur les filamens jusqu'à leur attache, formant, par leur réunion, une couronne centrale, s'ouvrant antérieurement en deux valves dans toute leur longueur. Le style est rouge, long et charnu ; il surpasse les étamines et se courbe sur le pétale inférieur, plus petit que les autres ; le stigmate rouge, un peu renflé, à six côtes. Le fruit consiste en une baie rouge, un peu succulente, spongieuse, de la grosseur d'une noisette, divisée

intérieurement en six loges, remplies, dans une substance
pulpeuse, de très-petites semences. Cette plante croît à
Cayenne, sur les bords de la rivière Sinémari, dans les environs de la Crique des Galibis, qui mangent les fruits de
cette plante et les emploient quelquefois pour donner une
couleur rouge à leurs petits meubles. (Poir.)

TOPORAGNO. (*Mamm.*) C'est l'un des noms italiens des
musaraignes. (Desm.)

TOPORKI. (*Ornith.*) Nom russe du macareux. (Desm.)

TOQUE; *Scutellaria*, Linn. (*Bot.*) Genre de plantes dicotylédones monopétales, de la famille des *labiées*, Juss., et
de la *didynamie gymnospermie*, Linn., qui offre les caractères suivans : Calice monophylle, à deux lèvres entières,
dont la supérieure est chargée d'une écaille concave, saillante; corolle monopétale, irrégulière, à tube plus long que
le calice, renflé et évasé dans la plus grande partie de sa
longueur, ayant son limbe partagé en deux lèvres, dont la
supérieure en voûte, presque entière, avec deux dents à sa
base; l'inférieure plus large, échancrée; quatre étamines didynames; un ovaire à quatre lobes, surmonté d'un style filiforme, de la longueur des étamines, terminé par un stigmate
presque simple; quatre graines arrondies, placées au fond
du calice persistant, dont l'orifice est fermé, pendant la ma-
turation, par l'écaille de la lèvre supérieure du calice, faisant les fonctions d'opercule.

Les toques sont des plantes herbacées, ou quelquefois à
tige presque ligneuse, dont les feuilles sont opposées, et dont
les fleurs sont pareillement opposées, placées dans les aisselles
des feuilles supérieures et souvent disposées par leur rapprochement, en une sorte d'épi terminal. On en connoît une
quarantaine d'espèces, dont les unes sont indigènes de l'Europe, et les autres exotiques. Il y en a quatre qui croissent
naturellement en France.

Toque des Alpes; *Scutellaria alpina*, Linn., *Sp.*, 854. Sa racine
est rampante, vivace; elle produit ordinairement plusieurs
tiges un peu couchées dans leur partie inférieure, rameuses,
garnies de feuilles pétiolées, ovales, crénelées, obtuses et
légèrement velues. Ses fleurs sont bleues, accompagnées de
bractées ovales, assez rapprochées les unes des autres et dis-

posées en un épi terminal assez court. Cette plante croît naturellement dans les Alpes et les Pyrénées.

TOQUE DE COLUMNA ; *Scutellaria Columnæ*, All., *Fl. Ped.*, n.º 145, t. 84, fig. 2. Sa racine est fibreuse, vivace ; elle donne naissance à plusieurs tiges légèrement tétragones, rameuses, pubescentes, hautes d'un pied ou un peu plus, garnies de feuilles presque cordiformes, crénelées, pétiolées. Ses fleurs sont d'un bleu un peu rougeâtre, accompagnées de bractées aiguës, et disposées en épi alongé, terminal, tourné du même côté. Cette espèce est indiquée en Piémont par Allioni. Je l'ai retrouvée dans le parc de Vincennes, près de Paris, où elle est assez abondante.

TOQUE CASSIDE : *Scutellaria galericulata*, Linn., *Spec.*, 835 ; Bull., *Herb.*, t. 275. Sa racine est vivace ; elle produit plusieurs tiges droites, quadrangulaires, glabres, rarement simples, divisées le plus souvent en plusieurs rameaux, et hautes d'un pied à dix-huit pouces. Ses feuilles sont oblongues, lancéolées, échancrées en cœur à leur base, glabres, bordées de dents écartées. Ses fleurs sont bleues ou violettes, solitaires dans les aisselles des feuilles supérieures et disposées en une sorte d'épi interrompu, souvent tourné du même côté. Cette espèce croît naturellement, en France et en Europe, dans les lieux humides et sur les bords des eaux.

La toque casside a une saveur amère et un peu alliacée. Elle n'est plus maintenant que peu ou point employée en médecine. Elle a été autrefois préconisée contre l'angine, les fièvres intermittentes, et c'est d'après ses propriétés fébrifuges qu'elle avoit reçu les noms vulgaires de *tertianaire* et de *centaurée bleue*.

TOQUE NAINE : *Scutellaria minor*, Linn., *Sp.*, 835 ; Moris., Hist., 3, sect. 11, t. 20, fig. 8. Sa tige est grêle, rameuse dès sa base, haute seulement de trois à six pouces, glabre ou à peine velue, garnie de feuilles ovales, oblongues, légèrement échancrées en cœur à leur base, principalement les inférieures, et le plus souvent très-entières. Ses fleurs sont bleues ou violettes, disposées comme dans l'espèce précédente, mais au moins moitié plus petites. Cette plante croît dans les lieux marécageux et sur les bords des étangs, en France et dans plusieurs autres parties de l'Europe.

Toque a fleurs latérales; *Scutellaria lateriflora*, Linn., *Spec.*, 833. Ses tiges sont divisées dès leur base en rameaux nombreux, diffus, opposés, garnis de feuilles pétiolées, ovales, aiguës, dentées. Ses fleurs sont d'un bleu clair, petites, disposées au sommet des rameaux en grappes médiocrement feuillées et le plus ordinairement tournées d'un seul côté. Cette espèce croît naturellement sur les montagnes dans les États-Unis d'Amérique et dans le Canada. On la cultive au Jardin du Roi à Paris.

Notre toque commune ou tertianaire avoit cessé d'être employée en Europe comme médicament, lorsqu'une autre espèce du même genre, naturelle au nouveau continent, a, au contraire, été préconisée dans cette partie du monde comme un médicament précieux, ayant la propriété de guérir la rage. M. Lyman Spalding, médecin aux États-Unis, a publié l'histoire de ce nouveau remède, dans laquelle il rapporte huit cent cinquante exemples de succès sur des hommes, et plus de onze cents sur des animaux, soit comme moyen préservatif, soit comme moyen curatif. La découverte de ce spécifique, qui est la toque à fleurs latérales, remonte, selon M. Spalding, à l'année 1773, et les premiers essais sont dus au docteur Lawrence Vandervier, de la Nouvelle-Jersey. A la mort de ce médecin cette découverte devint la propriété presque exclusive de la famille Lewis, de New-Yorck, qui la répandit peu à peu.

La manière d'administrer ce remède est de faire prendre une forte infusion de la plante, fraîche ou desséchée.

La société de la Faculté de médecine de Paris s'étant occupée, il y a quelques années, de ce nouveau médicament, à propos d'un mémoire qui lui fut présenté à ce sujet, le rapport des commissaires qu'elle nomma fut peu favorable. M. le docteur Mérat, chargé de ce rapport, dit que l'auteur du mémoire n'y distingue nulle part l'hydrophobie de la rage; qu'on ne reconnoît dans aucune des observations qu'il contient un véritable cas de rage bien confirmée; qu'ayant eu occasion d'entretenir à ce sujet un médecin qui avoit exercé plusieurs années aux États-Unis, celui-ci lui avoit déclaré que la *scutellaria lateriflora* n'étoit nullement estimée des médecins éclairés de ce pays, et que le plus souvent elle n'avoit été mise en usage que par des gens du monde, par des artisans ; qu'enfin il y a lieu de croire que cette plante n'aura pas plus de succès que l'*anagallis*, si vanté autrefois, et que l'*alisma plantago*, plus récemment présenté comme le véritable remède de la rage, et tous les deux reconnus actuellement n'avoir aucune propriété réelle dans cette cruelle maladie. (L. D.)

TOQUE. (*Mamm.*) Espèce de singe du genre Macaque, très-voisin du bonnet chinois. Voyez MACAQUE. (DESM.)

TOQUEVÉ. (*Bot.*) Nom galibi, cité par Aublet, de son *cordia toquevé*, qui croît dans la Guiane. (J.)

TOQUILCOYOTL. (*Orn.*) Nom mexicain de la grue brune dans Fernandez. Voyez GRUE, *Ardea*. (CH. D. et L.)

TOQUOLAI. (*Ornith.*) Sorte de fauvette, *sylvia*, suivant M. Desmarest. (CH. D. et L.)

TORA, TORAKOLA. (*Bot.*) Ces noms, cités à Ceilan pour une plante que Burmann croit être un *galega*, paroissent devoir être de même appliqués au *cassia tora* de Linnæus, nommé aussi *tala*. Voyez encore THORA. (J.)

TORÆA. (*Bot.*) Nom donné dans l'Arabie à l'*ipomœa verticillata* de Forskal. Il est aussi nommé *toraha, toruba*. Voyez SCHULLI. (J.)

TORANO-SO. (*Bot.*) Nom japonois, cité par Thunberg, du *polypodium fulcatum* de Linnæus. (J.)

TORBÉRITE. (*Min.*) Werner a donné ce nom, en l'honneur de Torbern Bergman, à l'espèce d'urane oxidé, mêlé de cuivre, qu'on nomme *Chalkolith* et *Uranglimmer* dans les ouvrages allemands de minéralogie. Voyez URANE. (B.)

TORCHE. (*Bot.*) A Saint-Domingue, suivant Nicolson, ce nom étoit donné au cierge épineux, *cactus peruvianus*. (J.)

TORCHE POTEUX et TORCHE PERTUIS. (*Ornith.*) Voyez TORCHEPOT. (DESM.)

TORCHEPIN. (*Bot.*) Un des noms du pin mugho, suivant M. de Lamarck. (J.)

TORCHEPOT. (*Ornith.*) Nom trivial et vulgaire de la sittelle d'Europe. Voyez SITTELLE. (CH. D. et L.)

TORCOL, *Yunx*. (*Ornith.*) Genre d'oiseaux de l'ordre des grimpeurs, selon M. Cuvier ; de celui des zygodactyles, suivant M. Temminck, et que M. Vieillot place dans la famille des macroglosses, dépendante de la tribu des zygodactyles et de l'ordre des oiseaux sylvains, dans sa méthode ornithologique.

Les torcols sont des oiseaux de petite taille, dont les couleurs sont peu brillantes, et qui se font remarquer par les caractères suivans : Ils ont les quatre doigts de leurs pieds divisés et opposés deux à deux, comme cela se remarque dans tous les oiseaux du même ordre; leur bec est plus court que la tête, droit, en cône déprimé, effilé vers la pointe, avec l'arête arrondie et les mandibules non échancrées; la base de ce bec est entourée de petites plumes dirigées en avant; les narines sont basales, déprimées, très-larges, percées dans les bords concaves de l'arête, nues et en partie fermées par une membrane. La langue est très-longue, protractile et rétractile, comme celle des pics, et par le même mécanisme; sa base est charnue et arrondie, et sa pointe est cornée, aiguë et lisse; les ailes sont de médiocre étendue, et leur première rémige est moins longue que la seconde; la queue est longue, coupée carrément à son extrémité et formée de douze pennes flexibles et arrondies à l'extrémité; les deux doigts de devant sont soudés à leur origine, tandis que les deux postérieurs sont bien séparés.

Les oiseaux avec lesquels ils ont le plus de rapports, sont sans contredit les grimpeurs à bec pointu, étroit à la base, en forme de coin et non dentelé, dont M. Duméril a formé sa famille des *cunéirostres* ou *sphénoramphes*, et à laquelle appartiennent, outre leur propre genre (*Yunx*), ceux qui renferment les pics, les jacamars, les anis et les coucous.

Il est facile de les distinguer néanmoins des anis et des coucous, qui ont le bec arqué; des jacamars, qui, ayant le bec droit, comme le leur, mais plus long, ont la langue courte; enfin des pics, qui ont la queue courte et composée de pennes très-dures, dont l'extrémité est ébarbée de chaque côté.

On compte trois espèces de torcols, mais les deux premières sont plus exactement établies que la troisième. Celle dont nous donnerons d'abord la description, est de notre pays et le plus anciennement connue : les deux autres sont américaines.

Les torcols ont des rapports marqués avec les pics dans leurs habitudes naturelles, puisqu'ils se nourrissent, comme eux, des insectes et des larves qui attaquent les arbres des forêts ; qu'ils sont continuellement occupés à chercher cette proie le long des troncs de ces arbres, et qu'ils établissent leur domicile et leur nid dans les cavités qu'ils y trouvent. Mais ils diffèrent de ces oiseaux en ce qu'ils ne peuvent monter et descendre avec autant de facilité qu'eux sur les troncs d'arbres, attendu que leur queue molle n'est pas propre, comme la leur, à servir d'arc-boutant pour les soutenir ; et ils ne peuvent soulever les écorces et creuser le bois, ainsi que le font ces derniers, leur bec étant à la fois trop mince et trop foible pour servir à cet usage. Ils se contentent d'engluer avec l'extrémité de leur langue les petits insectes qui se cachent dans les gerçures et les fentes des écorces, et ne la font pas pénétrer en dessous. Quand ils veulent changer de place, ils s'aident des mouvemens de leurs ailes, et dans le repos on les voit fréquemment se percher sur les branches. On les rencontre souvent aussi à terre et montant sur les fourmilières, où ils trouvent une proie abondante.

La dénomination françoise de torcol, qui répond aux noms grec et latin de ἰυγξ (*yunx*) et de *torquilla*, employés par les anciens auteurs pour désigner l'espèce de notre pays, est appliquée à cet oiseau, ainsi que le dit Buffon, à cause « d'un signe « ou plutôt d'une habitude qui n'appartient qu'à lui ; c'est « de tordre et de tourner son cou de côté et en arrière, « la tête renversée vers le dos et les yeux à demi fermés « pendant tout le temps que dure ce mouvement, qui n'a rien « de précipité et qui est au contraire lent, sinueux et tout « semblable aux replis ondoyans d'un reptile. » Ce singulier mouvement, qu'on pourroit attribuer à la crainte qu'éprouveroit le torcol dans certaines circonstances, est naturel et habituel dans cet oiseau ; car Buffon affirme que les très-jeunes individus le présentent dans le nid. Il a valu à cet oiseau une multitude de dénominations différentes, qui toutes ont pour objet de l'indiquer. D'abord tous les noms employés dans les différentes contrées de l'Europe, ont la même signification que notre mot torcol ; mais encore celui-ci, modifié de vingt manières différentes dans les divers patois de nos provinces, se change en ceux de *tercot*, *turcot* ou *torcou*, qui étoient en usage dès le temps de Belon, et ceux de *torti-collis*, de *trousse-col*, de *torcot*, etc.

Le torcol est un oiseau voyageur et solitaire comme le coucou, qui est répandu sur toute l'Europe méridionale et tempérée, mais qui est assez rare partout. Il habite les bois qui sont situés sur les montagnes de préférence à ceux qui se trouvent dans les plaines, et y arrive, au moins en France, dans le mois de Mai, pour en partir en Septembre. Selon M. Temminck, son espèce ne se porte pas, au Nord, plus loin qu'en Suède, et elle est déjà très-rare en Hollande et en Angleterre. Suivant M. Vieillot, elle se répandroit jus-qu'en Sibérie et au Kamtschatka.

Le mâle a pour cri un sifflement aigu qui se fait entendre à peu près à l'époque où l'on entend le coucou. Il vit en monogamie, et sa femelle pond, sans soin ni préparation, huit à dix œufs d'un beau blanc sur la poussière de bois pourri, qui se trouve naturellement dans les trous d'arbres où elle établit son domicile. Les petits, en exécutant les mouvemens bizarres dont nous avons parlé, sont d'un aspect très-singulier; aussi les a-t-on souvent pris pour des couleuvres agglomérées dans une cavité d'arbre, et qui relevoient toutes en même temps la tête lorsqu'on s'approchoit pour les saisir.

Ces oiseaux meurent ordinairement en captivité au bout de fort peu de temps, et ceux qu'on a pu élever quelques mois ne se nourrissoient que d'œufs ou plutôt que de nymphes de fourmis. Buffon rapporte qu'un torcol, qui étoit en cage depuis vingt-quatre heures, lorsqu'on s'approchoit de lui, se tournoit vers le spectateur, puis le regardoit fixément, s'élevoit sur ses ergots, se portoit en avant avec lenteur en relevant les plumes du sommet de sa tête, la queue épa-nouie, puis se retiroit brusquement en frappant du bec le fond de sa cage et rabattant sa huppe. Schwenckfeld a observé le même fait.

Les habitudes remarquables du torcol ont attiré, dès les premiers temps, l'attention des hommes, et l'on se doute bien que cet oiseau a donné lieu à plus d'un préjugé : aussi voit-on figurer l'*yunx* des Grecs, dans les annales de leur superstition mystique, comme le plus puissant des philtres pour inspirer les passions amoureuses.

Le Torcol d'Europe (Buff., Pl. enlum., n.º 698; *Yunx torquilla*, Linn., Vieill., Temm.) est l'espèce dont nous venons de décrire les habitudes naturelles. C'est un oiseau de la taille de l'alouette, c'est-à-dire, dont la longueur totale est d'environ six pouces et demi. Le fond du plumage de ses parties supérieures est d'un cendré roux, taché irrégulièrement de brun et de noir; une large bande brune s'étend depuis l'occiput jusque sur le haut du dos; sur les barbes extérieures des pennes des ailes sont des taches rousses carrées; les pennes de la queue sont rayées de zigzags noirs; la gorge et le devant du cou sont roussâtres, avec de petites raies transversales; les autres parties inférieures sont blanchâtres, parsemées de taches triangulaires; le bec et les pieds sont d'un brun olivâtre; l'iris est d'un brun jaunâtre; le bec est de couleur de plomb; les pieds et les ongles sont gris.

La femelle a les teintes plus foibles que le mâle, et la bande de la nuque et celle du dos moins longues.

On voit dans cette espèce quelques individus affectés de maladie albine, qui sont d'un blanc pur ou d'un blanc jaunâtre. Enfin, Aldrovande a fait mention d'une variété qui auroit tout le dessus du corps rayé transversalement de jaune sur un fond jaunâtre, et le dessous également rayé de jaune, mais sur un fond blanc. Cette variété a reçu de Brisson le nom de *torcol rayé*, mais elle n'a pas été revue ni décrite par les ornithologistes modernes.

Les torcols étrangers qui nous restent à décrire, ont été dernièrement séparés de ce genre par M. Temminck, pour en former un nouveau sous le nom de Picumne, *Picumnus*, caractérisé par le bec polyédrique, comme celui des pics; par la langue non extensible; et par les pennes caudales qui sont molles et coupées carrément à leur extrémité.

Le Picumne, petit Torcol de Cayenne (*Yunx minutissima*, Linn.; *Picus minutissimus*, Pallas; le très-petit Pic de Cayenne, Buff., Pl. enlum., n.º 786, fig. 1) est plus petit que le roitelet. Le mâle est généralement d'un roux grisâtre en dessus et d'un blanc sale en dessous. Le devant et le sommet de sa tête sont rouges; l'occiput est noir, tacheté de blanc; les joues sont brunes, variées de blanc; les pennes alaires et caudales sont brunes; le bec est noir et les pieds sont bruns. La femelle diffère du mâle en ce qu'elle n'a pas de rouge sur la tête.

Le Picumne, Torcol du Paraguay (*Yunx minutus*, Vieillot) est une des espèces que M. d'Azara a décrites dans son Histoire naturelle du Paraguay. Il porte dans ce pays le nom de *carpenteronato*, diminutif du mot *carpentero* (charpentier), qui désigne les pics.

Il est un peu plus grand que le précédent. Le dessus de la tête est brun, et les côtés sont piquetés de noir et de blanc; le dos est brun; le dessous du corps est marqué de lignes transversales alternativement noires et blanches. La gorge est presque noire dans quelques individus, et pointillée de roux et de noir dans d'autres : on voit deux petites taches blanches entre les narines et l'angle du bec; les ailes et la queue sont brunes, et l'on remarque sur les deux pennes les plus extérieures de cette dernière partie, de chaque côté, une bande blanche, oblique, bordée de noir; le bec est noir, avec du jaune à la base; les pieds sont de couleur de plomb.

Il habite les grands bois et les halliers fourrés du Paraguay, et sa manière de rechercher sa nourriture est semblable à celle du torcol de notre pays. (Desm.)

TORCOT et TORCOU. (*Ornith.*) Voyez l'article Torcol. (Desm.)

TORDA. (*Ornith.*) Synonyme de *pingouin*. (Ch. D. et L.)

TORDEUSES ou TORTRICES. (*Entom.*) On a nommé ainsi d'abord les chenilles, puis les lépidoptères qui en proviennent, qui ont l'habitude de contourner certaines feuilles et de les rouler de manière à s'en faire un lieu de retraite, un fourreau qui les protège de la vue des oiseaux et des intempéries de l'air. D'autres agglomèrent ainsi les pédoncules des fleurs et des graines. Telles sont en particulier les pyrales. (C. D.)

TORDINO. (*Ornith.*) Nom italien de l'ortolan. (Ch. D. et L.)

TORDITA. (*Ornith.*) On nomme ainsi, au Chili, un troupiale que les Guaranis appellent *chopi*, et qu'on trouve décrit, sous ce dernier nom, par d'Azara (Voyage dans l'Amérique mérid., t. 3, pag. 173). C'est le troupiale commun. (Lesson.)

TORDPIED. (*Bot.*) Bridel donne ce nom françois à son genre de mousses qu'il a appelé *Campylopus*. Ce genre. adopté par Nées, Hornschuch et par quelques autres muscologistes, a été depuis modifié par Bridel, dans sa Bryologie universelle. Il ne comprend plus qu'une partie de l'ancien *campylopus*, dont les principales espèces sont des *dicranum* d'Hedwig et d'autres auteurs, des *bryum* de Linnæus, etc. Le *thysanomitrium* de Schwægrichen en fait partie, et ce nom a été adopté par Arnott pour désigner le genre *Campylopus* tout entier.

Dans ce genre, infiniment voisin du *Dicranum*, le péristome est simple, à seize dents imperforées, bifides ou simplement fendues en deux, et dont les branches ou jambes sont égales ; la coiffe est conique, fendue sur le côté, rarement entière, ayant sa base ciliée-fimbriée ou laciniée ; la capsule est égale, sans anneau ni apophyse, rarement inéquilatérale, avec un gonflement qu'on pourroit dire une apophyse bâtarde.

Les mousses de ce genre sont dioïques : elles ont les fleurs terminales et les mâles gemmiformes. Leur port est le même que celui du *dicranum ;* leurs tiges sont rameuses, droites, flexueuses, et forment des gazons ou touffes ; leurs feuilles denses, le plus souvent pilifères ; leurs capsules ovales-oblongues, puis cylindriques, sillonnées, portées sur de longs pédicelles qui, par l'humidité, se plient et se courbent. Les espèces se rencontrent dans les zones tempérées ou chaudes des deux hémisphères. Elles végètent entre les pierres, sur les rochers, sur la terre et rarement sur le bois pourri. Bridel rapporte onze espèces à ce genre, dont les principales sont :

1.º Le *Campylopus flexuosus*, Brid., ou *Dicranum flexuosum*, Hedw., décrit dans ce Dictionnaire à l'article DICRANUM : c'est le *bryum flexuosum*, Linn., remarquable par ses pédicelles flexueux et ses feuilles sétacées, presque subulées. On le trouve partout en Europe.

2.º Le *Campylopus pyriformis*, Brid., ou *Dicranum pyriformœ*, Funk. Moos.. pl. 21. dont la tige, droite et simple ou rameuse, est garnie de feuilles lancéolées, subulées, droites, roides. Les capsules sont obovales ou un peu pyriformes, portées sur des pédicelles flexueux, souvent cachés, ainsi que les capsules, dans les ramifications et les surgeons des tiges. Cette espèce, infiniment voisine de la précédente, croît dans les bois tourbeux, près Mayence, sur le tronc pourri des arbres.

3.° Le *Campylopus penicillatus*, Brid., est une troisième espèce européenne : sa tige, droite et rameuse, a ses rameaux réunis en faisceaux ; les feuilles imbriquées, linéaires-lancéolées, un peu canaliculées, denticulées et sans poils. On la trouve aux environs de Bex, en Suisse.

4.° Le *Campylopus longipilus*, Brid., ou *Dicranum flexuosum piliferum*, Turn., *Musc. hib.*, pl. 5, fig. 2, ressemble à l'espèce précédente ; mais ses feuilles sont très-denses, lancéolées, terminées par un poil fort long. Cette espèce se trouve dans les lieux gras et montueux, en Irlande, et dans les lieux pierreux, sablonneux, et sur les collines schisteuses des parties chaudes de l'Europe. Bridel l'indique à Fontainebleau, à Angers, et dans l'île d'Ischia, près Naples.

Les autres espèces sont exotiques ; parmi elles est le *campylopus Richardi*, Brid., ou *thysanomitrium Richardi*, Schwægr., *Suppl.*, 2, p. 1, pl. 118, dont la tige, ascendante, flexueuse, un peu rameuse, a trois ou quatre pouces et plus de long ; des feuilles denses, imbriquées, ouvertes, linéaires, subulées, canaliculées, grisâtres et dentées à l'extrémité. Les pédoncules sont agrégés, flexueux ; les capsules droites, ovales, cylindriques, rugueuses et scabres à leur base. Les dents du péristome sont entiers ou rarement divisés par une fente. Ce caractère des dents n'a pas paru suffisant pour maintenir le genre *Thysanomitrium*, Schwægrichen. Cette mousse croît sur la terre et les pierres à la Guadeloupe, où elle a été découverte par Richard, sur les montagnes volcaniques de l'île. (Lem.)

TORDYLE ; *Tordylium*, Linn. (*Bot.*) Genre de plantes dicotylédones polypétales, de la famille des ombellifères, Juss., et de la *pentandrie digynie* du Système sexuel, dont les principaux caractères sont : Un calice très-petit, à cinq dents ; une corolle de cinq pétales courbés en cœur, égaux dans les fleurs du centre, mais dont le pétale extérieur est plus grand et bifide dans celles de la circonférence ; cinq étamines ; un ovaire un peu arrondi, surmonté de deux styles courts ; un fruit comprimé, orbiculaire ou un peu ovale, entouré d'un rebord épais, calleux et crénelé, formé de deux graines planes, accolées l'une à l'autre.

Les tordyles sont des plantes herbacées, à feuilles ailées, alternes, et à fleurs disposées en ombelles terminales, munies d'un involucre composé de plusieurs folioles. On en connoît six à huit espèces, dont deux se trouvent en France.

Tordyle officinal : *Tordylium officinale*, Linn., *Spec.*, 345; *Seseli creticum*, Dod., *Pempt.*, 314. Sa racine est annuelle, assez grêle, presque fusiforme : elle produit une tige droite, striée, velue, rameuse, haute d'un pied ou environ, garnie de feuilles ailées avec impaire, composées de sept à neuf folioles ovales, incisées plus ou moins profondément. Ses fleurs sont blanches, disposées en ombelles planes. Il leur succède des fruits presque orbiculaires et presque glabres. Cette espèce croît naturellement dans le Levant, dans le midi de l'Europe et de la France.

Les racines et les graines de cette plante étoient autrefois employées en médecine comme incisives, diurétiques et emménagogues. Les Turcs, selon Belon, mangent ses feuilles en salade, lorsque la plante est encore jeune.

Tordyle élevé : *Tordylium maximum*, Linn., *Sp.*, 345; *Caucalis major*, Clus., *Hist.*, 2, page 101. Sa racine est annuelle, épaisse, presque simple; il s'en élève une tige droite, cannelée, rameuse, haute de trois pieds ou environ, hérissée de poils, ainsi que toutes les autres parties de la plante, et garnie de feuilles pétiolées, assez grandes, ailées, composées de sept folioles lancéolées, bordées de larges dentelures ou plus ou moins incisées et presque pinnatifides. Ses fleurs sont blanches, légèrement teintes de rouge en dehors, disposées en ombelles composées de six à huit rayons. Ses fruits sont presque ovales, hérissés de poils rudes, entourés d'un rebord tuberculeux et velu. Cette plante croît dans le midi de la France et de l'Europe. (L. D.)

TORDYLIUM. (*Bot.*) La plante de ce nom, citée par Dioscoride, et qui, selon lui, a été assimilée au *seseli creticum*, est regardée par Cordus comme la même que le *meum* de Tournefort. réuni à l'*æthusa* par Linnæus, rétabli par plusieurs modernes. Mais Lobel, Daléchamps et d'autres anciens regardent l'espèce nommée maintenant *Tordylium officinale* comme la véritable plante de Dioscoride. (J.)

TOREA. (*Ornith.*) Nom usité dans toutes les îles de la mer du Sud et à la Nouvelle-Zélande, pour désigner le pluvier doré, répandu sur les côtes de ces îles. (Cн. D. et L.)

TOREBINA. (*Mamm.*) Sous ce nom est décrit, dans le *Museum Wormianum*, publié en 1655, l'unicorne ou la licorne, objet de nombreuses discussions, et dont Æthiops, envoyé africain du roi de Congo, certifia l'existence, pendant son séjour à Hanau, en 1652. *Tore-bina* est le nom africain de cet animal, sur l'existence duquel on est loin d'être fixé, bien qu'aujourd'hui on sache, par l'exemple de la girafe, ce qui avoit été supposé depuis long-temps, qu'il est anatomiquement possible qu'un prolongement osseux ou corné, médian, puisse croître sur le crâne et même sur les sutures osseuses des os de la face. (Lesson.)

TORÈNE, *Torenia*. (*Bot.*) Genre de plantes dicotylédones, à fleurs complètes, monopétalées, de la famille des *personées*, de la *didynamie angiospermie* de Linnæus, offrant pour caractère essentiel : Un calice persistant, tubuleux, anguleux, à deux divisions, la supérieure à trois pointes ; une corolle tubulée ; le limbe dilaté en quatre lobes inégaux ; quatre étamines didynames ; deux supérieures plus longues, fertiles ; deux inférieures à deux découpures filiformes, l'une stérile, l'autre chargée d'une anthère ; les anthères à deux loges, rapprochées par paires ; un ovaire supérieur ; un style ; un stigmate bifide ; une capsule à deux loges ; les semences insérées sur une cloison parallèle aux valves.

TORÈNE D'ASIE : *Torenia asiatica*, Linn., *Spec.*, 862 ; Lamk., *Ill. gen.*, tab. 523, fig. 1 ; Pluken., *Amalth.*, tab. 373, fig. 2 ; *Kakapu*, Rhéed., *Hort. Malab.*, 9, tab. 53. Petite plante herbacée, dont les tiges sont glabres, un peu grêles, en partie rampantes, puis redressées, radicantes à leur partie inférieure, médiocrement rameuses. Les feuilles sont pétiolées, opposées, ovales, aiguës, glabres, dentées en scie, à peine longues d'un pouce, munies de nervures simples, latérales, presque opposées ; les pétioles plus courts que les feuilles. Les fleurs sont solitaires, axillaires, terminales, pédonculées ; les pédoncules un peu plus longs que les feuilles. Le calice est oblong, glabre, tubulé, à deux divisions ; la supérieure à trois pointes ; l'inférieure entière, plus étroite ; la corolle tubulée, assez grande, presque à deux lèvres ou à quatre lobes inégaux; le supérieur entier; les trois inférieurs un peu ondulés; celui du milieu plus alongé; le tube un peu plus long que le calice; la capsule cylindrique, oblongue, à deux loges; les semences nombreuses. Cette plante croît dans les Indes orientales et à la Chine.

Torène velue; *Torenia hirsuta*, Lamk., *Ill. gen.*, tab. 523, fig. 2. Cette plante est plus grande que la précédente, velue sur toutes ses parties. Ses tiges sont droites, un peu fortes, striées, hérissées de poils roides, divisées en rameaux opposés, redressés, garnis de feuilles opposées, médiocrement pétiolées; les supérieures presque sessiles, ovales, très-aiguës, longues de plus d'un pouce, dentées en scie, à nervures simples, couvertes de poils très-courts, couchés. Les fleurs sont solitaires, terminales, moins grandes que dans l'espèce précédente, pédonculées; les pédoncules simples, velus, plus courts que les feuilles; le calice est oblong, divisé au-delà de sa moitié en deux découpures lancéolées, aiguës; la corolle tubulée; le tube cylindrique, à peine aussi long que le calice; le limbe à quatre lobes entiers, inégaux. Cette plante croît dans les Indes orientales.

Torène scabre; *Torenia scabra*, Rob. Brown, *Nov. Holl.*, 1, pag. 440. Cette espèce a des tiges droites, légèrement pubescentes. Les feuilles sont opposées, ovales, lancéolées, dentées en scie à leur contour, rudes au toucher : le calice est partagé en cinq dents égales. Dans le *Torenia flaccida*, Rob. Brown, *loc. cit.*, les tiges sont glabres; les feuilles larges, ovales, obtuses, crénelées à leurs bords : les pédoncules sont trois et quatre fois plus longs que les fleurs. Ces deux plantes croissent dans la Nouvelle-Hollande. Roxburg, dans ses Plantes du Coromandel, tab. 161, rapporte à ce genre une nouvelle espèce, sous le nom de *torenia cordifolia*, à feuilles échancrées en cœur à leur base, pétiolées, opposées, dentées en scie à leurs bords. M. Rob. Brown pense que le *capraria crustacea*, Linn., et l'*antirrhinum hexandrum*, Forst., doivent être réunis à ce genre. (Poir.)

TORESIA, *Prodr. Fl. per.* (*Bot.*) Cette plante appartient au genre *Disarrhenum*, Labill. Voyez Disarrhène. (Poir.)

TORGOCH. (*Ichthyol.*) Dans le pays de Galles on appelle ainsi le Bergforelle. Voyez ce mot et Truite. (H. C.)

TORIAS. (*Bot.*) Nom japonois du *pteris cretica*, qui croit, suivant Thunberg, sur les montagnes voisines de Nangasacki. (J.)

TORIBETHRON. (*Bot.*) Ce nom grec, cité par Mentzel et que Ruellius écrit *horibethron*, est un de ceux qu'on a donnés au *leontopetalon* de Dioscoride, adopté par Tournefort, qui est le *leontice leontopetalon* de Linnæus. (J.)

TORILIS. (*Bot.*) M. de Lamarck, dans le Dictionnaire encyclopédique, avoit reporté au *caucalis* les *tordylium anthriscus* et *nodosum*, dont les graines sont hérissées et non orbiculaires, ni aplaties comme dans le *tordylium*. Gærtner a fait de ces deux espèces son genre *Torilis*, qui n'est pas encore généralement admis, en y joignant les *scandix anthriscus* et *nodosa*. (J.)

TORITO. (*Bot.*) L'*Anguloa grandiflora* de M. Kunth, genre de la famille des orchidées, est ainsi nommé dans les montagnes de Quito. (J.)

TORI-TONARA-SOO. (*Bot.*) Voyez Suo-ki. (J.)

TORMENTILLE; *Tormentilla*, Linn. (*Bot.*) Genre de plantes dicotylédones polypétales, de la famille des rosacées, Juss., et de l'*icosandrie polygynie*, Linn., qui présente les caractères suivans : Calice à huit divisions, alternativement plus grandes et plus petites; corolle de quatre pétales ouverts, en cœur renversé, insérés sur le calice; des étamines nombreuses, à filamens subulés, moitié plus courts que les pétales et portés de même par le calice; des ovaires très-petits, souvent au nombre de huit, ramassés en tête, surmontés chacun et latéralement d'un style filiforme, à stigmate obtus; autant de graines arrondies, attachées sur un réceptacle commun, et environnées par le calice persistant.

Les tormentilles sont des plantes herbacées, à feuilles découpées en manière de digitations, et à fleurs axillaires et terminales. On n'en connoît que deux espèces; toutes les deux indigènes. Plusieurs auteurs les réunissent maintenant aux potentilles.

Tormentille droite, vulgairement la Tormentille : *Tormentilla erecta*, Linn., *Spec.*, 716; *Fl. Dan.*, tab. 589. Sa racine est épaisse, presque ligneuse, vivace, d'un rouge brunâtre; elle produit une ou plusieurs tiges redressées, quelquefois étalées, assez grêles, pubescentes, plusieurs fois bifurquées, longues de huit à quinze pouces, garnies de feuilles sessiles, partagées jusqu'à leur base en trois à cinq folioles oblongues, dentées profondément. Ses fleurs sont jaunes, assez petites, portées sur de longs pédoncules filiformes et disposés dans les aisselles des feuilles ou dans la bifurcation des rameaux. Cette plante est commune dans les bois et les pâturages secs.

La racine de tormentille a une saveur amère et astringente. Elle a été autrefois plus usitée qu'elle n'est maintenant. On l'employoit, en décoction ou réduite en poudre, dans les diarrhées et les dyssenteries atoniques, dans les hémorrhagies passives et la leucorrhée. Elle entroit aussi anciennement dans plusieurs préparations pharmaceutiques, plus ou moins oubliées aujourd'hui.

La plante entière est propre, à cause des principes astringens qu'elle contient, pour le tannage des cuirs. Sa racine surtout contient beaucoup de tannin, et elle donne d'ailleurs une couleur rouge. Les Lapons l'emploient sous ce double rapport pour la préparation des cuirs. Les chevaux rebutent cette plante ; mais les moutons, les chèvres et les vaches broutent ses feuilles vertes. (L. D.)

TORMIGNE, TORMINAL. (*Bot.*) Noms vulgaires de l'alisier torminal. (L. D.)

TORMINALIS. (*Bot.*) Adanson cite, d'après Pline, ce nom d'un alisier, qui est le *cratœgus torminalis* de Linnæus, transporté par M. Lindley au genre *Pyrus*. (J.)

TORNABONA. (*Bot.*) Un des noms donnés au tabac à l'époque de son introduction en Europe. Son nom latin *nicotiana* lui fut donné, parce que Nicot, ambassadeur en Portugal, l'introduisit le premier en France sous le règne de Catherine de Médicis, qui en fit usage : ce qui le fit encore nommer herbe à la reine. En Italie il fut prôné par Tornabonius, suivant Césalpin, d'où lui est venu le nom cité ici. (J.)

TORNATELLE, *Tornatella*. (*Conchyl.*) Genre d'univalves à ouverture entière, établi par M. de Lamarck (Anim. sans vert., tom. 6, part. 2, p. 219) pour d'assez petites coquilles que Linné rangeoit parmi ses volutes, et Bruguière parmi ses bulimes, mais qui ne sont ni de l'un ni de l'autre genre, et qui me paroissent beaucoup plus voisines des auricules. Nous avons ainsi caractérisé ce genre, d'après le piétin d'Adanson : Corps ovalaire, subspiral; le pied partagé en deux talons par un large sillon transversal; tête pourvue de deux tentacules cylindriques, verticaux, ayant les yeux sessiles, placés à leur côté interne; une dent supérieure en croissant. Coquille épaisse, non épidermée, ovoïde, subinvolvée; spire très-courte; le dernier tour beaucoup plus grand que tous les autres ensemble; ouverture oblongue, ovale ou linéaire, à bords non réunis; l'externe mince, tranchant, denticulé intérieurement; un ou deux plis décurrens à la columelle, dont l'un sert à séparer les deux parties du pied.

Les tornatelles paroissent être toutes à peu près marines, comme le sont les auricules, c'est-à-dire qu'elles se trouvent sur les rivages, quelquefois même à quelque distance de l'eau. M. de Lamarck ne compte que six espèces de tornatelles. En y rapportant ses conovules, j'en comptois au moins dix; mais peut-être ce rapprochement ne doit-il pas être fait. Les espèces que M. de Lamarck y rapporte, peuvent au moins être partagées en deux sections.

A. *Espèces dont la spire est pointue et qui n'ont qu'un seul pli columellaire.*

La Tornatelle fasciée : *T. fasciata; Voluta tornatilis,* Linn., Gmel., p. 3437, n.° 12 ; Encycl. méth., pl. 452, fig. 3, *a, b.* Petite coquille ovale, conique, sillonnée dans la décurrence de la spire : couleur rougeâtre, avec deux bandes blanches décurrentes.

De toutes les mers d'Europe.

D'après une observation nouvelle de M. Gray, cette jolie coquille est operculée. En effet, sur un individu conservé avec l'animal desséché dans la collection du duc de Rivoli, j'ai parfaitement vu l'opercule : il est mince, corné et unispiré, comme dans certaines natices. Je l'ai également vu encore sur l'animal chez M. Gray à Londres, en 1827. Ainsi cette espèce, ou bien les autres espèces qui ne sont pas operculées, devroient sortir de ce genre et en former un autre. Par un singulier hasard, M. Risso, sans le moins du monde savoir que la tornatelle fasciée étoit operculée, et même sans savoir qu'il avoit en mains une tornatelle, en a fait un genre qu'il nomme *Speo*. Il en définit même deux espèces, l'une avec deux bandes, et l'autre sans bandes, mais qui ne sont que des variétés de la T. fasciée.

La Tornatelle brocard : *T. flammea*, Linn., Gmel., p. 3435, n.º 2 ; Enc. méth., pl. 452, fig. 1, *a*, *b*. Coquille de quatorze à quinze lignes, ovale, ventrue, sillonnée dans la décurrence de la spire, qui est conoïdale : couleur blanche, ornée de flammes longitudinales rouges.

Patrie inconnue.

B. *Espèces à spire plus ou moins aplatie et avec deux ou plusieurs plis à la columelle.*

La Tornatelle mouchetée : *T. solidula*, Linn., Gmel., p. 5437, n.º 53 ; Chemn., *Conch.*, 10, tab. 149, fig. 1405. Coquille d'un pouce de long, ovale, oblongue, subcylindrique, striée dans la décurrence de la spire, qui est conique, aiguë ; deux plis à la columelle, dont le plus grand est bilobé : couleur d'un blanc jaunâtre, ponctué de noir.

Patrie inconnue.

La T. oreillette : *T. auricula; Bulimus auricula*, Brug., Encycl., n.º 75 ; Lister, *Conch.*, tab. 577, fig. 32 *b*. Coquille ovale, oblongue, subpellucide, glabre ou lisse, avec des stries d'accroissement assez alongées ; spire conoïde, obtuse ; columelle à trois plis : couleur blanche.

Patrie inconnue.

La T. luisante ; *T. nitidula*, de Lamk., Encycl. méthod., pl. 452, fig. 2, *a*, *b*. Coquille de neuf lignes de long, luisante, ovale, ventrue, striée en travers antérieurement ; spire courte, aiguë ; deux plis à la columelle, dont l'antérieur est le plus gros : couleur d'un blanc rose.

Des mers de l'Isle-de-France.

C. *Espèces qui ont cinq plis à la columelle.*

Genre *Pedipes* ou Piétin. Voyez ce mot. (De B.)

TORNATELLE. (*Foss.*) Les espèces de ce genre qu'on a trouvées à l'état fossile, n'ont été rencontrées que dans les couches plus nouvelles que la craie.

Tornatelle sillonnée : *Tornatella sulcata ; Auricula sulcata*, Lamk., Ann. du Mus., tom. 4, pag. 454 ; et tom. 8, pl. 60, fig. 7 ; *Tornatella sulcata*, de Bast., Mém. géol. sur les env. de Bordeaux, pag. 24, n.° 1 : *Tornatella sulcata*, de Féruss., Tab. syst. des anim. mollusques, p. 108. Nous avons donné la description de cette espèce sous le nom d'auricule sillonnée, tom. III, Suppl., pag. 153 de ce Dictionnaire ; mais depuis, M. de Lamarck l'a rangée dans le genre Tornatelle.

Tornatelle enflée : *Tornatella inflata*, Defr. ; de Féruss., *loc. cit.*, d'après nous ; de Bast., *loc. cit.*, n.° 2. Nous avions pensé que les coquilles dont il est ici question, et qu'on trouve à Dax et à Thorigné, près d'Angers, pouvoient constituer une espèce particulière, attendu qu'elles sont moins alongées que celles qu'on trouve à Grignon ; mais depuis que notre collection s'est enrichie d'un très-grand nombre de coquilles, de localités différentes, nous sommes disposés à ne voir que des variétés où auparavant nous avions cru voir des espèces. Cependant nous convenons que nous ne levons pas toutes les difficultés, car on saura difficilement où est tracée la ligne de démarcation entre l'espèce et la variété.

Tornatelle demi-striée : *Tornatella semistriata*, Def., de Féruss. et de Bast., *loc. cit.; Voluta tornatilis*, Brocc., *Conch. foss. subapp.*, tab. 15, fig. 14. Les coquilles qui avoient servi à signaler cette espèce, ne diffèrent de la *Tornatella sulcata* que parce qu'elles sont lisses sur le milieu du dernier tour ; mais depuis nous en avons trouvé qui provenoient, comme elles, de Léognan, et qui sont entièrement striées, en sorte que nous pensons, comme l'a exprimé M. de Basterot, que ces différences peuvent être accidentelles, et que ces coquilles ne sont peut-être que des variétés de la *Tornatella sulcata*.

Tornatelle tachetée : *Tornatella punctulata*, de Féruss., *loc. cit.*, p. 108 ; de Bast., *loc. cit.*, n.° 4, pl. 1, fig. 24. Coquille ovale, lisse, couverte de pointes carrées de couleur vineuse, distribuées sur trois lignes, portant un pli à la columelle. Longueur, six lignes. Fossile de Léognan, de Saucats près de Bordeaux, et de Dax.

Tornatelle papyracée ; *Tornatella papyracea*, de Bast., *loc. cit.*, n.° 5, pl. 1, fig. 9. Coquille très-mince, couverte de

jolies stries transverses, portant un petit ombilic et un pli
à la columelle. Longueur, neuf lignes. Fossile de Dax.

Tornatelle de Dargelas; *Tornatella Dargelasii*, de Bast.,
loc. cit., n.° 6, même pl., fig. 19. Coquille alongée, couverte de très-fines stries et portant un pli à la columelle.
Longueur, six lignes. Fossile de Léognan et de Saucats.

Tornatella simulata: Auricula simulata, Sow., *Min. conch.*,
tom. 2, tab. 163, fig. 5 — 8; *Bulla simulata*, Brand., *Foss.
Hant.*, fig. 61. Coquille ovale, pointue, couverte de stries
transverses, formées par des petits points enfoncés et portant
deux plis à la columelle. Longueur, six lignes. Fossile de
Hampshire et de Highgate, en Angleterre. (D. F.)

TORNAUVIARSUK. (*Ornith.*) Eggède, dans son Histoire
naturelle du Groënland, écrit ainsi ce mot, usité dans la
langue du pays pour désigner l'*anas histrionica* de Fabricius,
que celui-ci orthographie différemment, et de cette manière,
tornauiarsuk. (Ch. D. et Lesson.)

TORO. (*Mamm.*) Dénomination italienne et espagnole du
taureau. (Desm.)

TOROLTISCHI. (*Bot.*) Amman, dans ses *Stirp. Ruthen.*, dit
qu'une espèce de rosage, *rhododendrum daouricum*. est ainsi
nommée chez les Burattes, peuple payen de la Russie asiatique, dépendant du gouvernement de la Sibérie. Il dit que
ces peuples l'emploient pour leurs fumigations religieuses.(J.)

TORON, TORONG. (*Bot.*) Voyez Trongium. (J.)

TORONGI.(*Bot.*) Nom arabe du fruit du citronnier, cité
par Mentzel, d'après Avicenne. (J.)

TORONGIL. (*Bot.*) Voyez Trungiam. (J.)

TORONG-VELEDY. (*Bot.*) M. Delile cite ce nom arabe
de l'espèce de limon appelée par Ferrarius *pomum paradisi*,
dont le fruit a la forme et la grosseur d'un concombre. (J.)

TORO-TORO. (*Ornith.*) Nom vulgaire du *Syma toro-toro* à
la Nouvelle-Guinée. Voyez Symé. (Ch. D. et L.)

TOROWÉ. (*Ornith.*) Nom d'un pluvier à Otaïti, suivant
M. Vieillot. (Ch. D. et L.)

TORPÈDE. (*Ichthyol.*) Voyez Torpille. (H. C.)

TORPEDINE. (*Ichthyol.*) Nom sarde de la torpille. (H. C.)

TORPEDO. (*Ichthyol.*) Nom latin de la Torpille. Voyez ce
mot. (H. C.)

TORPEDO OF SURINAM. (*Ichthyol.*) Voyez Gymnonote.
(H. C.)

TORPILLE, *Torpedo.* (*Ichthyol.*) Parmi les nombreuses merveilles que présente aux yeux du naturaliste la classe si variée des habitans des eaux, une des plus étonnantes, sans aucun doute, est cette puissance invisible à l'aide de laquelle certains poissons atteignent leur proie ou repoussent leur ennemi, frappent avec la rapidité de l'éclair, renversent avec la violence de la foudre.

Depuis des siècles la torpille est connue pour posséder cette force surprenante. Platon, presque contemporain d'Hippocrate, fait dire à Socrate, dans un de ses dialogues : *tu m'as étourdi par tes objections, comme la torpille, poisson de mer aplati, étourdit ceux qui la touchent.* Elle est encore, aujourd'hui comme autrefois, un sujet de terreur et d'étonnement pour le vulgaire, et la réputation de cet animal s'est tellement répandue, même parmi les classes les moins instruites des différentes nations du monde, que son nom est devenu populaire, et la nature de ses qualités, vraies ou fausses, le sujet d'un grand nombre de proverbes ; mais si l'on a, d'un côté, observé avec soin ses propriétés, on est, de l'autre, resté long-temps incertain sur la place qu'on devoit lui assigner dans la vaste classe des êtres animés.

Linnæus a rangé la torpille dans son grand genre des *Raies*, sous la dénomination de *raja torpedo*, qui a été adoptée généralement par les ichthyologistes jusque dans ces derniers temps. Mais depuis un certain nombre d'années déjà, soit dans le cours qu'il fait au Jardin du Roi, de Paris, soit dans sa Zoologie analytique, le professeur Duméril a séparé les *torpilles* des *raies*, pour en faire un genre particulier sous le nom de *Torpedo*, nom qui se présente à plusieurs reprises dans les œuvres de Pline le naturaliste.

Ce genre, qui renferme plusieurs espèces, a été adopté par M. G. Cuvier. Comme celui des Raies, il appartient à la famille des Plagiostomes, de l'ordre des Trématopnés, parmi les poissons chondroptérygiens sélaciens, et peut être ainsi caractérisé :

Squelette cartilagineux ; opercules et membranes des branchies nulles ; quatre nageoires latérales ; bouche large, située en travers sous le museau; corps discoïde, plat, circulaire, lisse, nu; trous des branchies ouverts en dessous; queue courte et charnue; catopes distincts.

Il devient, d'après cela, facile de séparer les Torpilles des Raies, des Rhina, des Rhinobates, des Myliobates, des Pastenagues, des Céphaloptères, qui ont la queue longue; et des Squatines, des Roussettes, des Requins, des Lamies, des Marteaux, des Grisets, des Émissoles, des Pélerins, des Aodons, des Cestracions, des Aiguillats, qui ont les trous des branchies ouverts sur les côtés. (Voyez ces divers noms de genres, ainsi que Plagiostomes et Trématopnés.)

Parmi les espéces de torpilles que Linnæus avoit confondues entre elles, nous citerons les suivantes :

La Torpille ordinaire : *Torpedo narke; Raja torpedo*, Linn. Corps très-aplati, presque ovale; deux nageoires dorsales; cinq ouvertures branchiales de chaque côté; peau nue, sans aiguillons ni épines; nageoire terminale de la queue obliquement coupée; surface supérieure du corps d'un brun cendré ou d'un rouge jaunâtre, avec cinq grandes taches arrondies, d'un bleu d'azur changeant en gris, entourées d'un grand cercle brunâtre, et une multitude de petites macules blanchâtres; dessous du corps d'un blanc grisâtre; tête à peine distincte et terminée latéralement par deux productions qui vont rejoindre les nageoires pectorales; ouverture supérieure des évents entourée d'une membrane plissée et comme dentelée; une grande quantité de pores mucipares le long du trajet de la colonne vertébrale; dents très-courtes.

La torpille femelle est un peu différente du mâle, et, dans les deux sexes, l'âge paroit n'avoir d'influence que sur les dimensions et les teintes.

Ce poisson ne parvient pas à un volume considérable, bien différent en cela de la raie batis et des céphaloptères. Bien rarement il pèse plus de soixante livres, et l'individu, long de quatre pieds et large de deux pieds et demi, que prit dans la baie de Tor, Walsh, membre du parlement d'Angleterre et de la société royale de Londres, n'en pesait que cinquante-trois.

Il fréquente assez communément la Méditerranée et la partie de l'Océan qui baigne les côtes de l'Europe. Nous trou-

vous donc tout naturel qu'Aristote ait fait mention de cet
animal et qu'Athénée en ait parlé, puisque ces auteurs étaient
Grecs et pouvoient avoir eu occasion de l'observer.

On le rencontre aussi dans le golfe Persique, dans la mer
Pacifique, dans l'océan Indien, auprès du cap de Bonne-Espérance et dans beaucoup d'autres lieux.

Dans la mer de Nice, selon M. Risso, il habite les profondeurs vaseuses. Ailleurs il recherche les endroits sablonneux, et
se cache même, dit-on, dans le gravier abandonné sur le rivage.

Il vit de petits poissons, et l'on assure que, parmi ceux-ci,
il préfère les loches de rivière.

Les détails qui précèdent une fois connus, il nous reste à
nous occuper de la faculté particulière que la torpille a reçue
de la Nature, faculté en vertu de laquelle elle accumule dans
son corps et fait jaillir avec rapidité ce même feu électrique
que l'antique Poésie, si ingénieuse, si féconde, si riche en
vérités, a mis entre les serres de l'aigle, que l'art du physicien
excite dans nos laboratoires, et qui, condensé dans les hautes
régions de l'atmosphère, resplendit dans les nuages et sillonne
la cime sourcilleuse des monts. L'identité est parfaitement
constatée, non-seulement par la nature des commotions que
l'animal, doué de ce pouvoir magique, fait éprouver à ceux
qui le touchent imprudemment, mais encore parce qu'on évite
ces commotions en ne communiquant avec lui qu'à l'aide de
corps isolans, enfin parce qu'en le mettant en rapport avec la
bouteille de Leyde, celle-ci se charge comme avec une ma-
chine électrique.

Mais les organes qui dans la torpille distillent un fluide si
actif, ont beaucoup plus d'analogie avec la pile galvanique
qu'avec la bouteille de Leyde.

Quoi qu'il en soit, la torpille imprime une commotion
soudaine et paralysante au bras le plus robuste qui s'avance
pour la saisir, à l'animal le plus vigoureux qui veut la dé-
vorer; frappe d'engourdissement la proie dont elle veut
s'emparer, annihile tout à la fois les efforts de ceux qu'elle
attaque et de ceux contre lesquels elle se défend, semblable
à ces Syrènes enchanteresses, dont la mythologie poétique
des Grecs avoit placé l'empire au milieu des flots ou près des
rivages des îles désertes.

54. 35

Redi, le premier, chercha à acquérir sur les phénomènes auxquels la curieuse faculté de la torpille donne lieu, des connoissances plus nettes et plus exactes que celles des savans qui l'avoient précédé, et donna ainsi l'exemple aux observateurs, dont les expériences se sont multipliées avec le temps, et méritent de notre part un moment d'attention.

Voici d'abord ce que remarqua l'illustre Italien sur une torpille que l'on venoit de pêcher. A peine l'eut-il touchée et serrée avec la main, qu'il ressentit dans cette partie un picotement, qui gagna le bras et l'épaule, et qui fut suivi d'un tremblement désagréable et d'une douleur accablante et aiguë dans le coude, en sorte qu'il fut presque immédiatement obligé de lâcher prise. A chaque nouveau contact, la même impression se renouvela ; mais la douleur et le tremblement diminuèrent graduellement, à mesure que la mort de l'animal approchoit ; mort qui arriva décidément au bout de trois heures, et qui entraîna l'abolition des facultés engourdissantes qui s'étoient manifestées pendant toute la durée de la vie.

Mais ce n'est pas seulement, comme on pourroit le croire d'après cette narration de Redi, lorsque la torpille est très-affoiblie et près d'expirer, qu'elle ne fait plus ressentir de commotion électrique ; il arrive souvent qu'elle ne donne aucun signe de sa puissance invisible, quoiqu'elle jouisse de toute la plénitude de ses forces. En 1814, j'ai remarqué ce fait sur les côtes de la Méditerranée ; mais, avant moi, en 1777, le comte de Lacépède l'avoit noté d'après des observations faites sur trois ou quatre poissons de cette espèce, qui avoient été pêchés à La Rochelle depuis peu de temps, et qu'on tenoit pleins de vie dans de grands baquets remplis d'eau ; il fut près de deux heures à les toucher et à les manier en différens sens, sans qu'ils lui fissent éprouver aucun coup. Réaumur rapporte également qu'il toucha impunément et à plusieurs reprises, des torpilles qui étoient encore dans la mer, et qu'elles ne lui firent éprouver leur vertu engourdissante que lorsqu'elles furent fatiguées en quelque sorte de ses attouchemens réitérés. Au reste, et nous en croyons cet excellent observateur, la sensation qu'on éprouve alors est très-différente des engourdissemens ordinaires : on ressent, dit-il, dans toute l'étendue du bras, une sorte d'étonnement, qu'il est difficile de bien peindre ; mais qui a quelque rapport avec la douleur que l'on éprouve lorsque l'on s'est frappé rudement le coude contre quelque corps dur.

Les observations de Réaumur sont consignées dans les Mémoires de l'Académie royale des sciences de Paris, pour l'année 1714. On trouve aussi dans ce Recueil la relation donnée par le même savant d'une expérience propre à offrir une idée du degré de force auquel s'élève le plus souvent l'électricité que sécrètent les organes du poisson dont nous parlons. Il mit une torpille et un canard dans un vase qui contenoit de l'eau de mer et qui étoit recouvert d'un linge, de manière à ce que le canard ne pût point s'envoler, mais conservât la faculté de respirer très-librement : au bout de quelques heures on le trouva mort, foudroyé, pour ainsi dire, par son ennemi.

Après Réaumur, la science de l'électricité, récemment créée, occupa tous les esprits ; on chercha à en accroître le domaine. Le docteur Bancroft soupçonna que la vertu de la torpille se rattachoit à la même cause que les phénomènes électriques, et Walsh, savant anglois, membre de la Société royale de Londres, démontra cette identité par de nombreuses expériences, qu'il fit dans l'ile de Ré, et qu'il répéta à La Rochelle, en présence des membres de l'Académie de cette ville.

Nous allons présenter un récit fort court de ces expériences, qui sont consignées dans un mémoire publié à Londres en 1774, sous le titre de : *Of the electric property of the Torpedo.*

On posa une torpille vivante sur une serviette mouillée ; on suspendit au plafond de la chambre où elle étoit placée, deux fils de laiton, à l'aide de cordons de soie, qui devoient les isoler ; auprès de la torpille étoient huit personnes, isolées aussi par le moyen de tabourets montés sur des pieds de cristal.

Tout étant ainsi disposé, un bout d'un des fils de laiton fut appliqué sur la serviette mouillée qui soutenoit l'animal, et l'autre bout fut plongé dans un premier bassin plein d'eau. Une des personnes présentes plongea un doigt d'une main dans ce bassin, et un doigt de l'autre main dans un second bassin également rempli d'eau ; une seconde personne plaça de même un doigt d'une main dans celui-ci, et un doigt de l'autre main dans un troisième, et ainsi de suite les huit personnes présentes communiquèrent l'une avec l'autre par le moyen de l'eau contenue dans neuf bassins. Alors Walsh plongea dans le dernier bassin un bout du second fil métallique, et ayant fait toucher l'autre bout au dos de la torpille, il établit ainsi à l'instant un conducteur de plusieurs pieds de contour, et formé sans interruption par le ventre de l'animal, la serviette mouillée, le premier fil de laiton, le premier bassin, les huit observateurs, le second fil de laiton et le dos de la torpille.

Les portions animées de ce cercle conducteur, c'est-à-dire les huit individus qui avoient eu le courage de mettre les doigts dans l'eau des bassins, ressentirent soudain une commotion, qui ne différoit de celle que fait éprouver la décharge d'une batterie électrique, que par sa moindre force, et cependant Walsh, qui ne faisoit point partie de la chaîne conductrice, ne reçut aucun coup, quoiqu'il fût beaucoup plus près du centre du danger que les huit autres personnes.

Qui peut se refuser à voir ici la parfaite identité de l'électricité et de l'action stupéfiante de la torpille ?

Lorsque ce même animal étoit isolé, il faisoit éprouver à plusieurs personnes, isolées aussi, jusqu'à quarante ou cinquante secousses successives dans l'espace de quatre-vingt-dix secondes : ces secousses étoient sensiblement égales, et chaque effort pour donner ces commotions étoit accompagné d'une dépression marquée des yeux, qui, très-saillans dans leur état naturel, rentroient alors dans leurs orbites.

Les mêmes expériences ont démontré la fausseté d'une opinion émise autrefois par Kæmpfer, dans ses *Amœnitates exoticæ* (1712, page 514), savoir que l'on pouvoit, en retenant son haleine, se garantir de la commotion que donne la torpille.

Cette précaution est absolument inutile, et plusieurs personnes ont confirmé en cela les observations faites par Walsh.

Enfin, dans le cours des séances expérimentales entreprises par ce savant Anglois, on remarque encore que toutes les substances propres à laisser passer facilement le fluide électrique, transmettoient rapidement la commotion produite par la torpille, tandis que tous les corps appelés *non conducteurs* opposoient à sa puissance un obstacle insurmontable. Ainsi, par exemple, en touchant l'animal avec une baguette de verre ou avec un bâton de cire à cacheter, on n'éprouvoit aucun effet ; mais on étoit frappé violemment, lorsqu'on employoit dans le même but une barre de métal ou un corps très-mouillé.

Les recherches des physiciens, depuis cette époque, n'ont fait que confirmer les observations intéressantes de Walsh. Spallanzani est entièrement d'accord avec lui. Il a reconnu que, lorsqu'on place la torpille sur une plaque de verre, elle donne un coup beaucoup plus fort ; mais il n'a point été plus heureux que lui pour découvrir l'étincelle au moment du choc. Cette gloire étoit réservée au célèbre Galvani, qui l'a distinguée à l'aide du microscope et qui rapporte ce fait dans des Mémoires adressés à Spallanzani, et imprimés à Bologne en 1797. Dès 1792, Guisan, néanmoins, qui répéta avec soin les expériences de Walsh, de Williamson, d'Ingenhouz, etc., sur ce sujet, avoit, dans l'obscurité, aperçu la lumière de l'étincelle électrique. (Voyez GYMNONOTE.)

Si, de ces recherches faites avec sang-froid et discernement, nous passons à ce qu'ont dit les anciens médecins sur les propriétés de la torpille, nous y trouverons beaucoup d'exagération. Ainsi, Ambroise Paré, qui avoit fort bien indiqué l'espèce d'engourdissement que cause la *torpille ès mains de ceux qui touchent seulement le retz où elle est prise*, croit que celui qui y a touché en peut mourir. Mais ce n'est point tout ; un être aussi singulier ne pouvoit manquer d'occuper une place parmi les substances médicamenteuses. Hippocrate en conseille la chair rôtie aux malades atteints d'une hydropisie consécutive à une affection du foie ; Pline la recommande comme laxative ; Dioscoride la faisoit appliquer sur la tête dans les céphalées chroniques et dans les rhumatismes. Galien et ses successeurs, Paul d'Égine et Avicenne, suivent en cela Dioscoride, mais recommandent que l'animal soit vivant, ce que veut aussi Marcellus Empiricus. Scribonius Largus dit que l'affranchi Antéroës fut guéri de la goutte par une semblable application, et Aëtius, l'Amydéen, assure que lorsque la torpille est morte, elle ne guérit plus les douleurs.

Ne nous étonnons donc point de voir, de nos jours, les Abyssins lier sur une table leurs fébricitans, et leur appliquer ce poisson à l'état de vie sur tous les membres successivement. Cette opération fait cruellement souffrir, mais elle est, dit-on, véritablement fébrifuge.

On faisoit aussi jadis entrer la chair de la torpille dans certaines préparations pharmaceutiques : c'est ainsi que nous trouvons dans Nicolas Myrepse et dans Alexandre de Tralles la composition d'un cérat adoucissant dont elle fait la base, et que l'on recommandoit contre la goutte et les rhumatismes articulaires.

Ælien dit que la même chair, macérée dans le vinaigre, est un dépilatoire.

Nous venons de voir la torpille jouir de facultés bien extraordinaires; nous avons rapporté quelques-unes des opinions tout aussi extraordinaires auxquelles ces facultés ont donné naissance, et nous pouvons affirmer qu'autrefois, à plus juste titre encore que de nos jours, on avoit raison de s'écrier : *O cæcas hominum mentes !*

Et en effet, abandonnant la sphère des hypothèses, les médecins et les naturalistes de nos jours ont du moins, et d'une manière toute rationnelle, voulu trouver l'organe de la torpille où s'élaboroit cette électricité particulière. Ils l'ont décrit, ils ont pu expliquer son action, et ils ont ainsi fait faire quelques pas à la physiologie des animaux.

Cet organe, double et symétrique, placé de chaque côté du crâne et des branchies, s'étend depuis le bout du museau jusqu'au cartilage demi-circulaire qui borne en avant l'abdomen, entre les tégumens de la partie supérieure de l'animal, ceux de sa face inférieure et les nageoires pectorales.

Un tissu cellulaire dense et serré, et quelques fibres aponévrotiques courtes et droites, le fixent aux parties environnantes, et spécialement au bord du cartilage dont nous avons parlé. Deux aponévroses, l'une à fibres longitudinales, l'autre à fibres transversales, recouvrent sa face supérieure. C'est la dernière de ces aponévroses qui semble constituer la trame de l'organe proprement dit ; un très-grand nombre de prolongemens membraneux se séparent en effet de sa face inférieure, et sont disposés de manière à former des prismes creux perpendiculaires à la surface du poisson, et qui ont d'autant moins de hauteur qu'on les examine plus loin de la ligne médiane de l'animal.

Le nombre des pans de ces prismes varie beaucoup sur un même individu ; quelques-uns en ont six, d'autres cinq, et d'autres encore seulement quatre. On en voit de réguliers, mais la plupart ne le sont point.

Leurs parois sont demi-transparentes et étroitement unies à celles des prismes voisins par des fibres transversales, non élastiques.

Chacun d'eux est, en outre, divisé intérieurement en plusieurs loges par des diaphragmes horizontaux, formés par les replis d'une membrane muqueuse mince, déliée, transparente et abondamment arrosée par des vaisseaux sanguins.

Chacune des loges est remplie par un fluide particulier.

Dans les torpilles adultes on compte par organe près de douze cents de ces prismes creux ; mais à un âge moins avancé on n'en trouve que quatre à cinq cents, et dans les très-jeunes sujets seulement environ deux cents.

Chaque organe est traversé par des artères, des veines et des nerfs si gros que leur volume a paru à Hunter aussi extraordinaire que les phénomènes auxquels ils donnent lieu. Ces nerfs se ramifient à l'infini et dans toutes sortes de directions, tant entre les tubes que sur les cloisons qui en partagent la cavité, puis semblent s'épanouir dans le mucus gélatineux qui les remplit. Ils viennent de la huitième paire.

Fr. Redi et son disciple Lorenzini, les premiers qui s'occupèrent de l'anatomie de la torpille d'une manière un peu soignée, prirent les tubes nombreux dont nous venons de parler, pour autant de petits muscles qu'ils appellèrent *musculi falcati*. Mais John Hunter, Walsh, le comte de Lacépède, et le professeur Geoffroy Saint-Hilaire ont donné de cet appareil électrique une description bien plus complète que celle de l'école italienne, et qui ne nous paroît laisser que fort peu de chose à désirer.

On ne sauroit s'empêcher de reconnoître ici une sorte d'appareil galvanique, une véritable pile de Volta, dont les nerfs et la pulpe muqueuse et les feuillets aponévrotiques sont les élémens. Or, l'on doit concevoir l'énergie avec laquelle agit ce grand assemblage d'environ deux mille quatre cents tubes.

Accusons donc seulement le peu de progrès qu'avoit encore alors faits la physique expérimentale, des erreurs dans lesquelles sont tombés Redi et quelques autres observateurs, quand ils ont voulu expliquer le mode d'action de ces organes. Ainsi l'auteur italien dont nous venons de rappeler le nom, se conformant aux principes admis de son temps, a supposé que des myriades de corpuscules, sortant continuellement du corps de la torpille, mais plus abondamment dans certaines circonstances que dans d'autres, engourdissoient les membres dans lesquels ils s'insinuoient, soit parce qu'ils s'y précipitoient en trop grand nombre à la fois, soit parce qu'ils y trouvoient des routes peu appropriées à leur forme.

Borelli a attribué la commotion que l'on éprouve en touchant la torpille, aux percussions réitérées que ce poisson exerce, pendant qu'il s'agite, sur les ligamens des articulations et sur les tendons.

Réaumur, qui vint ensuite, démontra la fausseté de l'opinion de Borelli, mais n'en avança point une meilleure. Ayant remarqué que le dos de l'animal est légèrement convexe et qu'il s'aplatissoit au moment où la commotion alloit être donnée, il pensa que, par la contraction lente qui est l'effet de l'aplatissement, la torpille bandoit, pour ainsi dire, tous ses ressorts, rendoit plus courts tous ses cylindres, et augmentoit en même temps leurs bases; puis, que tout à coup les ressorts se débandoient, les fibres longitudinales s'alongeoient, et celles des cloisons se raccourcissoient, ce qui poussoit en haut le mucus contenu dans les tubes, en sorte que le doigt qui touchoit alors l'animal recevoit un coup ou plusieurs coups successifs de chacun des tuyaux sur lesquels il étoit appliqué.

Dans le Journal de physique pour le mois de Septembre

1772, on voit que le docteur Godefroi Wils Schilling, à la suite d'une dissertation en anglois sur le pian, a publié le détail d'expériences qu'il a faites sur la torpille et qui lui ont fait croire que la cause de la commotion qu'elle produit existe dans le magnétisme. Il a avancé que l'aimant attiroit ce poisson comme il attire le fer, et que pour rendre toute sa vertu à une torpille épuisée, il suffisoit de jeter de la limaille de fer dans l'eau dans laquelle elle nageoit.

Sous le rapport bromatologique, les anciens avoient une tout autre opinion que les modernes au sujet de la chair de la torpille, et s'accordoient à la regarder comme un bon aliment, comme un élément de mets agréable; c'est du moins ce que nous apprenons dans Platon et dans Athénée. De nos jours elle passe pour malsaine; elle sent, au reste, la vase et est fort molle. On la vend cependant habituellement dans les marchés d'Italie.

La Torpille Galvani; *Torpedo Galvanii*, Risso. Corps roux en dessus, sans aucune tache, ni traits, ni points, bordé de noir sur les côtés; ventre d'un blanc roussâtre; queue fort épaisse.

Cette torpille, de la taille d'un demi-mètre, habite en toutes saisons les profondeurs vaseuses de la plage de Nice, où on l'appelle vulgairement *dormiglioua*.

Elle dégage plus de fluide électrique que les autres espèces, et a été, par M. Risso, consacrée à perpétuer la mémoire du célèbre Galvani.

La Torpille unimaculée; *Torpedo unimaculata*, Risso. Corps d'un fauve isabelle en dessus, avec des points étoilés blanchâtres, et une tache centrale d'un beau bleu, entourée d'un cercle gris; devant de la tête comme festonné; yeux roussâtres; dents fines; évents grands, sans dentelures; queue mince et alongée.

Les appareils électriques sont ici à peine visibles et ne donnent que de fort légères secousses.

Cette espèce, dont la chair est blanche et d'une saveur agréable, habite les mêmes localités que l'espèce précédente, et est plus petite qu'elle.

La Torpille marbrée; *Torpedo marmorata*, Risso. Corps couleur de chair, marbré de taches et de bandes sinueuses d'un brun fauve, ce qui le rend comme tigré en dessus; ventre blanc varié de rougeâtre; dents aiguës; iris d'un rouge de rubis; prunelles noires; évents entourés de sept dentelures; trous branchiaux en forme de croissans; nageoire caudale arrondie.

Cette espèce est presque aussi grande que la torpille de Galvani, et offre des appareils électriques très-visibles.

Elle fréquente les profondeurs sablonneuses de la Mer de Nice, où, comme la torpille vulgaire, on l'appelle TREMOU-LINA. (H. C.)

TORPORIFIC EEL. (*Ichthyol.*) Un des noms anglois de l'anguille électrique. Voyez GYMNONOTE. (H. C.)

TORQUILLA. (*Ornith.*) Brisson avoit proposé ce nom générique pour le torcol, que Linné nomme *yunx*. (CH. D. et LESS.)

TORRÉFACTION. (*Chim.*) C'est un véritable grillage; mais comme ce mot est spécialement consacré à l'opération que l'on fait subir aux mines sulfureuses et arsenicales pour en dégager le soufre et l'arsenic, on se sert du mot *torréfaction* pour désigner le grillage que l'on fait subir à plusieurs matières organiques, par exemple au café, au cacao. (CH.)

TORRÉLITE. (*Min.*) C'est un minéral dont la spécification n'est pas encore parfaitement établie, mais que Ch. J. Renwick a cru suffisamment différent des autres espèces minérales pour lui donner un nom particulier et le dédier au docteur John Torrey.

Ce minéral a été trouvé par M. Ch. Kinsey dans l'état de New-Jersey, en Sussex, disséminé dans le minérai de fer d'Andover, l'une des plus célèbres mines de l'Amérique du Nord. Il paroît, au premier coup d'œil, composé de trois substances différentes, ce qui est une disposition tout-à-fait opposée à l'homogénéité que doit présenter une véritable espèce minérale. L'une de ces substances, qui seroit la torrélite, est d'un rouge vermillon peu foncé et a la texture granulaire; elle est assez dure pour rayer le verre; sa poussière est d'un rouge de rose; elle agit légèrement sur l'aiguille aimantée et fait effervescence avec les acides : elle est infusible seule, mais, suivant le docteur Torrey, elle donne au chalumeau, avec le borax, un verre verdâtre, qui perd sa couleur par le refroidissement ; ce qui lui a fait présumer qu'elle devoit contenir du cérium.

M. Renwick, qui l'a analysé, a obtenu les résultats suivans :

Silice 32,60
Chaux. 24,08
Protoxide de fer 21
Peroxide de cérium. 12,32
Alumine. 5,68
Eau. . . . . 5,50.

Mais MM. Children et Faraday, qui examinèrent un échantillon de ce minéral, envoyé par M. Daniell, n'y ont pu reconnoitre la présence du cérium, et soupçonnent qu'il s'est glissé quelque erreur dans l'analyse faite par M. Renwick. (B.)

TORRENTINA. (*Ichthyol.*) Voyez Trotta. (H. C.)

TORREYA. (*Bot.*) Genre de la famille des *cypéracées*, établi par Rafinesque, mais encore très-peu connu. Sprengel a donné le même nom à un autre genre, qui appartient à la famille des *nyctaginées*. (Poir.)

TORS , SE. (*Bot.*) On applique cette épithète à l'arête de l'*avena*, etc. ; à l'anthère du *chironia centaurium*, etc. ; au stigmate du *nigella hispanica*, etc., qui sont tournés en hélice ; au limbe de la corolle du *nerium*, du *vinca*, etc., dont les divisions, avant l'épanouissement, se recouvrent en tournant autour de l'axe de la fleur. Tels sont encore les pétales de l'œillet, etc. (Mass.)

TORSK. (*Ichthyol.*) Un des noms norwégiens du scorpion de mer, *cottus scorpius*. (Voyez Cotte.)

Torsk est aussi en Suède un synonyme de *dorsch*. Voyez Morue. (H. C.)

TORSKE. (*Orn.*) Nom norwégien des merles. (Ch. D. et L.)

TORSKUR. (*Ichthyol.*) Nom islandois de la morue. (H. C.)

TORTERELLE ou TURTERELLE. (*Ornith.*) Anciennes dénominations françoises des tourterelles. (Desm.)

TORTICOLLIS. (*Ornith.*) Nom du torcol dans les départemens de l'ancienne province de Lorraine. (Desm.)

TORTILLARS. (*Bot.*) On donne ce nom, suivant l'auteur du Dictionnaire économique, à une variété de l'orme ordinaire, dont la tige est très-élevée, ayant ses branches très-rapprochées et ses feuilles petites. Il fournit beaucoup de bois tortu, dont les courbes sont d'un grand service pour les charrons ; de là lui vient son nom. Il est encore nommé improprement orme mâle. L'auteur ajoute qu'il réussit en lisières et qu'on en peut faire de belles palissades, les tondre en boules et en former des massifs bas sous des grands arbres en quinconce. (J.)

TORTO-COLLO. (*Orn.*) Nom italien du torcol. (Ch. D. et L.)

TORTOISE. (*Erpétol.*) Nom anglois des tortues. (H. C.)

TORTOISE FISH. (*Ichthyol.*) Nom anglois du Lutjan tortue. Voyez ce mot et Anabas. (H. C.)

TORTOUR EL BACHALA. (*Bot.*) La capucine, *tropeolum*, est ainsi nommée chez les Arabes. (J.)

TORTRÉ. (*Ornith.*) Nom languedocien de la tourterelle de France, suivant M. Desmarest. (Ch. D. et L.)

TORTRICES. (*Entom.*) Voyez Tordeuses. (Desm.)

TORTRIX. (*Entom.*) Nom donné par quelques auteurs, d'après Linnæus, aux pyrales. (C. D.)

TORTRIX ou ROULEAU, *Tortrix*. (*Erpét.*) M. Oppel a donné ce nom à un genre de reptiles ophidiens, de la famille des homodermes de M. Duméril, et reconnoissable aux caractères suivans :

Peau à écailles toutes semblables entre elles, hexagonales, un peu plus grandes sous le ventre ; bouche petite ; mâchoires non dilatables ; pas de crochets à venin ; queue extrêmement courte.

Il est donc facile de distinguer les serpens de ce genre, qui est de nos jours assez généralement adopté, des Cécilies et des Amphisbènes, qui n'ont point d'écailles ; des Acrochordes, où la peau est garnie de tubercules verruqueux ; des Orvets, qui ont la queue longue ; des Hydrophides et des Typhlops, où les écailles sont égales partout. (Voyez ces divers noms de genres, Homodermes et Ophidiens.)

Parmi les diverses espèces de tortrix, nous citerons :

Le Ruban : *Tortrix scytale*, Oppel ; *Anguis scytale*, Linnæus ; le Rouleau, Daubenton. Tête petite, ovale, déprimée, arrondie en devant ; yeux très-petits et, de même que les narines, placés au milieu d'une plaque ; corps et queue cylindriques, d'égale grosseur partout ; écailles lisses, réticulées, non imbriquées ; dents petites, simples, aiguës ; teinte générale d'un blanc légèrement jaunâtre, avec environ soixante bandes noires, irrégulières, transversales, et formant, pour la plupart, des anneaux interrompus : taille de vingt-quatre à trente pouces au plus.

Cet ophidien habite l'Amérique méridionale, spécialement Cayenne et Surinam. Il se nourrit de chenilles, de vers et de petits insectes, mais surtout de fourmis.

Il paroît avoir les habitudes des amphisbènes. Les Nègres le redoutent beaucoup, mais à tort évidemment.

Le SERPENT CORAIL : *Tortrix corallinus* ; *Anguis corallinus*, Gmel. D'une belle couleur rouge en dessus ; d'un rouge plus clair en dessous ; écailles hexagonales, bordées de blanc ou de brun ; bandes transversales noirâtres, disposées en anneaux irréguliers.

Le serpent corail habite l'Amérique méridionale. Selon Laborde, à la Guiane sa morsure est venimeuse et très-dangereuse, et, si l'on en croit Gumilla, l'auteur de l'Histoire naturelle de l'Orénoque, nulle n'est plus à redouter.

Dans le pays on lui donne le nom de *macaurel*.

Le ROULEAU MACULÉ : *Tortrix maculatus* ; *Anguis maculatus*, Linnæus ; *Anguis hepaticus*, Gmelin ; *Anguis tessellatus*, Laurenti. Yeux petits ; narines à peine visibles ; queue obtuse ; dessus du corps jaune, avec une ligne brune longitudinale et quarante-cinq lignes transversales un peu plus larges et formées chacune de quarante-cinq paires de taches jaunes : taille d'un pied environ.

Ce reptile habite plusieurs contrées de l'Amérique méridionale et spécialement le Paraguay, où on le nomme *miguel*. Il a été décrit ou figuré par Séba, par Daubenton, par Gronow, qui dit l'avoir reçu de Surinam, et par Schneider, qui, dans la collection de Bloch, en a observé deux individus que l'on prétendoit originaires des Indes orientales. (H. C.)

FIN DU CINQUANTE-QUATRIÈME VOLUME.

STRASBOURG, de l'Imprimerie de F. G. LEVRAULT, impr. du Roi.

www.ingramcontent.com/pod-product-compliance
Lightning Source LLC
La Vergne TN
LVHW021918170726
843501LV00001BA/72